KB078860

따라하기 쉬운

3ds Max

for Beginner

전현철 저

일진사

따라하기 쉬운
3ds Max
for Beginner

2011년 3월 20일 인쇄
2011년 3월 25일 발행

저　자 : 전현철
펴낸이 : 이정일

펴낸곳 : 도서출판 **일진사**
www.iljinsa.com

140-896 서울시 용산구 효창원로 64길 6
대표전화 : 704-1616, 팩스 : 715-3536
등록번호 : 제3-40호(1979.4.2)

값 24,000원

ISBN : 978-89-429-1220-9

머리말 foreword

1991년 대학시절에는 3D Studio를 사용하다 직장생활을 시작하면서 처음으로 3DS MAX를 접하게 되었다. 오랜 시간을 만지작거리면서 대단한 프로그램이라는 생각은 했지만 지금도 사용하면 할수록 뛰어난 기능들에 대해 놀라움을 감출 수 없다.

3DS MAX의 활용 분야는 인테리어, 제품, 영상, 게임 등 사용되지 않는 곳이 없을 정도로 광범위하다. 사용되는 분야가 폭 넓을 뿐 아니라 기능 또한 무궁무진하여 단시간에 3DS MAX를 정복한다는 것은 언감생심이라 할 수 있다.

가끔 학생들의 질문이 '어떻게 하면 MAX를 빨리 잘 할 수 있습니까?' 이다.
그러면 나는 언제나 똑같이 반문을 한다. '학생은 자전거를 탈 줄 압니까?' '어떻게 하면 자전거를 잘 탈 수 있습니까?'
대답은 언제나 '자전거를 많이 타면 잘 탈 수 있습니다.' 이다.

이론적으로 자전거를 넘어지지 않고 잘 타는 방법은 쉽다. 왼쪽으로 넘어지려 할 때 핸들 방향을 오른쪽 방향으로 바꾸고 오른쪽으로 넘어지려 할 때 핸들을 왼쪽으로 바꿔야 한다는 것은 초등학생들도 알 것이다. 하지만 이렇게 이론만으로는 자전거를 잘 탈 수 없듯이 많은 시간을 직접 자전거의 핸들을 잡고 페달을 밟아야 자전거 타는 실력이 좋아지게 되는 것이다. 넘어지지 않고 어느 정도 자전거 타기에 익숙해지면 우리는 무의식처럼 핸들의 방향을 바꾸듯이 3DS MAX 또한 많은 시간과 노력을 투자하여 툴을 다루다 보면 자전거의 핸들처럼 무의식적으로 툴을 사용하게 될 것이다.

하지만 이렇게 많은 시간을 투자하여 3DS MAX라는 툴을 잘 다룰 줄 알게 되었다고 해서 3D 모델링을 잘 하는 것은 아니다. 우리가 Photoshop이나 Illustrator와 같은 툴들을 잘 사용한다고 해서 디자인도 잘 한다고 할 수 없듯이 3DS MAX 또한 하나의 도구일 뿐이며 이 하나의 요소만으로 3D를 완벽하게 표현할 수는 없을 것이다.

어떤 이들은 가장 간단한 명령어 몇 개만으로도 훌륭한 모델링 표현을 한다.
그들이 이렇게 표현할 수 있는 이유는 단순히 몇 개의 명령어를 사용하지만 3D의 개념을 잘 이해하고 디자인과 색채, 형태 분석 등의 다양한 표현 능력과 창조적인 아이디어 발상 등을 배합함으로

써 최고의 모델링으로 표현하는 것이다. 여러분들도 3DS MAX 툴을 다루면서 툴 외의 다른 요소가 되는 부분들에 대해서 항상 관심을 가지고 노력했으면 한다.

모델링 제작 과정에는 정석이란 없으며 한 번의 작업으로 끝나는 모델링 또한 없다.
수많은 작업을 반복하고 타인의 좋은 작품을 보고 연습하다 보면 본인도 모르는 사이에 최고의 모델링 대열에 서게 될 것이다. 일을 잘하는 사람은 열심히 노력하는 사람을 이기지 못하고 노력하는 사람은 즐기는 사람을 이기지 못한다고 한다.
여러분들도 맥스를 즐겨보길 바란다. 조금씩 즐기다 보면 어느 순간에 성취감과 희열을 느끼게 되고 그 이후에는 자신이 자연스럽게 맥신(?)이 되어 있지 않을까 생각해 본다.

이 책은 2011 버전을 기준으로 제작하였지만 구버전(2010 이하)에서도 운용할 수 있도록 구성하였으며, 모델링 제작에 꼭 필요한 핵심 명령어만을 함축적으로 모아 설명하였다. 3D를 처음 접하는 초급자를 대상으로 제작하였기에 매뉴얼 설명 후 실습 예제를 다루어 명령어의 습득과 활용도를 높였다.
총 9장으로 구성하였으며, 1~4장까지는 모델링 제작에 관한 내용으로 하였고, 5~8장까지는 재질, 카메라, 조명으로 구성하였다. 마지막 9장에서는 렌더링 Plug-In인 V-Ray에 관한 내용으로 매뉴얼과 실습 예제를 통하여 모델링의 표현력을 한층 높였다.

끝으로 이 책을 가지고 공부하는 모든 이들이 3DS MAX의 성취감과 즐거움을 느낄 수 있도록 기원하며 책이 출간되도록 도움을 주신 **일진사** 직원 여러분께 깊은 감사의 말을 전한다.

전 현 철

차 례 contents

Chapter >> 01 3DS MAX 기초 사항

Chapter >> 02 Editable Spline

Chapter >> 03 Lathe, Bevel, Bevel Profile, Loft

Chapter >> 04 Editable Polygon의 명령어

Chapter >> 05 Material

Chapter >> 06 Camera

Chapter >> 07 Light

C.h.a.p.t.e.r 01

3DS MAX 기초 사항

1-1 3D 용어 해설

3D를 처음으로 접할 때 사용되는 용어 중에서 자주 사용되는 기초 용어들을 설명해 보았다. 맥스, 마야, 소프트이미지 등의 3D 소프트웨어 등에서도 등장하는 용어들로서 기본개념을 이해하도록 한다.

● Vertex

정점을 말하며 오브젝트의 최소 단위로서 길이나 크기가 없다.

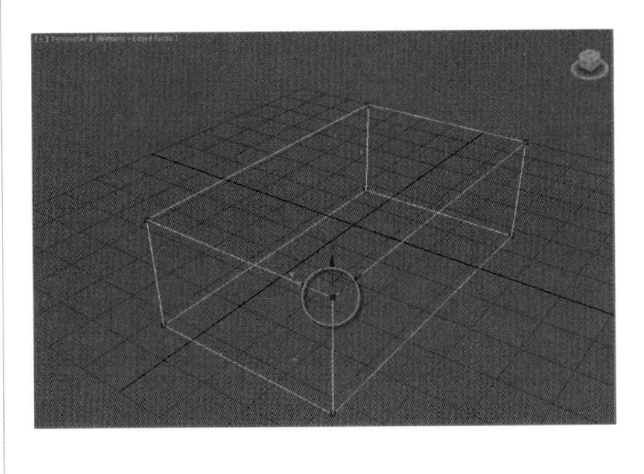

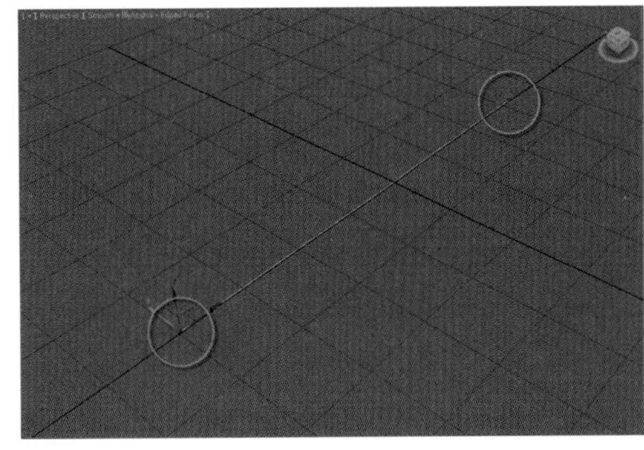

● Segment

두 개의 Vertex로 연결된 선분을 말하며 선분 길이의 조절은 Vertex를 이동함으로써 조절이 가능하다.

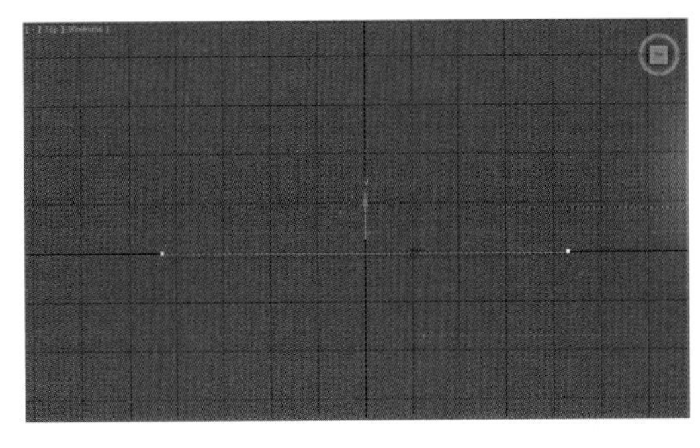

Shape

2차원 객체를 말하며 Vertex와 Vertex를 연결한 선(Line)의 집합체를 Shape라 한다.

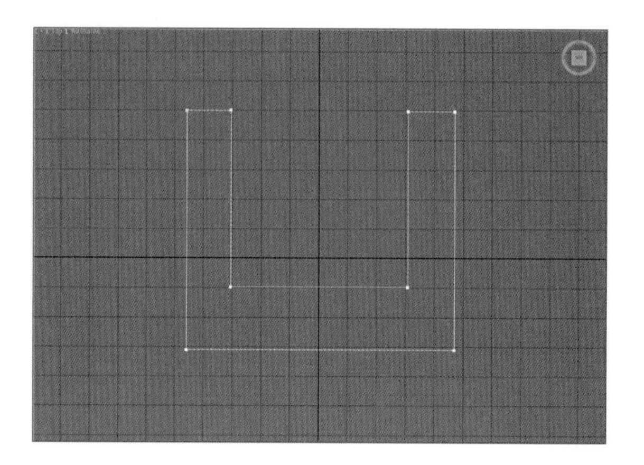

Face

Mesh로 된 오브젝트에서 세 점으로 이루어진 삼각면을 말한다.

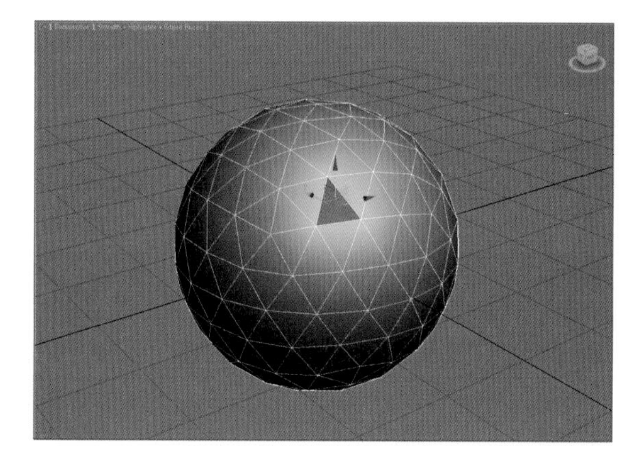

Edge

오브젝트에서 2개의 Vertex로 연결된 모서리 면을 말한다.

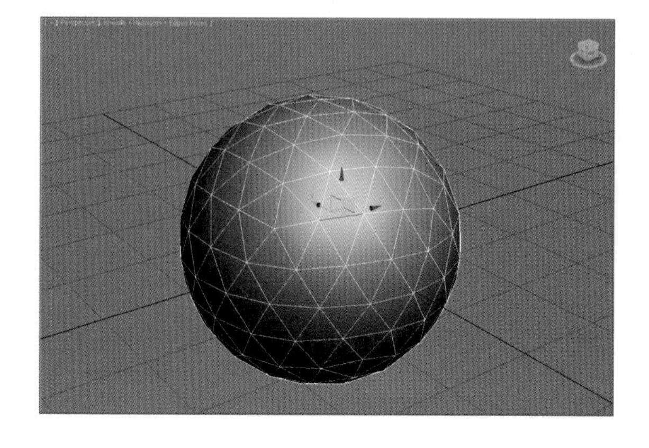

Spline

Segment로 이루어진 열리거나 닫힌 선을 말한다.

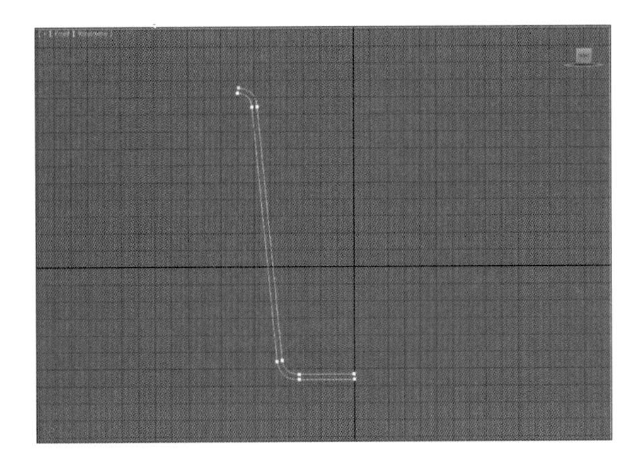

Surface

오브젝트의 표면을 말하며 여러 개의 Face나 Polygon이 모여 Surface를 이룬다.

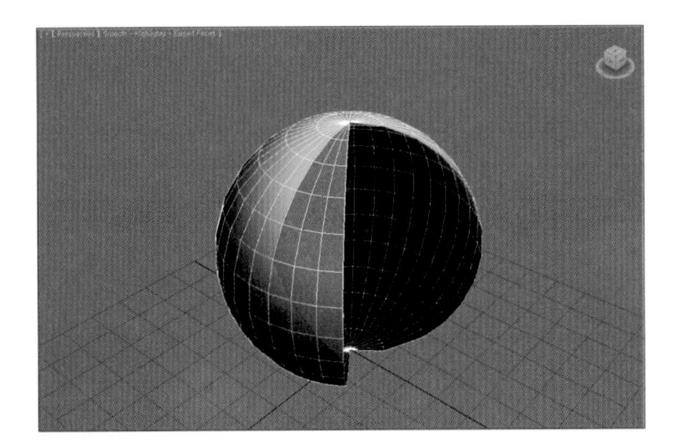

Polygon

오브젝트를 구성한 면을 말하며 Polygon이 모여 Element(구성요소)가 된다.

● Object

하나의 사물을 의미하며 객체라고도 하고 보통 점과 선으로 만들어진 3D 모델을 의미한다.

● Meshes

속이 비어있는 그물 형태 모양을 가진 오브젝트를 말한다.

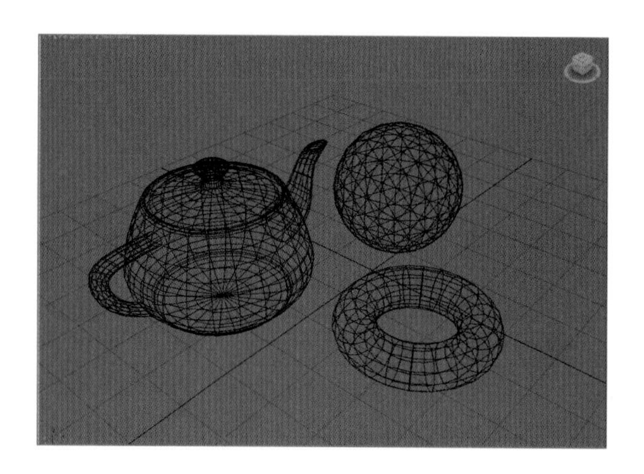

● Gizmo

기즈모는 장면이 아닌 뷰포트에서만 나타나는 가상의 오브젝트를 의미하며 Geometry 또는 다른 효과를 수정할 때 사용한다. 하나의 컨테이너 모양처럼 움직이는 기즈모는 이동, 크기조절, 회전이 가능하여 직접적인 수정이 가능하다.

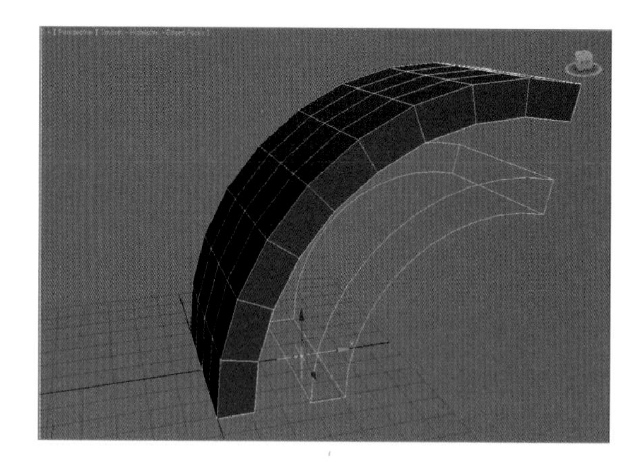

● 2D Map

2차원적인 이미지 또는 패턴을 말하며 오브젝트에 적용할 경우 뷰포트 상에서 매핑 크기를 확인 가능할 뿐만 아니라 UVW Mapping을 이용하여 매핑의 형태와 소스 이미지 크기 조절이 가능하다.

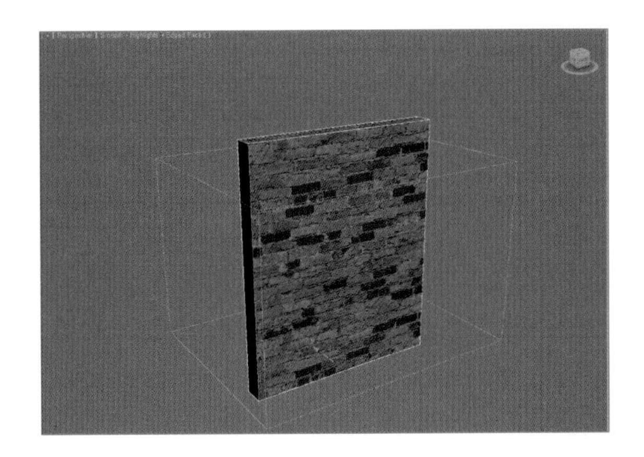

3D Map

패턴을 3차원으로 만드는 것을 말하며 렌더링 시 매핑 좌표가 필요 없으며 매핑 좌표값을 가진 것은 오브젝트에 적용할 경우 뷰포트에서도 볼 수 있다.

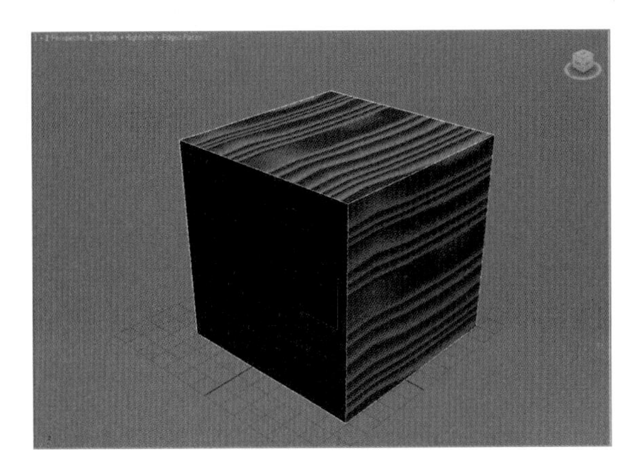

Space Warps

3차원 공간에서의 바람, 풍력, 파장 현상과 같은 표현이 가능하다.

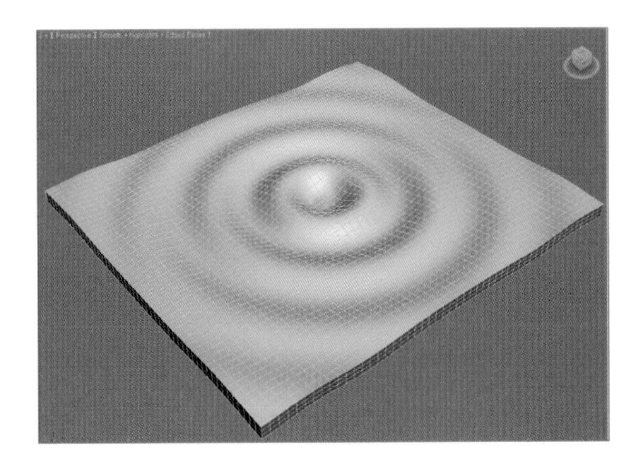

● Mapping

만들어진 오브젝트에 재질을 입히는 과정으로 Material Editor를 사용한다.

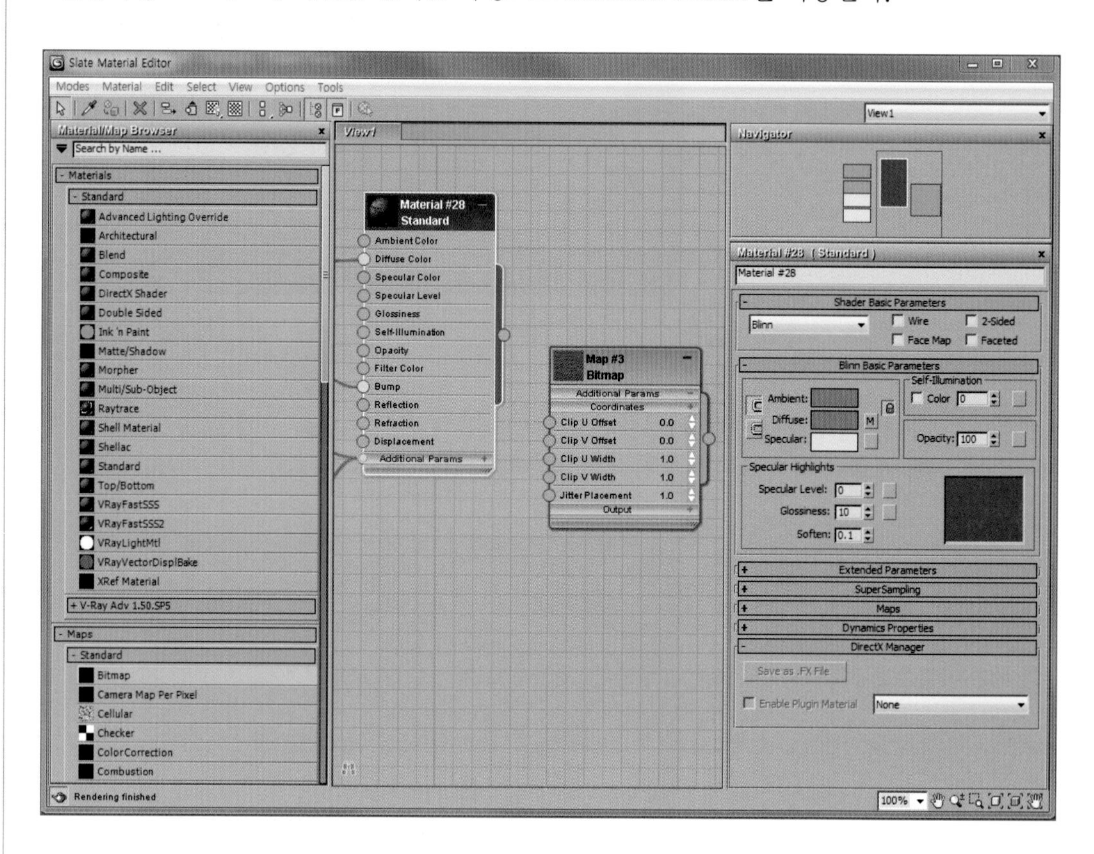

1-2 3DS MAX의 인터페이스 및 치수 설정

1 ▸▸ 패널을 새롭게 세팅하고자 할 때

Main Tool Bar의 빈 공간에서 마우스 우측 버튼을 클릭하면 사용하고자 하는 아이콘 메뉴가 보인다. 사용자는 원하는 메뉴를 체크하여 작업환경을 만들어 작업할 수 있다.

또한 메뉴의 Customize ➡ Show UI에서 해당 메뉴들을 불러올 수 있다.

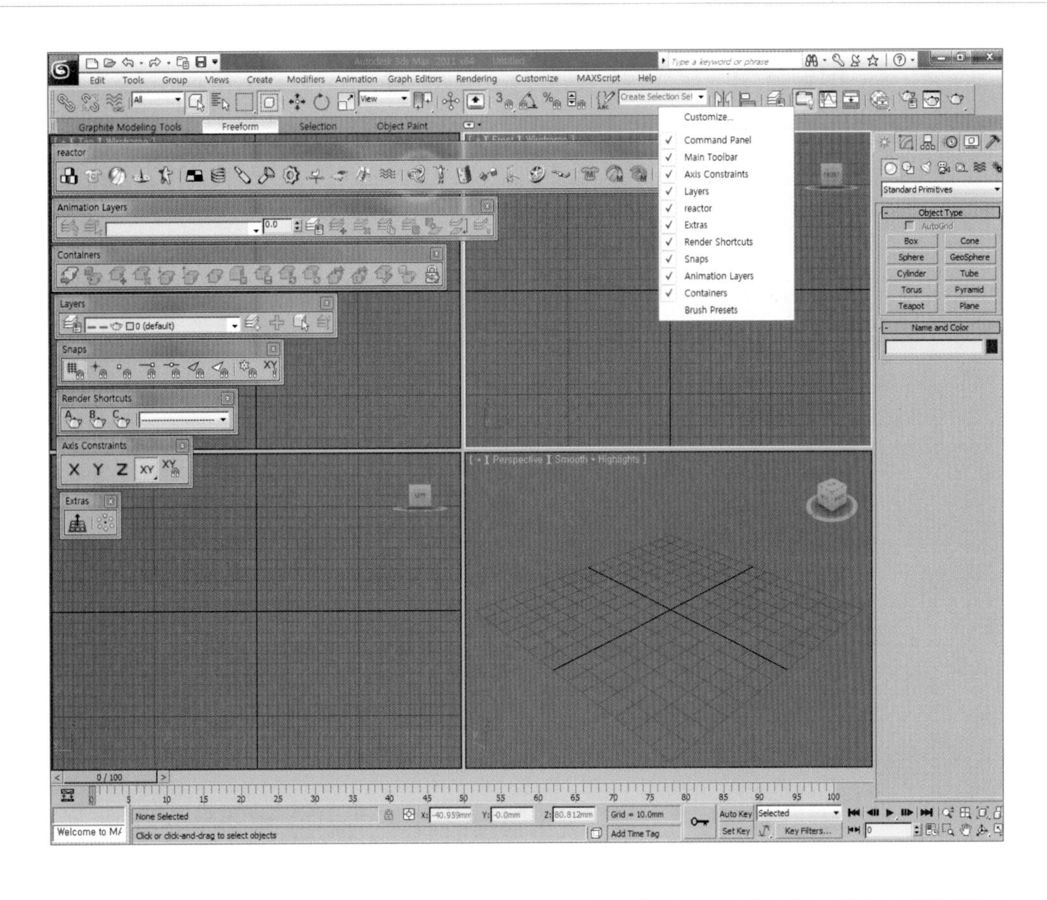
Edit Tools Group Views Create Modifiers Animation Graph Editors Rendering Customize MAXScript Help
Customize...
Command Panel
Main Toolbar
Axis Constraints
Layers
reactor
Extras
Render Shortcuts
Snaps
Animation Layers
Containers
Brush Presets
reactor
Animation Layers
Containers
Layers
Snaps
Render Shortcuts
Axis Constraints
Extras
Standard Primitives
Object Type
Box
Cone
Sphere
GeoSphere
Cylinder
Tube
Torus
Pyramid
Teapot
Plane
Name and Color
None Selected
Click or click-and-drag to select objects

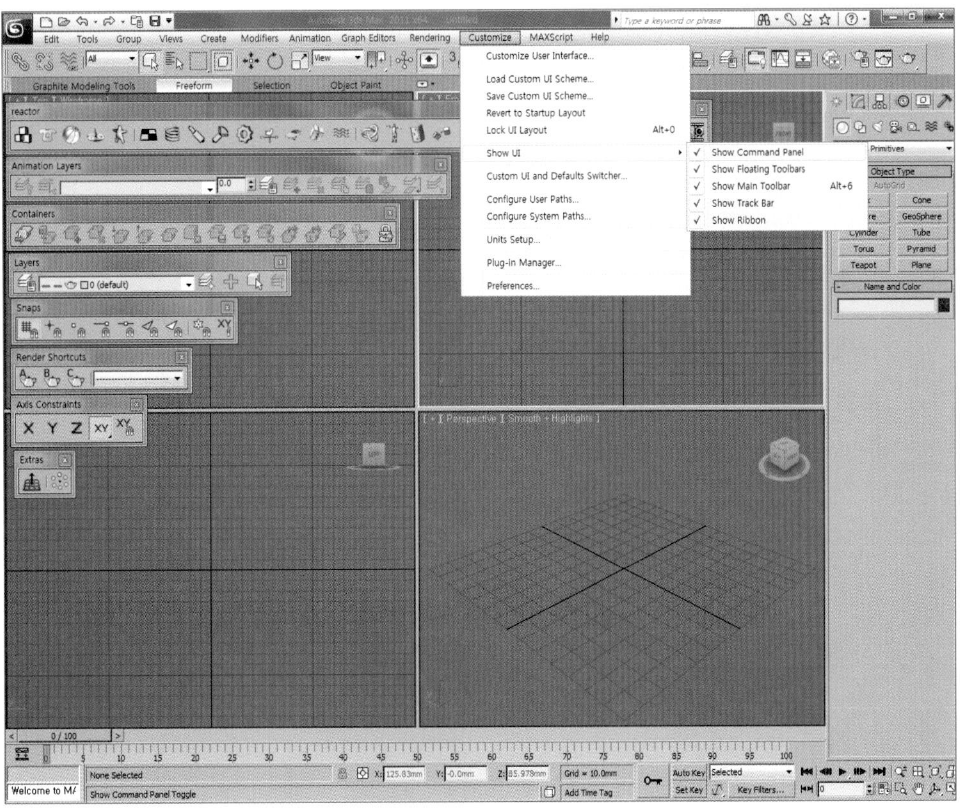
Edit Tools Group Views Create Modifiers Animation Graph Editors Rendering Customize MAXScript Help
Customize User Interface...
Load Custom UI Scheme...
Save Custom UI Scheme...
Revert to Startup Layout
Lock UI Layout Alt+0
Show UI
Custom UI and Defaults Switcher...
Configure User Paths...
Configure System Paths...
Units Setup...
Plug-in Manager...
Preferences...
Show Command Panel
Show Floating Toolbars
Show Main Toolbar Alt+6
Show Track Bar
Show Ribbon
None Selected
Show Command Panel Toggle

2 ▸▸ 메뉴를 초기값으로 재설정하고자 할 때

메뉴바의 Customize의 Load Custom UI Scheme을 클릭한 뒤 DefaultUI.ui를 선택하면 3DS MAX의 초기화면으로 설정할 수 있다.

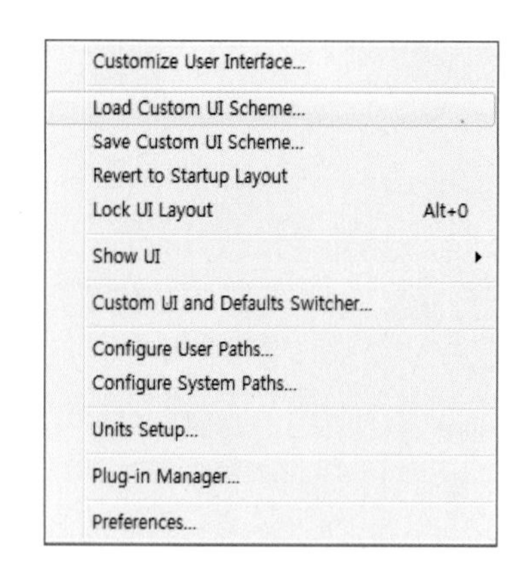

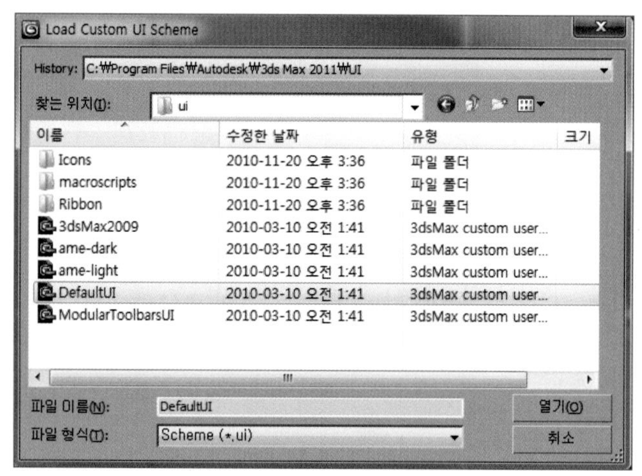

3 ▸▸ 사용자가 자주 사용하는 명령어의 단축키를 변경하고자 할 때

일반적으로 그래픽 프로그램에서는 단축키가 설정되어 있거나 사용자가 새롭게 단축키를 설정하여 작업의 효율성을 높인다. 3DS MAX에서도 자주 사용되는 명령어는 단축키가 설정되어 있지만 사용자가 불편하다고 생각되는 단축키를 새롭게 설정할 수 있다.

예로서 손바닥 툴인 Pan View의 단축키는 Ctrl + P 이지만 한 손으로 단축키를 사용하기에 불편하므로 단축키를 새롭게 설정해 보도록 한다.

01 >> Menu의 Customize의 Customize User Interface를 클릭한다.

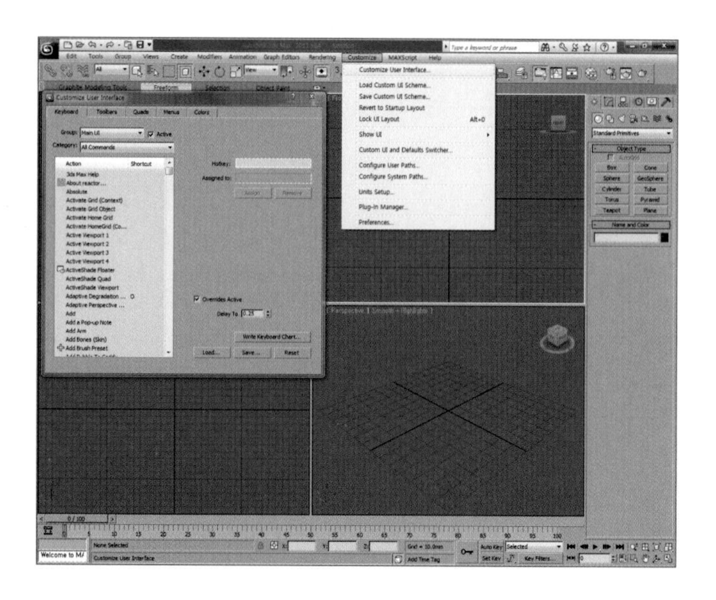

02 >> Keyboard를 클릭한 후 좌측의 Category의 맨 하단부에 위치한 Views를 선택하고 알파벳 순으로 Pan View를 찾아 선택한다. 우측에 Remove버튼을 클릭하여 기존의 단축키를 제거한다.

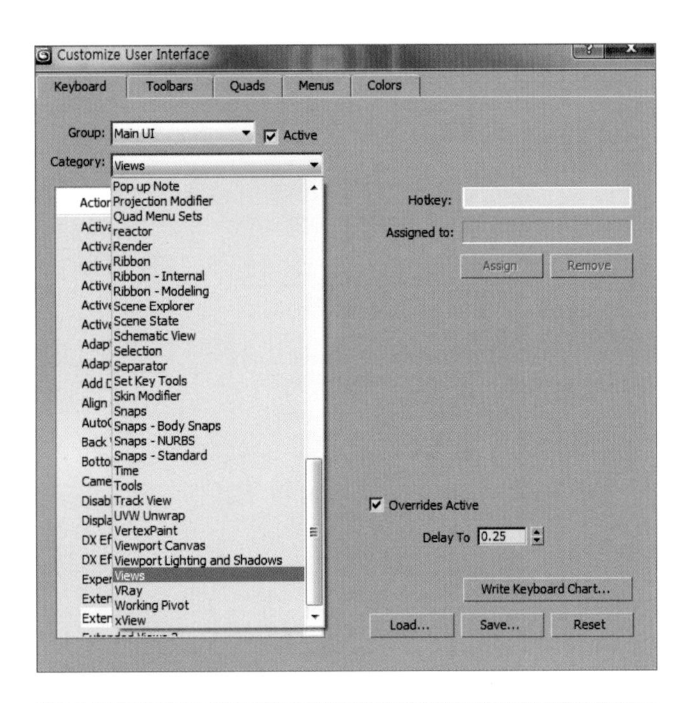

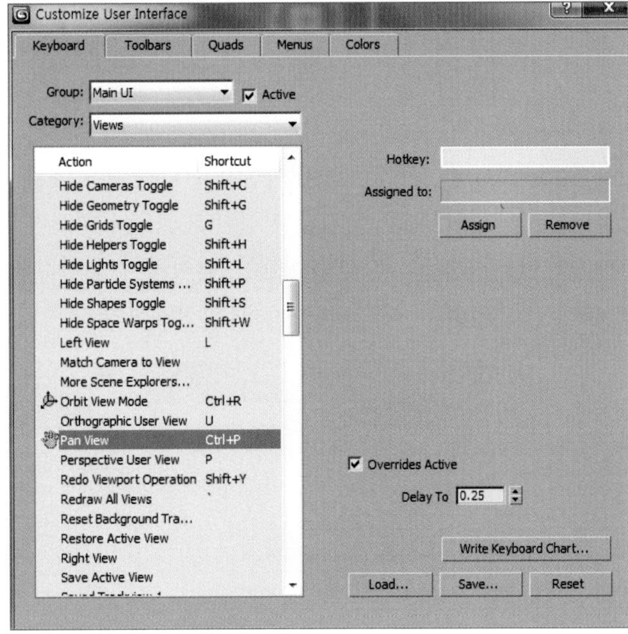

03 >> Hotkey를 클릭한 후 Shift + D 를 차례대로 입력하여 Assign을 클릭한다. 좌측의 Pan View란에 Shift + D 라고 단축키가 새롭게 입력된 것을 확인한다.

만약 입력된 단축키가 이미 지정되어 있는 경우에는 Assigned to란에 지정된 명령어가 나타나고 미지정시에는 〈Not Assigned〉라고 표시된다.

여기서 Shift + D 는 임의로 지정한 단축키이므로 사용자가 편리하도록 다르게 지정하여도 무관하다.

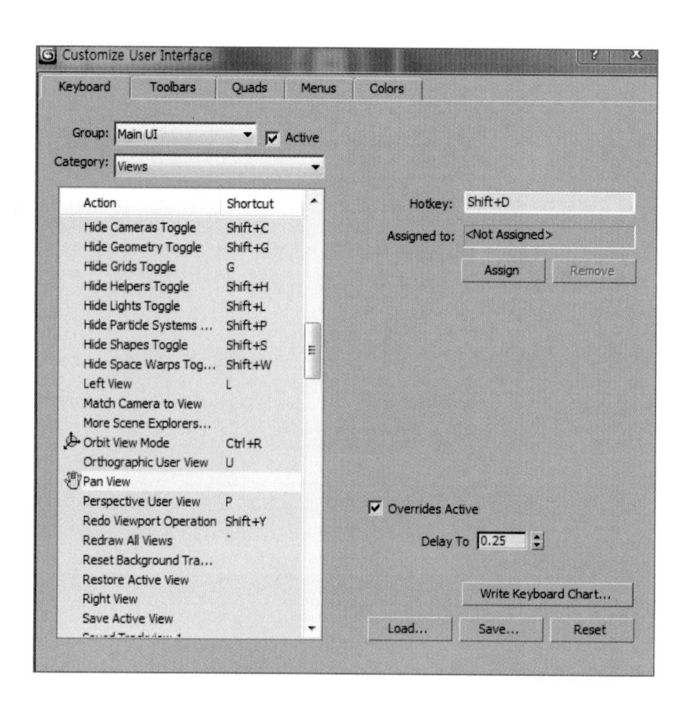

04 >> Save Shortcut File As 대화상자가 나타나면 파일 이름란에 저장할 이름을 입력한 후 저장버튼을 클릭한다. 이후에 지금 저장한 키를 사용하고자 할 때 저장한 파일을 Load한 후 열기하여 사용이 가능하고 최초에 실행한 단축키의 초기값을 사용하고자 할 때는 Menu의 Customize의 Customize User Interface 대화창에서 우측 하단에 있는 Reset 버튼을 선택한다.

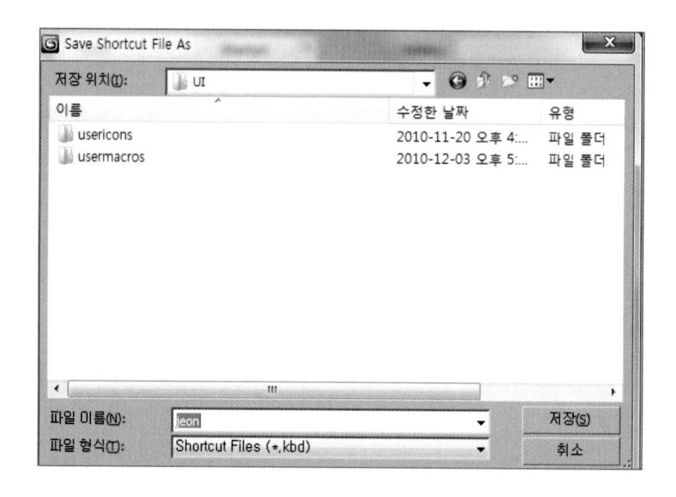

Customize User Interface 대화상자 Option

- Keyboard : 키보드의 단축키를 변경할 수 있다.
- Toolbars : Main Toolbar의 기본 설정값을 변경할 수 있다.
- Quads : 마우스 오른쪽 버튼의 바로가기 메뉴를 변경할 수 있다.
- Menus : Main menu의 기본 설정값을 변경할 수 있다.
- Colors : 맥스에서 사용되는 모든 색상을 변경할 수 있다.

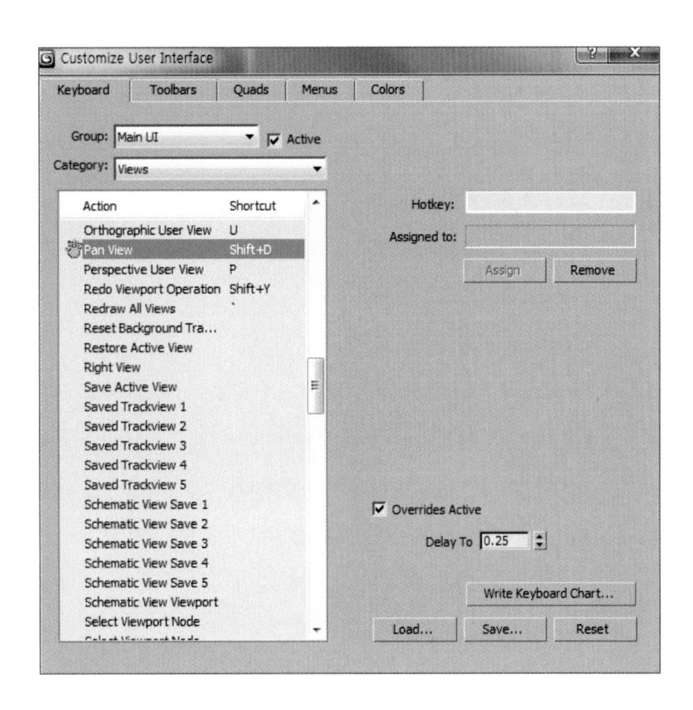

Note 배경색상 변경

작업배경색상을 변경하고자 할 때에는 Menu의 Customize의 Customize User Interface 대화창에서 Color란에 Viewport Background를 선택한 후 Color를 클릭하여 배경색을 변경할 수 있다.

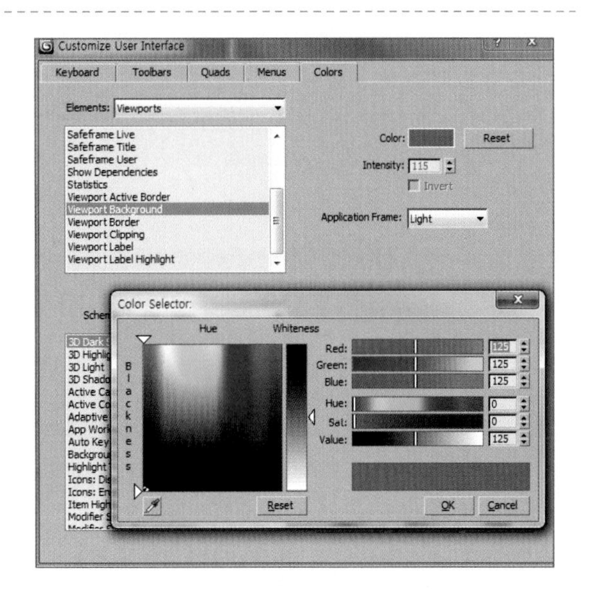

1-3 3DS MAX의 단축키

단축키는 버전에 따라 약간의 차이가 있으나 Hotkey에서 수정이 가능하다. 자주 사용되는 단축키는 작업시간을 단축하는데 많은 도움이 되므로 반드시 숙지하도록 한다. (※ 진하게 표시된 단축키는 자주 사용되는 단축키이다.)

단축키	단축 명령어	단축키	단축 명령어
F1	도움말 불러오기	**Q**	**오브젝트 선택하기**
F2	**선택된 페이스(Face)에 색을 입혀 보기**	**W**	**이동 모드로 전환하기**
F3	**오브젝트를 색상모드로 보기**	**E**	**회전 모드로 전환하기**
F4	**Edged Face 모드 보기**	**R**	**배율 모드로 전환하기**
F5	**Object의 X축으로만 제한하기**	**M**	**재질편집기 대화상자 불러오기**
F6	**Object의 Y축으로만 제한하기**	**i**	**뷰포트 밀기**
F7	**Object의 Z축으로만 제한하기**	**[**	**뷰포트 줌인 하기**
F8	XY, YZ, ZX 평면으로 Object 제한하기	**]**	**뷰포트 줌아웃 하기**
F9	**마지막 Viewport에서 렌더링 재실행하기**	**S**	**Snap 켜기/끄기**
F10	**Rendering Option 대화상자 불러오기**	**G**	**Grid 숨기기/보이기**
F12	**Transform Type-in 대화상자 불러오기**	**A**	**Angle Snap 켜기/끄기**
T	**Top 뷰포트로 전환하기**	**Z**	**선택 오브젝트를 최대 확대하기**
F	**Front 뷰포트로 전환하기**	**Ctrl+Shift+Z**	**모든Viewport를 최대 확대하기**
L	**Left 뷰포트로 전환하기**	Ctrl+E	배율 모드 바꾸기
V+R	**Right 뷰포트로 전환하기**	**-**	**트랜스 폼 기즈모 작게 하기**
C	**카메라 뷰포트로 전환하기**	**+**	**트랜스 폼 기즈모 크게 하기**
P	**Perspective 뷰포트로 전환하기**	1,2,3,4,5	Sub Object 레벨별로 보기
X	**Pivot 축 보기 / 안보기**	8	Environment 대화상자 불러오기
H	**이름으로 오브젝트 선택하기**	Shift+F	Safeframe 보기
Ctrl+W	Zoom Region 모드로 전환하기	Shift+G	Geometry Object 숨기기/보기
Alt+W	**Viewport를 4개 화면 혹은 1개 화면으로 전환하기**	Alt+C	Cut(Poly) 명령 실행하기
Alt+Z	Zoom 모드로 전환하기	Ctrl+C	현재 View에서 카메라 생성하기
Alt+X	**선택한 오브젝트를 반투명으로 전환하기**	Shift+C	Camera 숨기기/보기
Alt+B	뷰포트 백그라운드 보기/숨기기	Shift+H	Helper 숨기기/보기
Alt+Q	**아이소 모드 (선택된 오브젝트만 보기)**	**Space Bar**	**선택된 오브젝트를 잠궈 놓기**
Shift+Drag	**선택된 오브젝트를 복사하기**	**J**	**선택된 오브젝트를 테두리로 표시하기**

1-4 Icon Menu

● Undo

Undo 아이콘은 실행한 명령을 취소한다. 기본값은 20회까지 취소가 되며 사용자가 취소 횟수를 변경할 수 있다. Menu에서 Customize의 Preferences...를 선택한 후 General버튼을 클릭하여 왼쪽 Scene Undo의 Levels값을 조절한다. 최대 500회까지 취소할 수 있지만 취소 수치가 높을수록 메모리 사용량이 많아지므로 20~30회 정도가 적절하다.

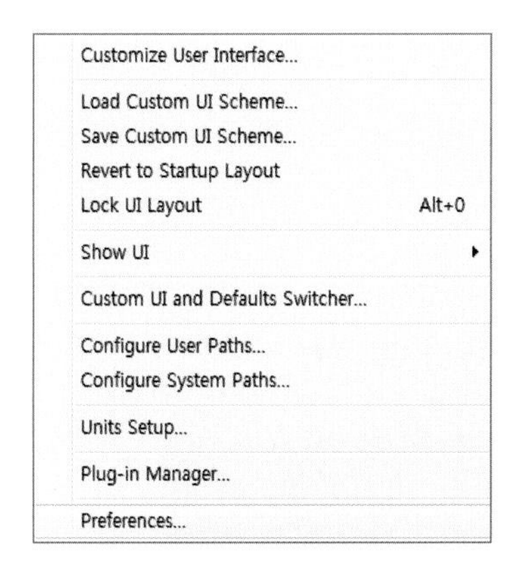

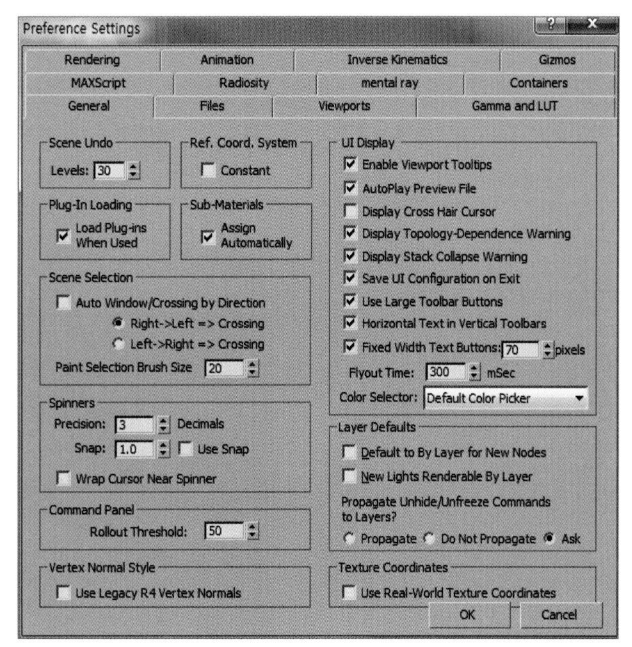

Note Spinners

단위 설정을 한 후 소수점 표시를 조절할 수 있다.
예를 들어 Precision 란의 수치를 0으로 하면 정수로 표시되고 2로 놓으면 소수점 2자리까지 표시된다.

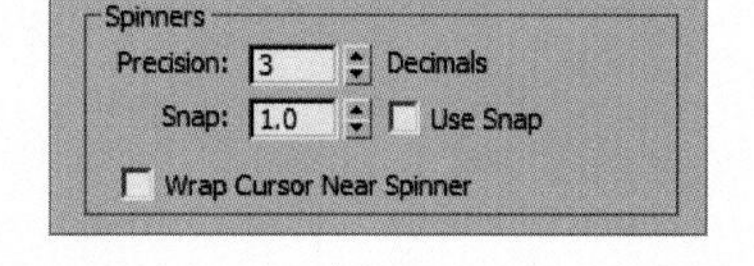

● Redo

Redo 아이콘은 취소한 명령을 다시 취소하는 명령이다.

● Select And Link

Select And Link 아이콘은 2개 이상의 오브젝트에 부모(Parent)와 자식(Child)의 관계를 연결해 주는 기능이다.

한 개의 오브젝트를 선택한 다음 다른 오브젝트에 드래그하여 연결하면 나중에 선택하여 연결된 상위(부모) 오브젝트를 움직일 때 링크된 하위(자식) 오브젝트가 동시에 움직인다.

이때 상위(부모) 오브젝트가 된 오브젝트를 움직일 경우에는 연결된 하위(자식) 오브젝트가 함께 움직이지만 반대로 하위(자식) 오브젝트를 움직일 경우에는 상위(부모) 오브젝트가 함께 움직이지 않는다.

Unlink Selection

Unlink Selection 아이콘은 연결된 오브젝트를 끊어 주는 기능으로 하위(자식) 오브젝트를 선택한 후에 실행한다.

Bind To Space Warp

Bind To Space Warp 아이콘은 물결이나 파동, 폭발 등의 효과를 줄 때 사용하며 Viewport 상에서는 보이지만 렌더링 시에는 나타나지 않는다.

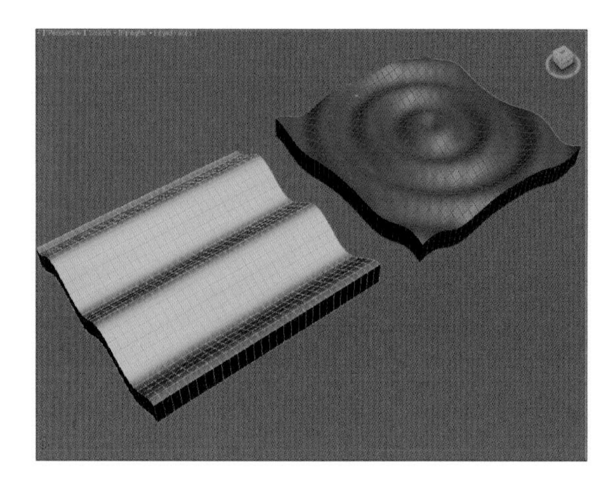

Selection Filter

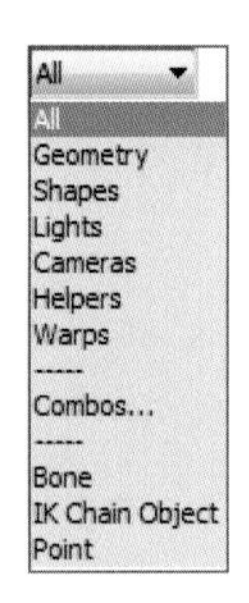

Selection Filter 아이콘은 오브젝트를 선택하는 방법 중 하나로 어떤 특정 대상만을 선택하고자 할 때 원하는 타입만을 골라서 선택하는 기능이다. 해당되는 한 개의 항목을 선택하면 필터링이 되며 2개 이상의 항목을 선택하고자 할 때는 Combos 항목을 선택한 뒤 대화상자에 나오는 항목을 체크하면 다중 항목 선택이 가능하다.

Select Object

Select Object 아이콘은 단순히 오브젝트만을 선택할 때 사용하는 명령어이다. 오브젝트를 계속적으로 추가 선택하고자 할 때에는 Ctrl 버튼을 누른 상태에서 오브젝트 선택을 추가할 수 있고 선택된 오브젝트를 선택에서 제외하고자 할 때에는 Ctrl 버튼이나 Alt 버튼을 누른 상태에서 제외하고자 하는 오브젝트를 선택하여 제외한다.

Select By Name

Select By Name 아이콘은 오브젝트 선택시에 오브젝트의 이름으로 대상을 선택한다(단축키: H). 연속선택은 Shift 키를 누른 상태에서 처음 오브젝트와 마지막 오브젝트를 클릭하면 연속적으로 선택이 가능하다. 개별선택은 Ctrl 키를 누른 상태에서 선택하고자 하는 오브젝트만을 클릭하여 선택할 수 있다.

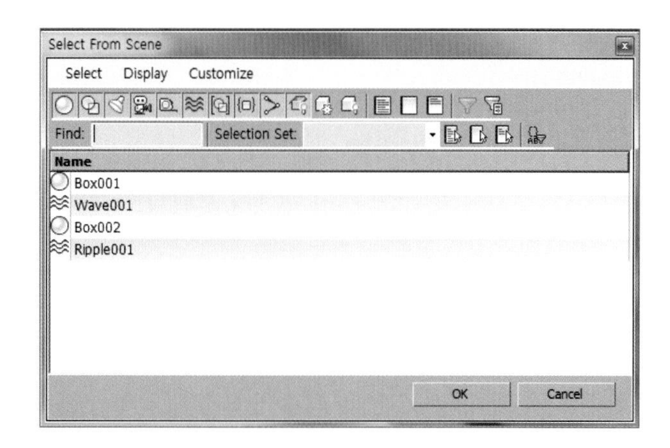

Rectangular Selection Region

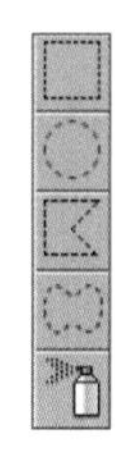

Rectangular Selection Region 아이콘은 오브젝트 선택시에 어떤 모양의 영역으로 사용할지를 결정한다.

Window/Crossing

Window/Crossing 아이콘은 선택 방법을 결정한다.

Window로 선택시에는 오브젝트가 선택영역에 모두 포함되어야 선택이 되며 Crossing은 오브젝트가 선택영역에 조금이라도 닿으면 선택이 된다.

Select And Move / Select And Rotate / Select And Uniform Scale

- Select And Move : 오브젝트를 선택과 동시에 이동할 수 있다. (단축키: W)
- Select And Rotate : 오브젝트를 선택과 동시에 회전할 수 있다. (단축키: E)
- Select And Uniform Scale : 오브젝트를 선택과 동시에 크기를 조절할 수 있다. (단축키: R)

● Reference Coordinate System

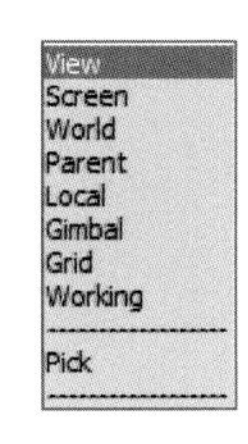

좌표계를 의미하며 Move, Rotate, Scale 등의 변환에 영향을 준다.
3개의 삼각축(X, Y, Z)이 모든 뷰포트에서 동일하게 작용한다.

● Use Pivot Point Center

모든 오브젝트는 자신의 축(Pivot)을 가지고 있다. 오브젝트의 Local 중심을 나타내며 변형을 할 때 오브젝트의 기준이 된다.

여러 개의 오브젝트를 선택했을 때 각각의 오브젝트 축을 사용한다.

2개 이상의 오브젝트를 선택했을 때 오브젝트 사이의 중간 지점 축을 사용한다.

기본좌표축을 사용한다.

● Select And Manipulate

다중 명령어 사용시에 활용한다. 이 버튼이 선택된 상태에서 Select And Move 명령을 사용하면서 오브젝트의 Scale 조절이 가능하다.

● Snaps Toggle

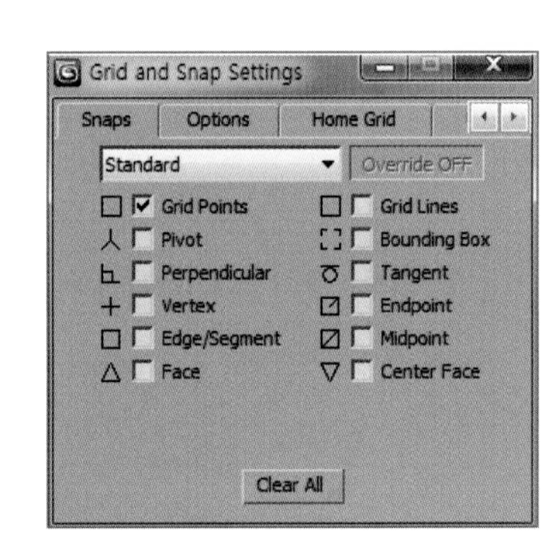

Snap 명령은 맥스 사용에 있어서 자주 사용하는 기능으로 단축키(S)를 주로 사용하며 사용자가 원하는 옵션에 체크하여 사용한다.

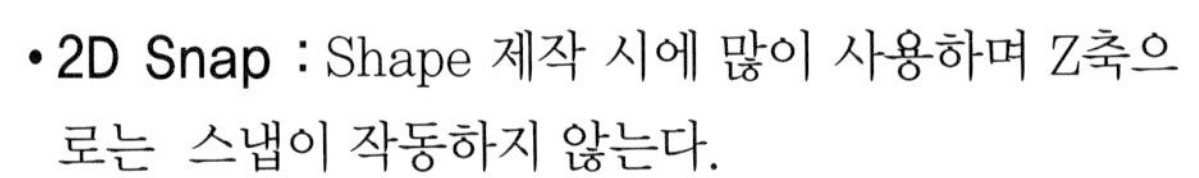

- **2D Snap** : Shape 제작 시에 많이 사용하며 Z축으로는 스냅이 작동하지 않는다.
- **2.5D Snap** : 2D와 3D의 중성적인 기능을 가지고 있다.
- **3D Snap** : 2D, 3D공간 모드에서 사용 가능하다.

Note 2.5D Snap과 3D Snap의 차이점

피라미드 오브젝트를 그려 놓고 Line 명령을 이용해서 End Point를 이용해서 각각의 꼭지점을 그려 놓을 때 2.5D Snap은 평면의 삼각형이 그려지고 3D Snap을 이용하여 그린 경우에는 기울어진 삼각형이 그려진다. 이것은 2.5D Snap은 Z값을 인식하지만 표현하지 않고 평면으로 그려지게 하는 것이고 3D Snap은 Z값을 인식하여 기울어진 삼각형을 그려지게 하는 것이다.

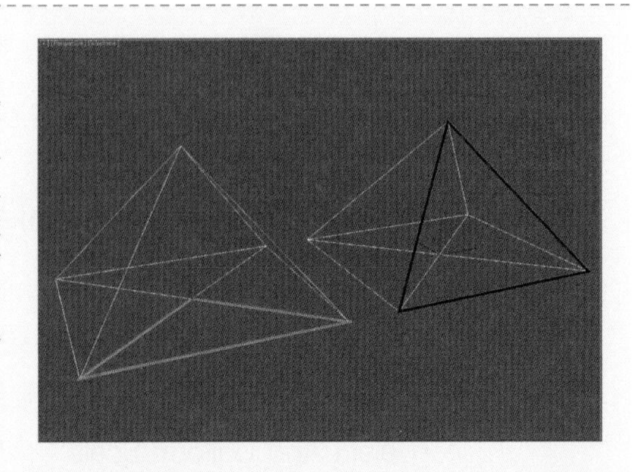

Angle Snap Toggle

Angle Snap Toggle 아이콘은 오브젝트를 일정한 각도로 회전하는 스냅이다.

Percent Snap Toggle

Percent Snap Toggle 아이콘은 수치에 의한 스케일 조절을 할 수 있는 스냅이다.

Spinner Snap Toggle

Spinner Snap Toggle 아이콘은 스냅의 강약 조절이 가능하며 마우스 우측 버튼을 클릭하여 Spinners 옵션에서 오브젝트 크기값의 소수점 표기를 조절할 수 있다.

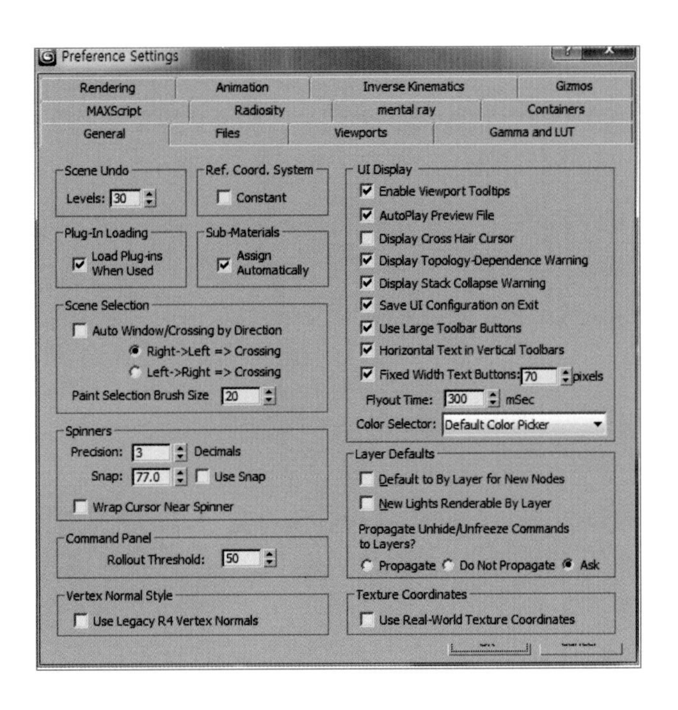

Edit Named Selection Sets

1개 이상의 객체를 선택한 후 Named Selection란에 이름을 지정하고 필요할 때 지정했던 이름으로 다시 불러오면 지정할 당시의 대상이 선택되어 그룹처럼 사용이 가능하다.

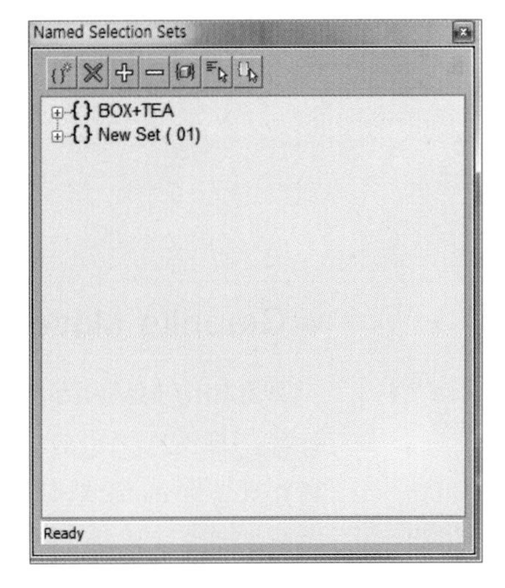

Mirror

오브젝트를 서로 마주 보도록 반사시키는 명령어이다. 보통 얼굴이나 좌우 대칭이 되는 오브젝트를 제작할 때 반쪽만을 제작하고 나머지는 Mirror를 이용하여 붙이는 방법을 사용한다. Mirror를 이용하여 마주보게 복사하고자 할 때에는 Clone Selection 옵션에서 Copy를 체크한다.

Quick Align

- 오브젝트를 정렬시키는 명령어로서 흩어져 있는 대상들을 선택한 후 원하는 축으로 정렬한다.
- 현재 선택의 위치를 대상 오브젝트의 위치로 즉시 정렬한다.
- 각 오브젝트에서 면 또는 선택 부분의 법선 방향에 따라 두 개의 오브젝트를 정렬한다.
- 조명을 설치한 후 하이라이트 부분을 지정하면 조명이 지정한 방향으로 이동한다.
- 설치된 카메라를 선택한 후 보이고자 하는 면을 지정하면 카메라가 이동한다.
- 선택된 오브젝트 또는 하위 오브젝트의 로컬 축을 현재 뷰포트와 정렬할 수 있는 뷰에 정렬 대화상자를 표시한다.

Layer Manager

사용자가 레이어를 관리하는 기능으로 레이어를 만들거나 삭제할 수 있으며 장면의 모든 레이어와 이와 연결된 오브젝트에 대한 설정을 편집할 수 있다. 대화상자에서 오브젝트의 이름, 가시의 유무, 렌더링 여부, 컬러 및 라디오시티 솔루션에 오브젝트와 레이어를 포함할지의 여부를 지정할 수 있다.

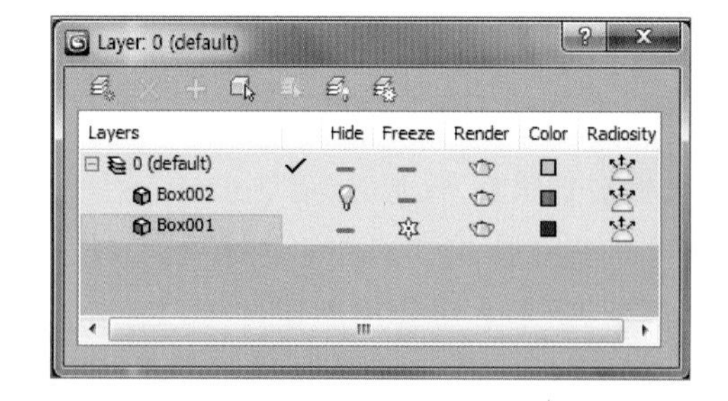

Graphite Modeling Tools

Graphite Modeling Tools 세트는 매시 및 다각형 오브젝트를 편집한다. 사용자 정의가 가능한 컨텍스트 기반의 인터페이스에서는 모델링 태스크와 직접 관련된 모든 도구를 제공하며, 필요시에 관련 매개변수에만 액세스할 수 있도록 하여 작업영역을 편리하도록 설정한다. 기본 컨트롤에는 기존의 모든 폴리 편집/편집 가능한 폴리 도구와 형상을 만들고 편집하기 위한 여러 새 도구가 포함되어 있다.

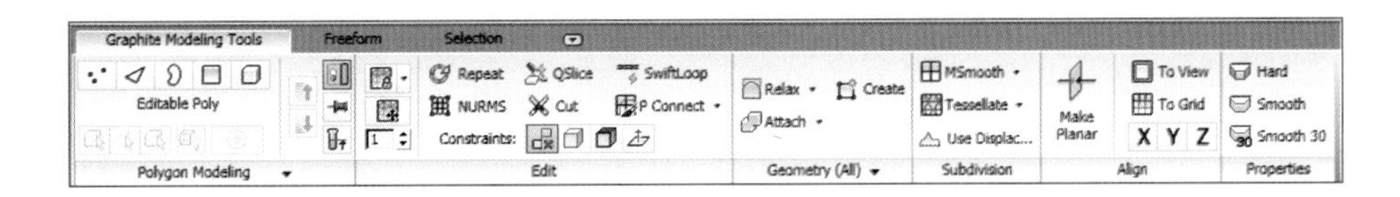

Curve Editor(Open)

애니메이션 제작시에 필요한 편집창으로 동작키 삽입 및 편집이 용이하다. 트랙 뷰를 통해 만든 키를 보고 편집할 수 있으며 애니메이션 제어기를 할당하여 장면의 오브젝트에 대한 매개변수 및 키를 모두 보간(Interpolation) 하거나 제어할 수도 있다.

트랙 뷰에서는 곡선 편집기 및 도프 시트의 두 개의 다른 모드가 사용된다. 곡선 편집기 모드를 통해서는 애니메이션을 함수 곡선으로 표시할 수 있으며 도프 시트 모드에서는 애니메이션이 범위 및 키에 대한 스프레드시트로 표시된다.

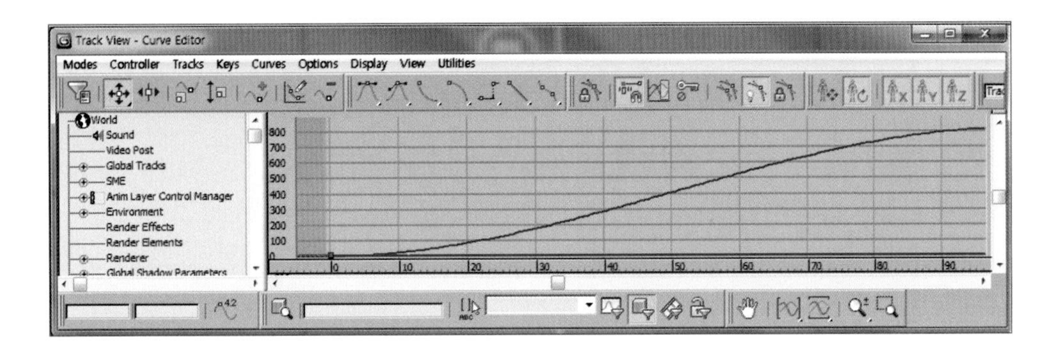

Schematic View(Open)

도식적 뷰는 오브젝트간의 관계를 조회, 생성 및 편집할 수 있으며 계층을 생성하고, 컨트롤러, 소재, 수정자 또는 제한 사항을 할당할 수 있다.

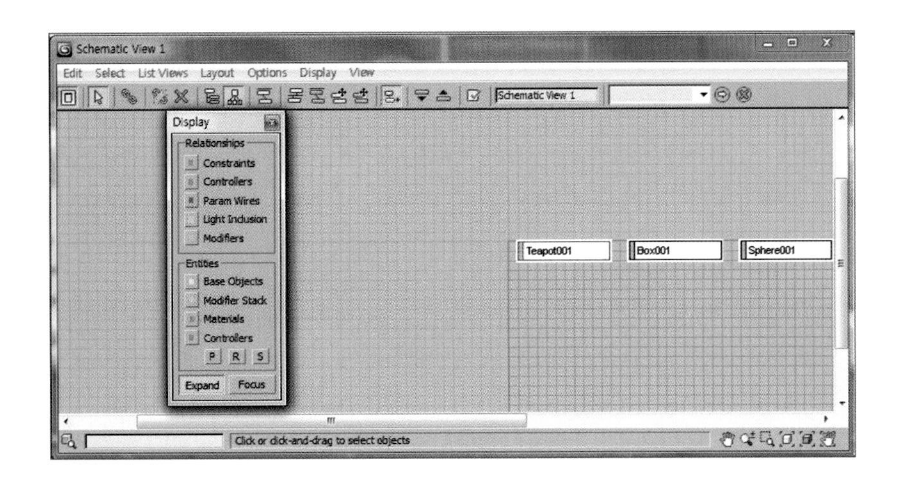

Material Editor

재질 편집기에서는 재질 및 맵을 만들고 편집하는 기능을 한다. 개별 오브젝트나 선택 세트에 재질을 적용하며 단일 장면에 여러 재질이 포함될 수 있다. 단축키는 M 을 사용한다.

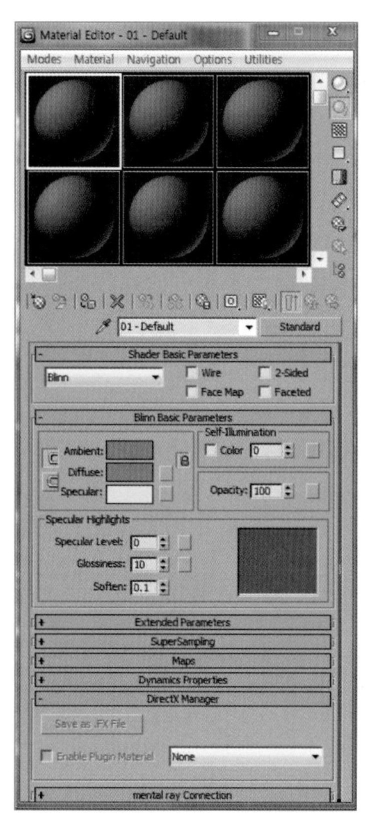

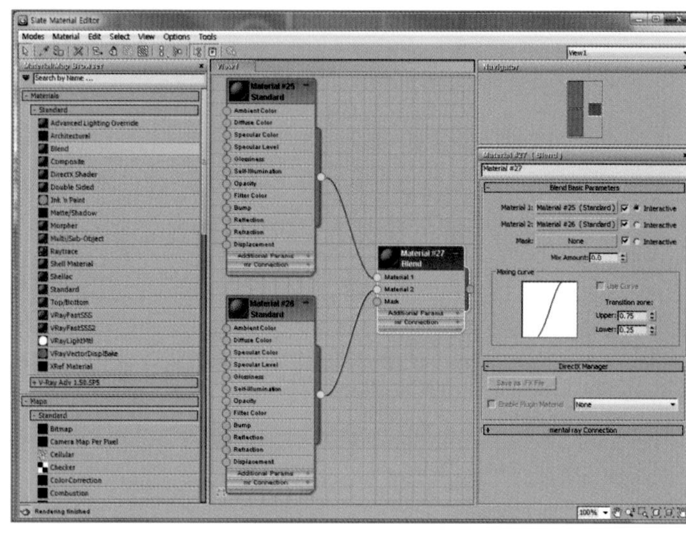

Render Setup

렌더링에 대한 매개변수를 설정할 수 있는 렌더 설정 대화상자를 연다. 렌더링 범위설정, 출력 사이즈, 저장 등을 설정할 수 있다. 설정된 광원이나 적용된 재질 및 배경, 대기 등의 환경 설정을 이용하여 장면에 적용처리 한다.

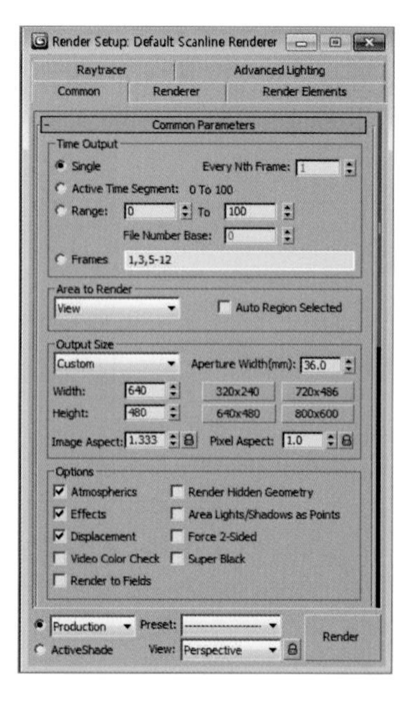

● Rendered Frame Window

렌더링된 프레임 창으로 장면을 렌더링하거나 렌더링된 장면을 파일로 저장한다.

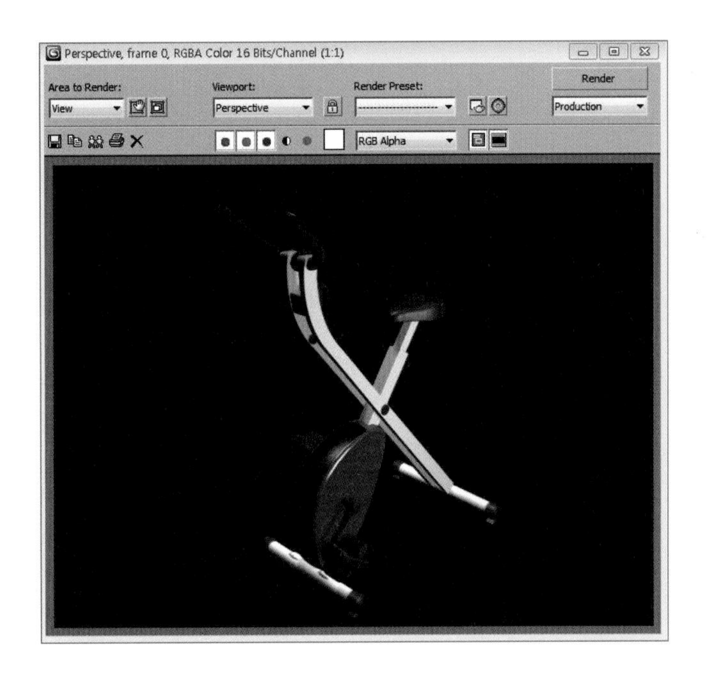

● Render Production

렌더러 할당 롤아웃은 프로덕션과 Active Shade 범주, 재질 편집기의 샘플 슬롯에 어떤 렌더러가 할당되었는지 표시한다.

도구 모음의 렌더 플라이아웃을 사용하면 사용할 렌더러를 선택할 수 있다.

렌더 프로덕션 명령은 렌더 설정 대화상자를 열지 않고 현재 프로덕션 렌더 설정을 사용하여 장면을 렌더링한다.

렌더 반복 명령 버튼은 렌더 설정 대화상자를 열지 않고 반복 모드에서 장면을 렌더링한다.

Active Shade 버튼은 부동 창에 Active Shade 렌더링을 만들며 여러 화면 중에서 한 번에 하나의 Active Shade 화면만 활성화할 수 있다.

1-5 Viewports

Zoom	현재의 화면에 마우스로 드래그하면 객체가 크게 혹은 작게 보인다. 기본적으로 확대/축소는 뷰포트의 중심을 기준으로 실행된다.
Zoom All	현재의 화면을 마우스로 드래그하면 4개의 모든 창의 물체가 크게 혹은 작게 보인다. Shift 키를 누른 채 뷰포트 안쪽을 드래그하면 Perspective 뷰포트를 제외한 모든 뷰포트가 확대/축소된다.
Zoom Extents	모든 오브젝트를 화면에 최대한으로 보여준다. 이 컨트롤은 단일 뷰포트에서 모든 오브젝트를 장면에서 보려고 할 때 사용하면 유용하다.
	선택된 오브젝트를 화면에 최대한으로 보여준다. 이 컨트롤은 복잡한 장면에서 작은 오브젝트가 보이지 않을 때 사용하면 유용하다.
Zoom Extents All	모든 뷰포트에서 오브젝트들을 화면에 최대한으로 보여준다.
	모든 뷰포트에서 선택된 오브젝트를 중심으로 화면에 최대한 보여준다.
Region Zoom/Field Of View	선택된 뷰영역을 확대하고자 할 때 사용한다.
	Perspective영역이나 camera view에서는 FOV(Field Of View)로 전환된다.
Pan View	현재의 화면을 상하좌우로 평행이동시킨다.
	Perspective 영역에서만 나타나며 현재의 화면을 원형 이동시킨다.
Arc Rotate	궤도 플라이아웃에는 궤도, 선택한 궤도, 궤도 하위 오브젝트 버튼이 포함되어 있으며 현재의 화면을 회전시킨다. 단축키는 Alt+가운데 마우스 버튼을 사용한다.
Maximize Viewport Toggle	4개의 화면을 1개의 화면으로 확대하거나 1개의 화면을 4개로 분할한다.

Note 뷰포트 사용방법

맥스 작업을 하다보면 모니터 공간의 협소함으로 좀 더 큰 작업공간의 필요성을 느끼게 된다. 이때 뷰포트를 좀 더 넓게 사용하거나 단축키를 이용하여 필요에 따라 공간 변경을 자유자재로 함으로써 보다 효율적인 작업이 가능해진다.

◎ 뷰포트를 넓게 사용하는 방법

뷰포트가 나누어진 교차 지점에 마우스를 드래그하면 사용자가 원하는 사이즈로 한 개의 화면으로 확대 축소조절이 가능하다.

초기상태로 돌리고자 할 때는 교차 지점에서 마우스 우측 버튼을 클릭하여 Reset Layout 명령을 실행하면 초기상태로 복구된다.

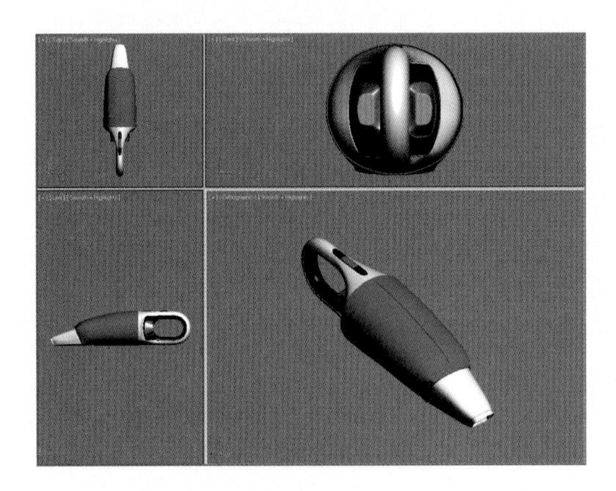

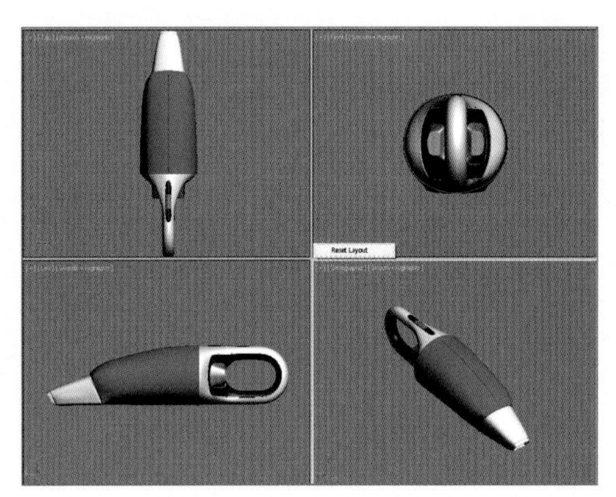

◎ 전문가용 뷰포트 사용방법

단축키를 많이 사용하는 전문가 사양으로 Ctrl+X 를 누르면 옆의 커맨드 및 아이콘 메뉴가 잠시 사라져 화면을 보다 크게 활용할 수 있다. 초기화면의 명령 패널을 다시 보고자 할 때는 Ctrl+X 를 한 번 더 클릭하거나 우측하단의 Cancel Expert Mode 버튼을 클릭하면 원래의 화면으로 복구된다.

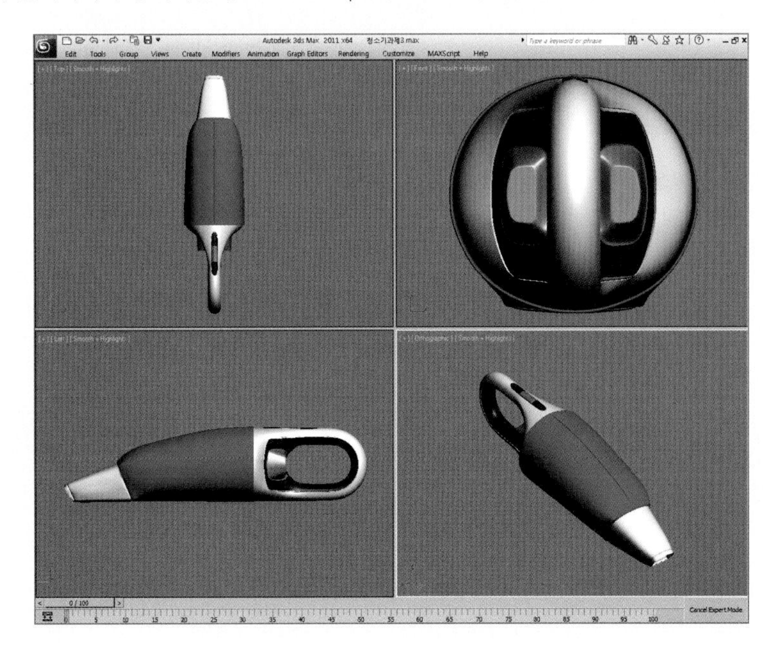

1-6 단위 설정

Menu Bar의 Customize의 하부 메뉴에서 Units Setup을 선택하면 단위를 선택 조절할 수 있다.

3DS Max에서의 초기 단위는 Inch로 설정되어 있다.

우리나라 및 일본 등의 아시아 국가에서 사용되는 mm단위로 변경하고자 할 때에는 다음과 같이 두 곳의 옵션을 조절하도록 한다.

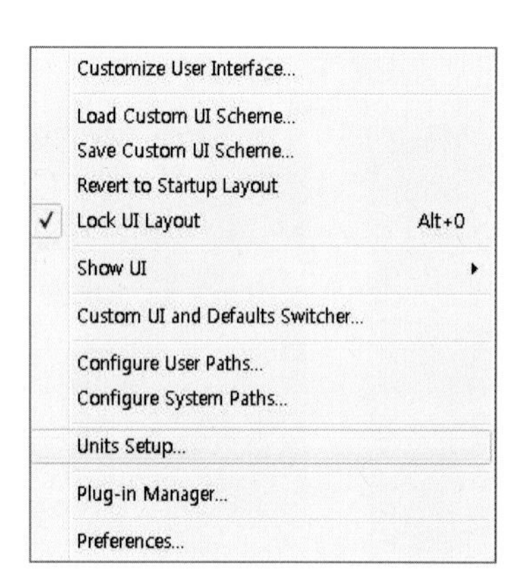

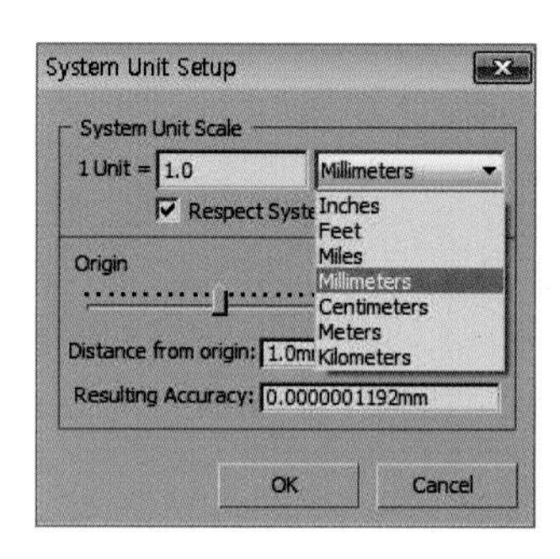

[Customize] ➡ [Units Setup..] ➡ [System Unit Setup] ➡ [Millimeters] ➡ 매핑

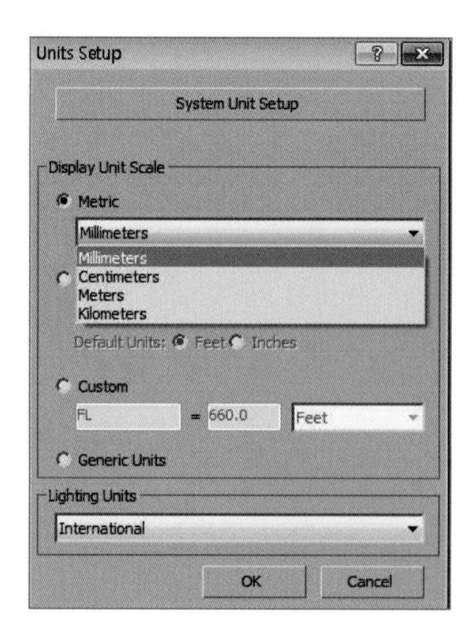

[Customize] ➡ [Units Setup..] ➡ [Display Unit Scale] ➡ [Metric] ➡ [Millimeters] ➡ [OK]

1-7 자동저장과 압축저장

1 ▸▸ 자동저장 방법

맥스 작업 도중에 갑자기 정전이 되거나 전원이 꺼졌을 때 지금까지 작업한 것이 모두 사라지는 것을 방지하기 위해 꼭 필요한 세팅이다.

먼저 풀다운 메뉴란에 [Customize] ➡ [Preferences] ➡ [Files]를 클릭하면 [Auto Backup]에서 [Number Of Autobak Files](백업할 파일의 개수 지정)를 9로 지정하고 Backup Interval(Minutes)(저장 시간)을 초보자는 20 혹은 30으로 지정하여 20~30분 간격으로 자동 저장이 되도록 설정한다.

이때 저장된 파일은 AutoBack폴더에 시간이 경과됨에 따라 9개의 파일이 순차적으로 덮어 씌워 자동 저장한다.

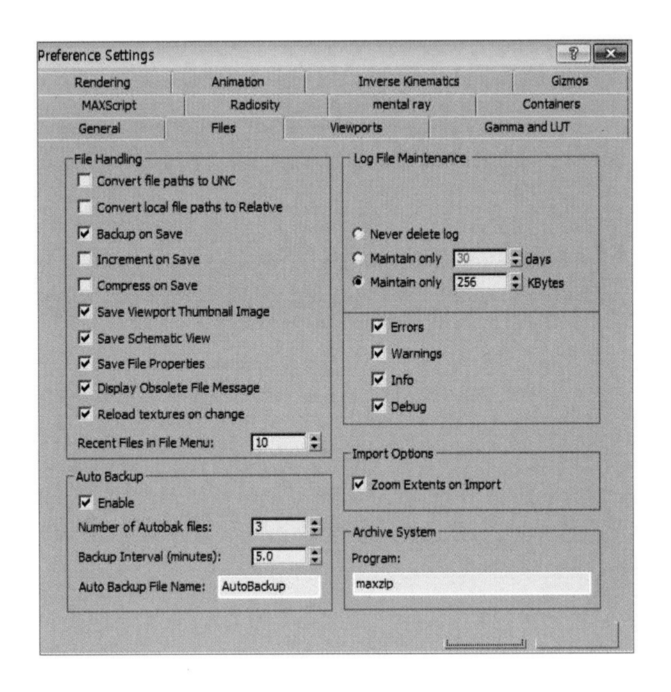

2 ▸▸ 압축저장 방법

맥스작업이 완료된 후에 작업한 내용을 타인에게 보내거나 혹은 다른 컴퓨터로 옮길 경우 반드시 압축 저장하여 옮기도록 한다. 맥스에서 작업한 내용 중 매핑 작업을 했을 때 일반적인 방법(Save 혹은 Save as)으로 저장한 후 다른 컴퓨터로 데이터를 이동하게 되면 작업에 사용된 데이터 이미지의 경로가 달라서 화면상에 에러 메시지와 함께 모두 회색으로 보이게 되는 경우가 발생하므로 반드시 Archive명령을 사용하여 저장해야 한다. 매우 중요하므로 반드시 숙지해 두어야 한다.

메뉴에서 [Save As] ➡ [Archive]를 선택(Ver 2011기준) 하여 실행하면 지정된 폴더에 맥스 파일과 질감폴더 및 맵 소스 파일들이 함께 압축되어 하나의 파일로 저장된다.

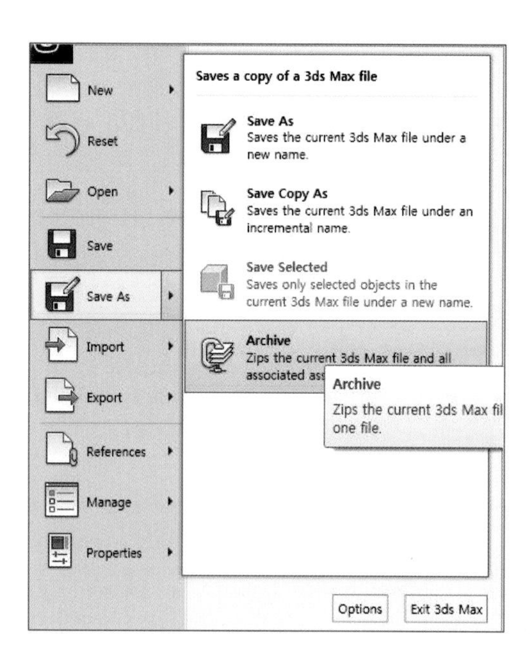

Editable Spline

Editable Spline은 2D의 편집에 꼭 필요한 명령어이다.

Line 명령을 사용한 후에 Modify를 사용하면 Edit Spline 명령을 사용하지 않아도 편집이 가능하지만 Line 명령어 외에 Rectangle, Circle 등의 명령은 Modify의 Edit Spline 명령이나 마우스 우측 버튼을 눌러 Convert Editable Spline 명령을 사용해야 한다.

3D의 모델링을 잘 만들기 위해서는 2D가 잘 그려져야 그 모양이 제대로 만들어지기 때문에 반드시 2D명령어를 숙지해야 한다.

●● Edit Spline과 Editable Spline의 차이점

Modify List에 있는 Edit Spline과 Editable Spline은 거의 사용방법이 동일하지만 Edit Spline은 Modify Stack의 History에 사용내역이 보이고 사용자가 이전 명령으로 복귀할 수 있으나 Editable Spline을 사용할 때는 전에 사용한 명령어들이 삭제되어 원하고자 하는 이전 명령으로 복귀할 수가 없다.

또한 용량에 있어서도 Editable Spline은 이전 명령이 삭제되므로 Edit Spline보다 메모리 용량이 작게 된다.

이것은 Edit Mesh, Editable Mesh 혹은 Edit Poly, Editable Poly도 동일하다.

◉ Editable Spline 변환 방법

Editable Spline으로 변환하는 방법은 2가지가 있는데 첫 번째로 Viewports에서 마우스 우측 버튼을 클릭하여 Quad Box Menu에서 Editable Spline을 선택하는 방법이 있고 두 번째는 Modify Stack에서 마우스 우측 버튼을 클릭하여 변환하는 방법이 있다.

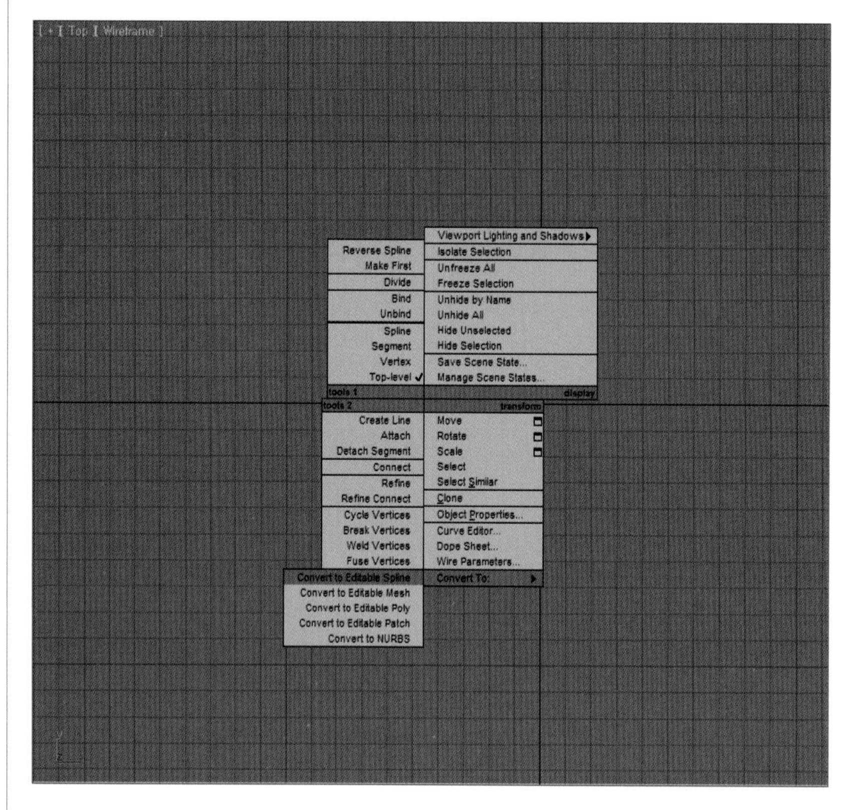

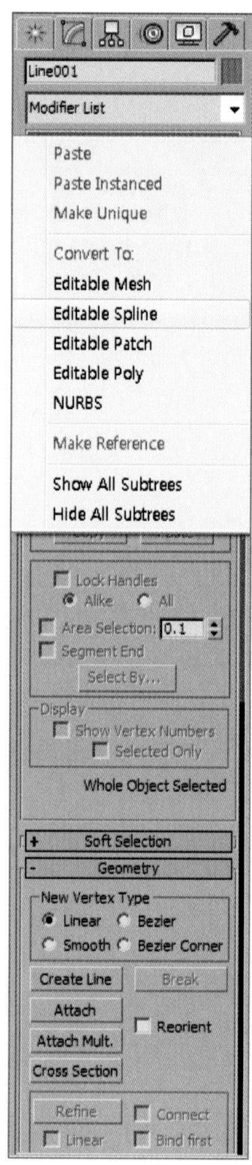

2-1 Editable Spline - Vertex의 명령어

● Rendering

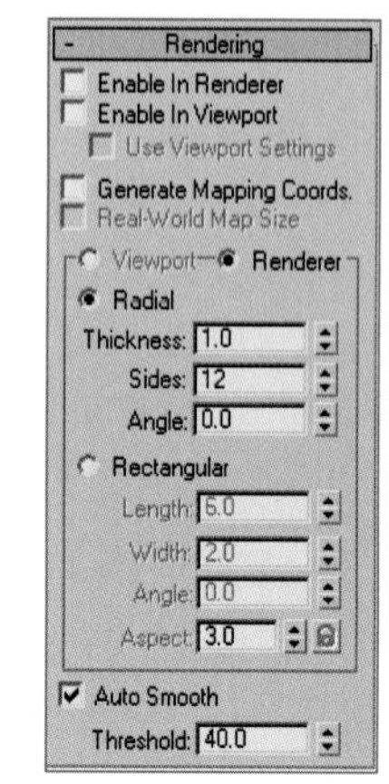

- **Enable In Renderer** : 렌더링 시 Line이 두께가 표시되어 나타난다.
- **Enable In Viewport** : Viewport 상에서 Line이 두께를 가질 때 표시되어 나타난다.
- **Generate Mapping Coords** : Spline이 가지고 있는 맵 좌표를 사용한다.
- **Real-World Map Size** : Generate Mapping Coords가 체크되어 있을 때만 표시되며 맵의 고유 크기를 사용할지의 여부를 결정한다.
- **Radial** : Spline의 단면이 원의 형태로 나타난다.
- **Rectangular** : Spline의 단면이 사각형의 형태로 나타난다.
- **Auto Smooth** : 미체크 시 항상 Smoothing이 되며 체크 시에는 그 값을 별도로 설정해 줄 수 있다.

Interpolation

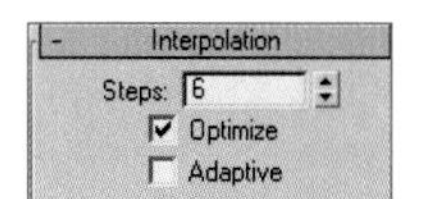

정점(Vertex)과 정점(Vertex) 사이의 Segment의 수를 지정할 수 있도록 해준다.

위쪽 Steps 값은 20을 주어 "ㄱ"자 모양이 부드럽게 보이고 아래쪽은 Steps 값을 1로 주었을 때 선의 모양이 꺾여 보이게 된다.

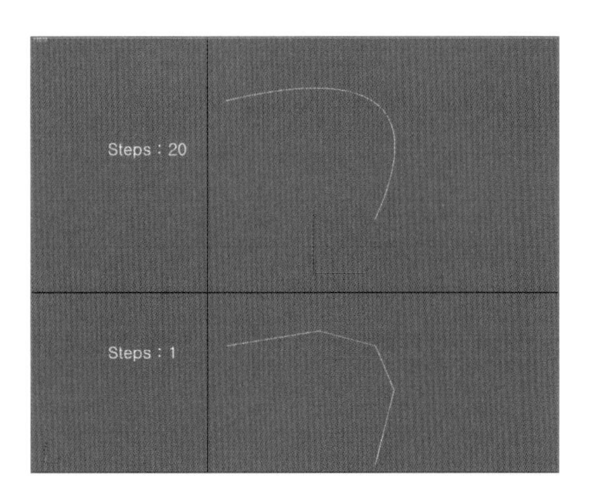

Selection

Spline의 하위 명령을 수행할 수 있도록 하며 Spline의 구성요소인 Vertex, Segment, Spline의 선택에 따라 그 하위 명령이 다르게 표시된다.

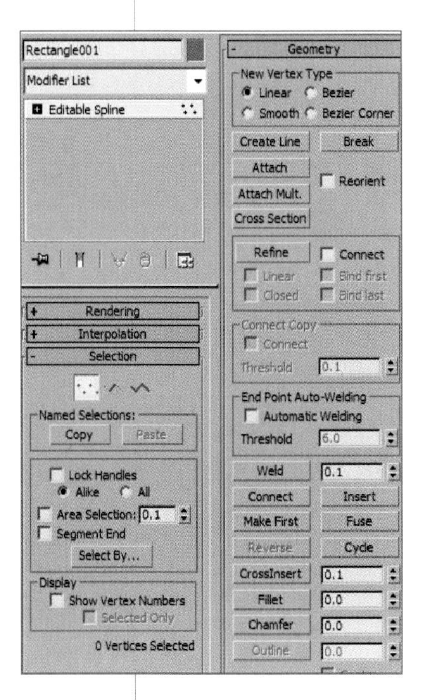

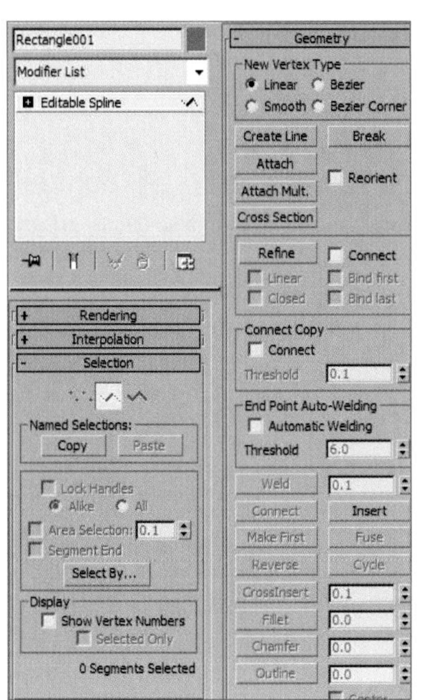

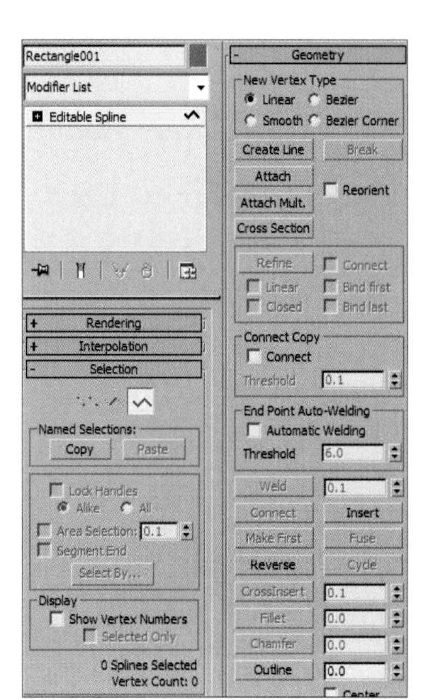

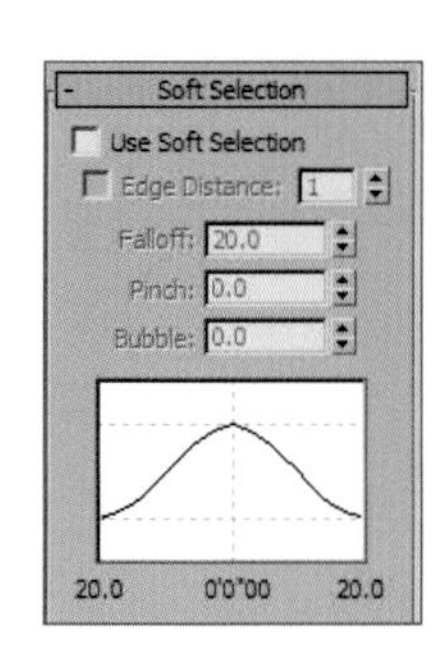

Soft Selection

Vertex, Segment, Spline 등을 선택했을 때 주위의 다른 영역들도 영향을 받도록 조절한다.

Geometry

Vertex, Segment, Spline의 선택에 따라 옵션이 변경된다.

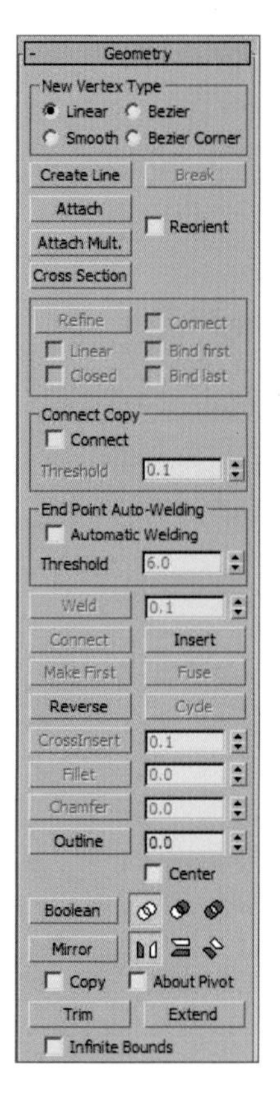

• Geometry-Vertex 선택 시 옵션 Break

하나의 Vertex를 두 개의 Vertex로 분리시킨다.

사각형 우측상단 모서리를 Vertex로 선택한 후 Break를 눌러 실행하면 연결된 한 개의 정점이 두 개로 분리되면서 끊어지게 된다.

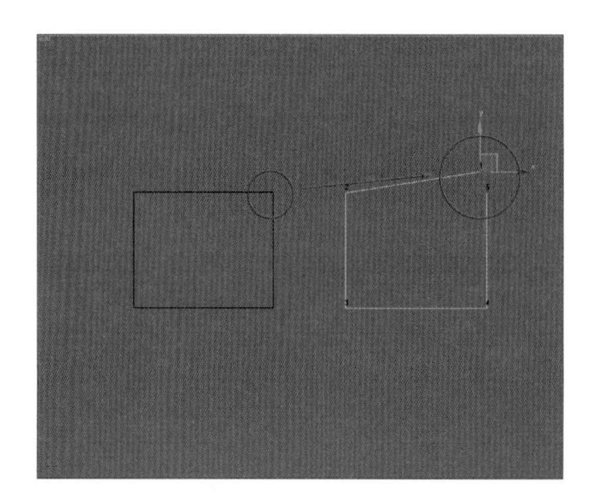

Cross Section

Surface 명령을 사용하여 모델링을 할 때 Spline과 Spline 간의 Vertex 사이를 연결하는 Segment를 생성해 준다. 이 명령을 사용할 때는 반드시 연결할 객체가 하나의 객체로 인식되어야 하며 그렇게 하기 위해서는 반드시 Attach 명령을 사용해야 한다.

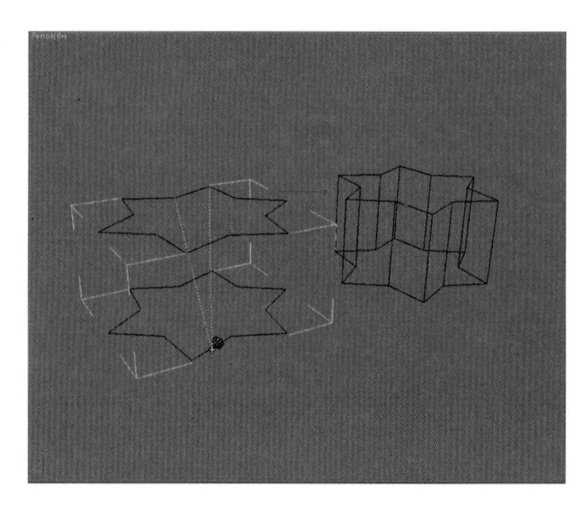

Surface는 3~4개의 선분을 연결하여 면을 생성하는 명령어로서 유선형의 모델링을 만들고자 할 때 주로 사용한다.

Refine

Segment 위에 새로운 Vertex를 추가하고자 할 때 사용한다. Vertex를 삭제하고자 할 때는 삭제하고자 하는 Vertex를 선택한 후 Delete 키를 누른다.

좌측 사각형을 중간 사각형처럼 2개의 Vertex를 추가 삽입하여 우측 사각형의 모서리 부분처럼 변형시킬 수 있다.

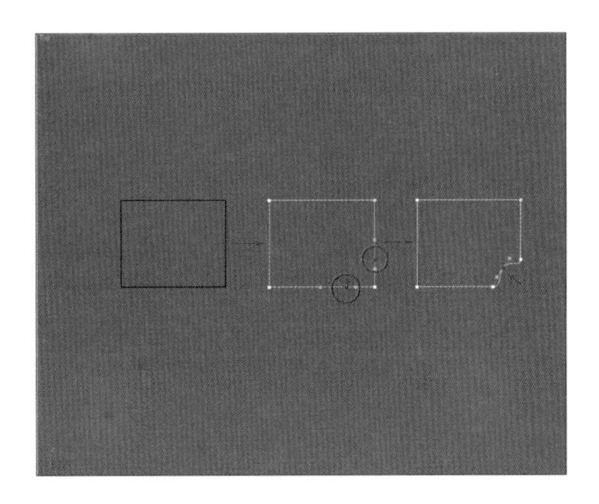

End Point Auto-Welding

끝점을 자동으로 합치는 옵션으로 체크되어 있을 때 원 안에 있는 점을 움직이면 Threshold 범위 값 내에 있는 Vertex를 자동으로 연결시켜 준다.

Weld

두 개 이상의 Vertex를 한 개의 Vertex로 합치는 명령으로 합치고자 하는 Vertex들을 선택한 후 Weld 버튼을 클릭하면 수치의 정도에 따라 하나의 Vertex로 합치게 한다.

한 개의 Vertex로 합쳐지지 않을 때는 수치값을 올려준다.

2D에서도 많이 사용하지만 3D의 캐릭터나 Mirror가 사용된 오브젝트에서 중간 부분을 자연스럽게 연결하고자 할 때 많이 사용한다.

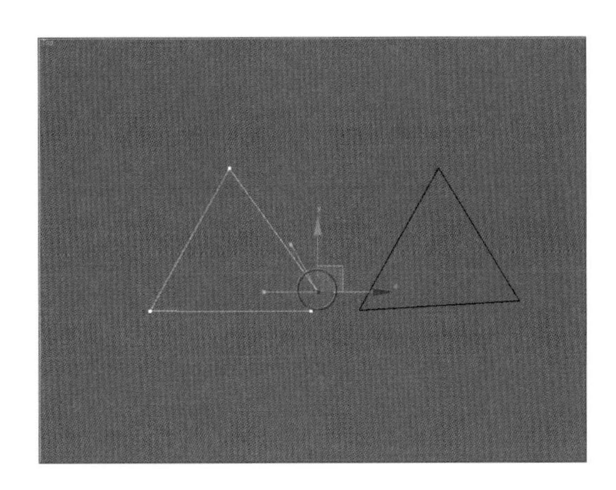

Connect

열려있는 Spline의 끝점을 연결한다. 만약 서로 다른 객체 간을 연결하고자 할 때는 반드시 Attach 명령을 사용하여 하나의 객체로 만든 후 연결한다.

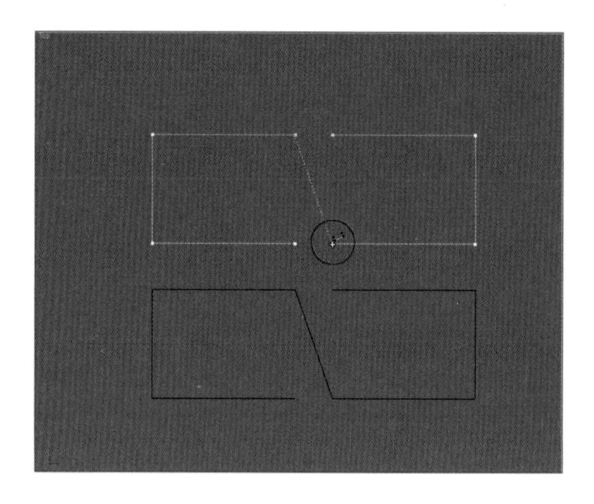

Insert

Segment 중간 부분에 Vertex를 추가하면서 Line을 그려 나가면서 형태를 변형시킬 수 있다.

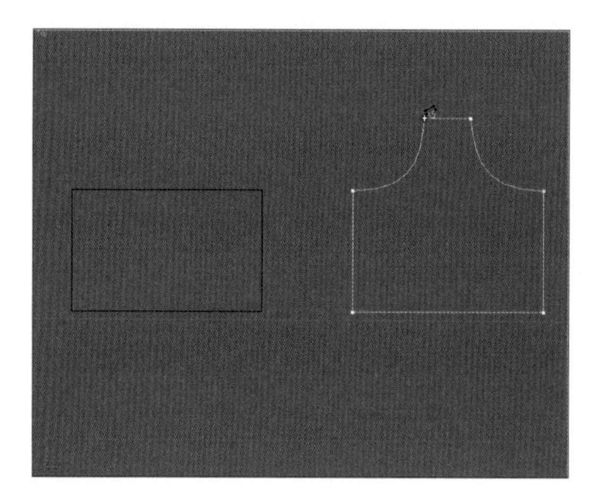

Note Insert와 Refine의 차이점

Insert는 Vertex를 연속적으로 추가할 수 있으며 동시에 이동이 가능하여 형태를 변형할 수 있고 추가된 Vertex는 Corner의 속성을 가진다.

반면 Refine은 연속적으로 Vertex를 추가할 수 있지만 추가와 동시에 이동할 수는 없으며 Bezier Corner의 속성을 가진다.

Make First

닫혀있는 다각형의 경우는 다수의 Vertex 중에서 선택된 한 개의 점을 선택하여 그 Vertex를 시작점으로 변경할 수 있으며 열린 다각형인 경우 양 끝의 Vertex의 순서를 바꿀 수 있다.

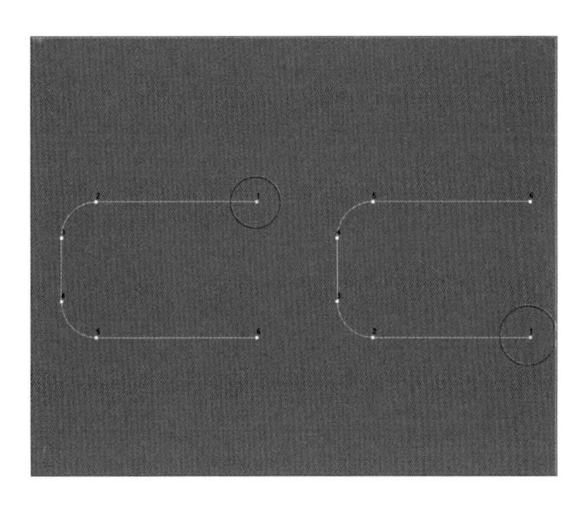

Note

시작점의 순서는 2차원 상에서는 큰 의미가 없지만 3차원에서 그 순서가 바뀜에 따라 3차원의 형태 및 모양이 바뀔 수 있다.

Fuse

선택한 Vertex들을 한 지점에 모아준다. 그러나 여러 개의 Vertex를 한 지점에 모아줄 뿐 한 개의 Vertex로 합쳐지지는 않는다.

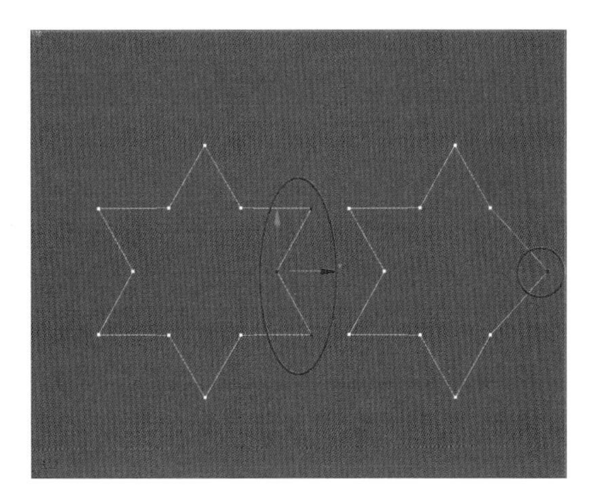

Note

여러 개의 Vertex들을 한 개의 Vertex로 합치고자 할 때에는 Weld 명령을 사용한다.

● Cycle

선택된 Vertex를 번호 순서대로 선택되게 한다.

● Cross Insert

Spline이 교차하고 있을 때 교차점 지점에 Vertex를 추가할 수 있다. 이때 Vertex를 한 번 추가하지만 Vertex는 두 개의 Spline에 각각 생성된다.

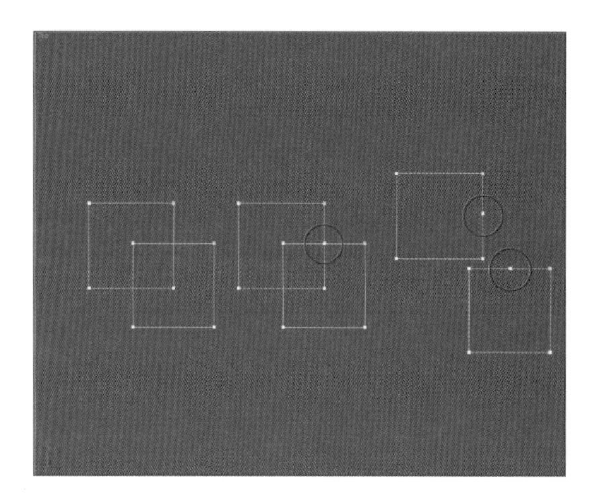

Note

Editable Spline 명령에서 서로 다른 객체일 때는 반드시 Attach를 사용하여 하나의 객체로 만든 후에 명령어를 사용한다.

● Fillet

선택된 Vertex를 라운딩한다. 마우스를 라운딩할 Vertex에 가져간 후 드래그하여 곡선의 정도를 조절한다.

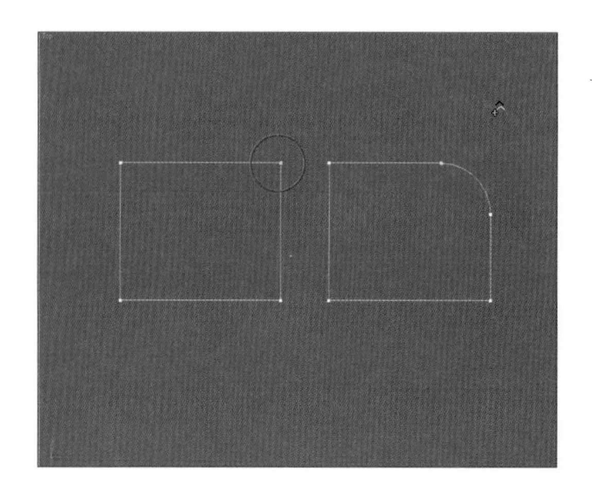

이때 한 개의 Vertex는 두 개의 Vertex로 나누어지면서 곡선이 만들어진다. 주의할 점은 Fillet을 할 때는 마우스로 왼쪽 버튼을 떼지 말고 드래그하여 라운딩할 반경이 결정되면 마우스에서 손을 놓아야 한다. 또한 완전한 Fillet을 하고자 할 때에는 Fillet을 실행하기에 앞서 선택된 Vertex를 마우스 우측 버튼을 눌러 Corner 옵션으로 설정한 후에 하는 것이 좋다.

Chamfer

선택된 Vertex를 모깎기 하는 명령어로서 사용방법은 Fillet과 동일하게 마우스 우측 버튼을 눌러 옵션을 Corner로 만든 후에 실행한다.

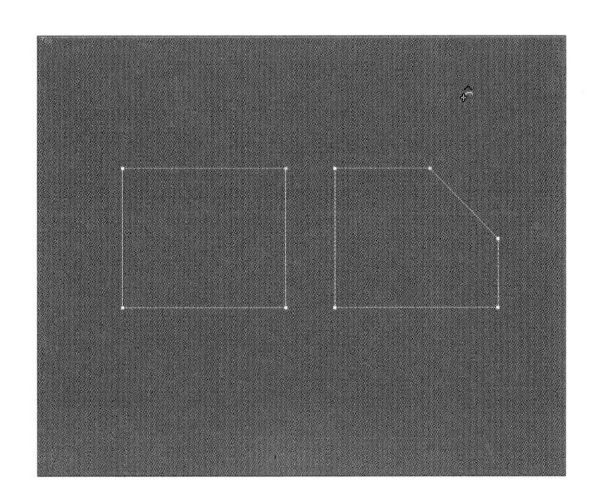

Hide

선택된 Vertex를 보이지 않게 숨겨준다.

Unhide All

숨겨진 Vertex를 모두 보이게 한다.

Bind

선택된 Vertex를 Segment에 종속한다.

Unbind

종속된 Vertex를 풀어준다.

Delete

선택된 Vertex를 삭제한다.

2-2 Editable Spline-Segment의 명령어

Create Line

직선 및 곡선을 추가적으로 생성할 수 있는 명령어이다.

기존에 그려진 Line의 Vertex에 새로운 Line을 추가적으로 그리고자 할 때는 반드시 Snap의 Endpoint옵션을 사용해야 하며 그려진 모든 선들을 한 개의 선으로 인식하고자 할 때는 반드시 Attach 명령을 사용한다.

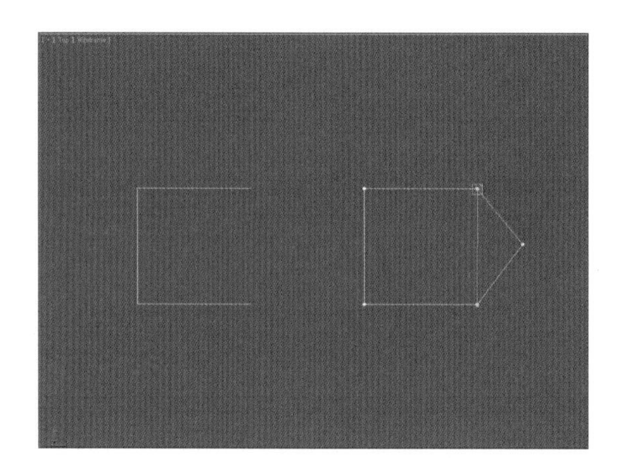

Break

Segment를 Vertex를 추가하면서 선을 분리한다.

Hide

Segment를 숨겨준다.

Unhide All

Hide된 요소가 다시 나타난다.

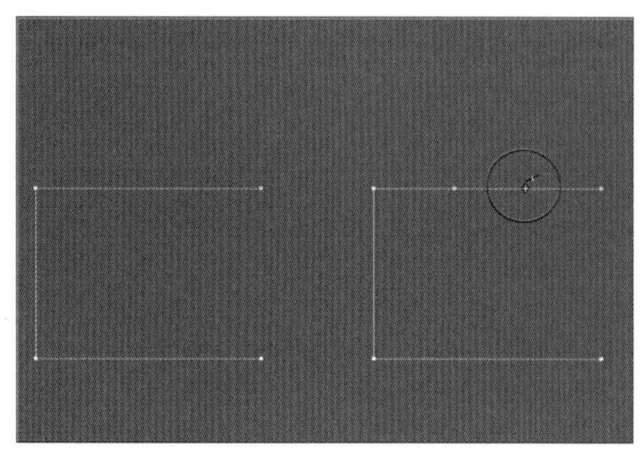

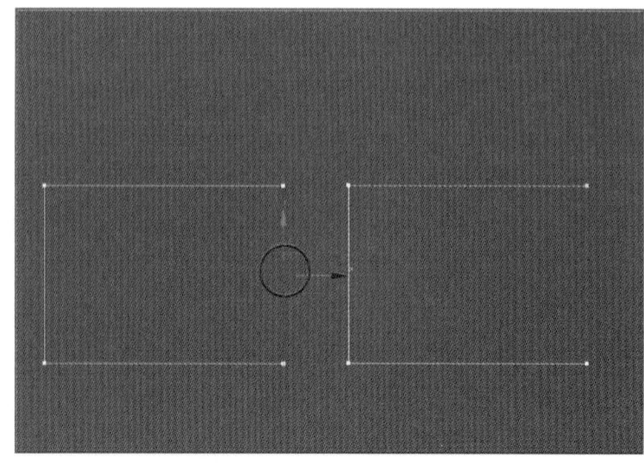

Delete

Segment를 삭제한다.

Divide

선택된 Segment를 입력한 수치만큼 분리한다. 입력되는 수치는 Vertex의 수치를 의미하기도 한다. 예를 들어 수치를 '2'로 입력했을 경우 Vertex가 2개 생성되며 선분은 3등분이 된다.

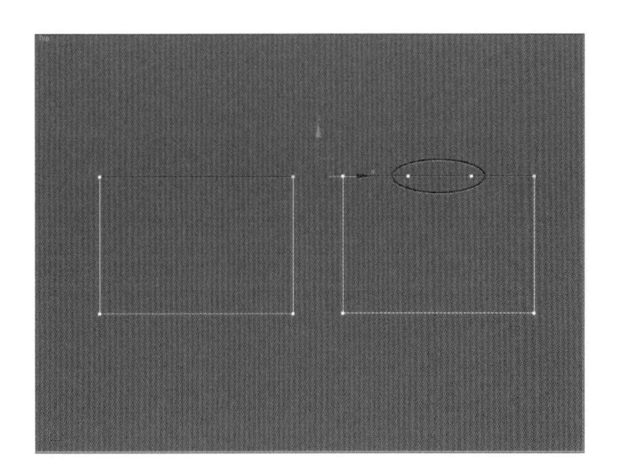

Detach

Segment를 분리시키는 기능으로 기존의 객체와는 다른 객체로 인식하게 한다.

Detach 대화상자가 나타나면 새로운 이름으로 지정해 준다. 만약 분리된 선분을 다시 합치고자 할 때는 Attach를 사용한다.

- **Same Shp** : Segment를 분리한다.
- **Reorient** : World 축으로 이동한다.
- **Same Copy** : 선택된 Segment를 분리하지 않고 새로운 복사본을 생성한 후 복사한 Segment를 Detach한다.

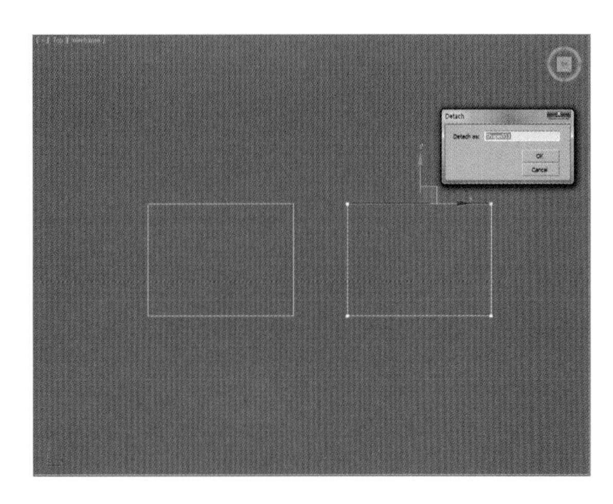

2-3 Editable Spline – Spline의 명령어

Reverse

선택한 Spline의 시작점 위치를 역순으로 바꾼다.

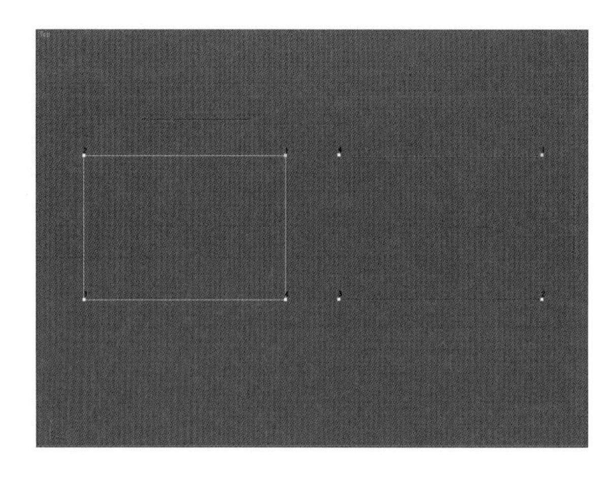

Outline

선택한 Spline의 두께를 생성한다.

• Center : 체크 시 선택한 Spline을 기준으로 안쪽과 바깥쪽으로 향하는 두께를 준다.

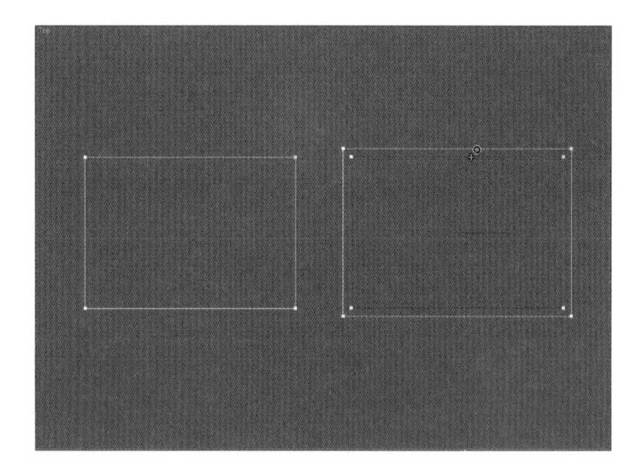

Boolean

Attach된 Spline을 Union(합집합), Subtraction(교집합), Intersection(차집합)의 산술개념으로 사용할 수 있으며 사용될 두 개의 객체는 서로 겹쳐 있어야 한다.

Union(합집합)

두 개의 객체를 하나로 합쳐준다. 합쳐질 두 개의 Spline 중 한 개의 선을 먼저 선택하고

Union 버튼을 누르고 나머지 한 개에 마우스를 가져간 뒤 마우스 커서 모양이 바뀔 때 클릭한다.

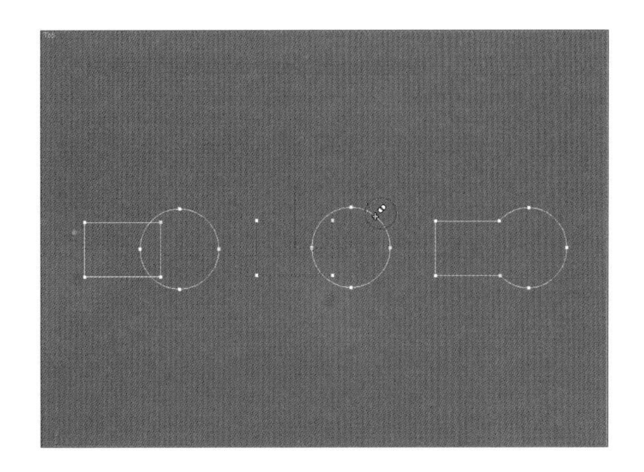

Subtraction(차집합)

선택한 Spline에 원하는 부분에 마우스를 가져간 후, 빼고자 하는 부분을 선택하여 빼낸다.

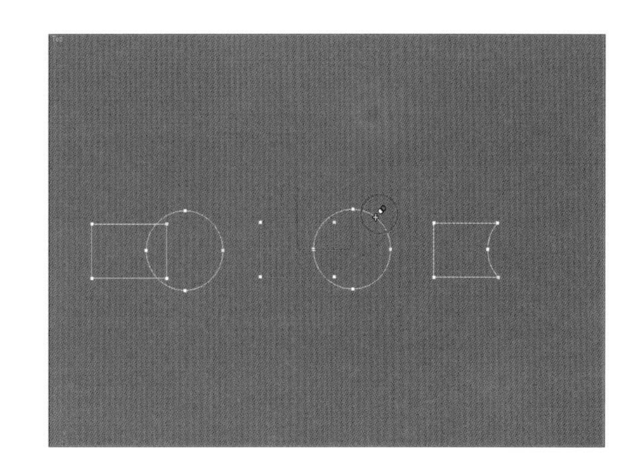

Note

Boolean을 사용할 때에는 사용할 오브젝트는 하나의 오브젝트로 인식되어 있어야 한다. 만약 다른 오브젝트로 인식될 경우는 Attach를 실행하여 하나의 오브젝트로 만들어야 한다.

Intersection(교집합)

선택한 Spline과 다른 객체의 공통으로 겹쳐진 부분만을 남긴다.

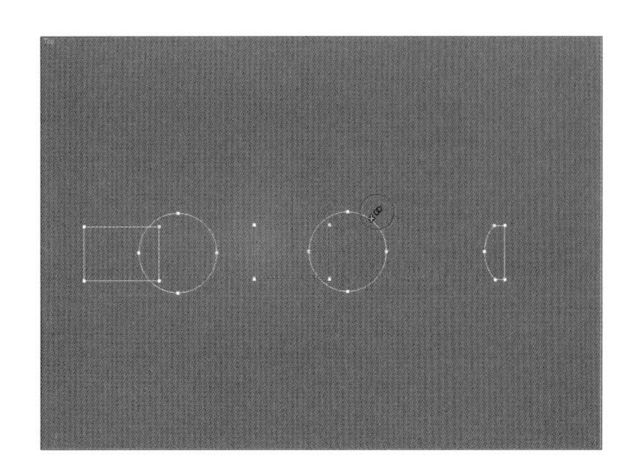

● Mirror

선택된 Spline을 수평, 수직으로 대칭 복사한다.

- **Mirror Horizontally(수평복사)** : X축 기준으로 대칭 복사한다.
- **Mirror Vertically(수직복사)** : Y축 기준으로 대칭 복사한다.
- **Mirror Both(수평수직복사)** : X, Y축 기준으로 대칭 복사한다.
- **Copy** : 동일한 Spline을 대칭으로 복사한다.
- **About Pivot** : Spline이 가지고 있는 Pivot을 기준으로 대칭 복사 한다.

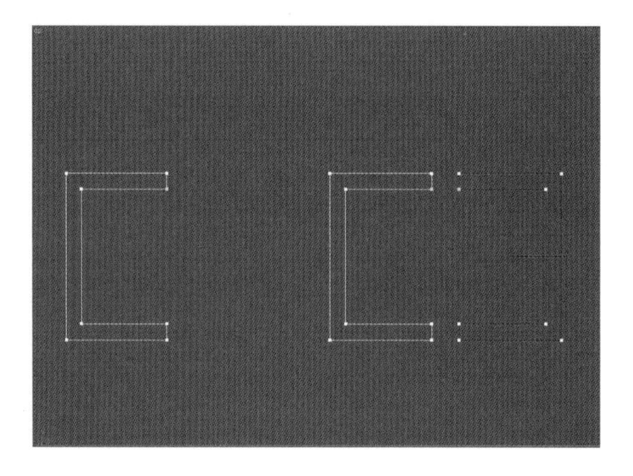

● Trim

두 개 이상의 Spline을 Attach한 후 불필요한 부분을 삭제한다. 만약 교차되지 않았을 경우 Infinite Bounds 옵션을 체크하여 가상 연장선으로 잘라낸다.

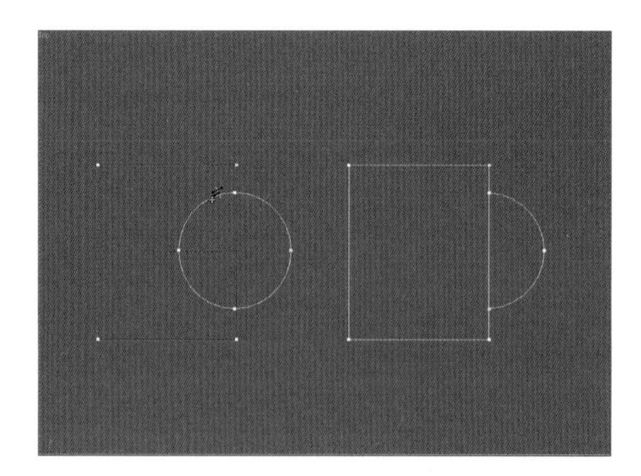

Extend

교차하지 않은 Spline을 연장하여 연결시킨다.

Trim과 동일하게 만약 교차되지 않는 경우라도 Infinite Bounds 옵션을 체크하여 가상 연장선으로 연결이 가능하다.

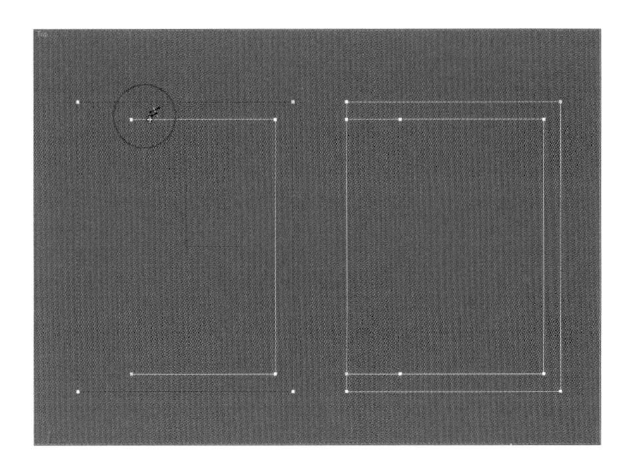

Close

열려있는 Spline을 닫아준다.

Explode

선택된 Spline을 분리한다.

- **Spline** : 모든 Vertex를 Break시킨다.
- **Object** : 선택된 Spline을 각각 다른 Spline으로 분리한다.

C.h.a.p.t.e.r 03

Lathe, Bevel, Bevel Profile, Loft

◉ Lathe

일반 사물들 가운데 원모양을 하는 물체를 Top View에서 4등분하게 되면 정면에서 그 물체의 단면도를 확인할 수 있다. 그 단면도의 중심인 Z축을 중심으로 360˚ 회전하였을 때 단면도의 모양으로 물체를 생성할 수 있다.

이처럼 물체의 단면도를 회전시켜 오브젝트를 생성할 수 있는 명령이다.

◉ Bevel

2D 단면을 이용하여 3D를 생성할 때 3회까지 면을 만들어 조절한다. 다른 2D를 재사용할 때에는 기존의 데이터 값이 적용되어 있으므로 재설정한다.

◉ Loft

Shape(단면도)와 Path(경로)를 이용하여 오브젝트를 생성한 후 Deformation 명령으로 다양한 오브젝트를 제작한다.

3-1 Lathe 명령

Lathe 명령은 단면도의 중심축을 회전시켜 원형물체를 제작하고자 할 때 사용하는 명령어이다.

일반적으로 컵, 병, 화분 등의 원형물체 외에도 각진 오브젝트 제작(스탠드의 갓) 등에도 사용할 수 있다.

- **Degrees** : 중심축을 중심으로 회전시킬 각도를 지정한다.
- **Weld Core** : 회전시킨 정점들을 한 점으로 합친다.

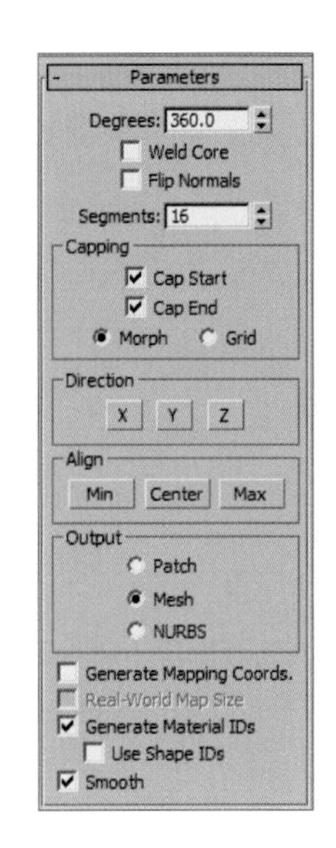

- Flip Normals : 면의 방향을 뒤집는다 (면이 뒤집혀서 보이지 않을 경우).
- Cap Start/End : 윗면과 아랫면의 뚜껑부분에 해당되는 면의 생성 여부를 결정한다.
- Direction : 회전할 단면이 어느 축을 기준으로 회전시킬지를 결정한다.
- Align : 단면의 회전되는 기준 위치를 결정한다.
- Output : 결과물의 형식을 결정한다.

3-2 Bevel 명령

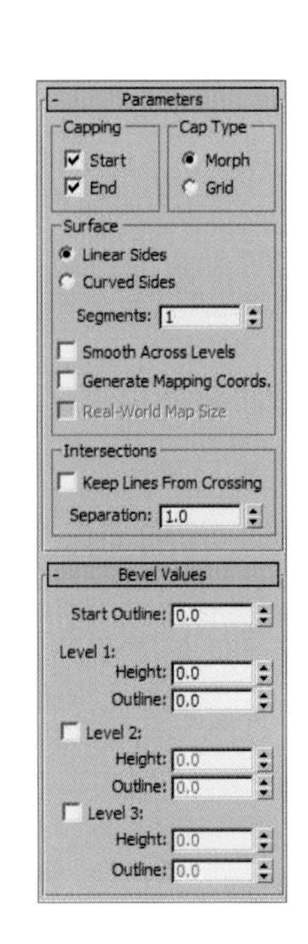

Extrude 명령어와 유사하지만 3회의 돌출될 면 값을 설정할 수 있다는 점이 다르다.

- Capping : 윗면, 아랫면의 Cap이 되는 부분의 생성 여부를 결정한다.
- Cap Type : Cap의 형태를 선택한다.
- Linear Sides : 각진 형태의 객체를 생성한다.
- Curved Sides : 둥근 형태의 객체를 생성한다.
- Keep Lines From Crossing : Separation의 값에 따라 겹치는 것으로부터 침범하지 못하도록 설정한다.
- Bevel Values : 층별 높이 및 꺾이는 값을 설정한다.
- Start Outline : 처음 시작하는 두께를 결정한다.
- Level 1 : 첫 번째 층의 크기 및 높이를 설정한다.
- Level 2 : 두 번째 층의 크기 및 높이를 설정한다.
- Level 3 : 세 번째 층의 크기 및 높이를 설정한다.

3-3 Bevel Profile 명령

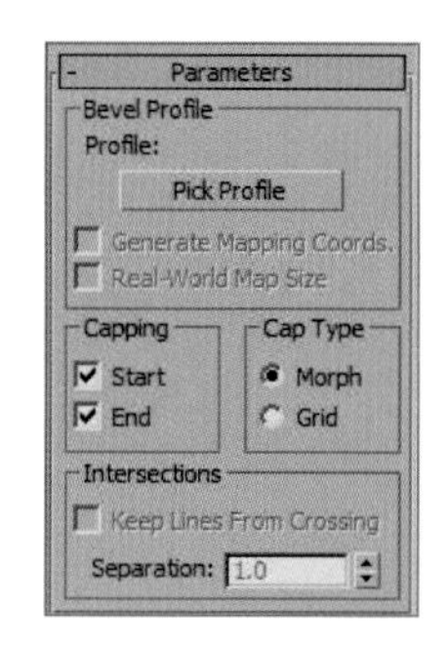

만들어질 오브젝트의 경로에 절단면을 적용하여 외곽 형태를 만든다.

- **Pick Profile** : 경로에 추가할 절단면을 선택한다.
- **Capping** : 윗면, 아랫면의 Cap이 되는 부분의 생성 여부를 결정한다.
- **Cap Type** : Cap의 형태를 선택한다.
- **Keep Lines From Crossing** : Separation의 값에 따라 겹치는 것으로부터 침범하지 못하도록 설정한다.

3-4 Loft 명령

단면도와 경로를 이용하여 오브젝트 제작을 쉽게 한다. Path(경로)를 따라 Shape(단면도)가 면을 생성하여 오브젝트를 제작한다. 단면도는 반드시 닫혀 있는 선이 아니어도 상관은 없지만 열려 있는 선인 경우 면이 보이지 않으므로 이럴 경우는 [Customize] ➡ [Viewport Configuration] ➡ [Force 2-sided] 옵션을 체크한다.

일반적으로 단면도와 경로 중에서 경로를 먼저 선택한 후 단면도를 나중에 선택하는 것이 오브젝트 제작에 용이하다.

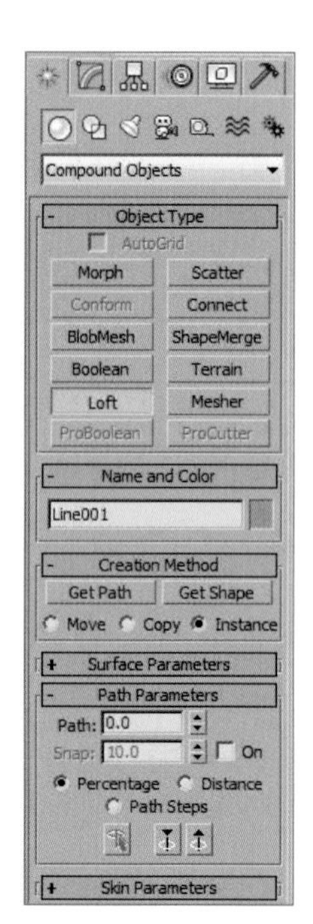

Creation Method

- **Get Path** : Shape(단면도)가 선택된 상태에서 Path(경로)를 선택하고자 할 때 사용한다.
- **Get Shape** : Path(경로)가 선택된 상태에서 Shape(단면도)를 선택하고자 할 때 사용한다.

Path Parameters

- **Path** : 수치를 조절하여 노란점이 Path를 따라 이동하며 그 노란점에 새로운 Shape를 추가 입력한다.

3-5 실습 예제

1 ▸▸ 종이컵 만들기

Line 명령으로 Front View에서 컵의 단면도를 제작한 후 Edit Spline의 편집을 한 후 Lathe 명령을 이용하여 단면도를 360° 회전시켜 오브젝트를 완성한다.

01 >> 아이콘 메뉴에서 [Snap] 버튼을 선택한 후 마우스 우측 버튼을 클릭하여 [Grid and Snap Settings] 대화상자에서 [Endpoint] 옵션 버튼만을 체크한 후 창을 닫는다. 이때 다른 옵션은 꺼주도록 한다.

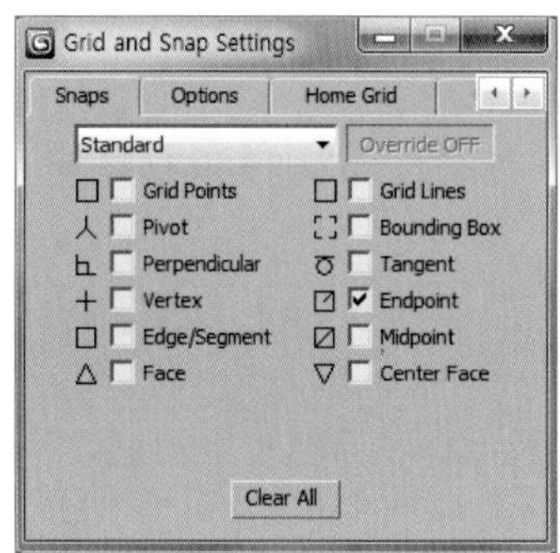

Note

스냅의 종류는 3가지가 있는데 그 중에서 준 입체격인 [2.5] 옵션을 선택한 뒤 스냅 포인트는 [Endpoint]를 선택하여 선을 그릴 때 끝점이 자동으로 연결되도록 설정한다.

02 >> Alt + W 를 눌러 [Front]창을 한 개의 화면으로 한다. 만약 4개 화면으로 하고자 할 경우에는 다시 한 번 Alt + W 버튼을 누른다.

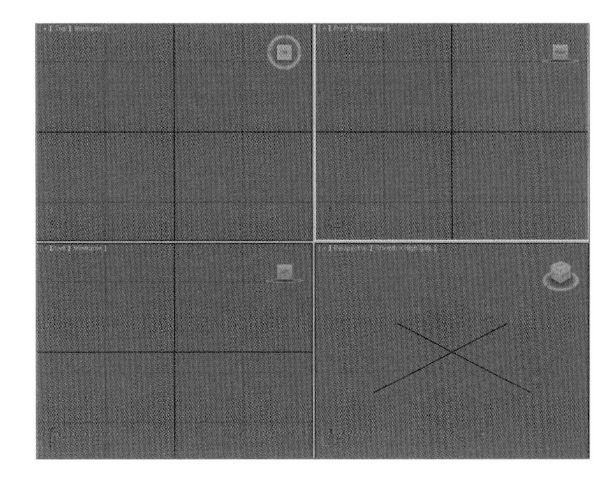

Note

한 번 누를 때마다 명령의 실행 여부가 되는 Key를 [Toggle Key]라고 한다.

03 >> [Shapes] ➡ [Line]을 선택하여 컵의 절단면을 그린다.

이 때 사용되는 [Shapes]는 2D 명령어가 있는 영역으로 [Line], [Rectangle], [Circle] 등이 많이 사용되는 명령어로 구성되어 있다.

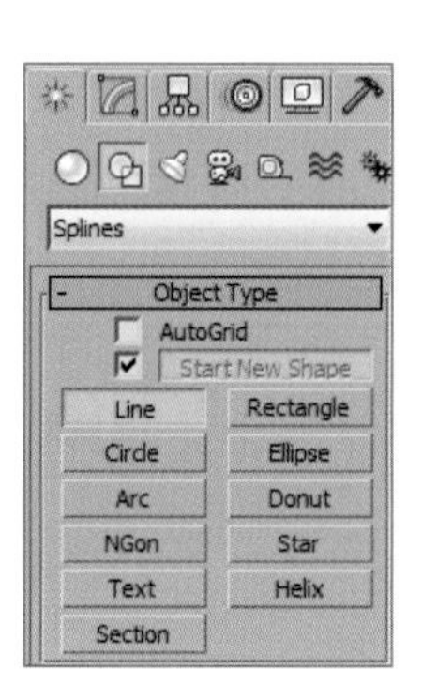

04 >> 컵의 단면도를 그릴 때 컵의 윗부분에 해당되는 부분부터 그린다. 가로선을 그릴 때는 Shift 버튼을 누르면 수평수직선을 그릴 수 있다.

여기서는 표시된 부분에서 Shift 를 누르고 선을 그린다.

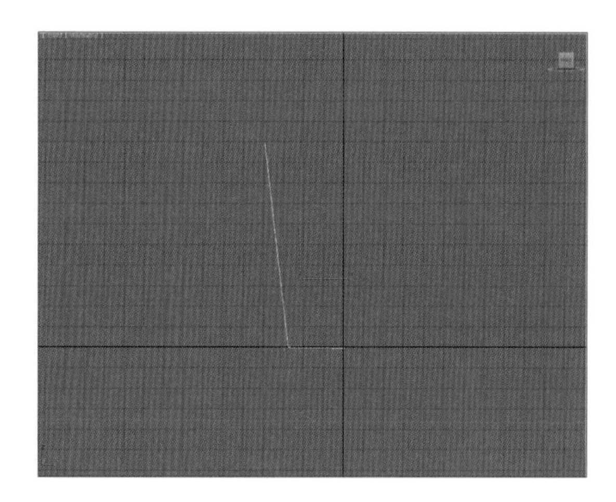

Note

일정한 각도로 [Line]을 그리고자 할 때는 Angle Snap Toggle 버튼을 누른 후 Line을 그린다.

05 >> [Modify] 버튼을 클릭한 후 그려진 [Line]이 선택된 상태에서 [Selection] ➡ [Spline]을 선택한 후 [Line]에 복선이 될 수 있도록 [Outline]을 선택한다.

옆의 수치값란에 적당한 수치를 입력하면 닫힌 선으로 만들어진다(여기서는 각자의 선 크기가 다르므로 수치값을 정하지 않는다).

Line 명령어 외에 [Circle], [Rectangle] 등의 2D 명령을 사용한 후 그려진 선을 편집하고자 할 때에는 [Edit Spline] 명령을 사용해야 [Modify]에서 편집이 가능하다.

임의의 두께를 주고자 할 때에는 마우스로 선의 위, 아래로 드래그하여 선 두께를 만든다.

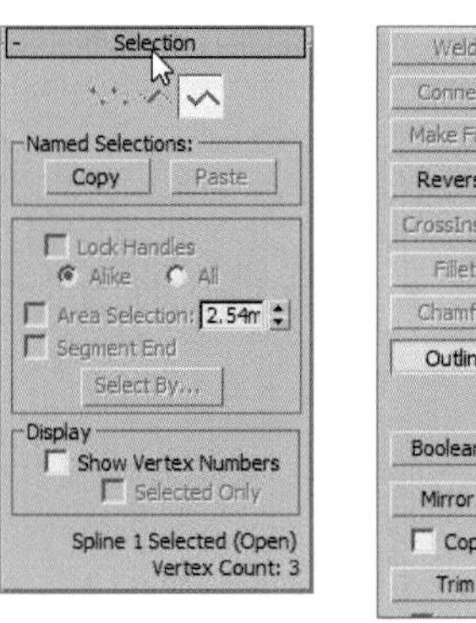

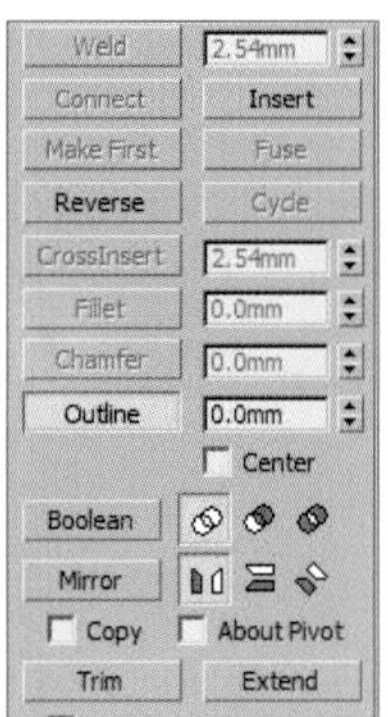

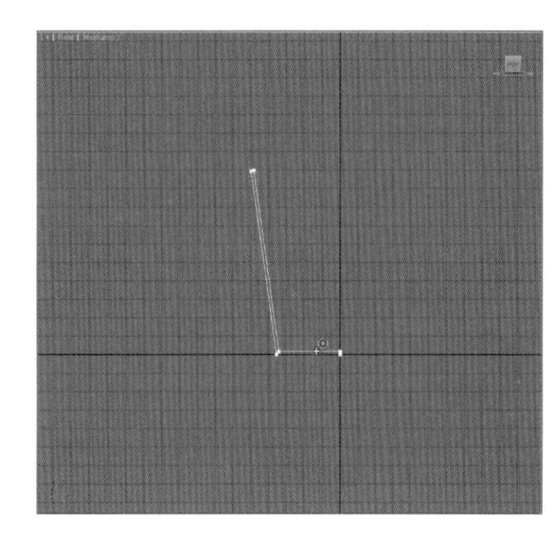

Note

선에 정점(Vertex)을 추가하고자 할 때 [Selection]에서 [Vertex]를 누르고 [Refine] 명령 버튼을 눌러 [Vertex]를 추가한다. 각진 모서리 부분에 라운딩(Fillet)을 주고자 할 때에는 [Selection] ➡ [Vertex] ➡ [Fillet]을 누르면 모서리 부분이 라운딩된다.

06 >> 컵 형태에서 마시는 부분을 그리기 위해 [Circle] 버튼을 선택한다.

이때 [Snaps Toggle] 버튼을 활성화하고 옵션은 [Endpoint]로 한다.

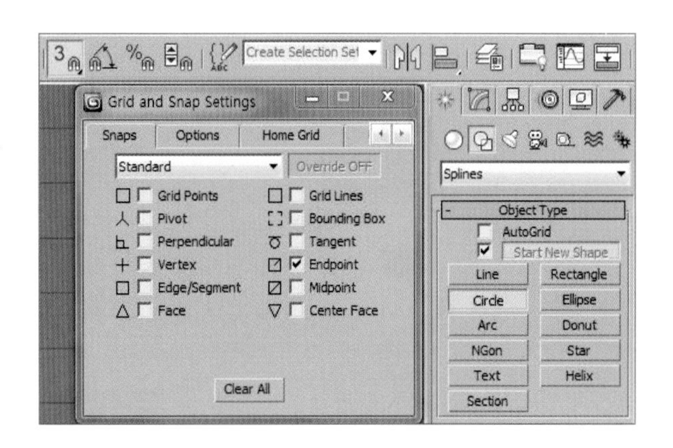

07 >> 먼저 원을 그리기 위해 왼쪽 모서리를 클릭하면 [Snap]에 의해 자동적으로 끝점이 선택된다. 마우스로 오른쪽 모서리를 클릭하여 원을 완성한다.

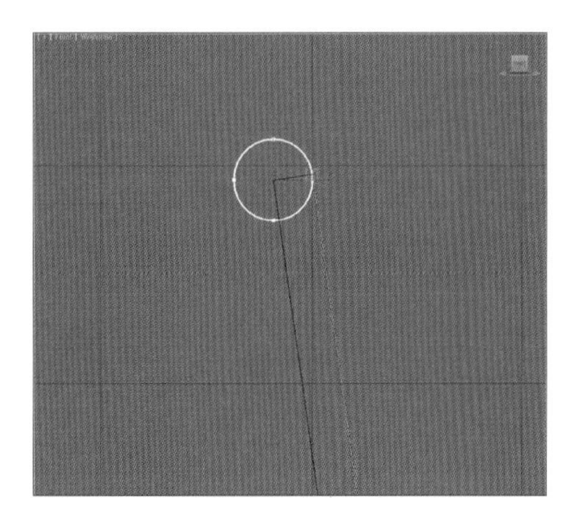

08 >> 그려진 원과 컵의 몸체를 합치기 위해서는 반드시 서로 다른 두 개의 객체를 한 개의 객체로 인식해야 하므로 이때 [Attach] 명령을 사용하도록 한다.

컵의 몸체가 선택된 상태에서 [Attach] 버튼을 선택한다.

[Attach] 명령은 2개 이상의 오브젝트를 한 개의 오브젝트로 인식시키기 위한 명령어이다.

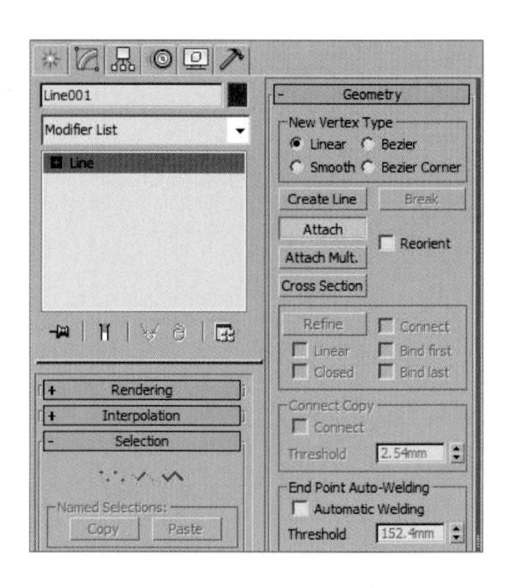

09 >> 컵의 몸체가 선택된 상태에서 원으로 마우스를 가져가면 마우스 커서 모양이 그림과 같이 바뀌게 된다. 이때 원을 선택하여 두 오브젝트를 하나의 오브젝트로 합친다.

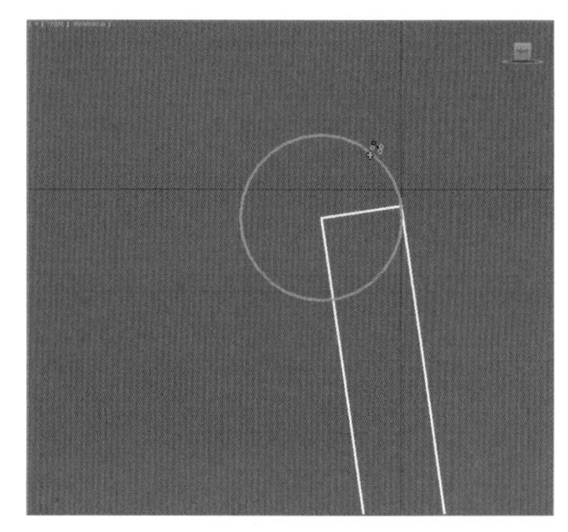

10 >> 원과 컵의 몸체를 하나의 선으로 만들기 위해 [Selection] ➡ [Spline]을 선택한 뒤 두 개의 객체를 한 개의 객체로 합치기 위해 [Boolean] ➡ [Union]을 선택한다.

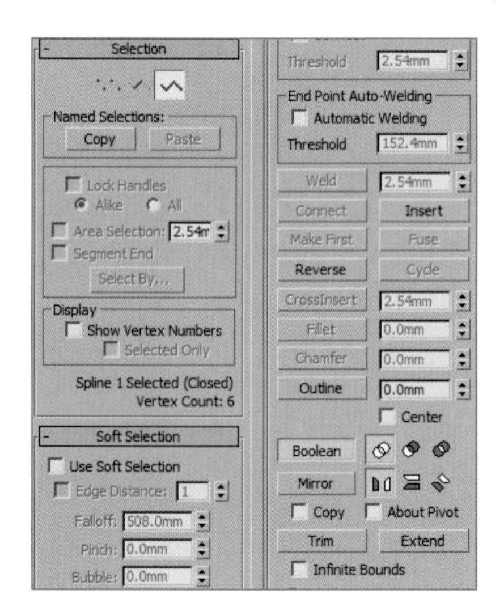

11 >> 원에 마우스를 가져가면 그림과 같이 커서 모양이 바뀌고, 이때 원을 클릭하면 두 개의 선이 하나의 선으로 합쳐진다.

이때 만약 두 개의 선이 합쳐지지 않을 경우에는 선의 위치가 적합하지 않은 것이므로 [Selection] ➡ [Spline]을 선택한 후 [Select and Move] 명령을 이용하여 원을 약간 이동시킨 후 다시 [Boolean] ➡ [Union] 명령을 실행한다.

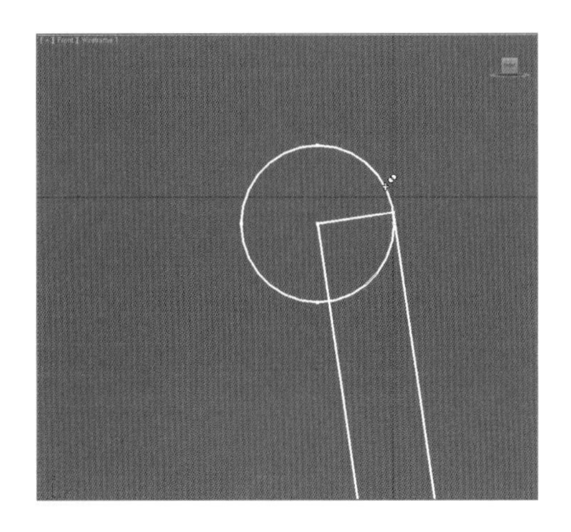

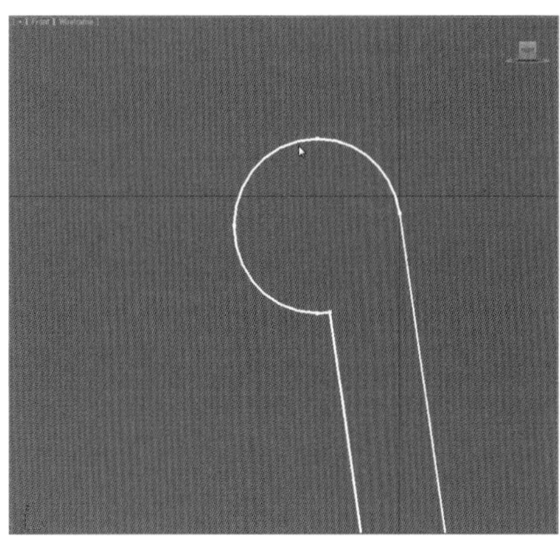

Note Boolean Option

◎ Union(합집합) : 두 개의 객체를 하나로 합쳐준다.
◎ Subtraction(차집합) : 한 개의 오브젝트에서 다른 오브젝트를 빼준다.
◎ Intersection(교집합) : 두 개의 오브젝트에서 겹쳐진 공통된 부분을 남긴다.

12 >> [Modify]에서 [Lathe]를 선택한다.

[Lathe]는 회전체 물체를 제작할 때 사용하는 명령어로서 주로 컵, 병 등을 제작할 때 많이 사용한다.

[Lathe] 명령을 사용하고자 할 때는 명령어 입력란에 키보드 L 을 눌러 L로 시작되는 명령어들만이 순서대로 나열될 때 [Lathe] 명령을 선택한다.

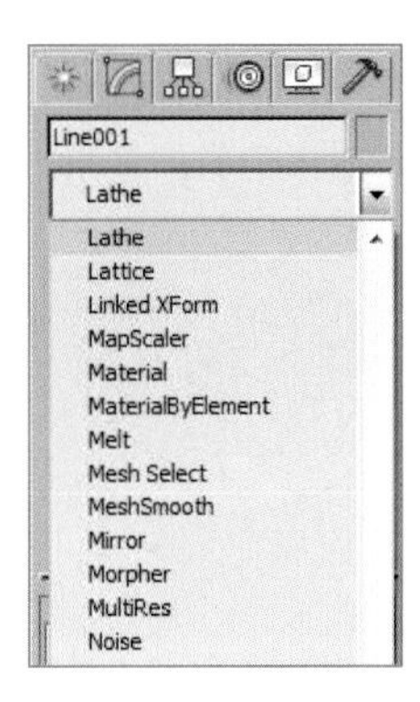

13 >> [Front View]에서 단면도가 360˚ 회전하여 컵 형태를 만들어야 하므로 [Degrees] 수치값을 '360'으로 지정하고 컵의 밑 부분에 회전한 단면도의 [Vertex]를 한 위치로 모아지도록 [Weld Core]를 체크한다. 회전된 단면도의 개수가 적어 각진 컵의 모양을 하고 있으므로 [Segment]의 수치값을 높여 회전면을 늘여 컵 모양을 부드럽게 보이도록 한다.

너무 높은 수치값을 입력할 경우에는 컴퓨터 속도가 느려지므로 적절한 수치를 입력하도록 한다. 마지막으로 [Align](정렬)부분에서 [Max]를 선택하여 회전축을 정렬한다.

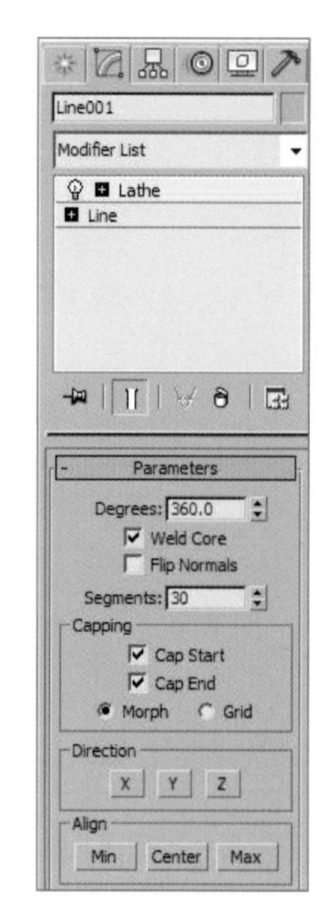

14 >> 그림과 같이 최종적으로 컵의 형태가 그려진다.

만약 그려진 컵이 검게 보이는 경우는 면이 뒤집힌 경우이므로 [Lathe] 옵션에서 [Filp Normals]를 체크한다.

이 경우는 그린 선이 끊긴 경우에 종종 발생한다.

모델링 제작 시 형태, 질감, 조명 등 여러 중요한 요소가 있지만 가장 기본이 되는 것은 형태이므로 2D Line 명령에서부터 정확히 그리는 습관을 가져야 한다.

컵의 단면도를 그릴 때 컵의 모양을 알고 있겠지만 좀 더 사실적인 컵 제작을 위해 실제 컵을 보고 그리는 것이 형태 제작에 도움이 된다.

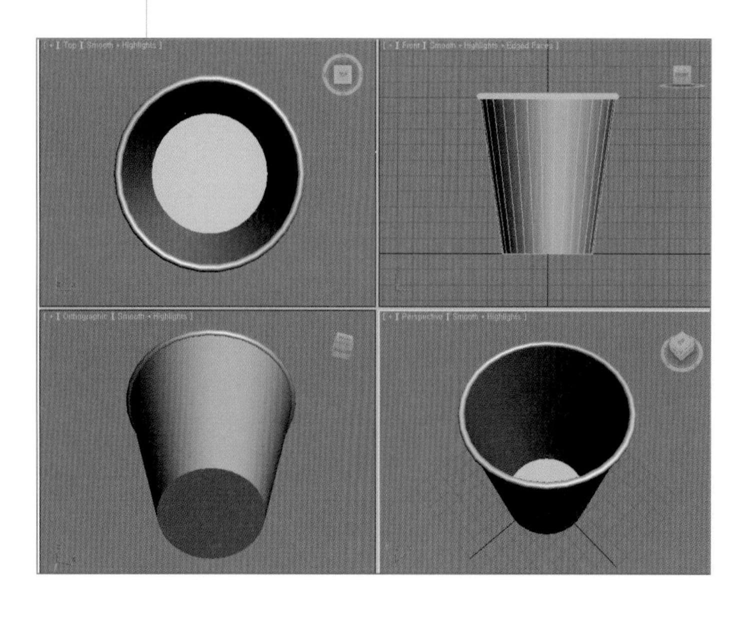

2 ▸▸ 원형테이블 만들기

Line 명령으로 원형테이블의 단면도를 제작한 후 Boolean 명령의 Union과 Subtraction으로 편집한다. 회전체를 만드는 Lathe 명령으로 단면도를 360° 회전시켜 원형테이블을 완성한다.

01 >> [Front View]에서 그림과 같이 3개의 [Rectangle]과 1개의 [Circle], 2개의 [Ellipse]를 겹쳐 그려 놓는다.

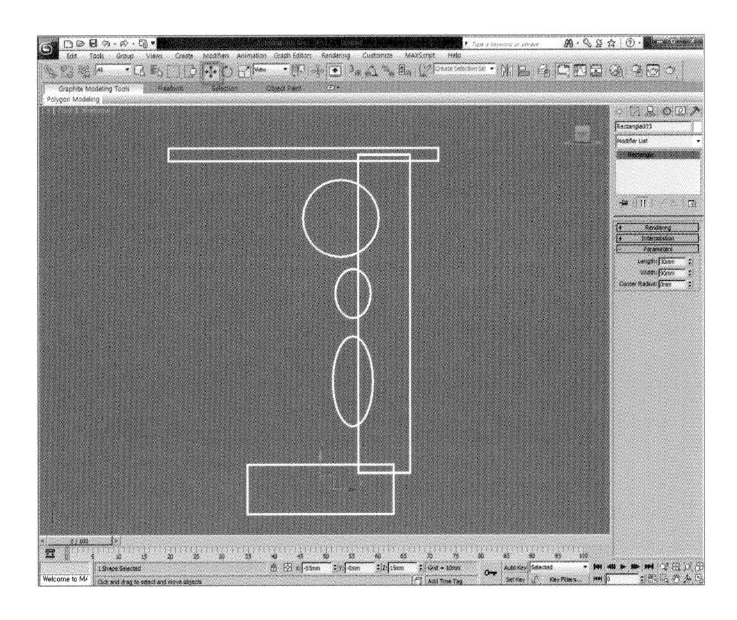

02 >> 중심부의 [Rectangle]을 선택한 후 마우스 우측 버튼을 눌러 [Convert to Editable Spline]을 선택한다.

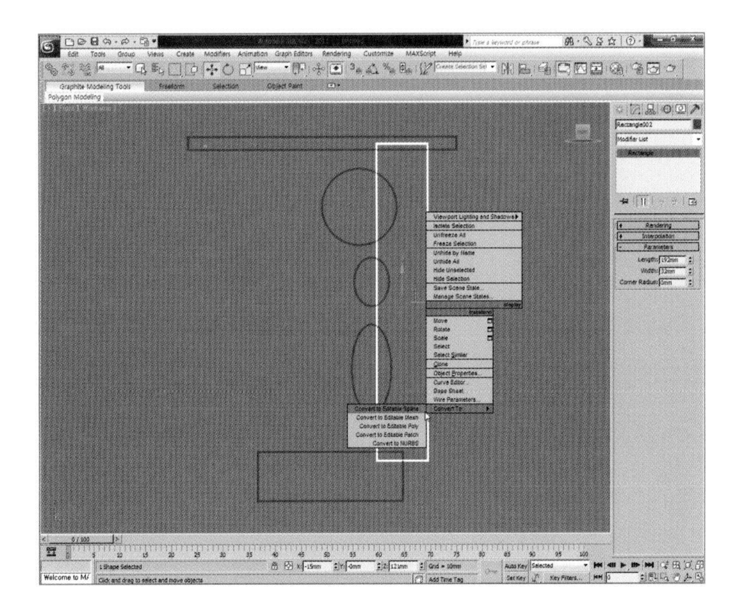

03 >> [Select Object] 명령으로 중앙의 [Rectangle]를 선택한 후 [Attach Multi] 버튼을 누른다.

대화상자에 있는 오브젝트를 모두 선택한 후 [Attach] 버튼을 클릭하여 하나의 [Spline]으로 만든다.

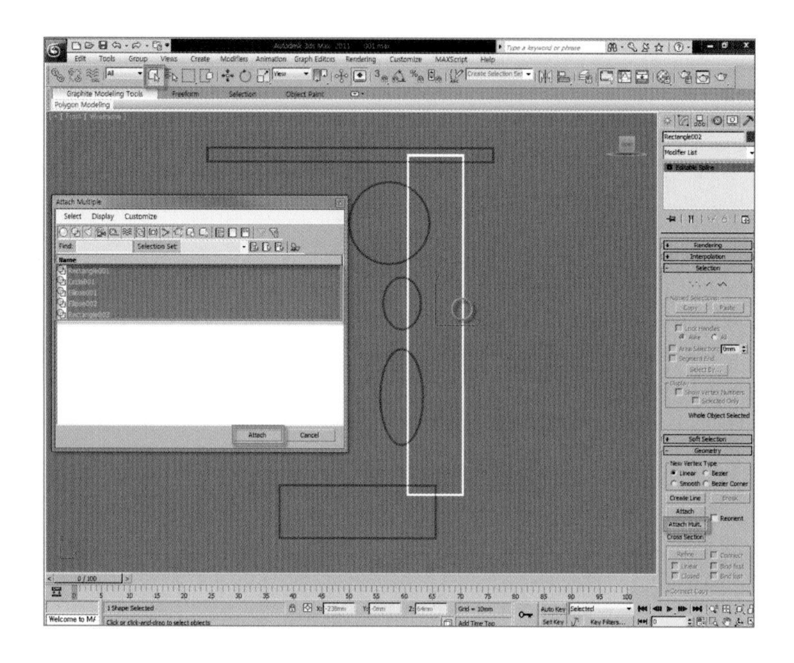

04 >> [Selection] ➡ [Spline]을 선택한 후 중앙의 [Rectangle]을 선택한다.

[Boolean]과 [Subtraction] 버튼을 선택한 후 1개의 [Circle]과 2개의 [Ellipse]를 선택하여 [Rectangle]에서 모양을 삭제한다.

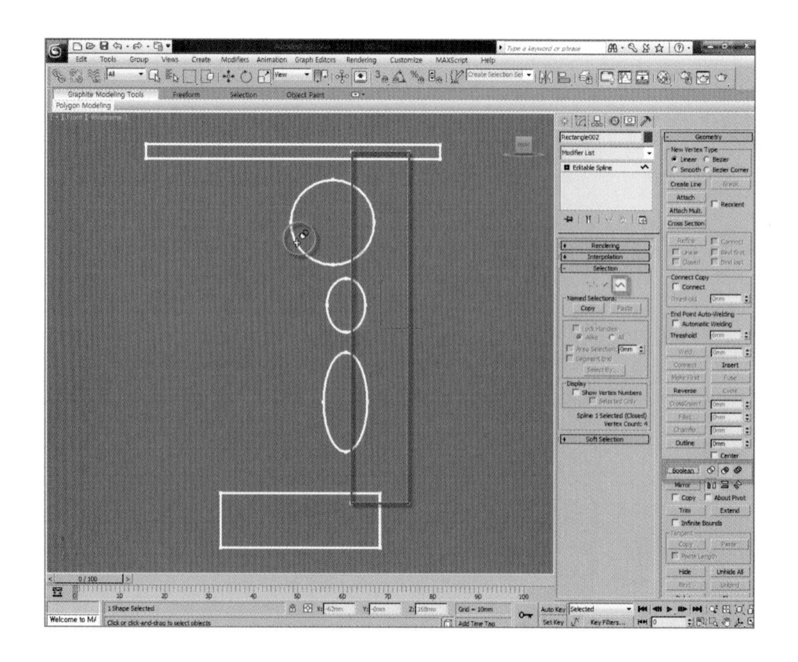

05 >> 중앙의 편집된 기둥부분을 선택한 후 [Boolean]과 [Union] 버튼을 눌러 2개의 [Rectangle]을 선택하여 합친다.

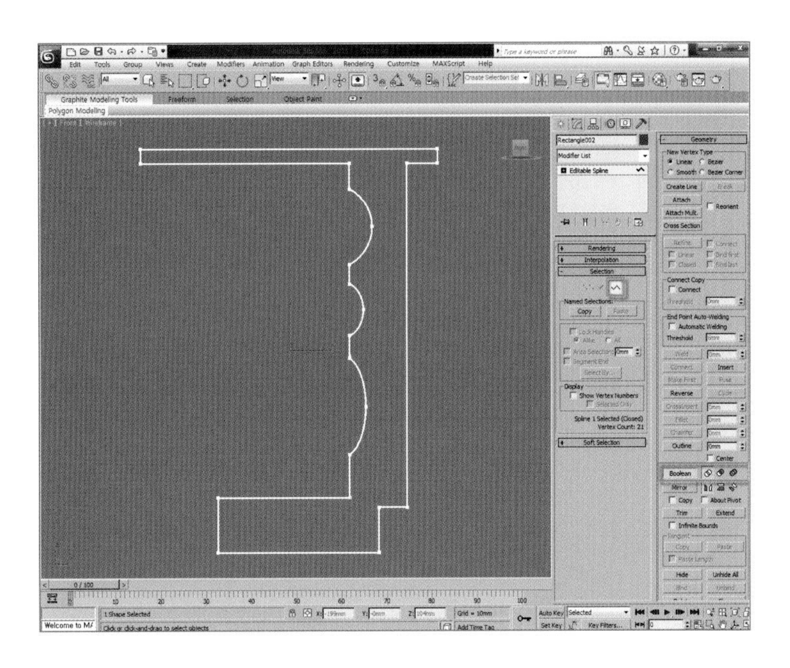

06 >> [Selection] ➡ [Vertex]를 체크한다. 원 안의 [Vertex]를 선택한 후 Delete 버튼으로 삭제한다.

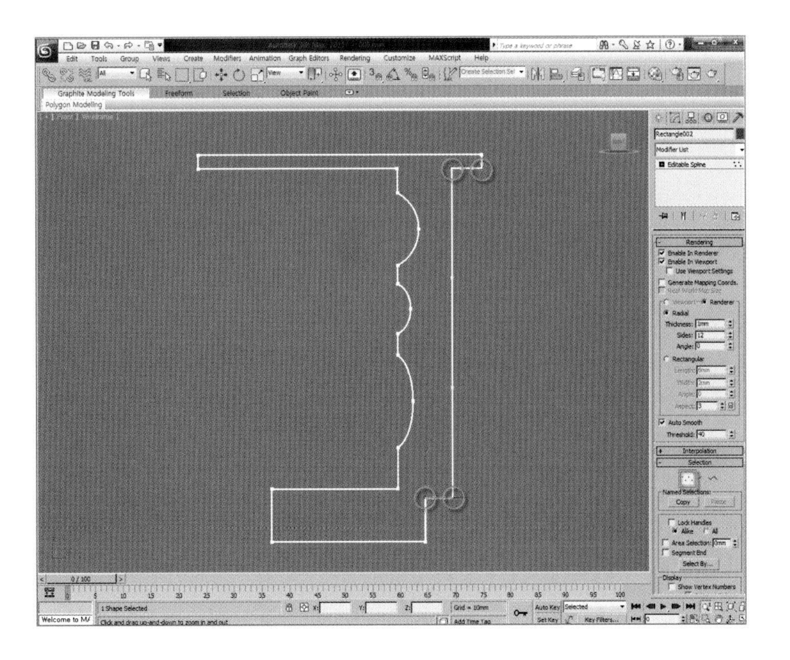

07 >> [Select and Move] 명령으로 원 안의 [Vertex]를 [X]축으로 이동하여 수직으로 정렬한다.

[Pivot]이 보이지 않을 경우에는 단축키 X 를 누르고, [Pivot]축이 움직이지 않으면 F5 를 눌러 [X]축으로 수평 이동한다.

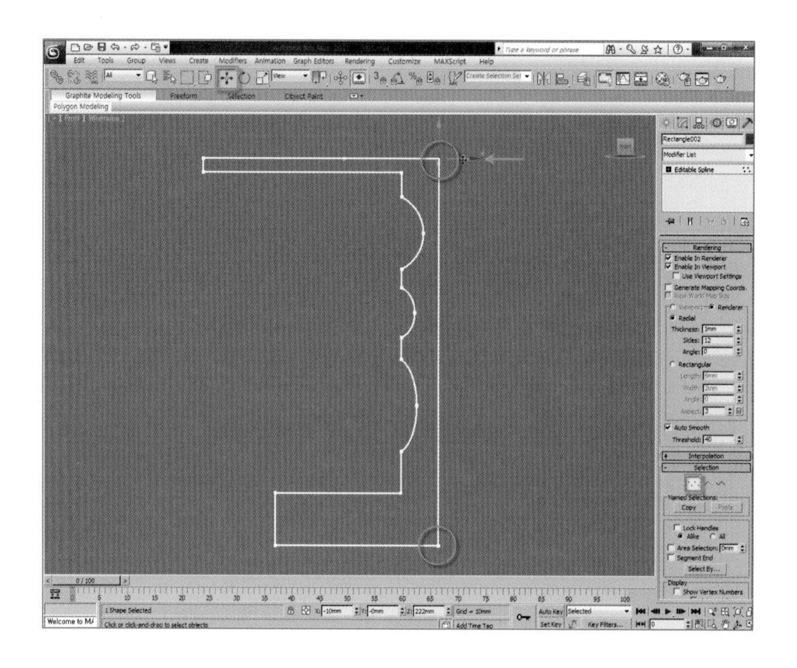

08 >> 테이블 탁자 끝의 2개의 [Vertex]를 선택한 후 [Fillet] 수치값을 조절하여 라운딩을 만든다(오브젝트의 크기가 다르므로 수치값은 임의로 조절한다).

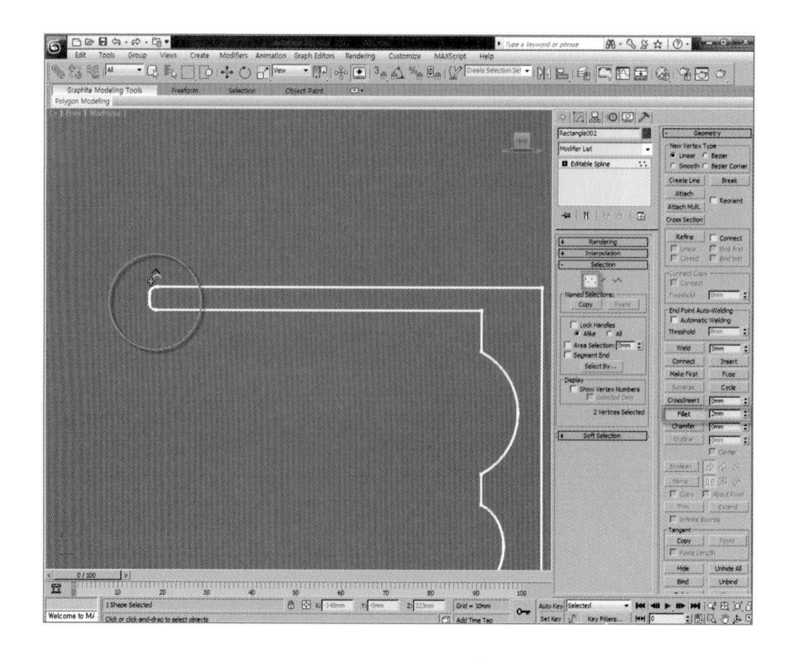

09 >> [Select and Move] 명령으로 원 안의 [Vertex]를 그림과 같이 선택 이동한다.

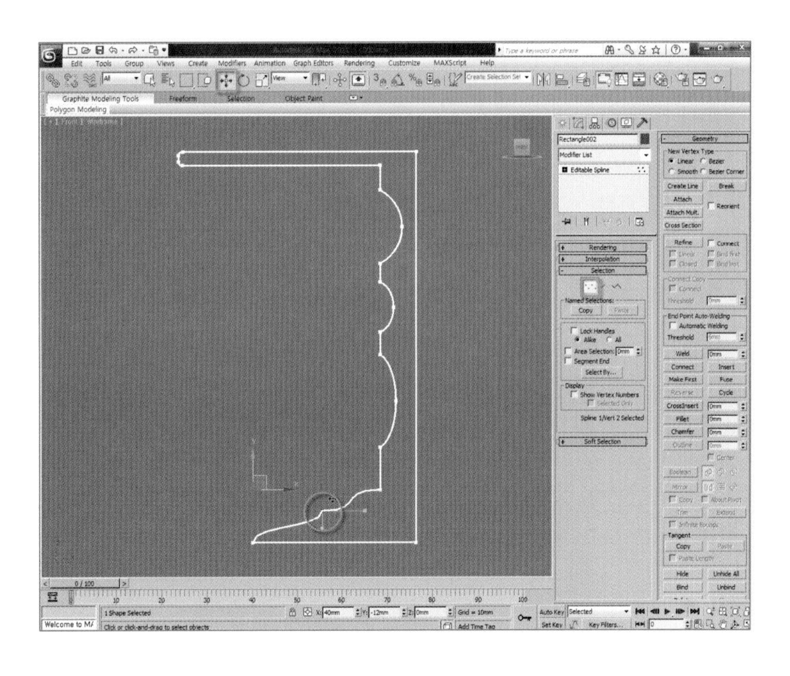

10 >> [Modify] ➡ [Lathe] 명령을 실행한 후 [Weld Core]를 체크하고 [Align] ➡ [Max]를 클릭하여 테이블을 완성한다.

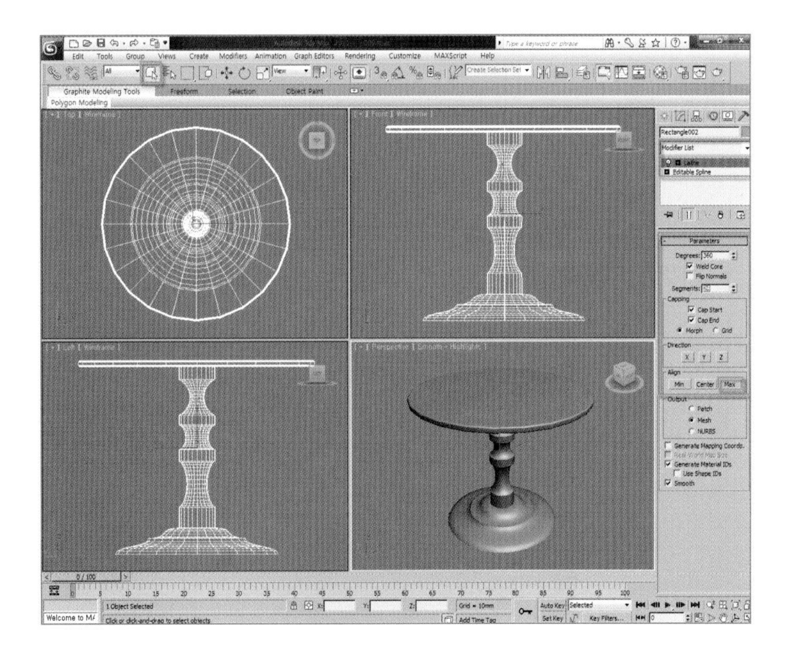

3 ▸▸ 액자 만들기

Lathe 명령을 이용하여 액자를 만들어 본다. Lathe 옵션에서 Segment 수를 4로 조절한 후 중심축을 이동함으로써 액자 오브젝트를 만들 수 있다.

01 >> [Front view]에서 [Line]을 이용하여 액자의 절단면을 제작한다.

절단면 제작 중에 그려진 선을 취소하고자 할 때는 ← [Backspace key]를 누름으로써 그린 선을 하나씩 취소할 수 있다. 선의 [Vertex]를 선택한 후 그림과 같이 수정한다.

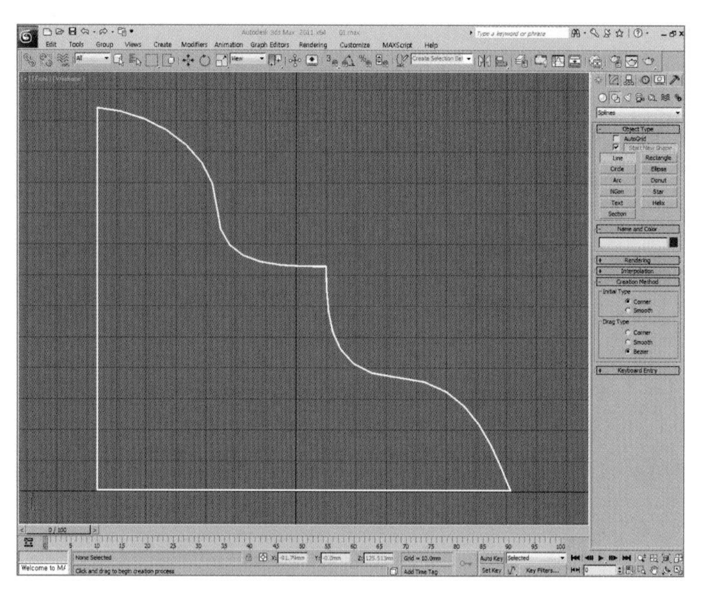

02 >> 정점을 수정한 후 [Vertex]를 클릭하여 비활성화한다.

[Modify]에서 [Lathe]를 실행한 후 [Segment]값을 '4'로 입력하고 [Align]에서 [Max]를 클릭한다.

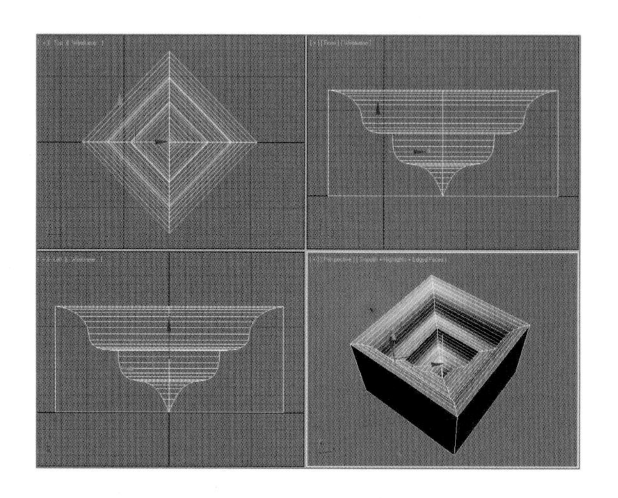

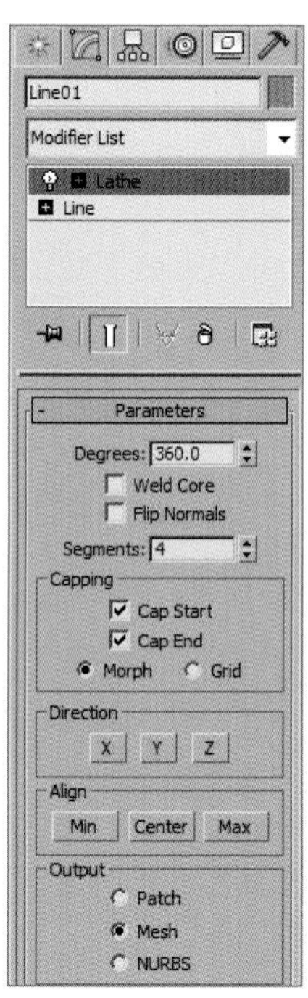

03 >> [Front View] 상에서 [Lathe]를 클릭하여 활성화한 후 [Select and Move]를 이용하여 축을 우측으로 드래그하면 중간 부분에 공간이 생기면서 액자가 만들어진다.

만약 축이 보이지 않을 경우에는 단축키 X 를 눌러 축이 보이도록 한다.

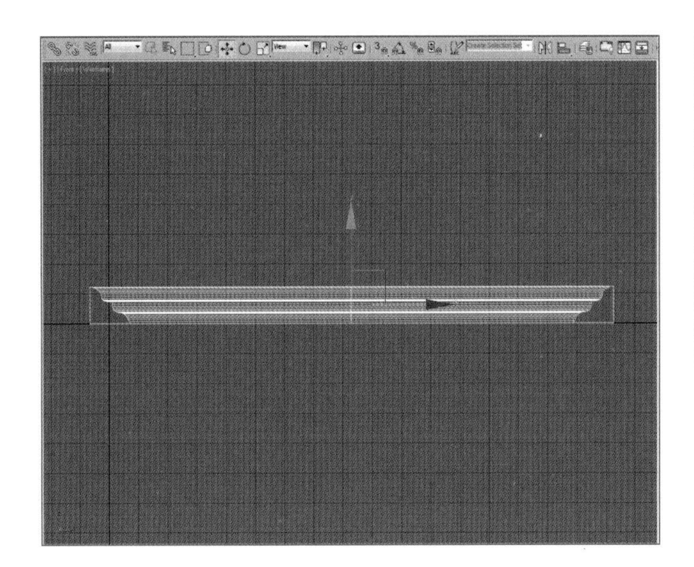

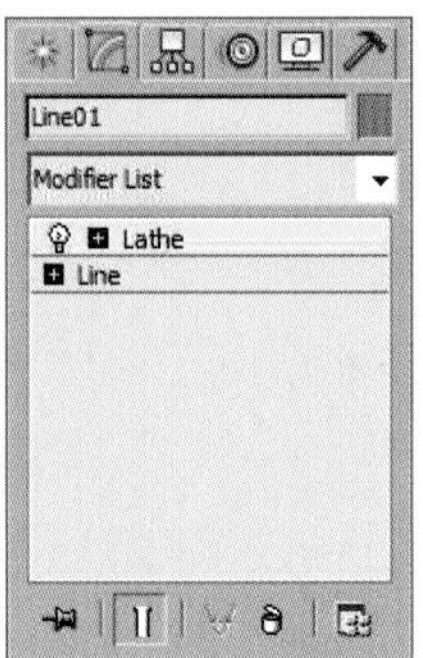

04 >> [Top View]에서 [Lathe]을 비활성화한 후 [Angle Snap Toggle](단축키 : A) 버튼을 활성화한 후 [Select and Rotate] (단축키 : E) 버튼을 이용하여 '90' 만큼 회전시킨다.

오브젝트를 회전시키는 또 다른 방법으로는 F12 를 눌러 [Rotate Transform Type-In] 대화상자에서 [Z]값에 '45' 를 입력한다.

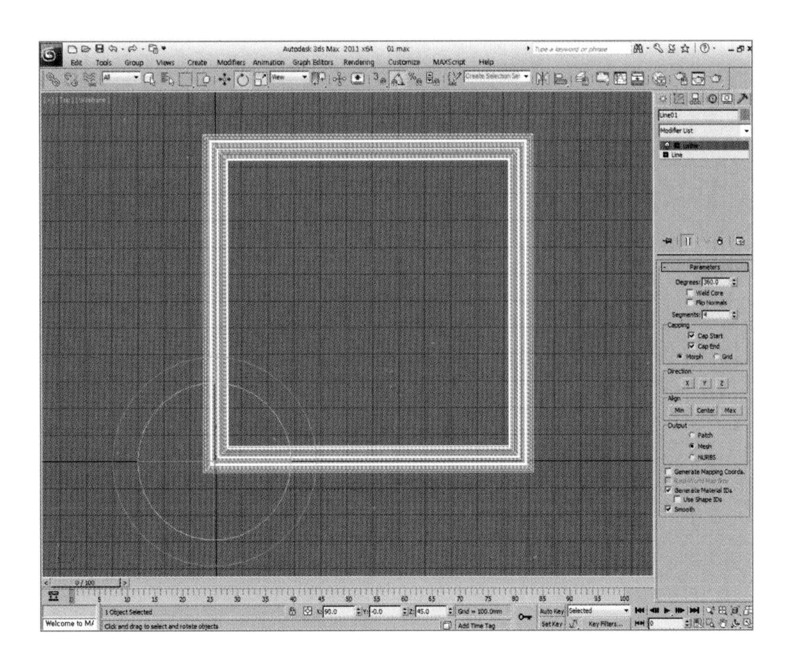

05 >> 액자의 그림판을 그리기 위해 마우스 우측 버튼을 클릭하여 [Snap]의 [Endpoint]만을 체크한다.

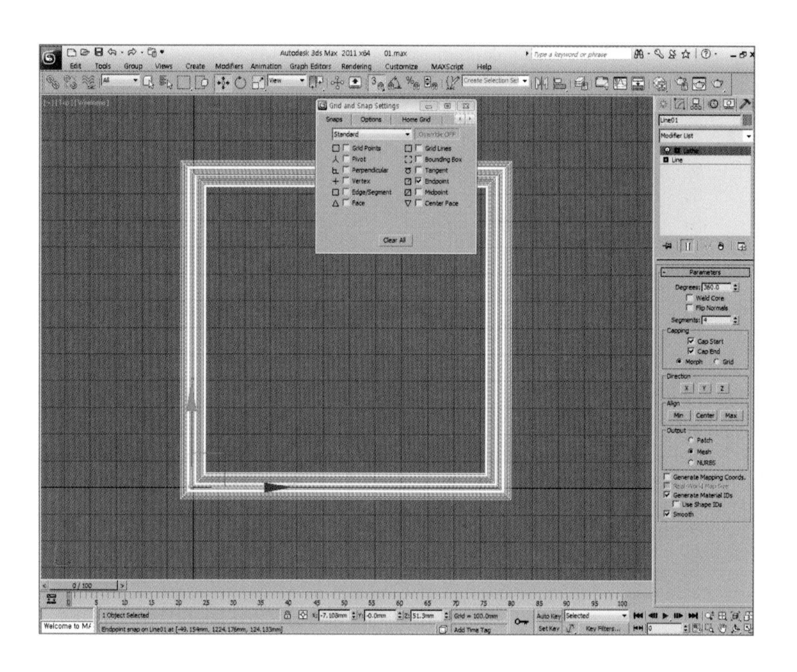

06 >> [Geometry] ➡ [Plane]을 선택하고 좌측 상단의 꼭지점에서 우측 하단의 꼭지점까지 드래그하여 면을 생성한다.

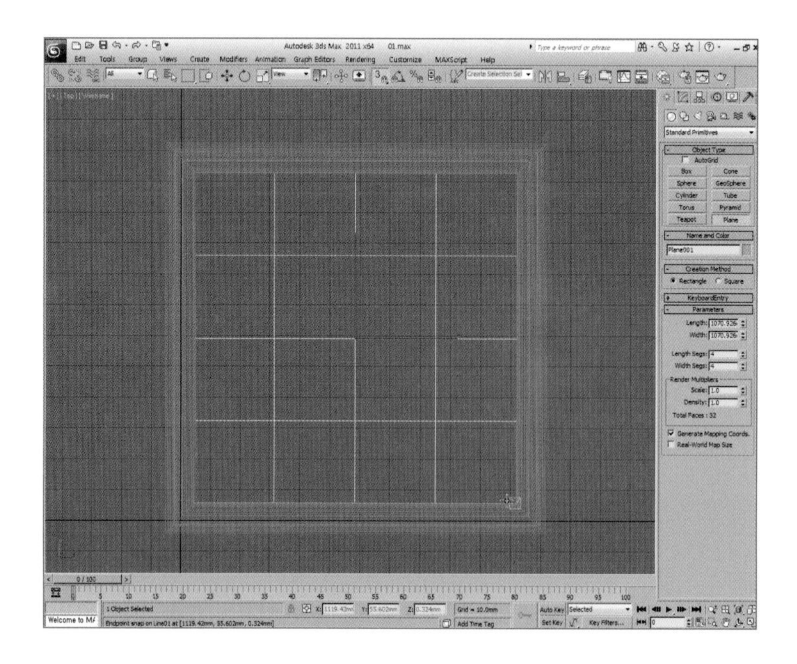

07 >> 액자 질감과 그림을 매핑하여 완성한다. 매핑 부분은 뒷장에서 별도로 학습한다.

4 ▶▶ 스탠드 만들기

Lathe의 Segment의 수치에 의한 형태 변화를 살펴본다.

보통 Lathe 명령은 원형 회전 물체를 제작할 때 사용하지만 옵션에서 Segment 수를 조절하여 각진 오브젝트를 생성할 수 있다. Lathe 명령의 Segment 수치를 5~6으로 입력하여 각이 지게 형태를 제작하고 몸체는 Segment 수치를 20 이상 높여 부드럽게 제작한다.

01 >> [Front view]에서 [Line]을 이용하여 다음과 같이 스탠드의 기둥 단면도를 제작한다. 만약 선을 그리는 도중에 그려진 선을 취소하고자 할 때에는 ← [Backspace key]를 눌러 그려진 선을 한 단계씩 취소한다.

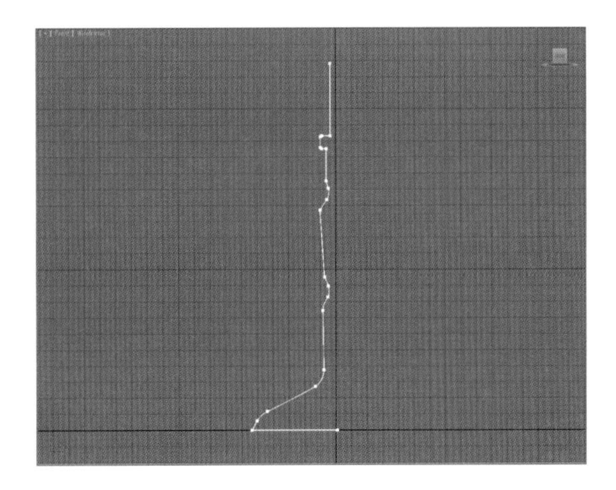

02 >> 전등갓을 그리기 위해 그림과 같이 스탠드의 크기에 맞게 갓의 단면도를 제작한다.

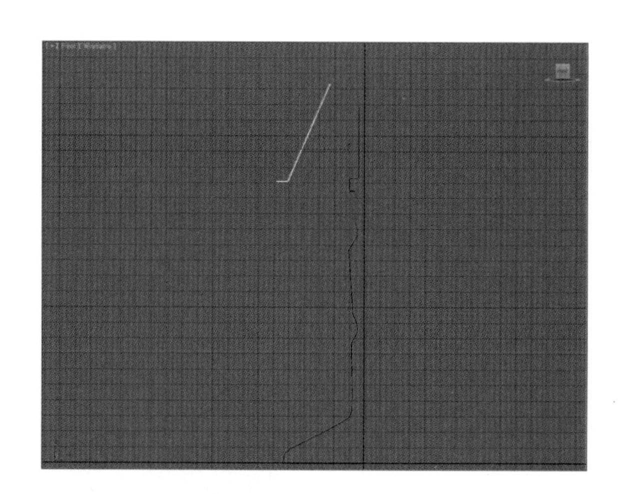

03 >> 제작된 전등갓 단면도 선을 선택한 후 [Selection]에서 [Spline] 옵션을 선택하여 [Outline] 명령을 활성화한다. 그린 선을 마우스로 위 아래로 드래그하여 임의로 선의 두께를 만들어 준다.

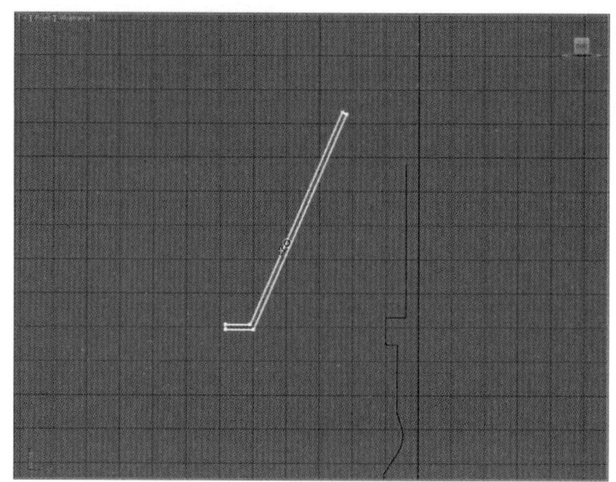

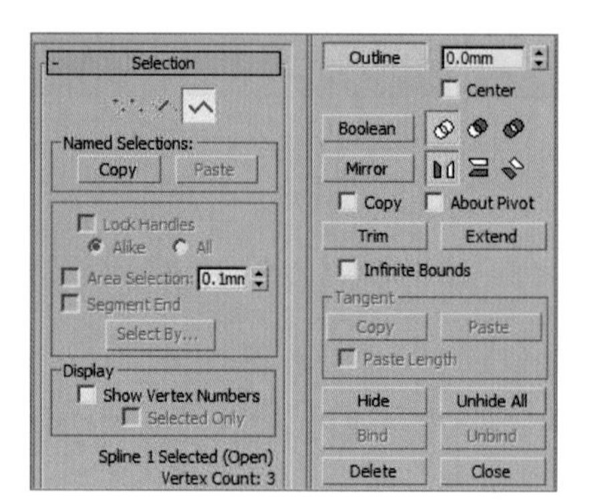

04 >> [Modify]에서 [Lathe] 명령을 실행한다. [Segment]값을 '6' 으로 입력하여 6각의 전등갓이 생성되도록 하며 [Align]에서 [Max]를 선택한다.

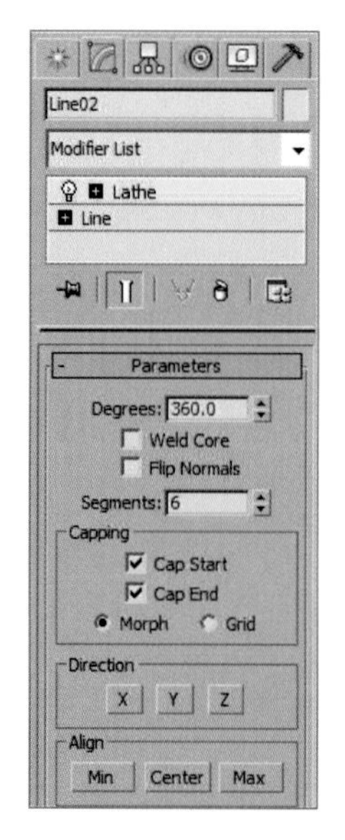

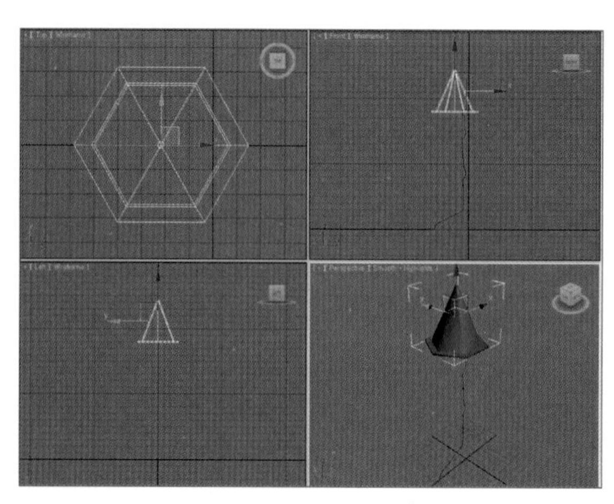

05 >> [Lathe]를 선택하여 노란불이 들어오도록 활성화시킨 후 [X]축 방향으로 드래그하여 갓 모양을 만든다.

이때 전등갓의 모양이 틀어질 경우가 있는데 이런 경우에는 앞서 사용한 폴리곤 명령의 옵션(Selection 부분)을 비활성화한다.

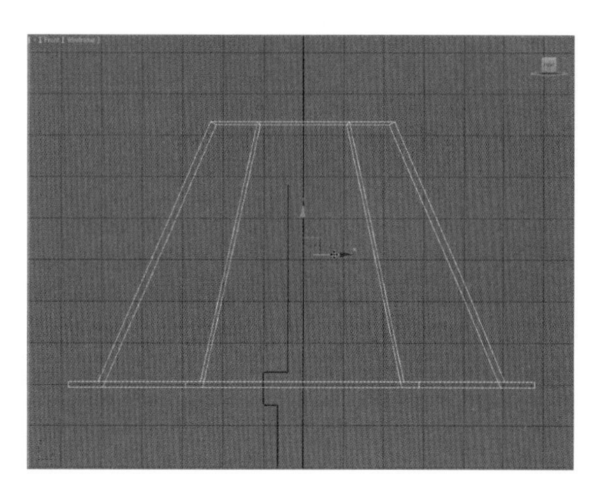

06 >> 기둥 부분의 단면선을 선택한 후 [Modify]에서 [Lathe]를 실행한다. 실행 후 [Segment]값을 '20' 으로 하고 [Align]에서 [Max]를 선택한다.

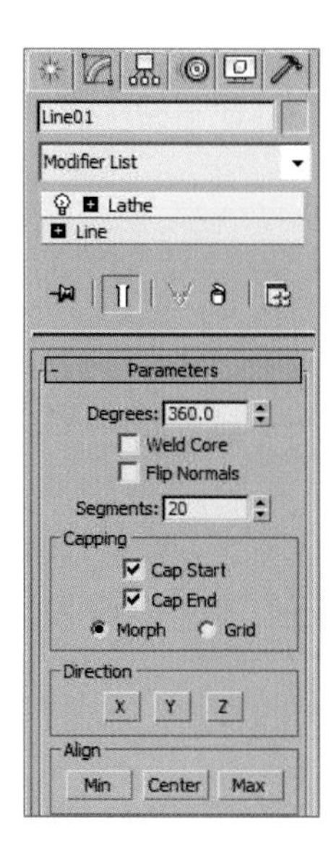

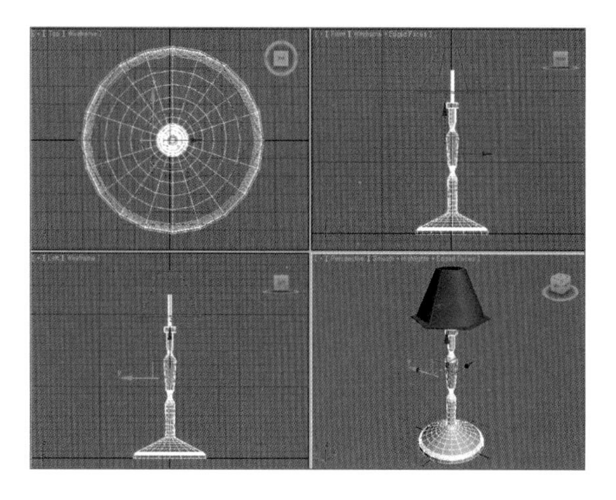

07 >> 전구용으로 [Sphere]를 이용하여 대략적으로 만든다.

갓의 면과 면 사이가 부드럽게 보이는 부분을 각지게 보이도록 바꾸자.

먼저 갓을 선택한 후 마우스 우측 버튼을 클릭하여 [Convert to Editable Poly]로 바꾼다.

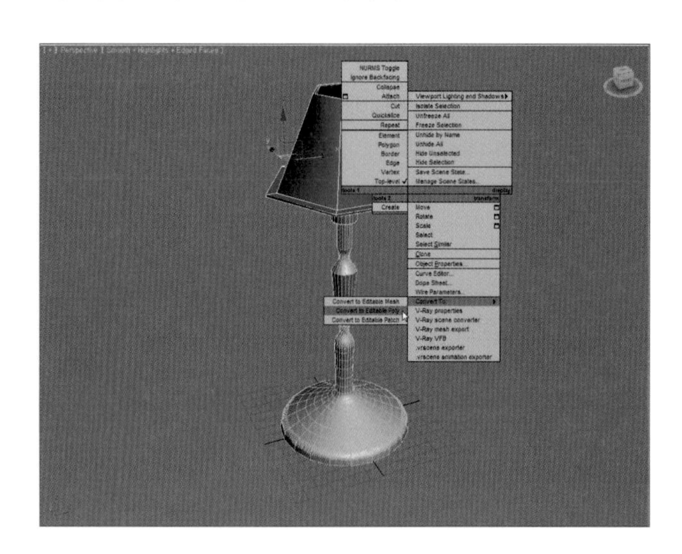

08 >> 갓을 선택한 후 [Selection]란에 [Element] 옵션을 체크하고 갓을 선택한다.

[Polygon Properties] 롤아웃에서 [Auto Smooth] 버튼을 클릭한다.

전등갓을 선택했을 때 갓의 선택 여부를 빨간색으로 알 수 있는데 선택면이 모두 변하지 않고 테두리만 빨간색으로 표시될 경우에는 F2 를 눌러 면 전체가 표시되도록 한다.

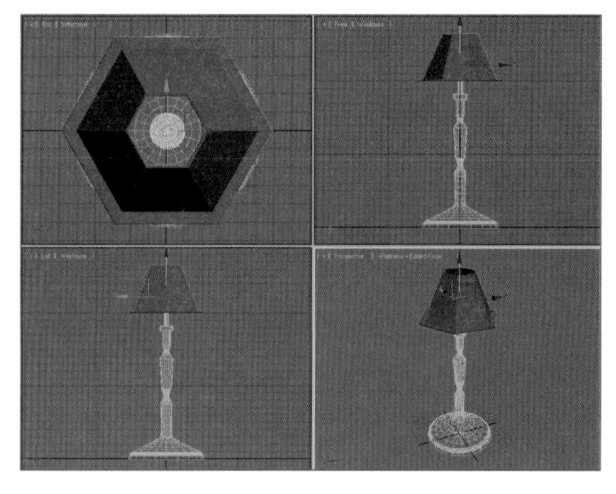

Note

[Smoothing Groups]는 선택된 다각형을 [Smoothing Groups]에 할당하고 [Smoothing Groups]에 따라 다각형을 선택한다.

[Auto smooth]는 다각형 사이의 각도에 따라 [Smoothing Groups]를 설정한다.

인접한 두 다각형의 각도가 이 버튼 오른쪽의 스피너에서 설정한 임의의 각도보다 작으면 인접한 두 다각형은 동일한 [Smoothing Group]으로 처리한다.

예를 들어 수치값을 '180'으로 할 경우에는 인접한 다각형의 각도 값보다 크기 때문에 동일면으로 처리하여 면이 둥글게 보이고 수치값을 '30'으로 할 경우에는 인접한 다각형 각도의 수치보다 작기 때문에 두 면을 다른 면으로 처리하여 각지게 보인다.

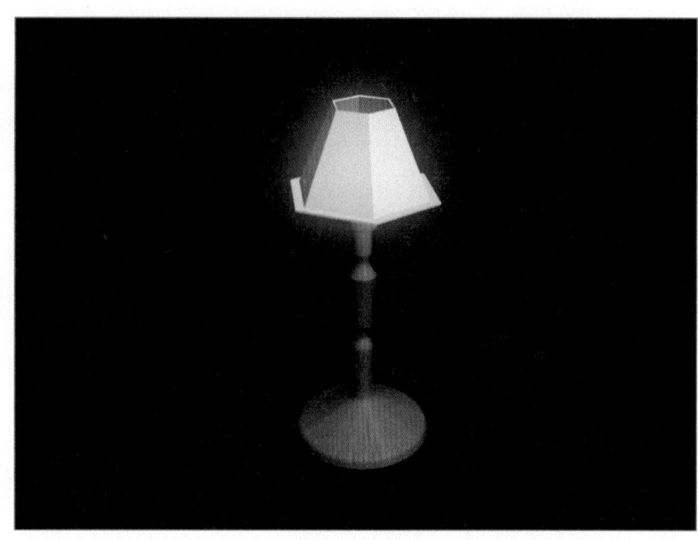

최종 완성된 이미지

5 ▸▸ 커튼 만들기

Loft의 Deformation 옵션 기능 중에서 Scale을 이용하여 커튼을 제작하도록 한다.

01 >> 단위를 [mm]로 설정하기 위해 [Menu]란에 [Customize]를 선택한 후 [Unit Setup]을 선택한다.

[System Unit Setup]에 [Inches]로 설정된 부분을 [Millimeters]로 바꾼 후 [OK] 버튼을 누른다. [Display Unit Scale] 하부 옵션에 [Metric]을 체크한 후 [Millimeters]를 선택한다.

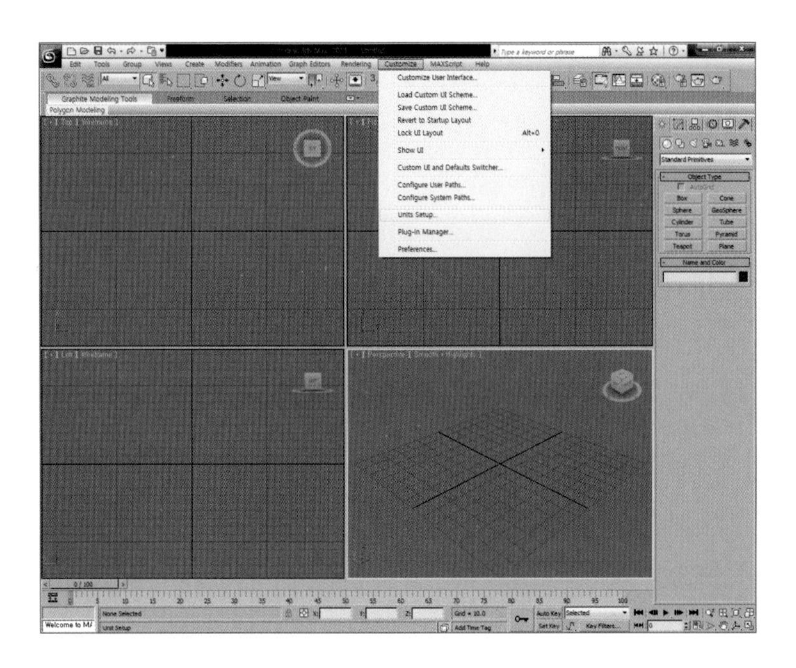

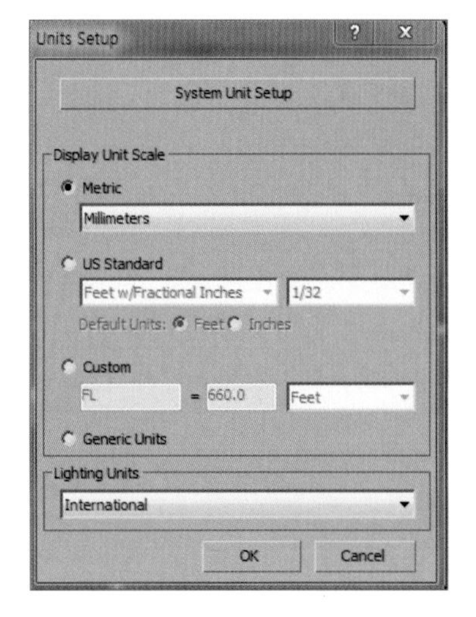

02 >> [Snap] ➡ [2.5]를 활성화한 후, 마우스 우측 버튼을 클릭하여 [Grid Point]만을 체크한다.

[Top View]에서 [Line] 명령을 이용하여 그림과 같이 커튼의 단면도를 제작한다.

단면도가 제작된 후에는 [Snap]에서 [End point]만을 체크하고 [Grid Point]는 꺼준다.

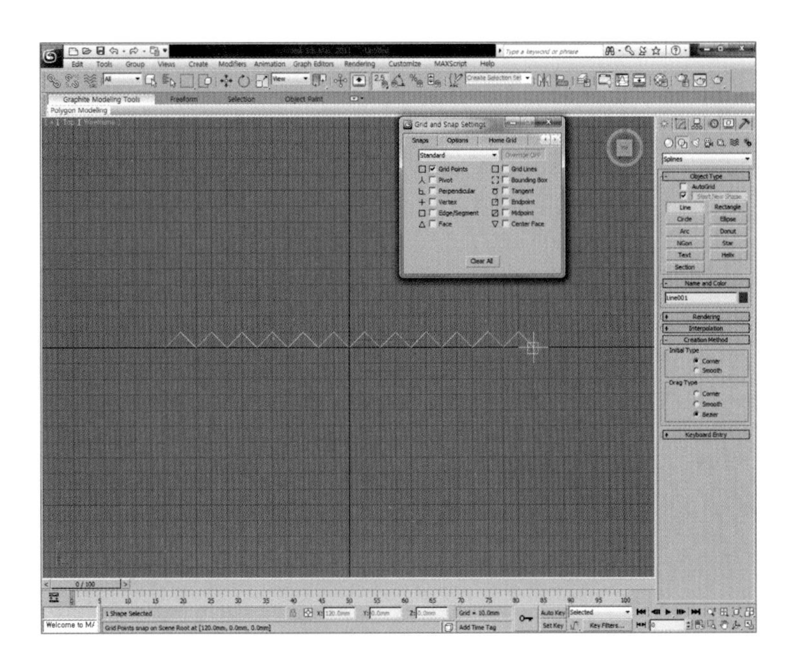

03 >> 그려진 단면도를 선택한 후 [Modify] ➡ [Selection] ➡ [Vertex]를 체크한 후 양쪽 끝점을 제외한 나머지 [Vertex]를 선택한다.

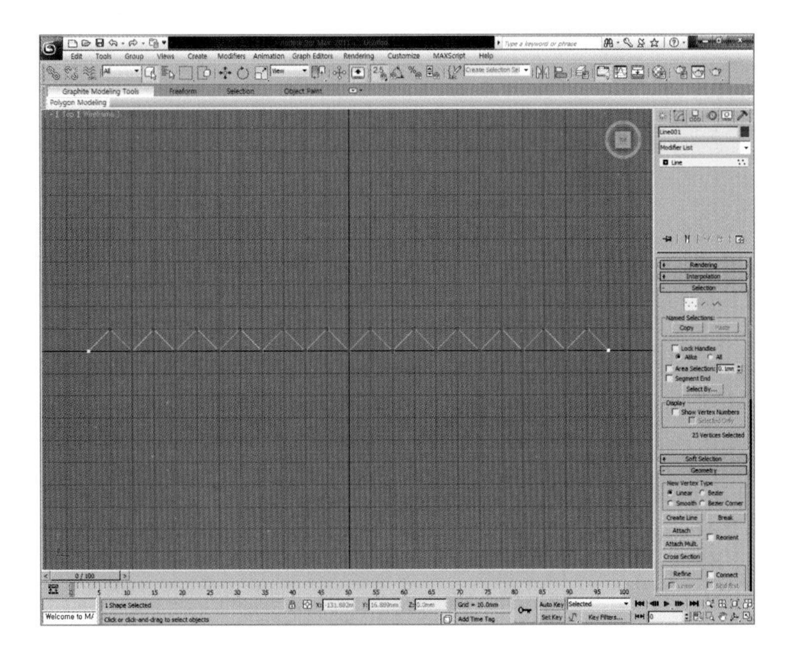

04 >> 선택된 [Vertex]는 [Fillet] 명령을 이용하여 라운딩한다.
화면상에서 마우스로 드래그하여 라운딩을 하거나 수치값을 '4' 로 입력한다.

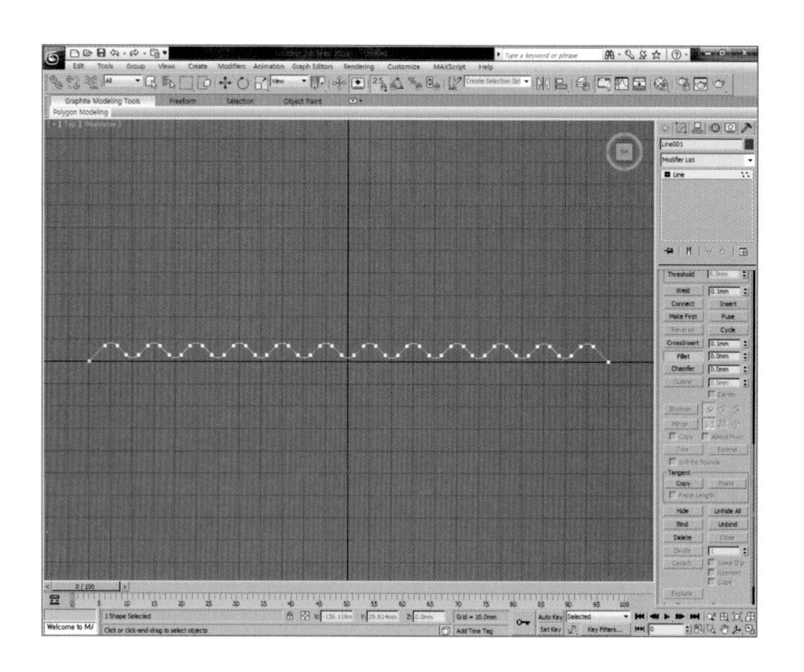

05 >> [Front View]에서 커튼의 길이가 될 [Line]을 그린다.
이때 선의 방향은 밑에서 위로 그린다. [Line]을 그릴 때 Shift 를 누른 상태에서 그리면 수직, 수평선 제작이 가능하다.

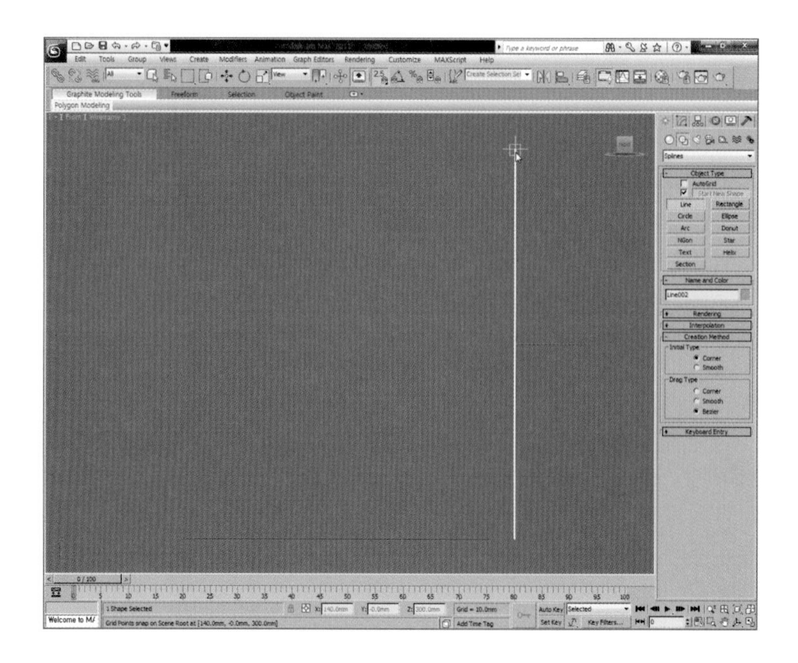

06 >> [Front View]에서 커튼의 길이가 될 [Line]을 선택한 후 [Geometry] ➡ [Compound Objects] ➡ [Get Shape]를 체크하고 가로로 그려진 커튼의 단면도를 선택한다.

만약 단면도를 먼저 선택한 경우에는 [Get Path]를 선택한다.

일반적으로 결과물의 위치 이동의 번거로움을 위해서는 [Path]를 먼저 선택한 후 나중에 [Shape]를 선택하는 것이 바람직하다.

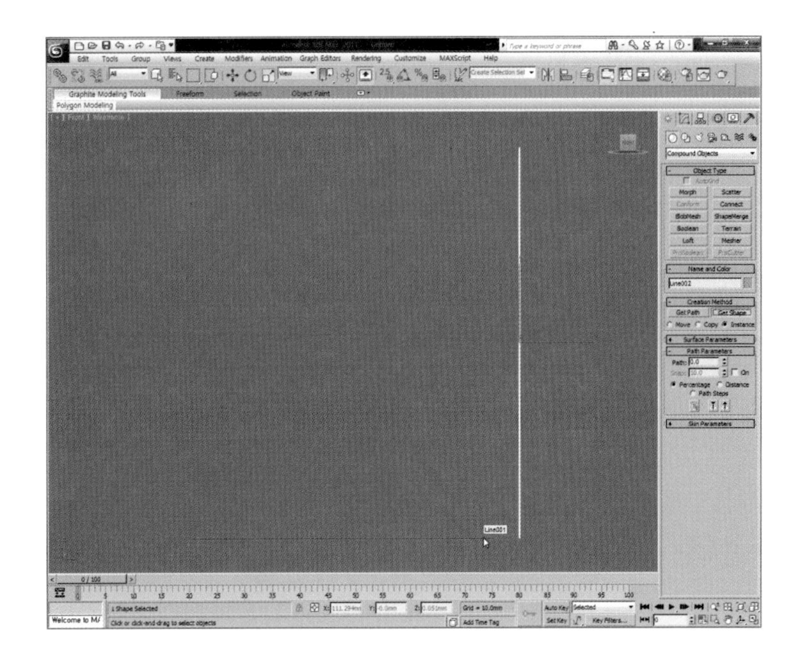

07 >> 제작된 커튼이 어둡게 보이게 된다. 이유는 [Top View]에서 [Line]을 단선으로 제작했기 때문이다.

맥스의 기본 조명으로 양면 모두 밝게 보이도록 조절하기 위해 메뉴에서 [View] ➡ [Viewport Configuration]을 클릭한 후 [Light And Shadows] ➡ [Illuminate Scene With] ➡ [Default Lights]를 [2 Lights]로 체크한다.

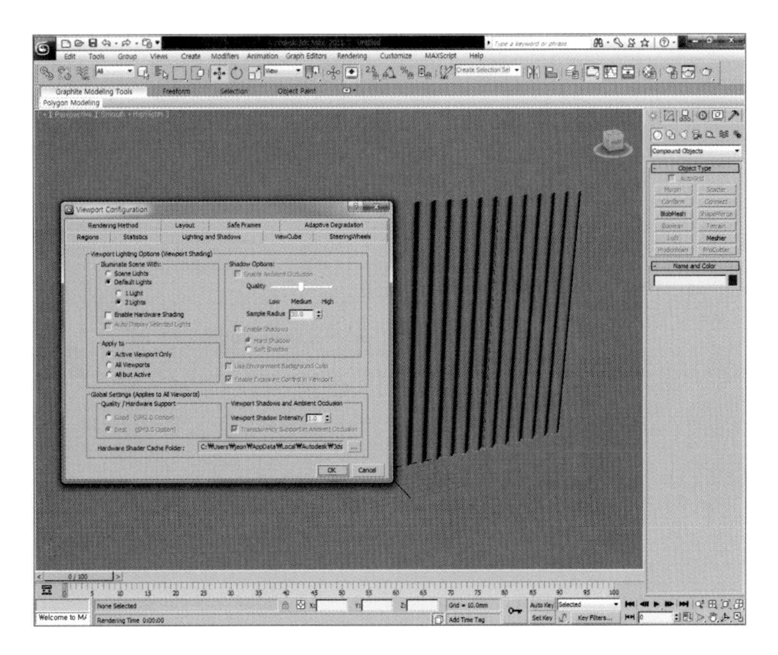

08 >> [Modify] 패널로 이동한 후 [Deformations] ➡ [Scale]을 선택하면 [Scale Deformations] 대화상자가 나타난다.

09 >> [Make Symmetrical]을 비활성화하여 [X]축과 [Y]축이 다른 형태가 되도록 한다. 커튼의 접히는 부분을 만들기 위해 '30' 정도의 지점에 [Insert Corner Point] 버튼을 눌러 새로운 포인트를 생성한다.

[Make Symmetrical]은 좌우측이 동일한 객체를 제작할 때 켜준다(예 컵, 화분, 병 등).

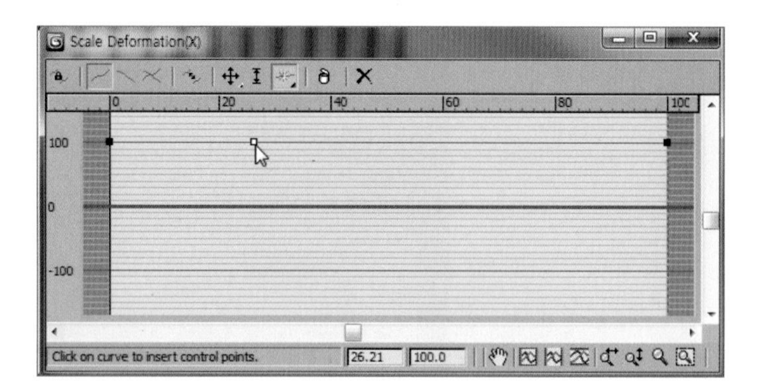

10 >> 추가된 [Vertex]를 선택한 상태에서 마우스 우측 버튼을 눌러 [Bezier-Corner]를 선택한 후 핸들을 이용해 그림과 같이 커튼을 조절한다.

조절 후에는 [Zoom Extents]를 눌러 [Scale Deformation] 창이 최대한 보이도록 한다.

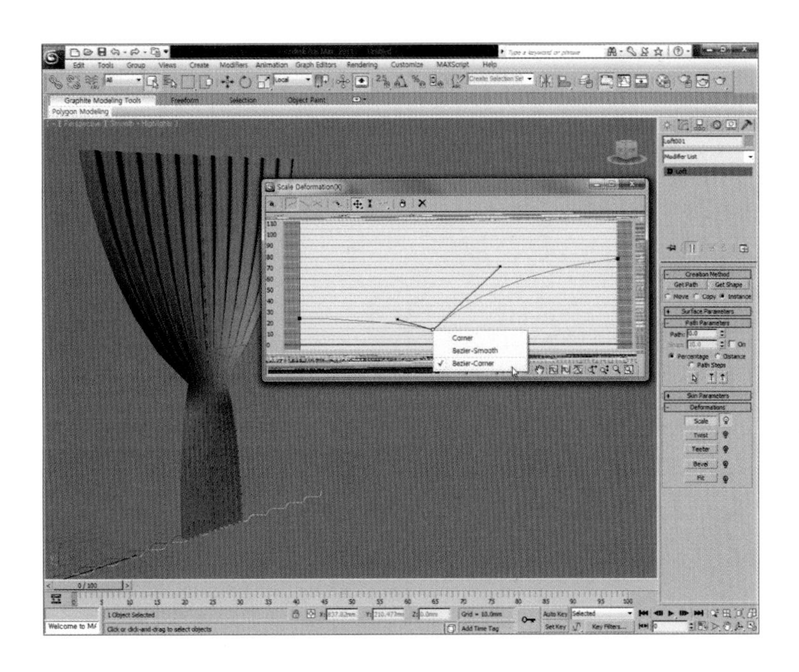

11 >> [Modify] 창에서 [Loft]를 체크하여 활성화한 후 제작된 커튼의 밑 부분에 마우스를 가져간다.

커서 모양이 +로 바뀔 때 커튼의 밑 부분을 클릭하여 [Align]을 활성화한다. 활성화된 [Right] 버튼을 선택하여 커튼을 한쪽으로 정렬한다.

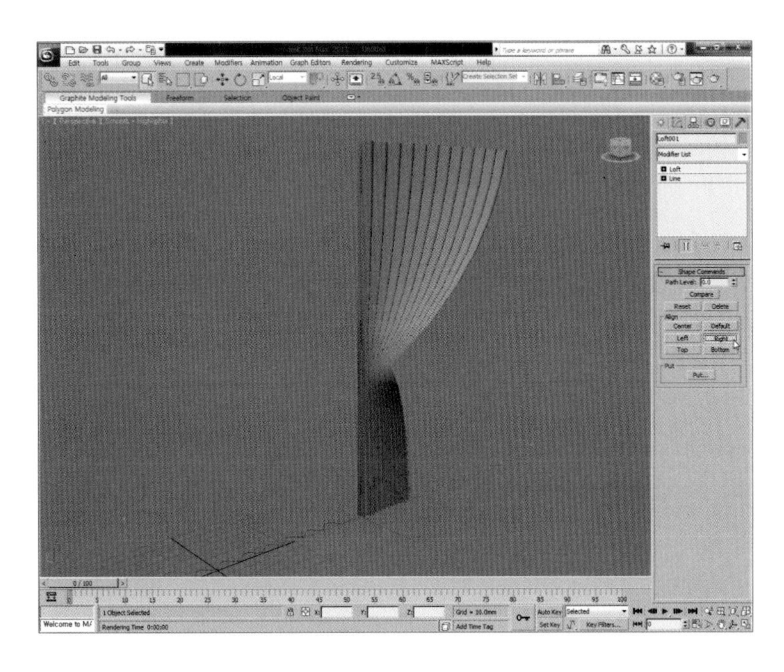

12 >> [Loft]를 꺼서 비활성화한 후에 [Deformation] ➡ [Scale]을 눌러 [Scale Deformation] 대화상자에서 핸들을 조절하여 자연스럽게 만든다.

조절 후에는 [Zoom Extents]를 클릭해서 커튼 모양을 확인한다.

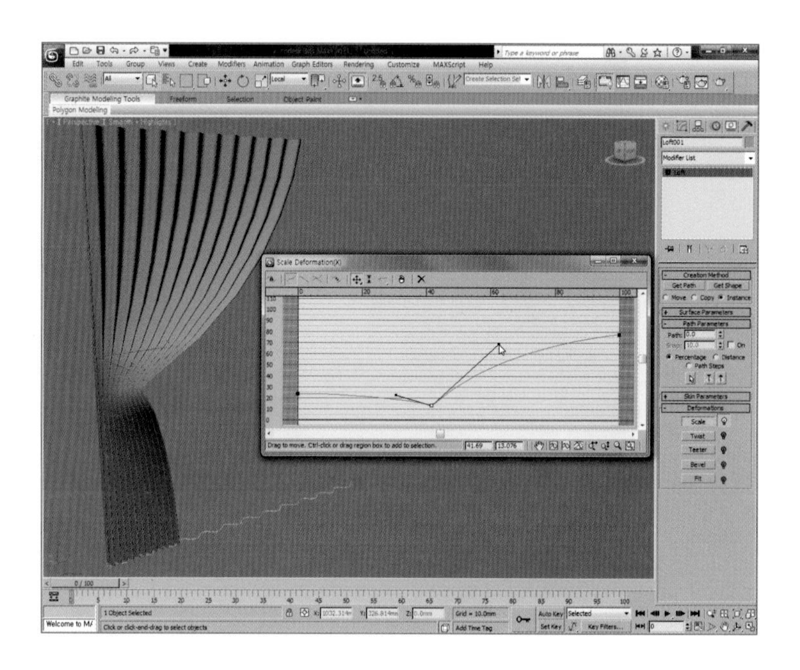

13 >> [Top View]에서 [Rectangle]을 이용하여 커튼의 꺾인 부분에 라운딩 사각형을 그린다. 라운딩은 [Rectangle] 명령을 실행한 후 [Corner Radius]값을 조절한다.

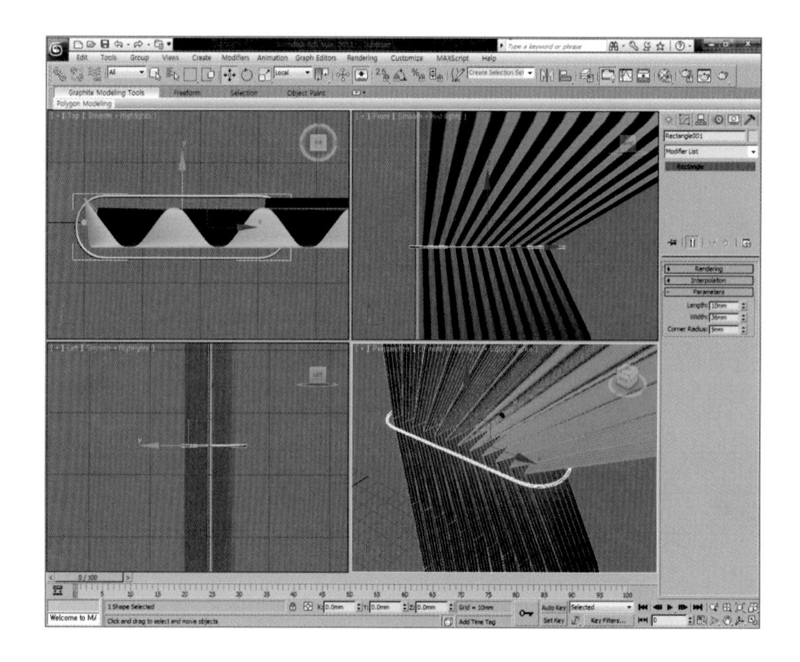

14 >> 그린 선을 선택한 후 마우스 우측 버튼을 눌러 [Convert to Editable Spline]을 선택하여 [Rectangle] 편집이 가능하도록 한다.

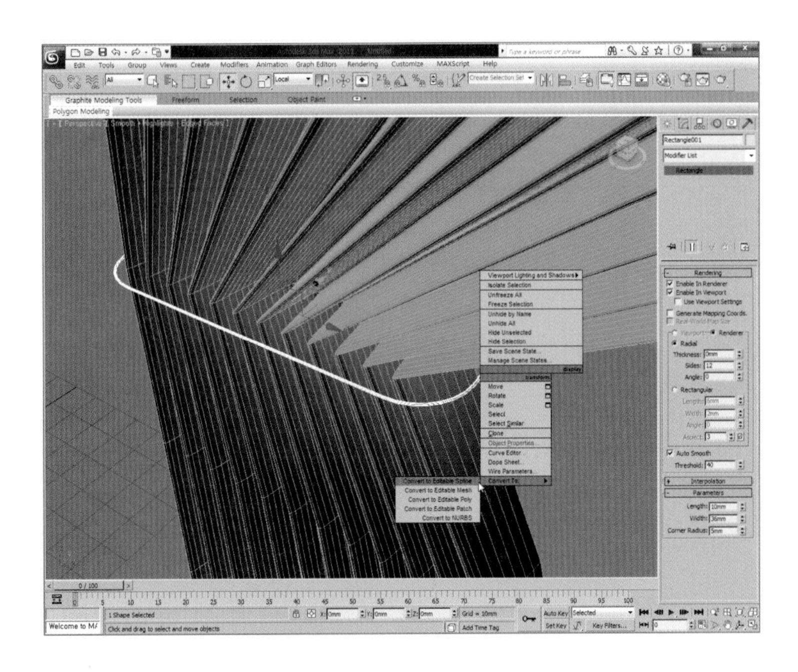

15 >> [Modify] ➡ [Selection] ➡ [Spline]을 선택하여 [Outline] 명령을 이용하여 2개의 선을 만든다.

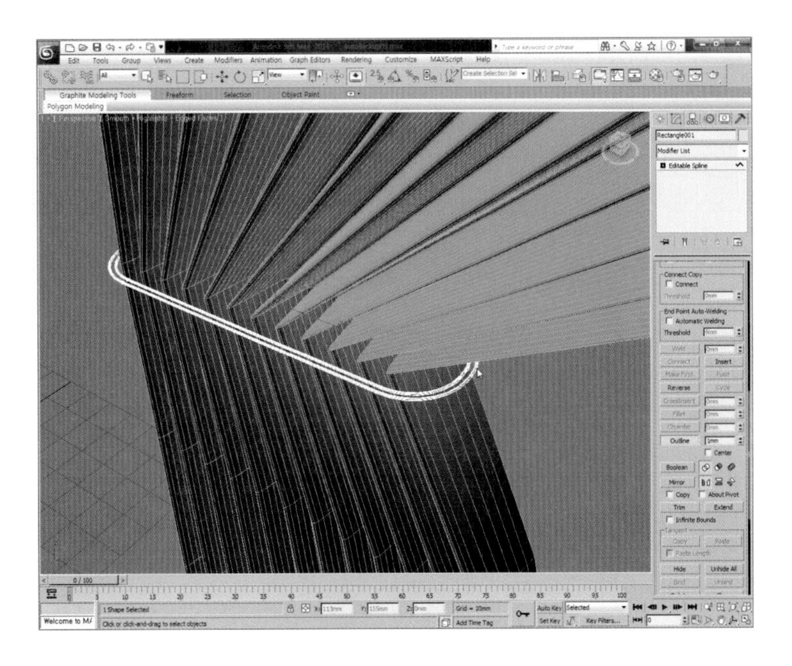

16 >> [Modify] ➡ [Extrude] 명령을 이용하여 그려진 선에 면을 생성하면서 두께를 준다.

만약 막힌 면으로 생성될 경우에는 [Rectangle] 제작 시 라운딩 수치를 너무 크게 입력한 것이므로 수치값을 줄여 재제작한다.

딱딱한 띠 모양의 느낌을 줄이기 위해서는 [Polygon]을 이용하여 면을 분할하여 부드럽게 한다.

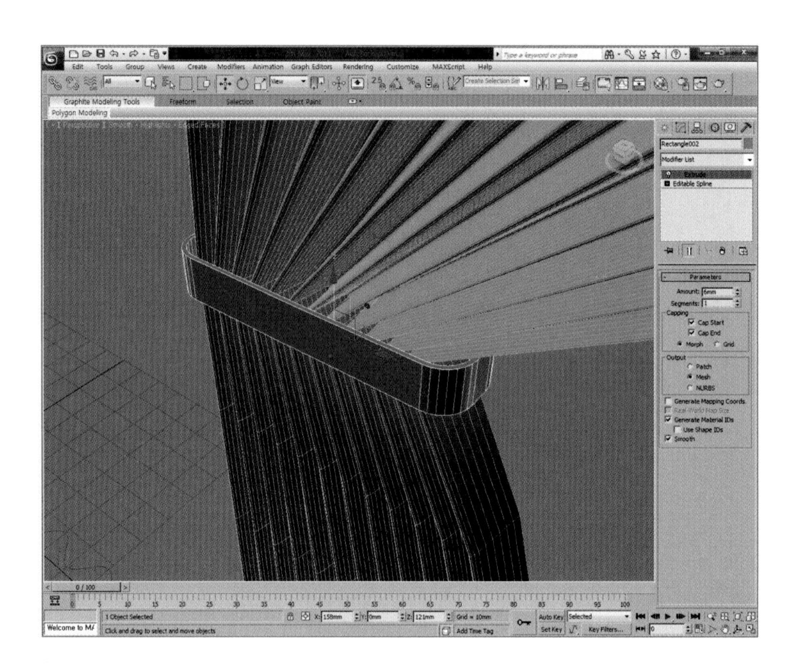

17 >> [Front View]에서 그려진 커튼의 띠를 [Select and Rotate] 명령으로 회전한다.

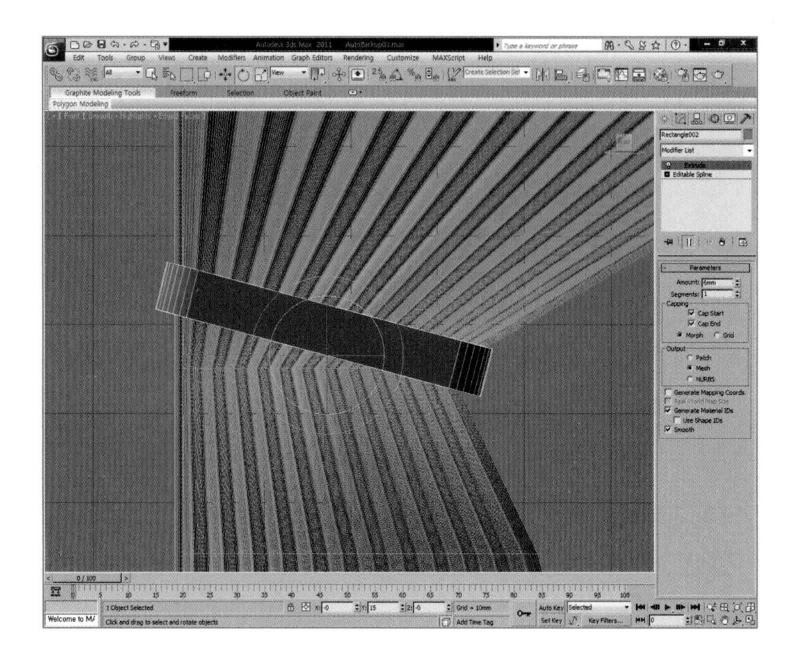

18 >> 커튼의 전체를 선택한 후 [Mirror] 명령을 이용해서 [Clone Selection] ➡ [Copy]를 체크한 후 [OK] 버튼을 클릭한다.

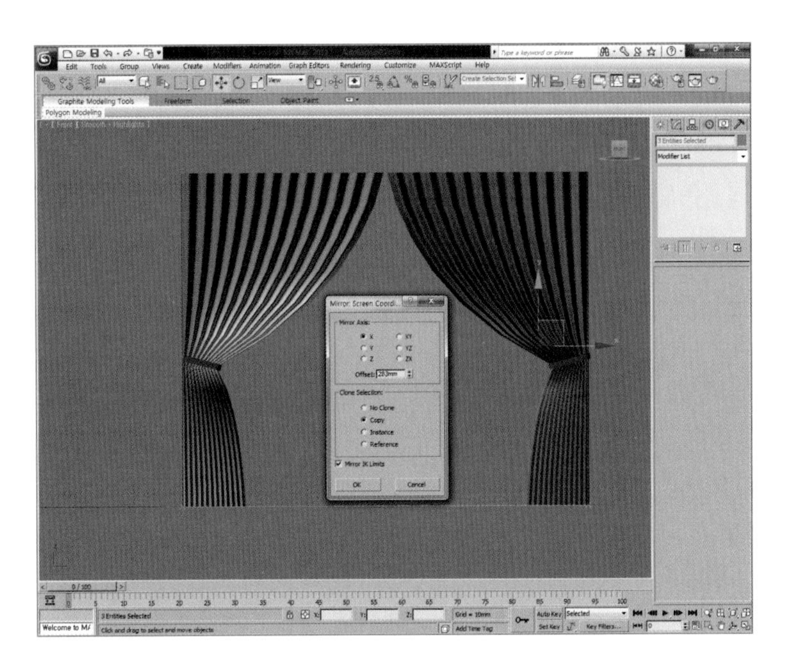

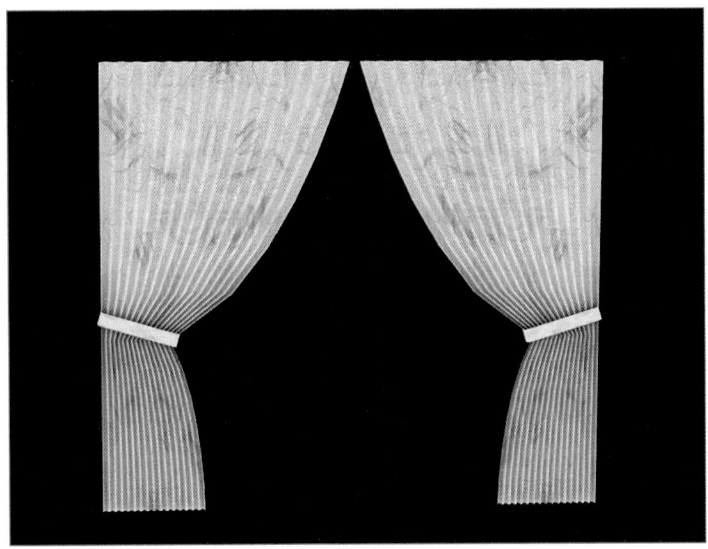

최종 완성된 이미지

6 ▸▸ 전화수화기 만들기

전화수화기 실습은 Loft의 Deformation에서 Fit을 이용하여 제작한다.

Fit은 3개의 (Top, Front, Side) 단면도를 이용하여 2D 단면도에 의해 3D 오브젝트가 생성되므로 세심한 2D 제작이 필요하다.

01 >> Alt + W 를 사용하여 4개의 화면을 1개 화면(Top View)로 바꾼다. [Top View]에서 평면도, 정면도, 측면도, 길이가 될 [Line] 1개를 그린다.

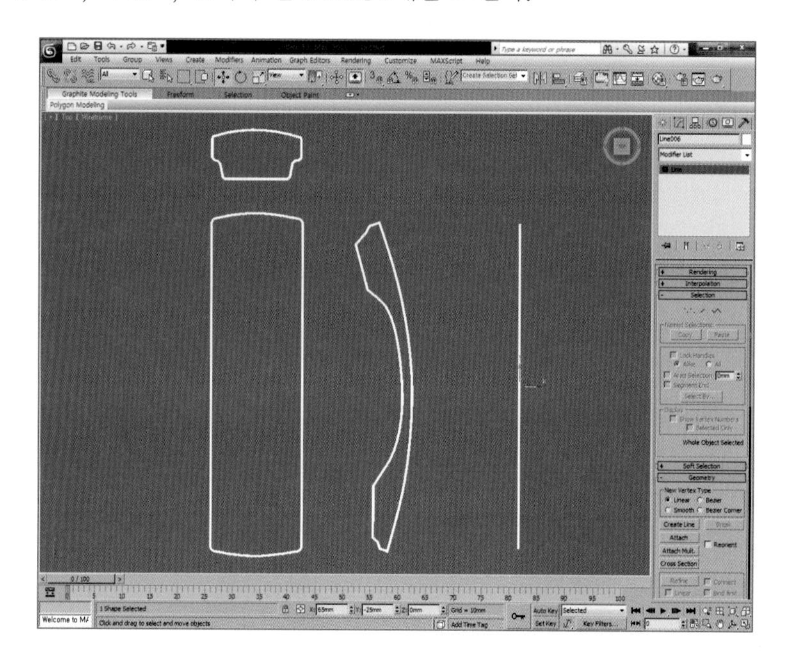

Note

곡선이 많은 단면을 그릴 경우에는 [Line]을 이용하여 대략적으로 직선으로 형태를 그린 뒤, [Modify]에서 [Fillet] 등의 명령어를 사용하거나 혹은 마우스 우측 버튼을 클릭하여 [Bezier]등을 이용하여 직선을 곡선으로 수정한다.

02 >> [Line]을 선택한 상태에서 [Compound Objects] ➡ [Loft] ➡ [Creation Method] ➡ [Get Shape]를 클릭한 후 화면의 평면도를 선택한다.

만약 평면도가 먼저 선택되어 있을 경우에는 [Get Path]를 선택한다.

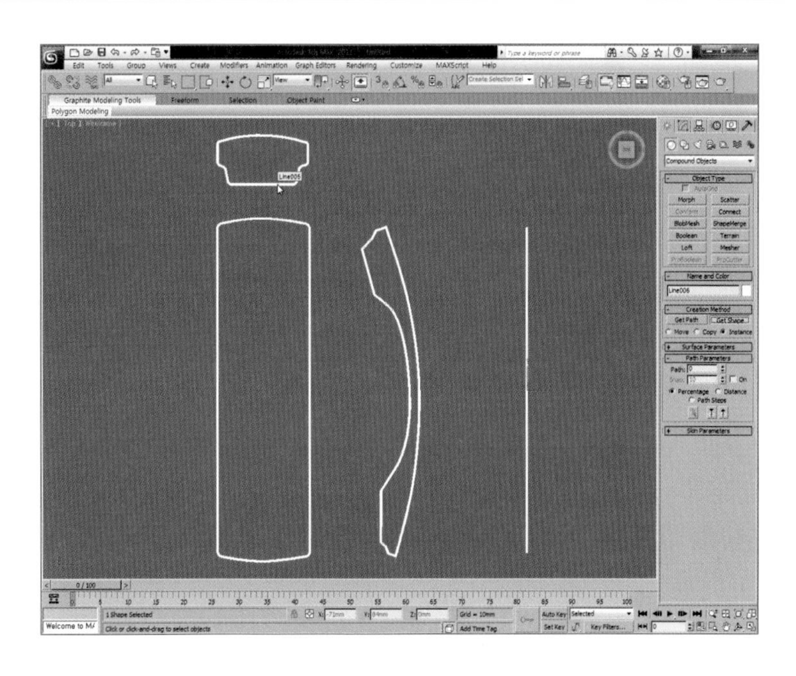

03 >> 평면도를 선택하면 대략적인 전화기 모양이 나오게 된다.

만약 모양이 생성되지 않을 경우나 끝부분의 모양이 이상한 경우는 단면도의 [Line]이 끊겼거나 길이가 되는 [Line]의 끝부분이 휘어졌을 때 형태가 틀어지므로 주의해서 그린다.

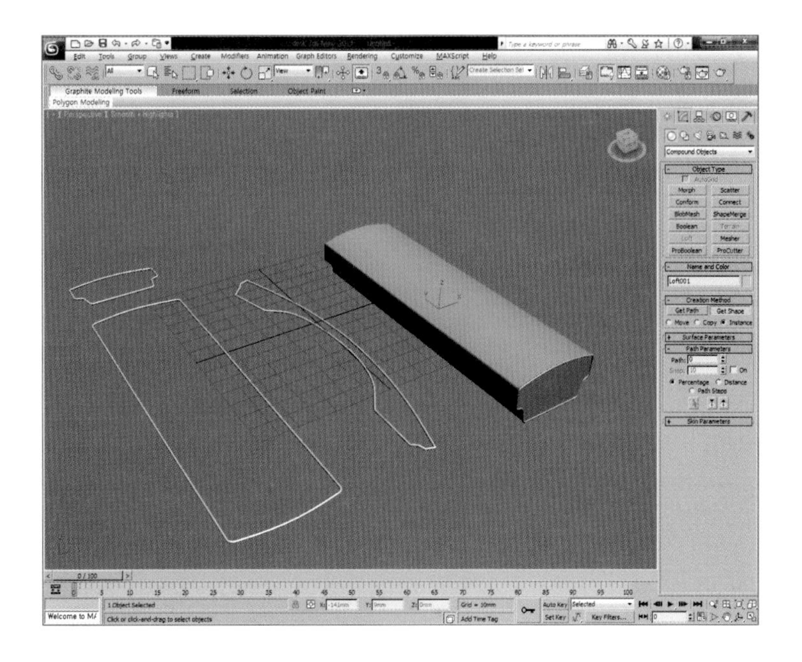

04 >> 만들어진 전화기를 선택한 후 [Modify]를 클릭한다.

[Deformations]의 총 5개의 옵션에서 [Fit]을 선택하면 [Fit Deformation] 대화상자가 나타난다. [Fit]은 3개의 단면도로 오브젝트 제작이 가능한 명령어이다.

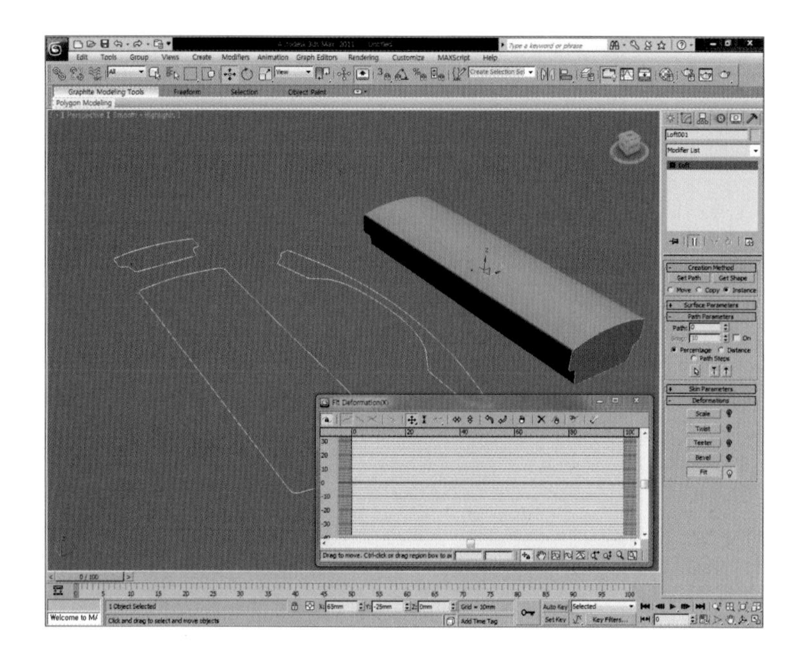

05 >> [Fit Deformation] 대화상자에서 우측의 [Get Shape] 버튼을 클릭한다.

[Get Shape] 버튼은 단면도를 불러들이고자 할 때 사용하는 버튼이다.

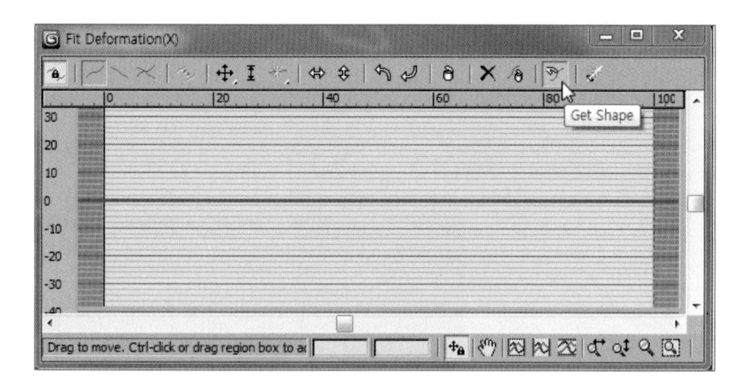

06 >> [Get Shape] 버튼을 클릭한 후 정면도에 마우스를 가져가면 커서 모양이 바뀔 때 선택한다.

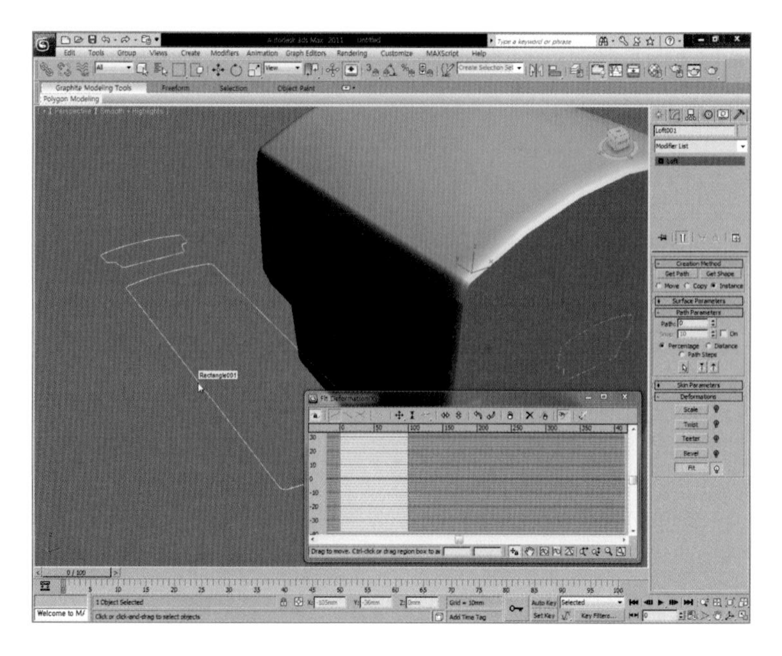

07 >> 형태가 제대로 나오지 않는다. 형태를 맞춰주기 위해 가운데 [Rotate] 버튼을 클릭하여 단면도를 회전시키면서 형태를 맞춘다.

형태를 맞출 때는 [Top View]에서 선택한 단면도와 만들어지는 물체의 형태를 보면서 회전시켜 단면도 모양과 동일한 모양으로 나오게 한다.

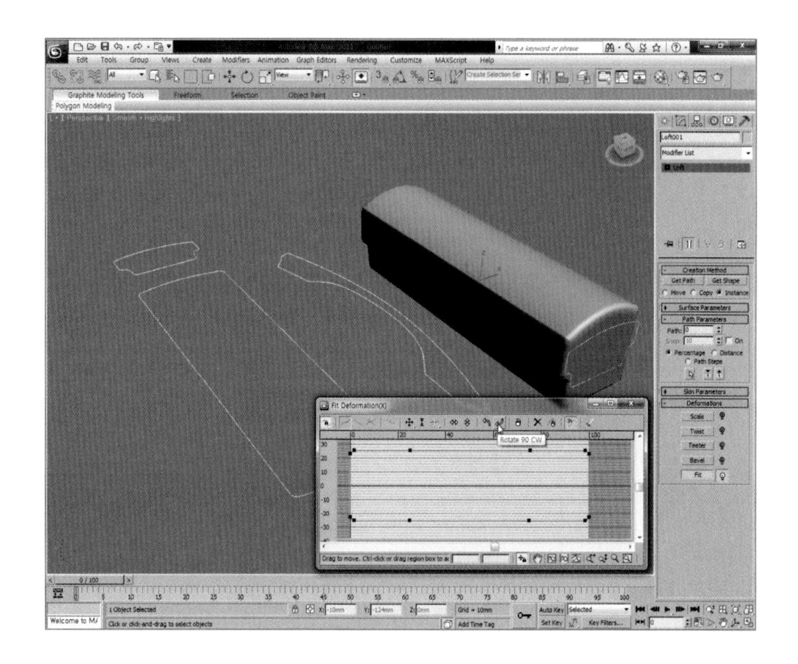

08 >> 이번에는 남은 1개의 도면을 불러들인다.

먼저 지금 그려진 도면은 정확한 치수에 의해 그려진 것이 아니기 때문에 전체 길이를 맞춰야 한다.

[Fit Deformation] 창의 맨 우측을 보면 [Generate Path] 버튼이 있는데 이 버튼은 수화기의 길이를 자동으로 조절하게 하는 기능을 가지고 있다.

버튼을 클릭하면 오브젝트의 전체길이가 조절되는 것을 알 수 있다.

그리고 맨 앞에 있는 [Make Symmetrical] 버튼은 원형과 같이 전면과 측면이 동일한 경우에만 작동하므로 지금처럼 다른 도면일 경우는 꼭 비활성화한다.

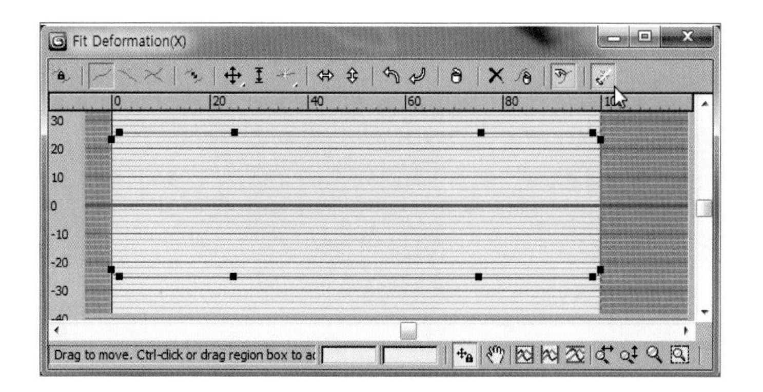

09 >> [Y]축을 클릭한 후 [Get Shape] 버튼을 클릭하여 남은 단면도를 선택한다.
형태가 틀어져서 생성되는데, 앞에서 했던 방법처럼 [Rotate] 버튼을 사용하여 단면도를 회전시키면서 형태를 맞춘다.

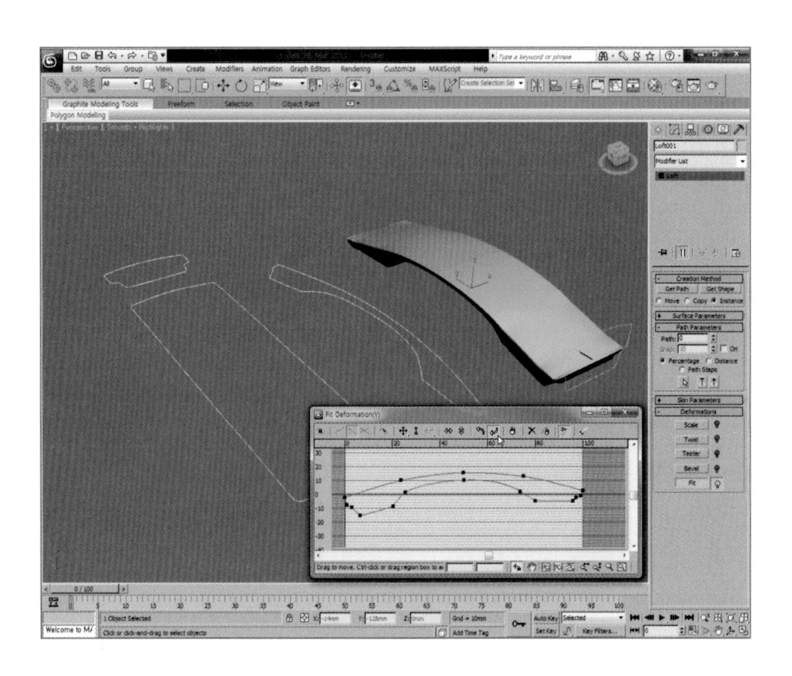

10 >> [X]와 [Y]축 모두 보이도록 [Display XY Axes] 버튼을 선택한다. 이 상태에서 포인트를 조절하여 수화기 모양을 수정한다. 선들을 수정할 때에는 점을 추가하거나 삭제를 할 수 있다.

- [Insert Corner Point] 버튼 : 점 추가
- [Delete Control Point] 버튼 : 점 삭제(Delete Key 가능)
- [Zoom Extents] 버튼 : 전체 화면
- [Zoom Region] 버튼 : 부분 확대
- [Delete Curve] 버튼 : 모든 선 삭제 (주의)

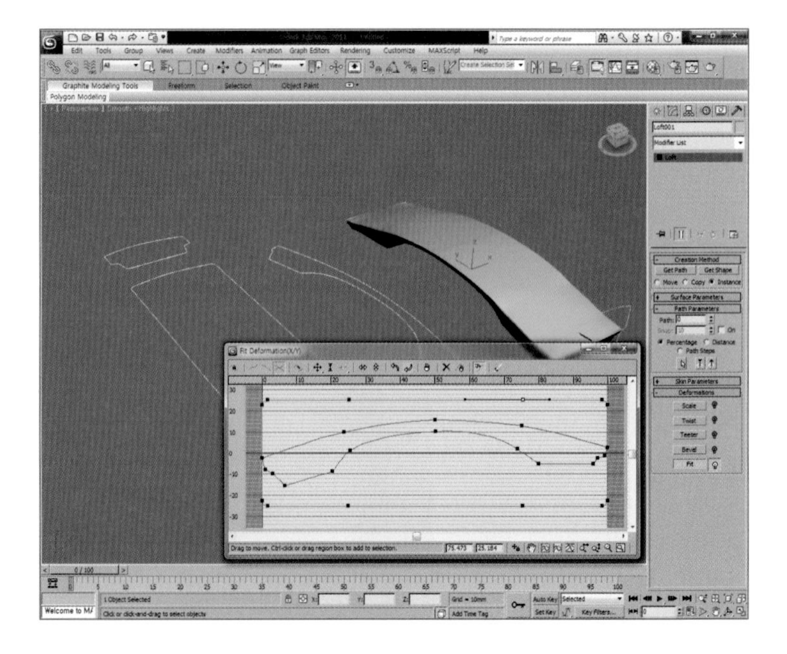

11 >> 마지막으로 [Vertex]들을 추가하거나 삭제해서 Bezier(마우스 우측 버튼)를 이용하여 곡선 등으로 수정한다.

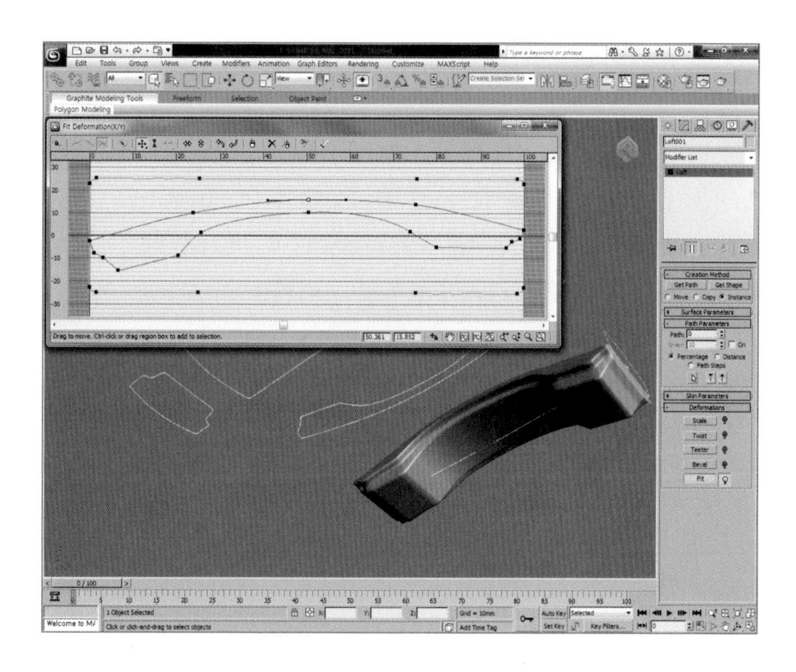

12 >> 최종 결과물이며 수화기의 디테일한 제작 부분은 생략되었다.

[Fit]을 이용한 오브젝트를 제작할 때 중요한 요점은 첫째, 3개의 단면도는 아주 정확하지는 않아도 대략적인 전체 비례나 부분적인 위치를 맞게 그려야 한다. 예를 들어 수화기 전체 크기, 손잡이 부분의 위치 등이 있다. 둘째, 3개의 단면도는 닫혀 있어야 한다. 단면도가 끊어지지 않고 처음 [Vertex]와 마지막 [Vertex]가 연결되어 있어야 한다. 셋째, 오브젝트의 외곽선만을 표현해서 그린다. 내부의 선들은 인식하지 않으므로 오브젝트의 최대 외곽선만을 그린다.

7 ▸▸ 의자

Line과 Chamfer Box 명령으로 프레임 의자를 제작하며 프레임 수정시에는 Fillet과 Connect 명령을 활용한다.

01 >> [Left View]에서 [Create] ➡ [Shapes] ➡ [Line]을 클릭한 후 [Rendering] 롤아웃에서 [Enable In Renderer]와 [Enable In Viewport]에 체크한다. [Thickness] 수치값을 '5'로 입력하여 그려질 [Line]의 두께를 설정한다.

[Enable In Renderer]는 렌더링할 때 선의 두께를 표시하고 [Enable In Viewport]는 화면상에서 선의 두께를 표시한다.

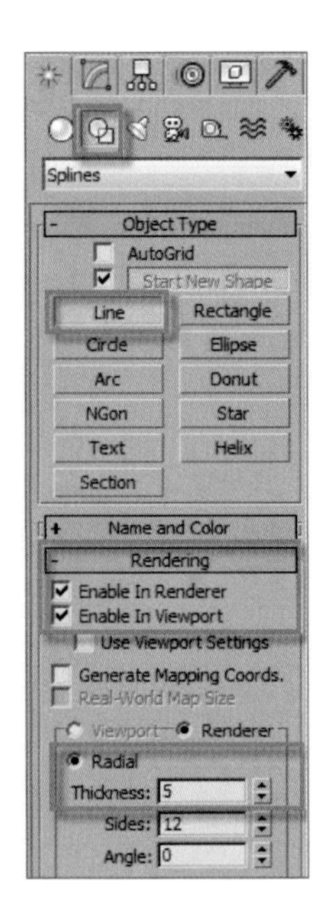

02 >> [Snap]에서 마우스 우측 버튼을 클릭하여 옵션에서 [Grid Point]만을 체크한다. [Left View]에서 [Line] 명령을 이용하여 그림과 같이 제작한다. 수직 수평선 제작은 Shift 를 누르면 쉽게 할 수 있다(치수는 제작자가 임의로 설정한다).

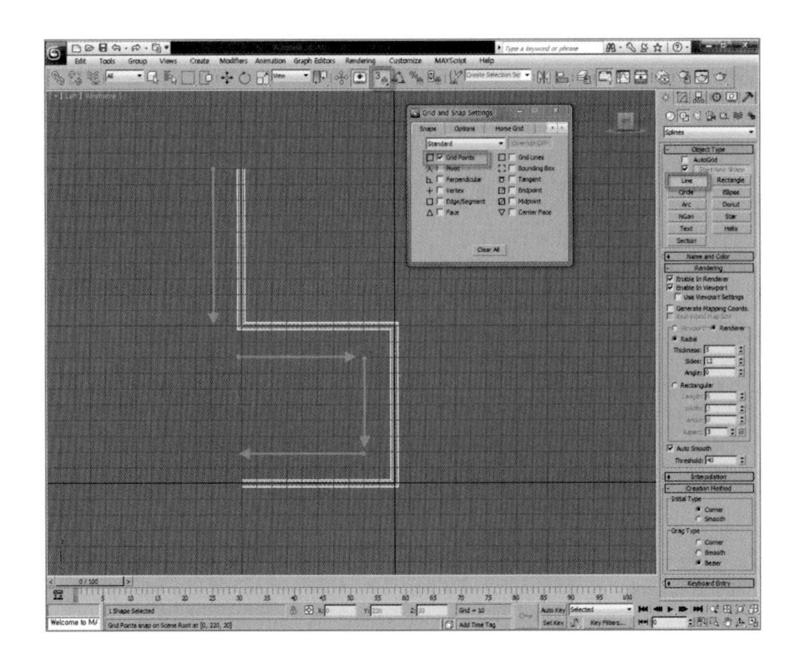

03 >> [Snap]을 끄고 [Modify] ➡ [Selection] ➡ [Vertex]를 선택한 후 원 안의 [Vertex]들을 선택한다. [Fillet] 명령을 클릭한 후 원 안의 [Vertex]들을 [Y] 방향으로 드래그하여 라운딩을 만든다. 라운딩은 마우스로 드래그하거나 수치값을 입력하여도 가능하며 스피너를 누른 상태에서 상하로 드래그하면 [View]에서 라운딩의 크기를 확인할 수 있다.

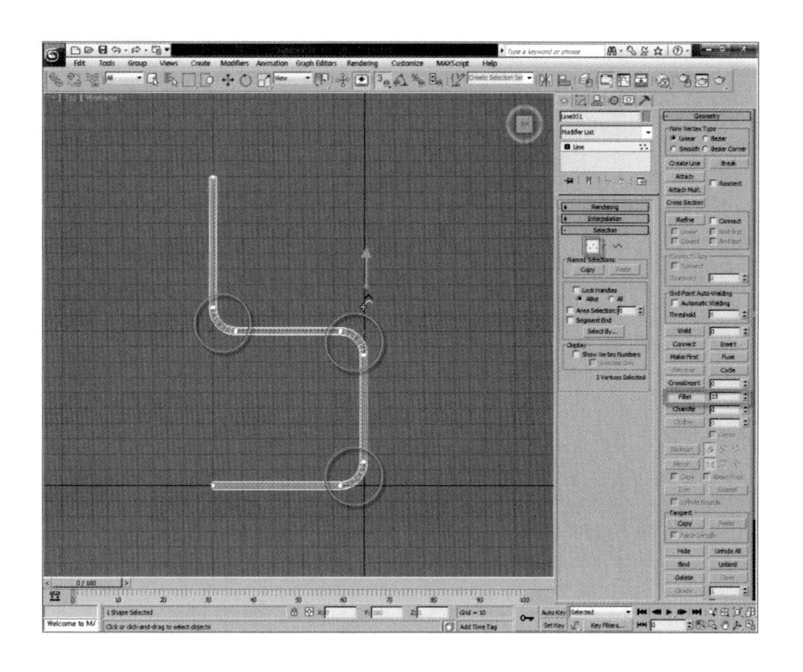

04 >> [Selection] ➡ [Vertex]를 끈 후 [Front View]에서 [Select and Move] 명령으로 오브젝트를 클릭한 후 Shift 를 누른 상태에서 우측으로 드래그하면 [Clone Options] 대화상자가 나타난다. [Clone Options] 대화상자에서 [Copy]를 체크한 후 [OK] 버튼을 누른다.

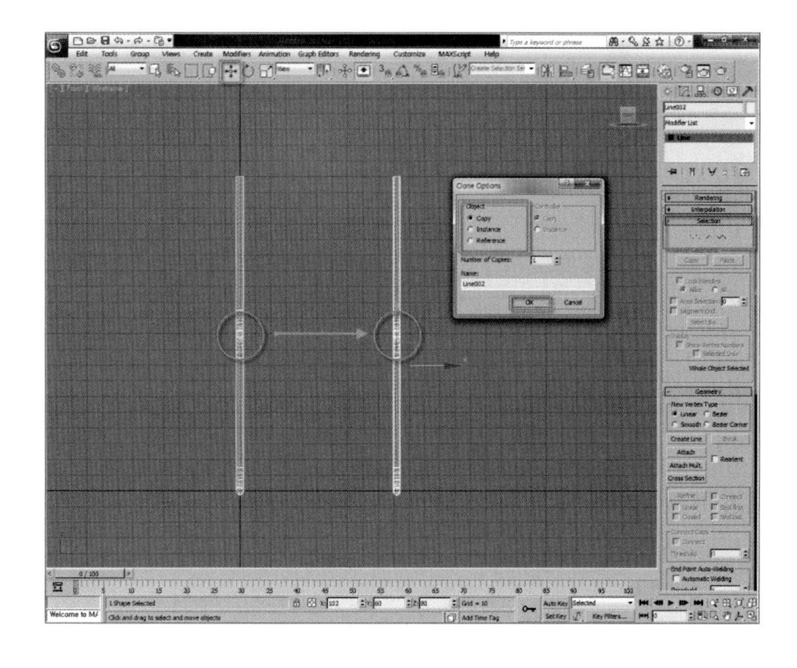

05 >> [Alt] + [W] 를 눌러 한 개의 화면에서 4개의 화면으로 전환한다.

모든 오브젝트를 4개의 화면에 최대한으로 보기 위해서는 [Ctrl] + [Shift] + [Z] 버튼을 누르고 선택된 오브젝트를 최대한으로 보고자 할 때에는 [Z] 버튼을 누른다.

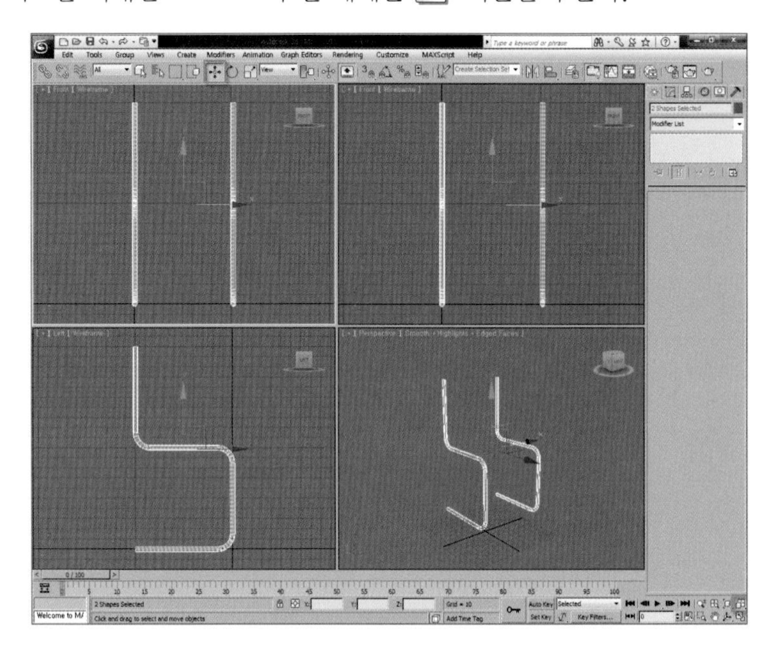

06 >> 두 개의 오브젝트를 서로 연결시키려면 반드시 각각의 오브젝트는 하나의 오브젝트로 인식되어야 한다. 먼저 한 개의 오브젝트를 선택하고 [Modify] ➡ [Geometry] ➡ [Attach]버튼을 클릭한 후 나머지 오브젝트를 선택하여 하나의 오브젝트로 만든다.

이때 합치고자 하는 오브젝트에 마우스를 가져갔을 때 커서의 모양이 바뀌면 [Attach]가 가능한 것이고 마우스 커서 모양에 아무런 변화가 없으면 [Attach]하기에 부적합한 것이다.

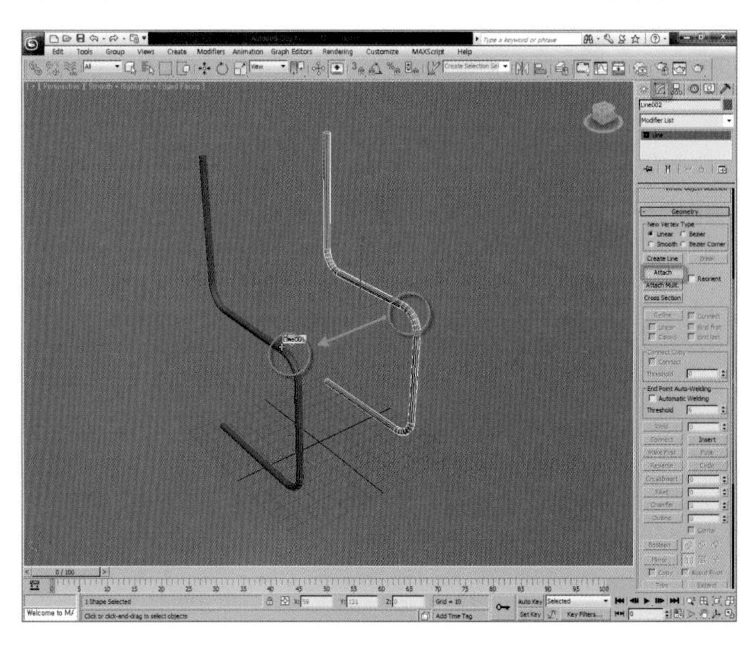

07 >> [Modify] ➡ [Selection] ➡ [Vertex]를 선택하고 [Connect] 명령을 클릭한 후 원 안의 [Vertex]들을 마우스로 드래그하여 연결한다. [Vertex]를 연결할 때, 처음 부분은 연결되지만 두께는 표시되지 않고 아래 부분까지 연결이 완료되었을 때 두께가 표시된다.

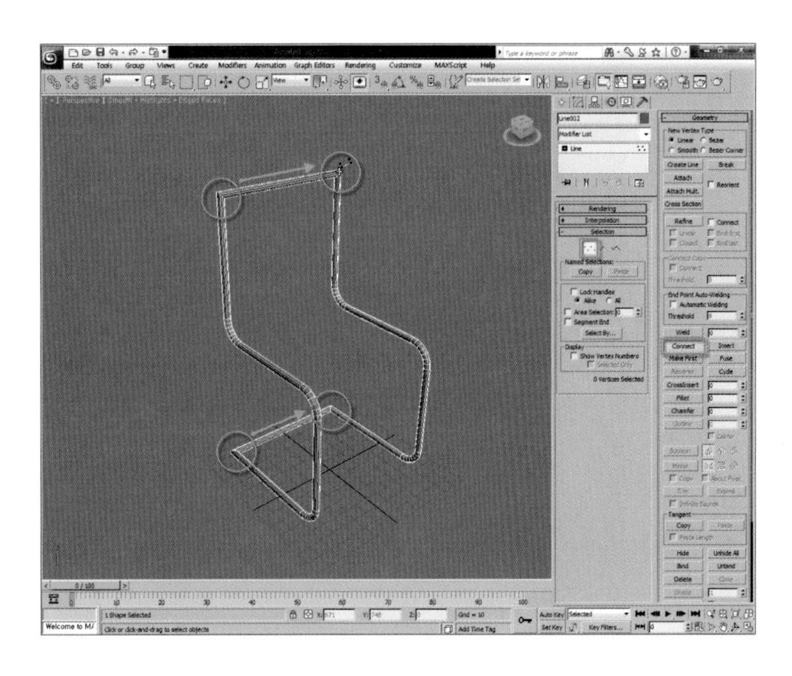

08 >> 원 안의 4개 [Vertex]들을 모두 선택한 후 [Fillet] 명령으로 라운딩을 한다.

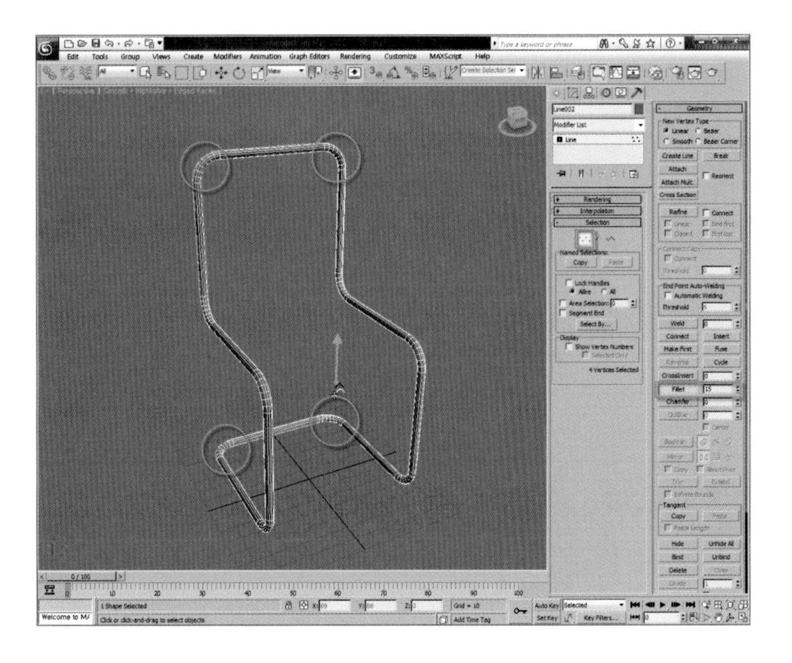

09 >> [Top View]에서 [Create] ➡ [Extended Primitives] ➡ [Chamfer Box] 명령으로 의자의 앉는 부분을 그림과 같이 유사하게 제작한 후 [Select and Move] 명령으로 프레임에 적절히 배치한다.

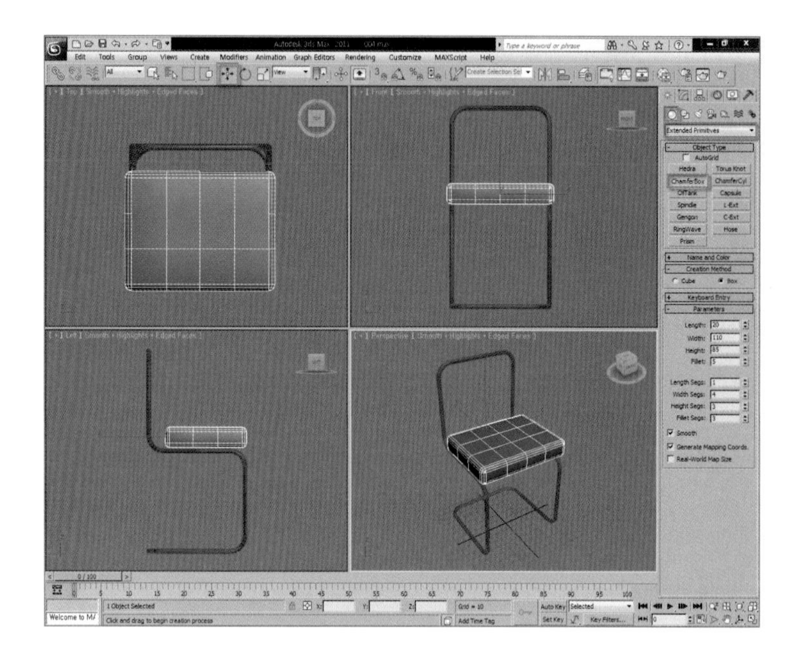

10 >> [Left View]에서 [Select and Rotate] 명령으로 오브젝트를 클릭한 후 Shift 를 누른 상태에서 [-Y] 방향으로 드래그하면 [Clone Options] 대화상자가 나타난다. [Clone Options] 대화상자에서 [Copy]를 체크한 후 [OK] 버튼을 누른다.

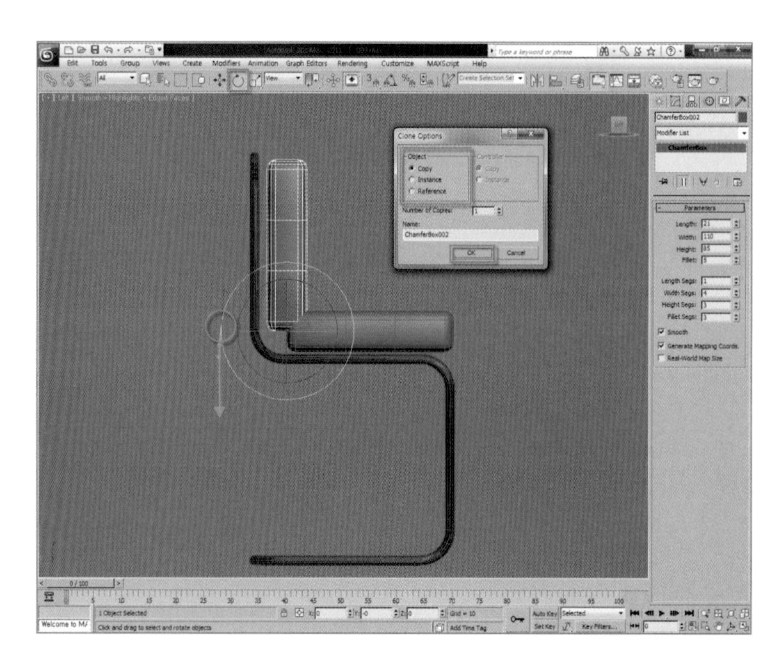

11 >> [Select and Move] 명령으로 등받이를 프레임에 붙인다.

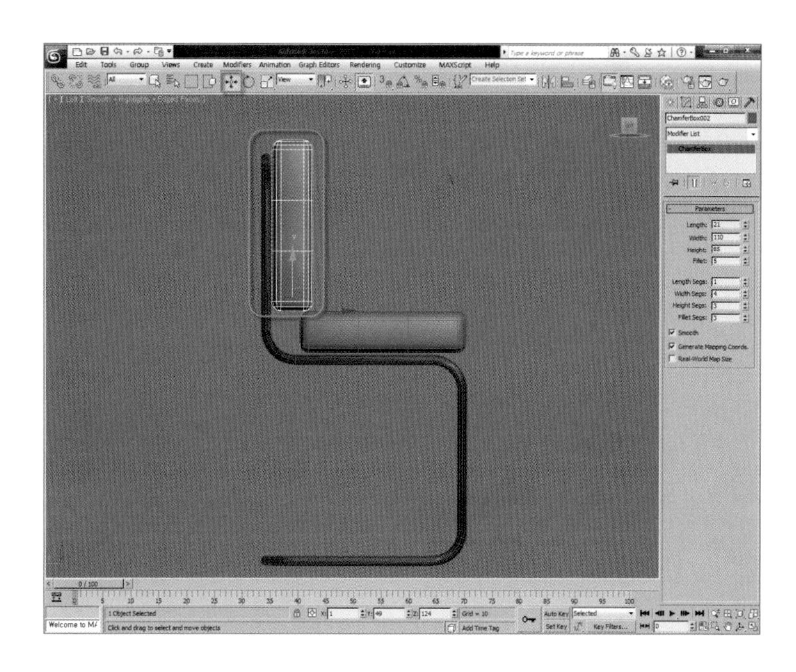

12 >> [Select and Uniform Scale] 명령으로 [Y]축을 선택한 후 밑으로 드래그하여 크기를 줄여준다.

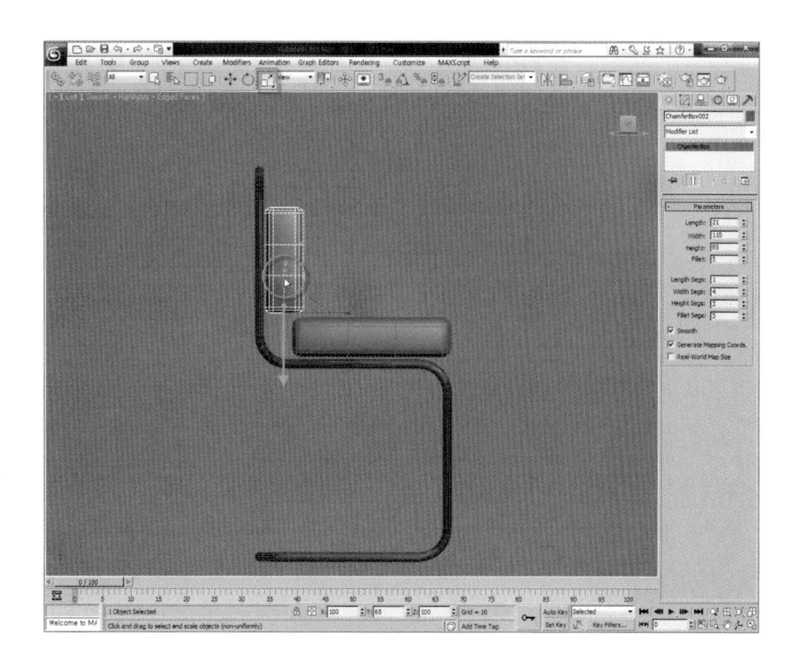

13 >> [Select and Move] 명령으로 등받이의 위치를 조절한 후 완성한다.

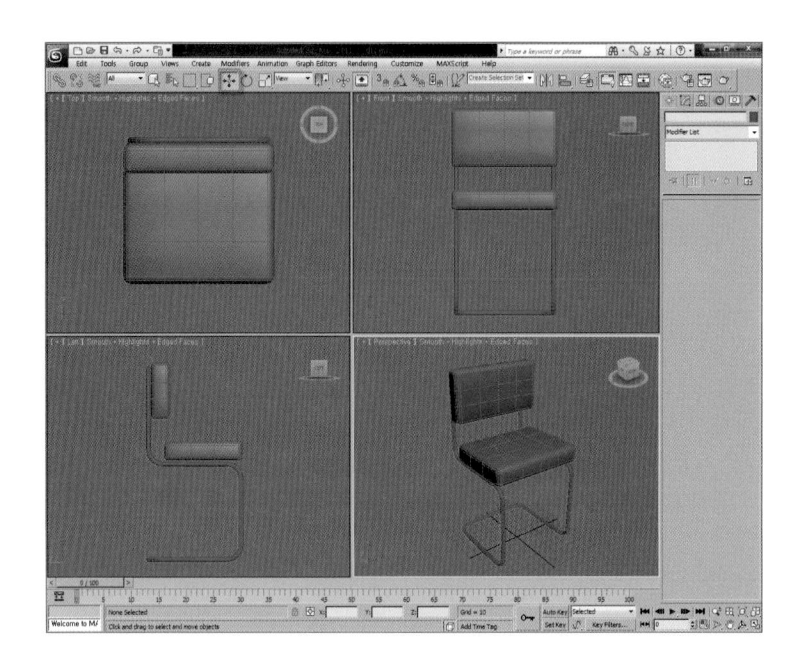

최종 렌더링 이미지로 렌더러는 Vray를 사용하였고 조명은 Sky Light만을 사용하였다. Vray는 9장을 참고하길 바란다.

C.h.a.p.t.e.r 04

Editable Polygon의 명령어

Poly는 다각형을 기준으로 객체 형태의 변경이 용이하여 Mesh에 비해서 사용빈도가 높을 뿐만 아니라 모든 객체를 Editable Spline과 동일한 방법으로 변환이 가능하다. 기본 명령으로는 Selection, Soft Selection, Edit Geometry, Subdivision Surface, Subdivision Displacement, Paint Deformation 항목으로 구성되어 있다.

4-1 Editable Polygon의 명령어

Selection

하위 레벨인 Vertex, Edge, Border, Polygon, Element 중에서 선택여부에 따라 메뉴의 활성화가 결정된다.

- By Vertex : Vertex를 통해 연결되어 있는 하위 레벨을 선택하게 된다.
- Ignore Backfacing : 체크 시에 전면에서 마우스를 드래그하여 Vertex나 면의 요소들을 선택할 때 전면의 점이나 면들만 선택되고 후면의 요소들은 선택되지 않는다.

Preview Selection

선택하고자 하는 요소(점, 선, 면)에 마우스를 가져가면 요소에 해당하는 순서를 수치로 미리 보여준다.

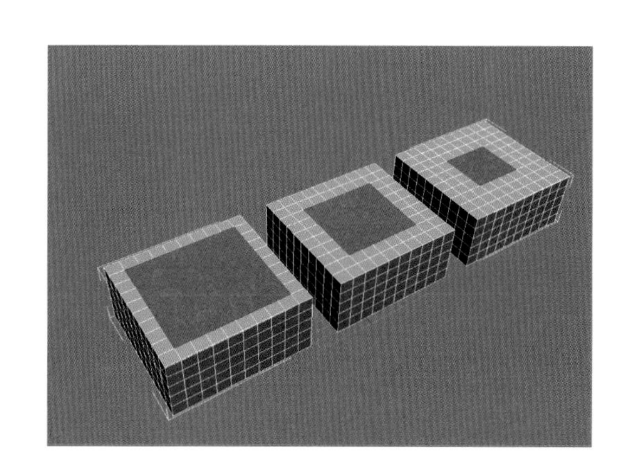

Shrink

선택된 면이나 점을 기준으로 영역을 점차적으로 축소한다.

Grow

Shrink와 반대로 선택된 면이나 점을 기준으로 선택된 영역을 점차적으로 확대한다.

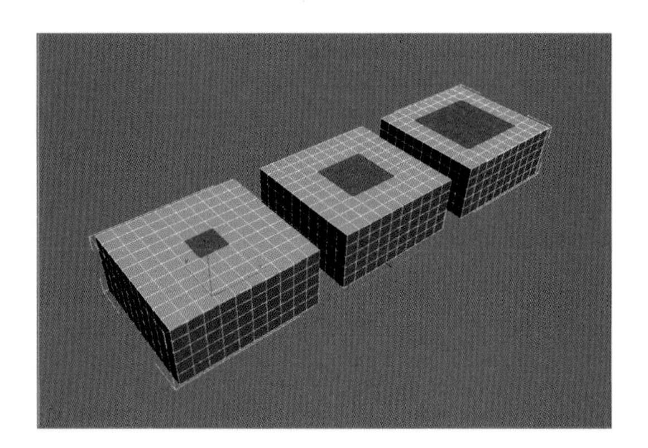

Ring

Edge, Border 레벨에서 병렬적으로 선택한다(스피너를 이용할 때에는 선택된 Edge가 순차적으로 이동한다).

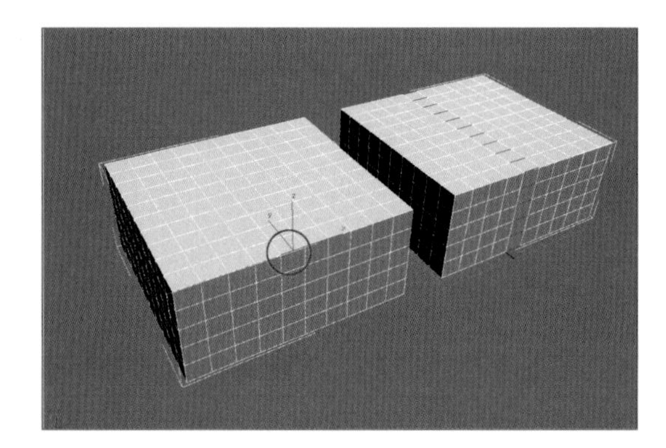

Loop

Edge, Border 레벨에서 선택된 부분을 직렬로 연결 선택한다(스피너를 이용할 때에는 선택된 Edge가 순차적으로 이동한다).

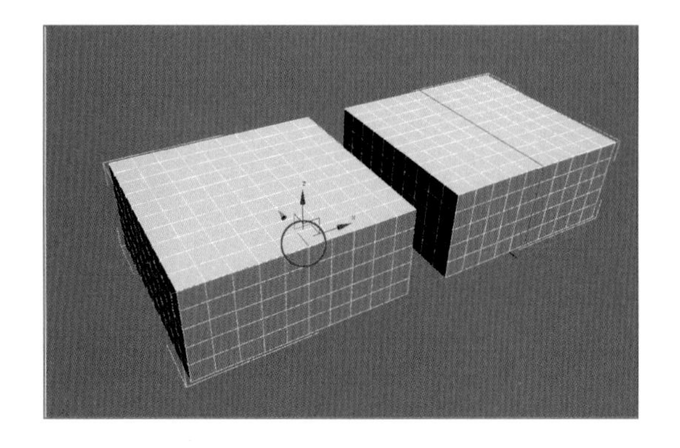

Soft Selection

선택된 영역이 주위에 미치는 정도를 조절한다.

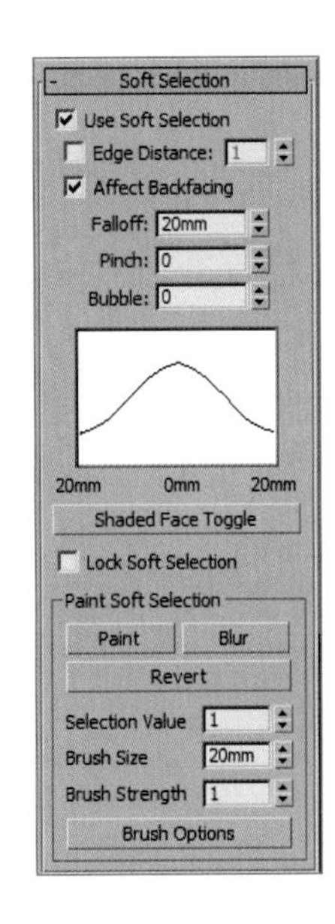

- **Use Soft Selection** : Soft Selection의 사용 여부를 결정한다.
- **Edge Distance** : 선택된 Vertex에서 몇 번째까지의 Edge가 변화의 영향을 받을 것인가를 결정한다.
- **Affect Backfacing** : 반대쪽의 뷰포트에 미치는 영향의 유무를 결정한다.
- **Falloff** : 선택된 하위 레벨에 의해 미칠 범위를 결정한다.
- **Pinch/Bubble** : 선택되어 영향 받는 주변 모양을 결정한다.
- **Shaded Face Toggle** : Shade된 상태의 보여짐 유무를 결정한다.
- **Lock Soft Selection** : Soft Selection 설정값을 잠근다.
- **Paint Soft Selection** : 붓으로 칠하듯 영역을 드래그하여 선택한다.
  - Paint : 브러시의 설정값을 적용할 때 사용한다.
  - Blur : 브러시의 설정값을 약화시킬 때 사용한다.
  - Revert : 브러시의 설정값을 제거할 때 사용한다.
  - Selection Value : Revert를 적용할 때 브러시의 설정값을 제거하는 범위를 결정한다.
  - Brush Size : 브러시의 크기를 결정한다.
  - Brush Strength : 브러시의 강약을 결정한다.

Edit Geometry

- **Repeat Last** : 마지막으로 사용한 명령을 재실행한다.
- **Constraints** : Edge와 Face를 선택할 수 있으며 Edge와 Face에 구속력을 가진다.
- **Preserve UVs** : 물체에 UV가 적용되었을 때 UV 좌표의 유지 유무를 결정한다.
- **Create** : 레벨에 따라 Vertex, Edge, Polygon을 만든다.
- **Attach** : 속성이 다른 물체를 하나의 오브젝트로 합친다.
- **Quick Slice** : 마우스로 면을 드래그하여 오브젝트 전체를 빠르게 자를 수 있다.
- **Cut** : 사용자가 임의대로 면을 분할할 수 있다.
- **MSmooth** : 오브젝트 전체를 분할하여 부드럽게 만든다. 대화상자의 수치값에 의해 적용 상태를 미리 알 수 있다. Mesh Smooth의 기능과 유사한 세분화 기능을 가지고 있지만 NURMS 세분화와는 달리 제어 메시의 선택된 영역에 바로 Smoothing을 적용한다.
- **Tessellate** : 오브젝트의 모든 다각형을 Edge와 Face를 기준으로 면을 세분화한다.

- **Tension** : 값을 조절하여 부드러운 정도를 조절한다.
- **Make Planar X/Y/Z** : X, Y, Z축에 정렬하는 평면 물체로 만든다.
- **View Align** : 현재의 View 상에 정렬하는 2차원 평면 물체로 만든다.
- **Grid Align** : 그리드 상에 평면 물체로 만든다.
- **Relax** : 정점을 인접 항목의 평균 위치쪽으로 이동하여 영향을 받는 각 정점과 인접 항목 사이의 거리를 제어한다.

Quick Slice

Polygon이나 Element가 선택된 상태에서 마우스로 드래그하여 부분 면이나 전체를 쉽게 자를 수 있다. 명령이 활성화되어 있는 동안 선택 슬라이스를 계속적으로 할 수 있으며 중지하고자 할 때에는 마우스 오른쪽 버튼을 클릭하거나 Quick Slice 눌러 해제한다.

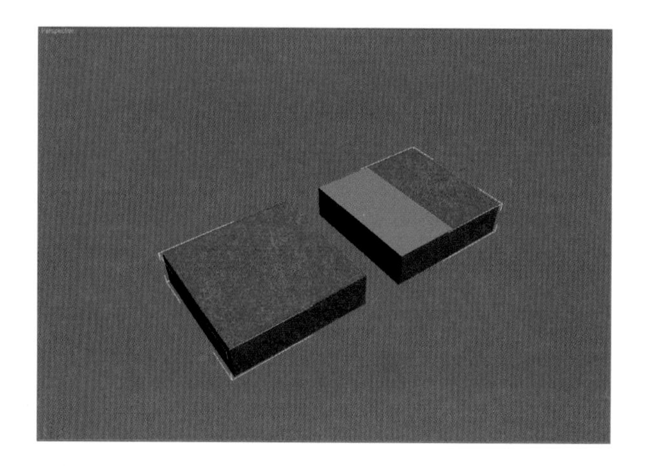

Cut

사용자가 임의대로 면을 분할할 수 있다. Quick Slice는 Selection에서 선택한 후, 부분 혹은 전체를 절단하는 반면에 Cut은 Selection의 요소 선택과는 무관하게 부분 절단이 가능하다.

절단과정에는 3가지(점, 선, 면) 선택에 따라 마우스 커서 모양이 표시되어 손쉽게 절단할 수 있다.

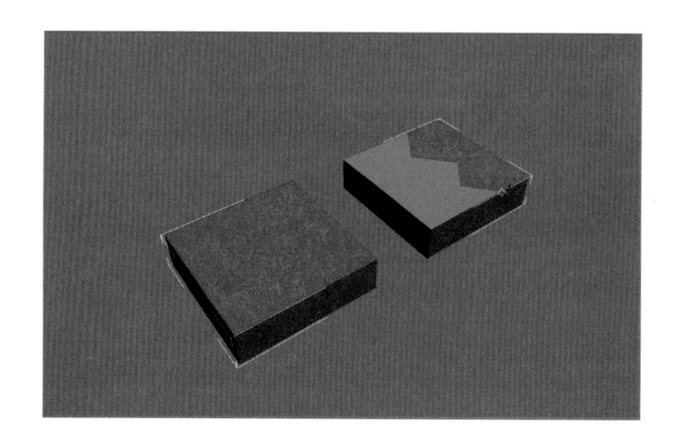

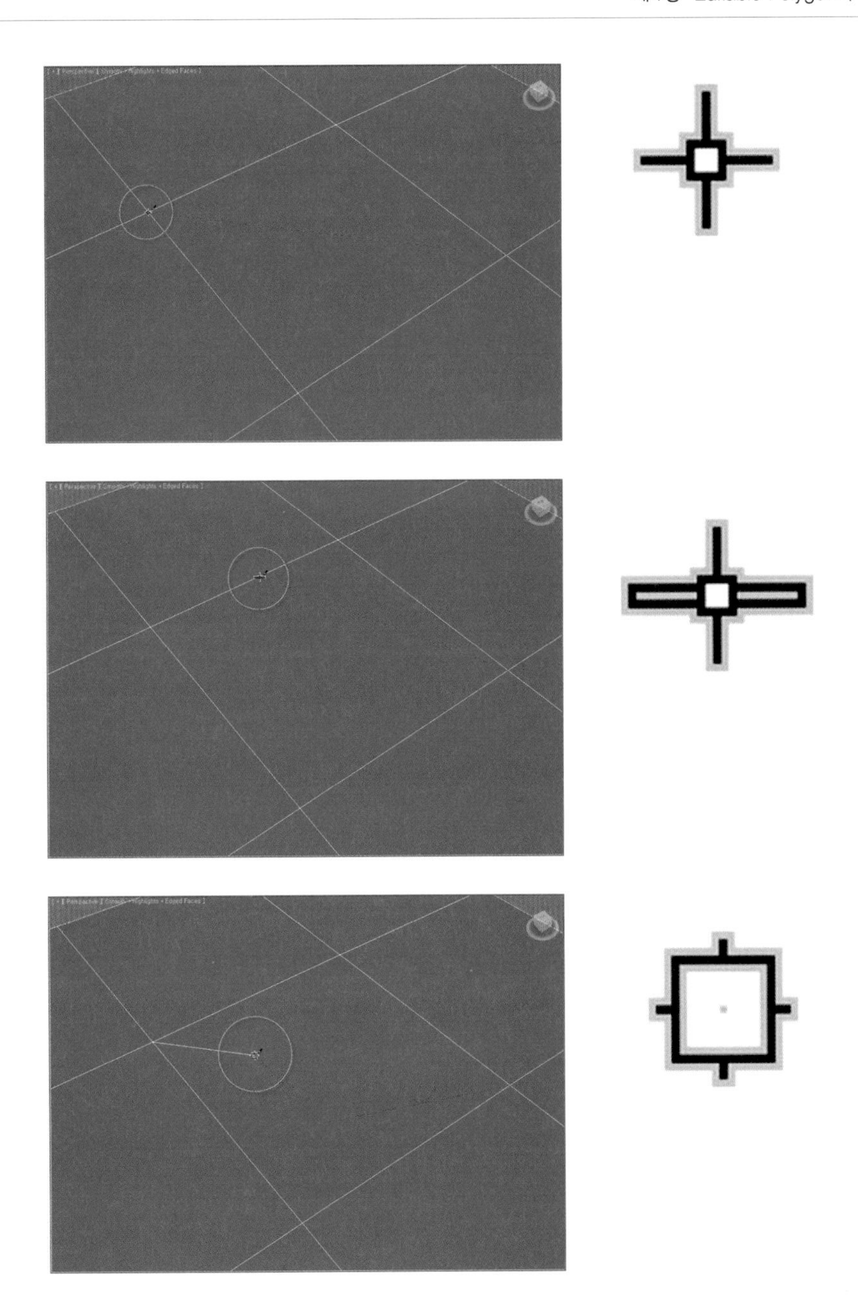

Smooth

물체 전체를 분할하여 부드럽게 할 수 있으며 부드러운 정도는 Smoothness로 조절한다.

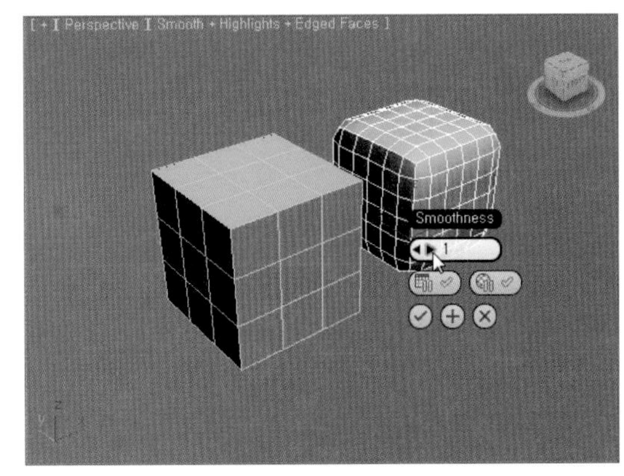

Tessellate

면을 분할해주는 명령으로 Edge Type은 Tension 값을 조절하여 부드러움을 조절한다.

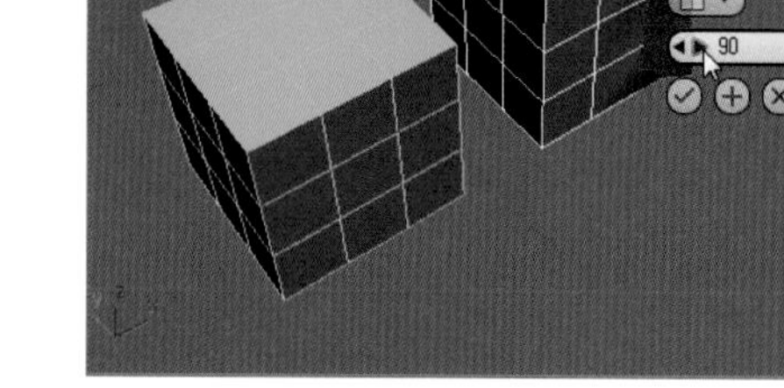

Make Planar X/Y/Z

해당되는 축에 정렬하는 평면을 제작한다.

View Align

현재 사용 중인 뷰포트에 적용되는 평면을 제작한다.

Grid Align

Grid 상에 정렬하는 물체를 제작한다.

Relax

물체의 표면장력을 조절한다.

Subdivision Surface

- Smooth Result : 체크 시 모든 면이 부드럽게 보인다.
- Use NURMS Subdivision : NURMS의 적용 유무를 결정한다.
- Isoline Display : Isoline의 표시 여부를 결정한다.
- Show Case : 하위 레벨을 선택시 원래 모양의 Edge를 표시한다.
- Display
  - Iterations : Poly 오브젝트의 면을 분할하여 준다.
  - Smoothness : 부드러움의 정도를 조절한다.
- Render : 렌더링 시에 Iterations와 Smoothness 값을 적용한다.
- Separate By : Smoothing Groups와 Materials에 따라 분할된 면 상태가 달라진다.
- Update Option : 값을 수정했을 때 장면에 나타나는 적용 여부를 결정한다.

Subdivision Displacement

Displacement 맵을 사용했을 때 면 분할이 가능하다.

- Split Mesh : 객체 연결 부분에 Polygon을 나누어 주어 매핑을 원만하게 한다.

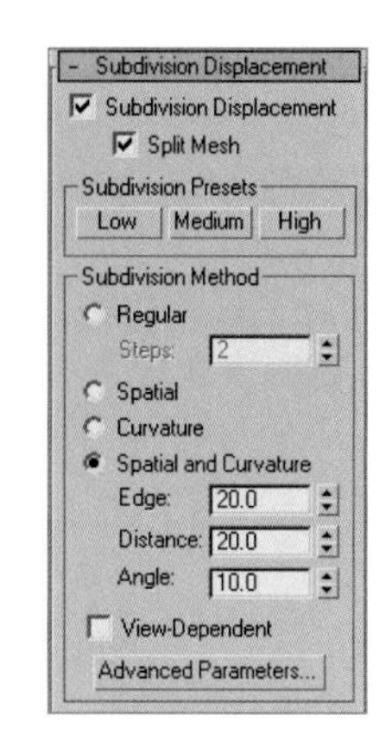

- Subdivision Presets : 면 분할 단계를 조절한다.
- Subdivision Method : 면 분할 단계를 지정하며 옵션을 선택한다.

● Paint Deformation

오브젝트에 물체의 형태를 브러시로 칠함으로써 음영을 나타나게 한다.

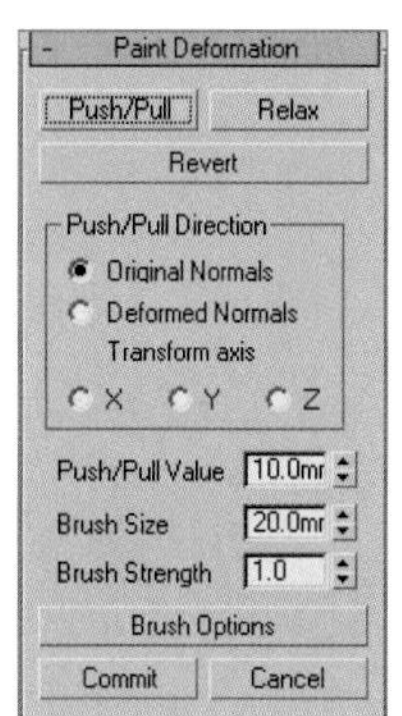

- Push/Pull : 브러시로 물체의 음영을 조절한다.
- Relex : 물체의 모양을 부드럽게 조절한다.
- Revert : 물체의 모양을 원래 상태로 복구한다.
- Push/Pull Direction : 음영의 방향을 지정한다.
- Push/Pull Value : 음영의 강약의 정도를 조절한다.
- Bush Size : 브러시의 크기를 조절한다.
- Brush Strength : 브러시의 칠해지는 세기를 조절한다.
- Brush Options : Brush를 제어할 수 있는 대화상자를 활성화한다.

4-2 Editable Poly-Vertex의 명령어

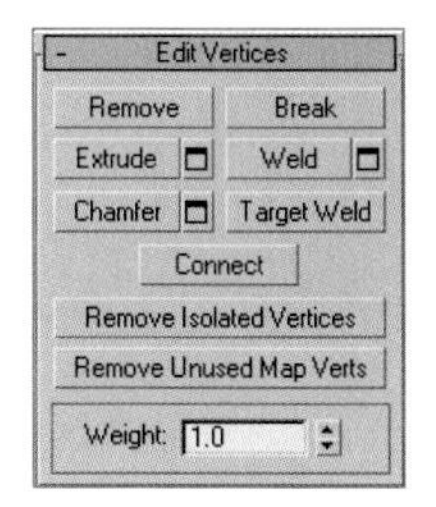

● Edit Vertices

- Remove : 선택한 Vertex를 제거한다(단축키 : Ctrl + Back Space).
- Break : 연결된 Vertex를 분리한다.

● Extrude

Vertex에 높이 값을 주어 돌출시킨다.

이때 정점을 기준으로 바닥에 면의 크기를 설정할 수 있다.

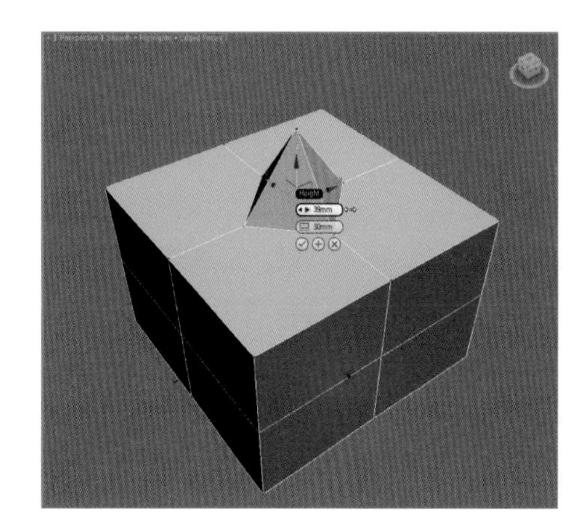

Weld

분리된 Vertex를 지정한 범위 안에서 떨어져 있는 Vertex를 하나의 Vertex로 합친다.

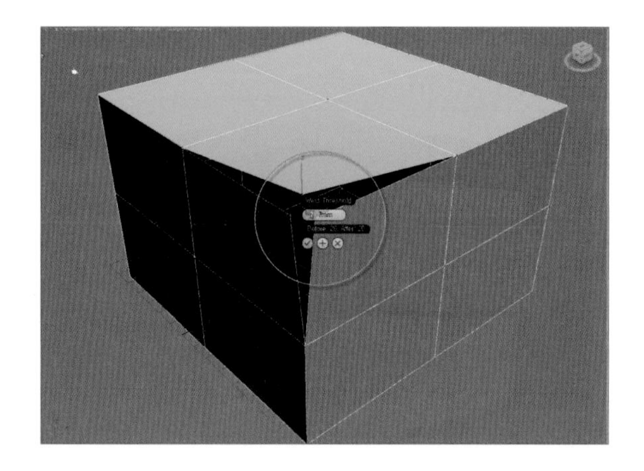

Chamfer

Vertex를 모깎기 한다. 이때 연결된 선의 수만큼 다각면을 생성한다.

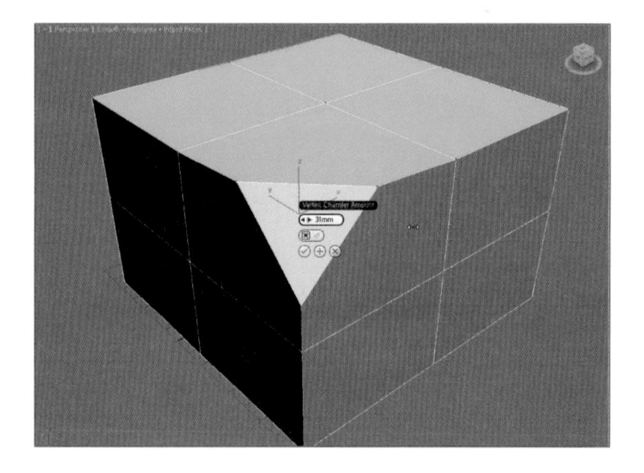

Target Weld

두 개의 Vertex를 합쳐주는 명령으로 먼저 한 개의 Vertex를 선택한 후 합치고자 하는 Vertex에 드래그하여 합친다.

한 개의 오브젝트에서 새로운 Vertex를 합치고자 할 때는 오브젝트 내의 Vertex는 합칠 수 있으나 다른 오브젝트의 Vertex는 합칠 수가 없다. 만약 합치고자 할 때는 Attach 명령을 이용하여 하나의 오브젝트로 만든 후, 합치고자 하는 Vertex에 있는 면을 삭제한 후 합쳐야 한다.

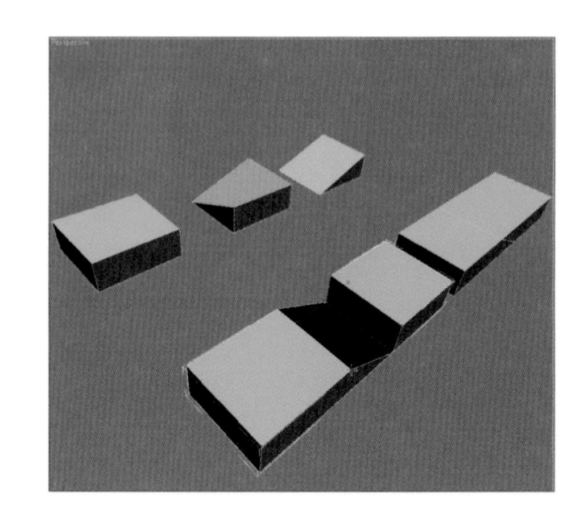

Connect

Vertex와 Vertex를 연결하여 새로운 Edge를 생성한다.
연결할 Vertex를 함께 선택한 후 Connect를 클릭한다.

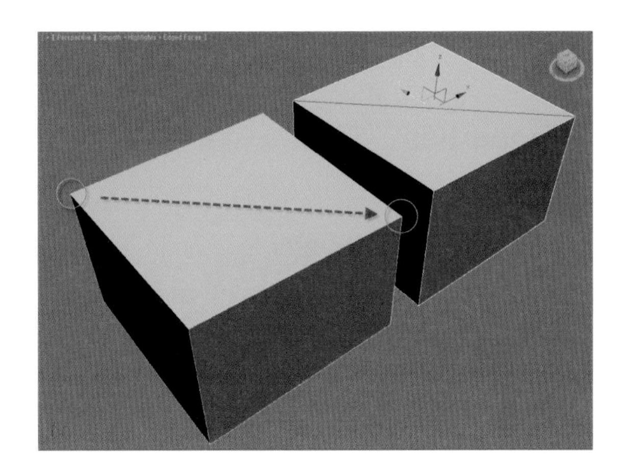

Remove Isolated Vertices

Polygon에 속해 있지 않는 불필요한 Vertex를 삭제한다.

Remove Unused Map Verts

Unwrap UVW Modifier를 사용했을 경우 사용되지 않은 불필요한 Vertex를 삭제한다.

Weight

Use NURMS Subdivision을 사용할 경우 가해지는 장력을 지정한다.

Edit Geometry

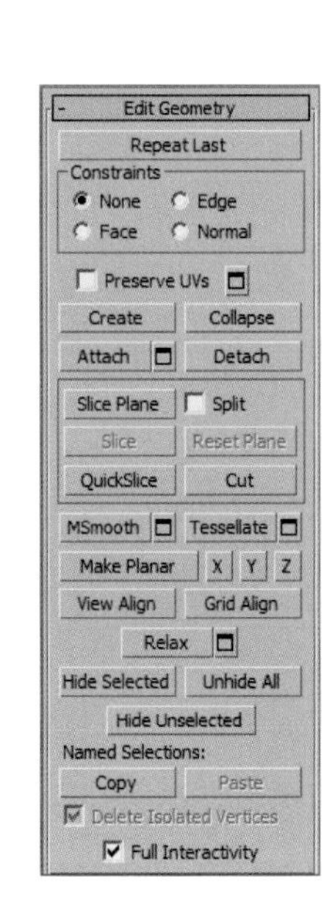

- Collapse : 선택된 모든 Vertex를 한 개의 Vertex로 합친다.
- Slice Plane : 면을 나누는 Slice Plane을 만든다.
- Split : 체크 시 물체를 각각의 Element로 만든다.
- Slice : 자르고자 하는 위치에 Slice로 이동한 후 물체를 자른다.
- Reset Plane : Slice를 초기화한다.
- Make Planar : 선택된 Vertex들을 X/Y/Z축을 기준으로 2차원 평면을 만든다.
- View Align : 현재 활성화된 뷰포트에 맞도록 선택된 Vertex들을 2차원으로 정렬한다.
- Grid Align : 현재 활성화된 Grid에 맞도록 선택된 Vertex들을 2차원으로 정렬한다.

- **Relax** : 선택한 Vertex를 Relax한다.
- **Hide Selected** : 선택한 Vertex들을 보이지 않도록 숨긴다.
- **Unhide All** : 숨겨진 Vertex들을 모두 보이게 한다.
- **Hide Unselected** : 선택되지 않은 Vertex들을 보이지 않게 숨긴다.
- **Full Interactivity** : Cut, Slice 명령 실행 시 Vertex나 Edge 등을 보이게 한다.

Vertex Properties

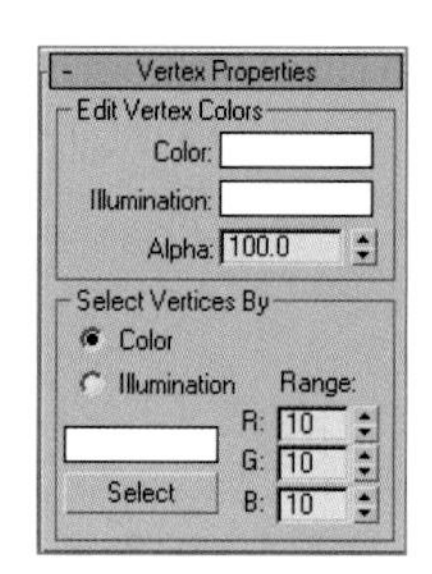

- **Edit Vertex Colors**
  - Color : Vertex의 색상을 지정한다.
  - Illumination : Vertex의 색상과 상관없이 밝기를 조절한다.
  - Alpha : 투명도를 지정한다(0 : 완전투명).
- **Select Vertices By**
  - Color : 색상에 따라 Vertex를 지정한다.
  - Illumination : Vertex의 밝기에 따라 Vertex를 선택한다.
  - Range : Range에서 지정한 RGB의 범위에 따라 Vertex를 지정한다.

4-3 Editable Poly-Edge의 명령어

Edit Edges

- **Insert Vertex** : Edge상에 Vertex를 추가시킬 수 있다.
- **Remove** : 선택된 Edge를 삭제한다(단축키 Ctrl + Back Space 를 사용하면 Vertex까지 삭제한다).
- **Split** : Border에 접해있는 Edge를 분리한다.

Extrude

선택한 Edge를 돌출시킨다.
대화상자 옵션은 Vertex의 옵션과 동일하다.

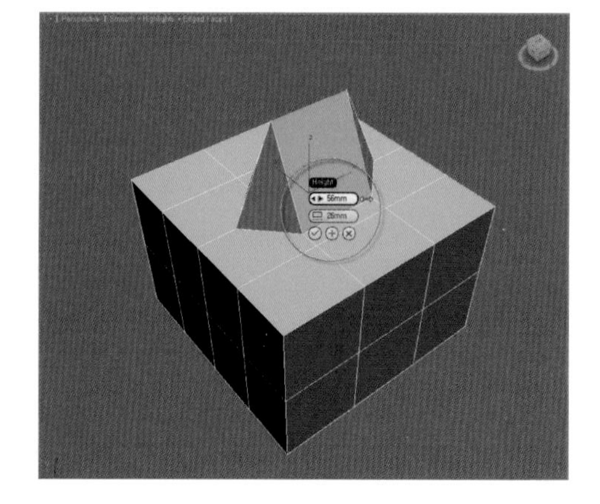

Weld

Border상의 Edge를 지정한 한도 내에서 하나로 합친다. 서로 다른 객체일 경우에는 반드시 Attach를 실행한 후에 합쳐지는 면이 삭제되어 있어야 한다.

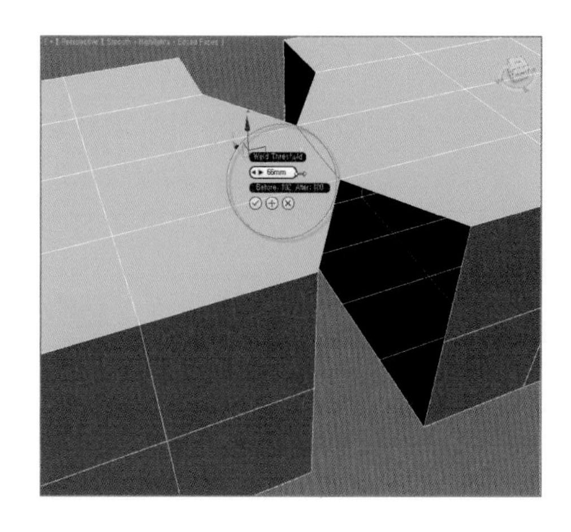

Chamfer

선택된 모서리를 모깎기하며 원 안의 화살표 부분을 체크하면 모깎기된 면이 삭제된다.

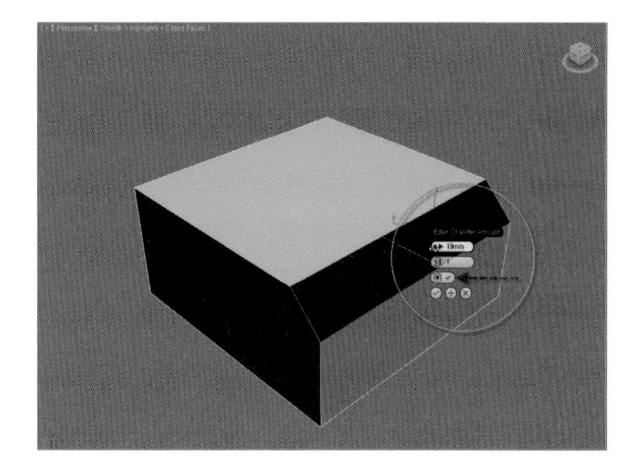

Target Weld

Edge를 선택하여 합치고자 하는 Edge에 드래그하여 합친다(다른 객체일 때에는 반드시 Attach를 한 후에 실행하며 합치고자 하는 면은 삭제되어 있어야 한다).

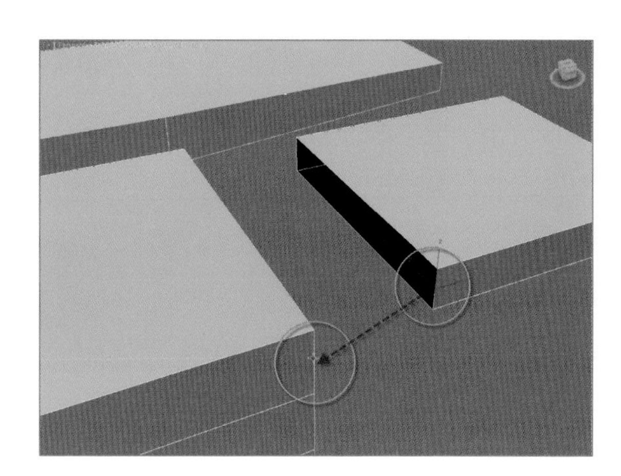

Connect

선택된 Edge 사이를 연결하는 새로운 Edge를 생성한다.

생성된 Edge를 삭제하고자 할 때에는 삭제할 Edge를 선택한 후에 Ctrl + Back Space 를 사용하여 Edge의 양 끝에 있는 Vertex까지 함께 삭제한다.

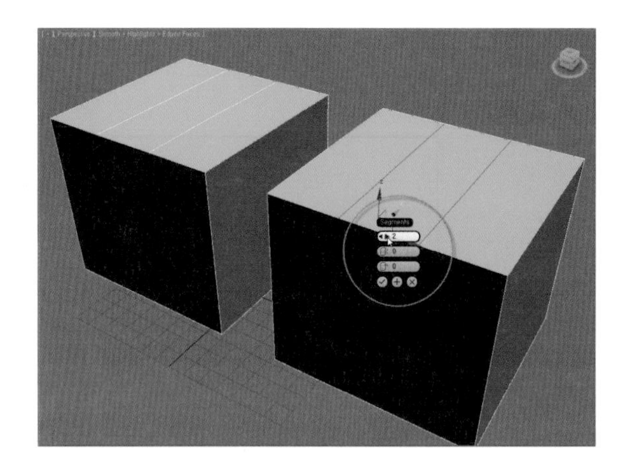

Create Shape From Selection

선택된 Edge로부터 새로운 Shape를 만든다. 만들어진 Shape는 원 Shape의 위치와 동일한 위치에 겹쳐 생성된다.

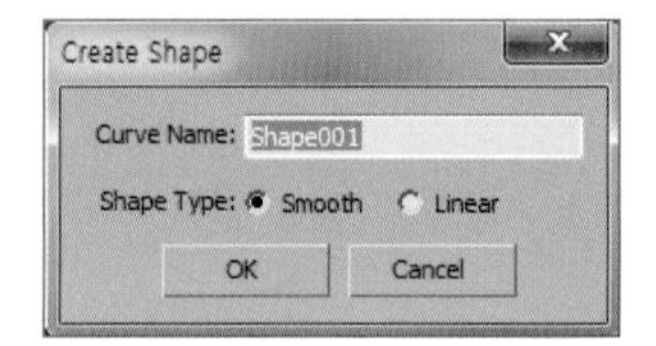

Weight

[Subdivision Surface] ➡ [Use NURMS Subdivision]을 체크하여 미리보기를 할 수 있으며 선택된 Edge의 가중치를 설정한다.

Edge의 가중치를 높이면 Smoothing된 오브젝트를 밀어내는 결과가 된다.

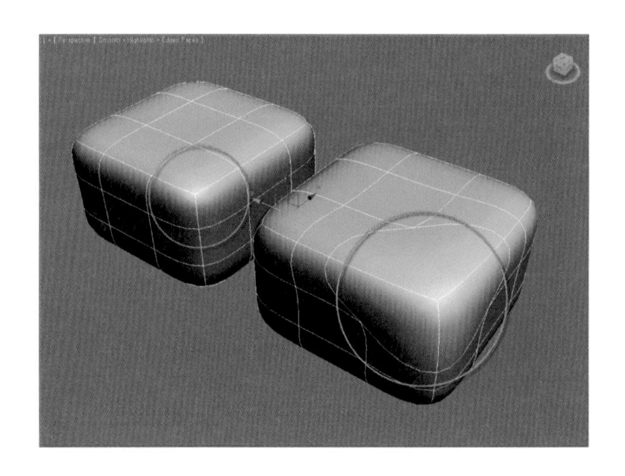

Crease

[Subdivision Surface] ➡ [Use NURMS Subdivisions]를 체크하여 미리보기를 할 수 있으며 선택된 모서리 주름의 양을 설정한다.

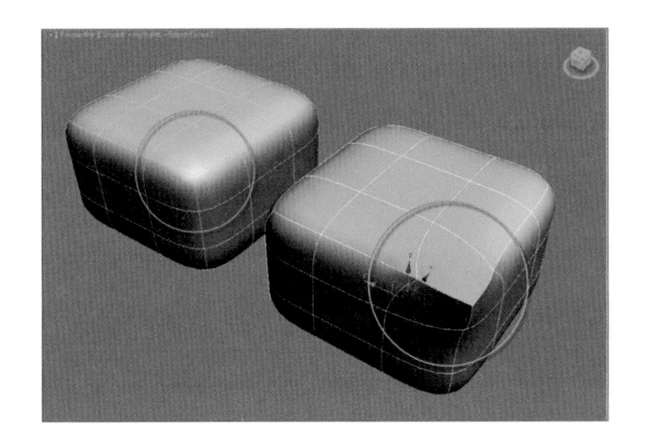

Edit Tri

Polygon의 내부 삼각형을 편집한다. Edit Tri 버튼을 선택한 후 다각형의 두 가장자리를 클릭하여 삼각형 방향을 편집한다.

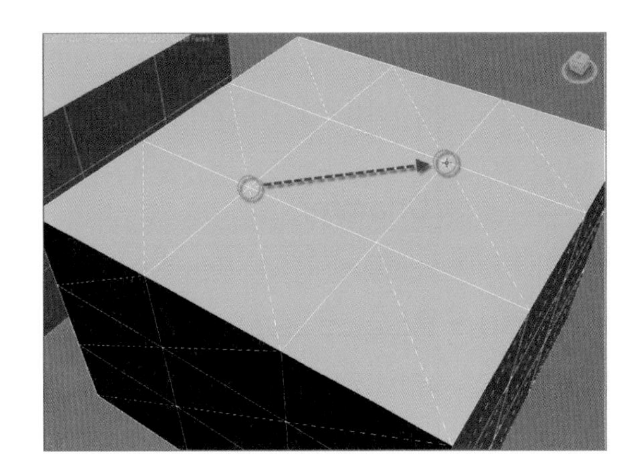

Turn

Polygon 내부의 Edge를 돌린다. 형태가 틀어질 때 삼각형 점선을 클릭하여 면을 돌려가며 부드럽게 맞춘다. Turn 버튼을 선택한 후 회전시키고자 하는 선을 클릭한다.

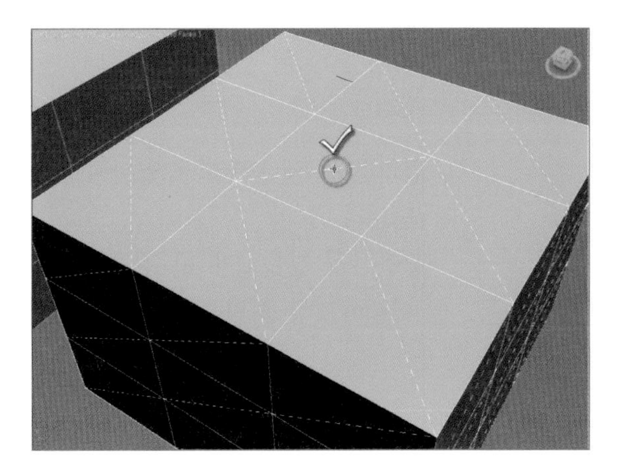

4-4 Editable Poly-Border의 명령어

● Edit Borders

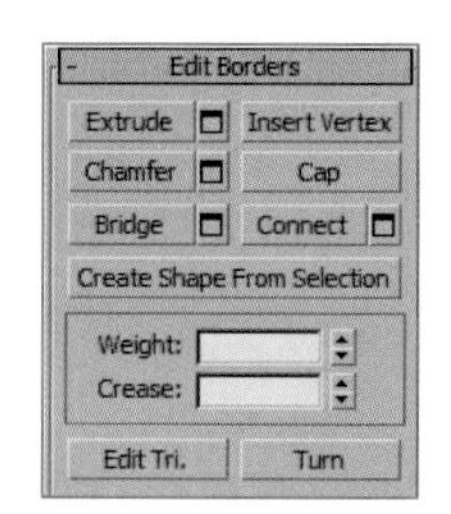

Border는 열린 Edge의 집합체로서 모든 명령어가 Edge와 유사하다.

● Extrude

버튼을 클릭한 다음 테두리 위에서 수직으로 드래그하여 테두리를 돌출시키거나 Settings 버튼을 눌러 수치로 조절한다.

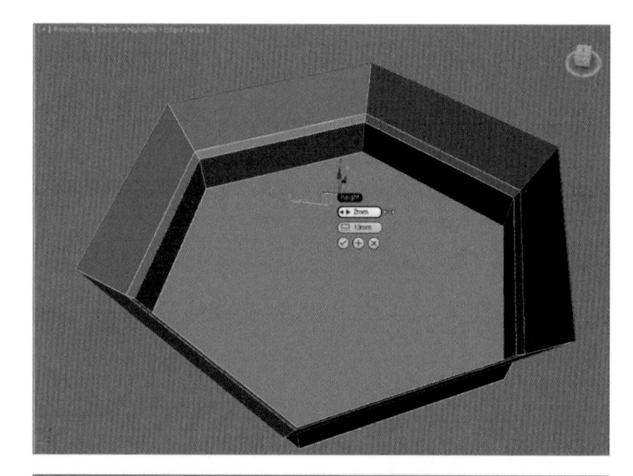

● Insert Vertex

테두리 가장자리를 클릭하여 해당 위치에 Vertex를 추가한다.

● Chamfer

Border에서는 일정한 두께로 만들어 준다.

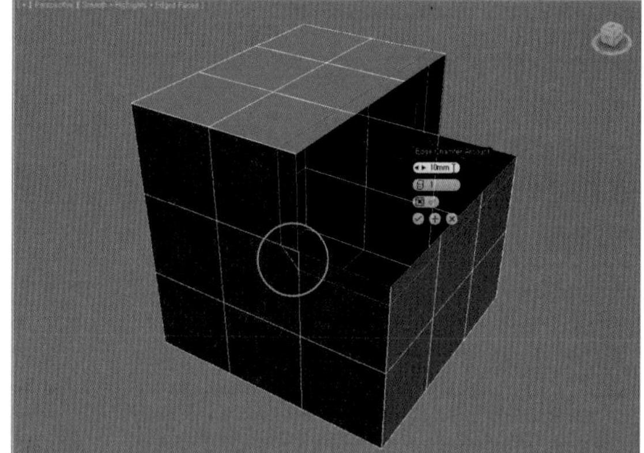

● Cap

열려 있는 테두리 루프를 다각형 캡으로 만든다.

중간선을 만들고자 할 경우에는 Cut를 이용하여 면을 자른다.

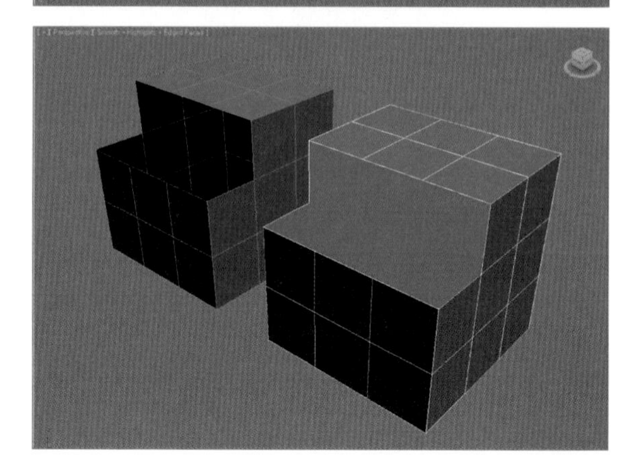

Bridge

테두리와 테두리를 연결하여 면을 생성한다. 연결하고자 하는 다른 객체의 테두리는 Attach를 이용하여 하나의 객체로 만든 후에 실행한다.

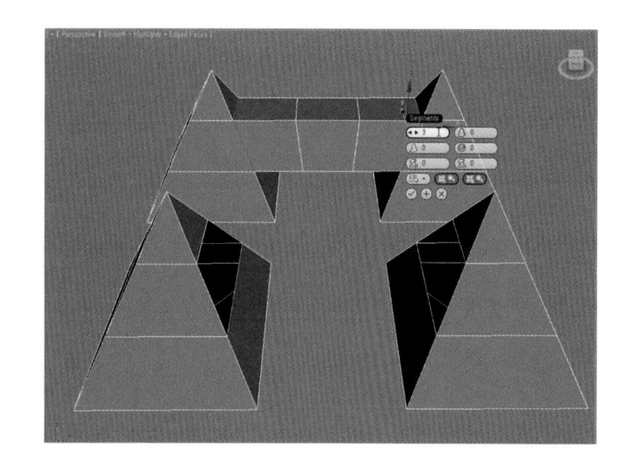

Connect

테두리와 테두리를 연결하는 새로운 Edge를 생성한다. Edge의 개수를 늘리려면 세그먼트의 설정값을 높인다.

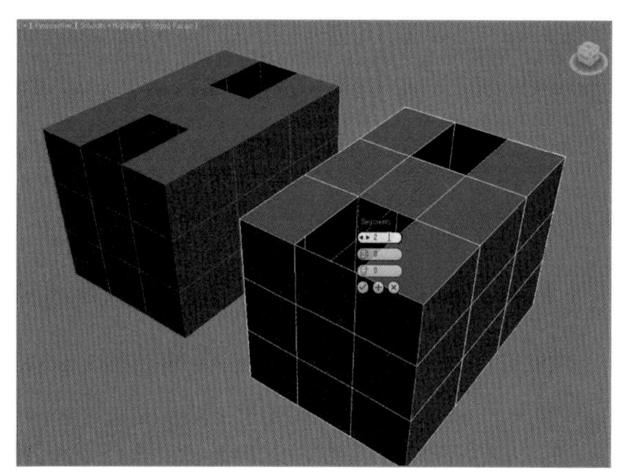

Edit Geometry는 Vertex Geometry를 참조한다.

4-5 Editable Poly-Polygon의 명령어

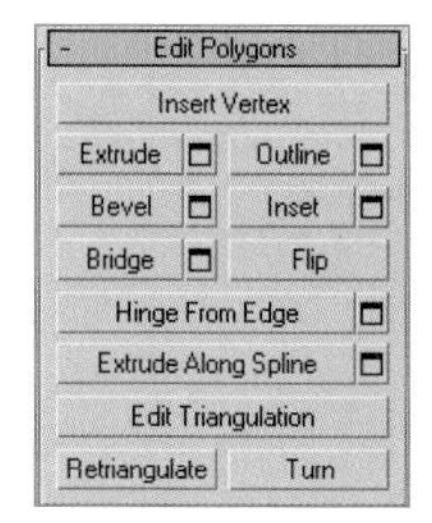

Edit Polygons

Polygon은 Editable Poly에서 사용빈도가 가장 높은 부분으로 오브젝트의 생성 및 편집에 있어 중요한 명령어들이다.

Insert Vertex

Polygon에 Vertex를 추가하여 면을 세분화할 수 있으며 명령이 활성화된 상태에서는 계속적으로 사용이 가능하다.

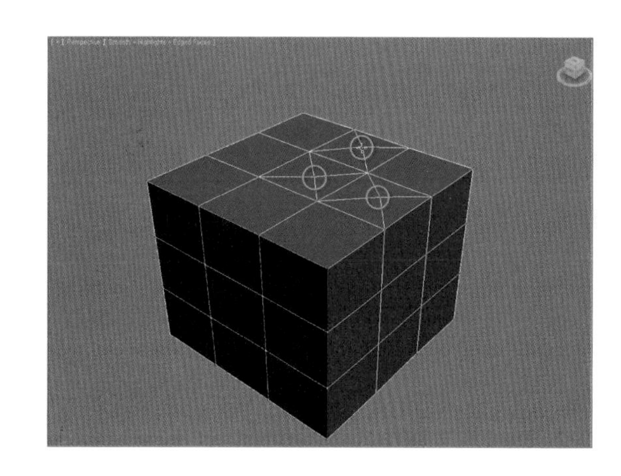

Extrude

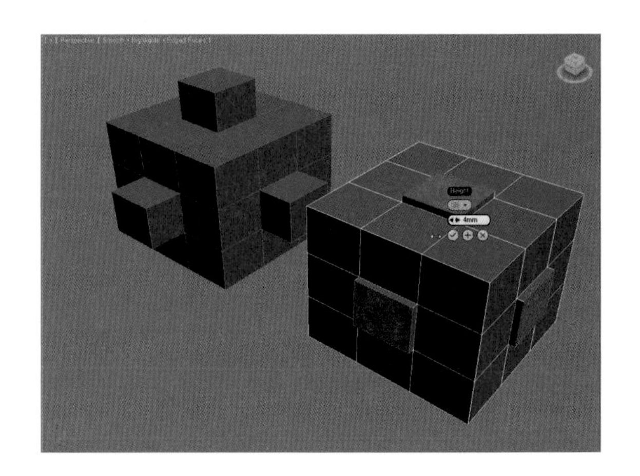

선택된 면을 수치의 증감에 따라 돌출시키거나 몰입시킬 수 있다. 다중면을 한 번에 돌출 혹은 몰입시키고자 할 때는 Ctrl 을 누른 상태에서 면을 다중선택한 후 Extrude를 실행한다.

Outline

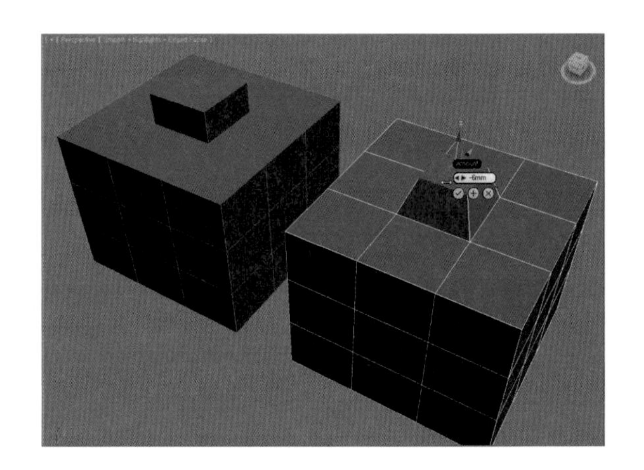

Amount 수치의 증감에 따라 선택된 면을 축소 또는 확대한다.

Bevel

선택된 Polygon을 Extrude와 Outline을 함께 실행한다.

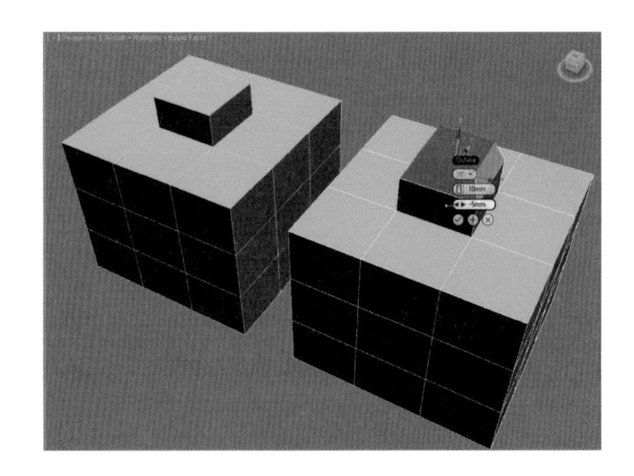

Inset

Polygon 면 안에 높이값이 없는 Bevel 명령을 실행한다. 선택하고자 하는 Polygon 위로 마우스 커서를 가져가서 삽입 커서가 변경될 때 드래그하여 실행한다.

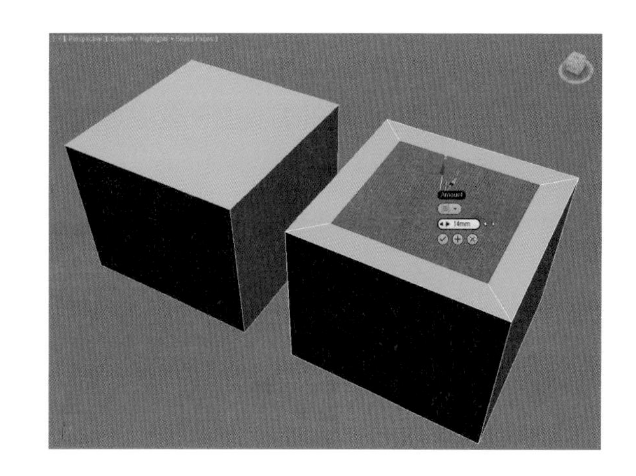

Bridge

선택된 두 개의 Polygon을 연결하는 Polygon을 만든다.

- **Use Specific Polygon** : 선택된 면을 무시하고 대화상자를 통해 면을 선택할 수 있다.
- **Use Polygon Selection** : 현재 선택된 면을 이용하여 Bridge 명령을 실행한다.

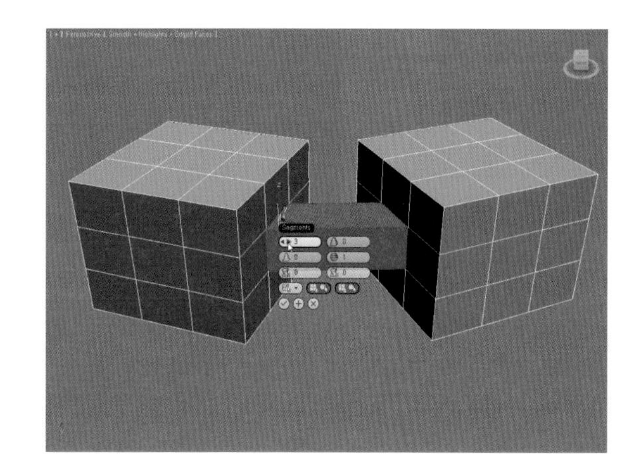

Flip

면의 방향을 뒤집는다. 박스를 제작한 후 카메라를 박스 안쪽에 설치한 후 안을 들여다보면 어둡게 보이지만 Flip 명령을 사용하면 안면과 바깥면이 뒤집혀서 안쪽을 밝게 볼 수 있다. (Modify의 Normal 명령어와 유사)

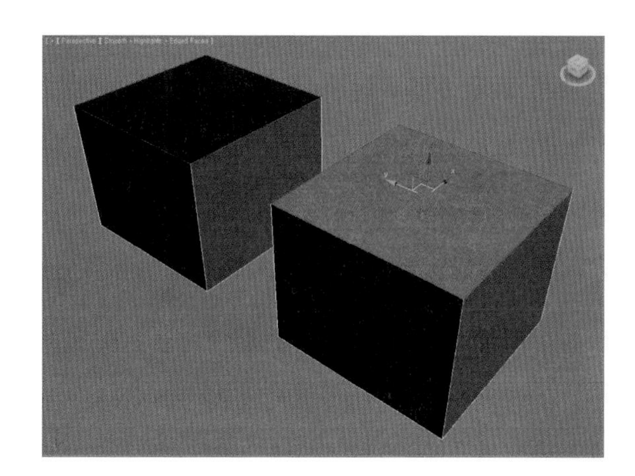

Hinge From Edge

선택된 면이 Edge 축을 기준으로 회전, 돌출된다.

- Angle : 회전 각도를 지정한다.
- Segment : 돌출면의 수를 지정한다.
- Current Hinge : 회전할 기준이 되는 축을 지정한다.

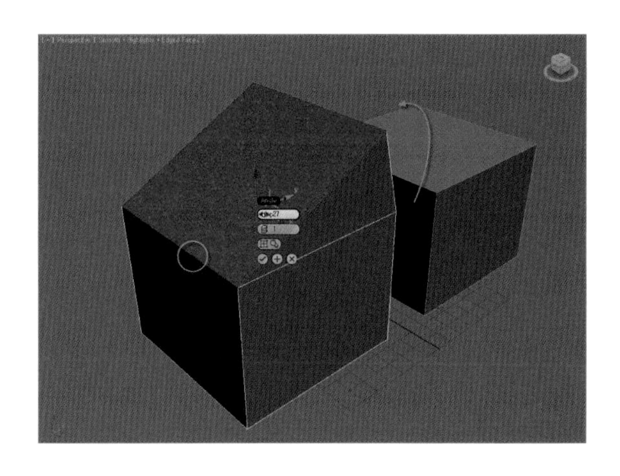

Extrude Along Spline

선택한 면이 지정된 경로대로 면을 생성하면서 돌출시킨다.
Taper Curve(테이퍼 곡선)와 Twist(비틀기)가 가능하며 세그먼트 수치를 높이면 면이 부드러워진다.

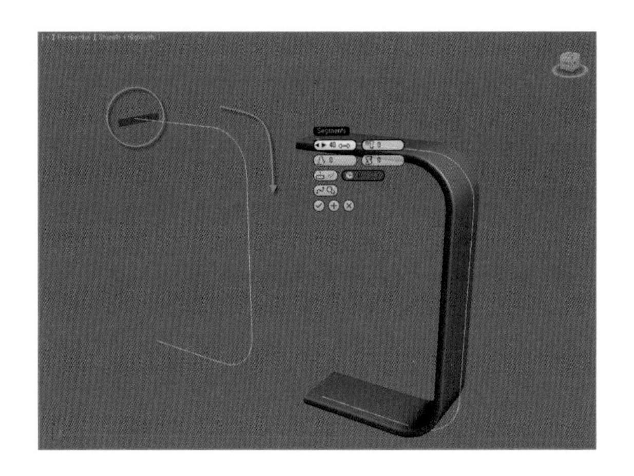

Edit Triangulation

내부 가장자리의 다각형을 삼각형으로 세분화한다.

Retriangulate

불규칙한 삼각형의 면들을 자동으로 최적의 삼각형 상태로 세분화한다.

Turn

숨겨진 Edge를 회전시켜 수정한다.

4-6 Editable Poly-Material IDs, Smoothing Groups

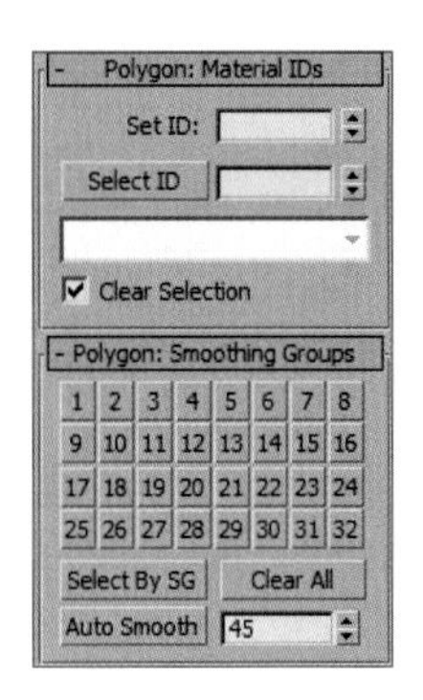

● Material IDs

선택된 면에 재질번호를 부여한다.

- **Set ID** : 선택된 면이 갖는 재질번호를 부여한다. 재질 편집기에 다중 재질이나 Effect 효과 적용 시 면에 지정한 ID 번호에 따른 재질을 지정한다.
- **Select ID** : ID 번호를 이용하여 해당되는 면을 선택한다.

● Smoothing Groups

선택 면을 부드럽게 보이도록 한다.

- **Select By SG** : Smoothing Group으로 지정된 면을 번호를 이용하여 선택한다.
- **Clear All** : 선택한 면에 Smoothing Group을 해제한다.
- **Auto Smooth** : 다각형 사이의 각도에 따라 Smoothing Groups를 설정한다. 인접한 두 다각형의 각도가 이 버튼 오른쪽의 스피너에서 설정한 임의의 각도보다 작으면 인접한 두 다각형은 동일한 Smoothing Group으로 처리한다(스탠드 예제 참조).

Note

Element는 Polygon의 하위 메뉴를 참조한다.

쉬어가기

3D 모델링 제작시에는 수많은 명령어를 사용하여 오브젝트를 제작하지만 그 분야에 따라서 사용되는 명령어는 국한되어 있다.

특히 건축이나 인테리어에서는 주로 기본적인 명령어를 사용하여 전체 외곽 형태를 먼저 제작한 후에 매핑 과정에서 작은 부분들을 처리하곤 한다. 이러한 이유는 제작되어지는 내부 공간의 오브젝트 증가에 따라 컴퓨터 프로그램의 실행속도가 느려지기 때문이다.

사용자는 반드시 불필요한 Vertex나 보이지 않는 곳의 오브젝트를 굳이 표현하고자 다량의 Vertex를 생성하지 말아야 하며 되도록이면 그 양을 줄이면서 작업을 해야 한다. 작업 중이라도 키보드에서 7 을 눌러 화면상에서 Polygon이나 Vertex의 수를 확인하면서 작업을 해야 한다.

제품디자인이나 캐릭터디자인 등과 같은 경우에도 Low Polygon을 이용하여 수정에 용이하게 작업을 진행함으로써 메모리와 데이터 용량을 조절하는 습관을 가져야 한다.

4-7 실습 예제

1 ▸▸ 벽체 만들기

이번 예제에서는 [Editable Poly] ➡ [Segment]에서 면 분할을 이용하여 벽체를 만든 후 [Helper] ➡ [Tape] 명령으로 치수를 확인한다.

01 >> [Top view]에서 [Box]를 이용하여 다음과 같이 제작한다. (단위 : mm)

[Length] : 6000
[Width] : 8000
[Height] : 2400
[Length Segs] : 1
[Width Segs] : 1
[Height Segs] : 1

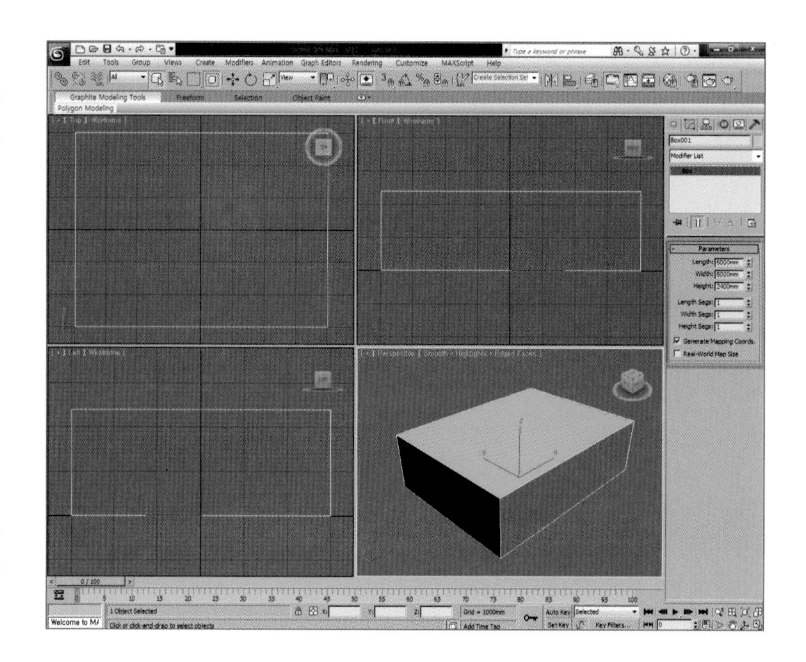

[Viewports] 상에서 오브젝트의 색상을 나타나게 하는 단축키는 F3 이고 프레임으로 보여지게 하는 단축키는 F4 이다.

02 >> 마우스 우측 버튼을 클릭하여 [Convert to Editable Poly]를 선택한다.

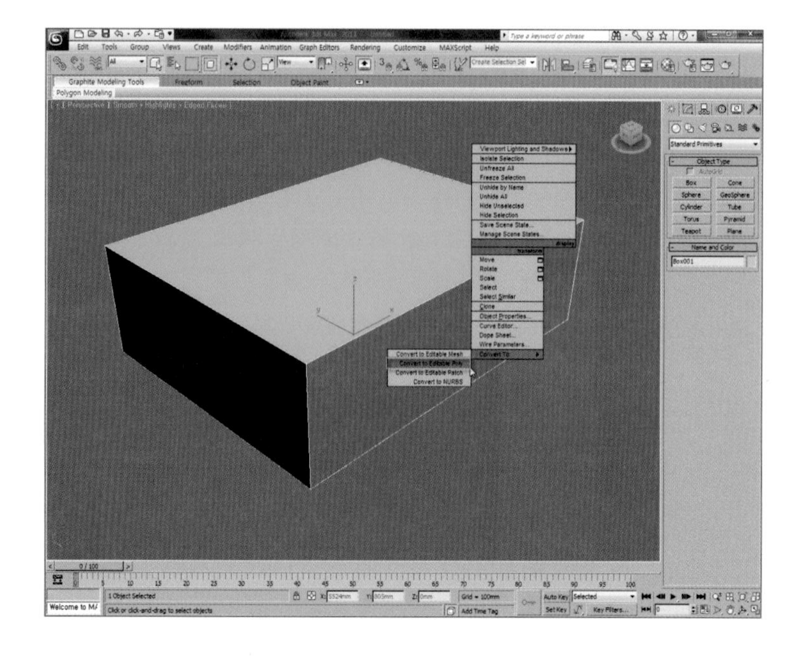

03 >> F3를 눌러 프레임만 보이도록 한다.

[Modify] ➡ [Selection] ➡ [Edge]를 체크한 후 벽체 안쪽 위, 아래 선을 함께 선택한다.

[Connect] 명령 옆의 [Setting]을 클릭하여 두 선을 연결하는 선의 개수 [Segment] 수치를 2로 설정한 후 [OK]를 누른다.

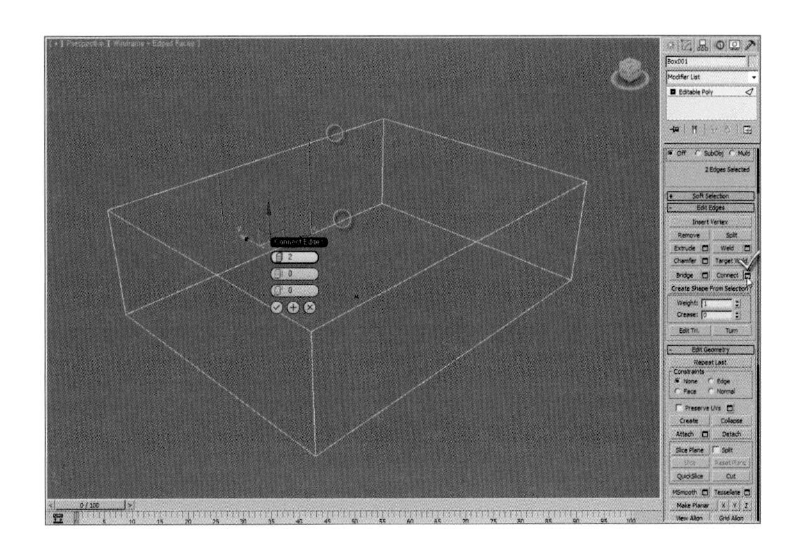

04 >> 벽체 중앙 부분에 세로로 생성된 두개의 선을 모두 선택한다.

[Connect]의 [setting]을 클릭하여 [Segment]를 '2', [Slide]를 '50'으로 입력한 후 [OK] 버튼을 클릭한다.

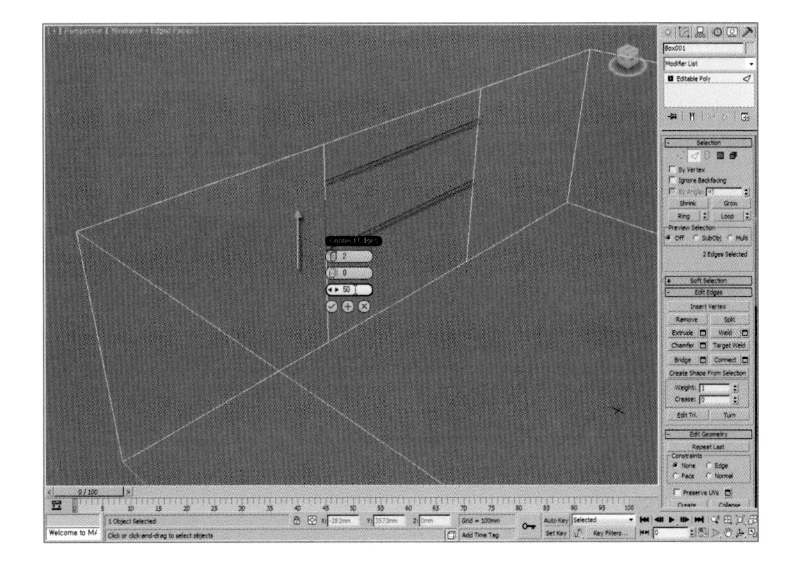

05 >> 창문의 크기를 정확한 치수에 의해 제작하고자 할 때에는 [Helper] ➡ [Tape] 명령으로 길이를 측정할 수 있다. 이때 [Snap]은 반드시 [Endpoint]를 체크하여 [Vertex]에서 [Vertex]까지의 거리를 측정하도록 한다. [Tape]로 측정한 치수를 [Select and Move] 버튼이 체크된 상태에서 F12 를 눌러 [Transform Type-In] 대화상자에서 [Vertex]를 이동한다.

Note

[Transform Type-In](단축키 : F12)은 정확한 치수를 이동, 회전, 비율조절을 하고자 할 때 사용하는 기능키로서 [Select and Move], [Select and Rotate], [Select and Non-uniform Scale]의 선택에 따라 새로운 창이 나타난다.

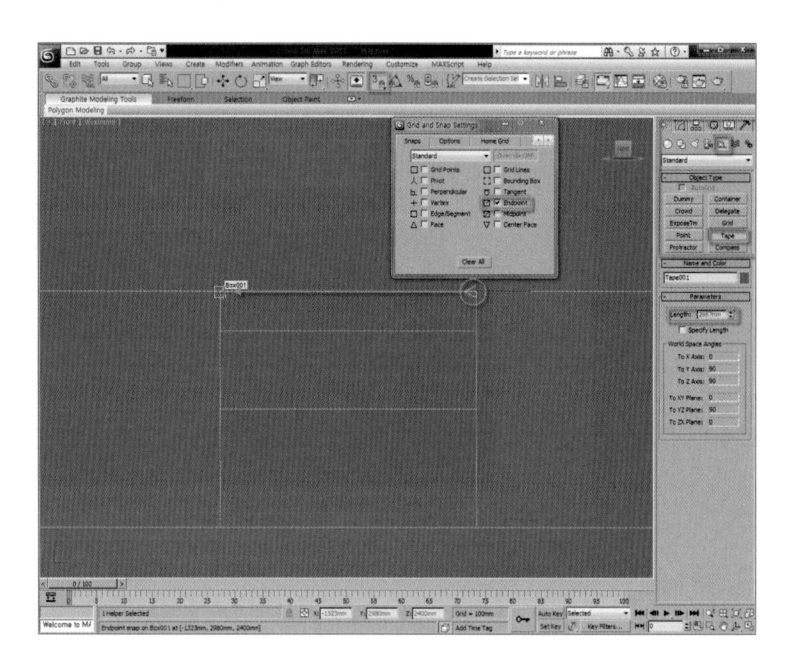

06 >> F3 을 눌러 색상이 보이도록 하고 오브젝트를 선택한 상태에서 [Modify] ➡ [Normal]을 선택하여 면을 뒤집는다.

[Normal] 명령을 찾을 때에는 [Modifier List]에 이니셜 [N]을 입력하면 쉽게 찾을 수 있다.

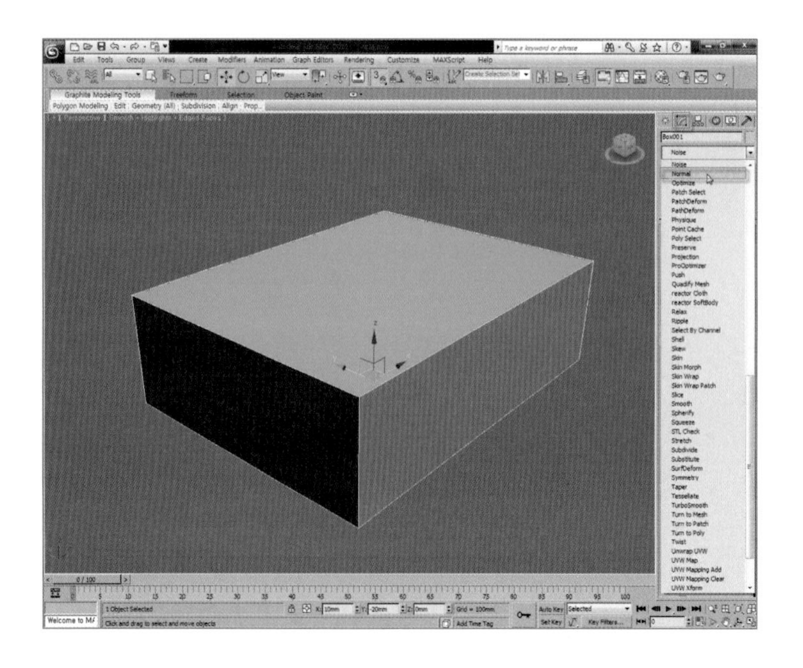

07 >> [Zoom]을 이용하여 화면을 벽체 안쪽으로 이동한다.

[Modify Stack]에서 [Editable Poly]를 선택한 후 [Pin Stack]과 [Show And Result On/Off Toggle] 버튼을 눌러 Normal이 적용된 상태에서도 [Editable Poly] 명령이 실행되도록 한다.

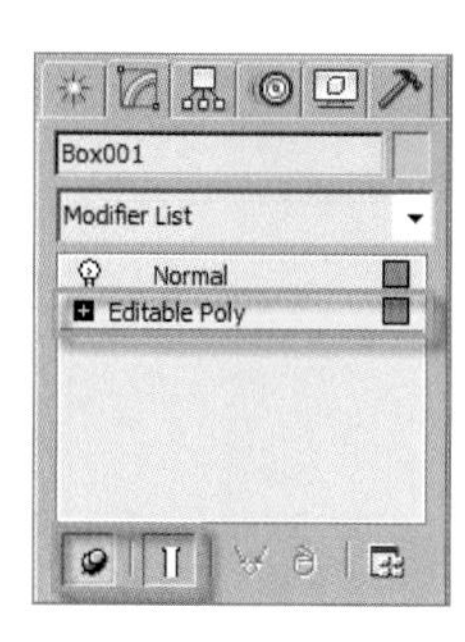

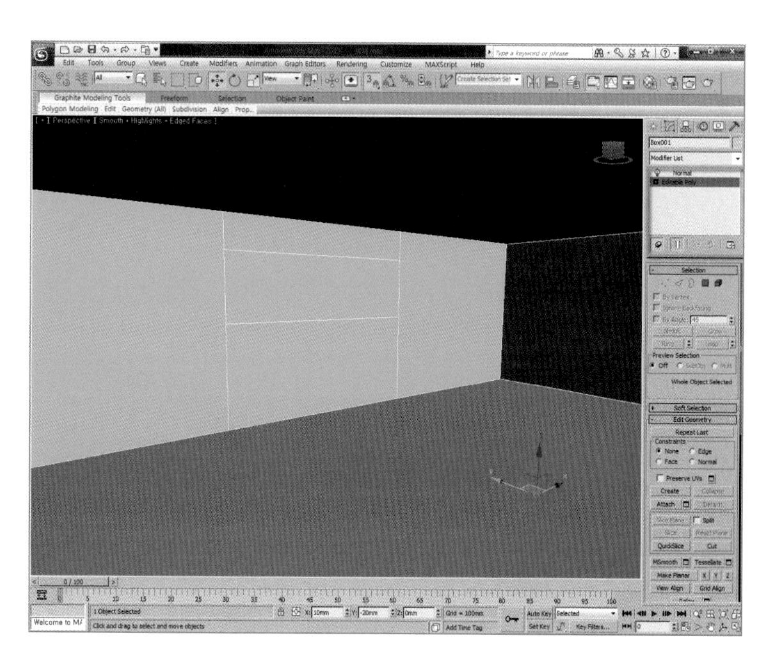

08 >> [Polygon]이 체크된 상태에서 창문이 될 면을 선택한다.

[Extrude Setting]을 클릭한 후 [Height] 값을 '200'으로 입력하고 [OK]를 클릭한다.

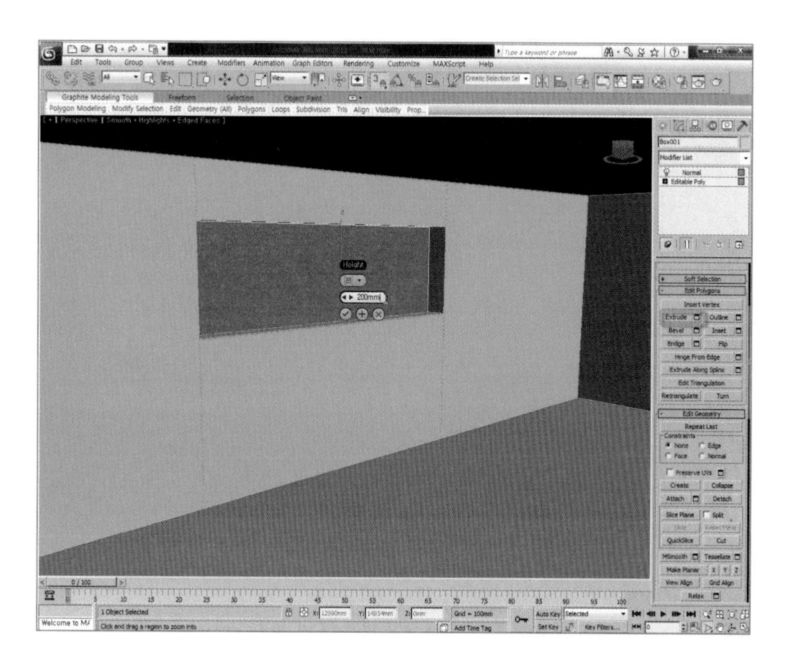

09 >> 돌출된 면을 유리창으로 분리하기 위해 [Detach]를 선택한 후 [Detach As]란에 [Window]라고 입력하고 [OK] 버튼을 클릭한다.

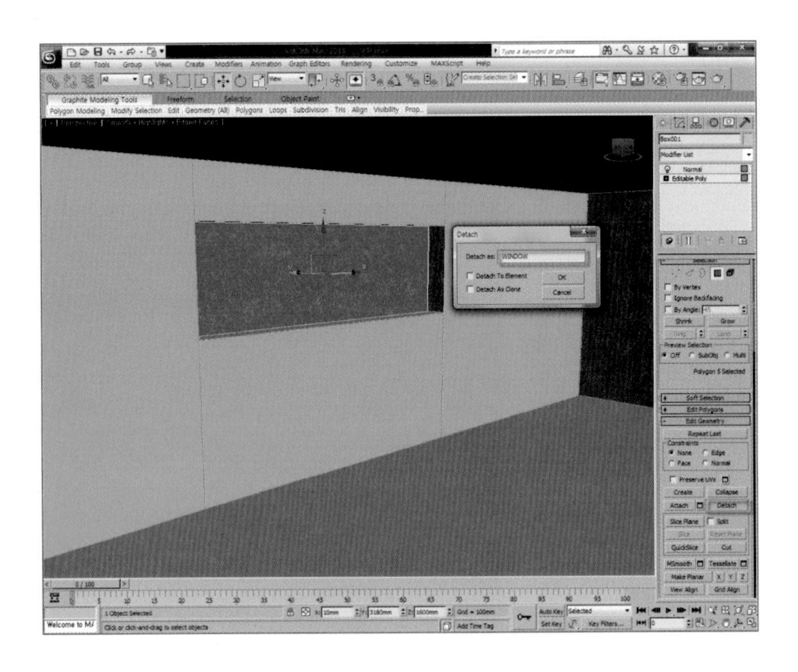

10 >> 천장과 바닥도 위의 방법과 동일하게 [Detach] 명령을 사용하여 각각 [Ceiling]과 [Floor]로 분리한다. 이렇게 면을 분리하는 이유는 매핑 과정에서 각기 다른 질감으로 입력하기 때문이다.

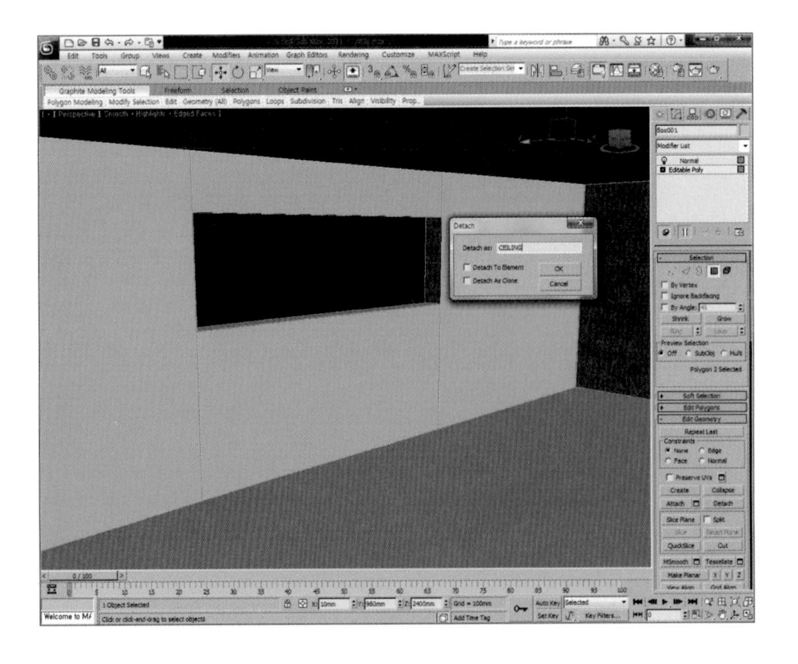

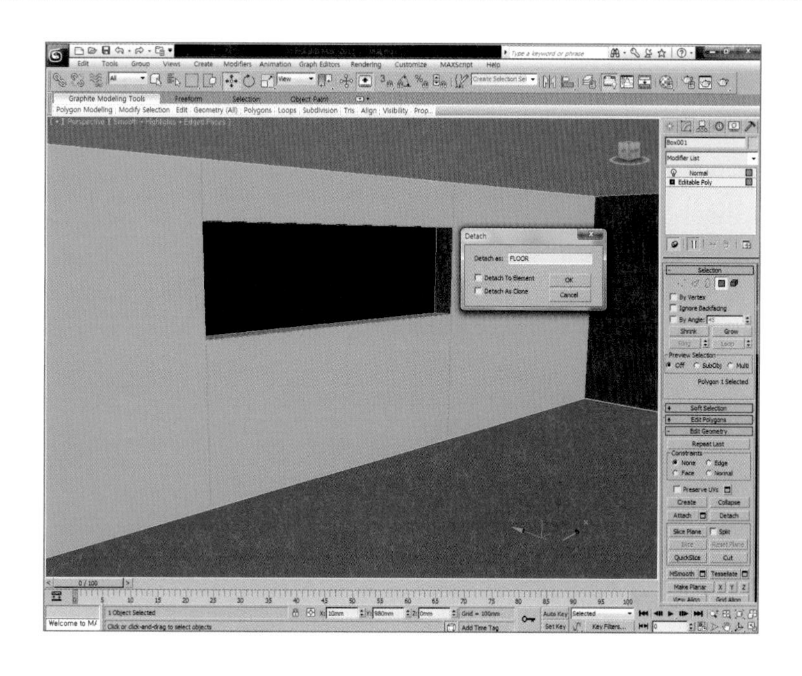

11 >> 문을 만들기 위해 벽체를 선택한 후 [Selection] ➡ [Edge]를 체크한다. [Connect Setting]을 클릭하여 문 입구의 위치를 설정한다.

[Segments] : 2

[Pinch] : -40

[Slide] : 150

[Connect]를 실행하기에 앞서 벽체, 천장, 바닥이 겹쳐져 있으므로 [Edge] 선택에 유의한다.

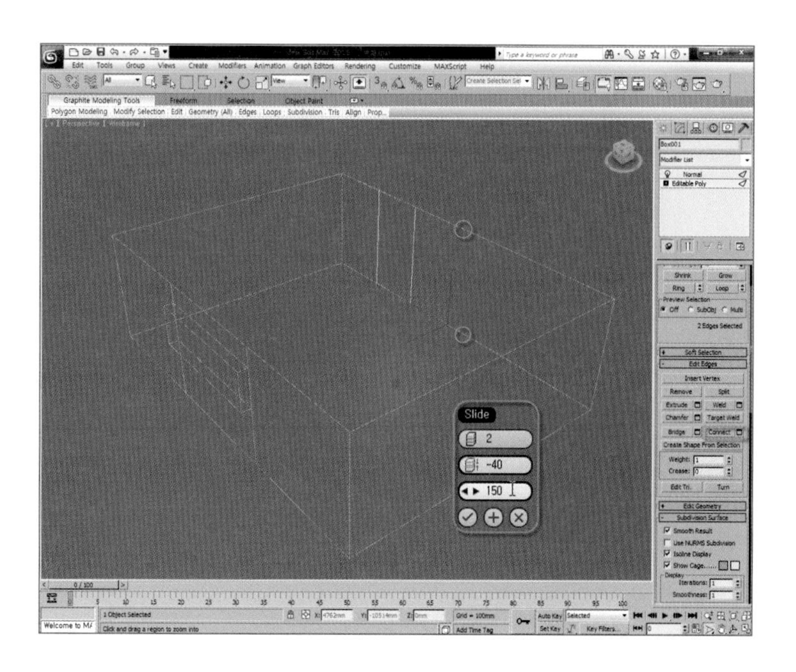

12 >> [Connect Setting]을 한 번 더 클릭한 후 문의 위쪽 부분 위치를 설정한다.

[Segments] : 1

[Pinch] : 0

[Slide] : 80

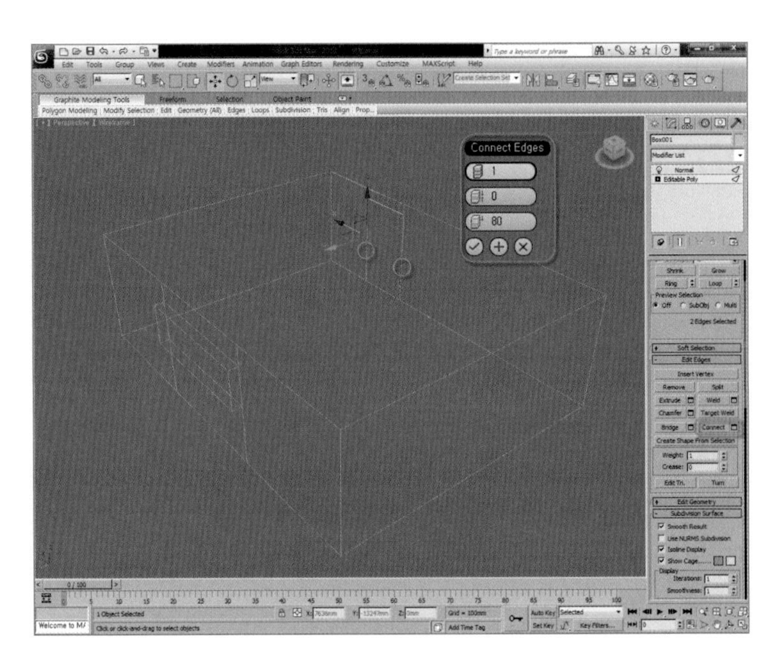

13 >> [Polygon]을 선택한 후 [Extrude Setting]에서 [Height] 값을 '200'으로 입력하여 문의 벽 두께를 생성한다. 생성된 면을 선택한 후 천장과 동일한 방법으로 [Detach] 명령을 사용하여 [Door]란 이름으로 분리한다.

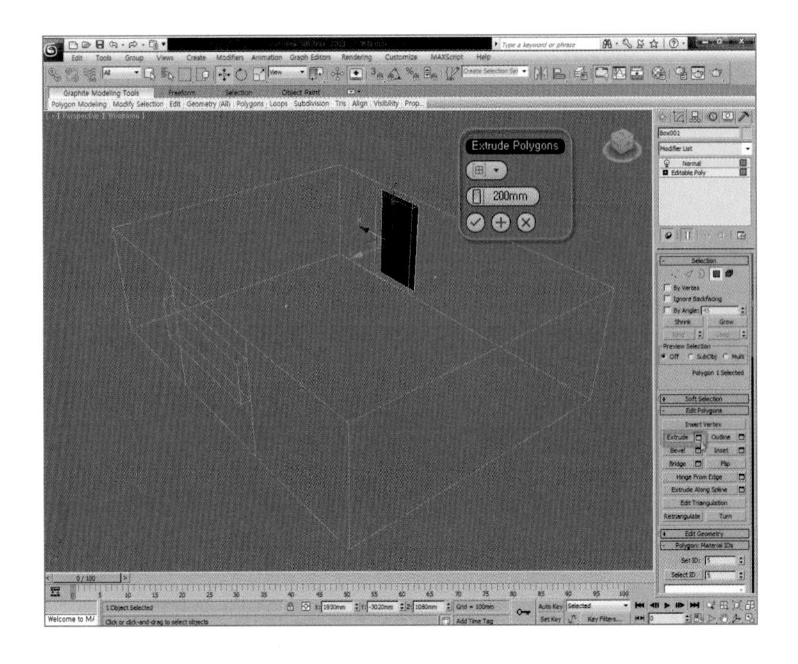

14 >> [Editable Poly]를 비활성화한 후에 F3 을 눌러 색을 보면 천장, 유리창, 바닥, 문은 면이 뒤집혀 있지 않은 상태이므로 안쪽에서 보았을 때 검게 보인다. 모두 선택한 후에 [Selection] ➡ [Polygon] ➡ [Flip]을 적용한다.

이때 모두 각기 다른 오브젝트이므로 [Pin Stack]을 해제한 후에 선택한다.

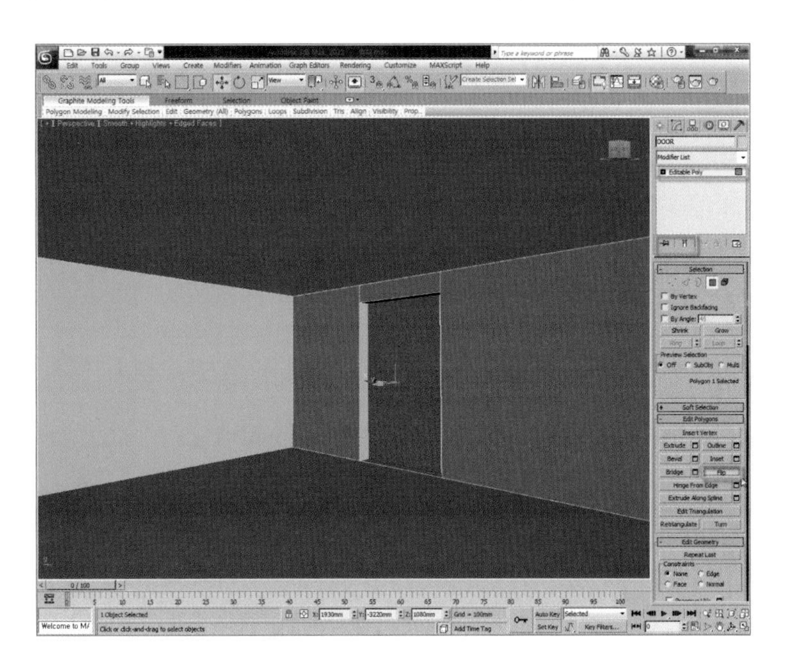

15 >> 간단한 매핑을 한 후 렌더링을 실행한 결과이다.

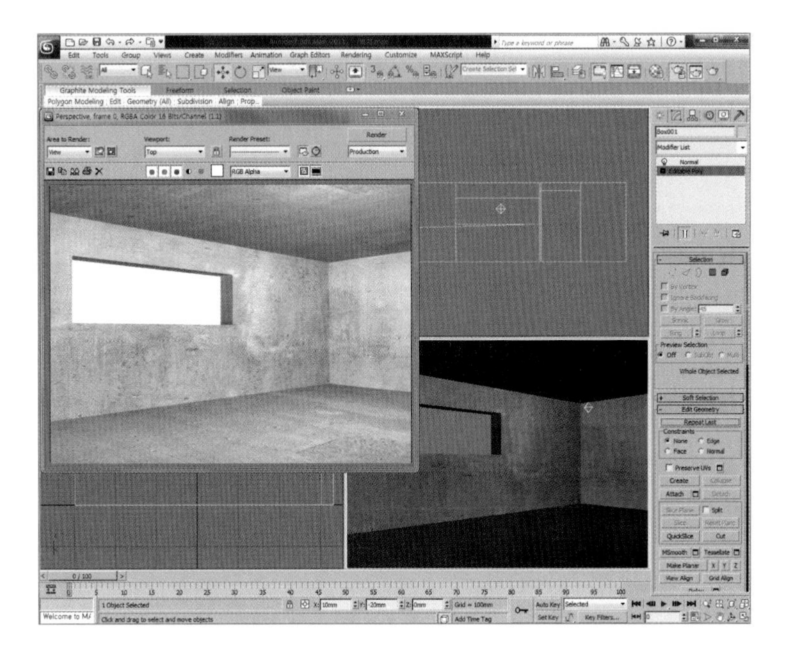

16 >> 창문 밖의 외부는 주로 흰색이나 이미지를 삽입하여 처리한다.

기본 색상은 검정색으로 되어 있으며 흰색으로 변경할 때에는 [Rendering] ➡ [Environment] ➡ [Background] ➡ [Color]를 선택하여 설정하며 이미지는 [Environment Map]에서 [None]을 클릭하여 삽입하고자 하는 이미지를 선택한다.

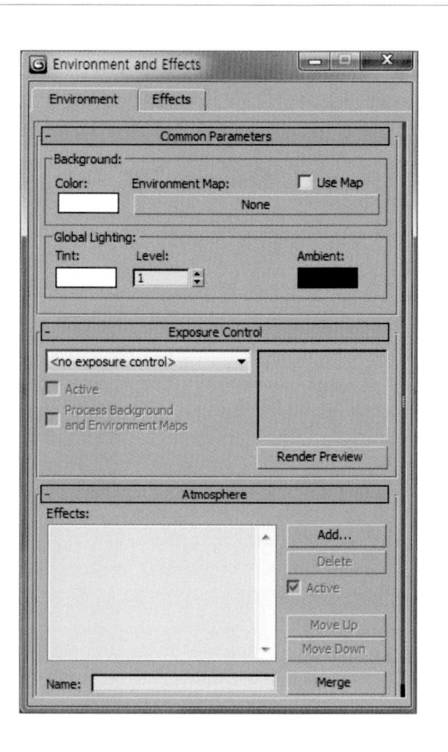

2 ▸▸ 소파 만들기

이번 예제에서는 Standard Primitive의 대표적 명령어인 Chamfer Box와 Cylinder 만을 이용하여 소파를 제작하도록 한다.

01 >> [Top view]에서 [Chamfer Box]를 이용하여 소파의 앉는 부분을 만든다. (단위 : mm)

[Length] : 600　[Width] : 600　[Height] : 120
[Fillet] : 20　[Length Segs] : 1　[Width Segs] : 1
[Height Segs] : 1　[Fillet Segs] : 3

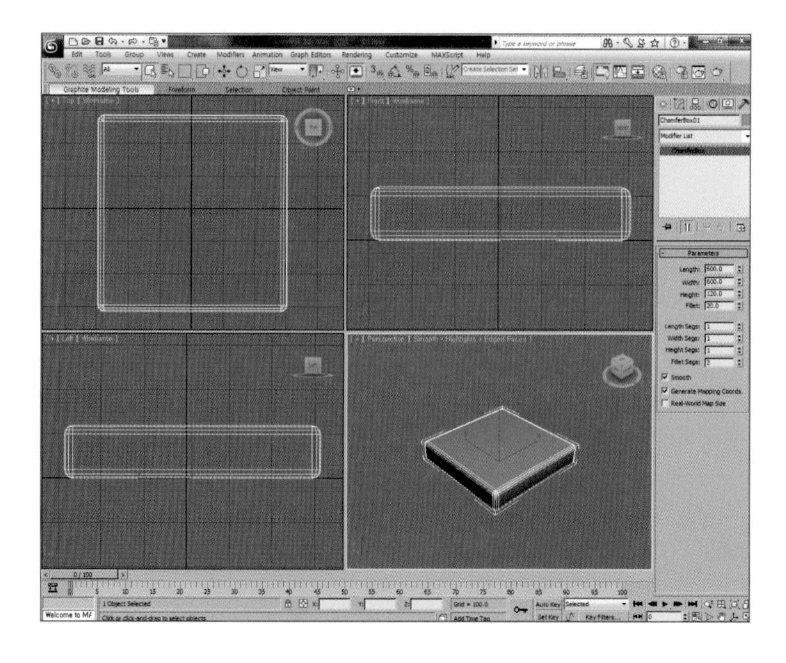

02 >> [Top View]에서 Chamfer Box를 이용하여 소파의 팔걸이 부분을 만든다.

[Length] : 750
[Width] : 130
[Height] : 400
[Fillet] : 20
[Length Segs] : 1
[Width Segs] : 1
[Height Segs] : 1
[Fillet Segs] : 3

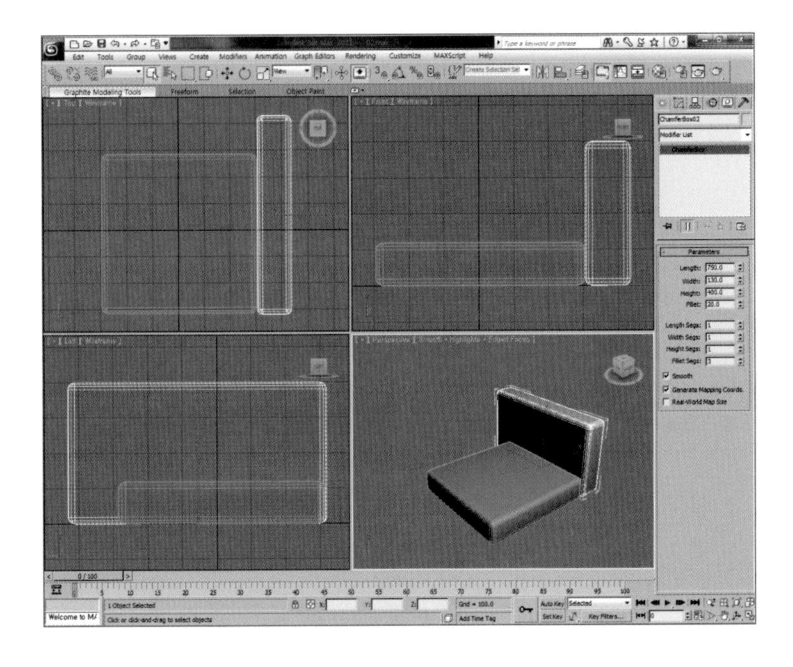

03 >> [Top View]에서 우측 팔걸이 부분을 좌측으로 [Mirror] 명령을 이용하여 복사한다.

먼저 우측 팔걸이 부분을 선택한 후에 [Reference Coordinate System]을 클릭한 후 [Pick]을 선택한다.

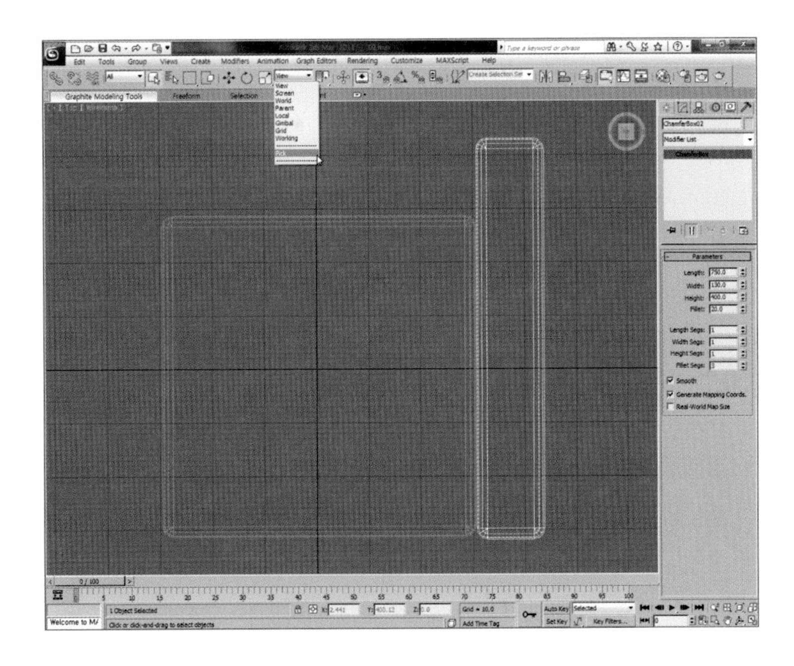

04 >> 우측 팔걸이 부분이 좌측으로 [Mirror]가 되기 위해 중앙의 앉는 부분을 기준으로 [Chamfer Box]를 선택하면 [Pick]이 [Chamfer Box]로 바뀐다.

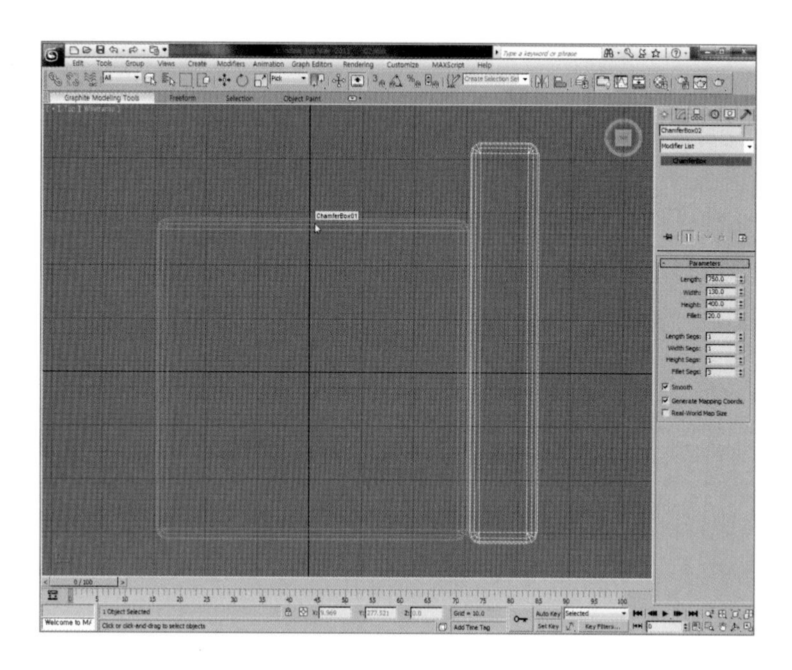

05 >> [Use Pivot Point Center]에서 중심축을 1개로 하는 [Use Transform Coordinate Center]로 변경한다.

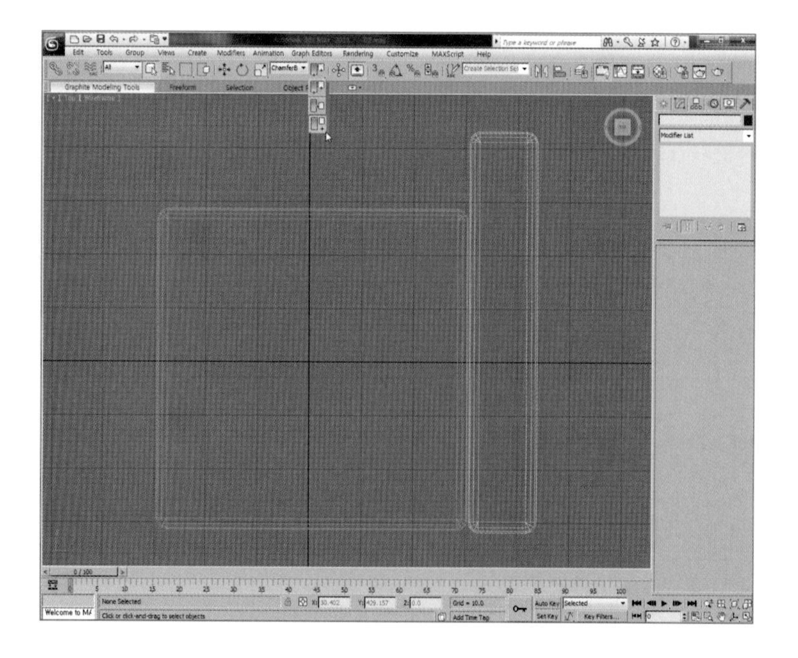

06 >> 아이콘 메뉴에서 [Mirror] 버튼을 클릭하면 [Mirror] 대화상자가 나타난다. [Clone Selection] 옵션에서 [Copy]를 체크한 후 [OK] 버튼을 누른다.

[Mirror] 명령을 실행하기에 앞서 [Snap]의 [Endpoint]를 사용하여 끝점을 맞춰 놓으면 좀 더 정확한 모델링 제작이 가능하다. [Mirror] 명령을 사용한 후에는 반드시 [Reference Coordinate System]과 [Pivot] 등을 사용하기 전 상태로 전환한다.

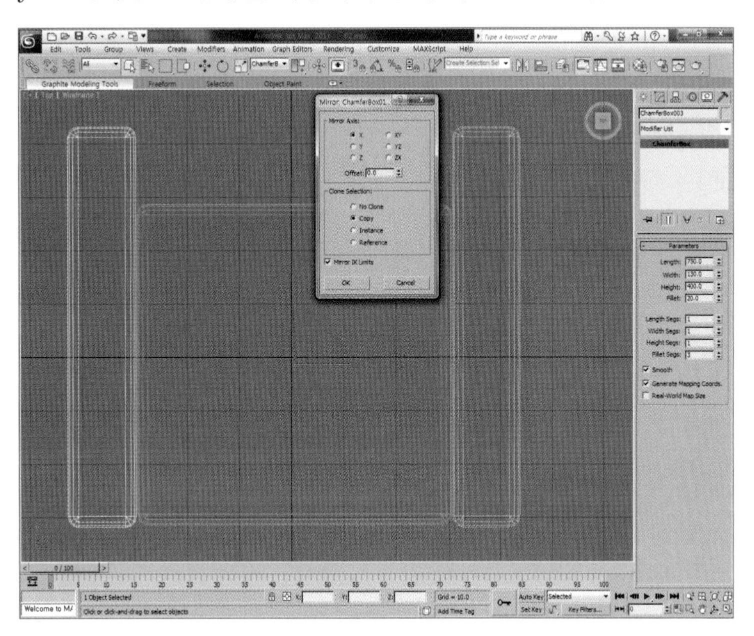

07 >> [Front View]에서 받침대 부분을 선택한 후 Shift 키를 누른 상태에서 위쪽으로 드래그하여 복사한다.

[Snap] 사용 시에는 옵션을 [2.5]와 [Endpoint]를 사용하여 밑부분과 중첩되지 않도록 한다.

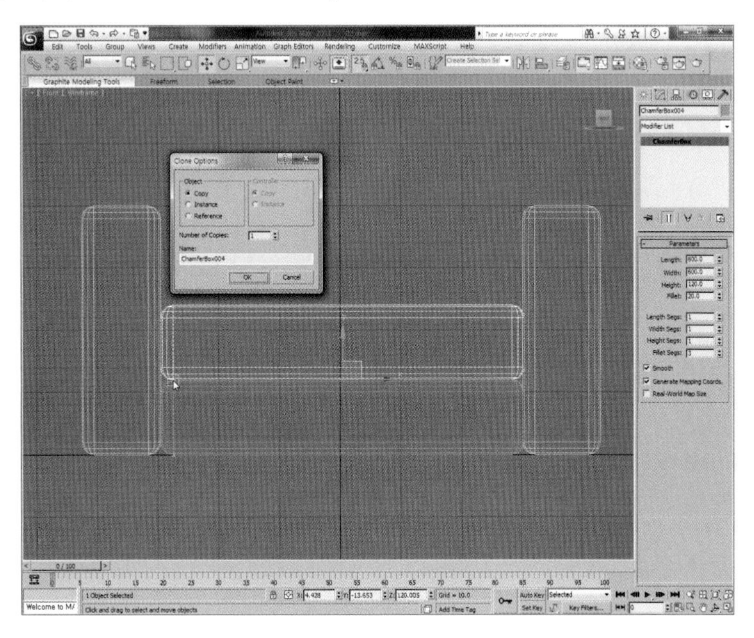

08 >> [Top View]에서 등받이 부분을 제작한다.

[Length] : 150
[Width] : 600
[Height] : 600
[Fillet] : 20
[Length Segs] : 1
[Width Segs] : 1
[Height Segs] : 1
[Fillet Segs] : 3

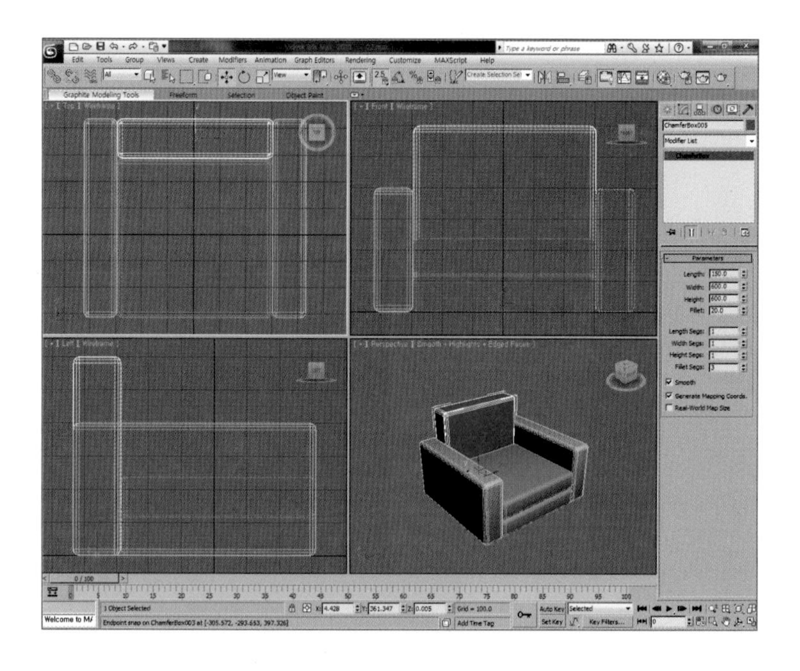

09 >> [Top View]에서 소파의 안쪽 앉는 부분을 추가로 하나 더 그린 후 [Front View]에서 위로 이동한다.

[Length] : 130
[Width] : 600
[Height] : 450
[Fillet] : 20
[Length Segs] : 1
[Width Segs] : 1
[Height Segs] : 1
[Fillet Segs] : 3

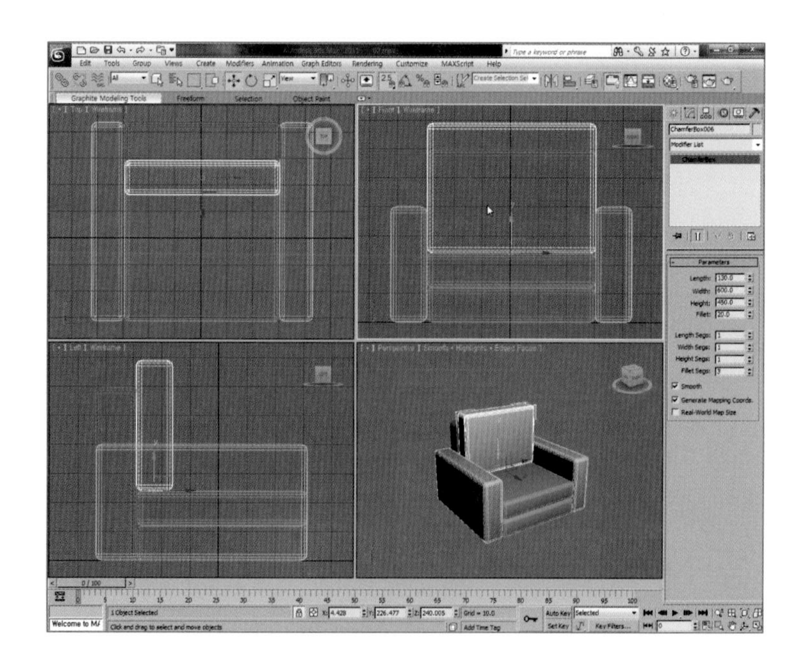

10 >> [Left View]에서 추가로 그린 등받이를 [Select and Rotate] 명령을 이용하여 각도를 기울인 후 [Select and Move] 명령을 이용해서 뒷부분의 오브젝트와 겹치지 않도록 이동한다.

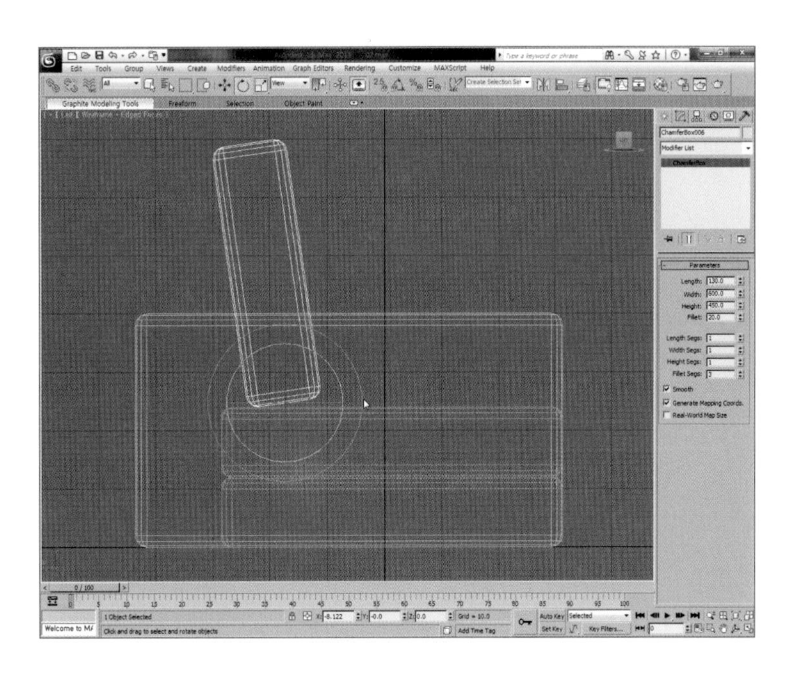

11 >> [Top View]에서 [Cylinder]를 이용하여 다리를 제작한다.

[Radius] : 40
[Height] : -40
[Height Segment] : 1
[Cap Segment] : 1
[Sides] : 18

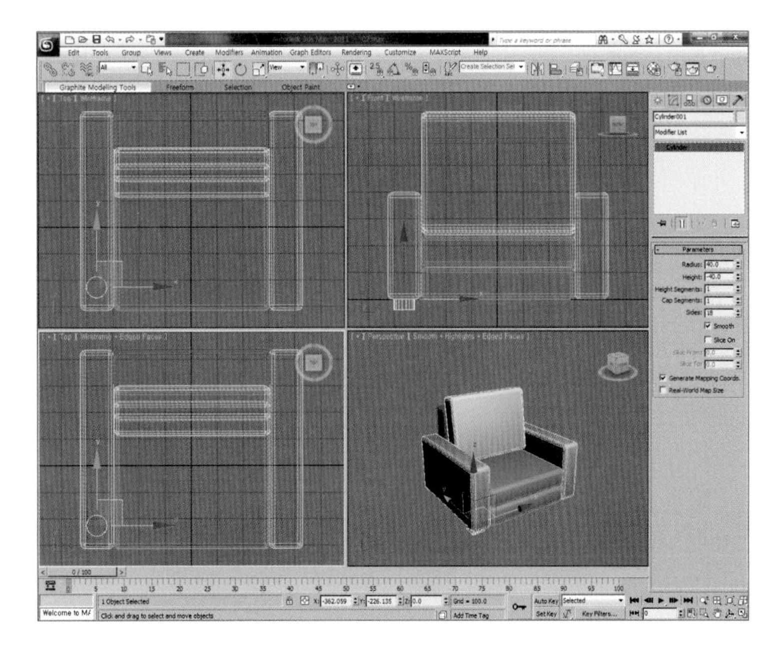

12 >> [Top View]에서 다리를 선택한 후 Shift 를 누른 상태로 드래그하여 다리를 복사하여 배치한다. 보다 정확한 배치를 위해 [Copy] 명령보다는 [Mirror] 명령을 사용하는 것이 좋다.

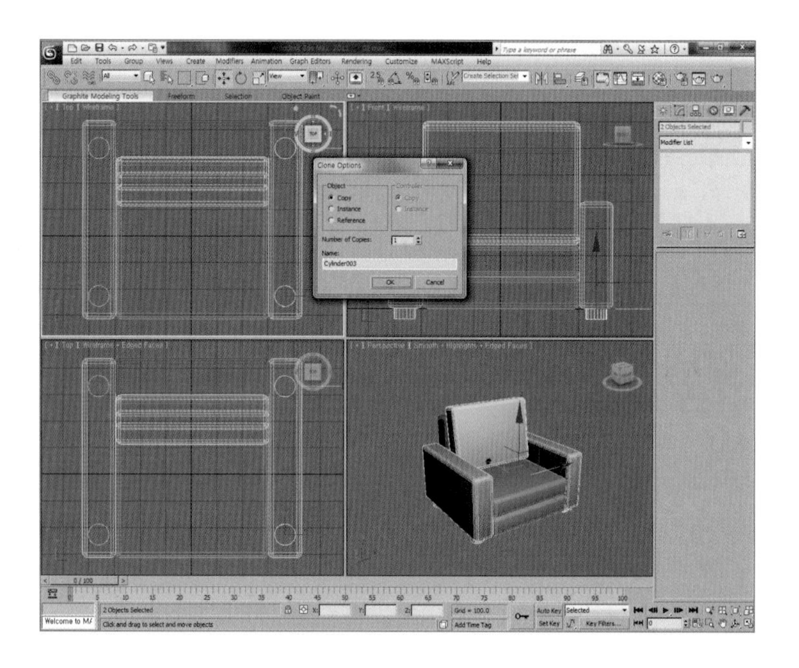

13 >> 매핑을 위해 소파 부분과 다리 부분을 따로따로 [Attach]한다. 먼저 소파의 한 부분을 선택해서 마우스 우측 버튼을 눌러 [Convert to Editable Poly]를 클릭한다.

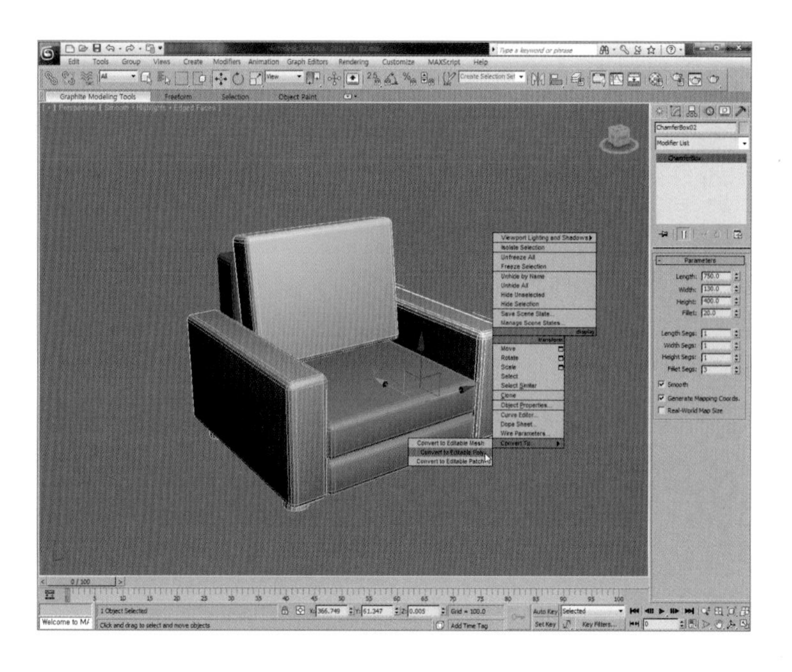

14 >> [Modify] ➡ [Attach] 명령으로 소파 부분을 모두 선택하여 하나의 오브젝트로 만든다. 다리도 동일한 방법으로 [Attach]한다.

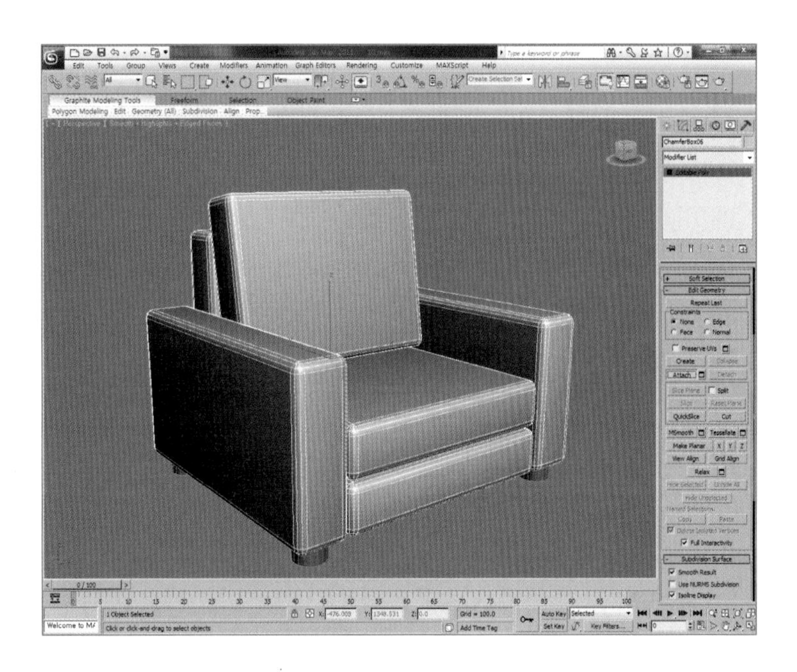

15 >> 간단히 매핑을 한 후 Vray를 이용한 렌더링이다.

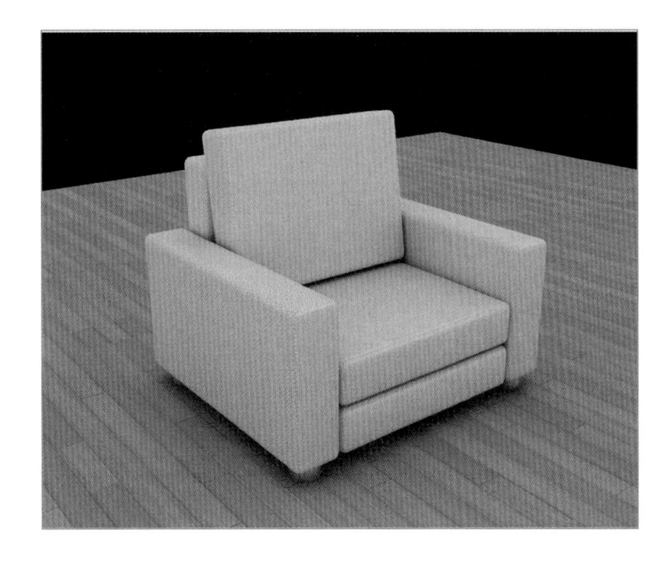

3 ▶▶ 책장 만들기

Array 명령은 오브젝트를 배열하는 명령어로 X, Y, Z 축으로 동시 배열이 가능하다.

01 >> [Top View]에서 밑판을 [Box] 명령으로 다음과 같이 제작한다. (단위 : mm)

[Length] : 340
[Width] : 760
[Height] : 20
[Length Segs] : 1
[Width Segs] : 1
[Height Segs] : 1

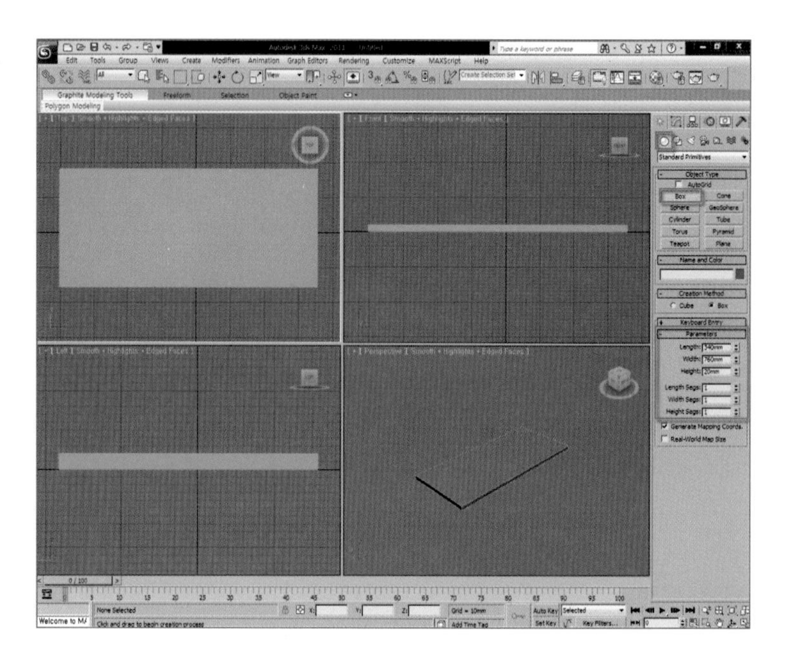

02 >> [Top View]에서 [Select and Move] 명령으로 오브젝트를 선택한다. 밑판을 화면 정중앙에 위치하기 위해 F12 를 클릭한 후 [Absolute : World]값을 0, 0, 0으로 입력한다.

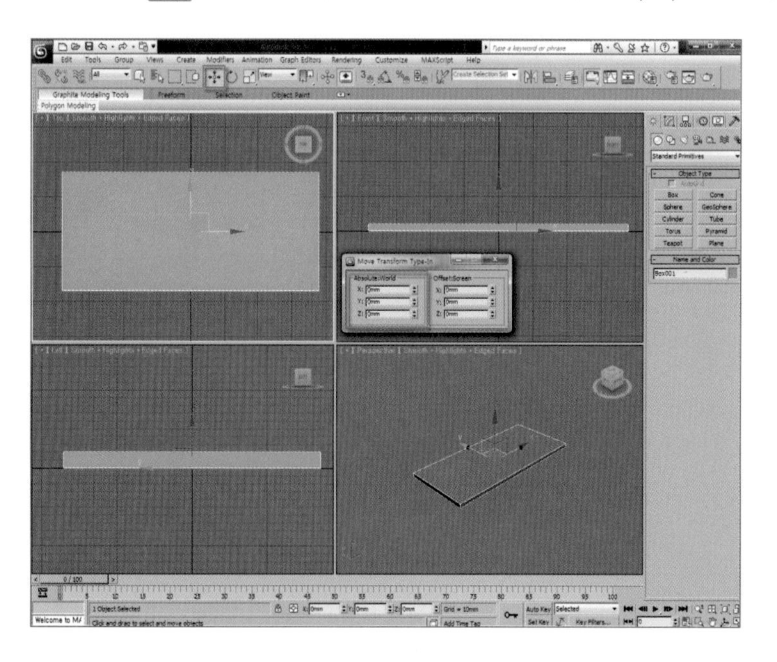

03 >> [Top View]에서 [Box] 명령으로 측판을 다음과 같이 제작한다.

[Length] : 350
[Width] : 20
[Height] : 2000
[Length Segs] : 1
[Width Segs] : 1
[Height Segs] : 1

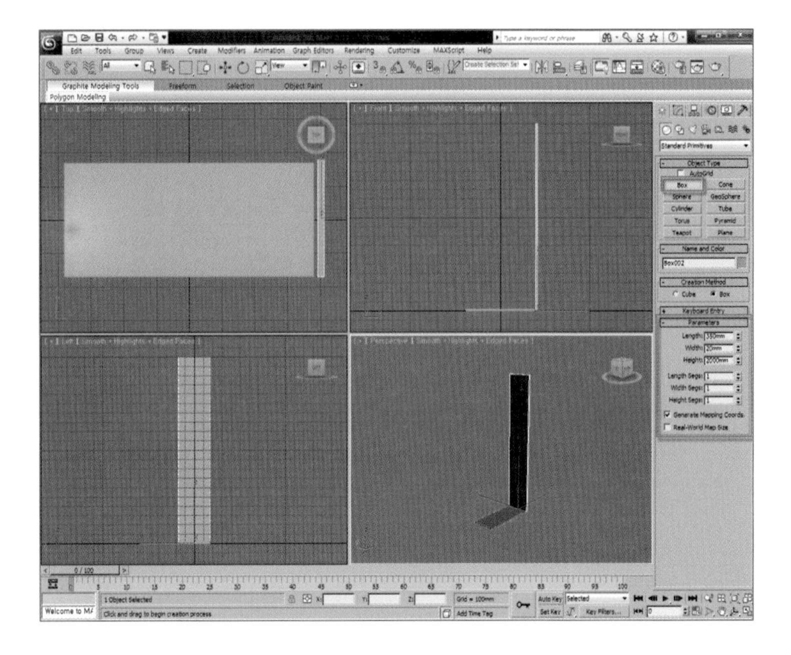

04 >> [Perspective]에서 [Snap] 명령을 활성화한 후 [Select and Move] 명령으로 측판을 밑판의 꼭지점에 붙인다. [Snap] 옵션은 [Endpoint]만을 체크한다.

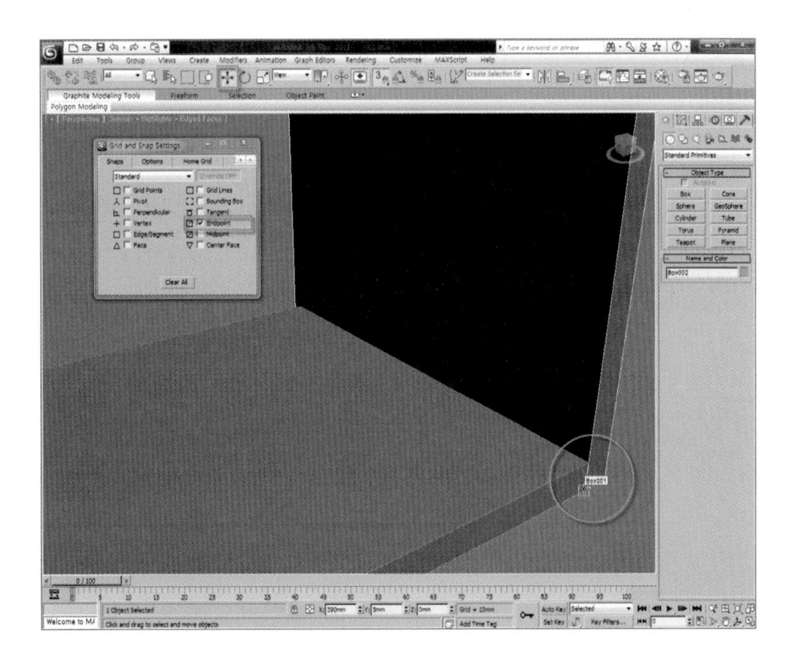

05 >> [Front View]에서 F12 를 눌러 [Offset : Screen]란에서 [Y]값을 50으로 입력하여 밑판을 [Y]축으로 이동한다.

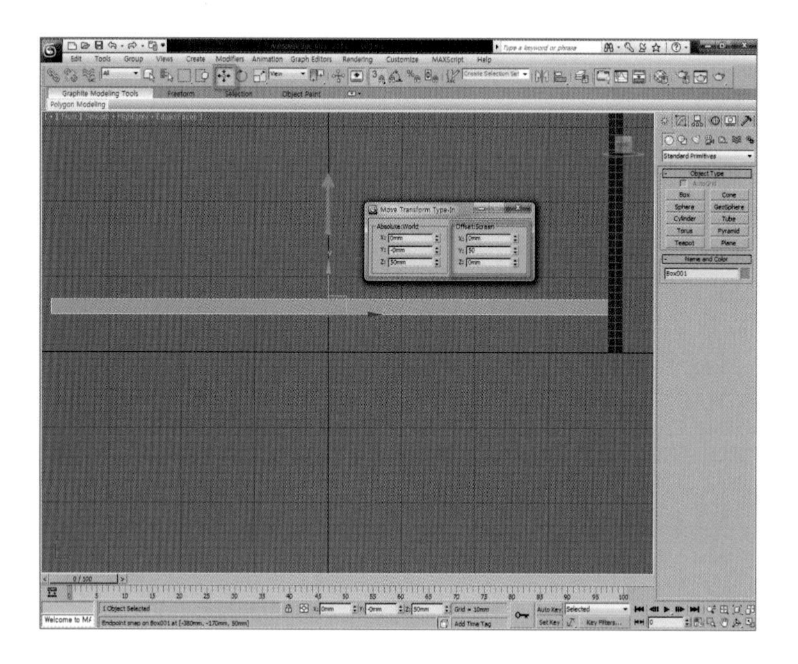

06 >> 측판을 반대편에 복사하기 위해 [Mirror] 명령을 사용한다. [Select and Move] 명령으로 측판을 선택한 후 [Reference Coordinate System]의 [View]를 [Pick]으로 설정하고 밑판을 선택하면 [Pick]이 [Box001]로 변경된다.

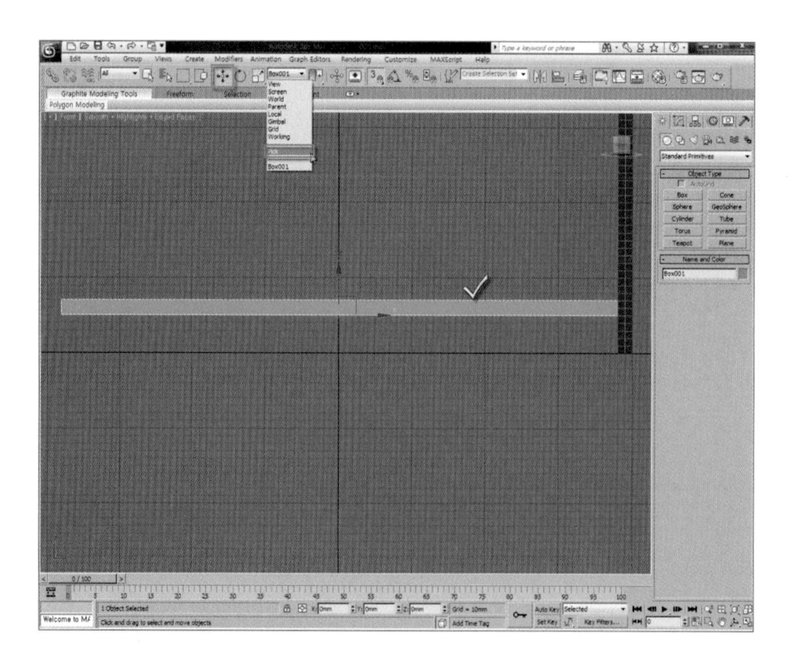

07 >> [Use Pivot Point Center]를 한 축으로 설정한 후 [Mirror]명령을 실행한다. [Mirror] 대화상자에서 [Clone Selection] 옵션은 [Copy]를 체크하고 [OK] 버튼을 클릭한다.

08 >> [Reference Coordinate System]은 [Box001]을 [View]로 복원하고 [Pivot]도 [Use Pivot Point Center]로 변경한다.

[Select and Move] 명령으로 밑판을 선택한 후 [Menu] ➡ [Tools] ➡ [Array]를 선택한다.

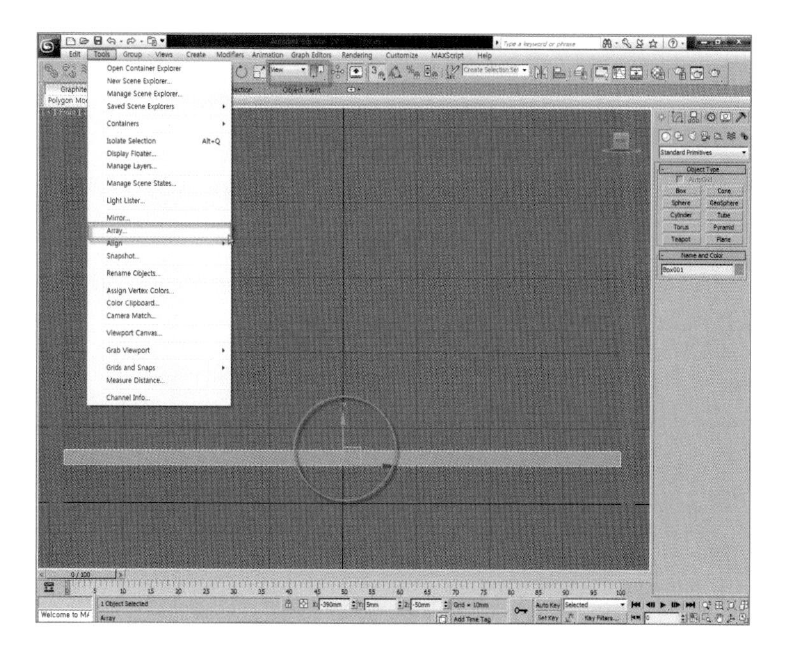

09 >> [Array] 대화상자에서 [Incremental]란에 [Y] 수치값을 '315' 로 입력하고 [Count] 수치값을 '7' 로 입력한 후 [Preview] 버튼을 눌러 확인한 뒤 [OK] 버튼을 클릭한다.

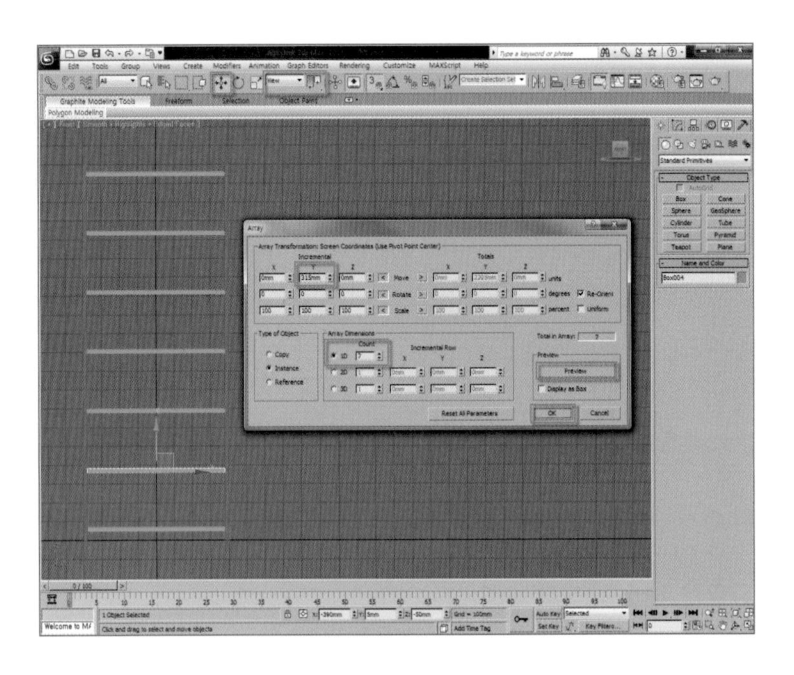

10 >> [Front View]에서 [Snap]을 켠 후 [Box] 명령으로 좌측 끝점에서 우측 끝점까지 드래그하여 [Box]를 그린 후 다음과 같이 수치를 조절한다.

[Length] : 50

[Width] : 760

[Height] : -20

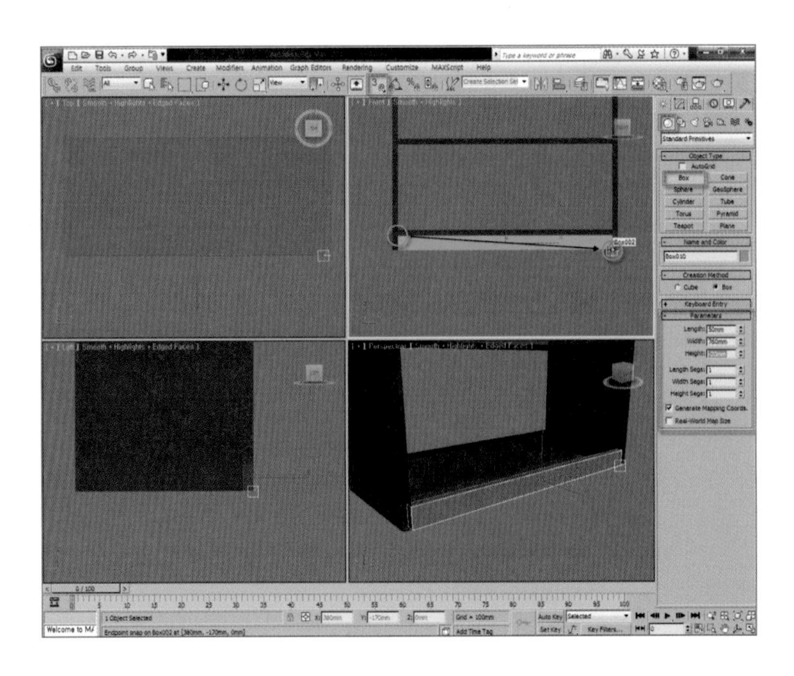

11 >> [Top View]에서 [Snap]이 켜진 상태에서 [Box] 명령으로 좌측 상단 끝점에서 우측 하단 끝점으로 드래그하여 등판을 다음과 같이 제작한다.

[Length] : 10
[Width] : 760
[Height] : -2000

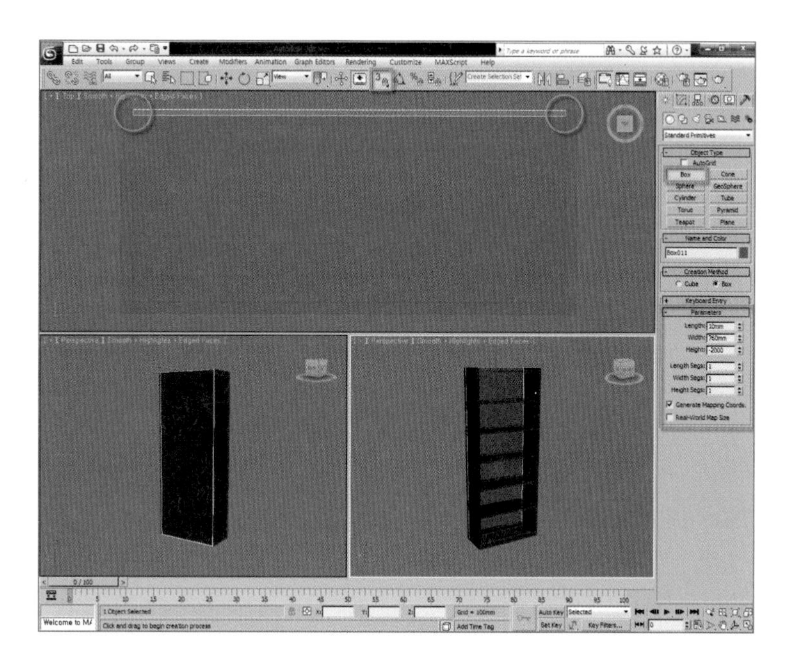

12 >> [Front View]에서 [Snap]이 켜진 상태에서 양쪽 지점을 드래그하여 [Rectangle]을 제작한 후 마우스 우측 버튼을 클릭하여 [Convert to Editable Spline]을 선택한다.

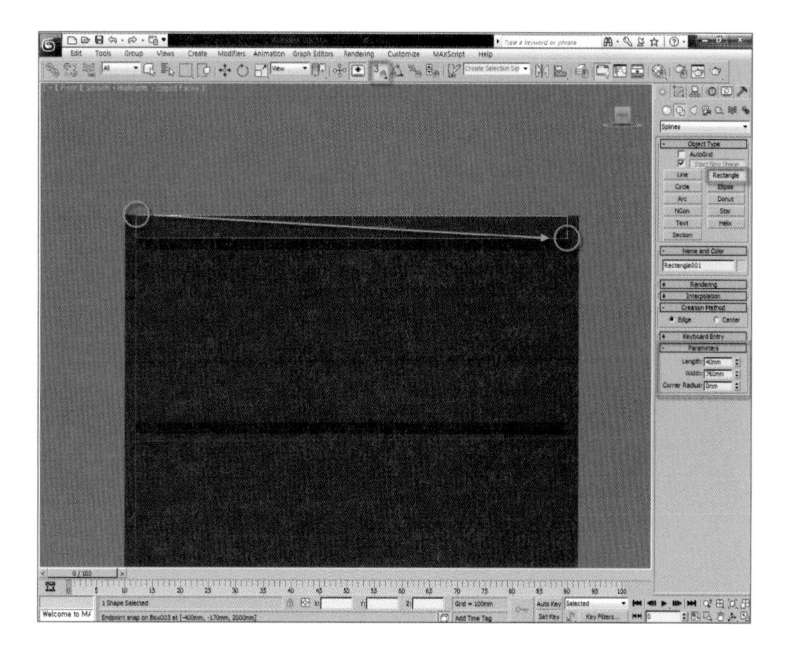

13 >> [Snap] 옵션에서 [Midpoint]를 체크한 후 [Selection] ➡ [Vertex]를 선택한다.
[Rectangle] 중간 지점에 [Geometry] ➡ [Refine] 버튼을 클릭하여 [Vertex]를 추가한다.

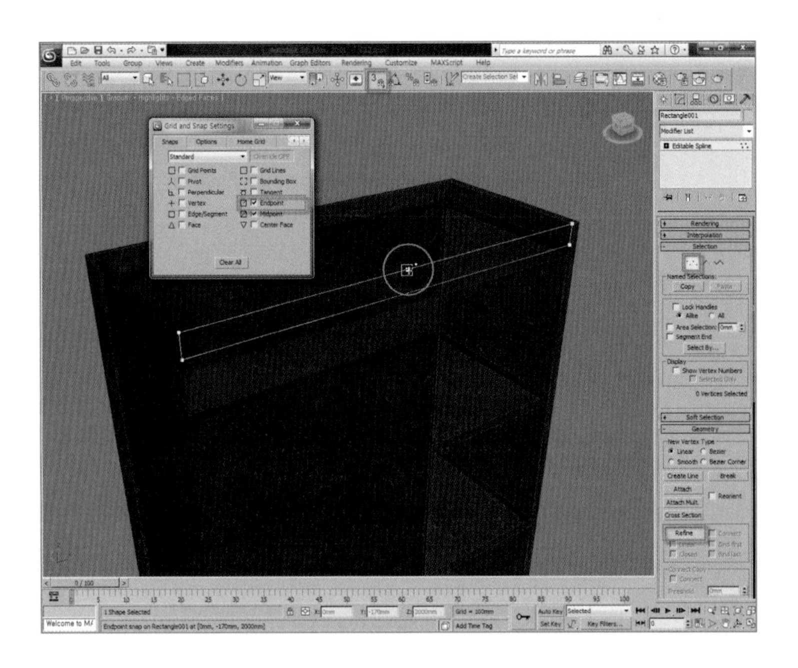

14 >> [Top View]에서 [Snap]을 끄고 [Select and Move] 버튼이 선택된 상태에서 생성된 [Vertex]를 위쪽으로 드래그하여 그림과 같이 직선을 곡선으로 변경한다. (Y축 : '70' 이동)
곡선을 다시 직선으로 하고자 할 때는 [Vertex]를 선택한 후 마우스 우측 버튼을 눌러 [Bezier Corner]를 [Corner]로 변경한다.

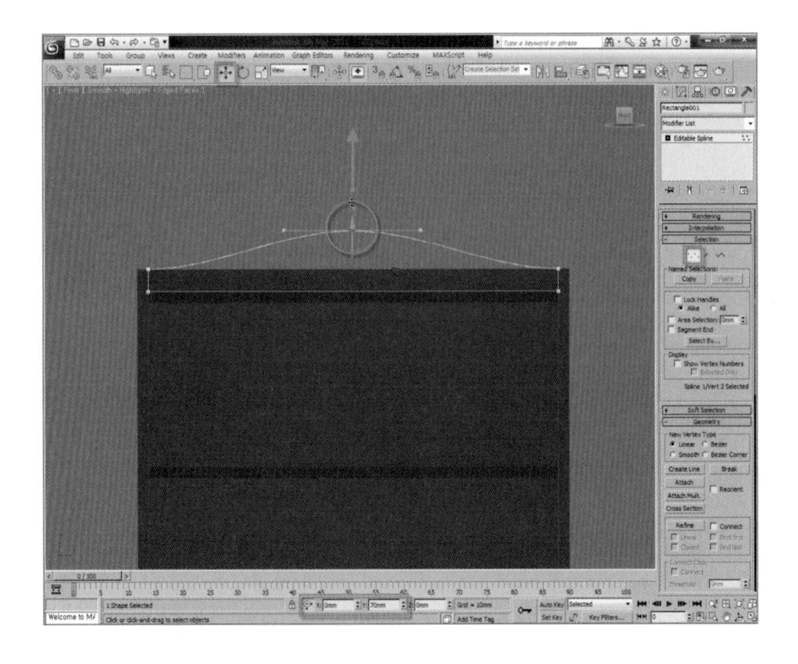

15 >> [Selection] ➡ [Vertex]를 꺼준 후 수정한 [Rectangle]를 선택한다.
[Modify] ➡ [Extrude]명령을 실행하여 [Amount] 값을 '-20' 으로 입력하여 앞판을 완성한다.

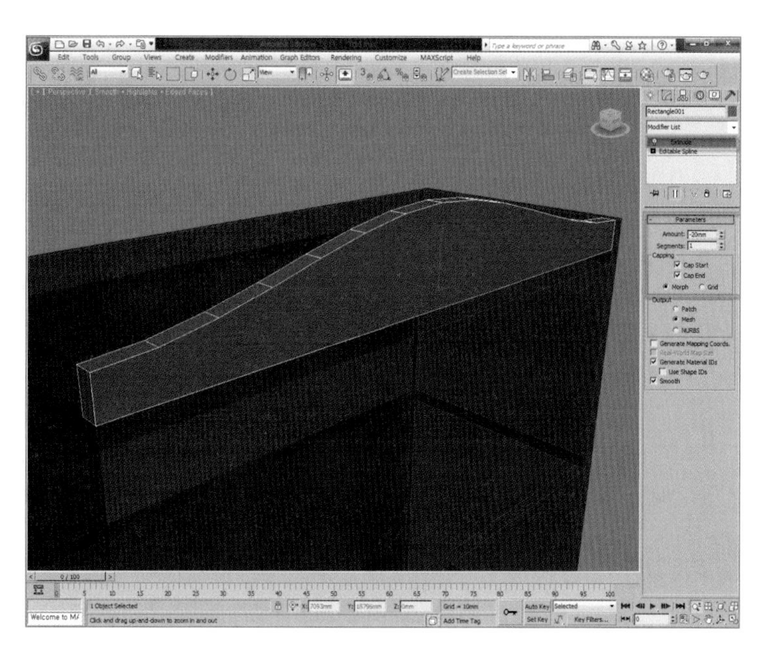

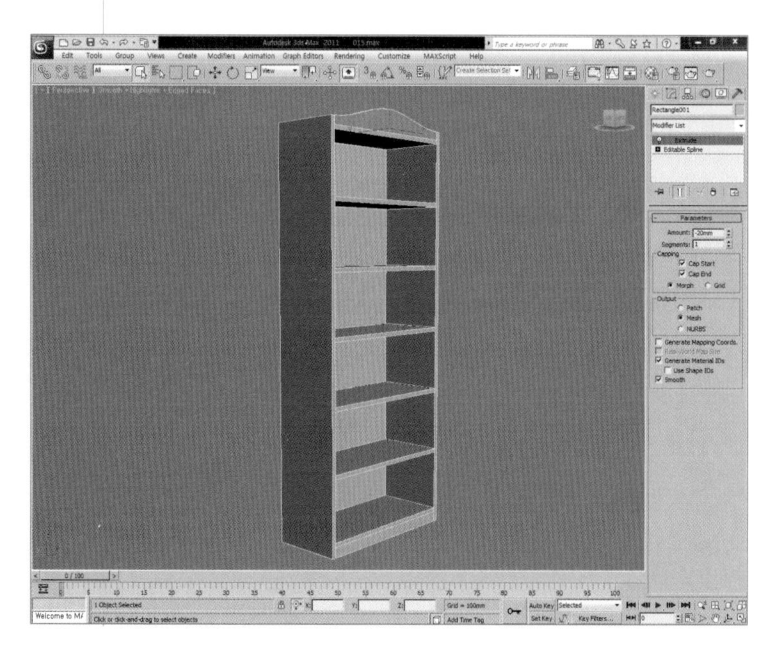

4 ▶▶ 옷장 만들기

Box와 Extrude 명령을 이용하여 옷장을 제작한 후 정확한 치수로 제작하기 위해 Transform Type-In을 사용한다.

01 >> [Top View]에서 [Box] 명령으로 옷장 몸체를 제작한다. (단위 : mm)

[Length] : 500

[Width] : 1000

[Height] : 2000

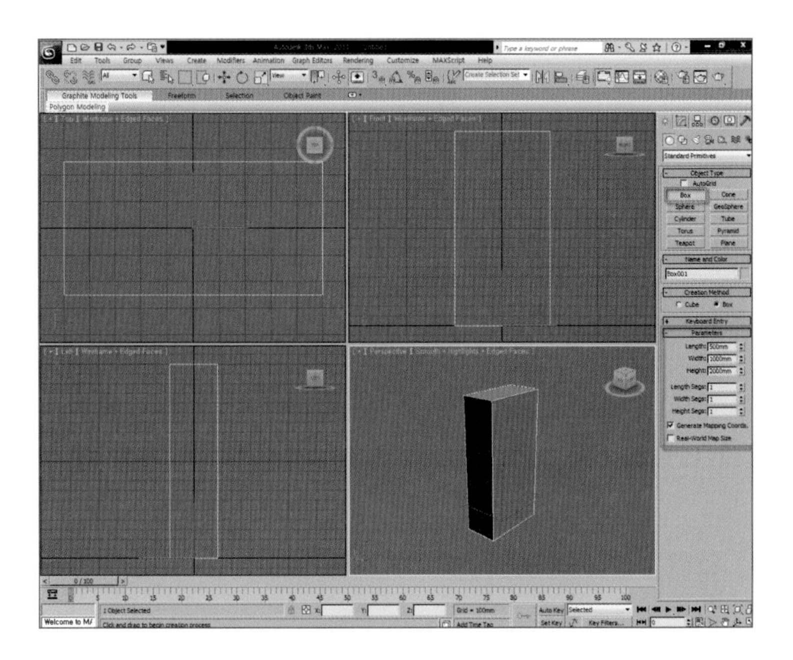

02 >> [Select and Move] 버튼을 누른 후 F12를 실행한다. [Move Transform Type-In] 대화상자에서 오브젝트가 화면 정중앙에 위치하도록 [Absolute : World] 수치를 '0, 0, 0'으로 입력한다.

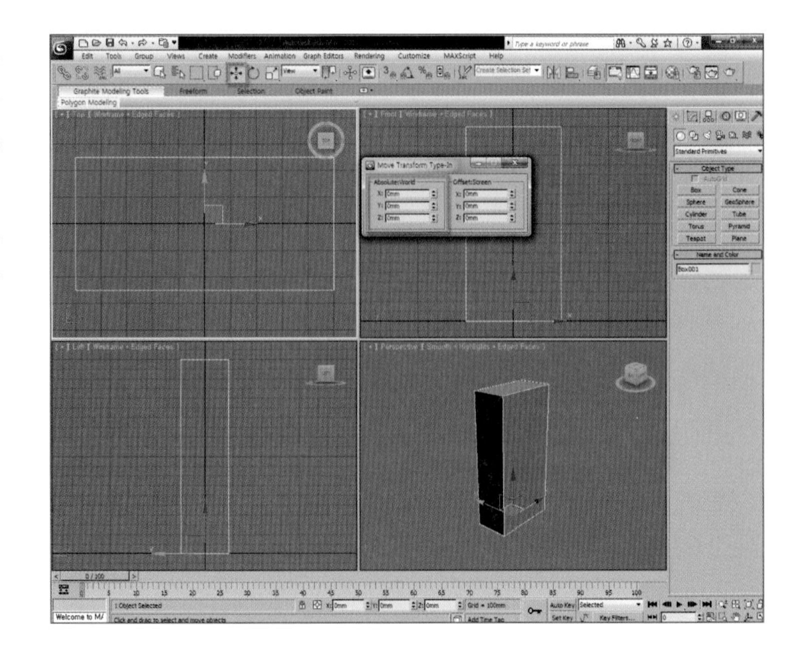

03 >> [Left View]에서 상부 문짝을 제작하기 위해 [Rectangle] 명령으로 다음과 같이 입력한 후 옷장 몸체의 좌측 상부 [Snap] 옵션을 [2.5]와 [Endpoint]를 이용하여 몸체와 문짝을 끝점에 붙인다.

[Length] : 1196

[Width] : 20

04 >> [Left View]에서 [F12]를 실행한 후 [Move Transform Type-In] 대화상자에서 [Offset : Screen]의 [X]값을 '2'로 입력하여 몸체와 [Rectangle]을 떨어뜨린다.

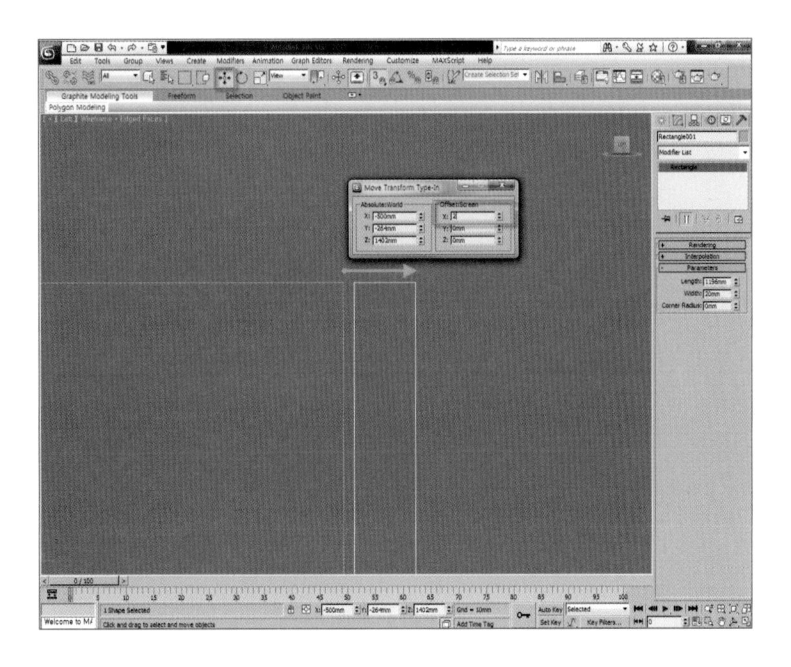

05 >> 문짝이 될 [Rectangle]을 마우스 우측 버튼을 눌러 [Convert to Editable Spline]으로 선택한다.

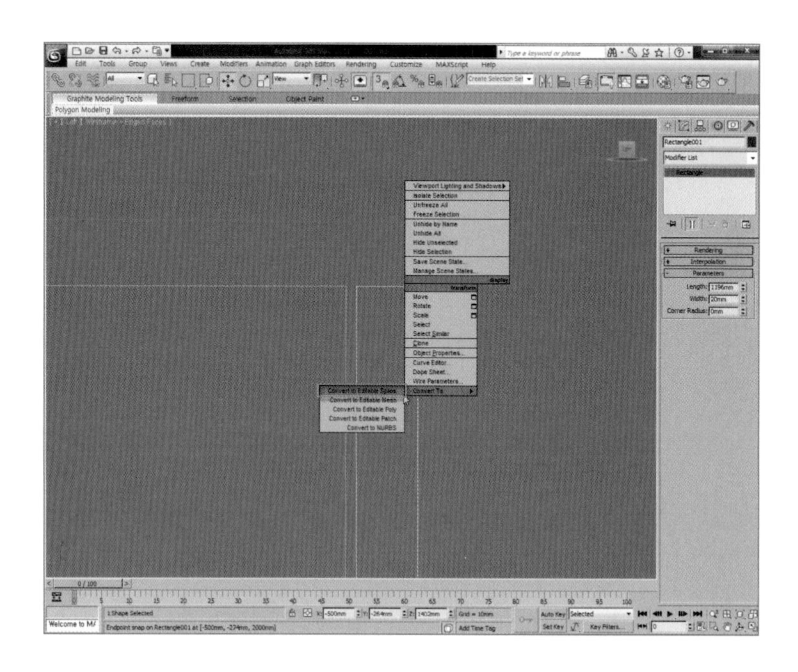

06 >> [Left View]에서 [Rectangle]을 선택한 후 [Selection] ➡ [Segment]를 선택한다. [Rectangle]의 앞 선분을 선택한 후 일정한 간격으로 3등분하기 위해 [Divide] 수치값을 '2'로 입력한 후 [Divide] 명령 버튼을 클릭한다.

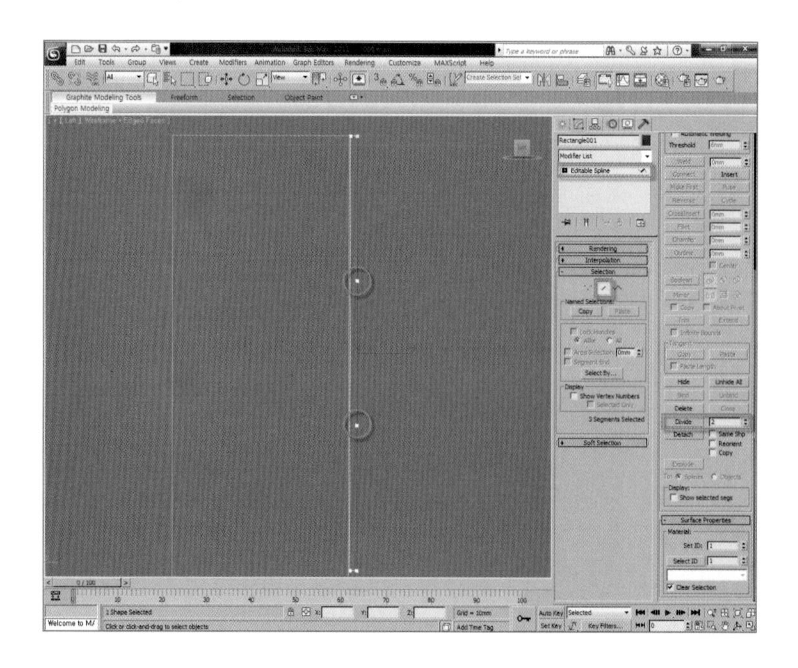

07 >> [Snap]을 활성화한 후 [Shape] ➡ [Circle] 명령으로 [Radius]가 '5' 인 원을 3등분 된 지점에(2개) 제작한다.

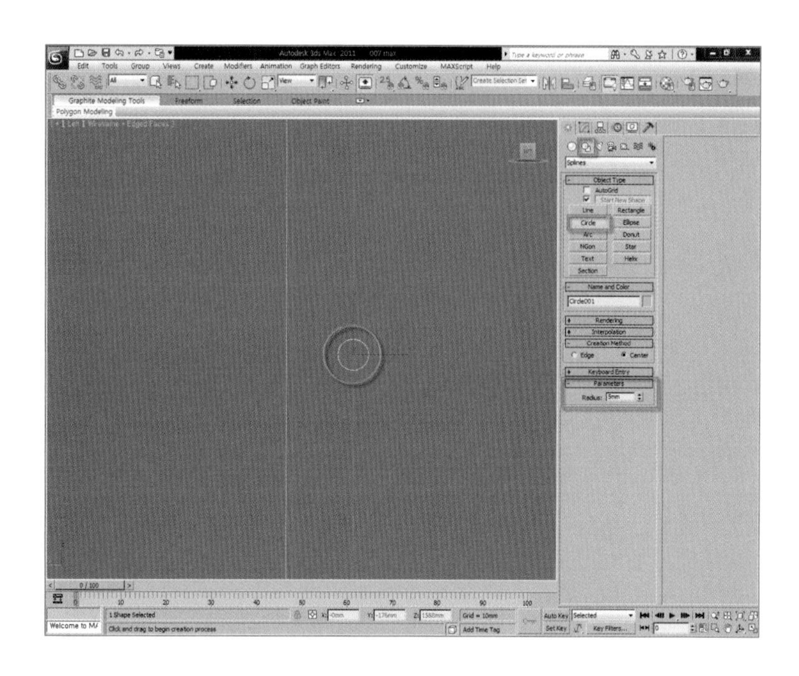

08 >> [Rectangle]이 선택된 상태에서 [Attach] 명령을 클릭한 후 2개의 [Circle]을 선택하여 하나의 오브젝트로 만든다.

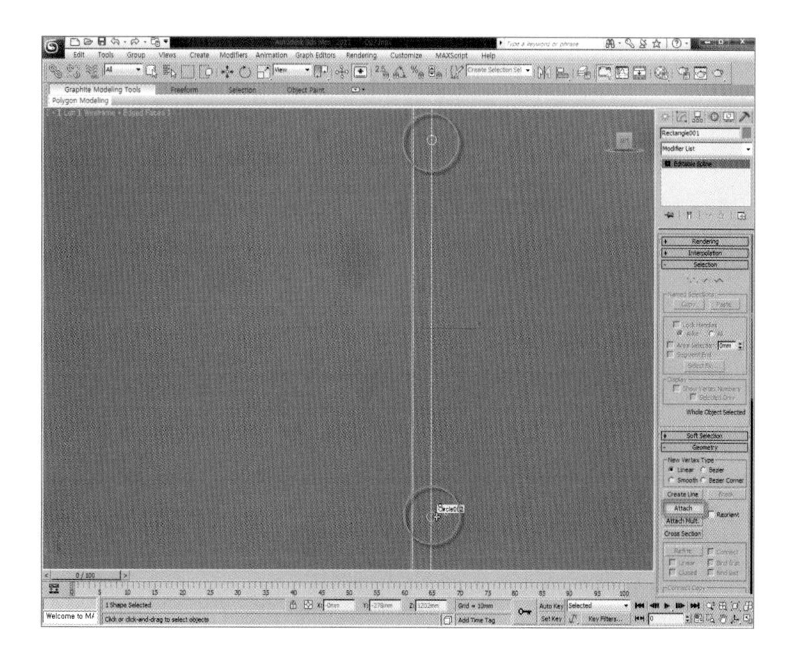

09 >> [Rectangle]과 [Circle]을 합친 후에 [Attach] 명령을 꺼준다. [Selection] ➡ [Spline]을 클릭한 후에 [Rectangle]을 선택하고 [Boolean] ➡ [Subtraction] 옵션을 클릭하고 [Boolean] 버튼을 누른다. 두 개의 [Circle]를 차례대로 선택하여 [Rectangle]에서 [Circle]들을 삭제한다.

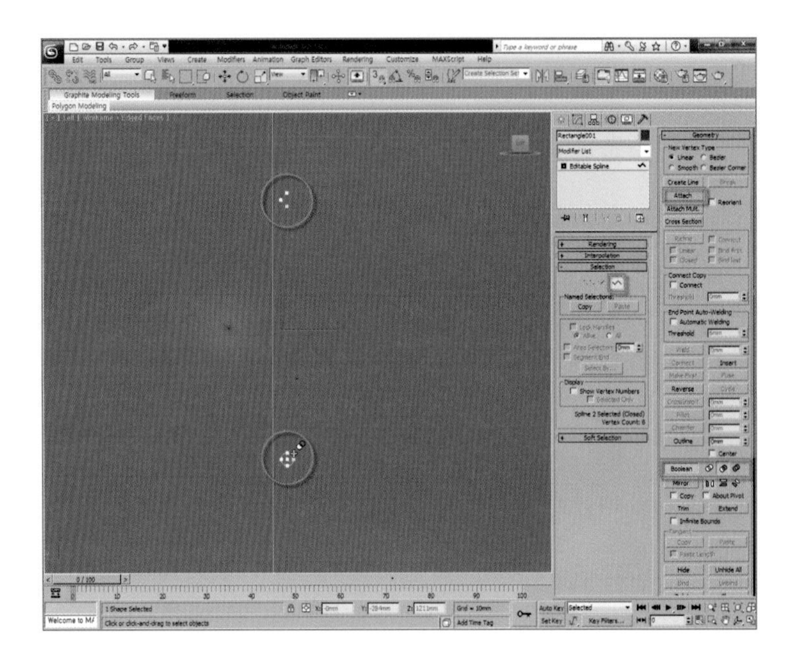

10 >> [Front View]에서 편집된 [Rectangle]을 선택한다. [Selection]의 옵션을 모두 꺼준 후에 [Modify]에서 [Extrude] 명령을 실행하고 [Amount] 값을 '496'으로 입력한다.

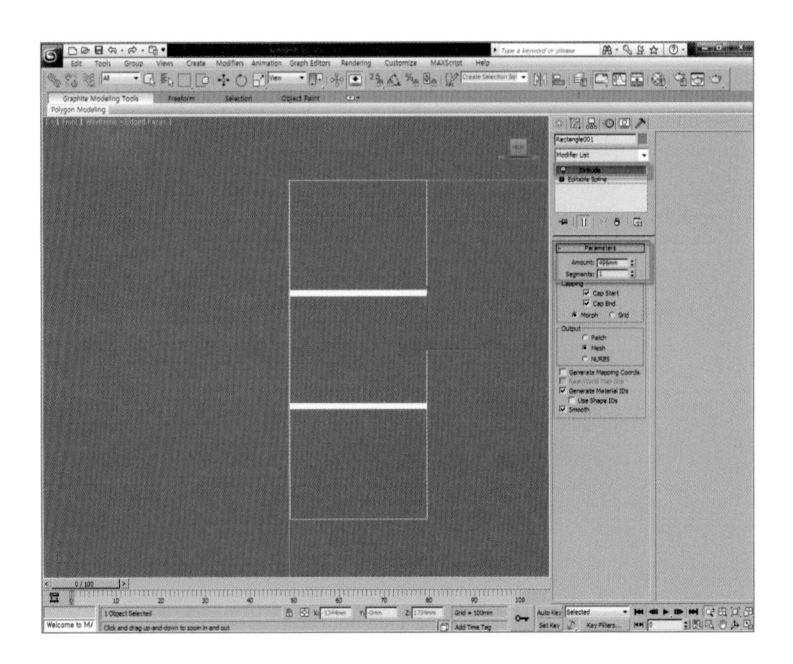

11 >> [Front View]에서 [Select and Move] 버튼이 눌러진 상태에서 F12 를 실행한다. [Move Transform Type-In] 대화상자에서 [Offset : Screen]의 [X]값을 '-2' [Y]값을 '-2' 이동한다.

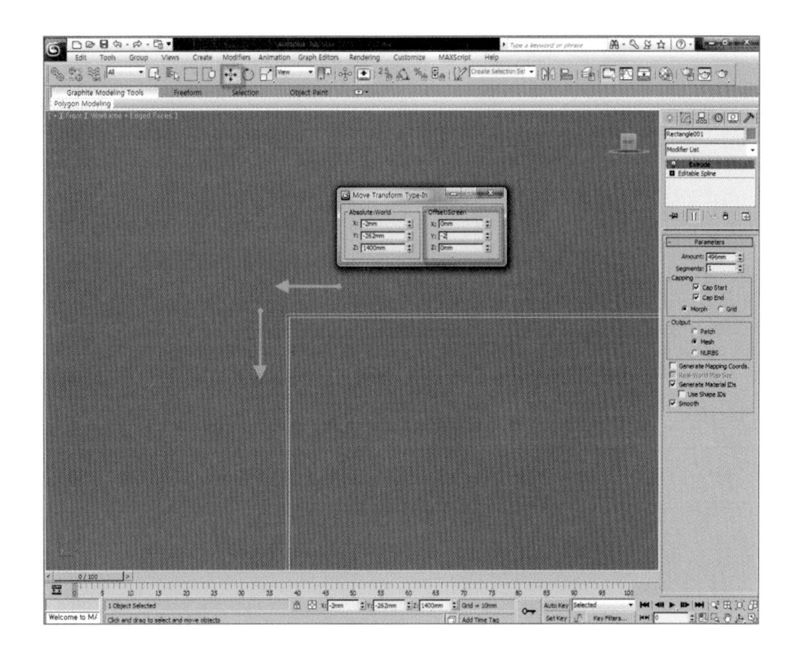

12 >> 상부 문짝을 선택한 후 마우스 우측 버튼을 클릭하여 [Convert to Editable Poly]를 선택한다.

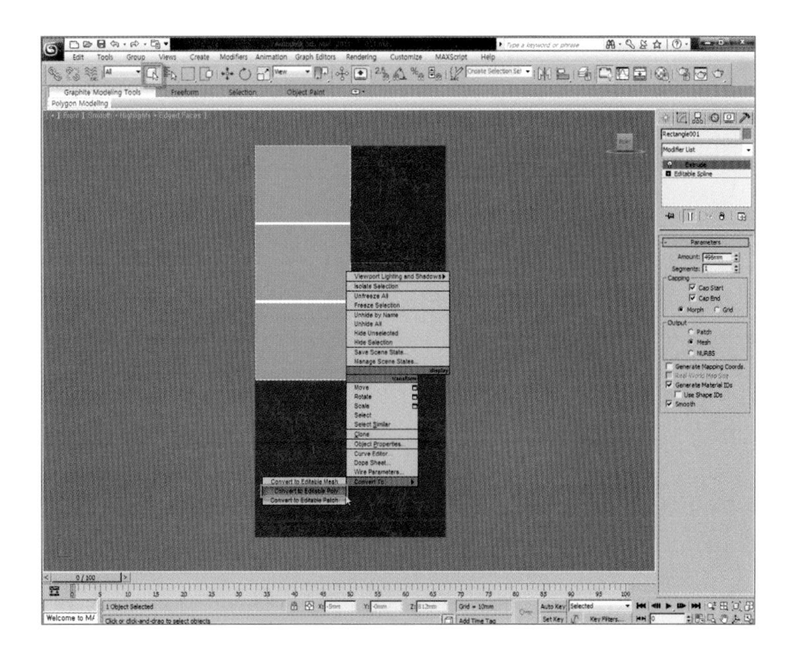

13 >> 상부 문짝이 선택된 상태에서 [Selection] ➡ [Edge]를 클릭하고 문짝의 외형 테두리만을 선택한 후 [Chamfer Setting]을 실행한다. [Edge Chamfer Amount] 값을 '1' 로 입력한 후 [OK] 버튼을 누른다.

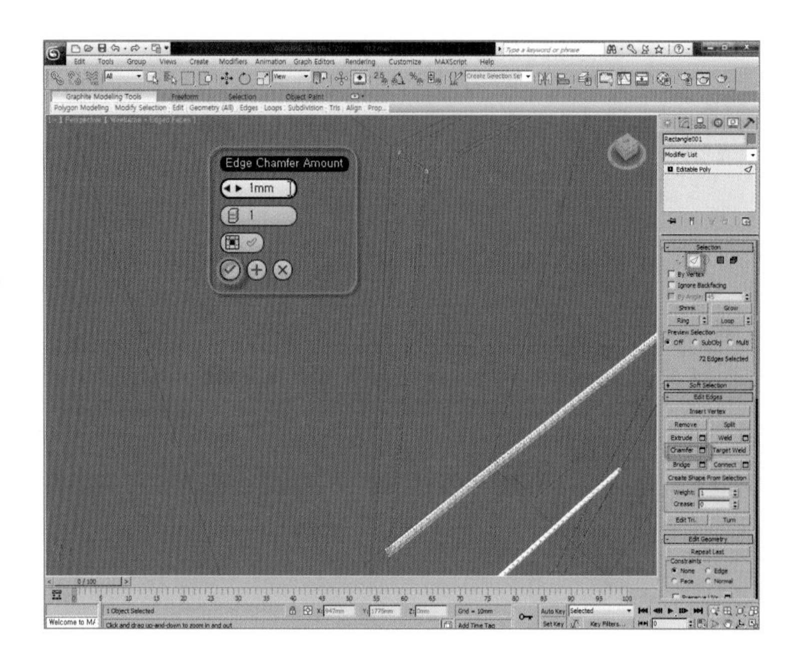

14 >> 제작된 왼쪽 문짝을 오른쪽에 복사하기 위해 [Mirror] 명령을 사용하기로 한다. [Select and Move] 버튼이 활성화된 상태에서 [Reference Coordinate System] ➡ [Pick]을 선택한 후 옷장의 몸체를 선택하면 [Pick]이 [Box001]로 변경된다.

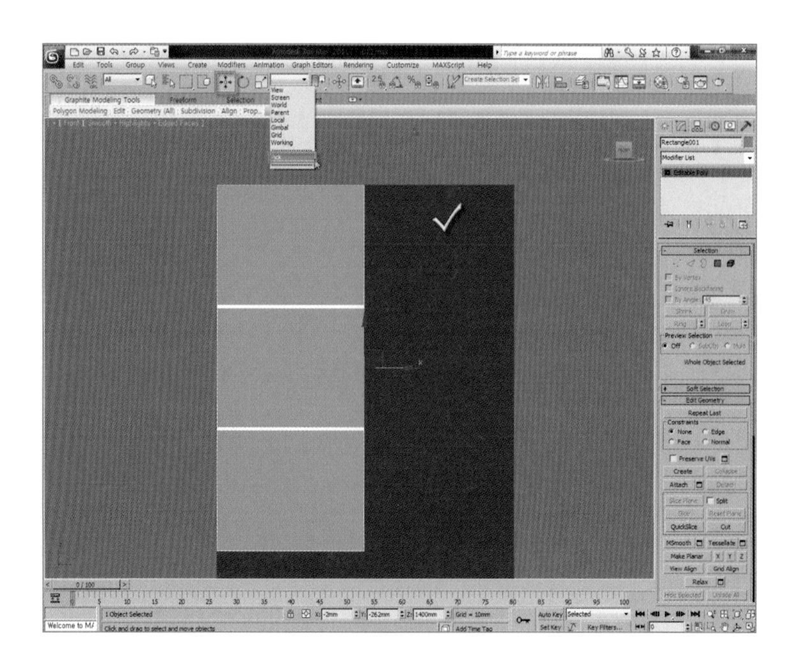

15 >> [Use Pivot Point Center]를 한 개의 축으로 변경하고 [Mirror] 명령을 실행한다. [Mirror] 대화상자에서 [Clone Selection] 옵션 란에 [Copy]를 체크한 후 [OK] 버튼을 누른다.

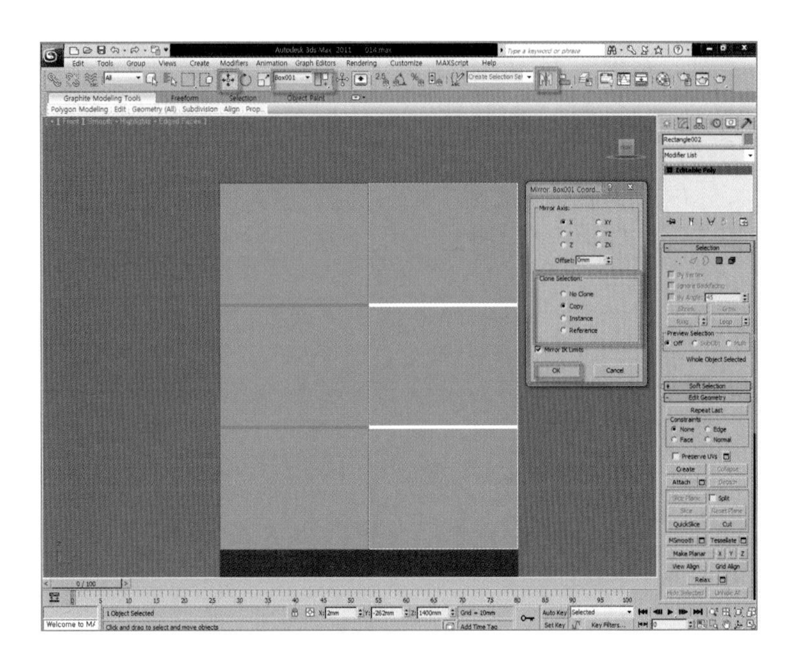

16 >> [Reference Coordinate System]과 [Use Pivot Point Center]를 원상태로 복구한다. 상부 문짝과 동일한 방법으로 하부 문짝을 제작하기 위해 [Left View]에서 [Rectangle] 명령으로 다음과 같이 제작한 후 상부 문짝의 끝점에 붙인다.

[Length] : 746

[Width] : 20

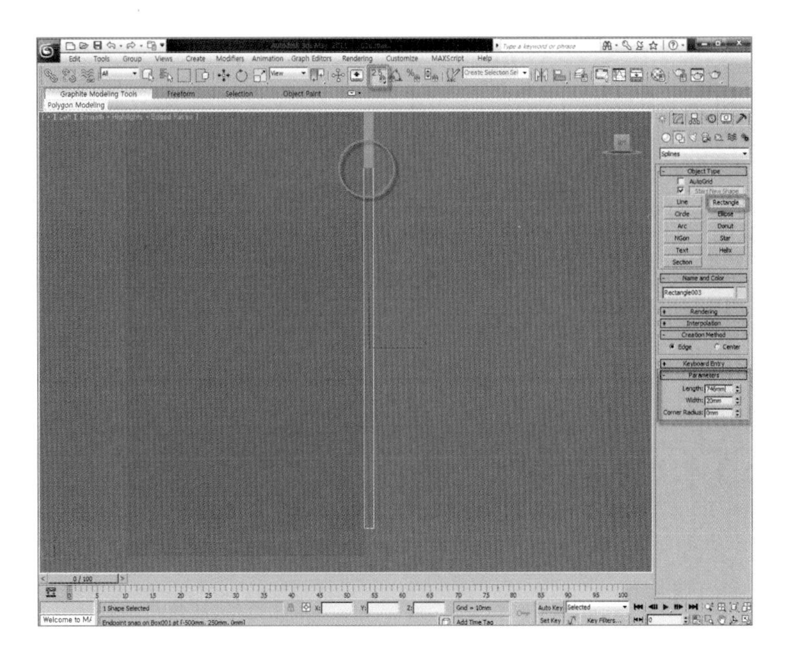

17 >> [Left View]에서 F12 를 눌러 [Move Transform Type-In] 대화상자에서 [Y]값을 '-4'로 입력하여 아래로 이동한다.

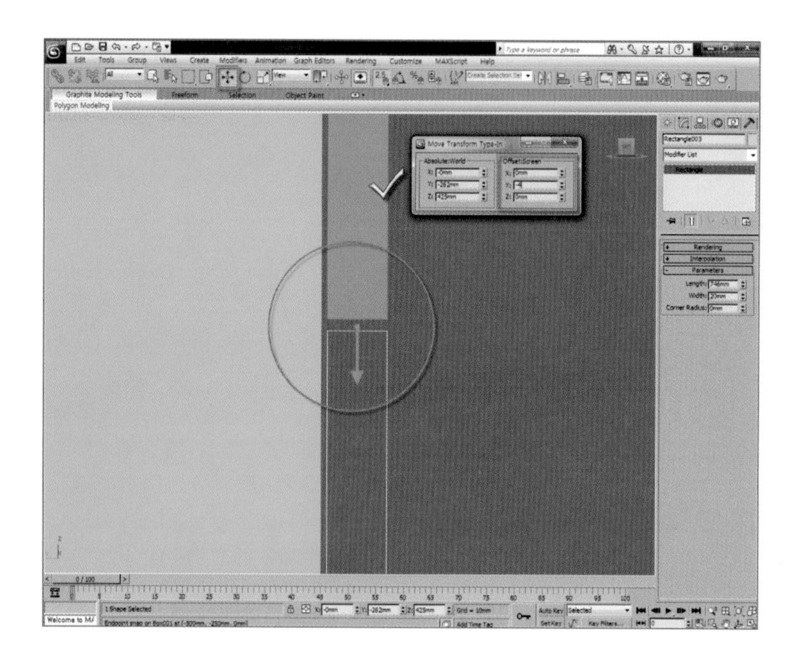

18 >> 마우스 우측 버튼으로 [Rectangle]을 클릭하여 [Convert to Editable Spline]을 선택한다.

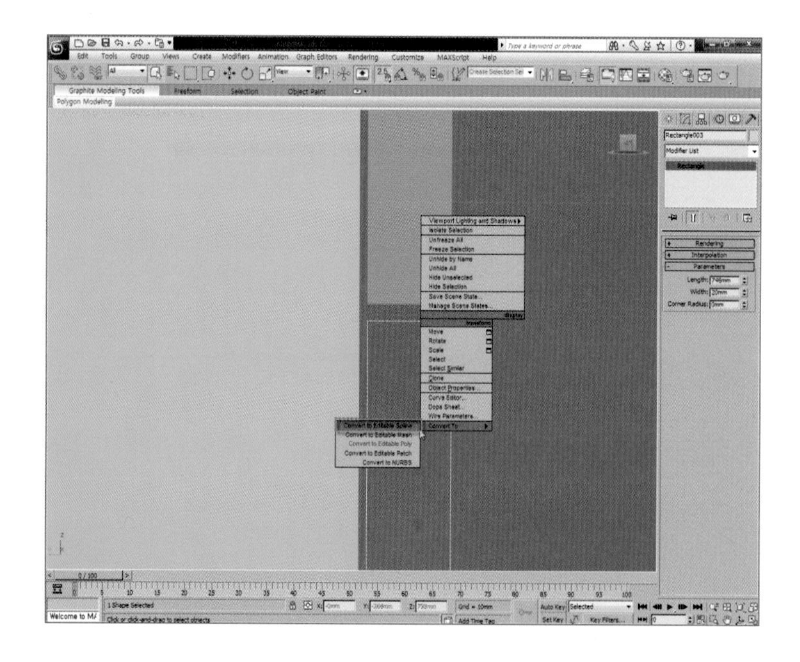

19 >> [Selection] ➡ [Edge]를 체크한 후 [Rectangle]의 앞 선분을 선택한다. [Divide]의 수치값을 '5' 로 입력한 후 [Divide] 명령을 실행한다.

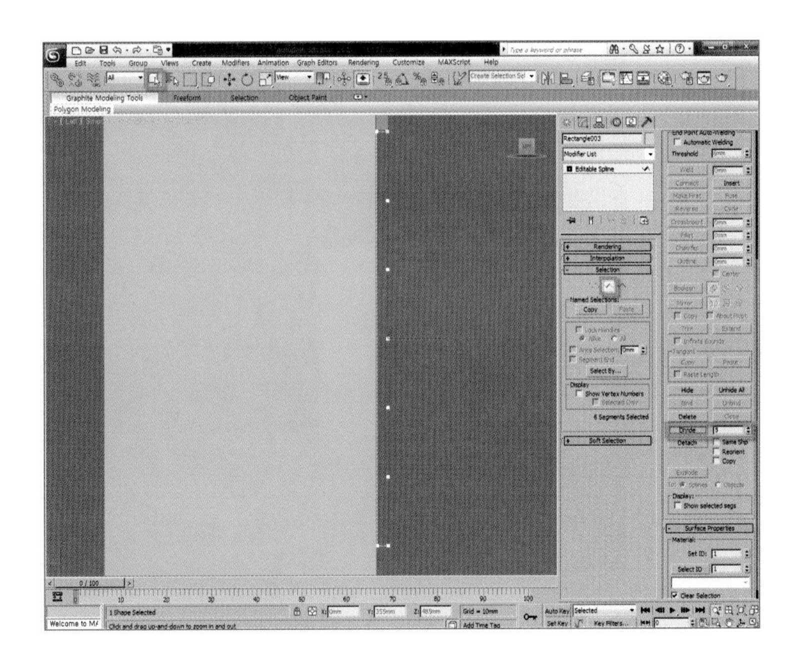

20 >> [Snap]이 활성화된 상태에서 옵션 [Endpoint]를 체크한다. 나누어진 선분의 각 지점에 [Circle] 명령으로 반지름이 '5' 인 원을 제작한다.

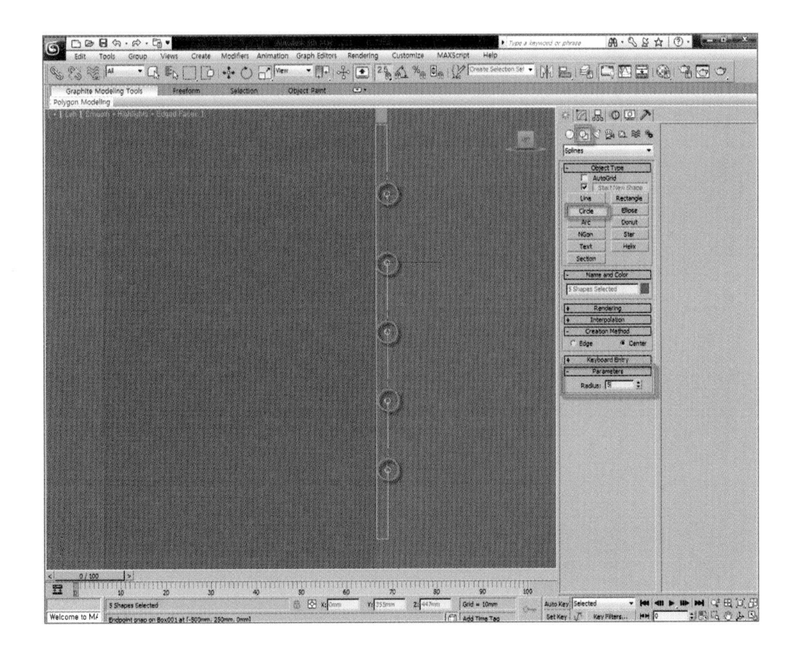

21 >> [Rectangle]을 선택한 후 [Attach Multi] 버튼을 눌러 [Attach Multiple] 대화상자에서 [Circle]들을 모두 선택한 후 [Attach] 버튼을 클릭한다.

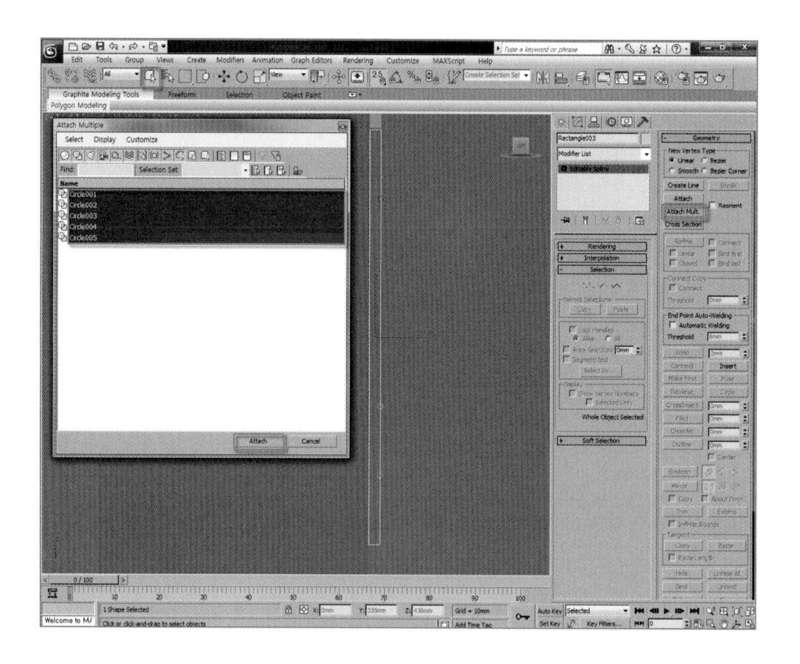

22 >> [Selection] ➡ [Spline]을 체크한 후 [Rectangle]을 선택한다. [Boolean] ➡ [Subtraction]을 선택한 후 [Circle]을 차례대로 [Rectangle]에서 제외한다.

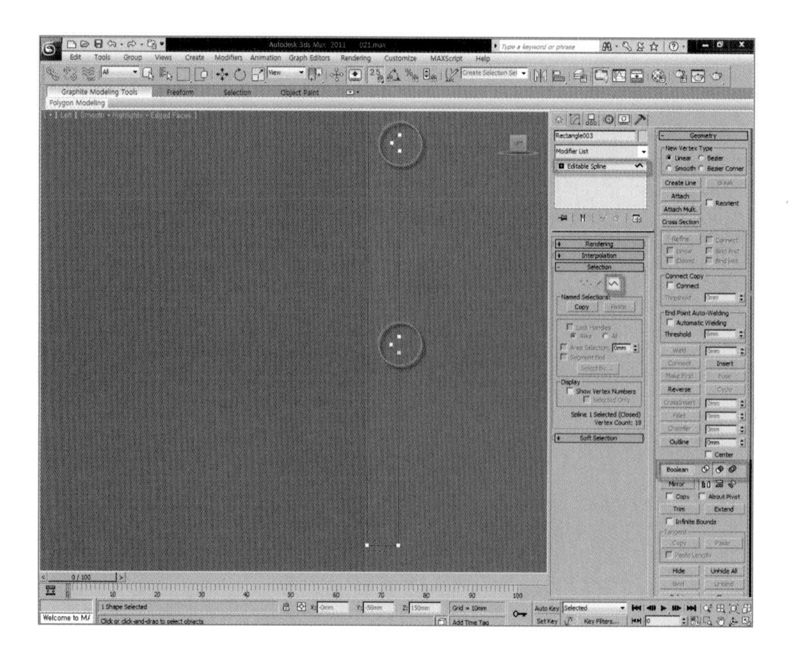

23 >> [Front View]에서 [Modify] ➡ [Extrude] 명령을 실행한 후 [Amount] 값을 '496' 으로 입력한다.

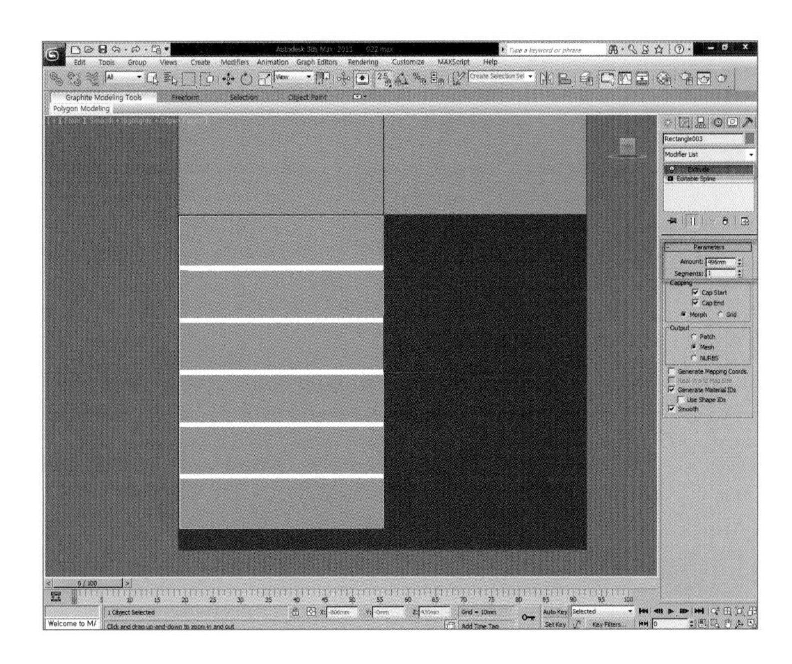

24 >> 마우스 우측 버튼으로 하부 문짝을 클릭한 후 [Convert to Editable Poly]를 선택한다.

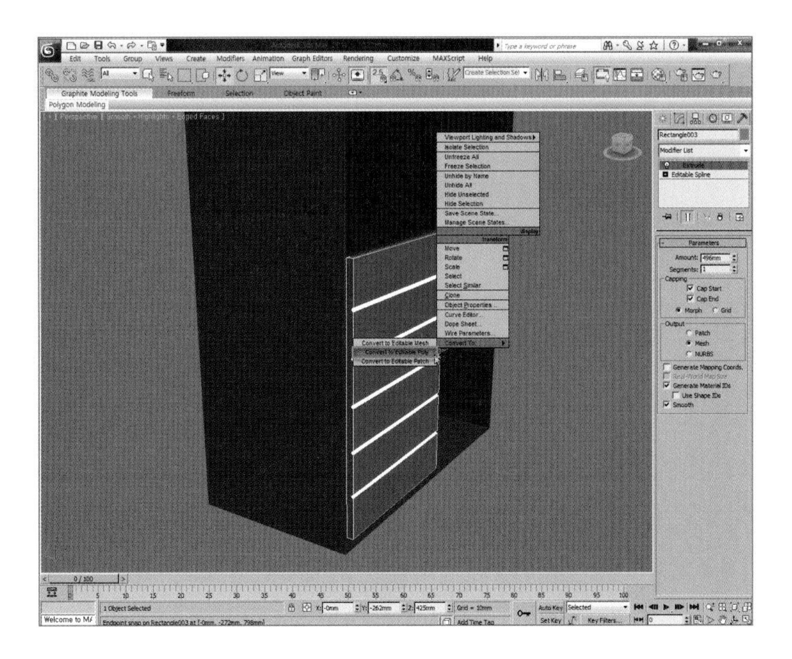

25 >> 상부 문짝과 동일한 방법으로 문짝이 선택된 상태에서 [Selection] ➡ [Edge]를 클릭하고 문짝의 외형 테두리만을 선택한 후 [Chamfer Setting]을 실행한다. [Edge Chamfer Amount] 값을 '1' 로 입력하고 [OK] 버튼을 누른다.

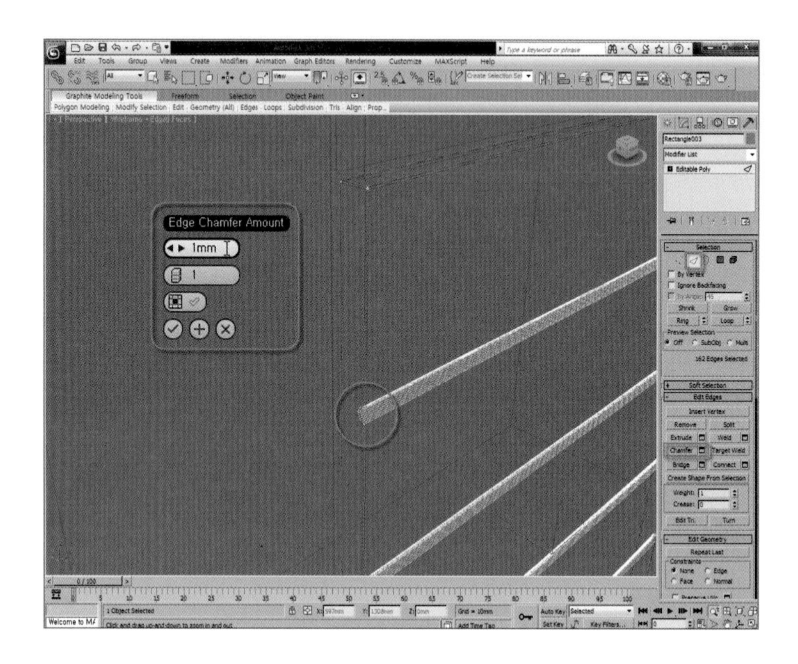

26 >> [Front View]에서 F12 를 눌러 [Move Transform Type-In] 대화상자에서 [X] 값을 '-2' 입력하여 좌측으로 이동한다.

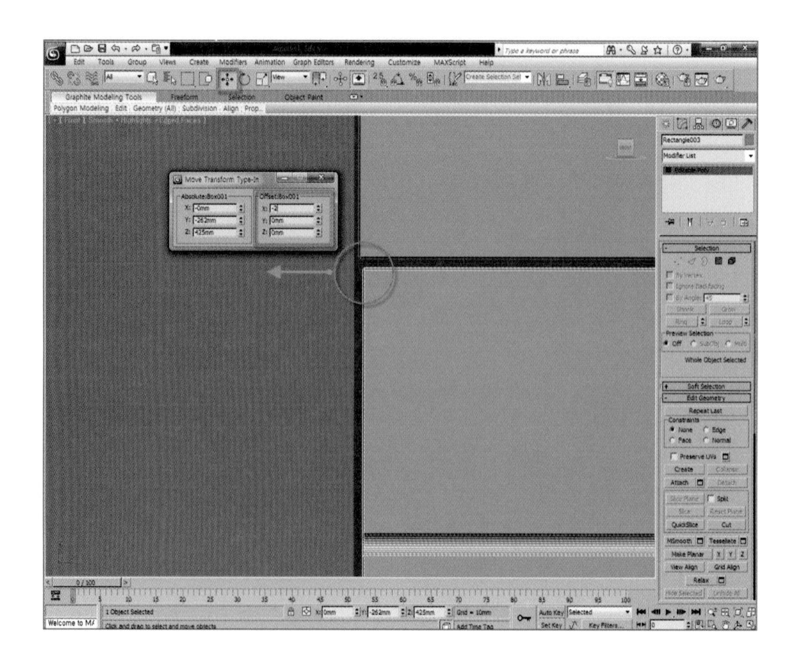

27 >> [Front View]에서 상부 문짝과 동일한 방법으로 하부 문짝을 우측으로 [Mirror] 복사한다. (상부 문짝 [Mirror] 명령 참조)

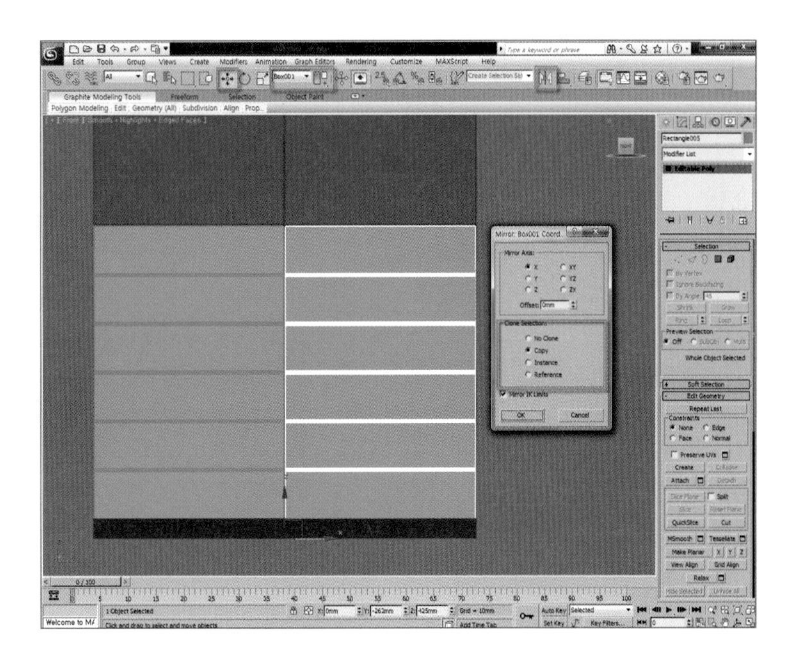

28 >> [Top View]에서 손잡이를 그리기 위해 [Cylinder] 명령으로 다음과 같이 제작한다.

[Radius] : 8　　　　[Height] : 700

[Height Segments] : 5　　　　[Cap Segments]: 1

[Sides] : 6

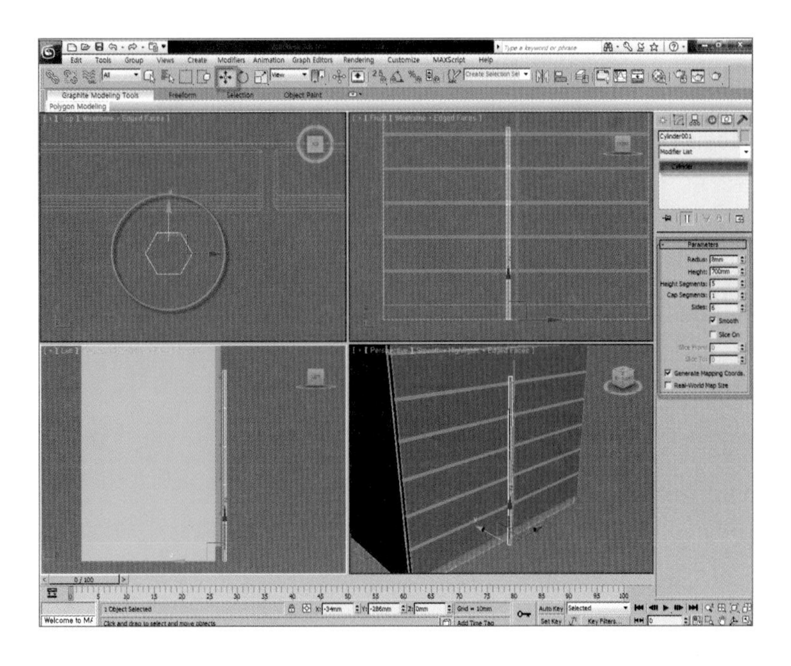

29 >> 마우스 우측 버튼을 눌러 [Isolate Selection]을 선택한다. (단축키 : Alt + Q)

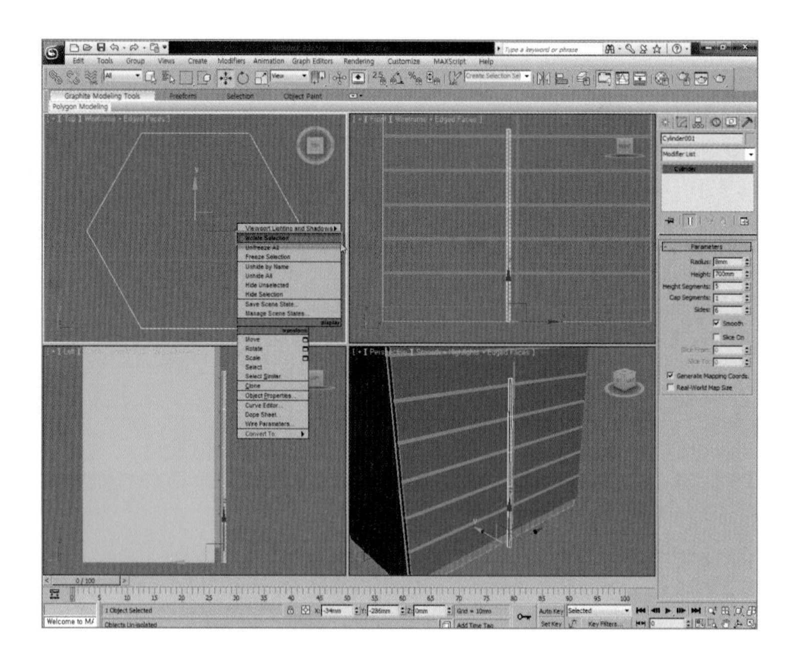

30 >> 마우스 우측 버튼으로 손잡이를 누른 후 [Convert to Editable Poly]를 선택한다. [Selection] ➡ [Vertex]를 선택한 후 가운데 [Vertex]들을 [Select and Uniform Scale] 명령으로 그림과 같이 모은다. (Y값 : 275)

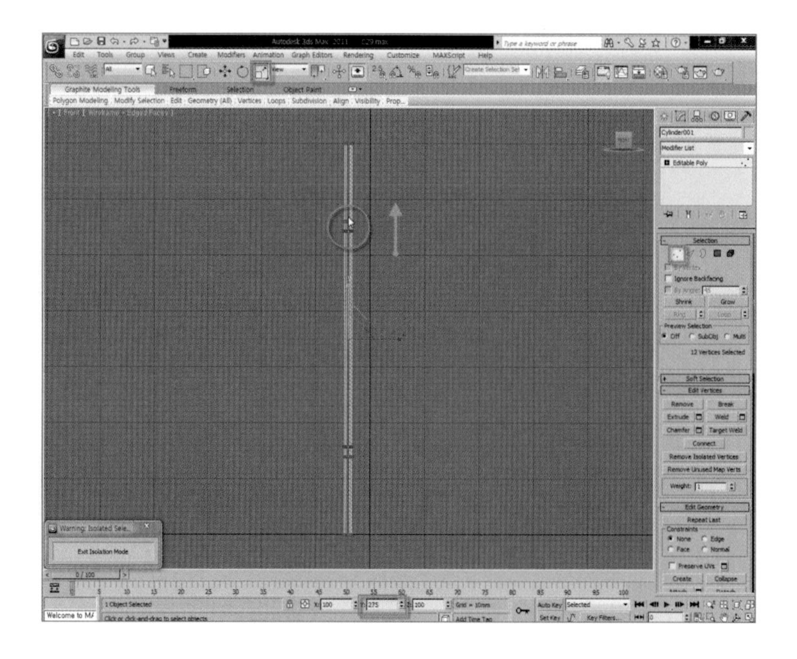

31 >> [Selection] ➡ [Polygon]을 클릭한 후 손잡이의 안쪽 2면을 선택하고 [Extrude Setting]을 적용하여 [Height]값을 '25'로 입력한다.

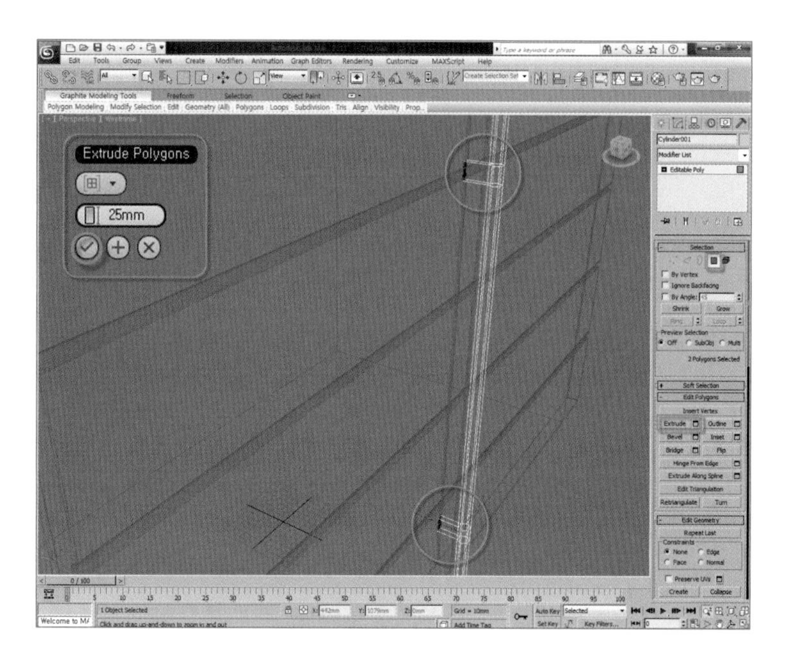

32 >> [Front View]에서 [Select and Move] 명령으로 손잡이의 위치를 옷장 중간 지점까지 이동한 후 [Mirror] 명령으로 손잡이를 우측으로 복사한다.

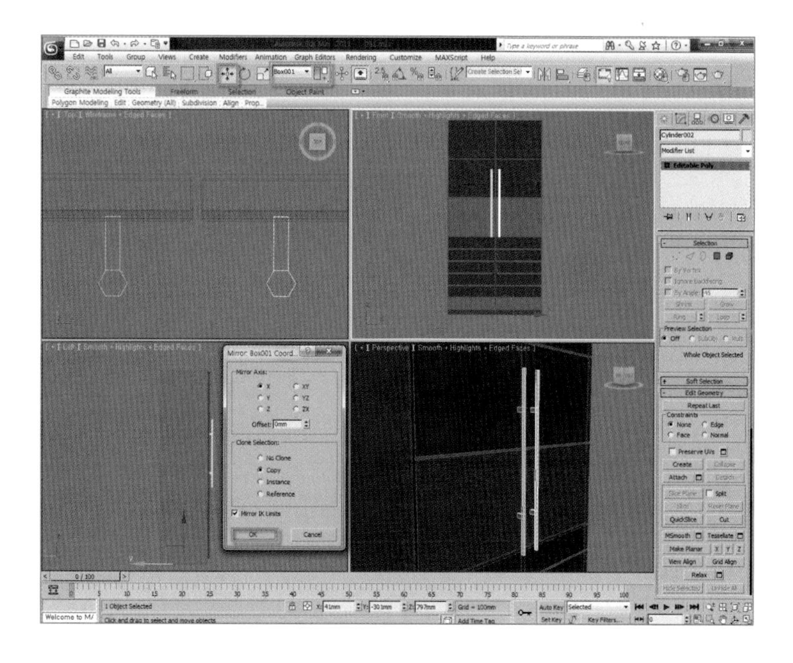

33 >> 손잡이의 위치를 조절한 후 완성한다.

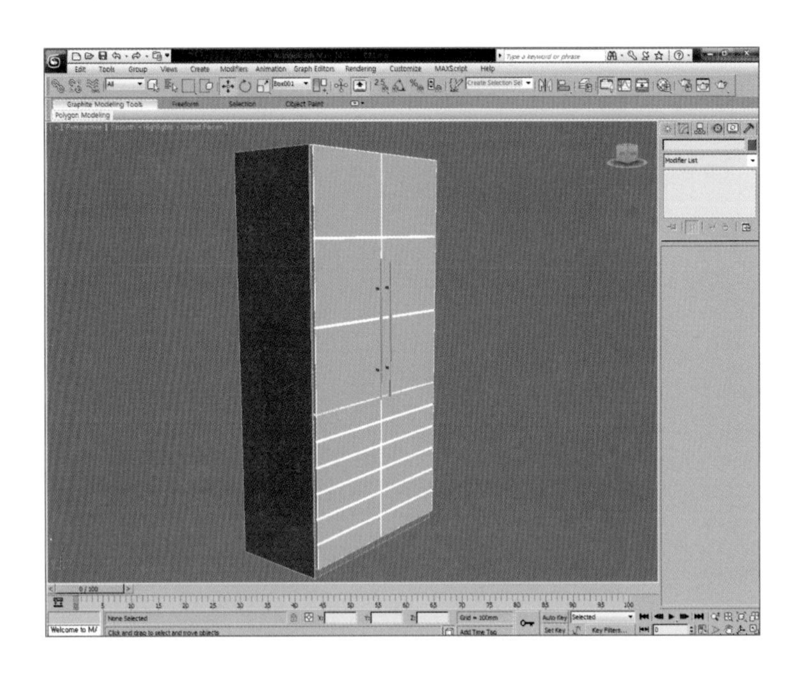

5 ▸▸ 책상 만들기

Box, Extrude, Editable Poly 명령 등을 이용하여 일반 사무용 책상을 제작한다.

01 >> [Top View]에서 등판을 [Box]를 이용해서 제작한다.

[Length] : 20
[Width] : 1600
[Height] : 720
[Length Segs] : 1
[Width Segs] : 1
[Height Segs] : 1

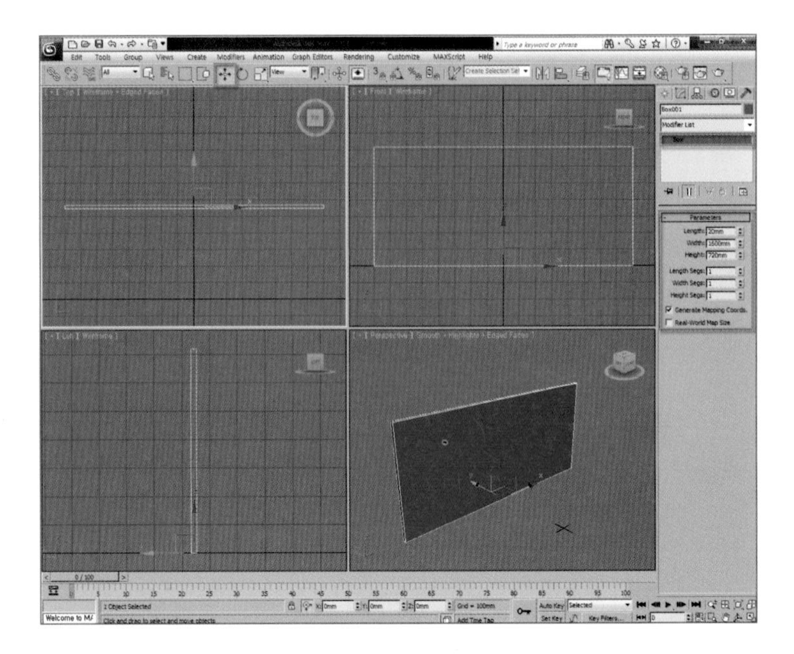

02 >> [Top View]에서 좌측 측판을 [Box]를 이용해서 제작한다.

[Length] : 800
[Width] : 20
[Height] : 720
[Length Segs] : 1
[Width Segs] : 1
[Height Segs] : 1

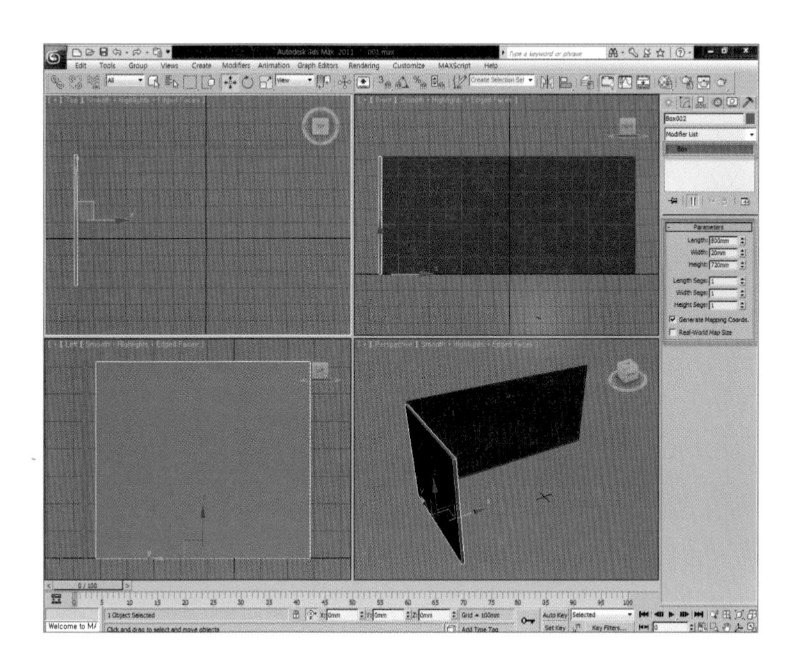

03 >> [Perspective]에서 [Snap]옵션의 [Endpoint]를 체크한 후 [Select and Move] 명령으로 좌측 측판과 등판의 끝점을 맞춘다.

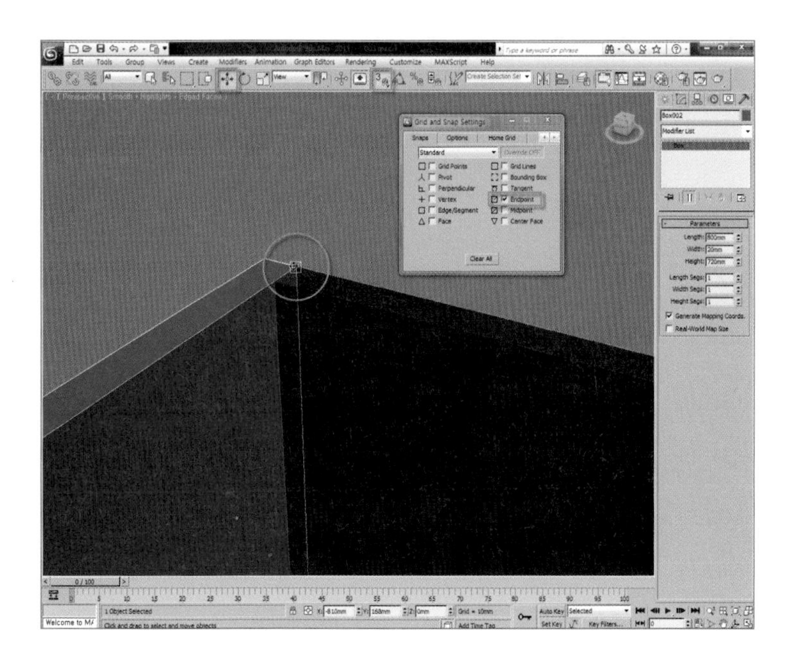

04 >> [Top View]에서 [Select and Move] 명령으로 좌측 측판을 선택한 후 [Reference Coordinate System]의 [View]를 [Pick]으로 설정한다.

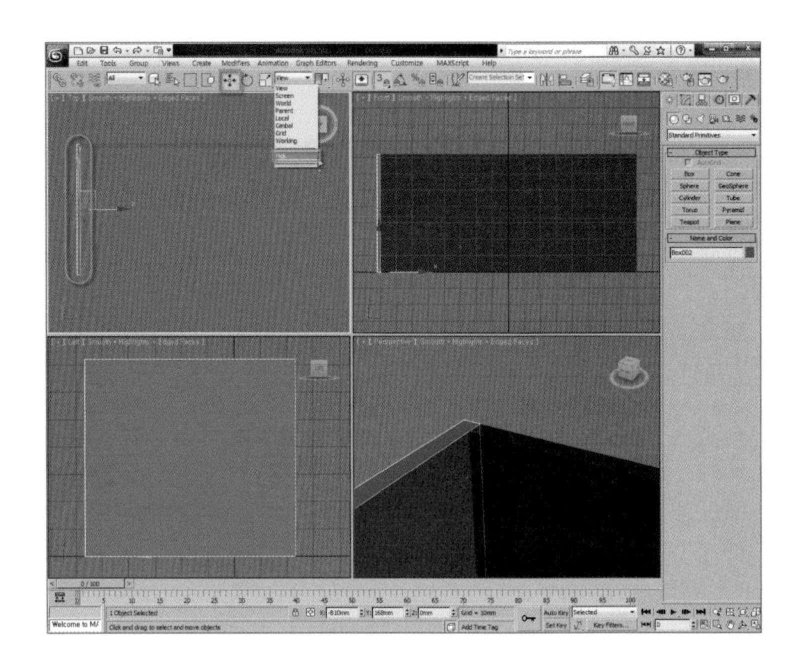

05 >> 등판을 선택하여 [Pick]을 [Box001]로 변경한 후 [Pivot]축을 한 개의 축으로 변경한다. 좌측 측판이 선택되어 있지만 축은 등판으로 이동한 것을 알 수 있다.

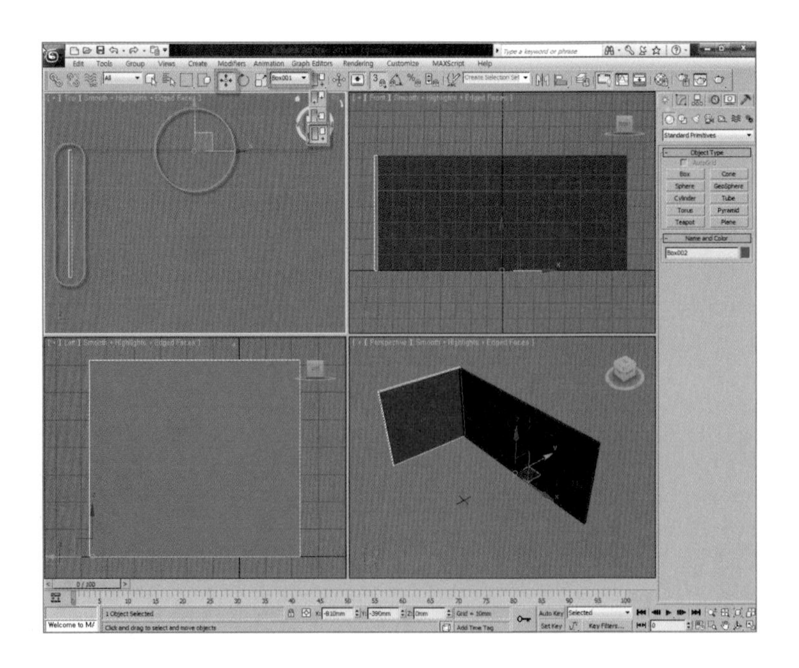

06 >> [Mirror] 명령을 실행한 후 [Clone Selection] 옵션에서 [Copy]를 선택한 후 [OK] 버튼을 누른다.

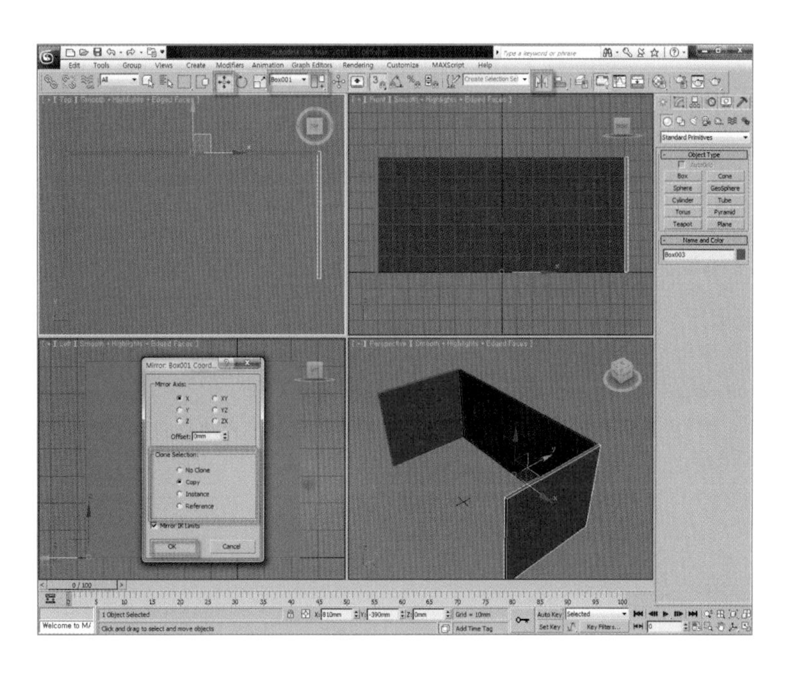

07 >> [Reference Coordinate System]의 [Box001]을 [View]로 변경하고 [Pivot]도 원 상태로 설정한다. [Box] 명령으로 연결 오브젝트를 다음과 같이 제작한 후 [Select and Move] 명령으로 [Snap]을 활성화한 후 끝점에 맞춘다.

[Length] : 70	[Width] : 20	[Height] : 50
[Length Segs] : 1	[Width Segs] : 1	[Height] : 1

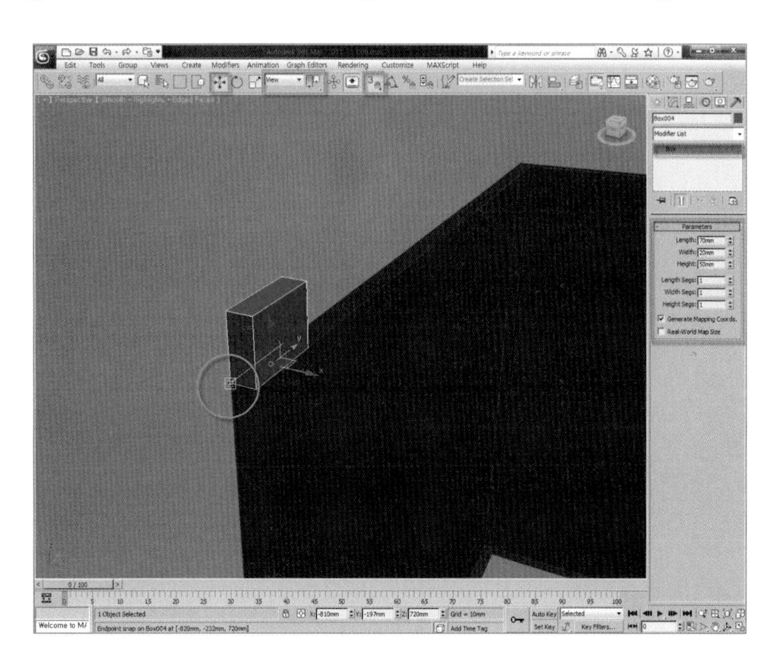

08 >> [Select and Move] 명령을 클릭한 후 [Offset Mode Transform Type-In]을 선택하고 [Y] 값에 70을 입력하여 연결 부분을 이동한다.

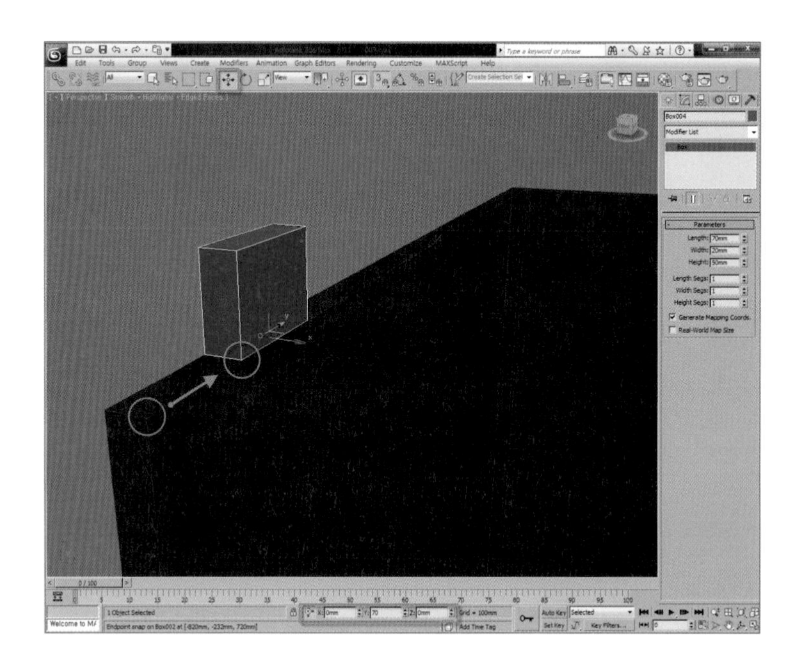

09 >> [Top View]에서 연결 오브젝트를 선택한 후 [Reference Coordinate System]의 [Pick]을 선택한 후 좌측 측판을 선택하여 [Box002]로 변경하고 한 개의 축으로 변경한다.

[Mirror] 명령을 실행하여 [Mirror Axis] 옵션을 [Y]로 선택하고 [Copy]를 체크한 후 [OK] 버튼을 누른다.

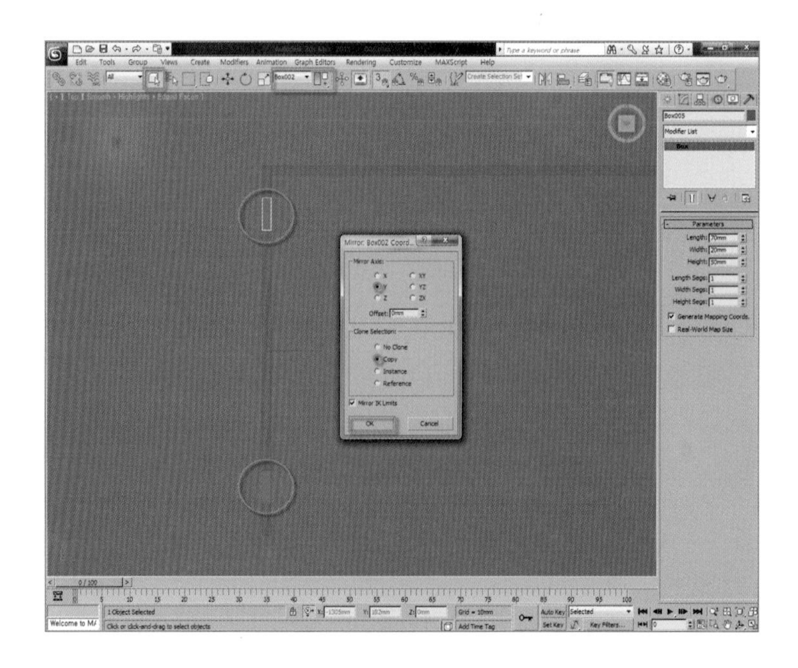

10 >> 2개의 연결 오브젝트를 선택한 후 [Reference Coordinate System]에서 [Box001]로 변경하고 [Mirror] 명령을 실행하여 [Mirror Axis] 옵션을 [X]로 선택하고 [Copy]를 체크한 후 [OK] 버튼을 누른다. [Mirror] 명령을 사용한 후에는 [Reference Coordinate System]와 [Pivot]을 원상태로 복구한다.

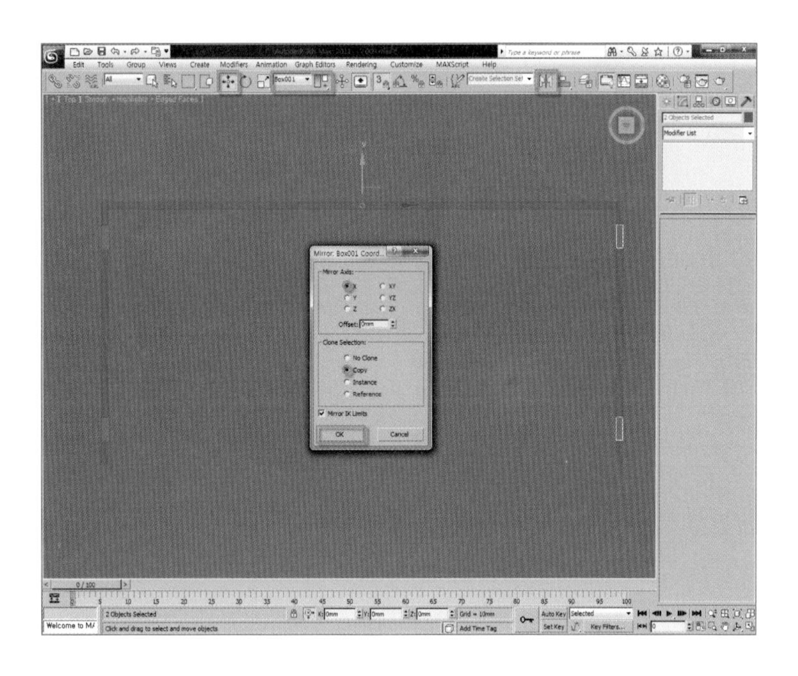

11 >> [Left View]에서 [Rectangle] 명령으로 상판 측면을 다음과 같이 제작한다.

[Length] : 30

[Width] : 850

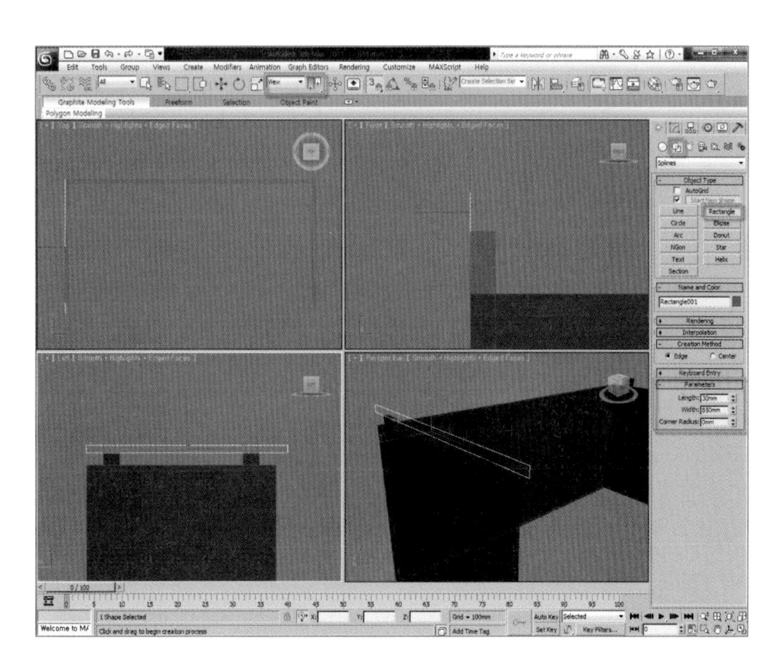

12 >> [Left View]에서 [Rectangle]을 선택한 후 마우스 우측 버튼을 눌러 [Convert to Editable Spline]을 선택한다.

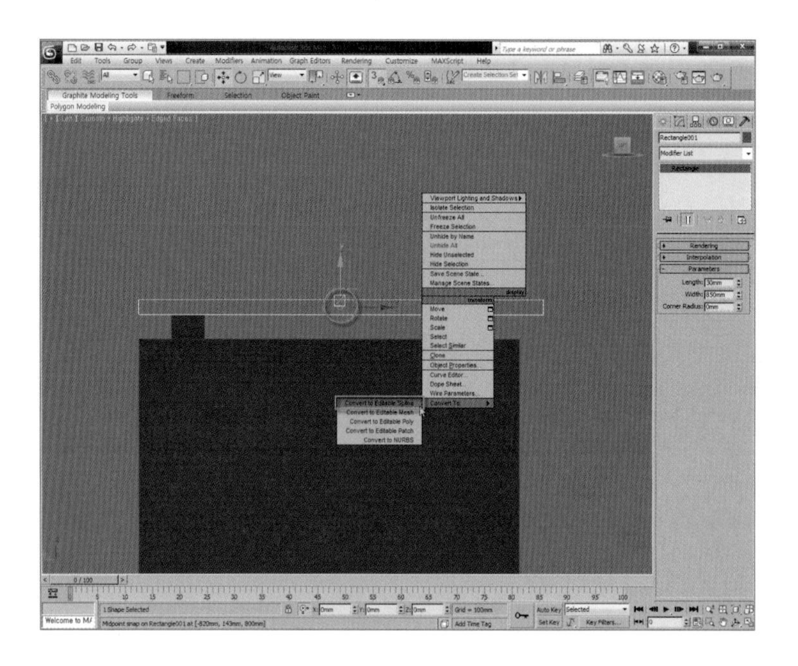

13 >> [Selection] ➡ [Vertex] 옵션을 클릭한 후 [Fillet] 명령을 실행하여 우측 상단의 [Vertex]에 라운딩을 한다. (Fillet값 : 15)

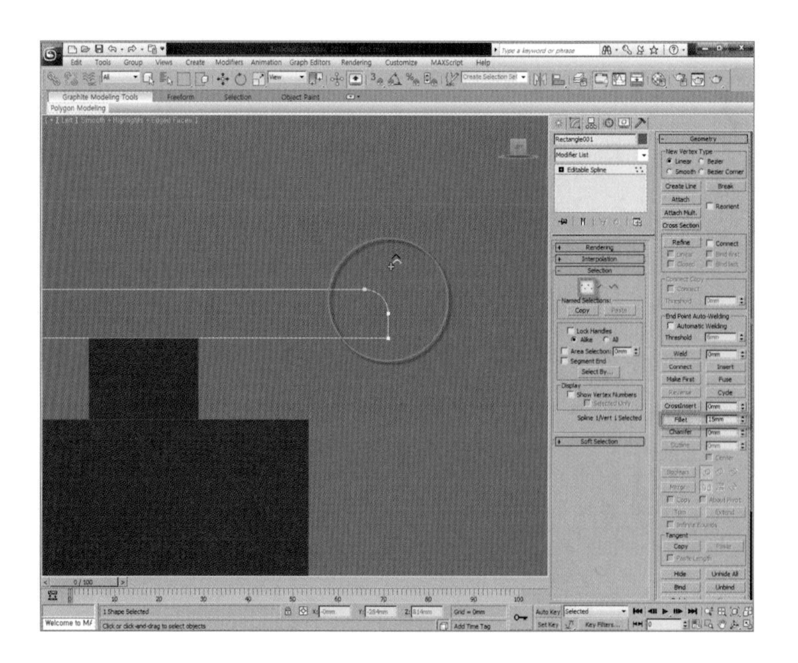

14 >> [Selection] ➡ [Vertex] 옵션을 해제하고 [Modify] ➡ [Extrude] 명령을 실행한 후 [Amount]값을 '-1640' 으로 입력한다.

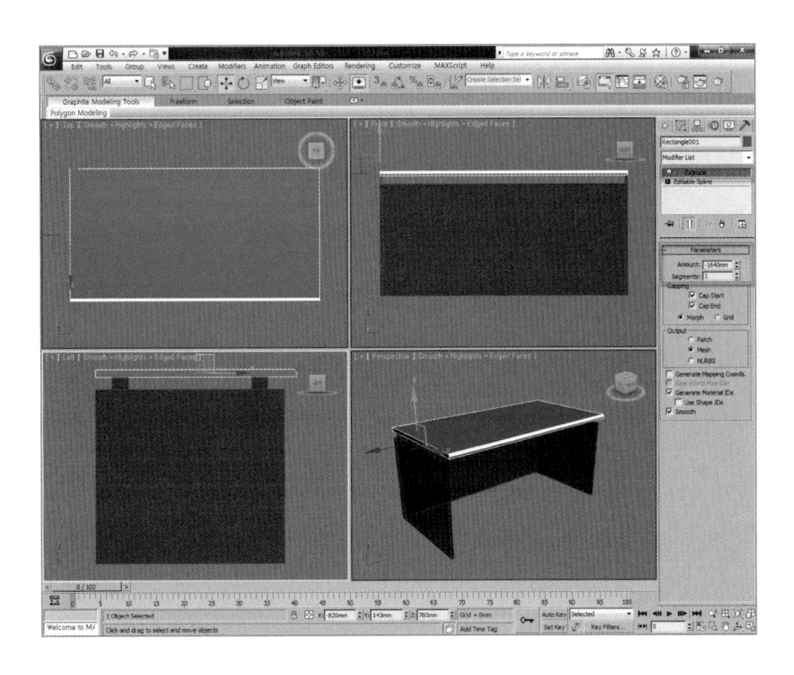

15 >> [Top View]에서 [Cone] 명령을 이용하여 책상 다리를 다음과 같이 제작한다.

[Radius 1] : 30 [Radius 2] : 10 [Height] : 50

[Height Segments] : 1 [Cap Segments] : 1 [Sides] : 10

제작한 책상 다리는 측판에 [Snap]의 [Endpoint]를 이용하여 측판면과 접하도록 배치한다.

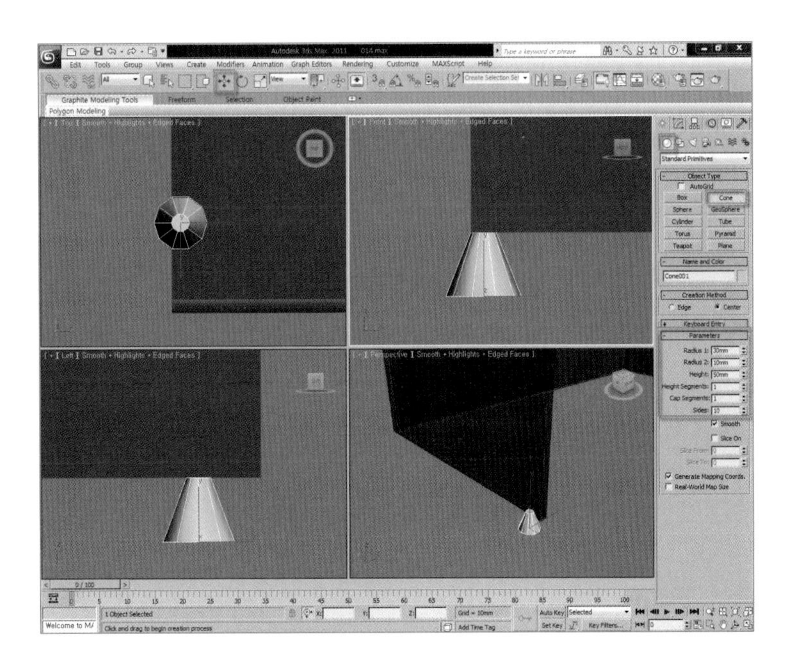

16 >> [Top View]에서 앞서 [Mirror]한 연결 오브젝트와 동일한 방법으로 3곳에 [Mirror] 명령을 실행한다.

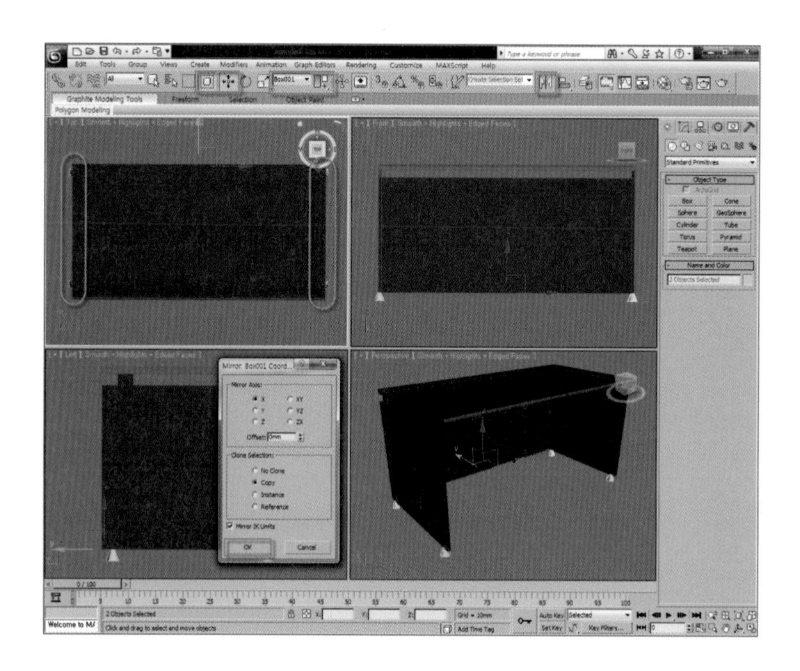

17 >> [Top View]에서 [Box] 명령으로 서랍장 몸체를 다음과 같이 제작한다.

[Length] : 700　　[Width] : 450　　[Height] : 650

[Length Segs] : 1　　[Width Segs] : 1　　[Height] : 1

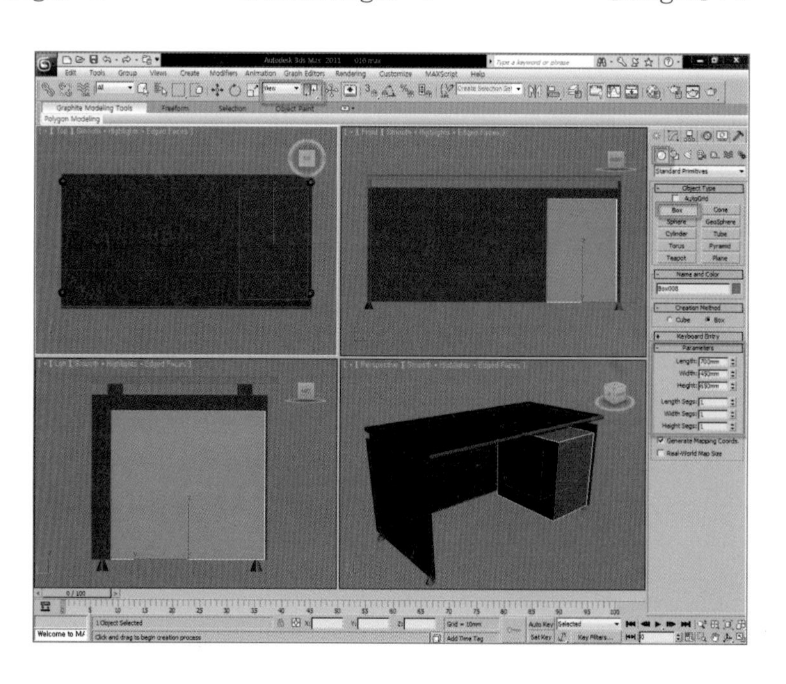

18 >> [Box]에서 마우스 우측 버튼을 눌러 [Isolate Selection]을 선택한다. (단축키 : Alt + Q)

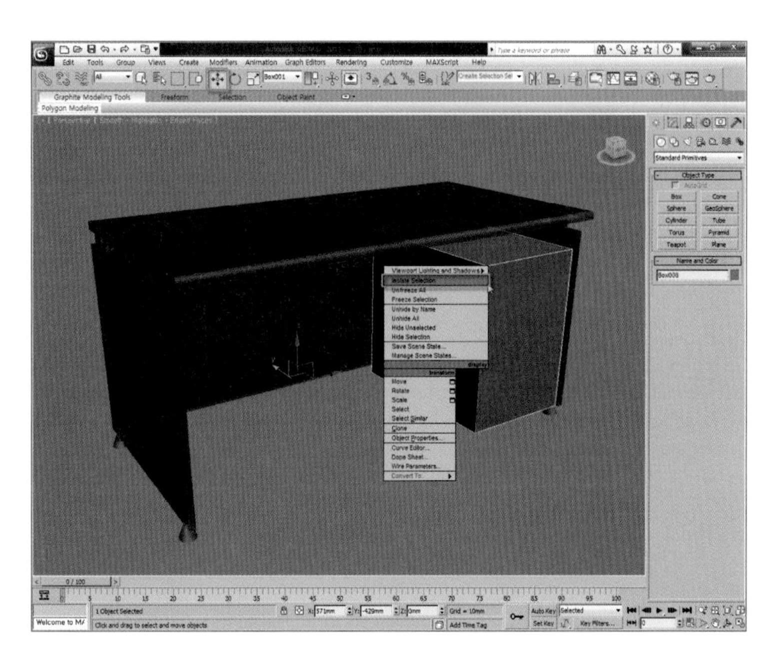

19 >> [Perspective]에서 마우스 우측 버튼을 눌러 [Convert to Editable Poly]를 선택한다. [Selection] ➡ [Edge]를 선택한 후 원 안의 2개의 세로선을 선택한다.

[Connect Settings]를 실행하여

[Segment]: 3 [Pinch]: 0 [Slide]: 85

한 후에 [OK] 버튼을 누른다.

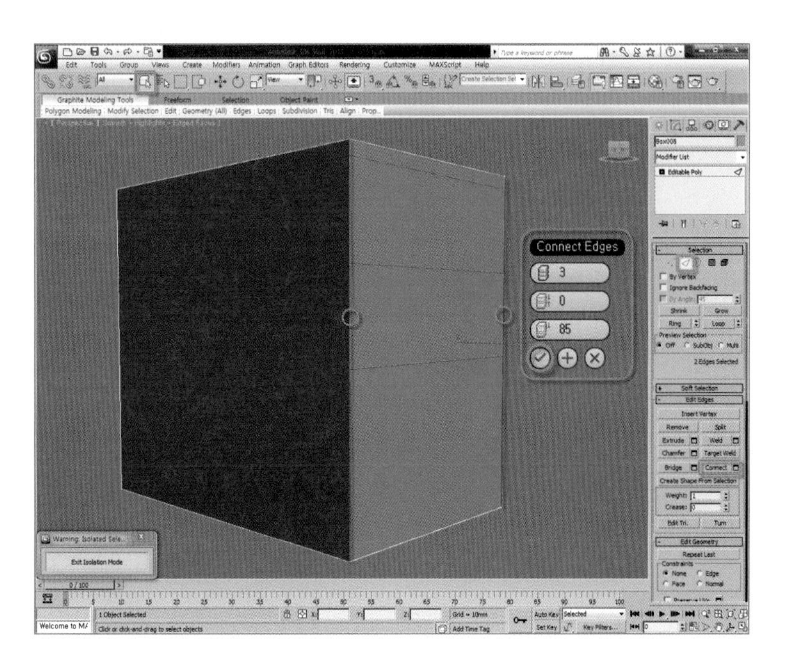

20 >> [Front View]에서 [Selection] ➡ [Polygon]을 선택한다. 화면과 같이 면을 선택한 후 [Inset Settings]를 실행하여 [Amount] 수치를 '2' 로 입력한다. 윗면을 제외한 나머지 아랫면들도 동일한 방법으로 [Inset] 명령을 실행한다.

21 >> [Perspective]에서 [Selection] ➡ [Polygon]을 선택한다. 4개의 면을 모두 선택한 후 [Extrude Settings] 명령을 실행하고 [Height] 값을 '20' 으로 입력한다.

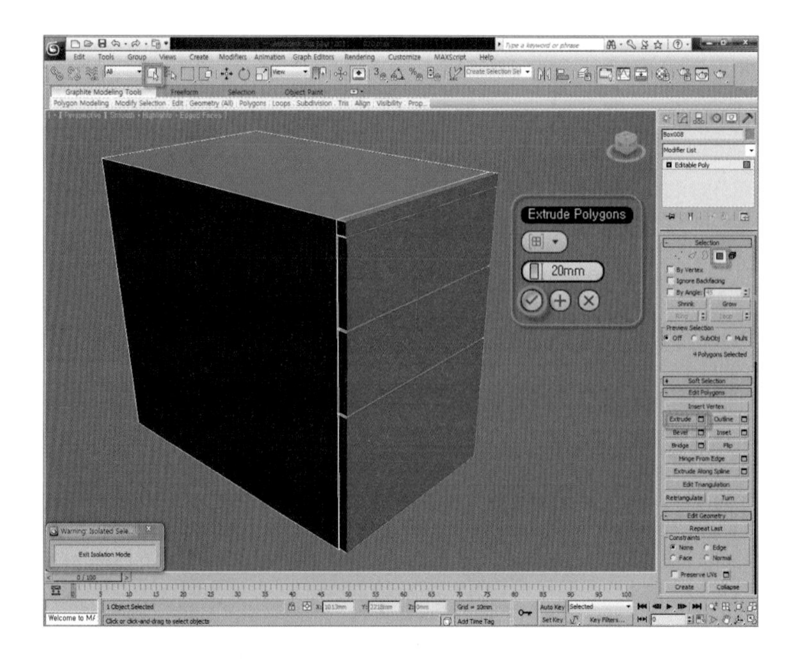

22 >> 문짝 테두리를 모두 선택한 후 [Chamfer Settings]을 실행하고 [Edge Chamfer Amount]값을 '1' 로 입력한다.

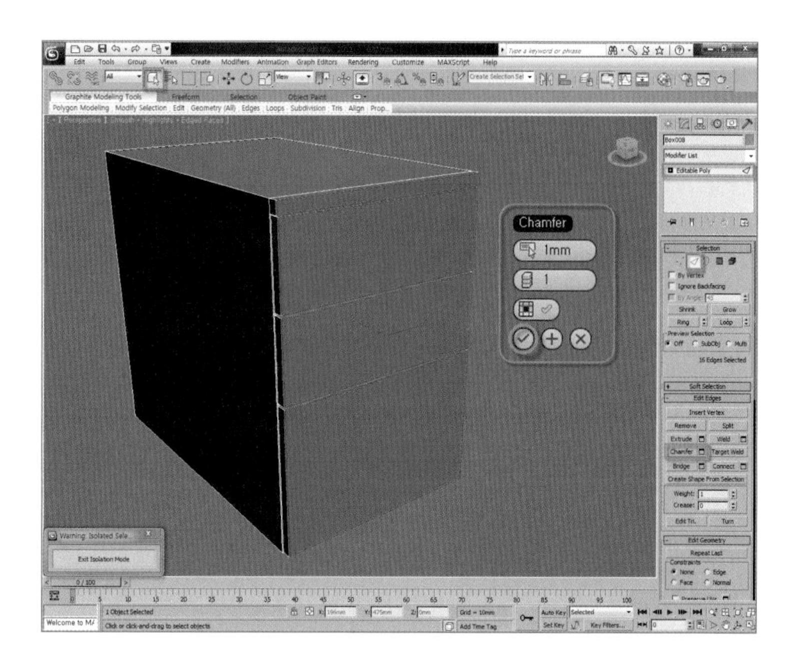

23 >> [Selection] ➡ [Edge]를 선택한 후 문짝 세로 테두리를 선택하고 [Connect Settings] 명령을 다음과 같이 실행한다.

[Segment] : 1

[Pinch] : 0

[Slide] : 95

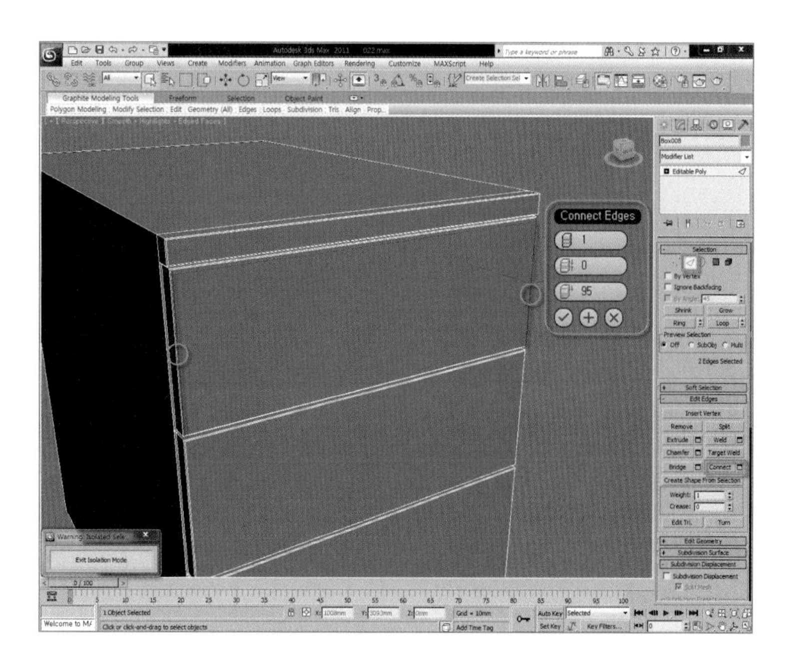

24 >> 화면과 같이 2개의 [Edge]를 선택한 후 [Connect Settings] 명령을 다음과 같이 실행한다.

[Segment] : 2

[Pinch] : 0

[Slide] : 0

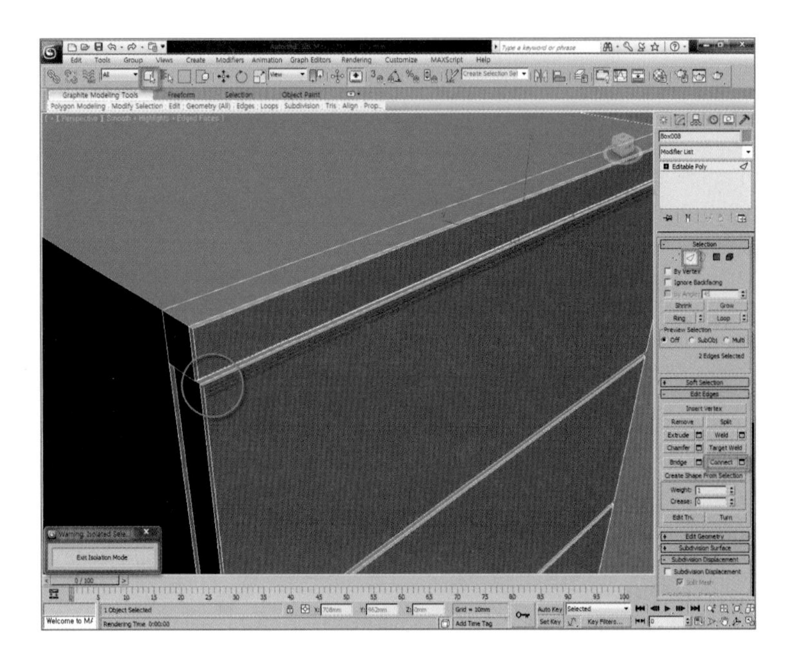

25 >> [Left View]에서 [Line] 명령을 사용하여 화면에 있는 선 모양으로 제작한 후 서랍 중심부에 배치한다.

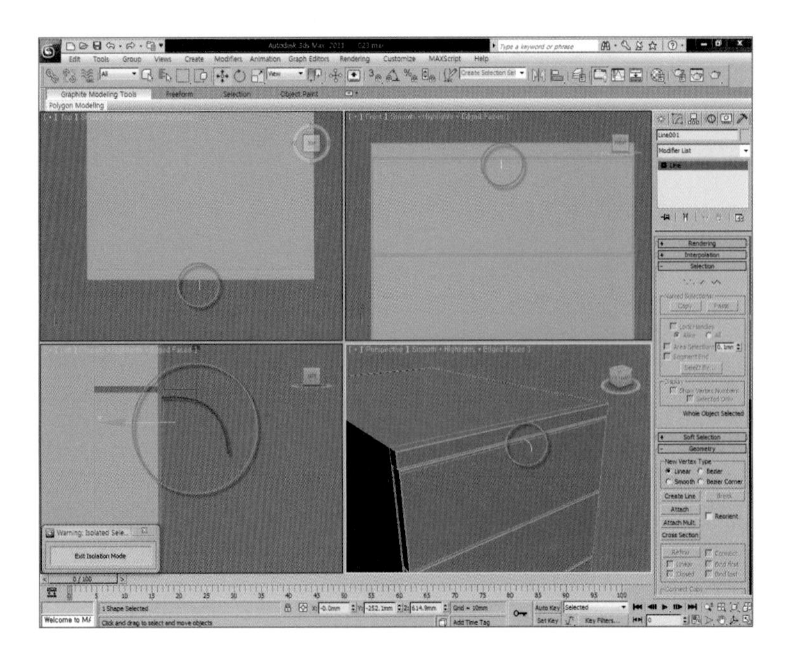

26 >> [Selection] ➡ [Polygon]을 클릭한 후 나눠진 중간 [Polygon]을 선택한다.

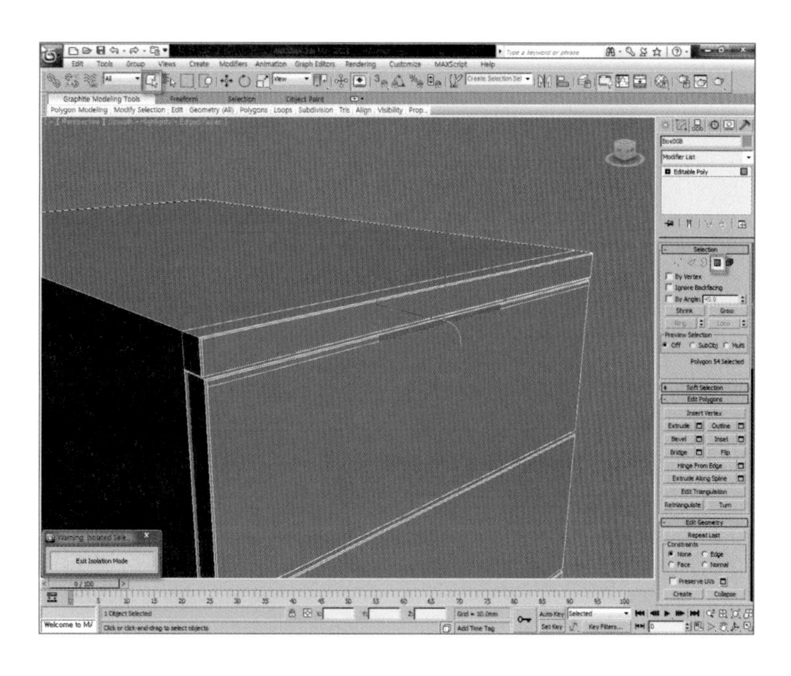

27 >> [Polygon]이 선택된 상태에서 [Extrude Along Spline Settings]를 선택한 후 다음과 같이 설정한다.

[Segment] : 6　　[Taper Amount] : -0.5
[Taper Curve] : 0　　[Twist] : 0
[Pick Spline] : 곡선 선택

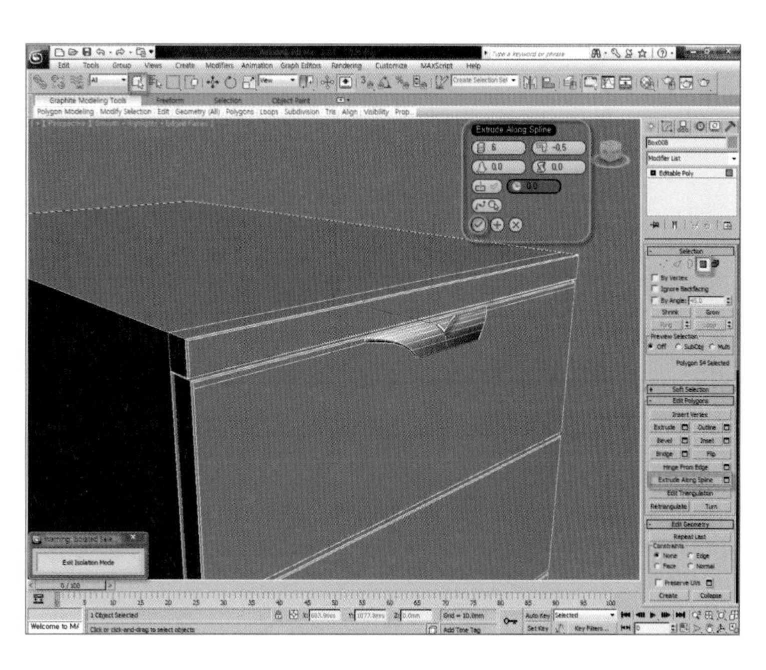

28 >> 다른 서랍도 동일한 방법으로 제작하여 서랍 손잡이 부분을 완성한다.

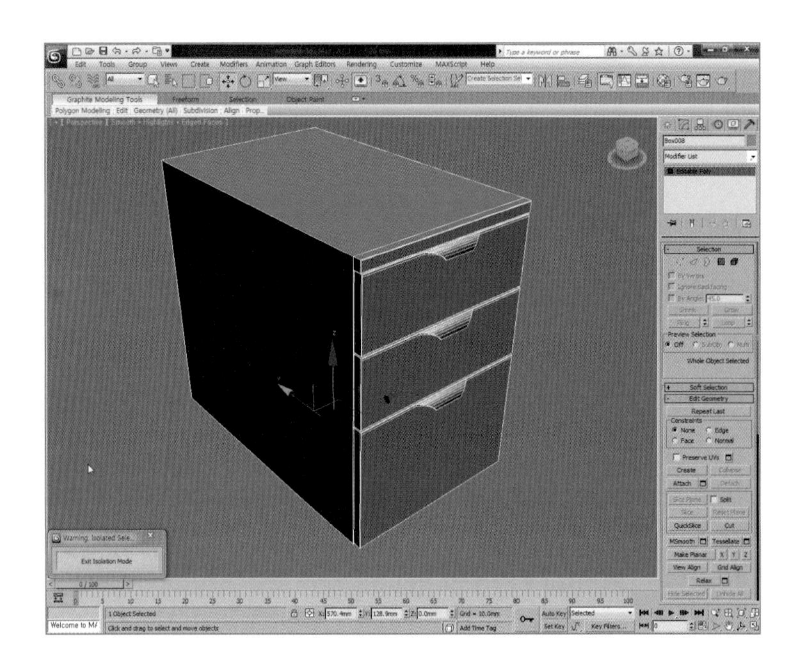

29 >> 서랍장의 바퀴 부분은 실린더로 제작한 후 [Mirror] 명령으로 서랍장 바닥에 바퀴를 배치한다.

[Radius] : 25　　[Height] : 50　　[Fillet] : 3

[Height Segs] : 1　　[Fillet Segs] : 1　　[Sides] : 10

[Cap Segs] : 1

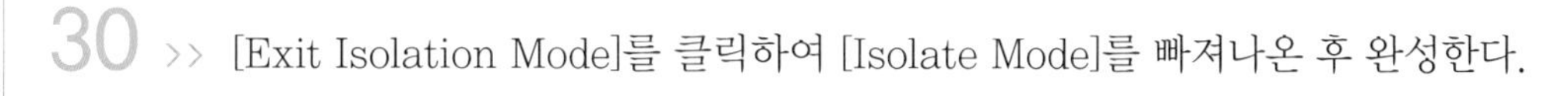

30 >> [Exit Isolation Mode]를 클릭하여 [Isolate Mode]를 빠져나온 후 완성한다.

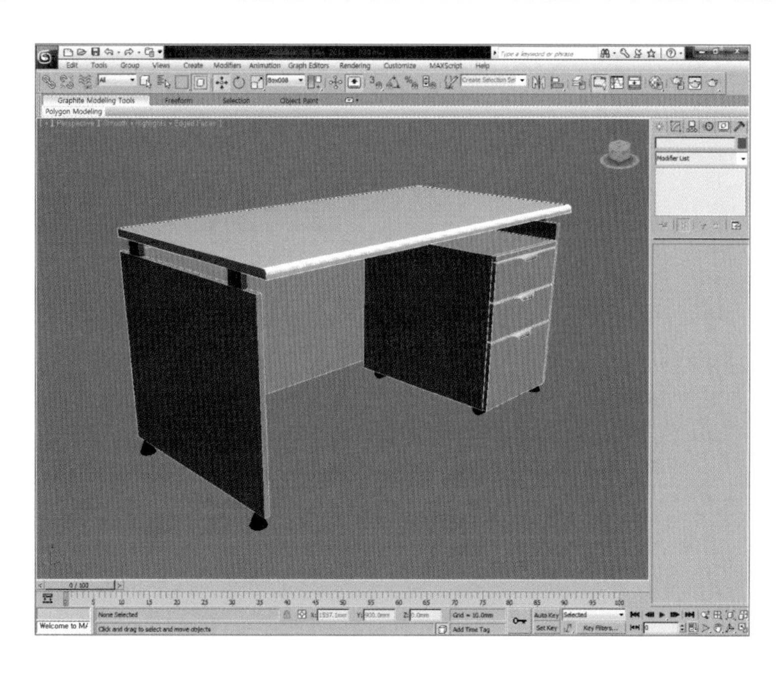

6 ▸▸ 머그잔 만들기

Cylinder 명령으로 머그잔의 몸체를 만들고 Extrude Along Spline 명령으로 손잡이를 제작한 후 Target Weld 명령, 또는 Bridge 명령을 이용하여 몸체와 손잡이를 연결한다.

01 >> [Top View]에서 [Cylinder] 명령을 이용해서 다음과 같이 제작한다. (단위 : mm)

[Radius] : 40

[Height] : 100

[Height Segments] : 1

[Cap Segments] : 2

[Sides] : 15

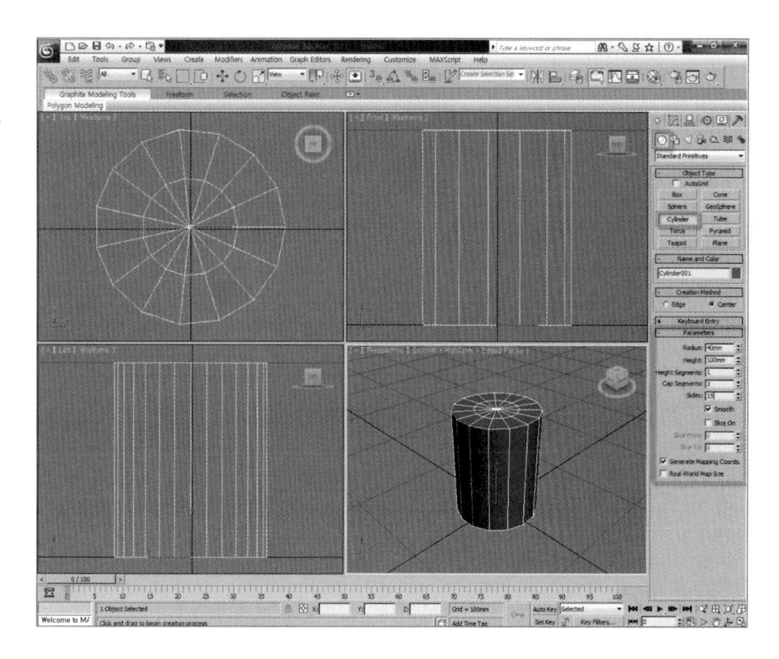

02 >> 오브젝트를 클릭한 후 마우스 우측 버튼으로 [Convert to Editable Poly]를 선택한다.

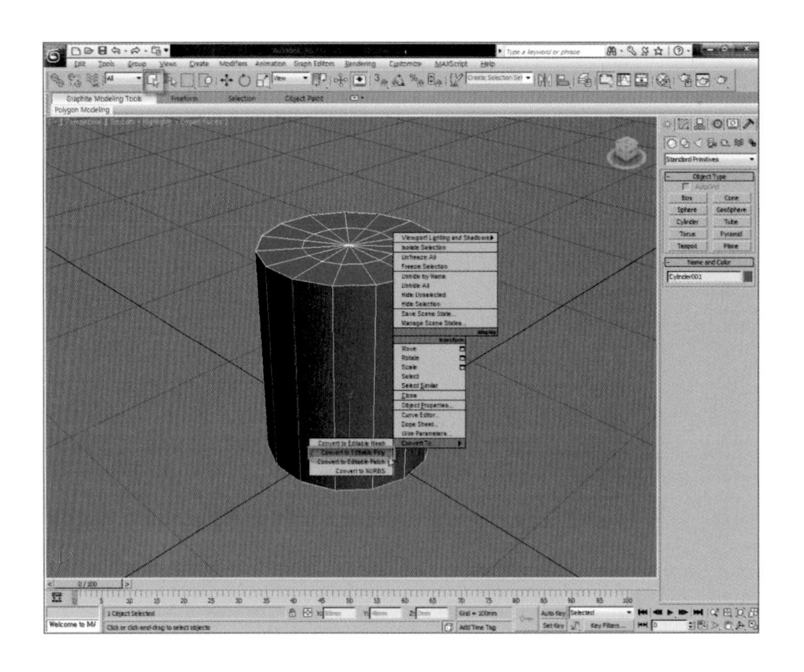

03 >> [Top View]에서 원형 선택 옵션으로 안쪽의 [Vertex]들을 드래그하여 선택한다. [Select and Uniform Scale](단축키 : R)명령으로 그림과 같이 [Pivot]의 테두리를 드래그하여 [Vertex]들을 바깥쪽으로 이동한다.

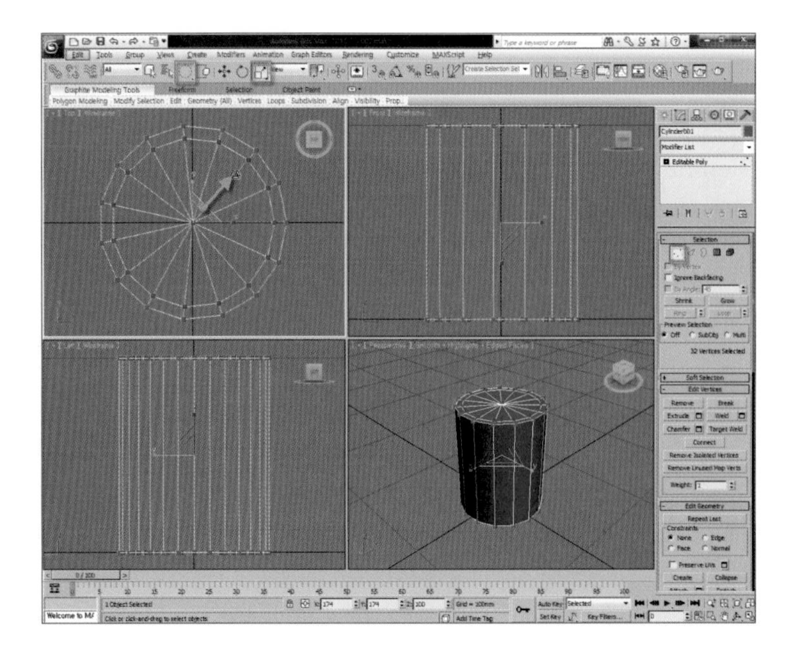

04 >> [Selection] ➡ [Polygon]을 체크한다. [Cylinder]의 윗면을 모두 선택한 후 [Extrude Settings] 명령을 실행한다. [Height]값을 '-95'로 입력하고 [OK] 버튼을 누른다.

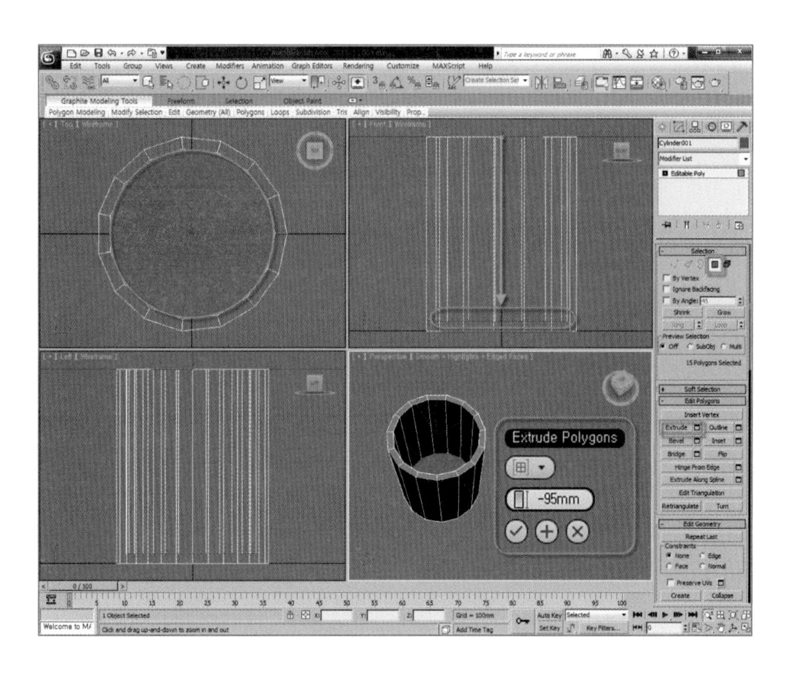

05 >> [Selection] ➡ [Edge]를 체크하고 [Select Object]로 [Edge]를 선택한 후 [Loop] 명령을 이용하여 외곽 [Edge]를 모두 선택한다.

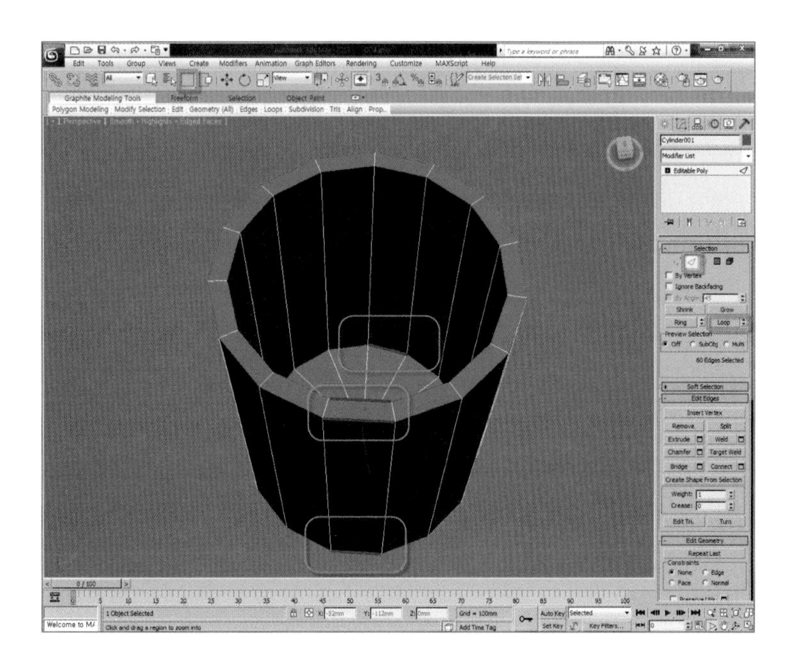

06 >> [Chamfer Settings] 명령을 실행한 후 [Edge Chamfer Amount] 값을 '1', [Connect Edge Segment] 값을 '2'로 입력한 후 [OK] 버튼을 누른다.

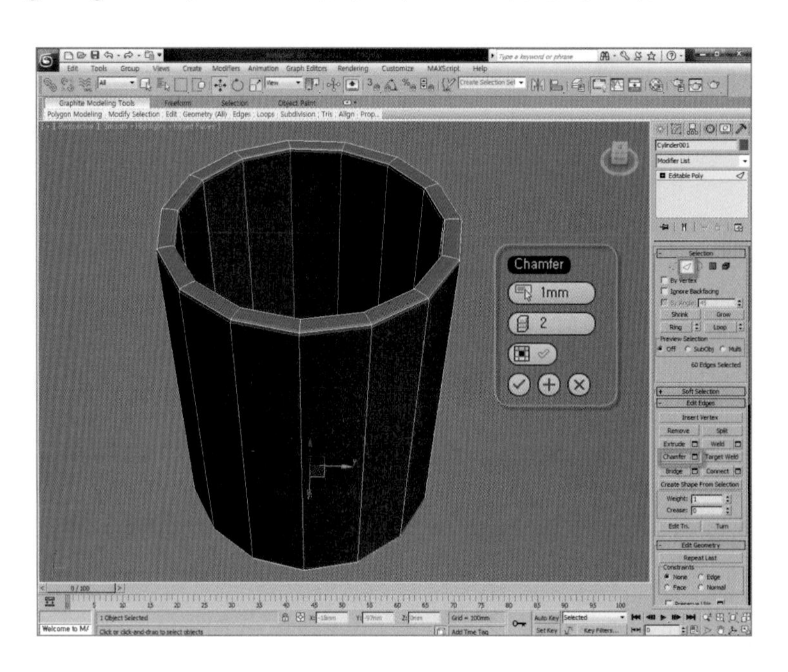

07 >> 머그잔의 외부 세로 [Edge]를 [Ring] 명령으로 모두 선택한다.

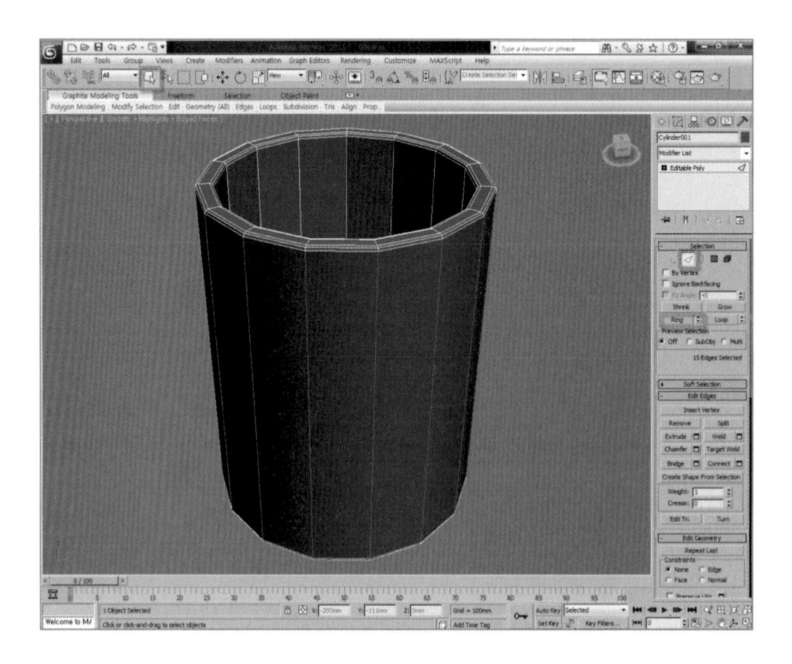

08 >> [Connect Settings] 명령을 선택한 후 [Segment] 값을 '4', [Pinch] 값을 '-80' 으로 입력한 후 [OK] 버튼을 누른다.

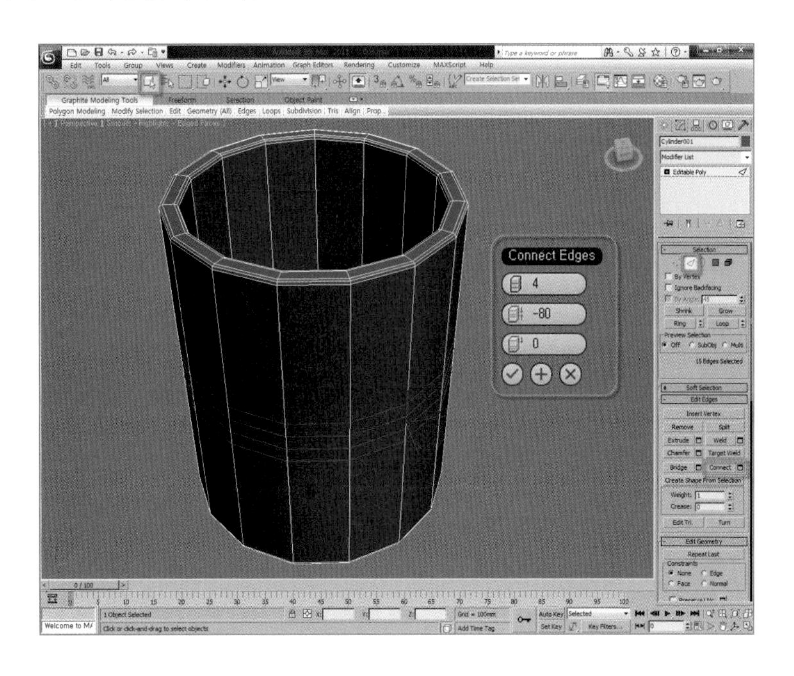

09 >> [Selection] ➡ [Vertex]를 체크하고 [Select and Move] 명령으로 그림과 같이 [Vertex]들을 이동한다.

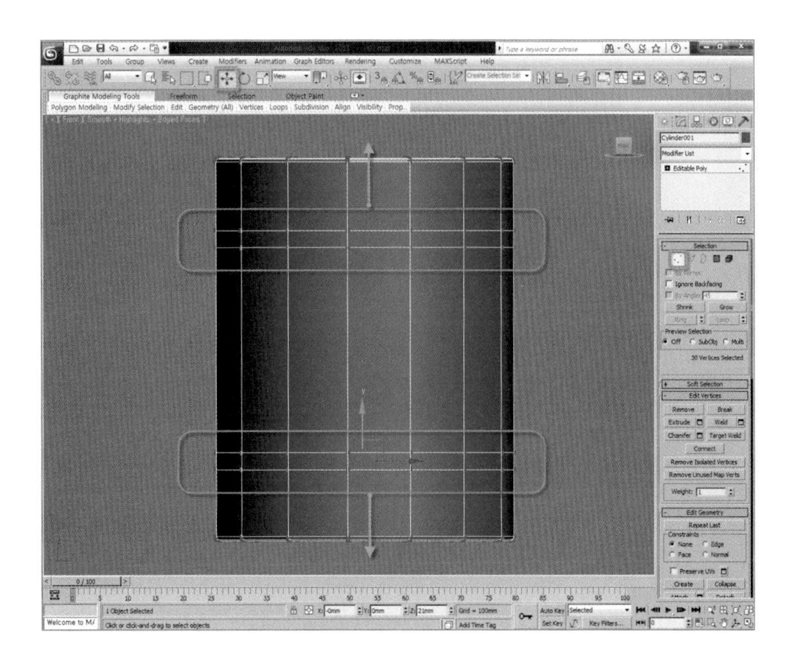

10 >> [Front View]에서 [Line] 명령으로 손잡이를 그린 후 [Fillet] 명령으로 라운딩을 하고 [Line]을 컵의 왼쪽 중앙에 위치한다.

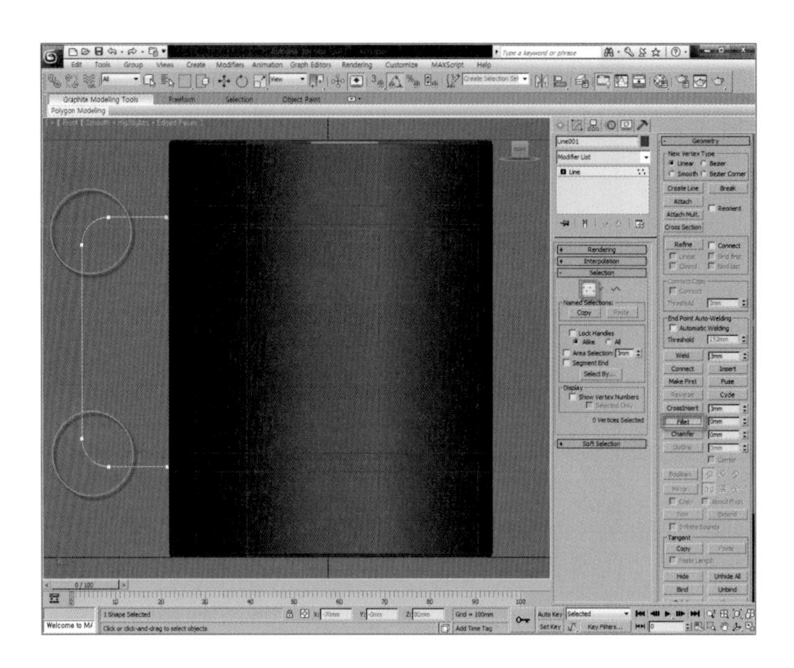

11 >> [Selection] ➡ [Polygon]을 체크한 후 위쪽의 [Polygon]을 선택한다.

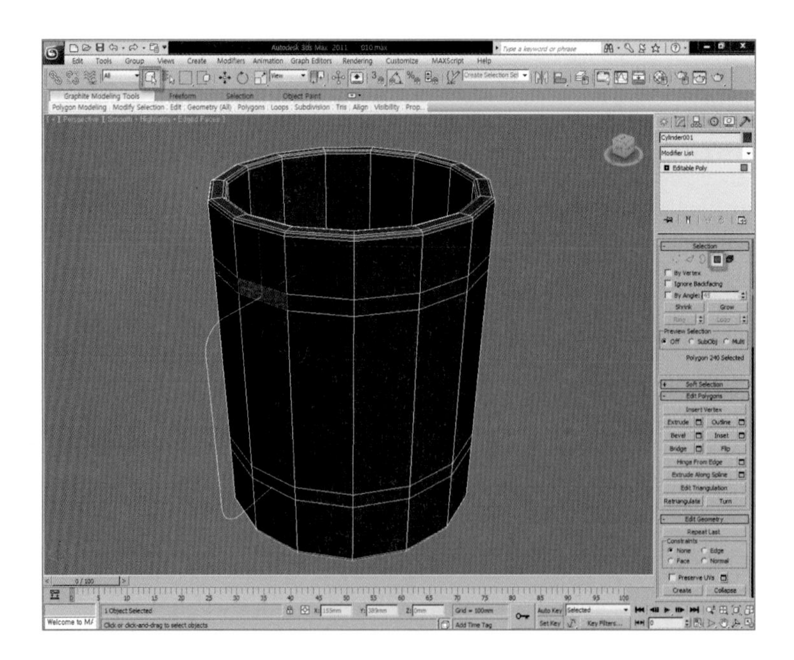

12 >> [Extrude Along Spline Settings] 버튼을 클릭한다. [Segment]를 '15'로 입력한 후 [Pick Spline] 버튼을 클릭하고 [Line]을 선택하여 손잡이를 생성한다.

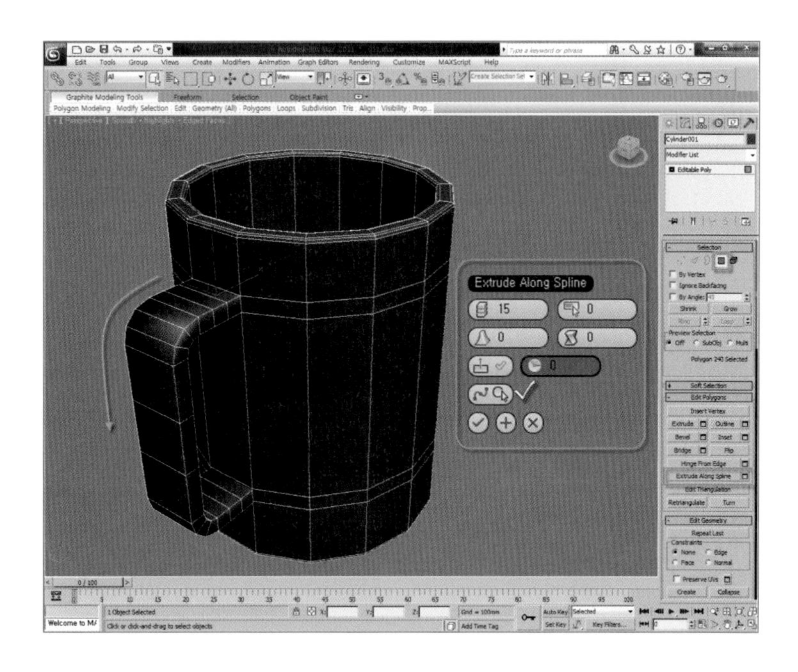

13 >> [Use NURMS Subdivision]을 체크한다. 컵의 면이 [Path]를 따라 돌출되면서 손잡이가 생성되었다. 하지만 손잡이 윗부분은 연결이 되었지만 아래 부분은 떨어진 것을 알 수 있다.

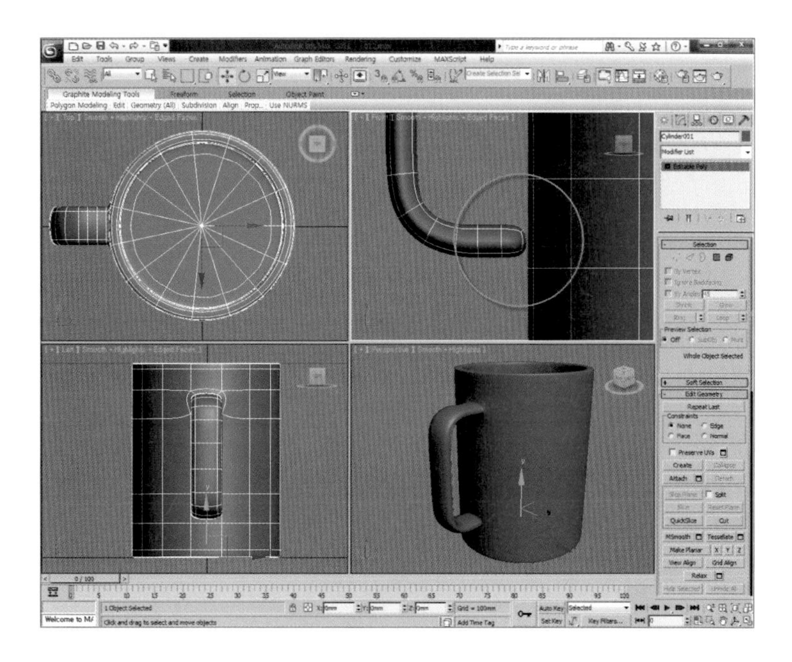

14 >> [Use NURMS Subdivision]의 체크를 해제하고 [Selection] ➡ [Polygon]을 선택한 후 그림과 같이 손잡이 밑면과 컵의 면을 삭제한다.

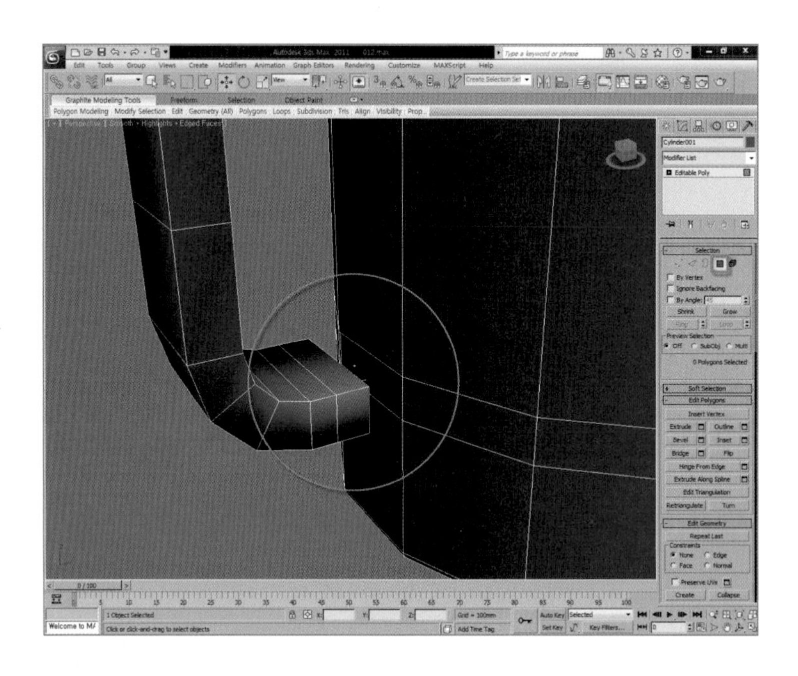

15 >> [Selection] ➡ [Vertex]를 선택한다. [Target Weld] 버튼을 클릭한 후 손잡이 [Vertex]와 몸체 [Vertex]를 한번씩 클릭하여 붙인다(몸체의 [Border]와 손잡이의 [Border]를 선택한 후 [Bridge] 명령으로 연결하여도 무관하다).

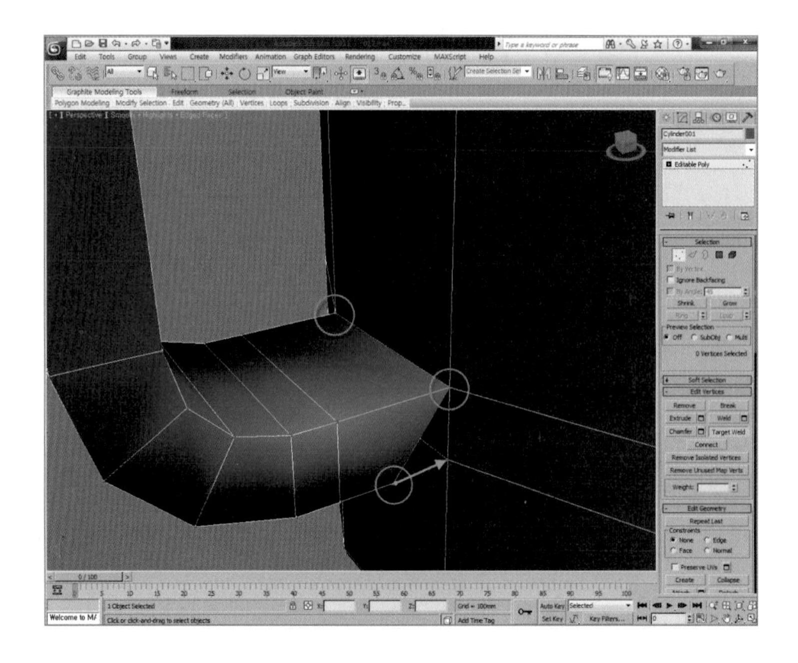

16 >> 손잡이 부분의 [Vertex]를 조절하여 연결 부분을 부드럽게 만든다.

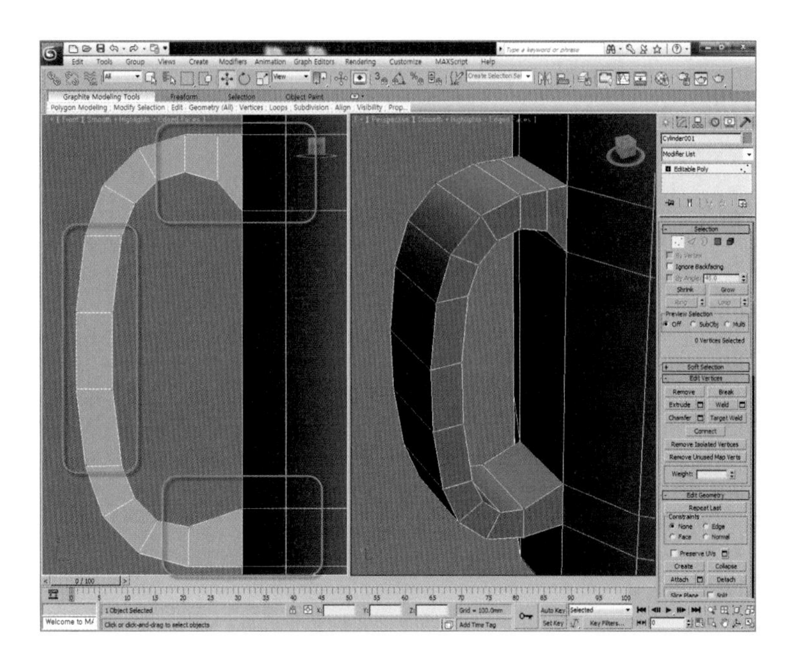

17 >> [Use NURMS Subdivision]의 체크를 하고 [Front View]에서 접합면의 [Vertex]를 조절한다.

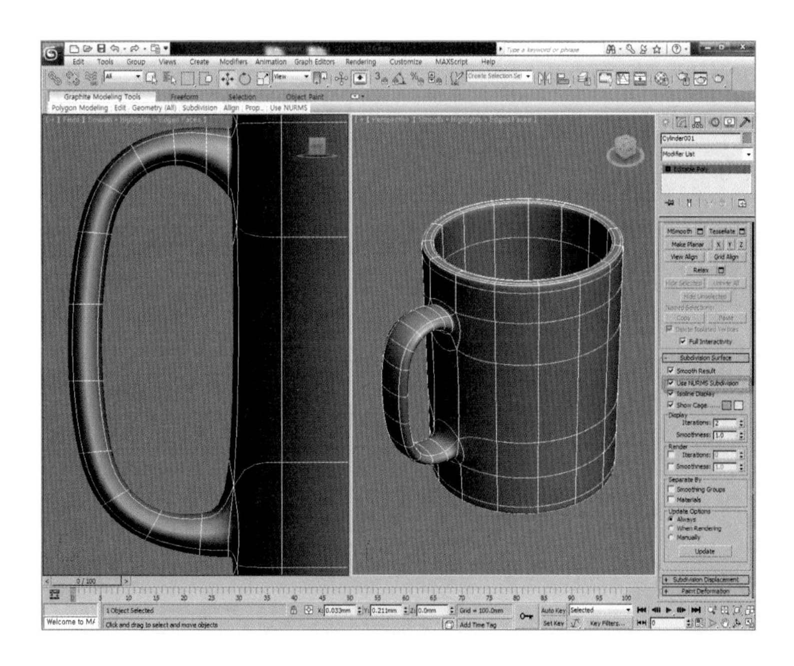

18 >> 컵의 손잡이 두께 등을 [Vertex]로 조절하여 머그잔을 완성한다.

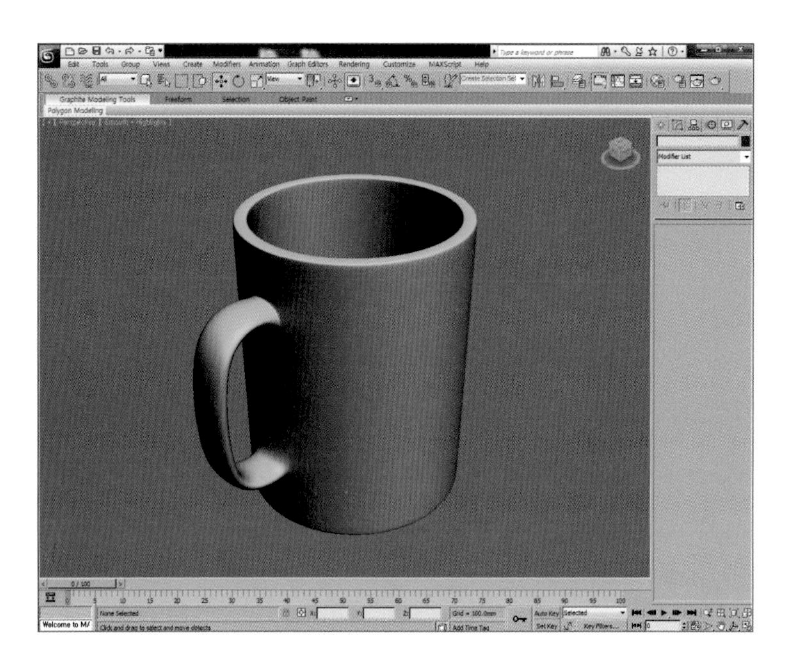

7 ▸▸ 하이펙 의자 만들기

Editable Poly의 Vertex를 이용한 예제로서 의자 몸체는 Vertex의 수를 최소화로 제작하여 수정이 용이하도록 한다. 의자 다리 부분은 Line 명령으로 제작한 후 두께조절을 한다.

01 >> [Top View]에서 [Box] 명령을 이용해서 다음과 같이 제작한다. (단위 : mm)

[Length] : 50
[Width] : 500
[Height] : 550
[Length Segs] : 1
[Width Segs] : 6
[Height Segs] : 5

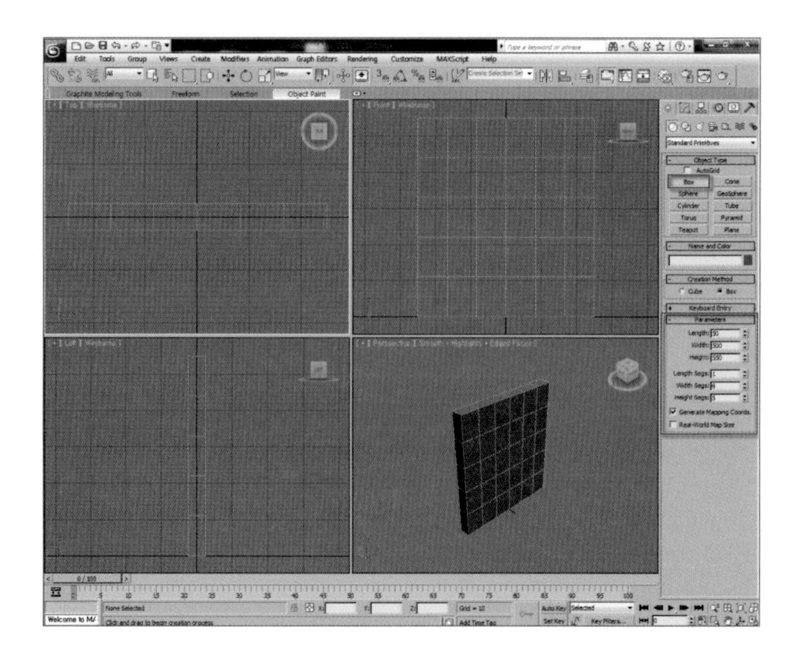

02 >> [Select Object] 명령으로 오브젝트 선택 후 마우스 우측 버튼을 클릭하여 [Convert to Editable Poly]를 선택한다.

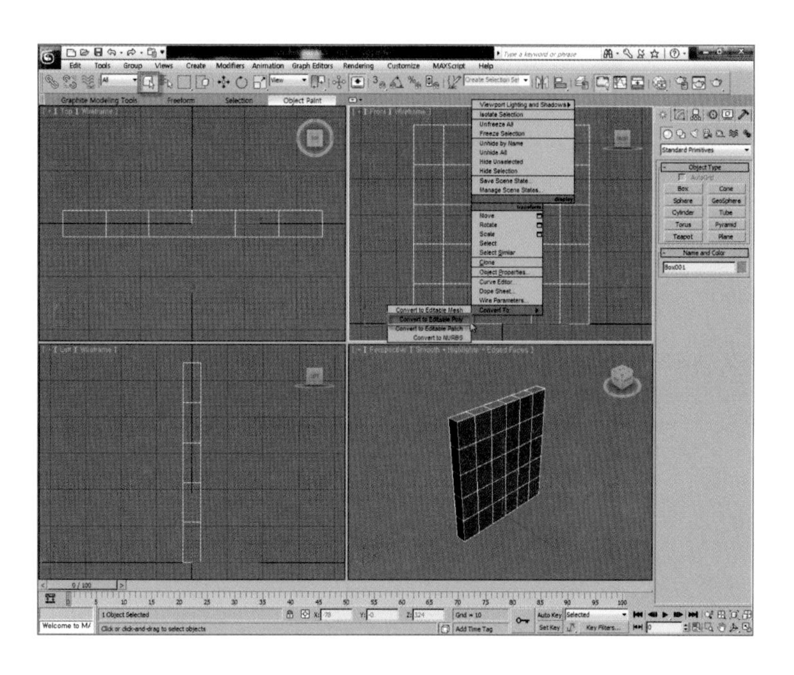

03 >> [Front View]에서 Alt + W 를 눌러 화면을 한 개의 화면으로 변경한 후 [Select and Move] 명령을 실행한다. [Selection] ➡ [Vertex]를 선택한 후 [Vertex]들을 이동하여 그림과 같은 형태를 만든다. 양쪽 [Vertex]들은 Ctrl 을 눌러 함께 선택한 후 이동한다.

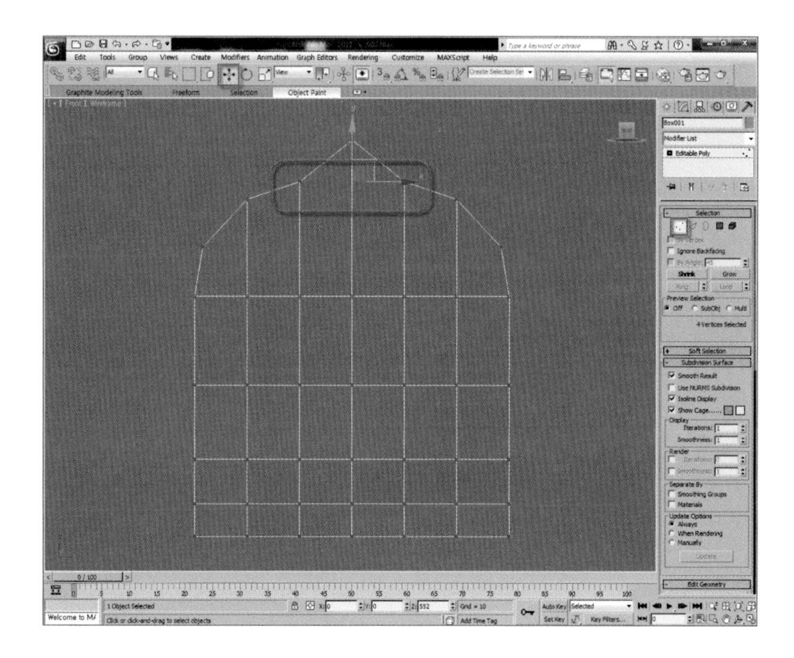

04 >> [Select and Uniform Scale](단축키 : R) 명령으로 [Vertex]들을 [-X] 축 방향으로 드래그하여 축소한다.

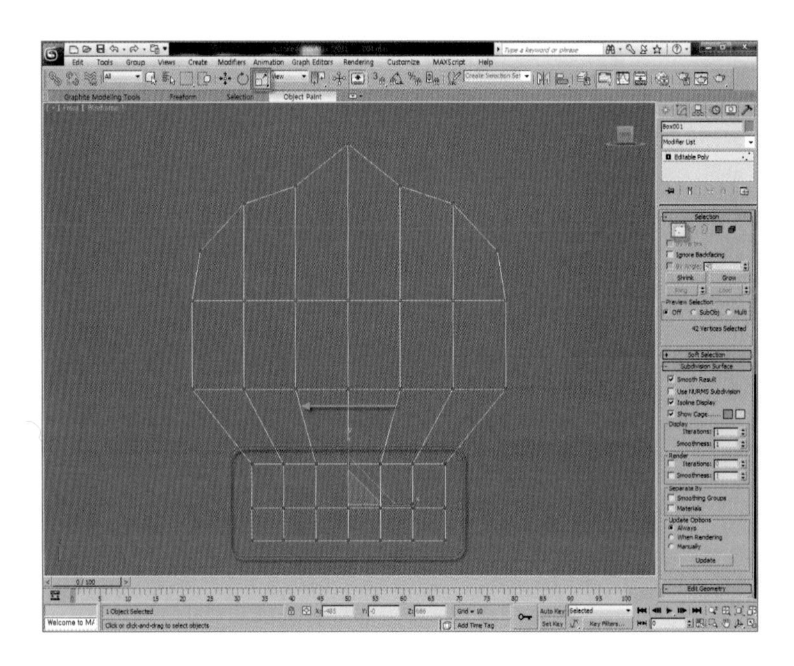

05 >> [Front View]에서 [Selection] ➡ [Polygon] 옵션을 선택한 후 [Select Object] 명령으로 전면의 밑부분만을 선택한다.

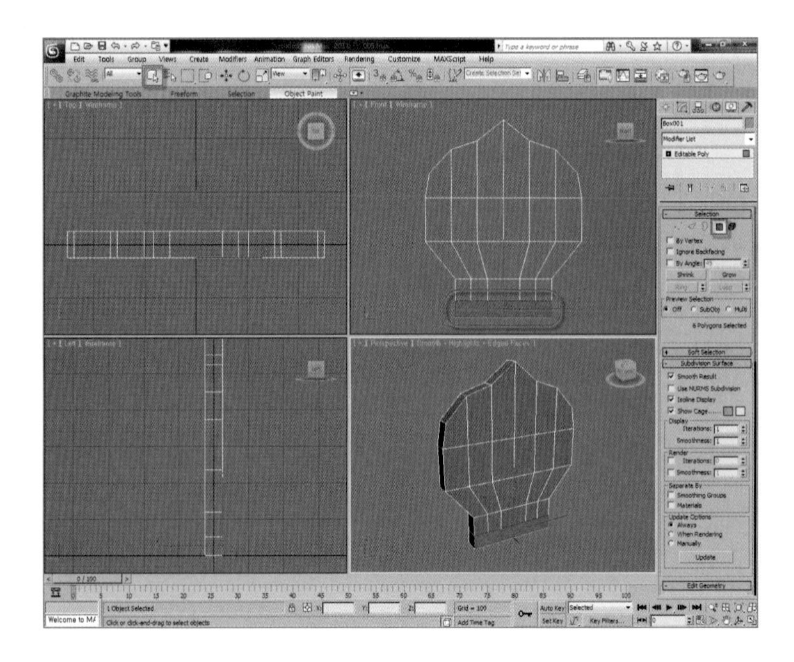

06 >> [Extrude Setting]을 선택한 후 [Height]에 '100'을 입력하고 [Apply]를 4번 클릭한 후 [OK] 버튼을 클릭한다. [OK]를 선택하면 한 번 실행과 함께 명령이 종료되고 [Apply]를 실행하면 이전 실행 수치만큼 반복 실행한다.

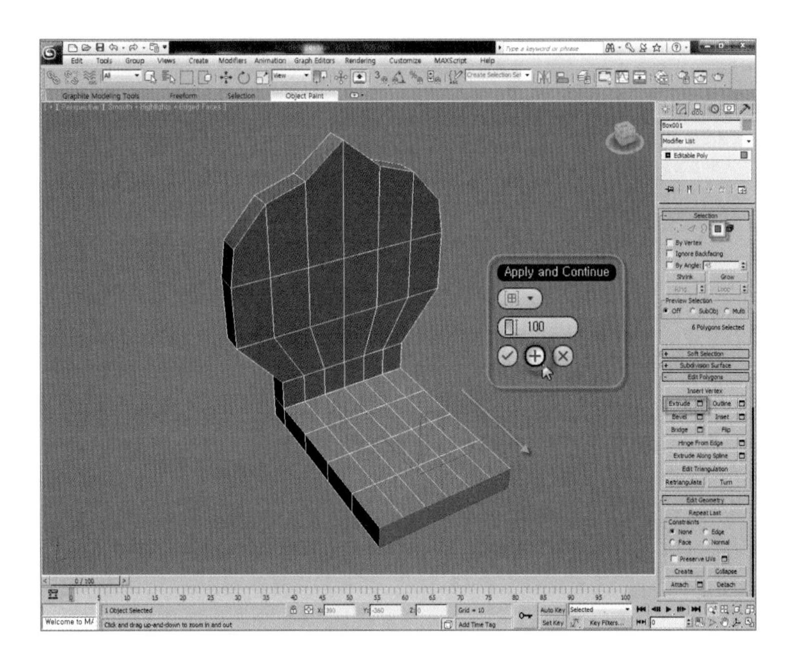

07 >> [Top View]에서 [Select and Uniform Scale] 명령과 [Select and Move] 명령을 이용하여 그림과 같은 의자 형태의 원모양을 만든다.

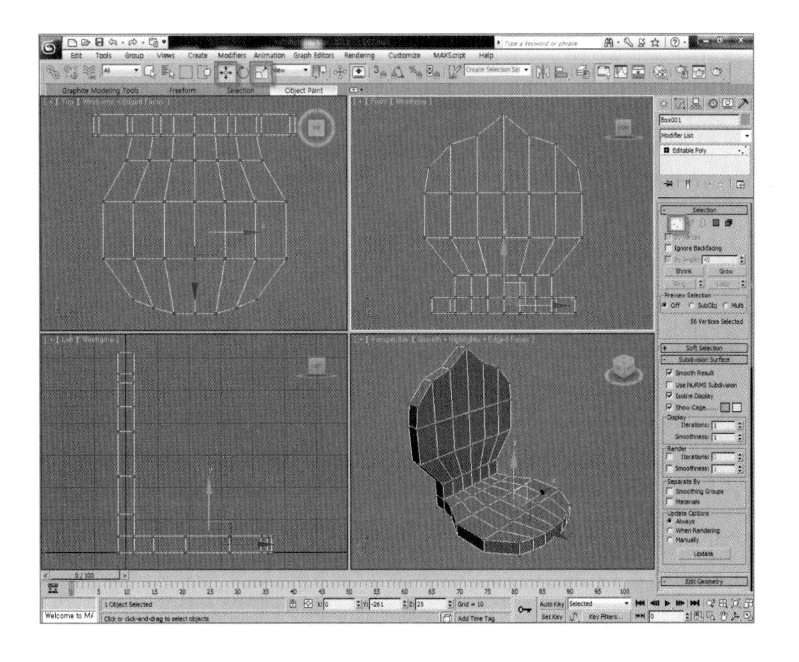

08 >> [Left View]에서 [Select and Move] 명령으로 그림과 같이 의자의 허리 부분을 수정한다. [Vertex]를 선택하여 옮길 때에는 반드시 드래그를 사용하여 전면과 후면의 [Vertex]들을 함께 이동한다.

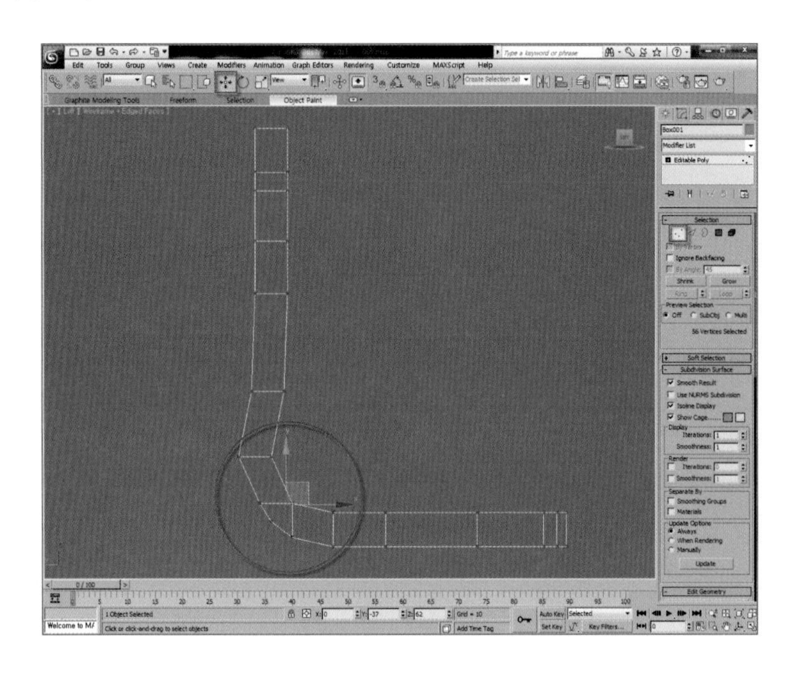

09 >> [Vertex]들을 그림과 같이 이동한 후 [Selection] 옵션 선택을 해제한다. [Subdivision Surface] ➡ [Use NURMS Subdivision]을 체크한 후 [Display] ➡ [Iteration]을 '2' 로 입력한다.

Note

[Iteration]의 수치값은 '3' 이상 하지 않도록 한다. '3' 이상 할 경우 오브젝트의 수정이 불편할 뿐 아니라 [Vertex]의 수가 많아져 시스템이 다운될 우려가 있다.

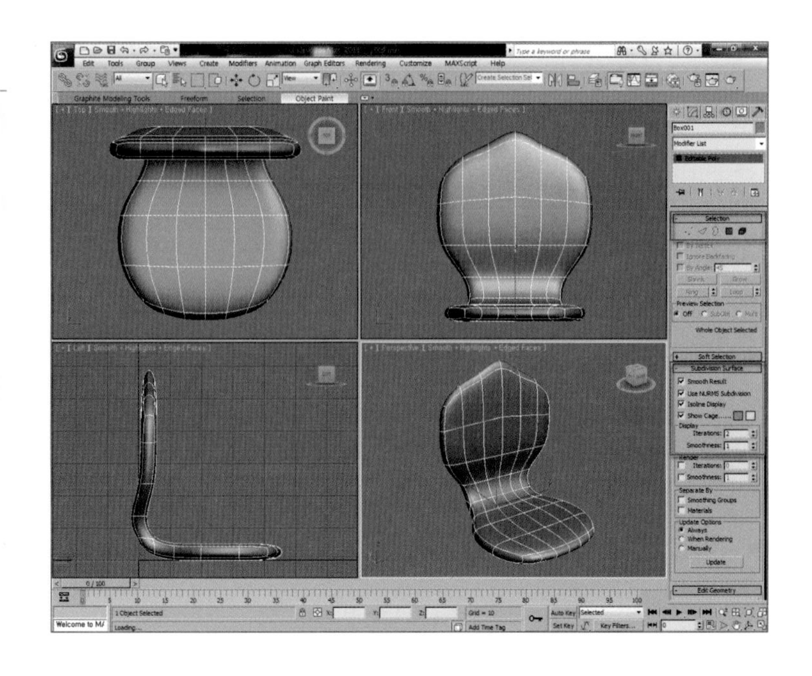

10 >> [Selection] ➡ [Vertex]를 선택하고 [Front View]에서 등받이 가운데 [Vertex]들을 선택한 후 [Top View]에서 [Y]축으로 이동하여 수정한다. 이때 주황색 외형선의 굴곡 상태와 [Vertex]들의 이동을 확인하면서 수정한다.

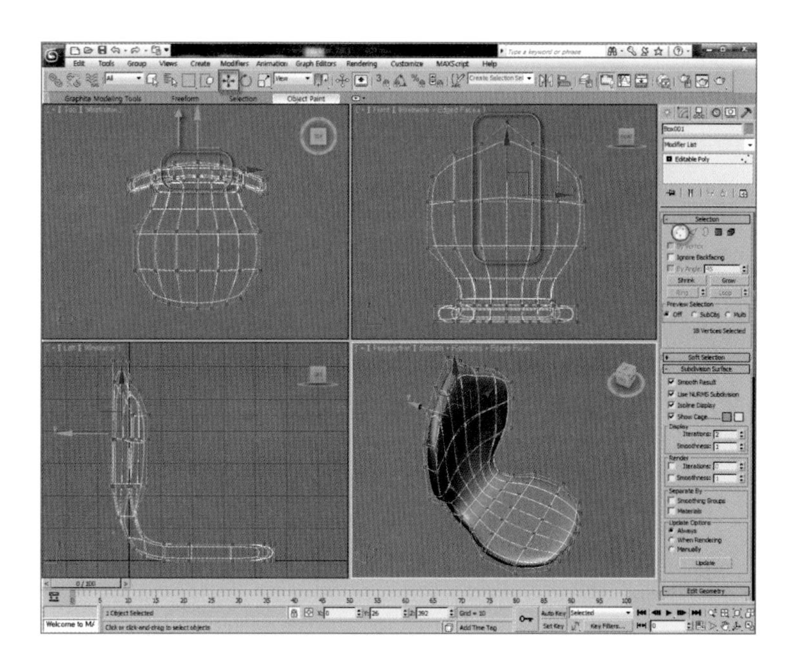

11 >> [Top View]에서 [Extended Primitives] ➡ [ChamferCyl] 명령으로 다음과 같이 그린 후 [Select and Move] 명령으로 이동 정렬한다.

[Radius] : 190　[Height] : 10　[Fillet] : 2　[Height Segs] : 2
[Fillet Segs] : 2　[Sides] : 20　[Cap Segs] : 3

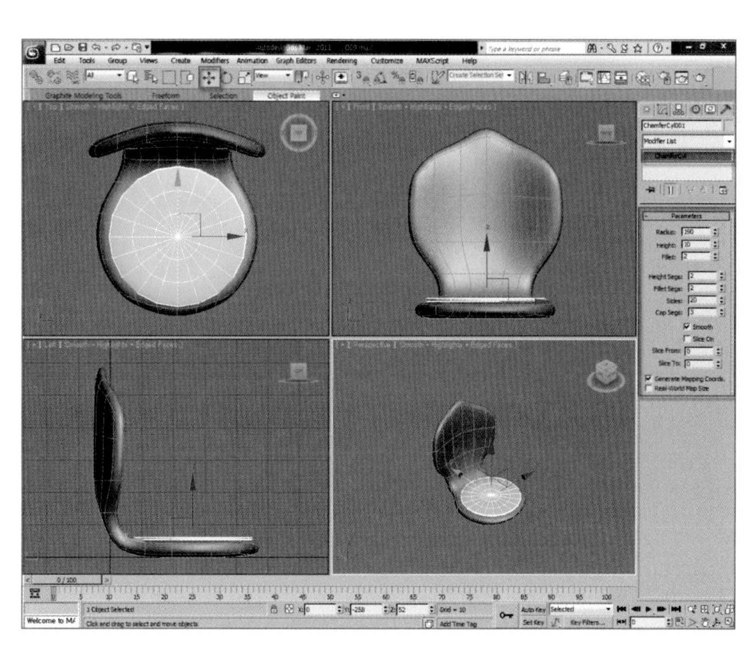

12 >> [Left View]에서 [Line] 명령으로 직선을 그린 후 [Modify] ➡ [Selection] ➡ [Vertex] ➡ [Fillet] 명령을 이용하여 라운딩을 한다. 선을 그리는 도중에 잘못 그렸을 때에는 ← [Backspace Key]를 이용하여 한 단계씩 취소한다.

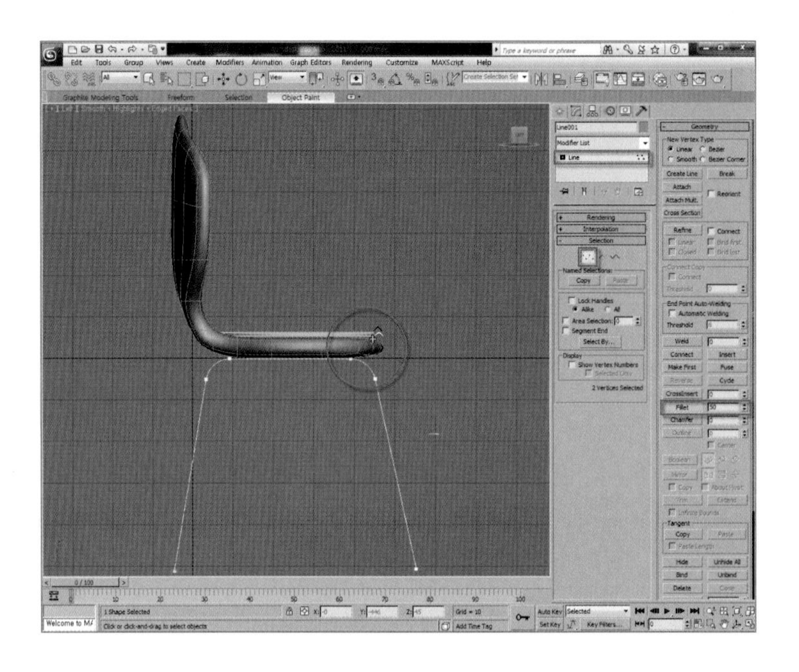

13 >> [Rendering] ➡ [Enable In Renderer]와 [Enable In Viewport] 부분을 모두 체크한 후 [Radial] ➡ [Thickness] 란에 두께값을 '15' 로 입력한다.

[Enable In Renderer]는 렌더링 시에 선의 두께를 표시하고 [Enable In Viewport]는 화면상에서 선의 두께를 표시한다.

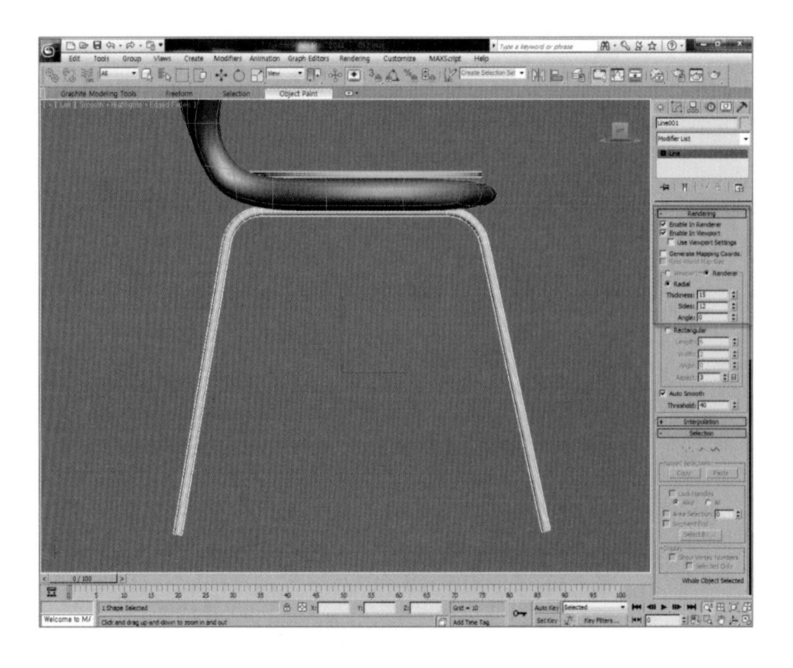

14 >> [Perspective]에서 [Orbit] 명령을 이용하여 그림과 같이 다리 밑 부분을 확대한다.
다리를 선택한 상태에서 마우스 우측 버튼을 눌러 [Convert to Editable Poly]로 변환한 후 [Selection] ➡ [Polygon]을 선택한다.
다리 밑 부분을 양쪽 모두 선택하여 [Bevel Settings]를 클릭한 후 [Height] 값을 2, [Outline] 값을 '1' 로 입력한 후 [OK] 버튼을 클릭한다.

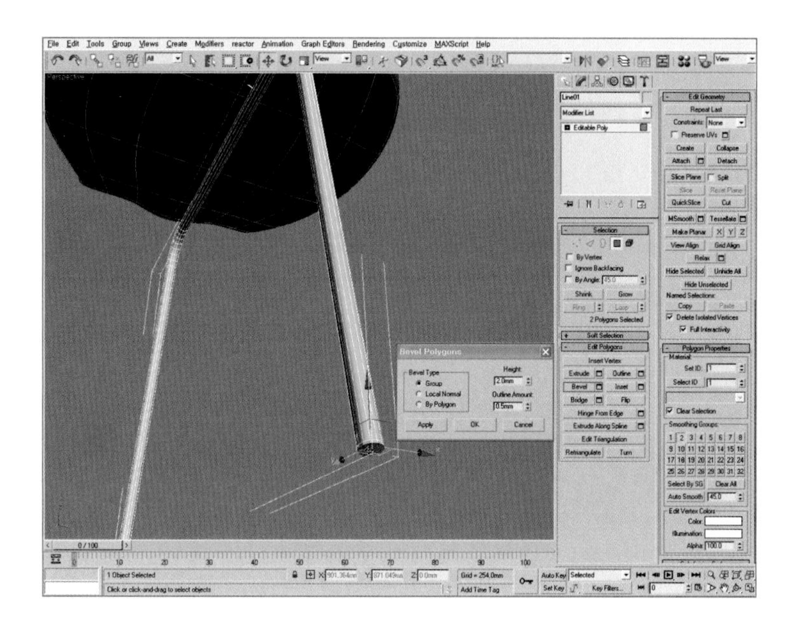

15 >> 밑면이 선택된 상태에서 [Extrude Setting] 명령을 실행하여 [Height] 값을 '20' 으로 입력한 후 [OK] 버튼을 클릭한다.

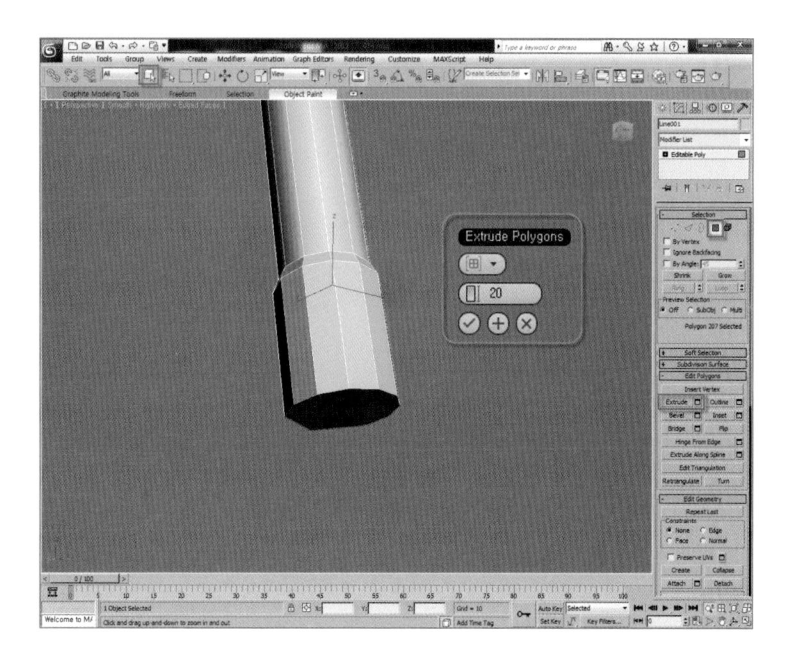

16 >> 메뉴의 선택 옵션에서 [Window]를 선택한 후 [Select Object] 명령으로 다리 밑 부분을 그림과 같이 드래그하여 선택한다. 추가적으로 오브젝트를 선택할 때는 Ctrl 을 누른 상태에서 선택하여 추가하고, 선택에서 제외할 때에는 Alt 를 누른 상태에서 제외한다. 또한 선택된 면이 해제되지 않도록 하기 위해서는 Space Bar 를 눌러 해제를 방지할 수 있다.

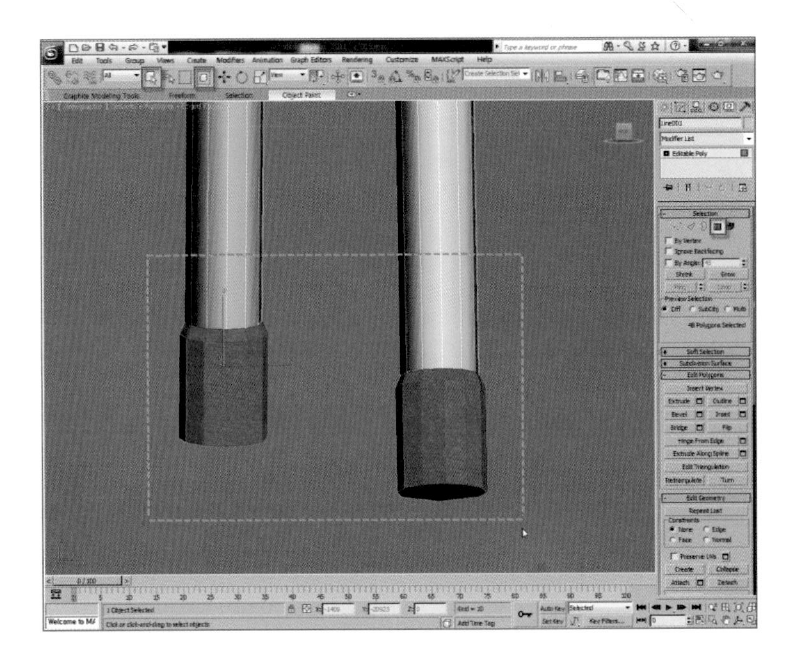

17 >> [Detach] 명령으로 의자다리 밑 부분을 의자다리와 분리한다. [Detach As] 란에 'chair_1' 이라고 입력한 후 [OK] 버튼을 클릭한다.

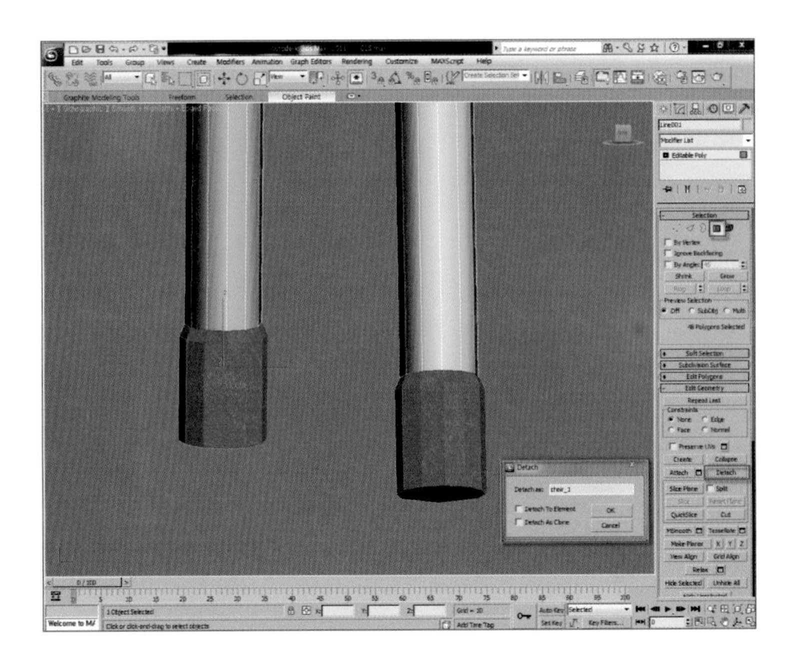

18 >> [Detach]한 오브젝트를 [Select By Name](단축키 : H)으로 확인하면 별도의 오브젝트로 분리됨을 알 수 있다.

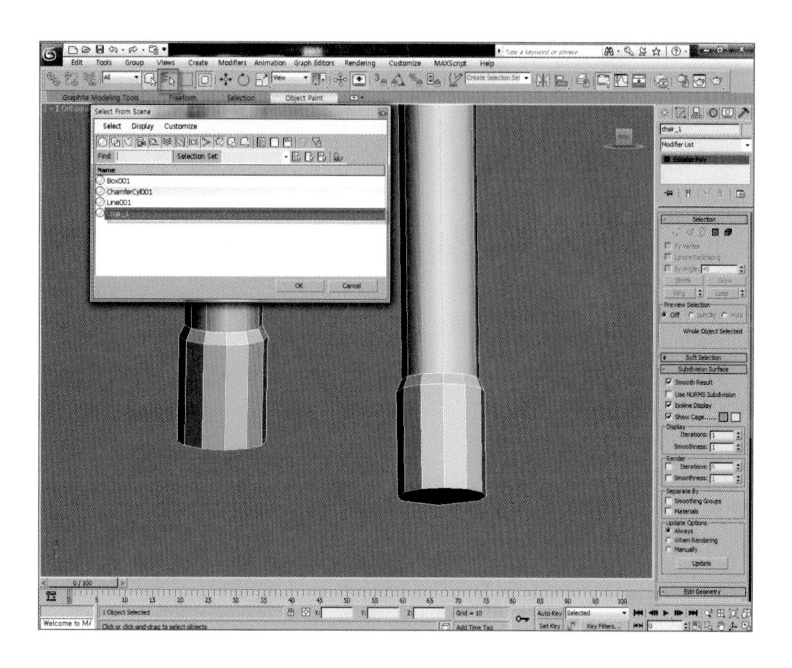

19 >> [Front View]에서 중심에 위치한 의자다리를 좌측으로 이동한다. [Select and Rotate] 명령을 이용하여 [Offset Mode Transform Type-In]을 클릭한 후 [Z] 값에 '-5'를 입력하여 그림과 같이 회전한다.

F12 을 눌러 [Rotate Transform Type-In] 대화상자에서도 동일하다.

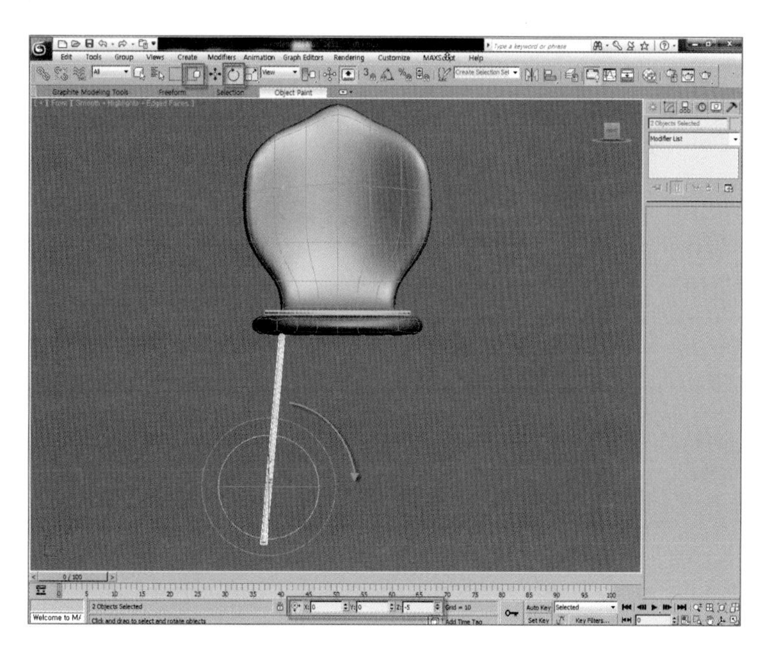

20 >> [Front View]에서 맞은 편으로 [Mirror] 명령을 실행할 다리를 선택한 후 [Reference Coordinate System]에서 [Pick]을 선택한다.

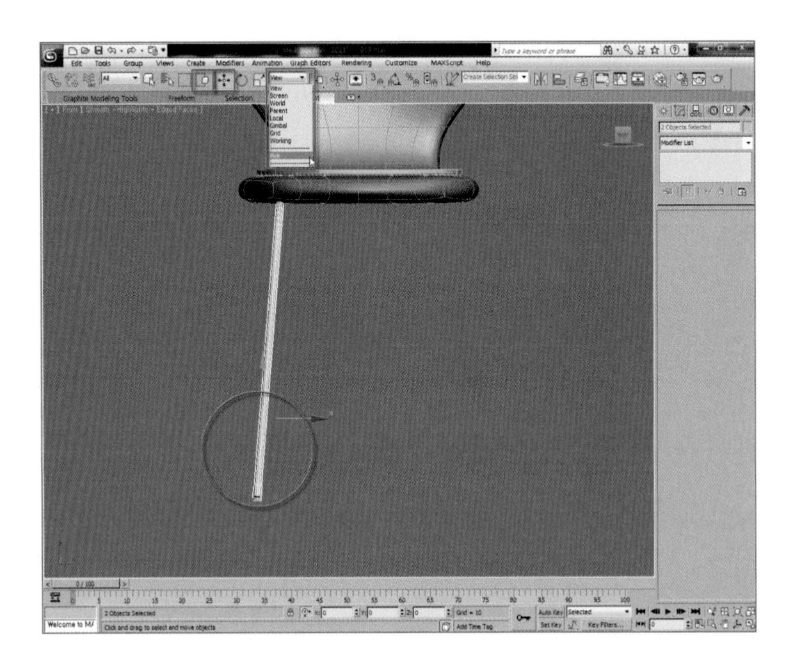

21 >> 기준이 될 오브젝트인 의자 몸체를 선택하면 [Pick]이 [Box001]로 변경되고 [Mirror]를 실행할 중심축이 이동한다. [Use Transform Coordinate Center]에서 축을 한 개로 변경한다.

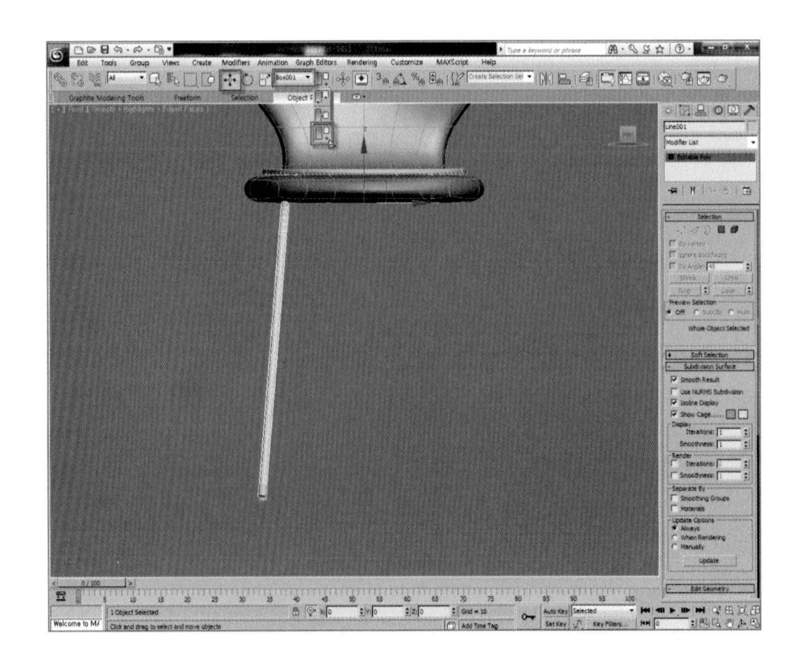

22 >> [Mirror] 명령을 실행한 후 [Mirror] 대화상자의 [Clone Selection] 옵션에서 [Copy]를 선택한 후 [OK] 버튼을 누른다.

23 >> 앉는 부분을 마우스 우측 버튼을 클릭하여 [Convert to Editable Poly] ➡ [Polygon]으로 선택한 후 앉는 부분을 약간 올라오도록 조절하여 모델링을 완성한다.

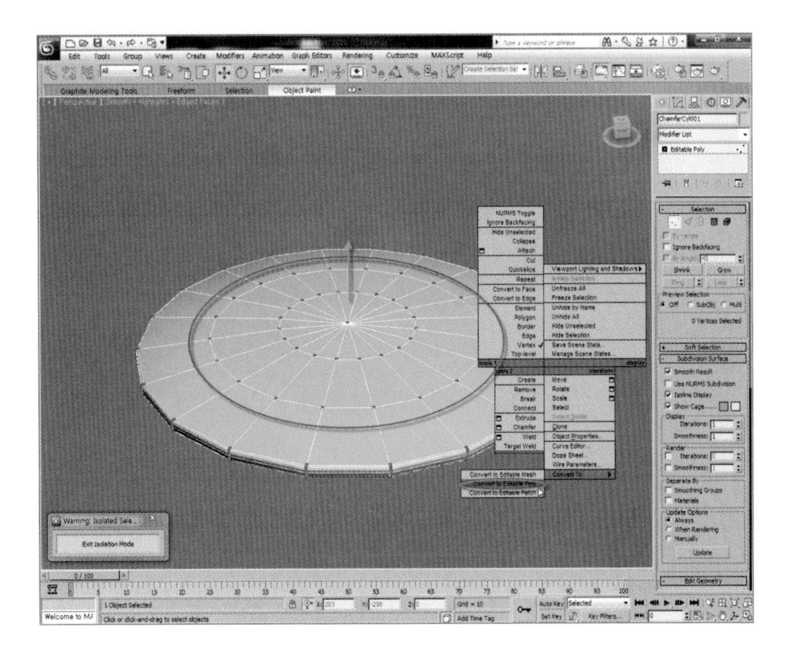

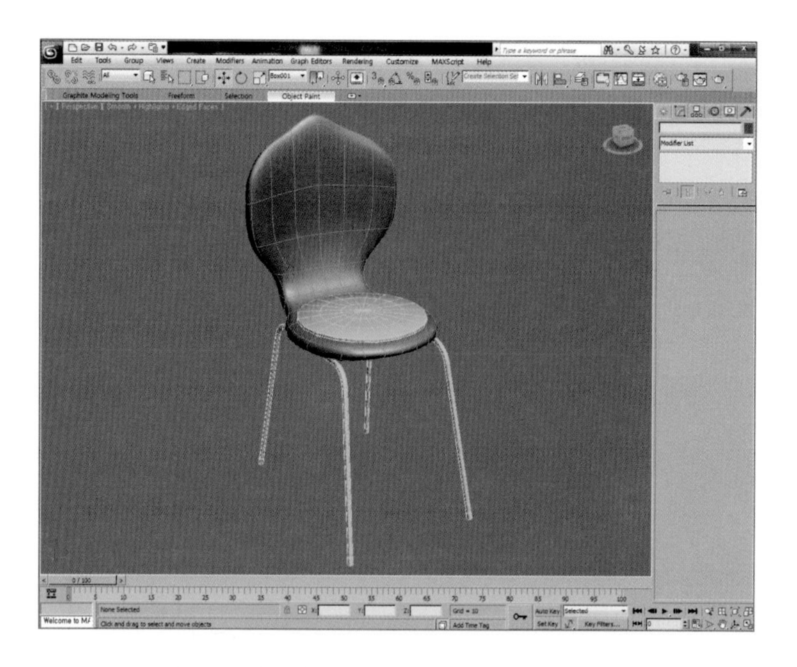
Edit Tools Group Views Create Modifiers Animation Graph Editors Rendering Customize MAXScript Help
Graphite Modeling Tools Freeform Selection Object Paint
Modifier List
None Selected
Click and drag to select and move objects

최종 완성된 이미지

8 ▸▸ 모니터 만들기

이번 실습에서는 Shape Merge를 이용하여 2D 단면을 3D 오브젝트에 생성되도록 한다.

01 >> [Top view]에서 [Box]를 이용하여 다음과 같이 설정한다. (단위 : mm)

[Length] : 800 [Width] : 800 [Height] : 600

[Length Segs] : 6 [Width Segs] : 6 [Height Segs] : 6

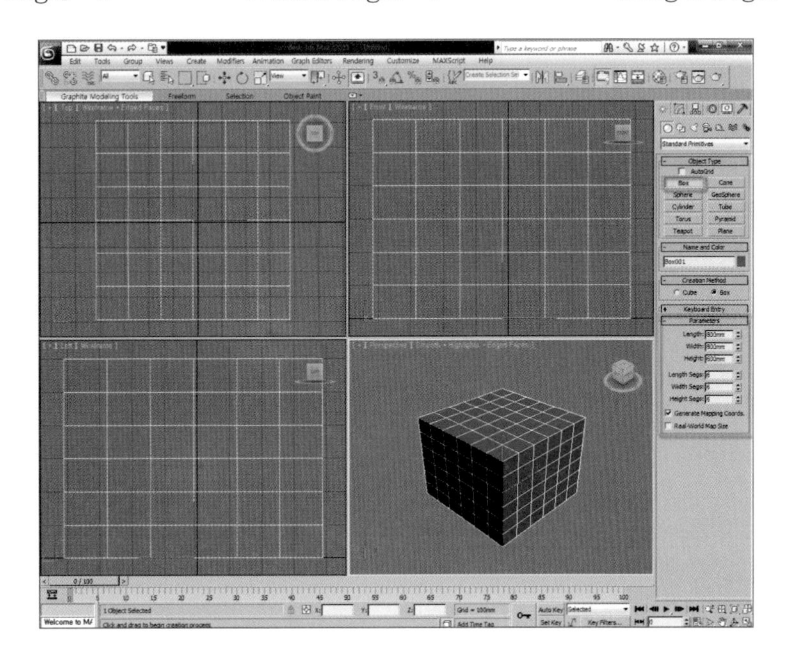

02 >> 마우스 우측 버튼을 클릭하여 [Convert to Editable Poly]를 선택한다.

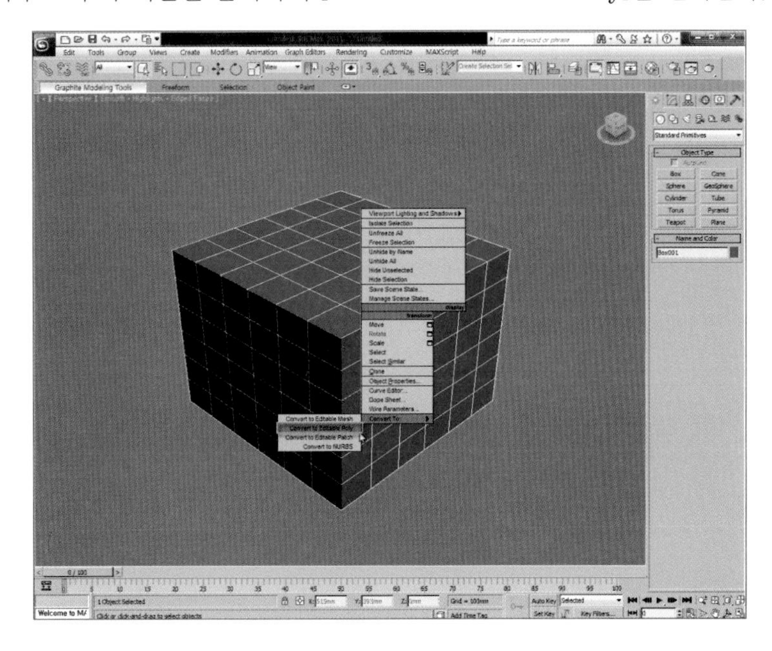

03 >> [Top], [Front], [Left]에서 [Select and Uniform Scale] 명령을 이용하여 그림과 같이 동일한 간격으로 [Vertex]를 조절한다.

[Vertex]를 선택할 때에는 드래그를 하여 앞뒤의 [Vertex]를 모두 선택하여 조절하며 [Select and Move] 명령을 이용하여 조절하면 상하 좌우 간격이 일정하지 않게 되므로 [Select and Uniform Scale] 명령을 이용한다.

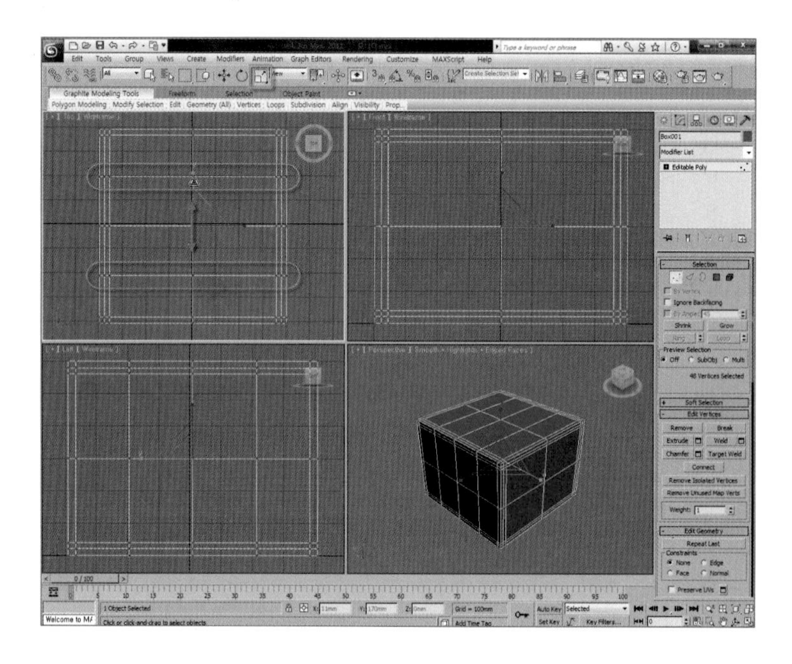

04 >> [Top View]에서 모니터 앞부분의 [Vertex]를 드래그하여 선택한 후 [Select and Move] 명령을 이용해 그림과 같이 [-Y] 축으로 이동한다.

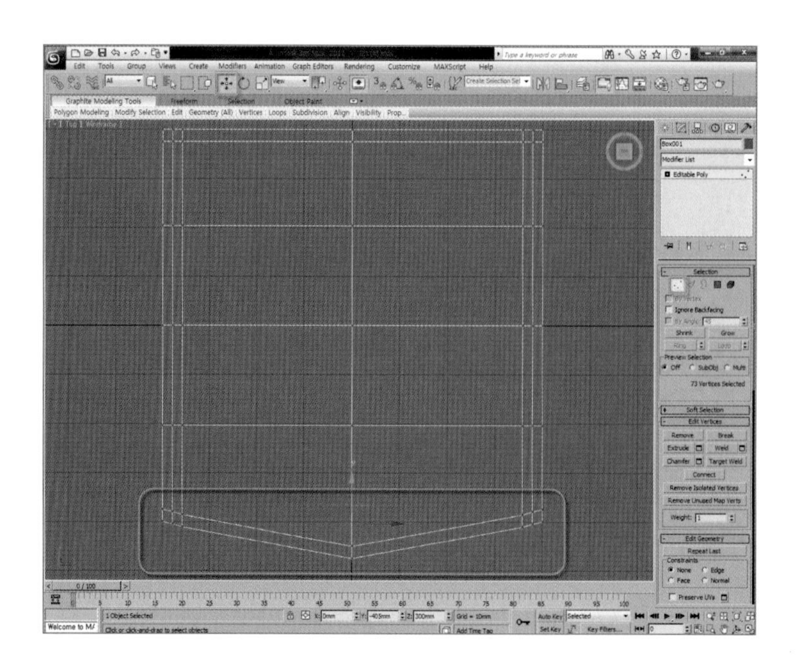

05 >> [Left View]에서 [Vertex]들을 조절하여 모니터 옆모습 모양으로 다듬는다.

Note

[Vertex]의 크기 조절은 [Customize] ➡ [Preference] ➡ [Viewports] ➡ [Show Vertices As Dots Size]에서 조절한다.

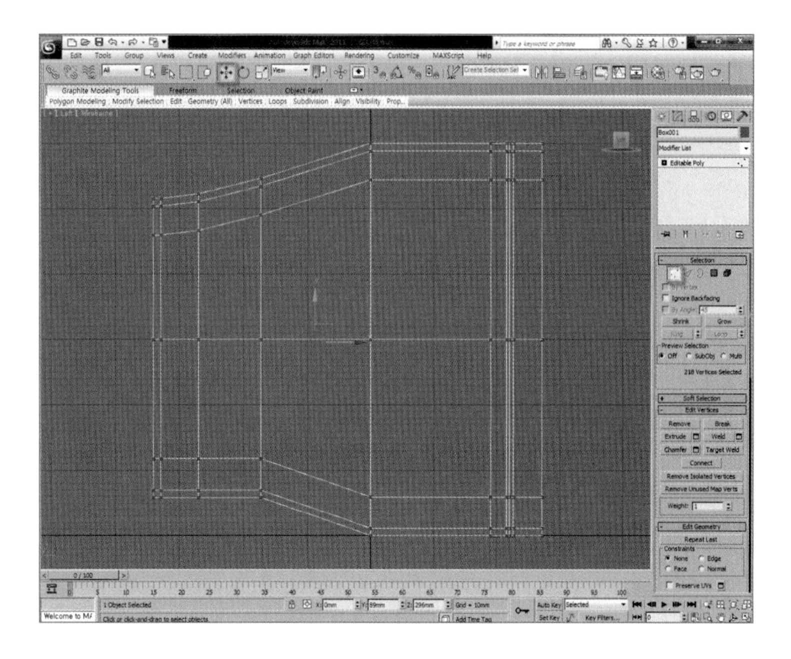

06 >> [Top View]에서 [Vertex]를 그림과 같이 정리한다. [Vertex]들의 간격이 작을수록 오브젝트 모서리 부분의 라운딩은 작아진다. 양끝의 [Vertex]를 수정할 때에는 좌우 간격이 동일하도록 [Select and Uniform Scale] 명령을 이용한다.

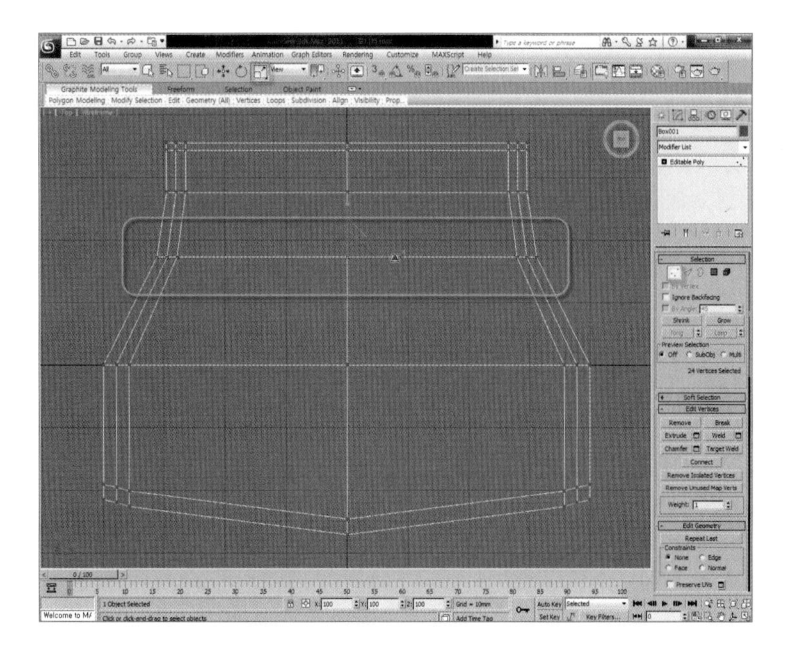

07 >> Alt + W 를 눌러 한 개의 화면으로 전환한다. [Selection] 옵션을 선택하지 않은 상태에서 [Use NURMS Subdivision]을 체크하여 대략적인 모니터 모양을 확인한 뒤 틀린 부분들을 수정한다.

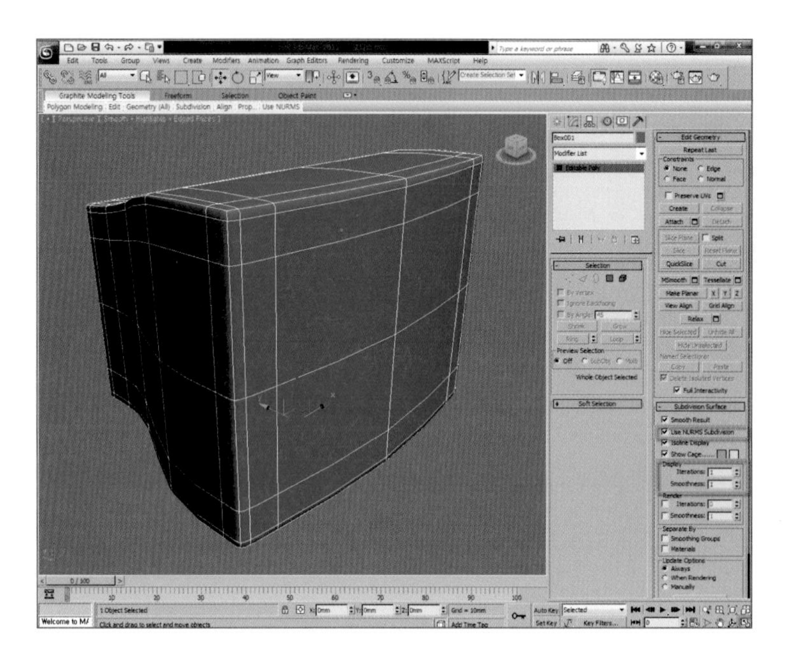

08 >> 면의 생성을 위해 [Display] ➡ [Iteration] 값을 '1'로 입력한 후 마우스 우측 버튼을 클릭하여 [Convert to Editable Poly]를 선택한다. 면의 수가 증가한다.

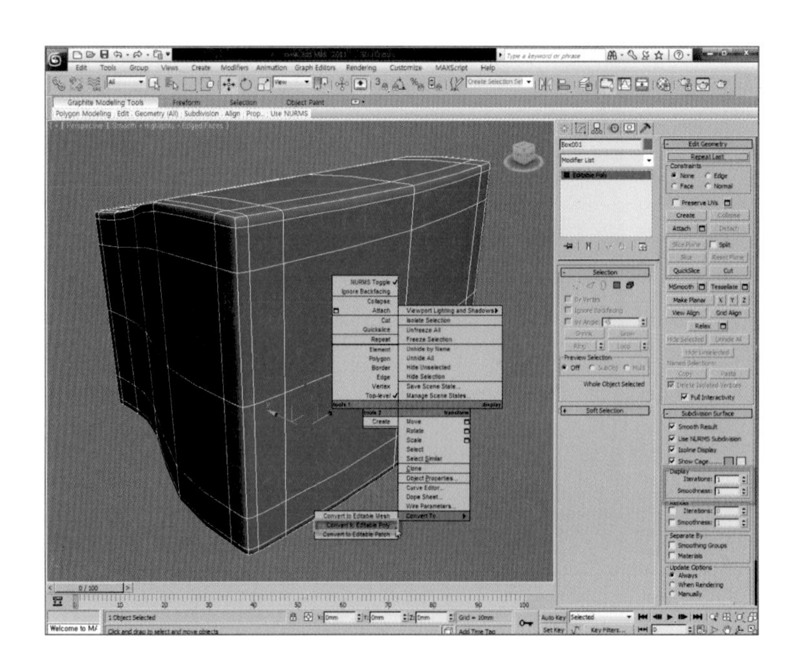

09 >> [Polygon]이 선택된 상태에서 모니터 화면 부분의 모서리 부분을 선택한다.

Note

Space Bar 는 잠금장치로서 면을 선택했을 때 선택 풀림을 방지한다.

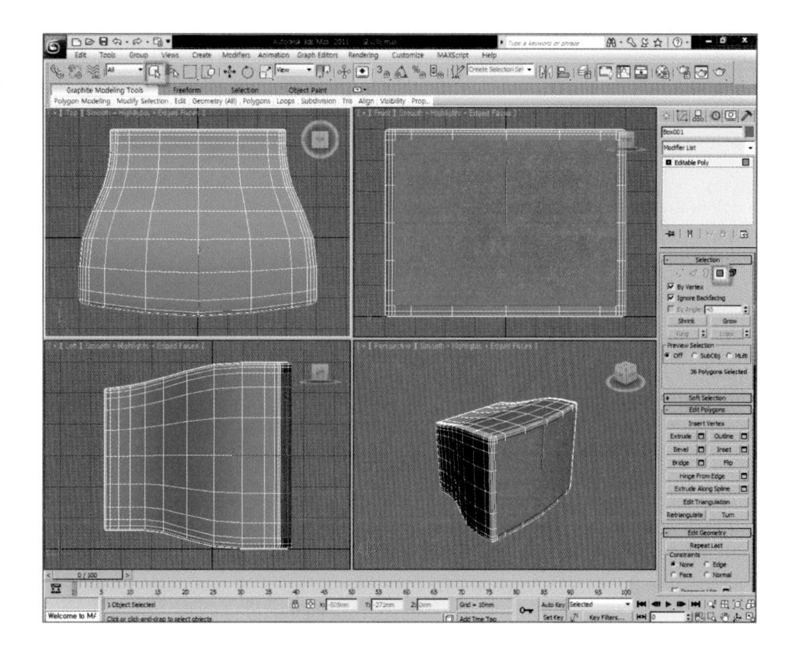

10 >> 선택된 면을 [Bevel setting]을 클릭하고 다음의 수치를 입력한 후 [OK] 버튼을 누른다.

[Height] : -10

[Outline Amount] : -10

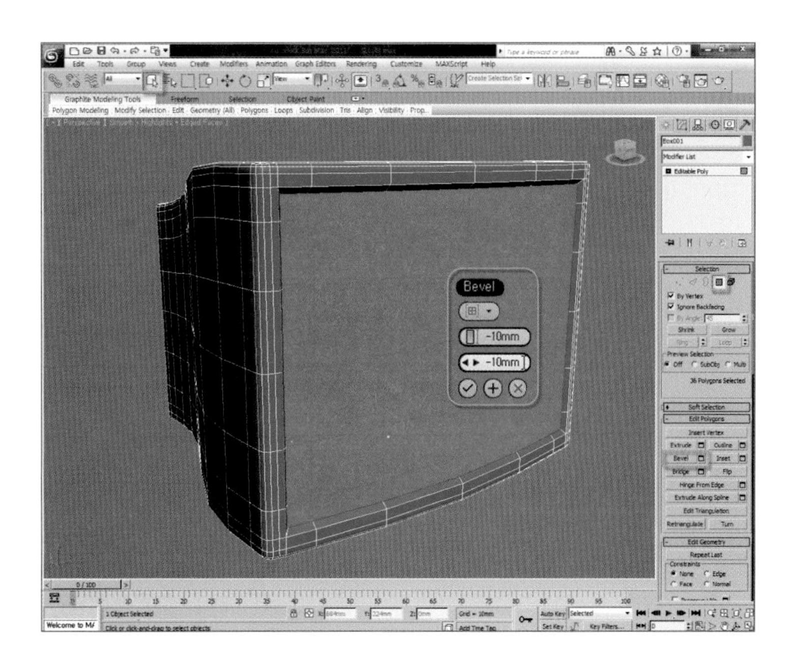

11 >> [Detach]를 선택한 후 면을 분리하여 이름을 [Screen]으로 입력한다.

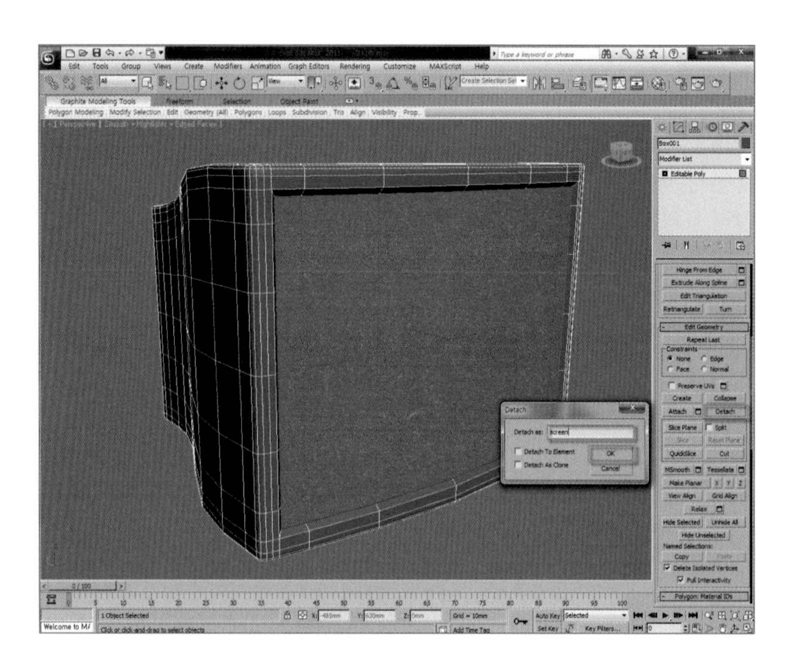

12 >> 모니터 우측 하단부에 반지름이 '10' 인 원을 3개 그린다.

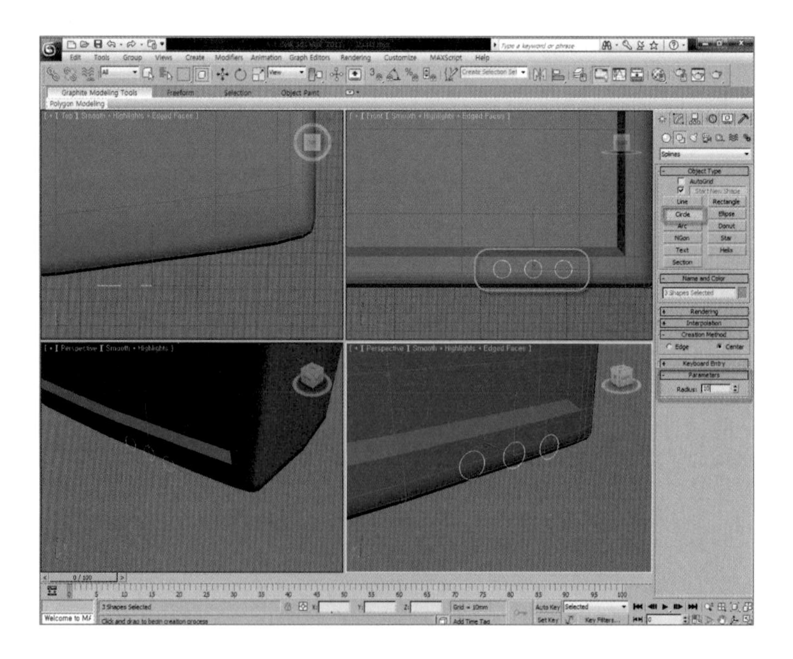

13 >> 모니터를 선택한 후 [Compound Objects] ➡ [Shape Merge]를 클릭한다. [Pick Shape]를 선택한 후 원 3개를 차례로 클릭하면 본체에 원이 그려진다.

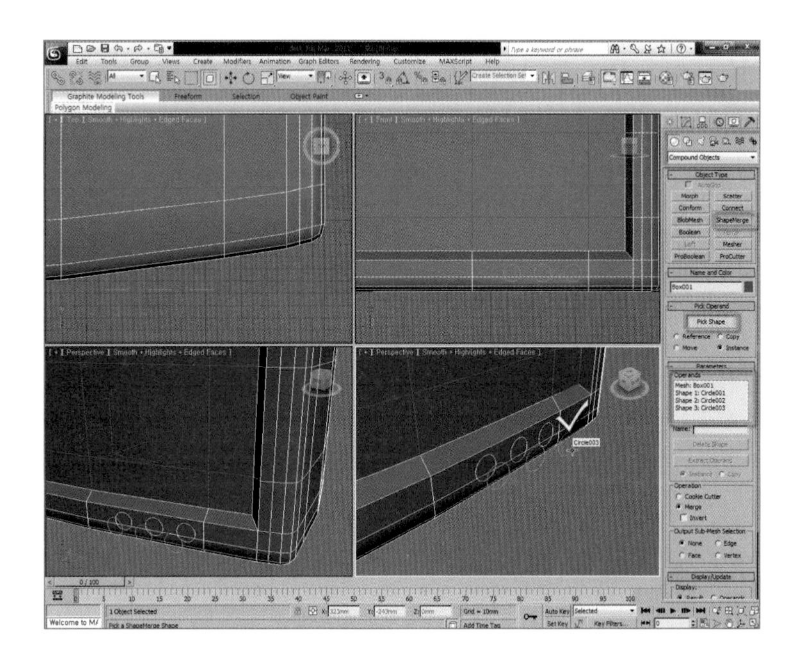

14 >> 마우스 우측 버튼을 클릭하여 [Convert to Editable Poly]를 선택한다.

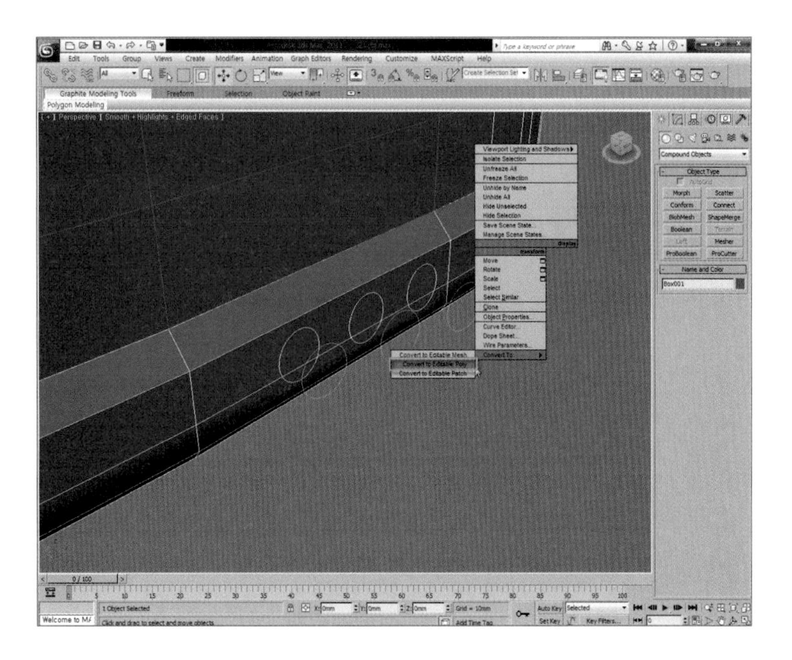

15 >> [Selection] ➡ [Edge]를 선택한 후 원의 중간 부분에 불필요한 선을 Ctrl + Back Space 를 눌러 모두 삭제한다.

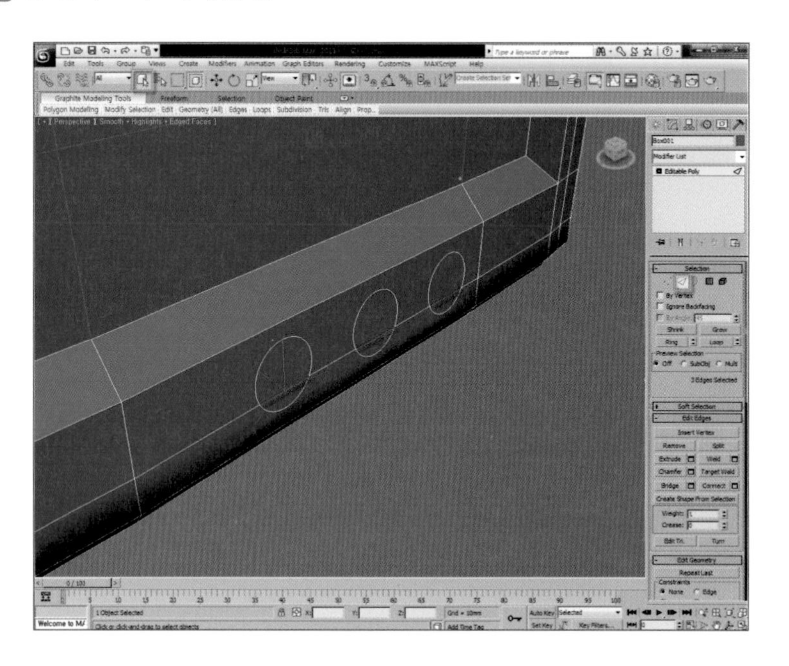

16 >> 버튼이 될 3면을 모두 선택 한 후 [Bevel Setting] 을 클릭하여 다음의 수치를 입력한다.

[Height] : -2

[Outline Amount] : -1

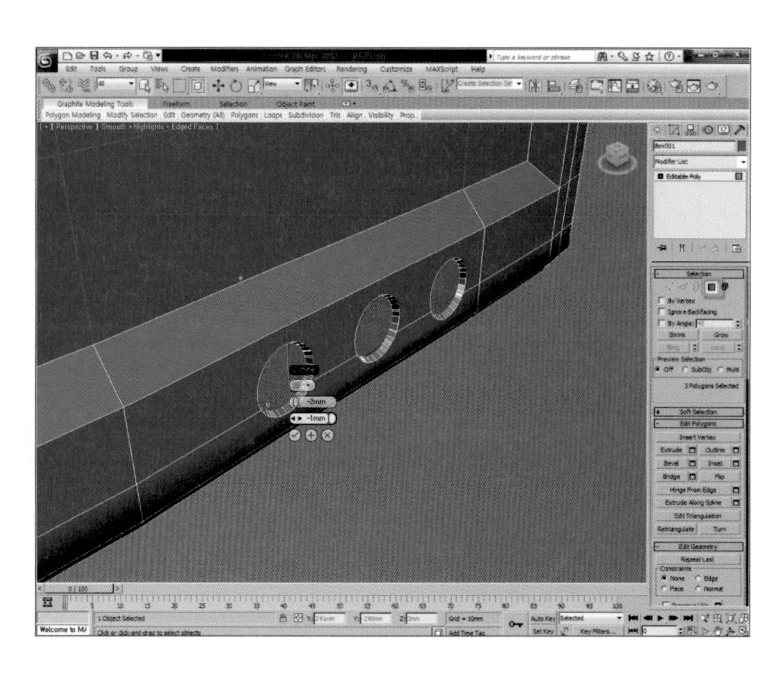

17 >> 3면이 선택된 상태에서 [Extrude Setting]을 클릭하여 [Extrusion Height] 값을 '7'로 입력한다.

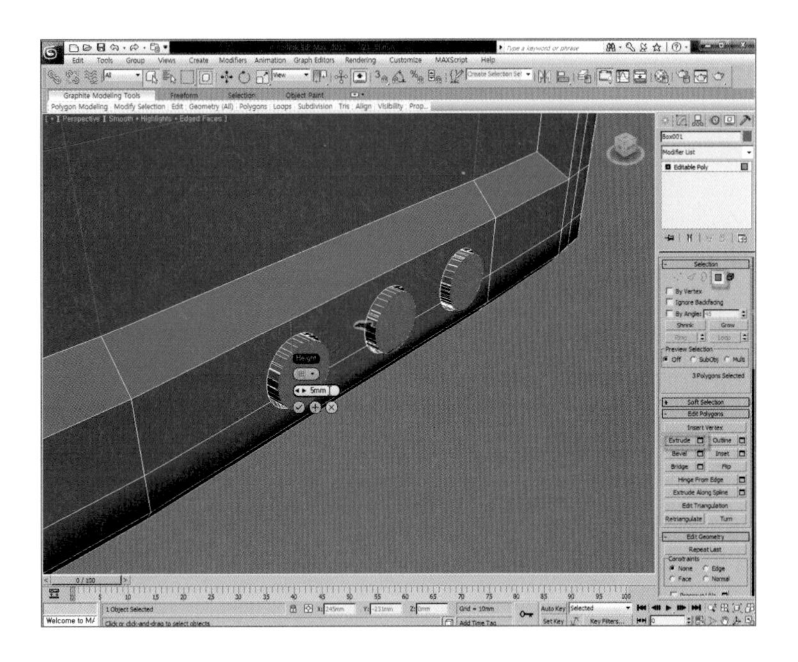

18 >> [Front View]에서 다리 부분을 [Line]으로 그린 후 [Fillet] 명령을 사용하여 라운드를 주어 수정한다.

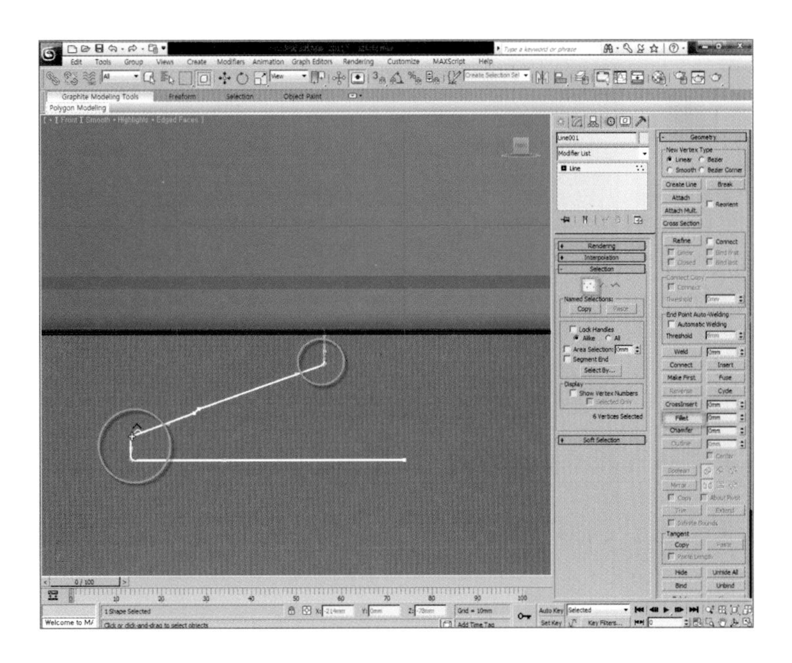

19 >> [Lathe] 명령을 이용하여 그려진 받침 단면도를 360° 회전시킨다. 축의 정렬을 맞추기 위해 [Align] ➡ [Max]를 선택하고 [Segment] 값을 '30' 으로 입력한다.

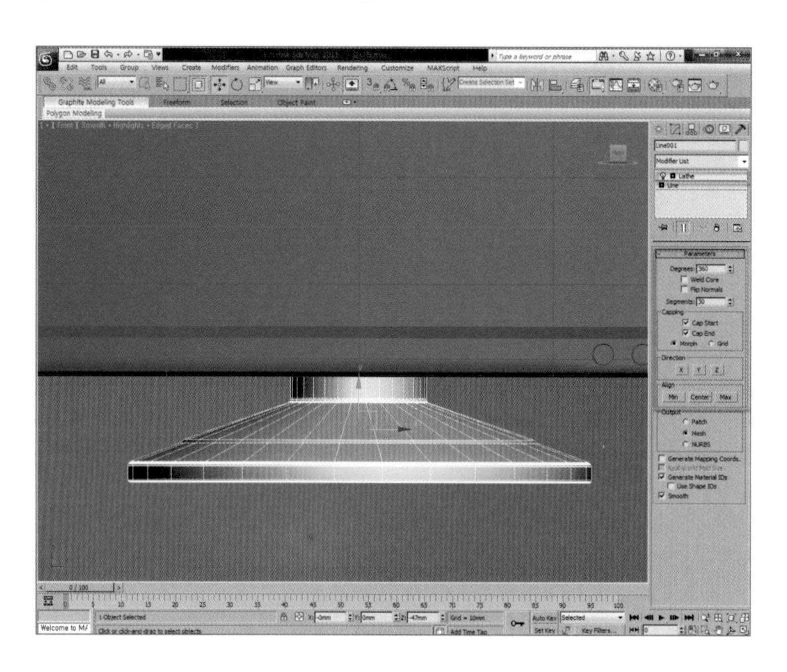

20 >> CRT 모니터 그리는 방법으로 이와 유사한 전자제품을 그려보도록 한다.

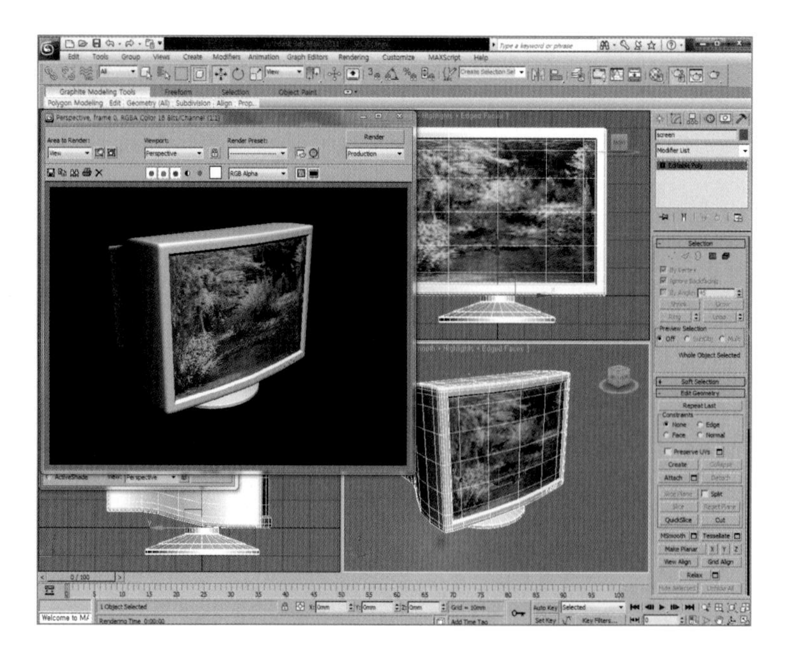

9 ▸▸ 쿠션 만들기

Box를 Polygon으로 변환한 후 Connect 명령과 Vertex를 조절하여 쿠션 주름을 표현한다.

01 >> [Top View]에서 [Box] 명령으로 다음과 같이 제작한다. (단위 : mm)

[Length] : 300　　[Width] : 300　　[Height] : 100

[Length Segs] : 3　　[Width Segs] : 3　　[Height Segs] : 3

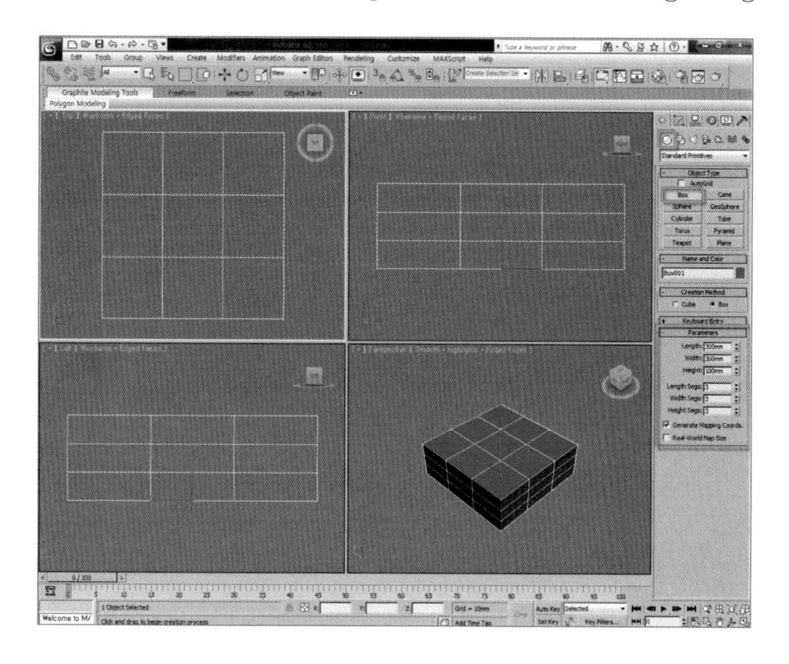

02 >> 마우스 우측 버튼을 클릭하여 [Convert to Editable Poly]를 선택한다.

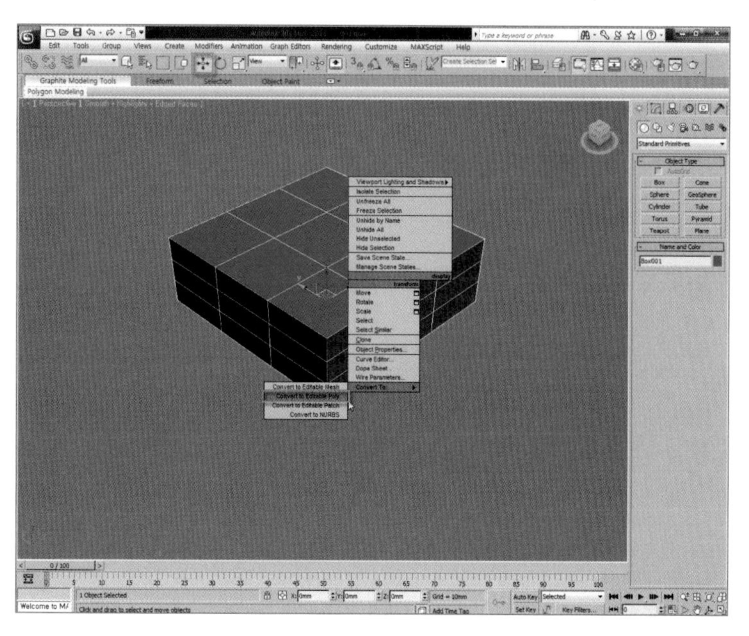

03 >> [Selection] ➡ [Vertex]를 선택한다. [Top View]에서 중간 지점의 [Vertex]를 선택한 후 [Select and Uniform Scale] 명령으로 그림과 같이 이동한다.

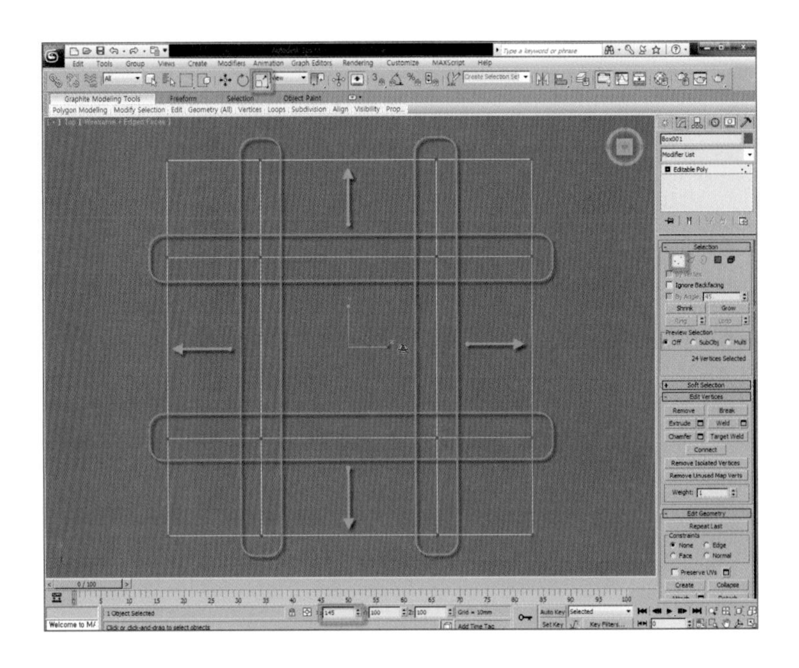

04 >> [Top View]에서 [Select and Move] 명령으로 중앙의 [Vertex]를 드래그하여 선택한 후 [Front View]에서 커서를 [Y] 방향으로 올려 중간 부분이 나오도록 한다.

선택된 [Vertex]들이 해제될 경우는 Space Bar 를 눌러 [Vertex]를 잠궈 놓는다.

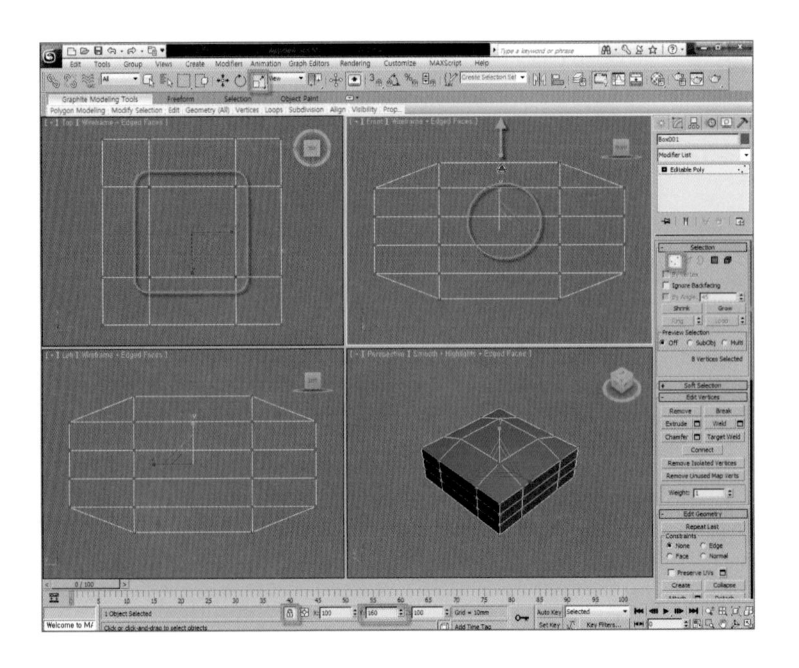

05 >> [Top View]에서 4곳의 끝부분을 드래그하여 [Vertex]들을 모두 선택한 후 [Select and Uniform Scale] 명령을 실행하여 4곳의 [Vertex]들을 퍼지도록 동일하게 이동한다.

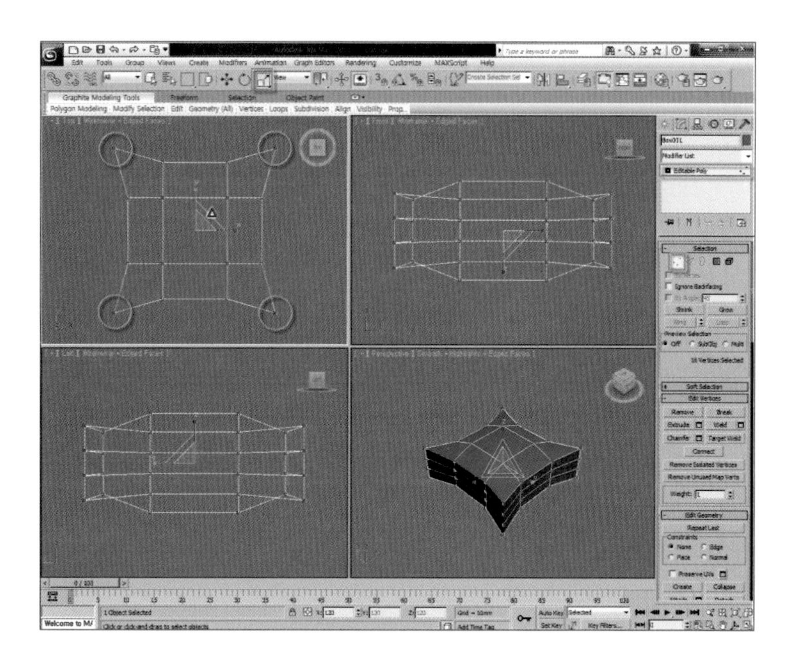

06 >> [Front View]에서 양 끝의 [Vertex]들을 선택한다. [Select and Uniform Scale] 명령으로 [Y] 축을 밑으로 이동하여 [Vertex]들을 모아준다.

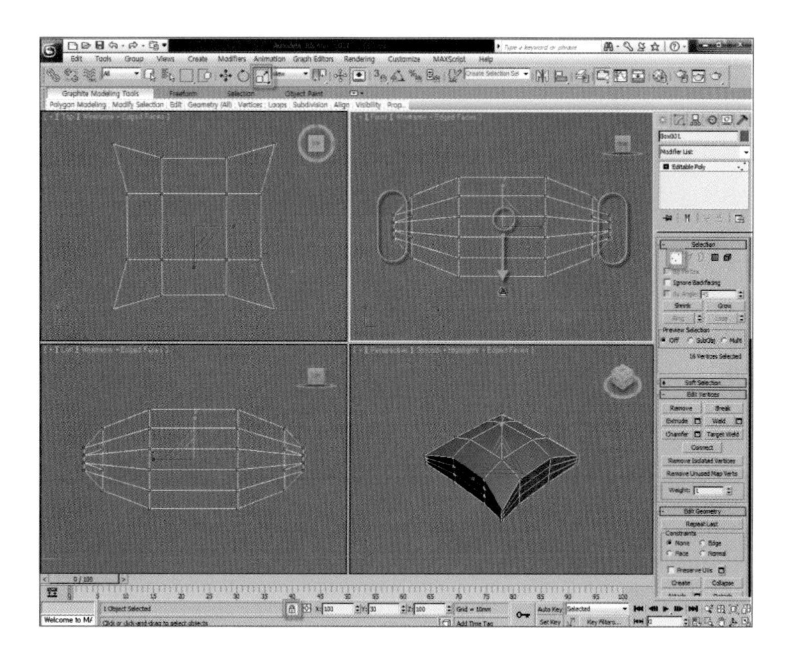

07 >> [Front View]와 [Left View]에서 중간 [Vertex]를 선택한 후 [Select and Uniform Scale] 명령을 이용하여 [Vertex]들을 평행하게 정렬한다.

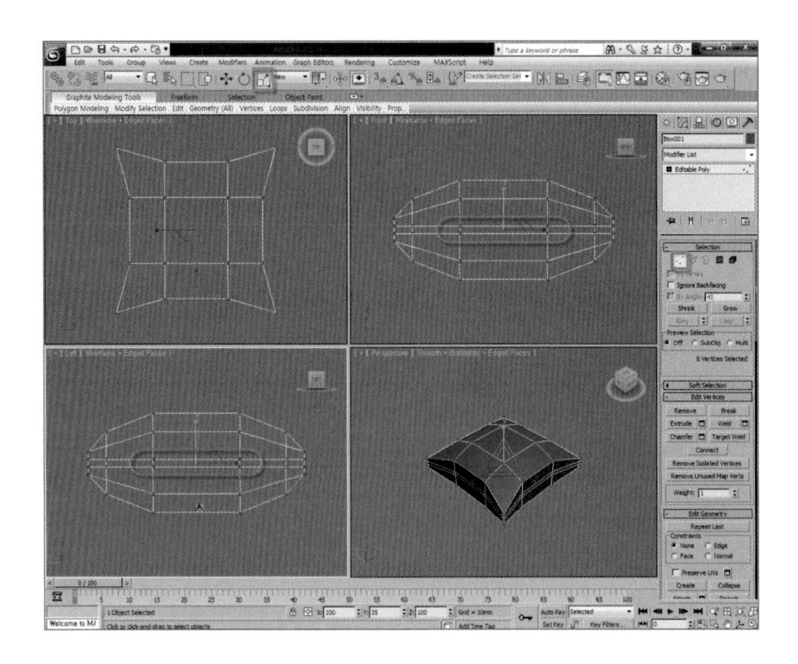

08 >> [Front View]에서 [Select and Uniform Scale] 명령을 이용해서 중앙 [Vertex]를 [-Y] 방향으로 이동시켜 [Vertex] 간의 간격을 좁힌다.

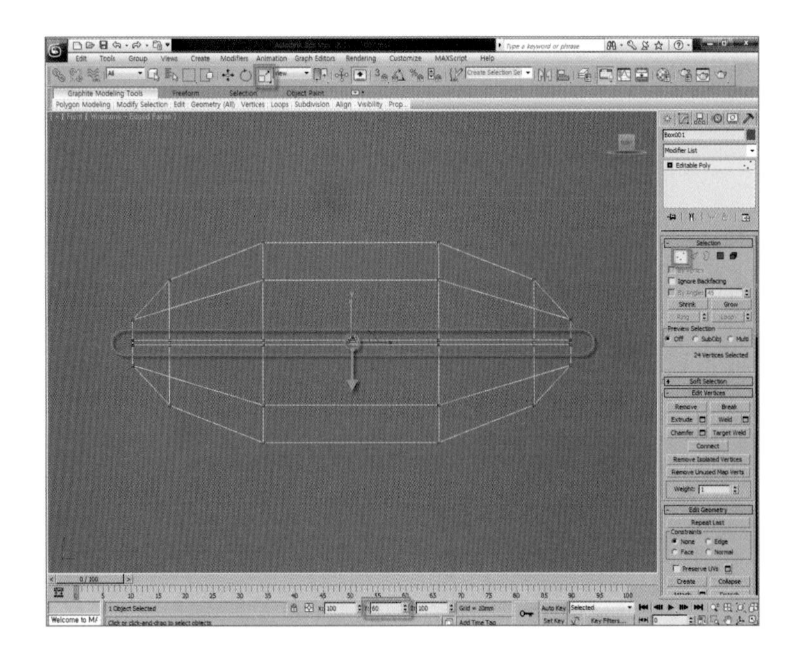

09 >> [Perspective]에서 [Selection] ➡ [Polygon]을 클릭한 후 Ctrl 을 누른 상태에서 오브젝트의 중간[Polygon]들을 모두 선택한다(전체 [Polygon]을 선택한 후 Alt 버튼을 누른 상태에서 윗면과 아랫면을 드래그하여 제외하기도 한다).

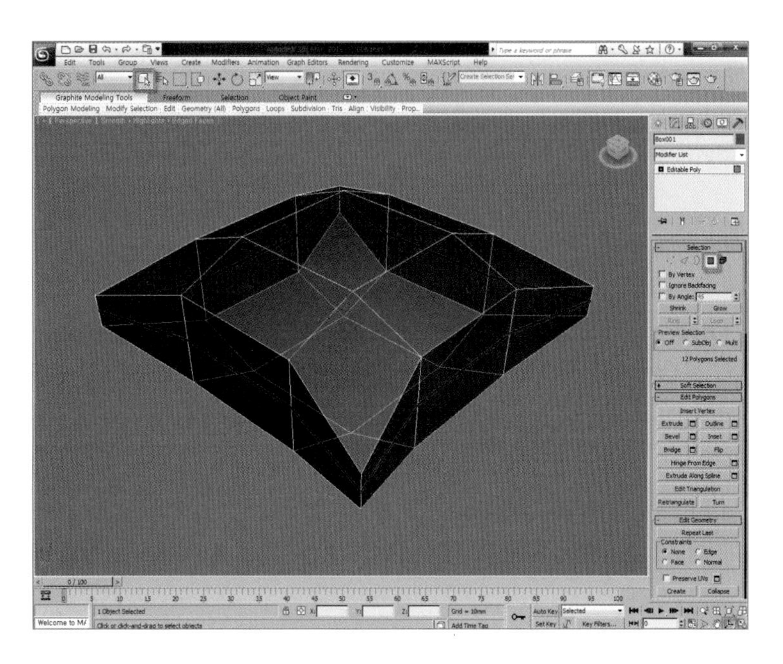

10 >> [Extrude Settings] 버튼을 누른 후 [Group]을 [Local Normal]로 설정하고 [Height]값을 '40' 으로 입력한 후 [OK] 버튼을 클릭한다.

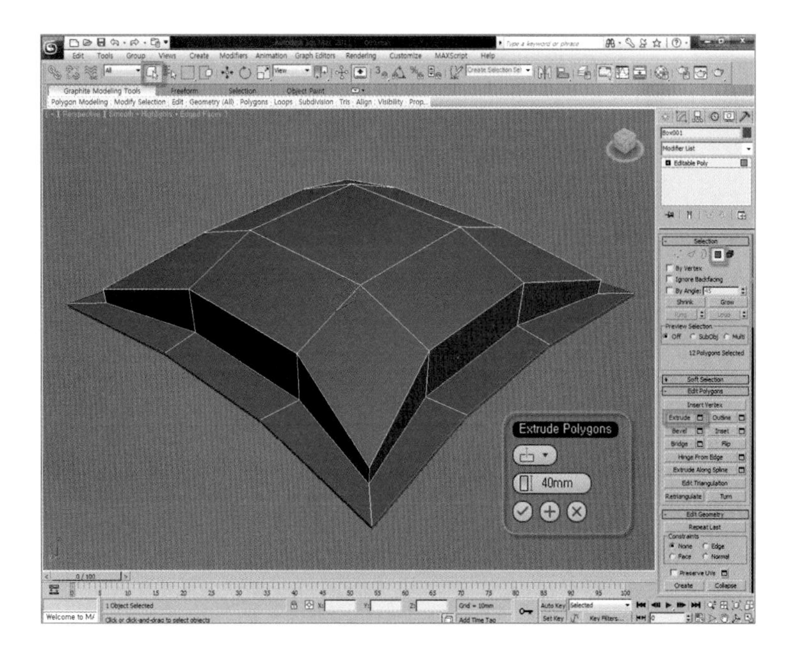

11 >> [Perspective]에서 [Selection] ➡ [Edge]를 클릭한 후 Ctrl 을 누른 상태에서 오브젝트의 모서리 [Edge]들을 모두 선택한다(하나의 [Edge]를 선택한 후 [Loop] 명령을 이용하여 선택하기도 한다).

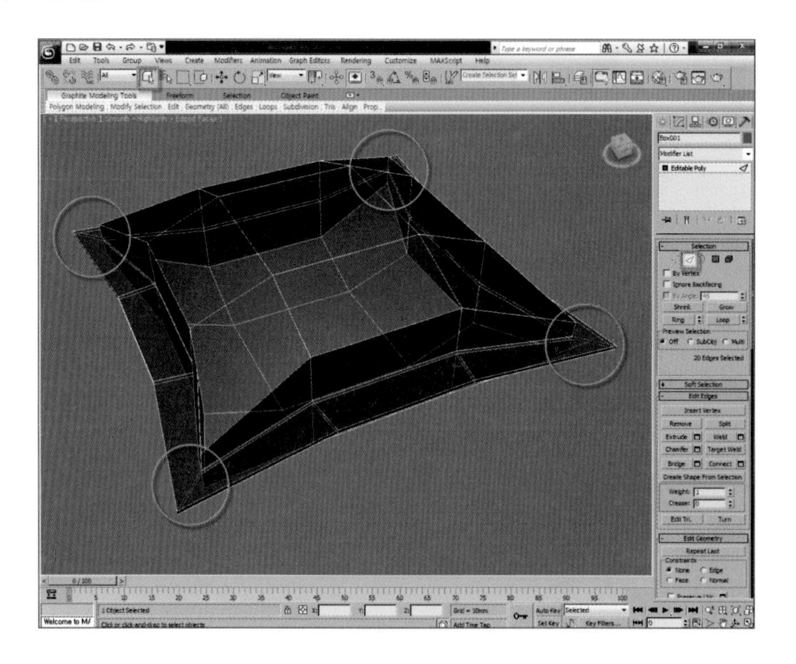

12 >> [Chamfer] 명령을 실행하여 [Edge Chamfer Amount] 값을 '5'로 입력한 후 [OK]를 클릭한다.

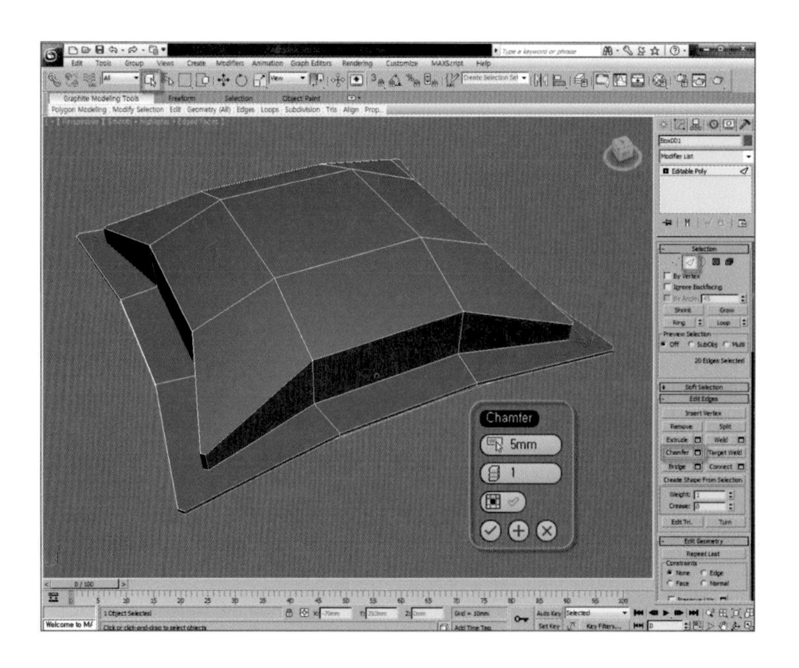

13 >> [Selection] ➡ [Vertex]를 클릭한 후 그림과 같이 [Vertex]들을 선택한다.

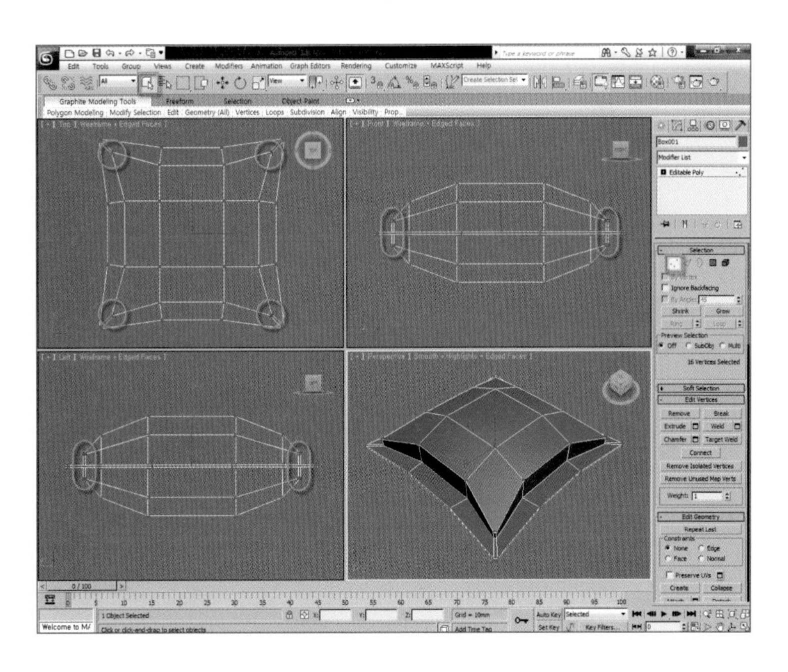

14 >> [Top View]에서 [Select and Uniform Scale] 명령을 이용해서 [-Y] 축으로 마우스를 드래그하여 [Vertex]를 안쪽으로 약간 이동한다.

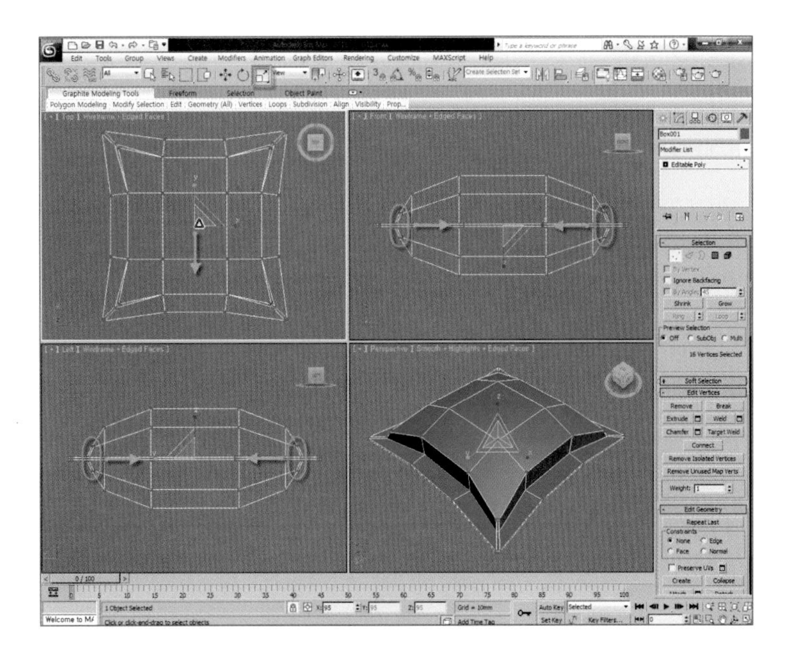

15 >> [Selection] ➡ [Edge]를 클릭한 후 [Loop] 명령으로 앞 뒤 [Edge]를 모두 선택한다.

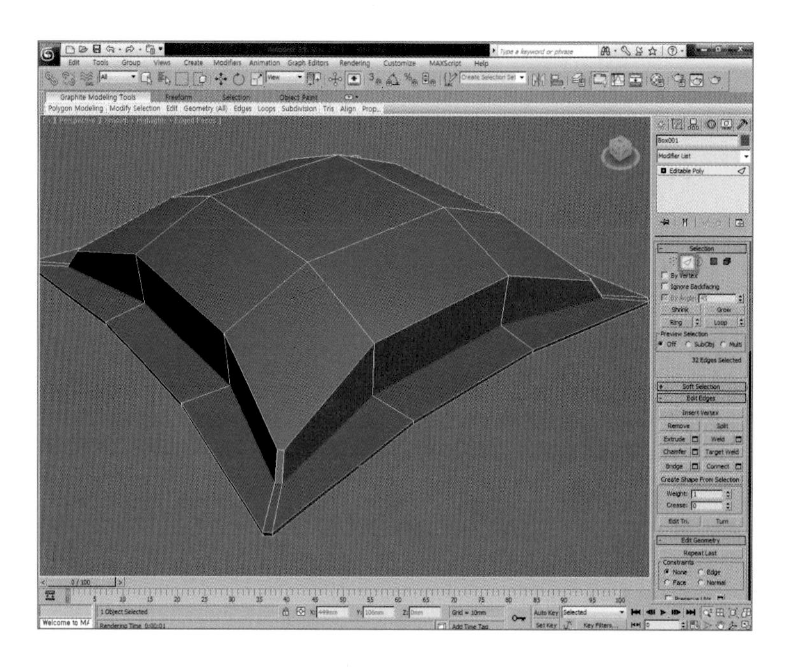

16 >> [Chamfer Settings]를 클릭한 후 [Edge Chamfer Amount] 값을 '1'로 하고 [OK] 버튼을 누른다. [Chamfer] 명령을 실행하여 몸체와 날개 부분의 윤곽이 생긴다.

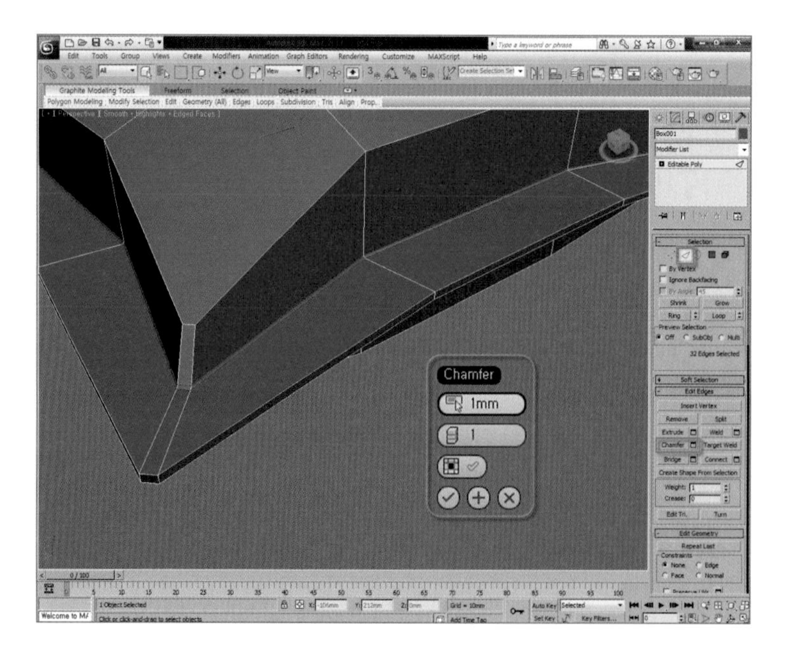

17 >> 가운데 선을 선택한 후 [Ring] 명령을 이용하여 중앙의 [Edge]들을 모두 선택한다.

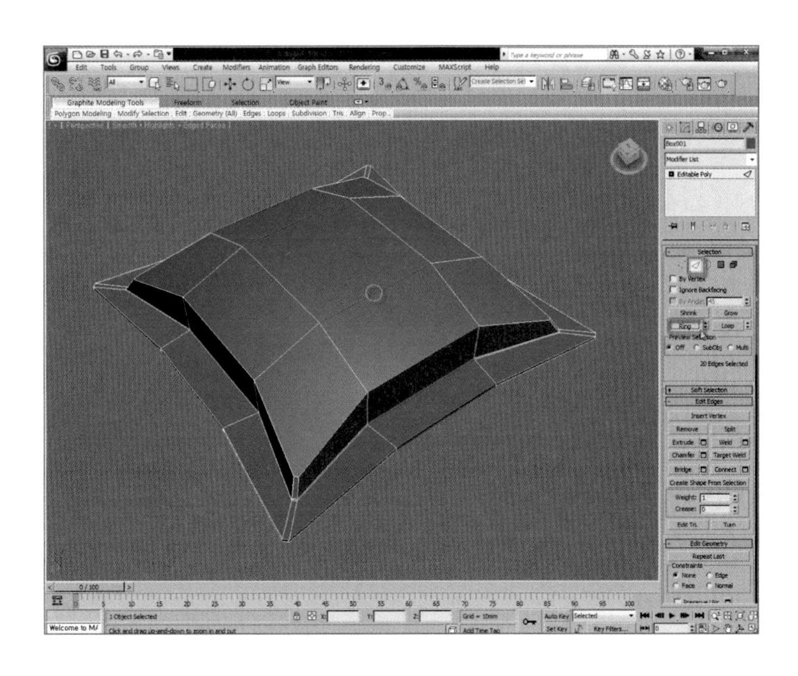

18 >> [Connect Settings] 명령을 실행하여 다음과 같이 입력한 후 [OK]를 클릭한다.

[Segment] : 3

[Pinch] : −75

[Slide] : 0

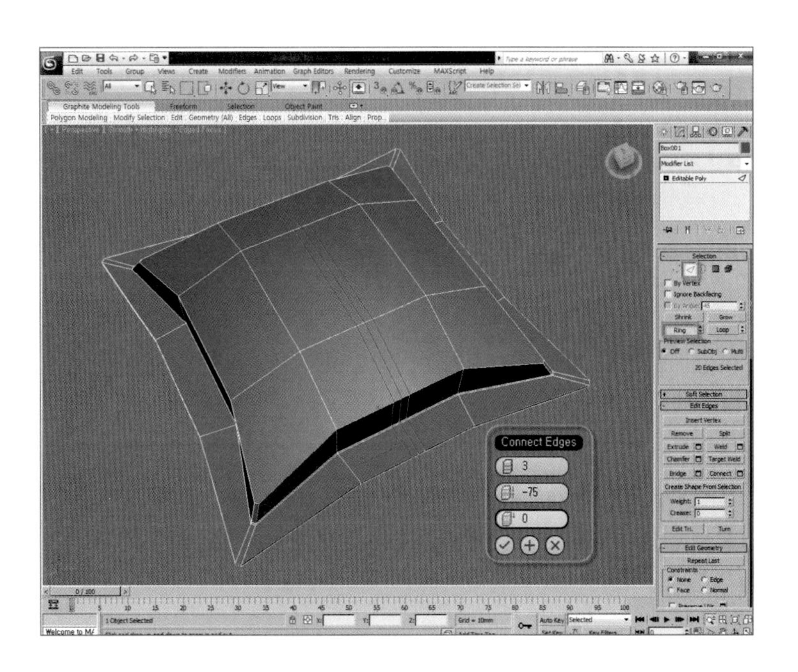

19 >> 앞과 동일한 방법으로 [Connect] 명령을 이용하여 가로선을 만든다.

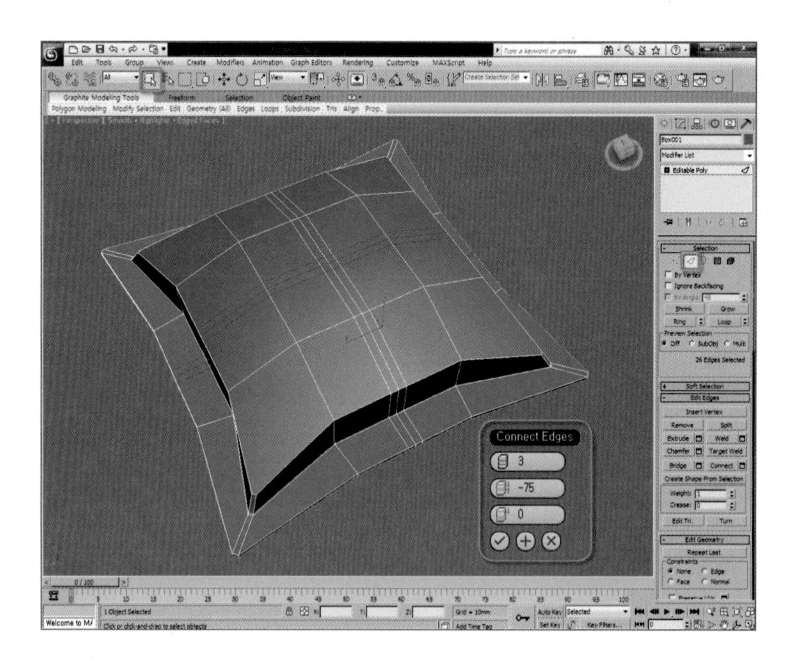

20 >> [Left View]에서 [Selection] ➡ [Vertex]를 클릭한다. 중앙의 [Vertex]를 [Select and Move] 명령을 이용하여 그림과 같이 이동한다.

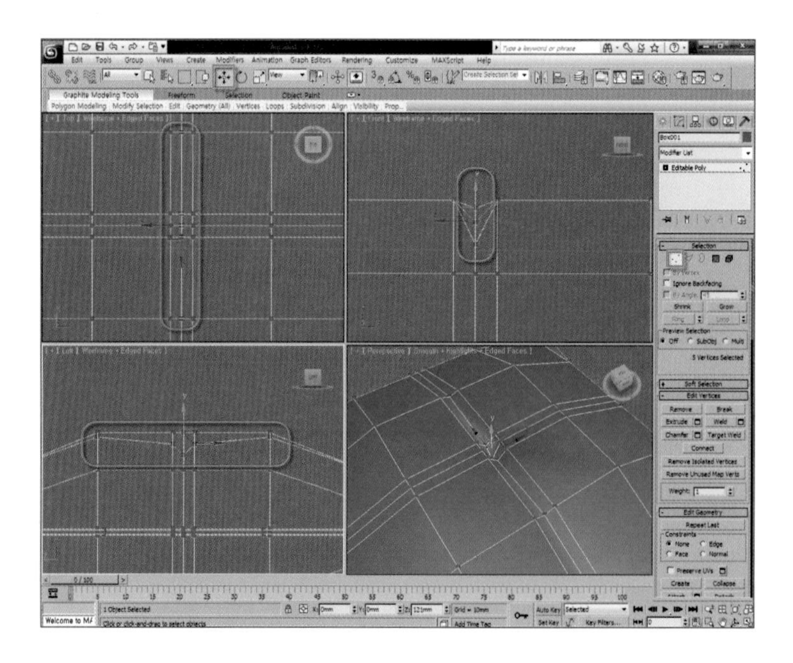

21 >> 가로 [Vertex]와 뒷면의 [Vertex]들도 동일한 방법으로 홈이 들어가도록 조절한다.

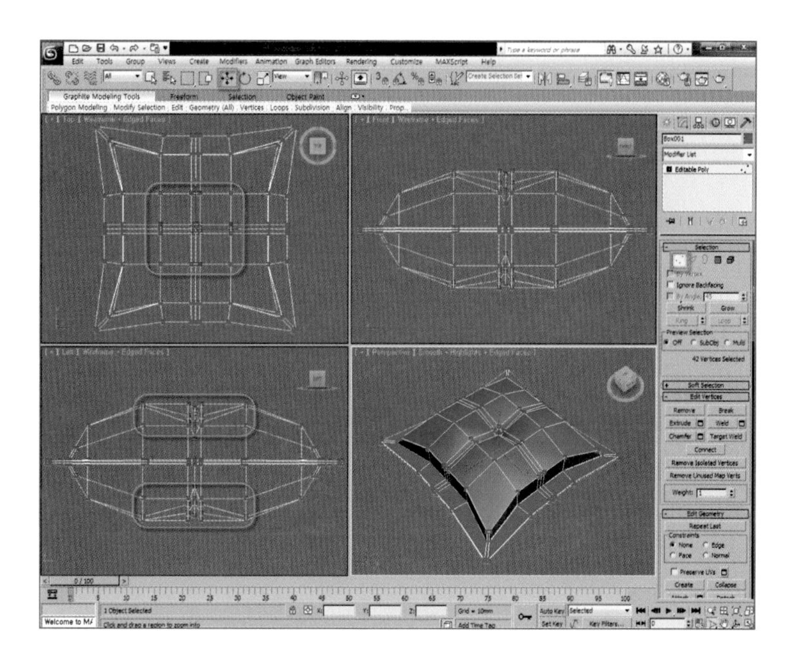

22 >> [Use NURMS Subdivision]을 체크한 후 [Display] ➡ [Iteration] 수치값을 '2'로 입력한다.

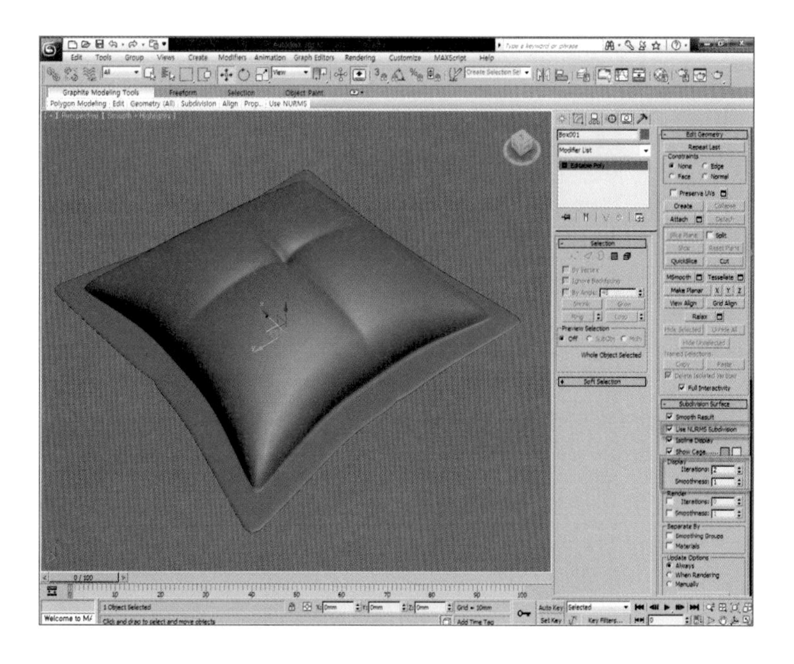

23 >> [Extended Primitives]의 [Oiltank] 명령으로 다음과 같이 제작한 후 [Select and Move] 명령으로 중앙에 배치한다.

[Radius] : 12　　[Height] : 10　　[Cap Height] : 5
[Blend] : 0　　[Sides] : 15　　[Height Segs] : 1

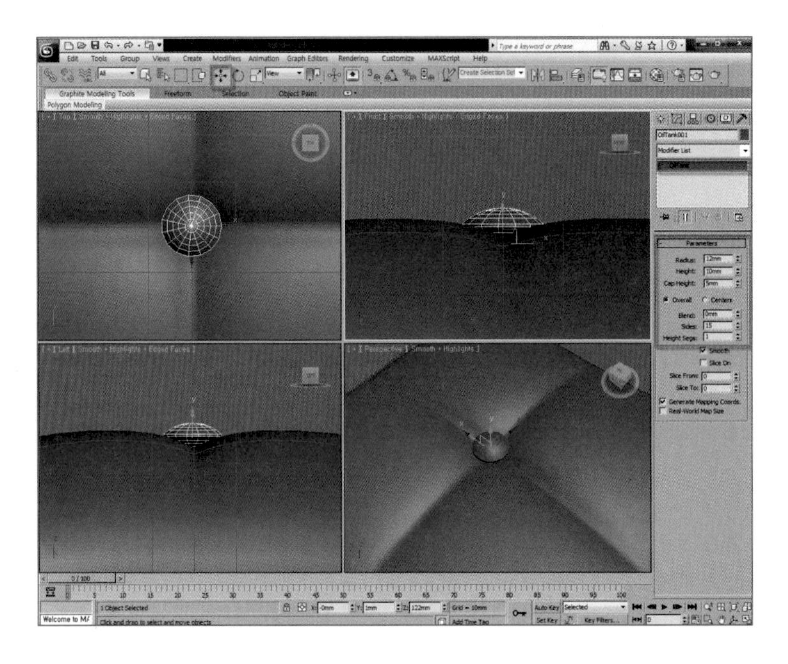

24 >> 날개 부분이 자연스럽게 보이도록 [Vertex]를 조절한 후 완성한다.

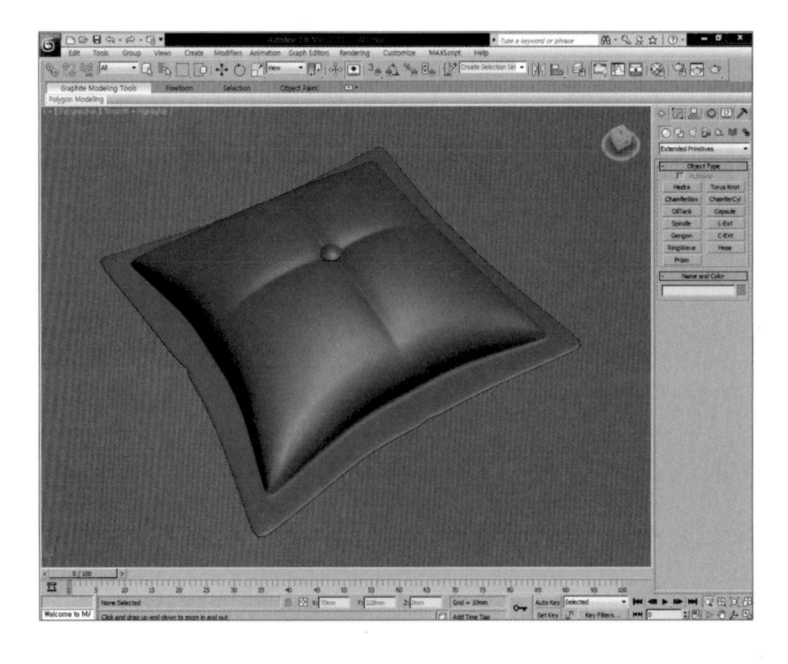

10 ▸▸ 침대 만들기

부드러운 천 질감을 Editable Poly로 표현하는 연습을 한다. Vertex를 불규칙적으로 조절하여 침대보의 자연스러운 굴곡을 표현한다.

01 >> [Top View]에서 [Box] 명령을 이용하여 침대의 밑 부분을 다음과 같이 제작한다. (단위 : mm)

[Length] : 2800
[Width] : 2000
[Height] : 600
[Length Segs] : 4
[Width Segs] : 4
[Height Segs] : 2

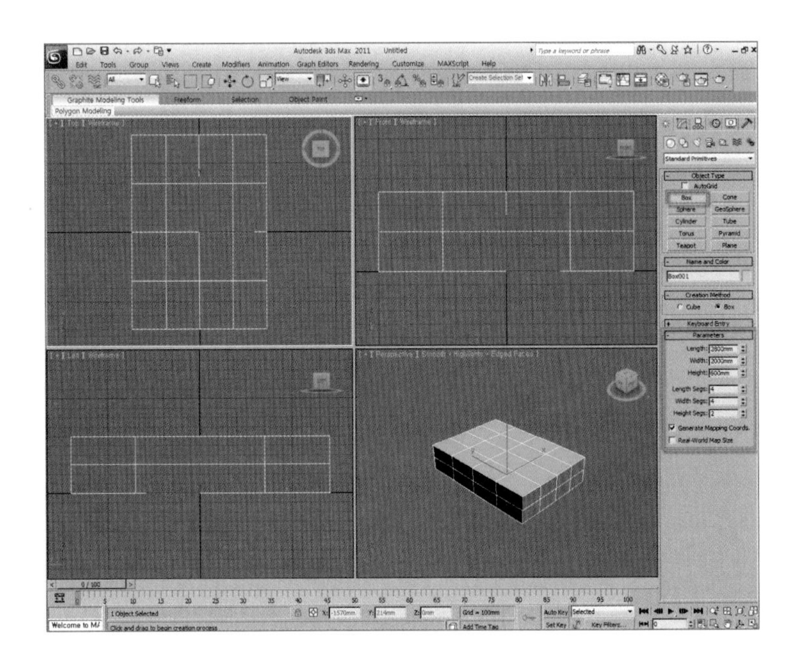

02 >> 제작된 오브젝트를 선택한 후 마우스 우측 버튼을 클릭하여 [convert to Editable Poly]로 선택한다.

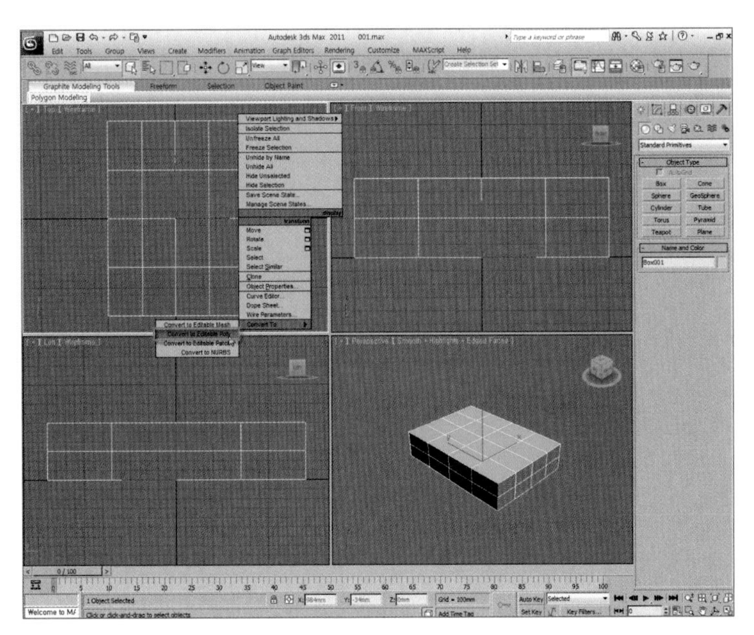

03 >> [Top View]에서 [Select and Uniform Scale] 명령으로 [Vertex]를 이동한다. [Front View]에서 [Select and Move] 명령을 이용하여 그림과 같이 [Y]축 방향으로 이동한다. [Vertex]의 접근 정도에 따라 침대 모서리의 라운딩이 크고 작음을 결정한다.

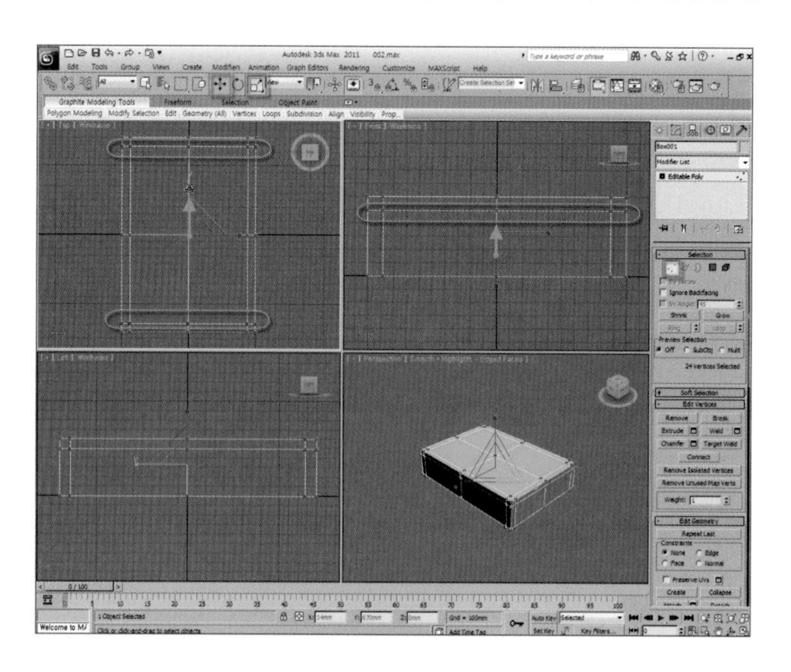

04 >> [Selection] ➡ [Polygon]을 선택한 뒤 침대 바닥 부분을 모두 삭제한다.

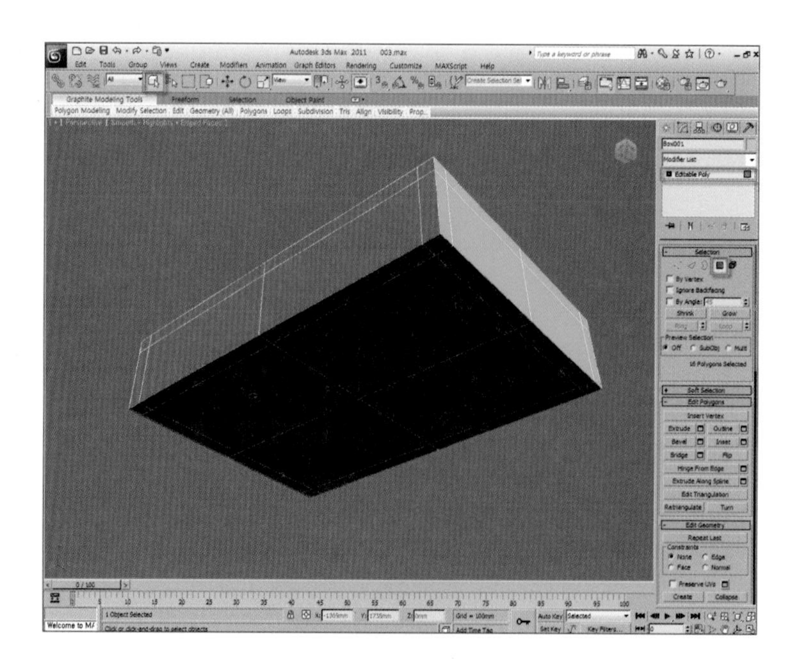

05 >> [Selection] ➡ [Edge]를 선택한 후 [Select Object] 명령으로 모서리 4곳을 제외한 [Edge]들을 선택한다. 추가로 [Edge]를 선택할 때에는 Ctrl 버튼을 누른 상태에서 선택하고 선택된 [Edge]를 제외할 때는 Alt 버튼을 누른 상태로 선택하여 제외한다.

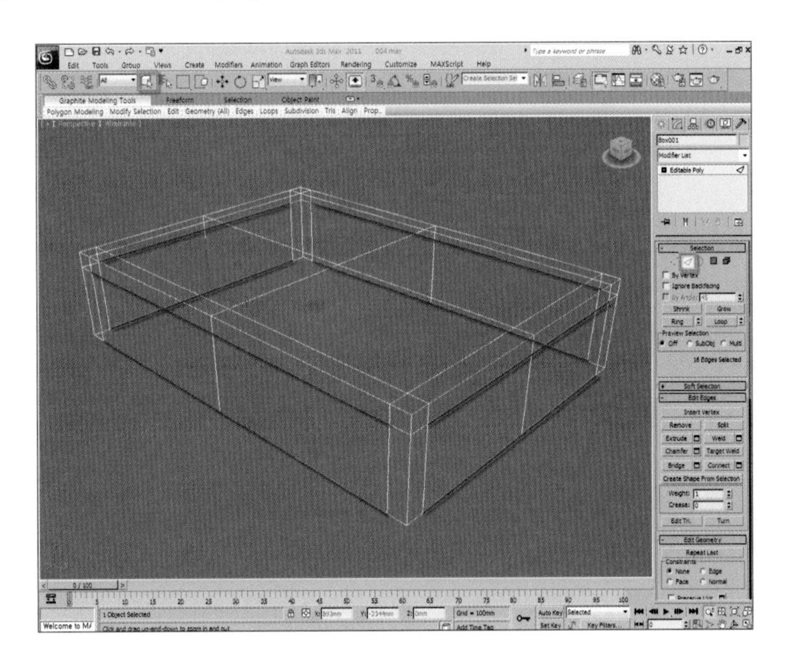

06 >> [Connect Setting] 버튼을 클릭한 후 [Segments]를 '3' 으로 입력하고 [OK] 버튼을 누른다. 2개의 가로테두리를 연결하는 세로선들이 생성된다.

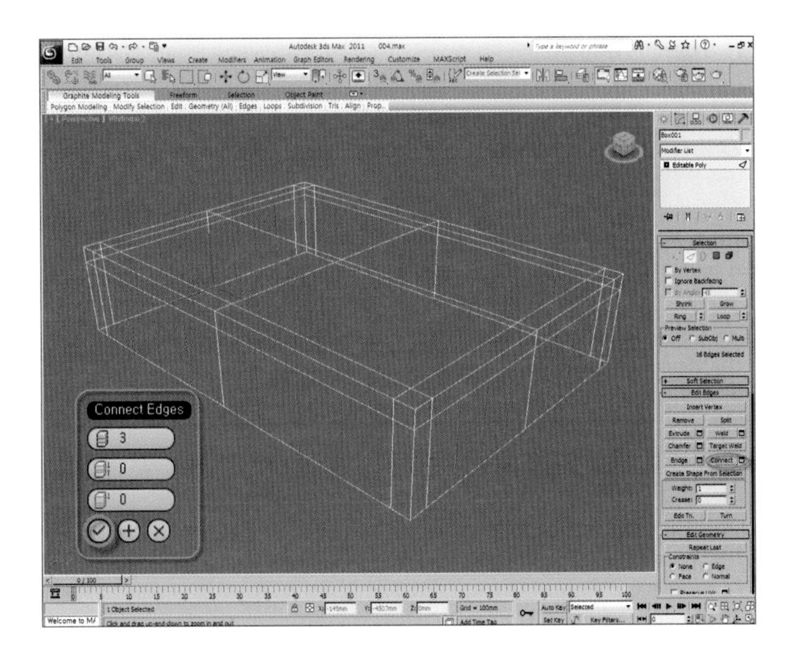

07 >> 천의 질감을 나타내기 위해 [Select and Move] 명령으로 [Vertex]들을 그림과 같이 불규칙적으로 이동한다.

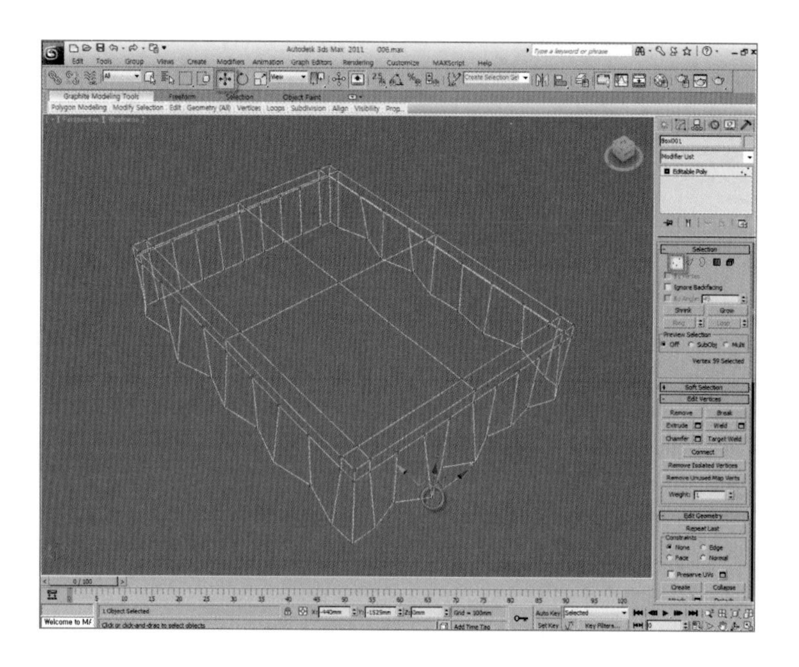

08 >> [Subdivision Surface] ➡ [Use NURMS Subdivision]을 체크하여 천의 굴곡표현을 확인한다. 천 표현을 좀 더 자세히 나타내고자 할 때는 세로선을 추가한 후 [Vertex]들을 조절한다.

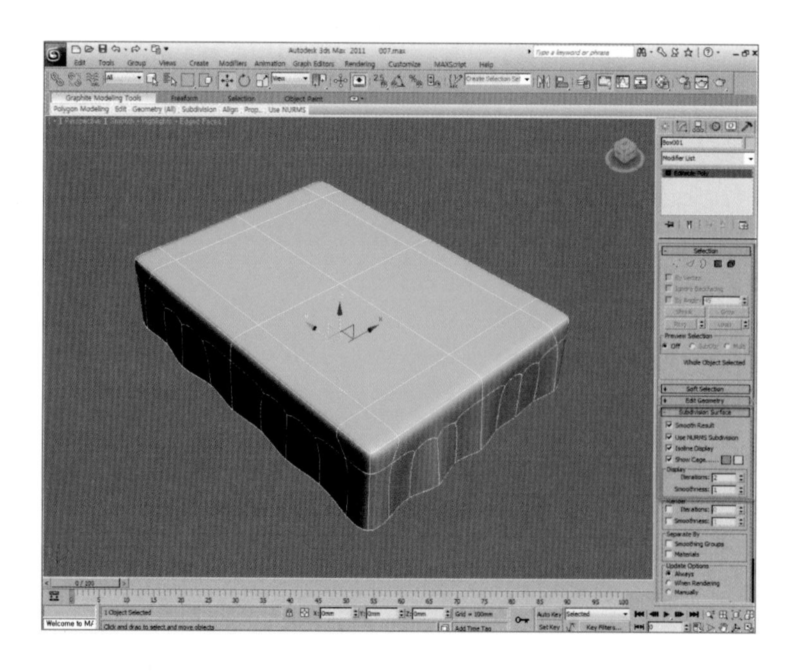

09 >> [Use NURMS Subdivison]을 체크하여 꺼준 후 [Left View]에서 [Rectangle] 명령으로 다음과 같이 등받이 형태를 제작한다.

[Length] : 1200 [Width] : 200

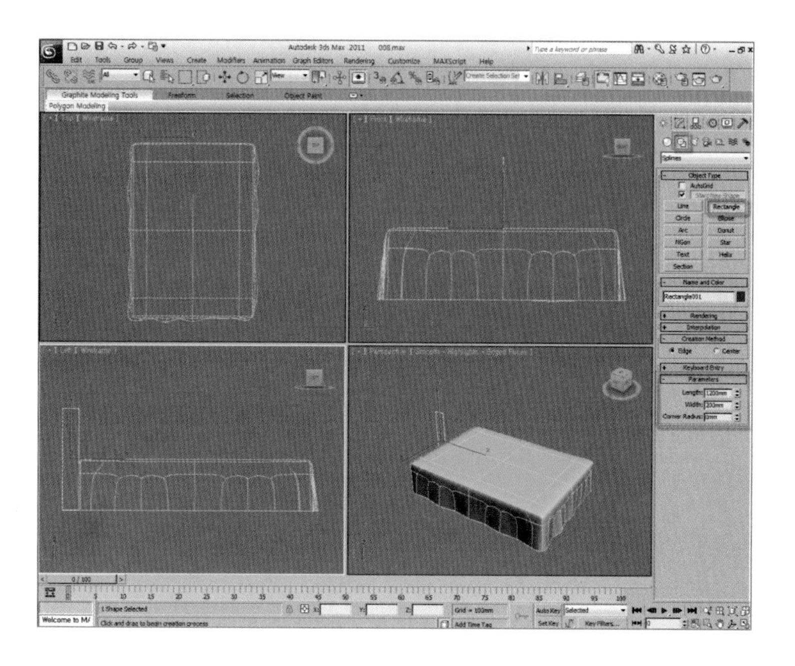

10 >> [Rectangle]를 선택한 후 마우스 우측 버튼을 클릭하여 [Convert to Editable Spline]을 선택한다.

[Modify] ➡ [Selection] ➡ [Vertex]를 선택한 후 [Selection and Move] 명령으로 우측 상단의 [Vertex]를 [-X] 축으로 '-140' 만큼 이동한다.

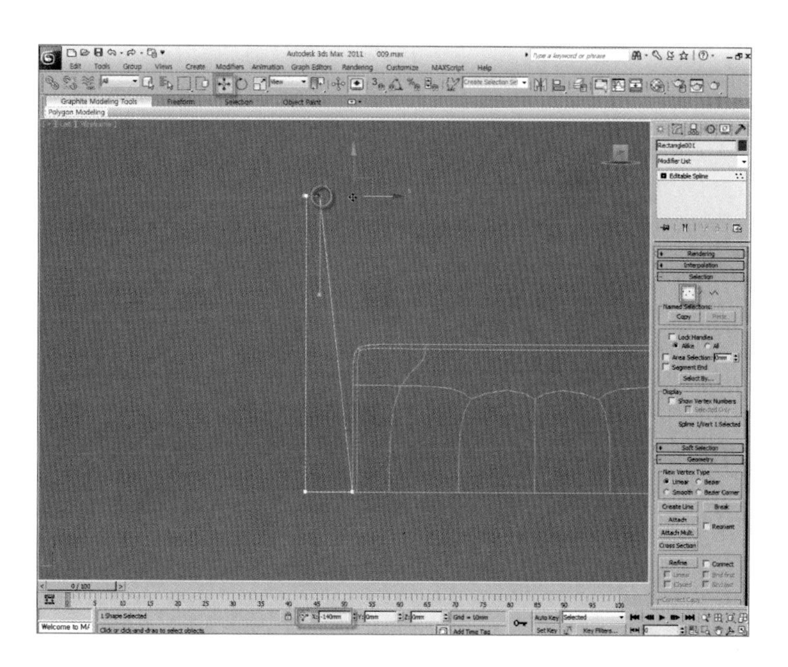

11 >> 아래 방향의 핸들을 그림과 같이 이동하여 직선을 곡선으로 만든다.

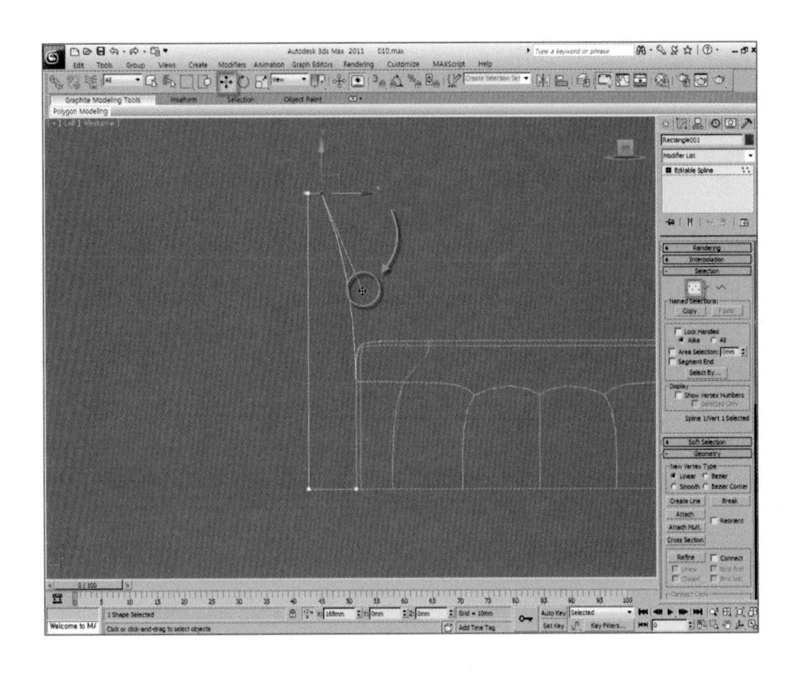

12 >> [Selection]을 비활성화한 후 편집된 [Rectangle]을 선택한다. [Modify List]란에 [E]를 입력하여 [Extrude] 명령을 선택한 후 [Amount]값을 '-2000'으로 입력한다. 등받이가 완성된다.

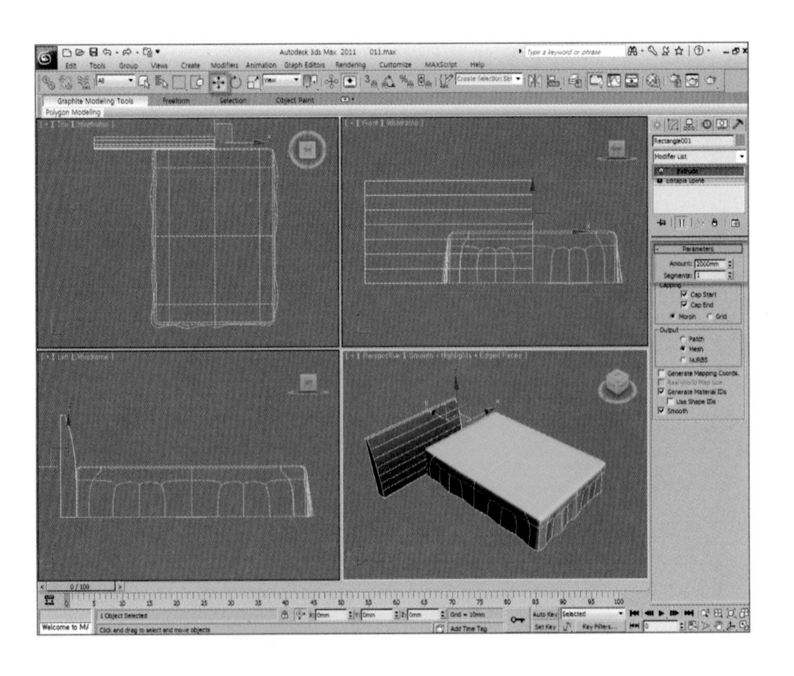

13 >> [Top View]에서 [Selection Object] 명령으로 등받이 오브젝트를 선택한다. [Align] 아이콘 메뉴를 클릭한 후 침대 오브젝트를 선택하면 [Align Selection] 대화상자가 나타난다.

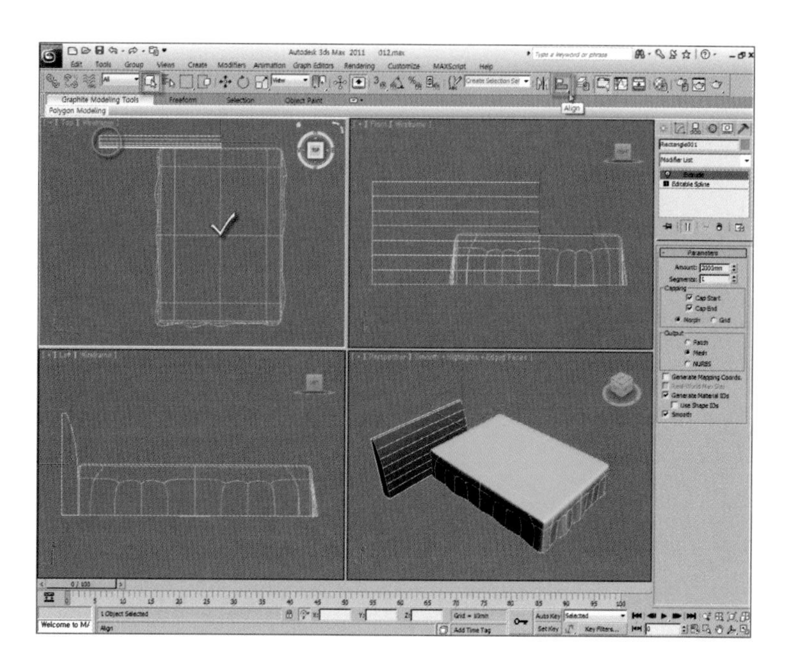

14 >> [Align Selection] 대화상자에서 [Align Position(Screen)] ➡ [X Position]에만 체크를 하고 [Current Object]란에 [Center], [Target Object]란에 [Center]를 체크한 후 [OK] 버튼을 누른다.

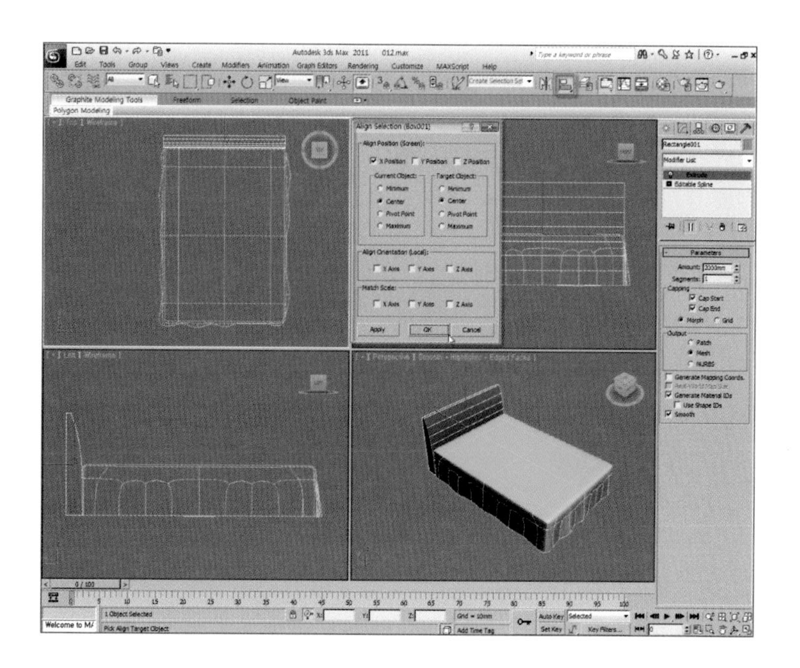

15 >> 등받이 오브젝트를 마우스 우측 버튼을 클릭하여 [Convert to Editable Poly]를 선택한다.

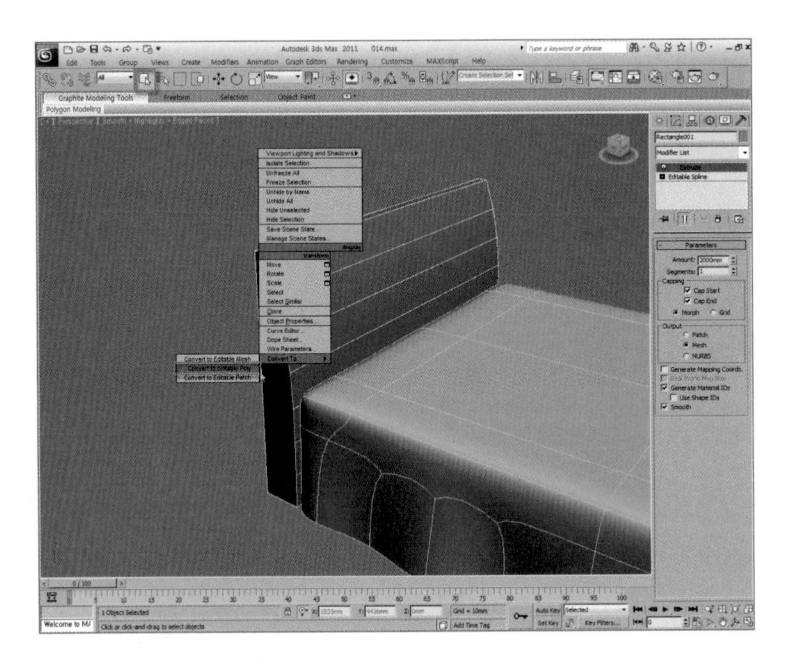

16 >> [Selection] ➡ [Edge]를 선택한 후 아이콘 메뉴의 [Select Object] 명령과 [Selection] 옵션의 [Window]를 선택한다. 등받이 오브젝트의 테두리를 드래그하여 [Edge]만 선택한다(반대편도 동일하게 선택).

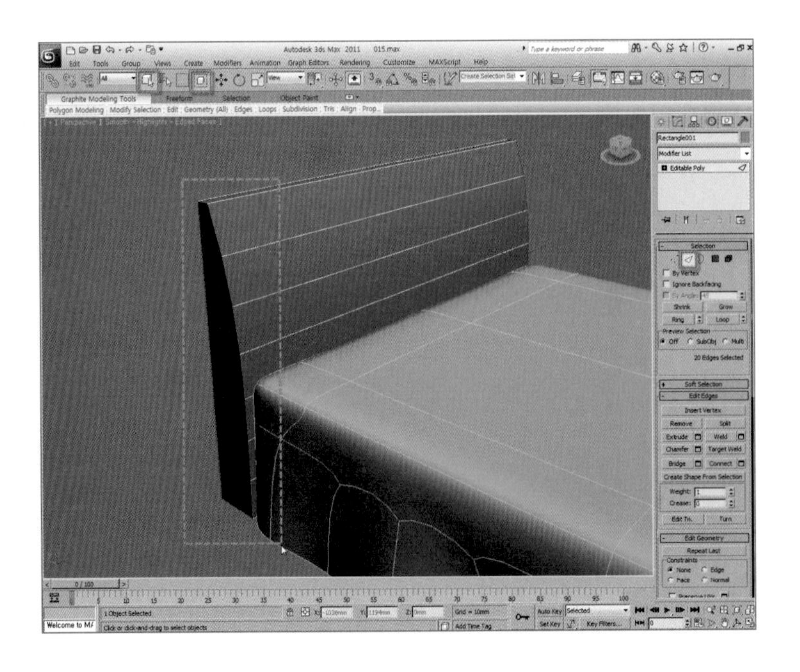

17 >> [Chamfer Setting] 명령을 실행하고 [Edge Chamfer Amount] 값을 '2'로 입력한 후 [OK] 버튼을 누른다.

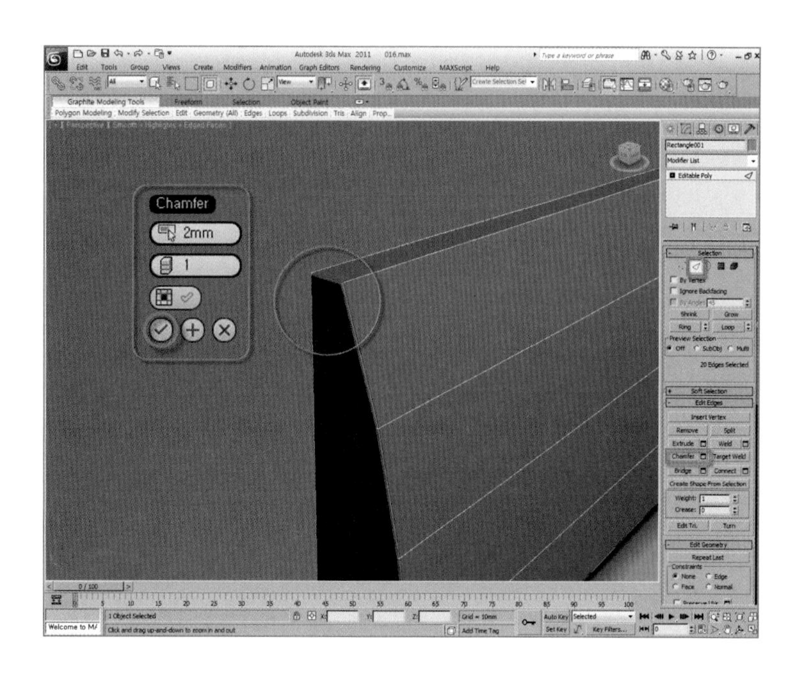

18 >> 베개를 제작하기 위해 [Top View]에서 [Box] 명령으로 다음과 같이 제작한다.

[Length] : 500　　[Width] : 900　　[Height] : 200

[Length Segs] : 3　　[Width Segs] : 3　　[Height Segs] : 2

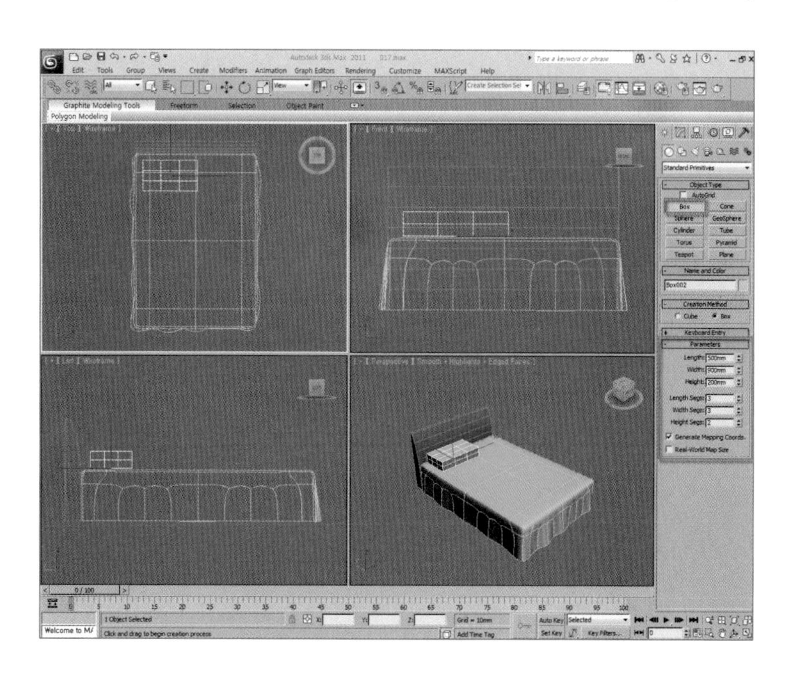

19 >> 제작된 오브젝트를 선택한 상태에서 마우스 우측 버튼을 클릭한 후 [Isolate Selection]을 클릭한다. 베개만이 보이고 나머지는 잠시 사라지게 된다. 원래대로 복구할 때는 [Exit Isolation Mode]를 클릭한다.

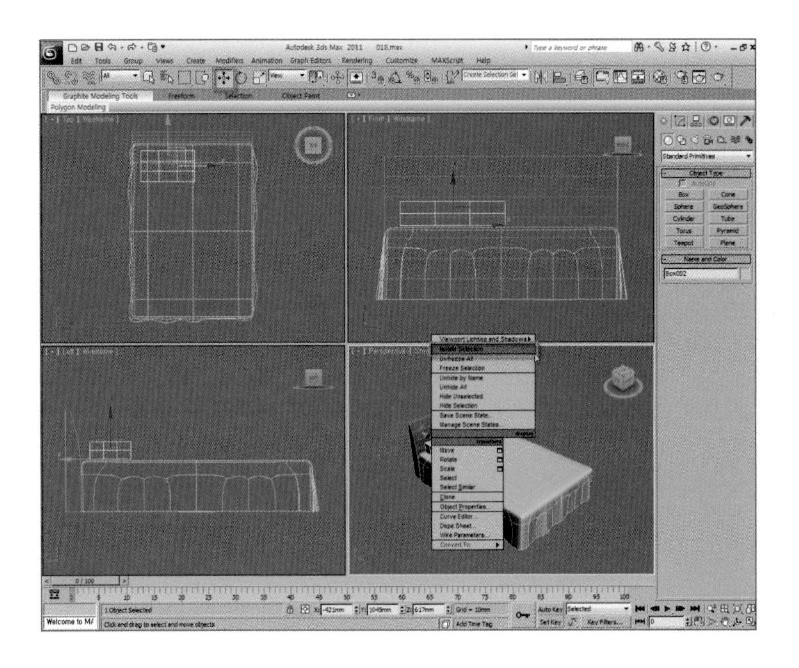

20 >> [Top View]에서 오브젝트를 선택한 후 마우스 우측 버튼을 클릭하여 [Convert to Editable Poly]를 선택한다. [Selection] ➡ [Vertex]를 선택한 후 그림과 같이 [Select and Uniform Scale] 명령을 이용하여 상하좌우 동일하게 이동한다.

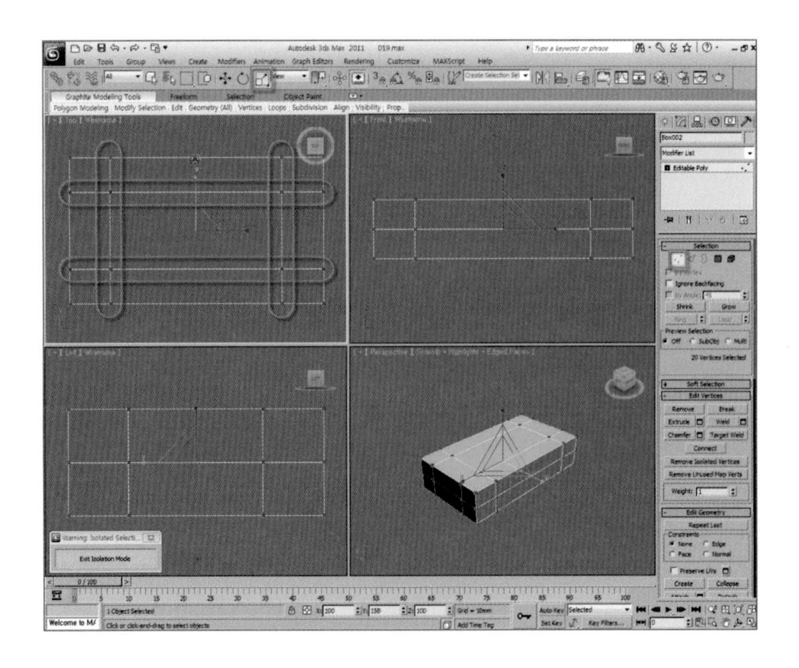

21 >> [Top View]에서 중앙의 4개 [Vertex]들을 드래그하여 선택한다. [Front View]에서 [Select and Uniform Scale] 명령으로 [Vertex]들을 [Y] 축으로 드래그하여 양쪽으로 늘린다.

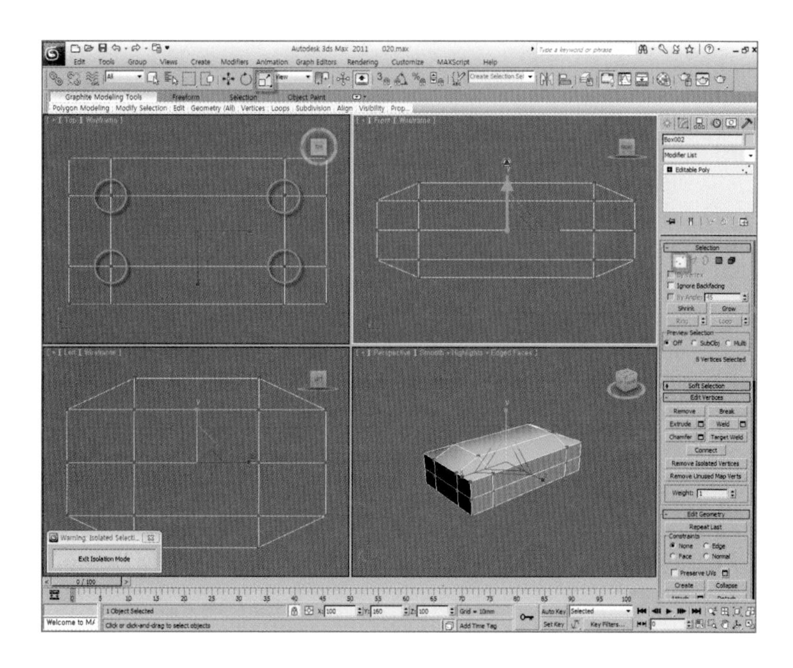

22 >> [Selection] ➡ [Edge]를 선택한 후 4곳의 모서리들을 선택한다.

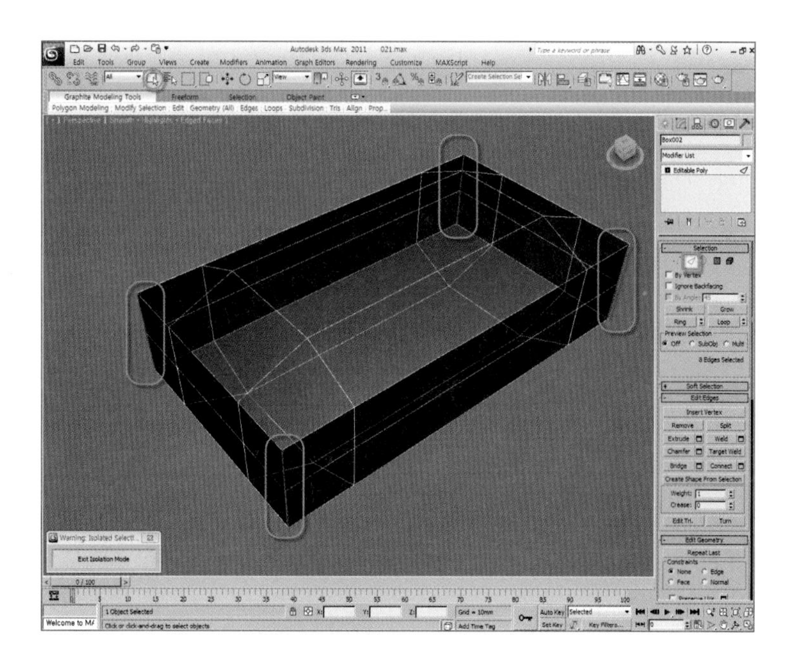

23 >> [Chamfer Setting] 버튼을 클릭하여 [Edge Chamfer Amount] 값을 '20' 으로 입력한 후 [OK] 버튼을 누른다.

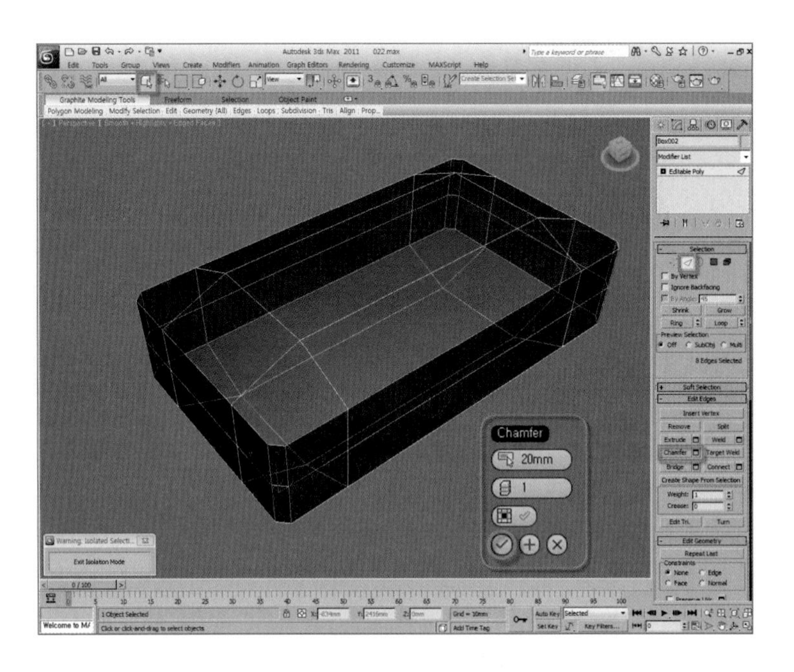

24 >> 베개 중간의 한 개 [Edge]를 선택한 후 [Loop] 명령을 실행하여 연결된 모든 [Edge]를 선택한다.

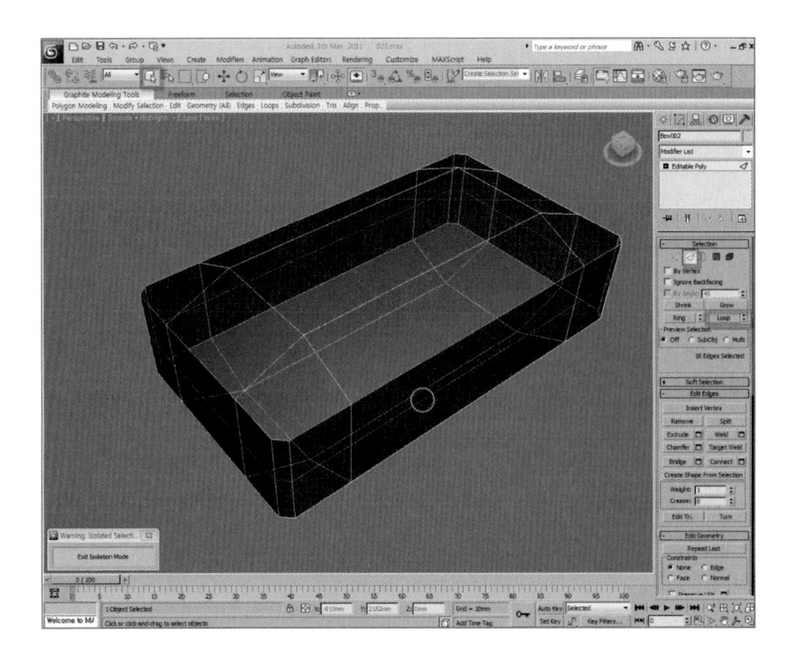

25 >> [Top View]에서 [Select and Uniform Scale] 명령을 이용하여 [Edge]를 확대한다.

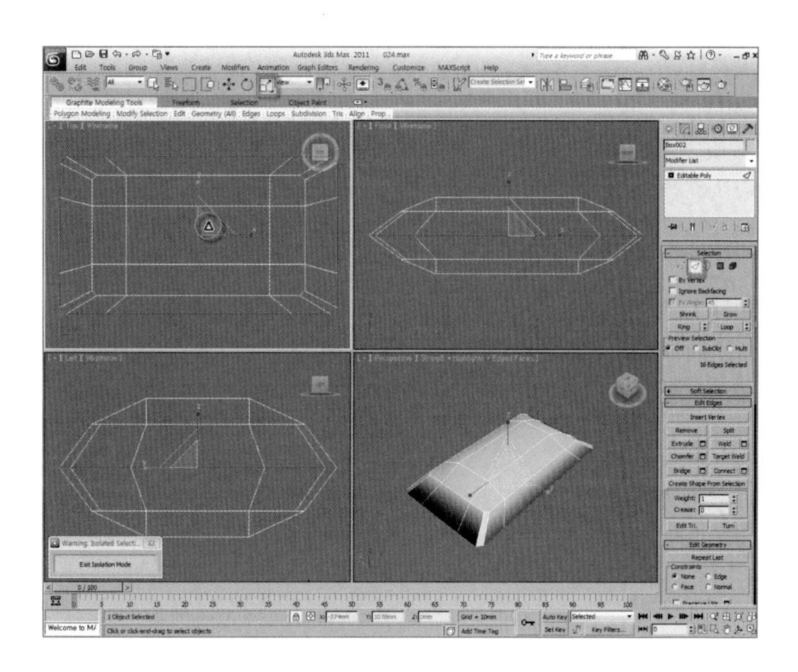

26 >> [Selection] ➡ [Vertex]를 선택한 후 [Select and Uniform Scale] 명령을 이용하여 [Vertex]들을 그림과 같이 조절한다.

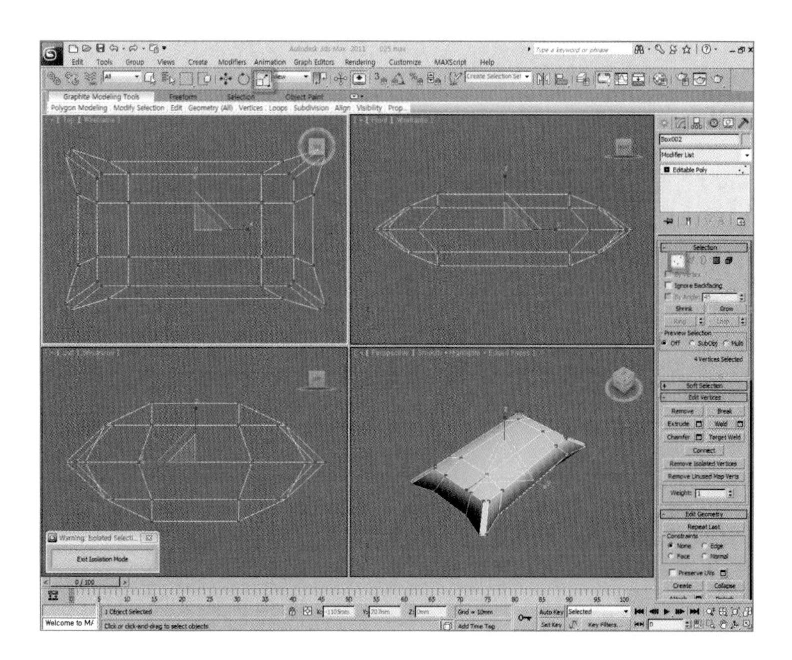

27 >> [Selection] ➡ [Edge] 상태에서 중간의 [Edge]를 모두 선택한 후 [Chamfer Setting] 명령으로 [Edge Chamfer Amount] 값을 '5' 로 입력한다.

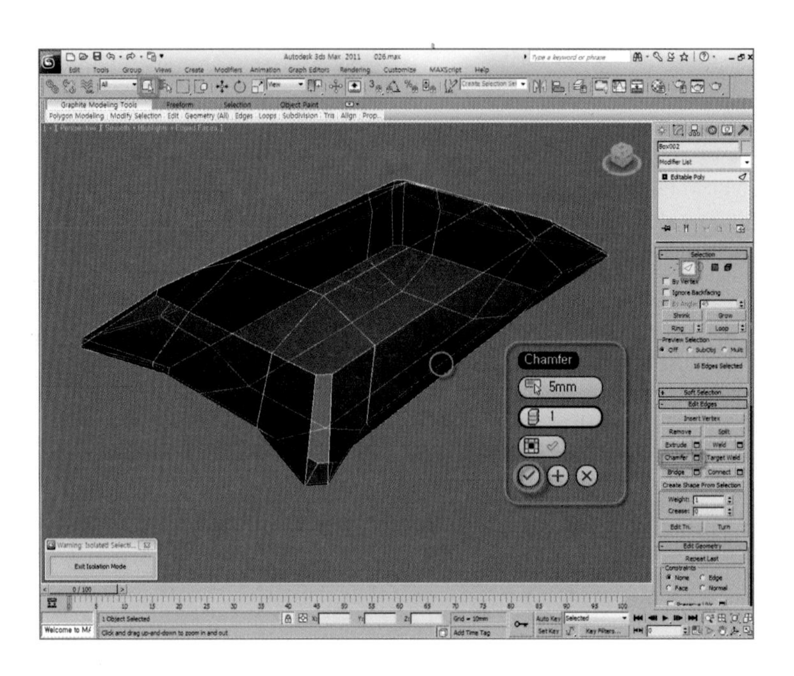

28 >> [Selection] ➡ [Polygon] 상태에서 중간 테두리 [Polygon]을 모두 선택한다. [Extrude Setting] 명령에서 [Extrude Polygons]를 [Local Normal]로 하고 [Height] 값을 '30' 으로 한 후 [OK]를 누른다.

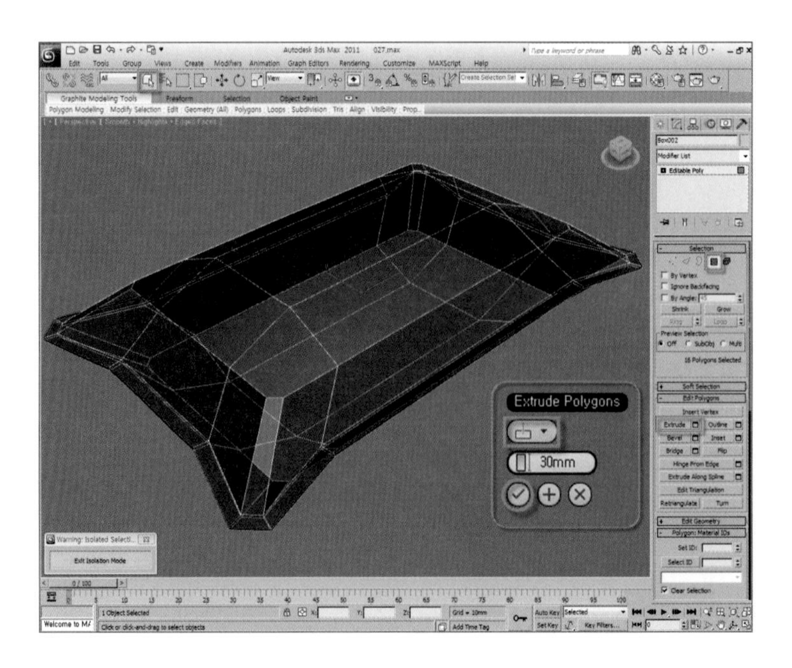

29 >> [Exit Isolation Mode]를 클릭하여 [Isolation Mode]를 빠져나온다. [Subdivision Surface] ➡ [Use NURMS Subdivision]을 체크하여 베개 형태의 모양을 확인한다. [Select and Uniform Scale] 명령을 이용하여 베개 크기를 조절한 후 Shift 버튼을 누른 상태에서 드래그하여 복사한다.

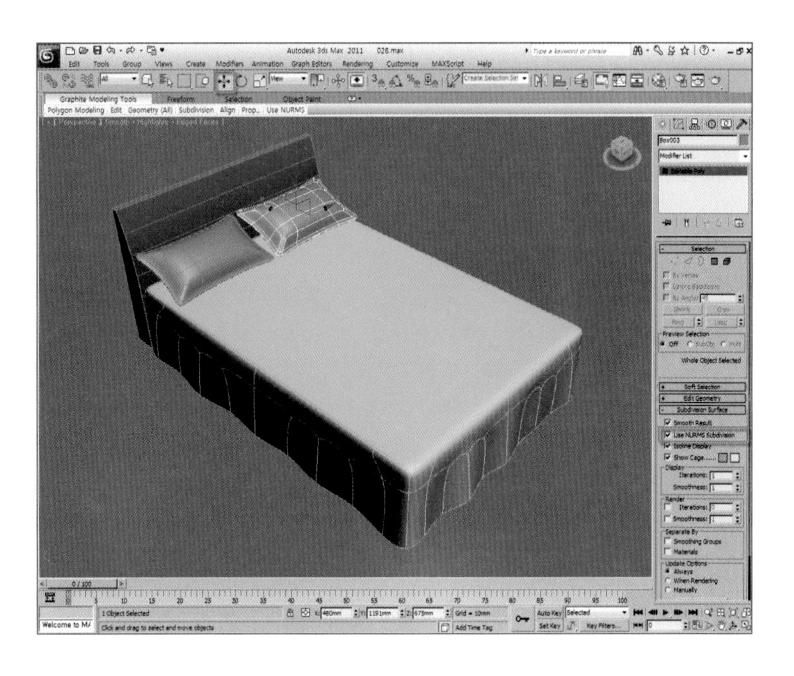

30 >> [Left View]에서 매트 위에 이불 모양을 [Line] 명령으로 그림과 같이 그린다. [Modify] ➡ [Selection] ➡ [Spline]을 선택한 후 [Outline] 명령으로 선의 두께값을 '25'로 입력한다(제작된 선의 크기에 따라 값이 달라질 수 있다).

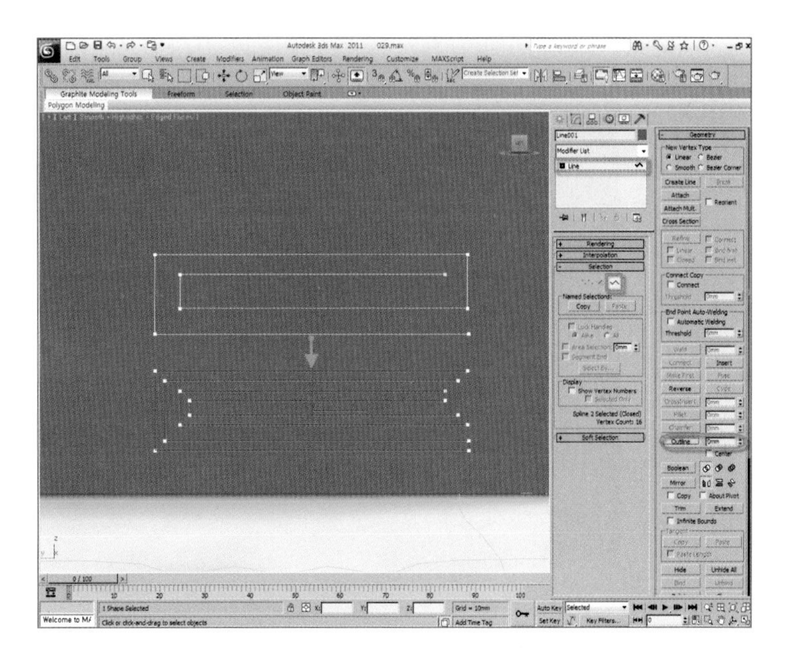

31 >> [Modify] ➡ [Extrude] 명령으로 다음과 같이 입력한다.

[Amount] : 1200

[Segments] : 3

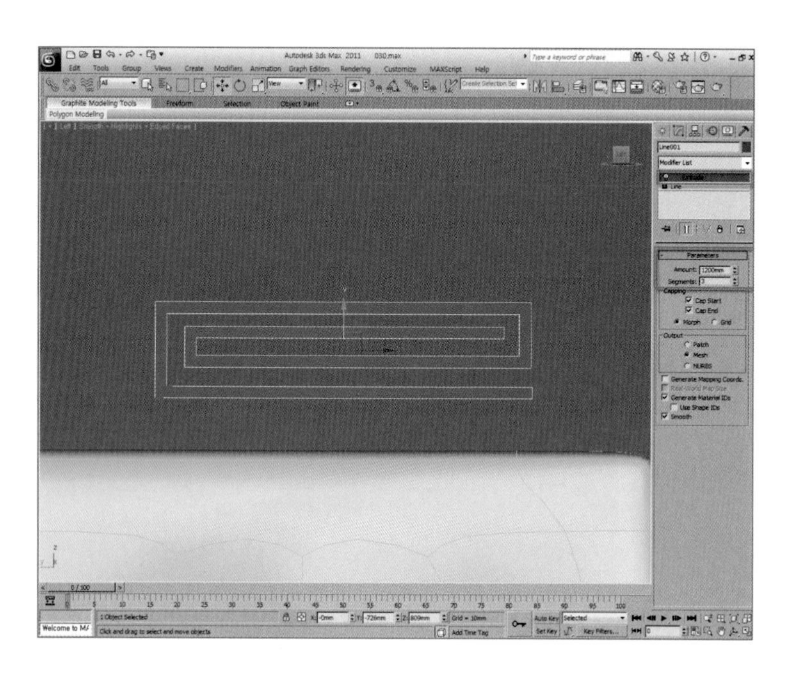

32 >> 마우스 우측 버튼을 클릭한 후 [Convert to Editable Poly]를 선택한다. 베개가 선택한 상태에서 마우스 우측 버튼으로 [Isolate Selection]을 클릭한다.

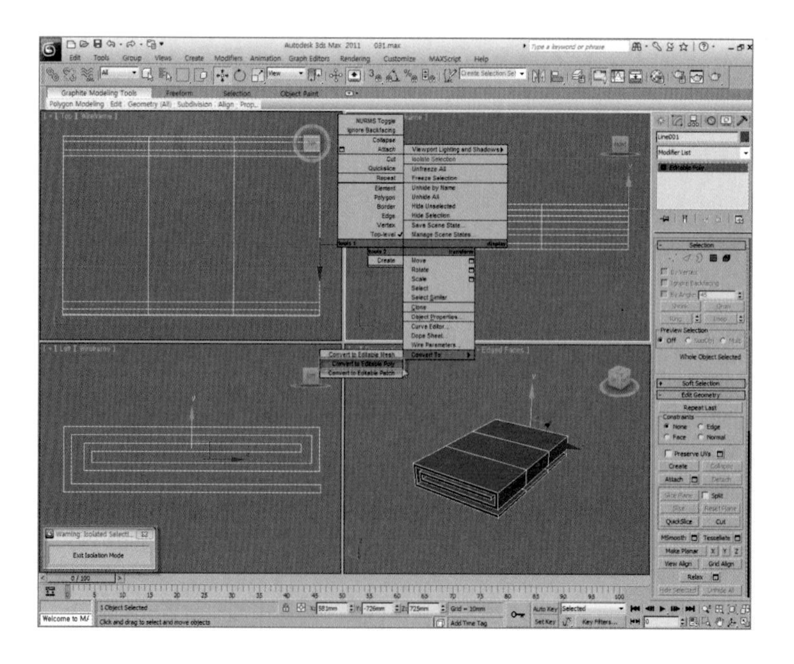

33 >> [Left View]에서 [Quick Slice] 명령을 이용하여 그림과 같이 2개의 세로선을 만든다.

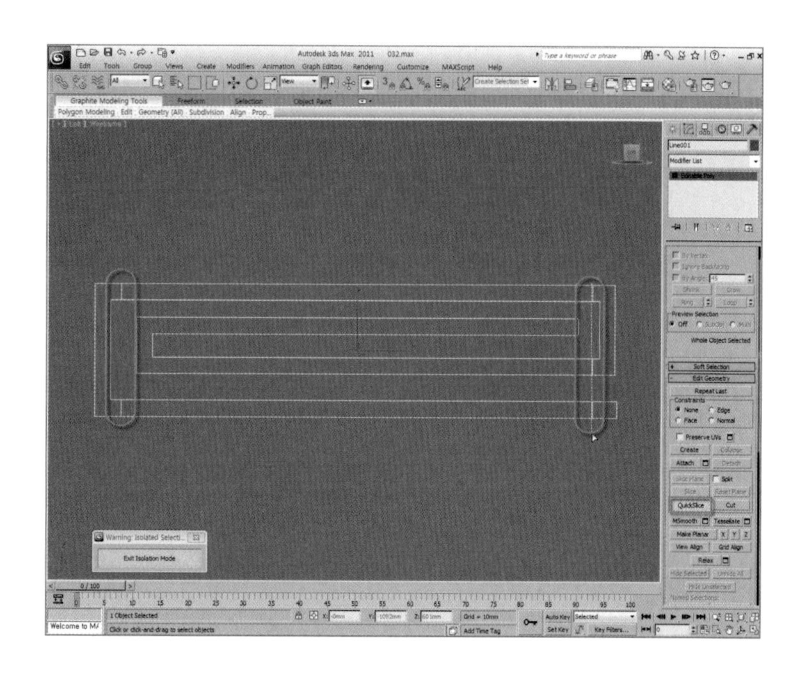

34 >> [Quick Slice] 명령을 이용해서 계속해서 면을 절단하여 그림과 같이 만든다. 불필요한 [Edge]는 선택 후 Ctrl + Back Space 를 눌러 삭제한다.

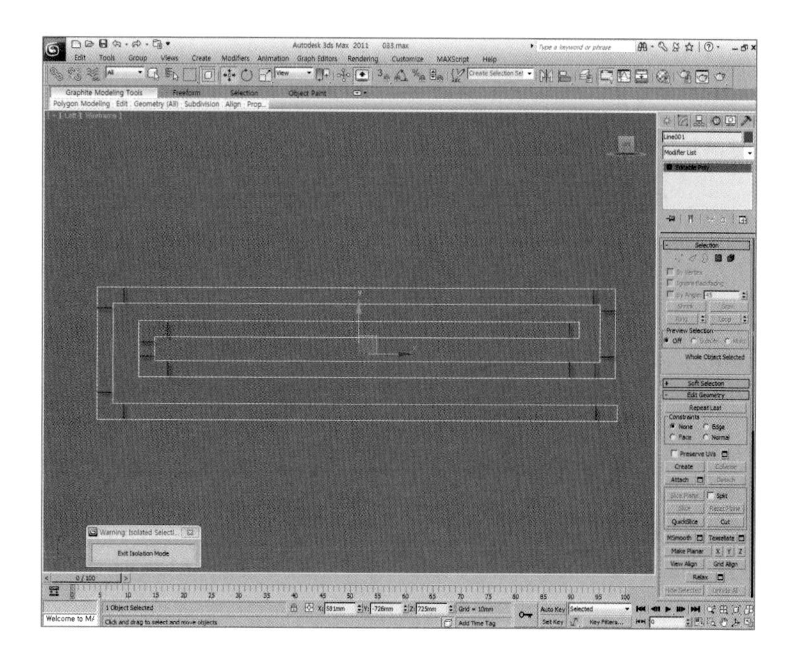

35 >> [Selection] ➡ [Vertex]를 선택한 후 이불 모서리 부분의 라운딩이 작게 되도록 [Vertex]를 이동한다. [Exit Isolation Mode]를 클릭하여 [Isolation Mode]를 빠져나온다.

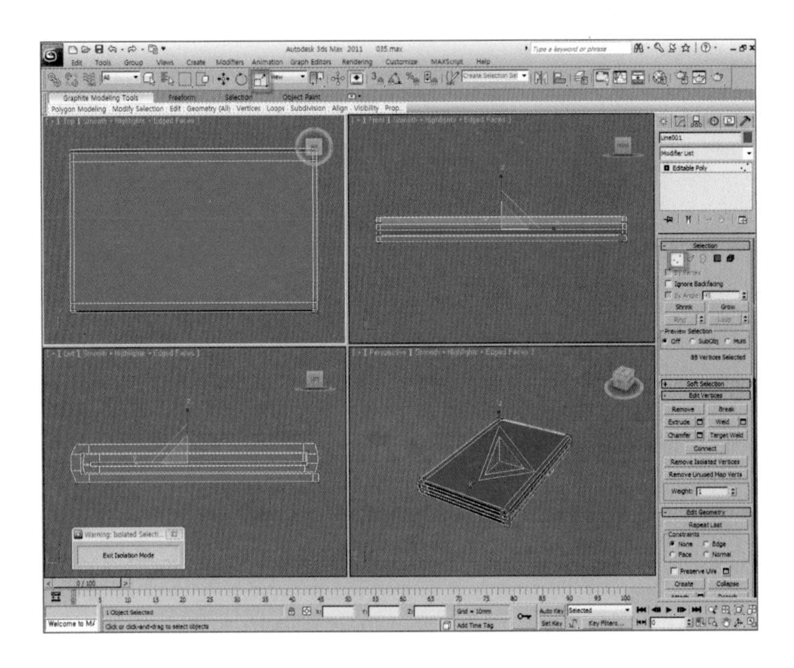

36 >> [Use NURMS Subdivision]을 체크한 후 [Display] ➡ [Iteration] 값을 '2'로 수정한다. [Select and Move] 명령으로 위치를 이동하여 완성한다.

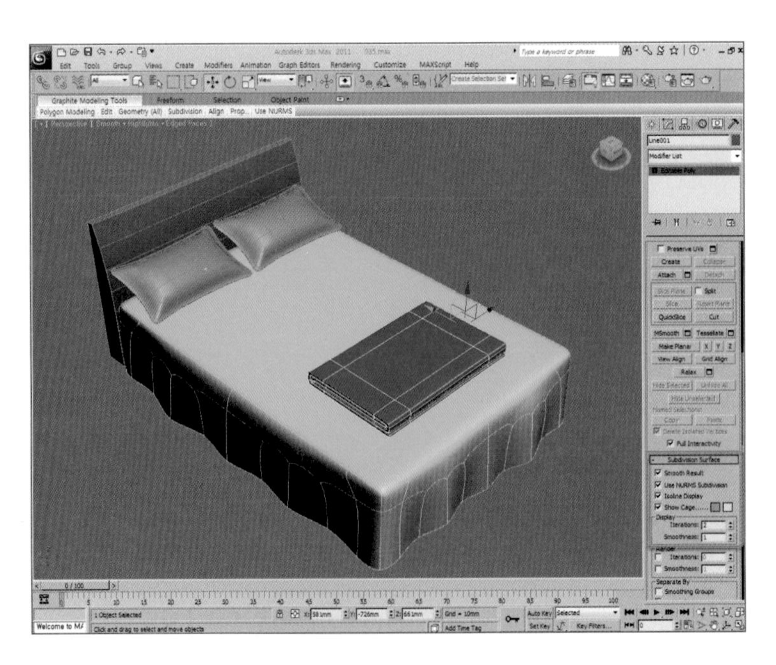

11 ▸▸ 양변기 만들기

Editable Poly를 이용한 모델링 제작으로 Box의 Vertex를 조절하여 형태를 제작하고 모서리 라운딩은 Edge 간의 간격 여부에 따라 라운딩 크기가 결정된다.

01 >> [Top View]에서 [Box] 명령으로 다음과 같이 제작한다. (단위 : mm)

[Length] : 750
[Width] : 400
[Height] : 400
[Length Segs] : 3
[Width Segs] : 3
[Height Segs] : 4

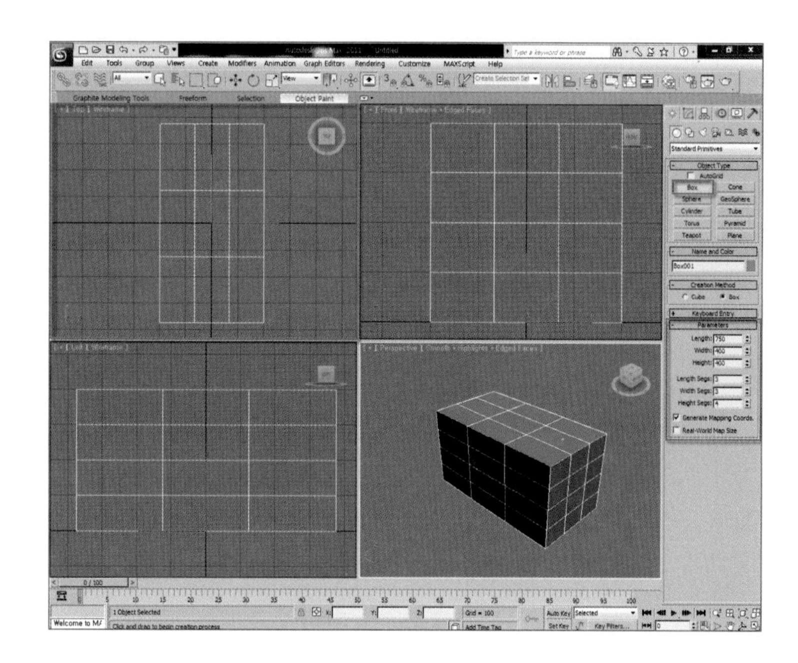

02 >> [Left View]에서 오브젝트가 선택된 상태에서 마우스 우측 버튼을 클릭하여 [Convert to Editable Poly]를 선택한다.

[Modify] ➡ [Selection] ➡ [Vertex]를 선택한 후 그림과 같이 정리한다.

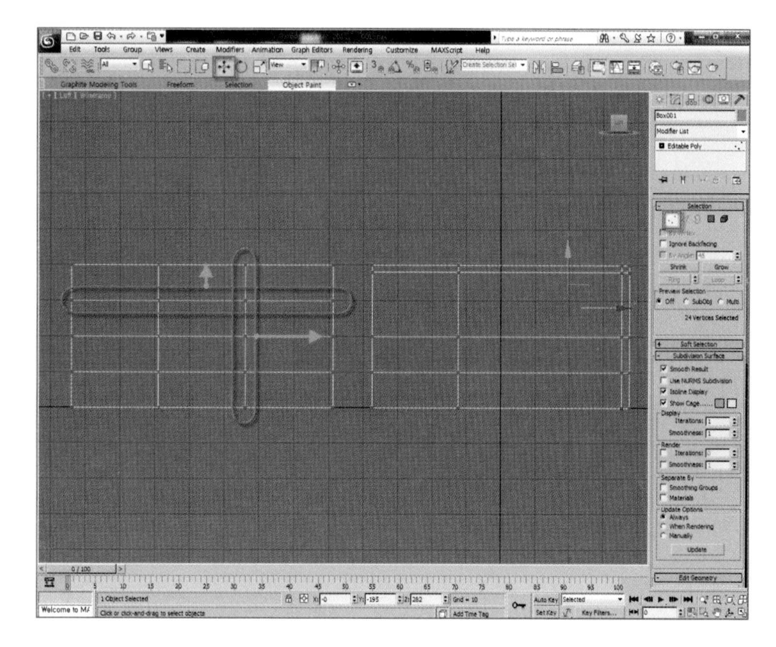

03 >> [Left View]에서 우측 하단의 [Vertex]를 드래그 선택하여 좌측 [-X] 방향으로 이동한다.

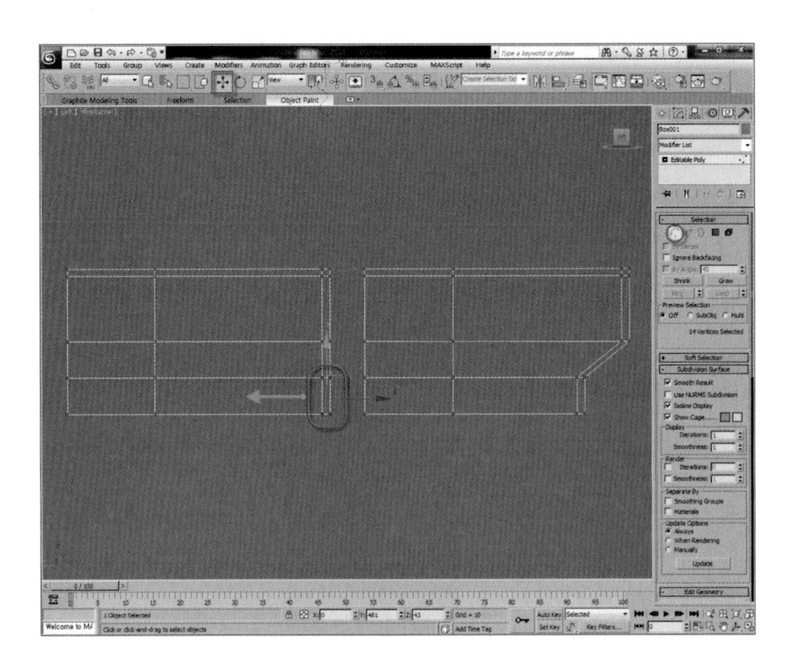

04 >> [Top View]에서 [Select and Move]명령으로 중앙의 [Vertex]를 드래그 하여 선택한 후 [-Y] 방향으로 이동한다.

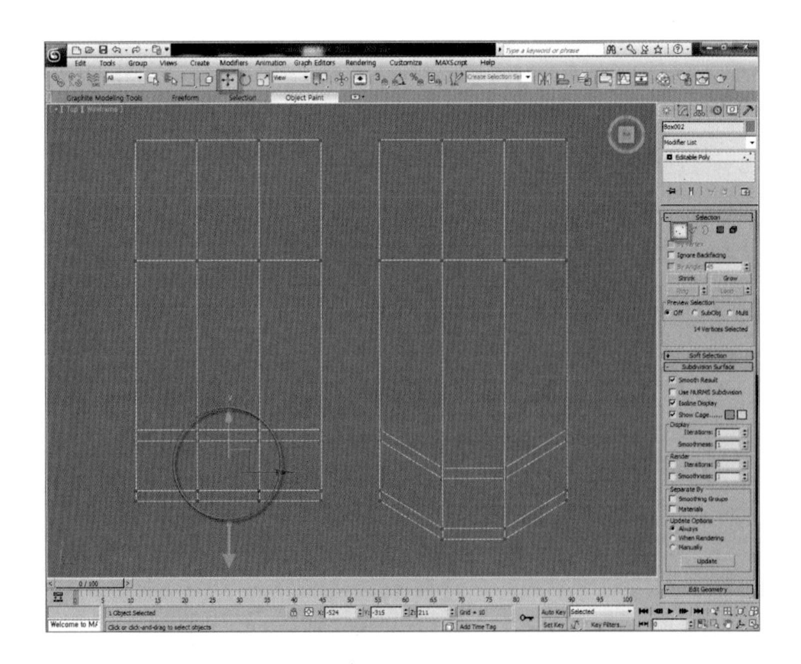

05 >> [Perspective]에서 [Modify] ➡ [Selection] ➡ [Polygon]을 선택한다. 윗면의 3개의 [Polygon]을 선택한 후 [Extrude Setting] 버튼을 클릭하여 [Height] 값을 '120'으로 입력하고 Enter 버튼을 누른다.

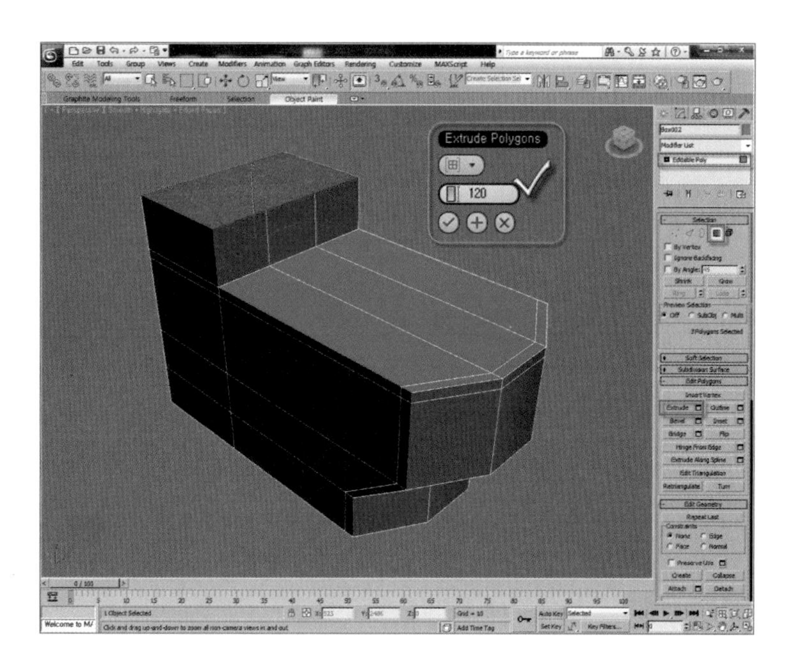

06 >> [Extrude] 명령이 실행되고 있는 상태에서 [Apply and Continue] 버튼을 클릭한 후 [Height] 값을 '10'으로 입력하고 [OK] 버튼을 누른다.

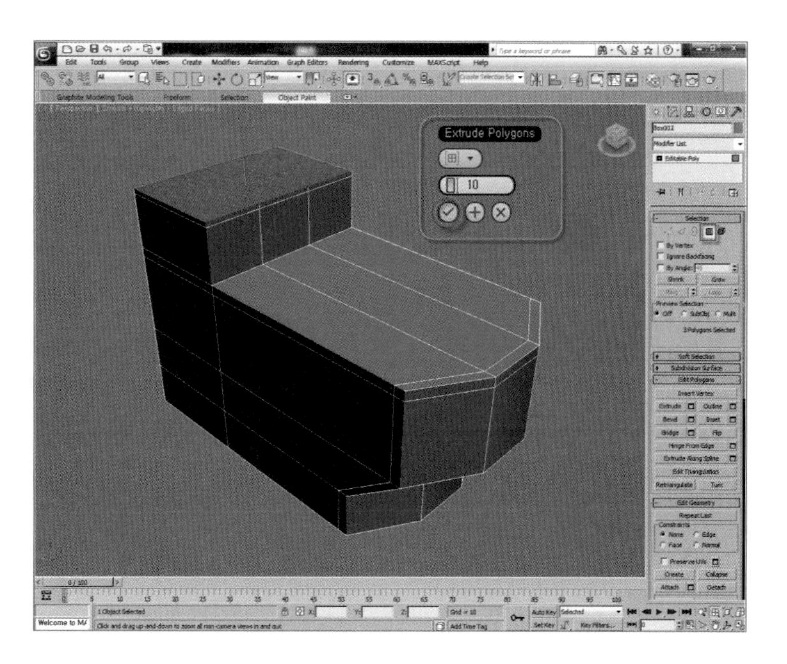

07 >> [Top View]에서 [Selection] ➡ [Edge]를 선택하고 양쪽 끝선들을 드래그하여 선택한 후 [Connect] 버튼을 클릭하면 가로선들을 연결하는 한 줄의 세로선이 생성된다.

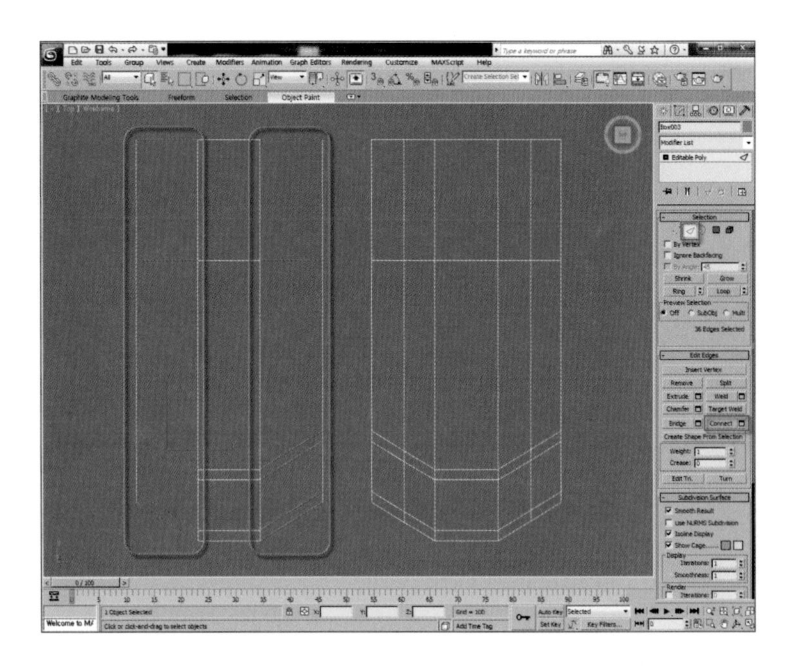

08 >> [Top View]에서 [Selection] ➡ [Vertex]를 선택하고 마우스로 그림과 같이 드래그하여 [Vertex]를 선택한다. [Select and Uniform Scale] 명령을 이용해서 [Vertex]들을 [X]축으로 드래그하여 양쪽으로 동일한 간격으로 이동한다. 아래 [Vertex]는 [Select and Move] 명령으로 [Y] 방향으로 이동시켜 화면과 같이 정렬한다.

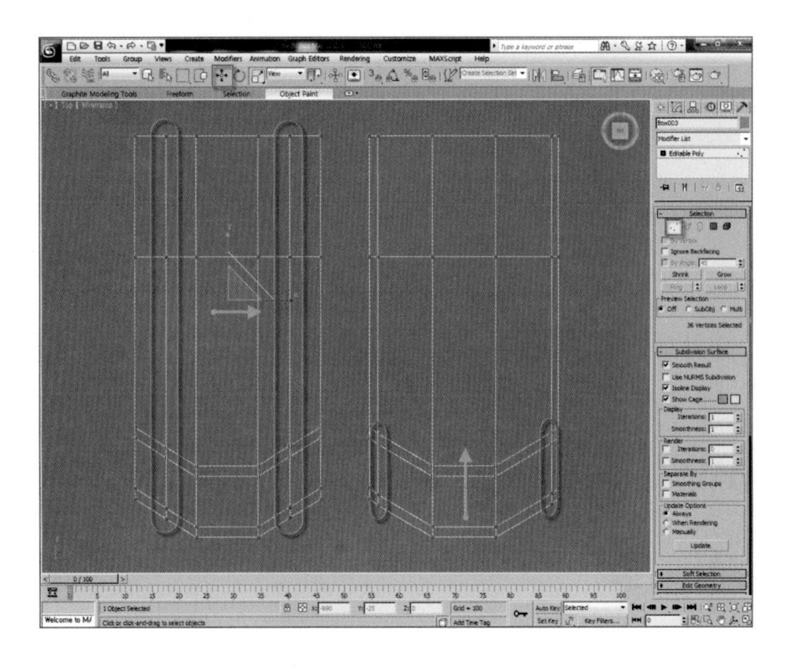

09 >> [Perspective]에서 [Selection] ➡ [Edge]를 선택한다. 임의의 한 개의 [Edge]를 선택한 후 [Loop] 명령을 실행하여 동일선상의 [Edge]를 모두 선택한다.

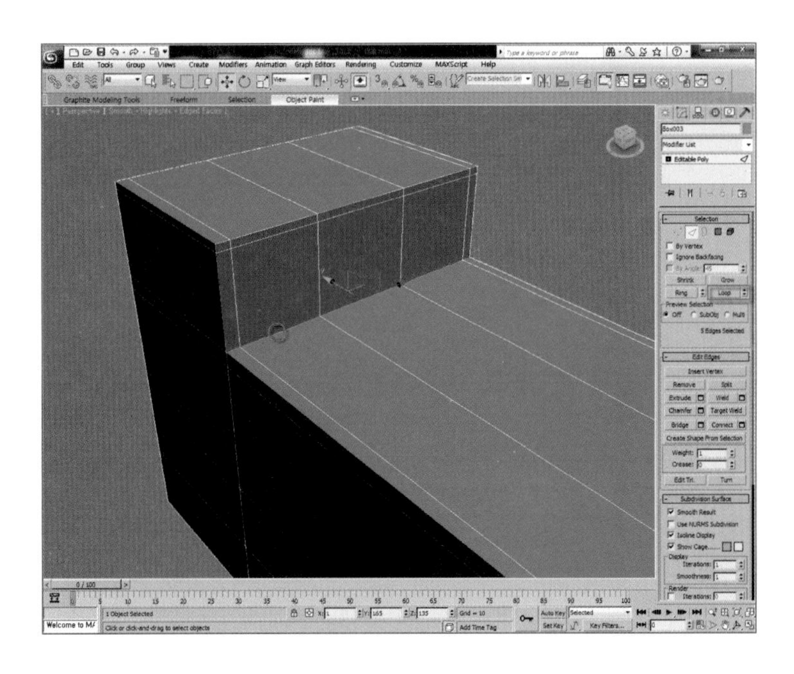

10 >> [Chamfer Setting] 버튼을 눌러 [Chamfer] 값을 '10'으로 입력한 후 [OK] 버튼을 클릭한다.

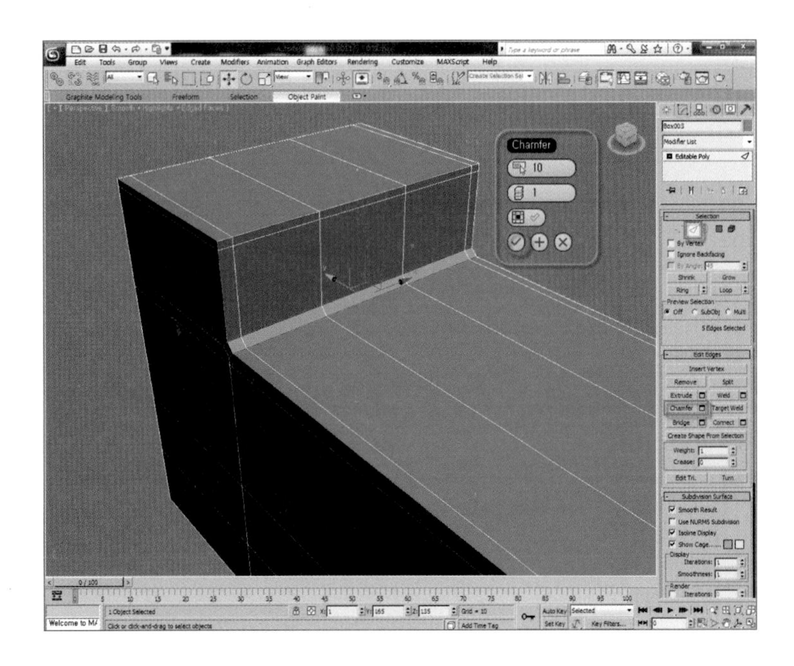

11 >> [Use NURMS Subdivision]을 체크한 후 [Iteration] 값을 '2'로 주어 중간 과정을 확인한다. 모서리 라운딩 정도를 확인한 후에는 [Use NURMS Subdivision] 체크를 해제한다.

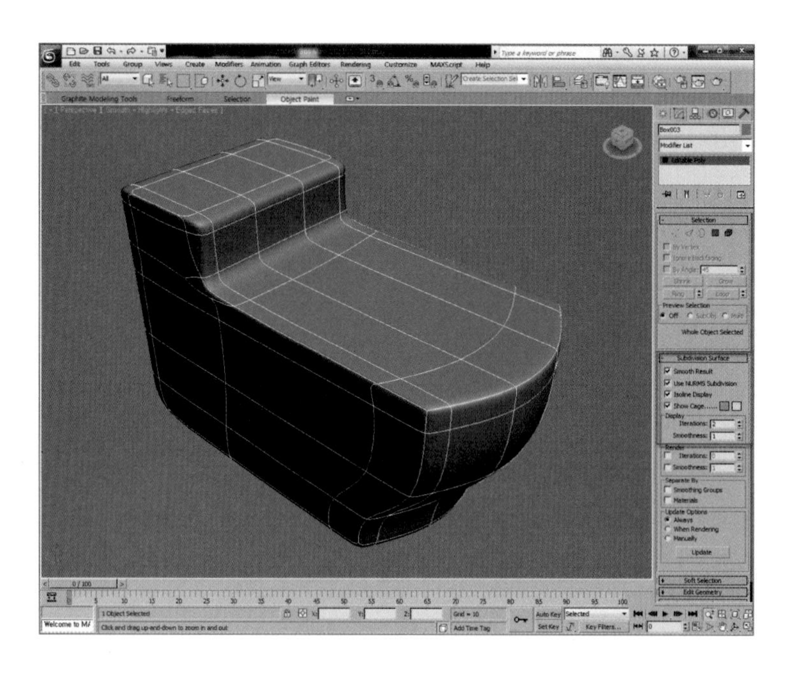

12 >> [Top View]에서 [Box] 명령으로 뚜껑 부분을 그린다.

[Length] : 200	[Width] : 400	[Height] : 30
[Length Segs] : 1	[Width Segs] : 3	[Height Segs] : 1

뚜껑 부분의 Length 수치는 제작자의 오브젝트를 참조하여 임의로 조절한 후 [Select and Move] 명령으로 이동 정렬한다.

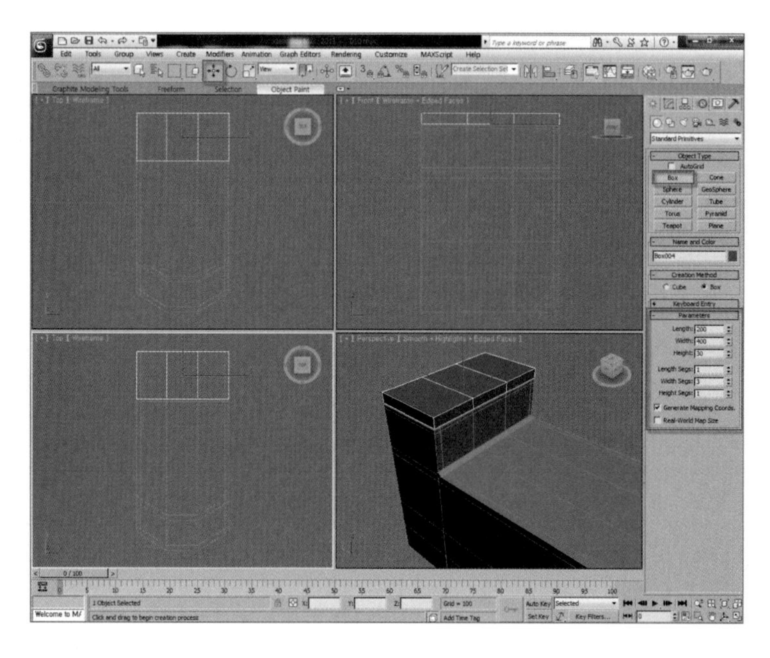

13 >> 마우스 우측 버튼을 눌러 [Convert to Editable Poly]를 선택한 후 [Selection] ➡ [Edge]를 클릭한다. Box의 최외각의 [Edge]면을 모두 선택한다.

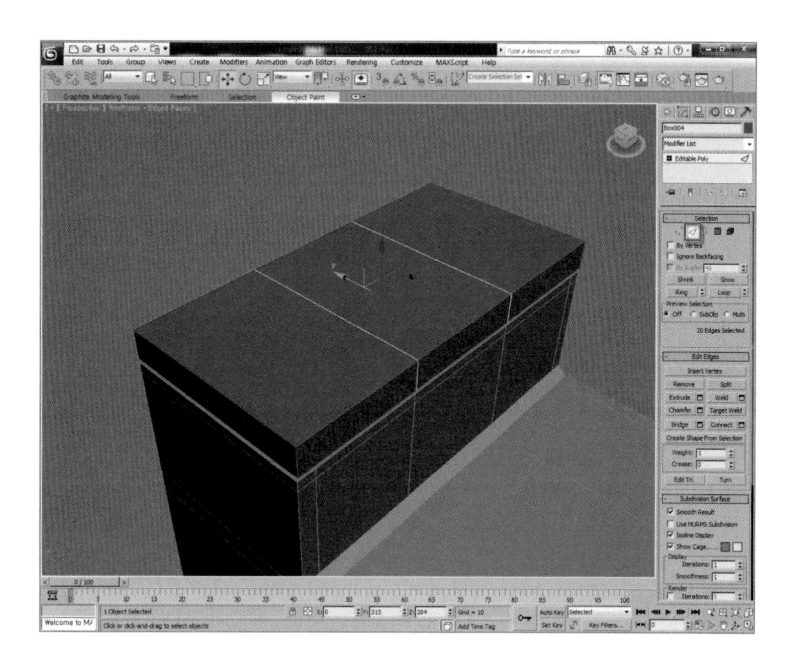

14 >> [Chamfer Setting] 버튼을 클릭한 후 [Edge Chamfer Amount] 값을 '3' 으로 입력한 후 [OK] 버튼을 누른다.

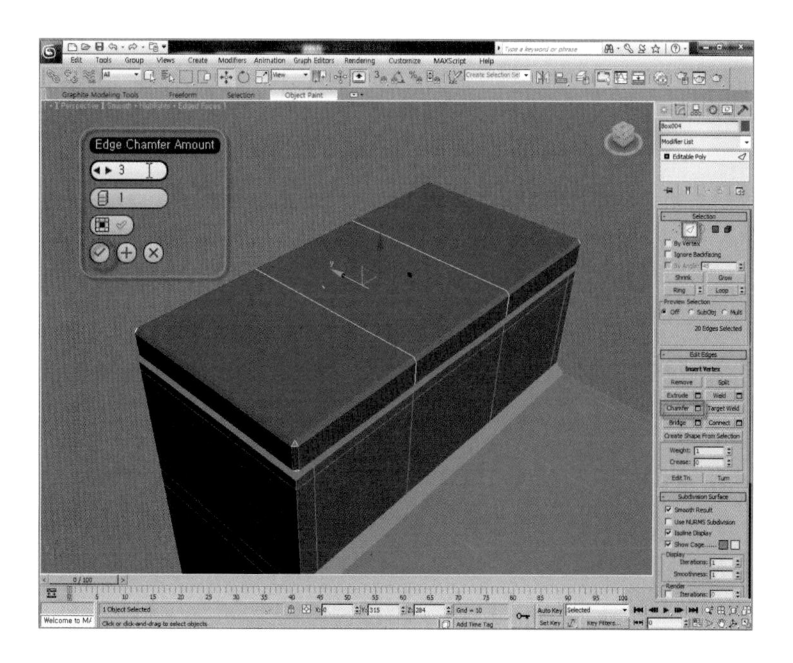

15 >> [Selection] ➡ [Vertex]를 선택한 후 뚜껑 윗부분의 [Vertex]만 선택하여 [Z]축으로 '15' 값 만큼으로 이동하여 약간 볼록하게 한다.

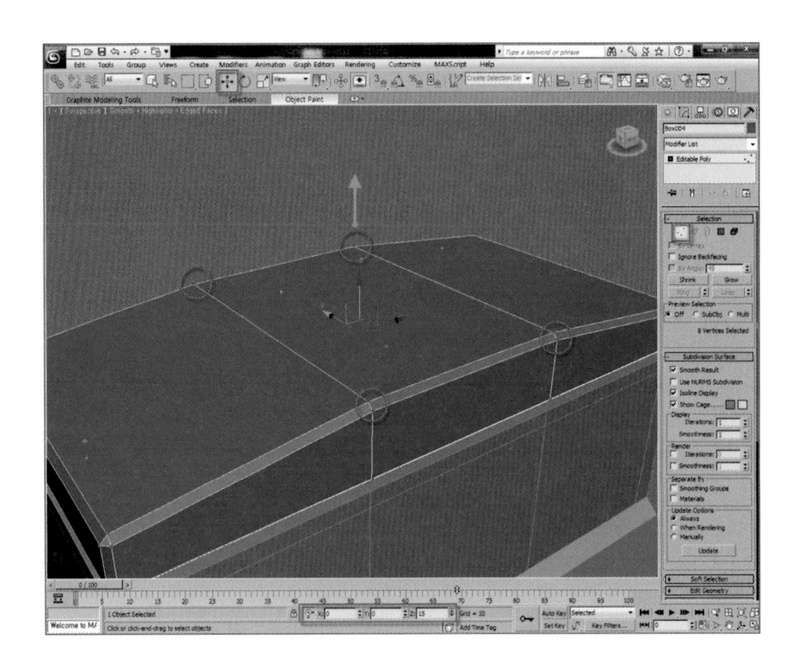

16 >> [Perspective]에서 변기 몸체를 선택한 후 [Selection] ➡ [Polygon]을 선택한다. 변기덮개를 만들기 위해 [Select and Move] 명령을 이용하여 3개의 [Polygon]을 선택한 후 Shift 를 누른 상태에서 드래그하여 [Clone to Object] 란에 'Cover' 라고 입력하고 [OK] 버튼을 누른다.

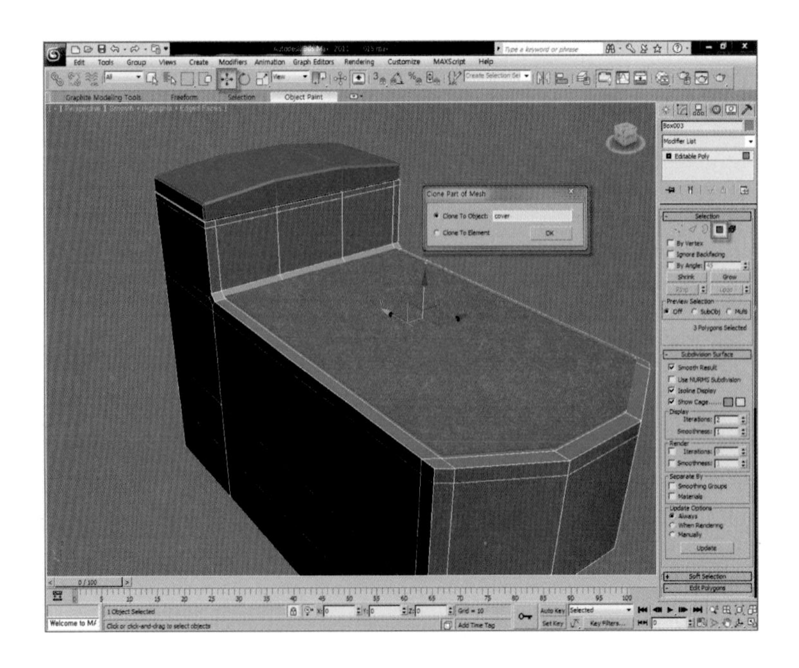

17 >> 복사면을 선택한 후 [Selection] ➡ [Polygon]을 선택한다. [Extrude] 명령을 실행하여 [Height] 값을 '20' 으로 입력한다.

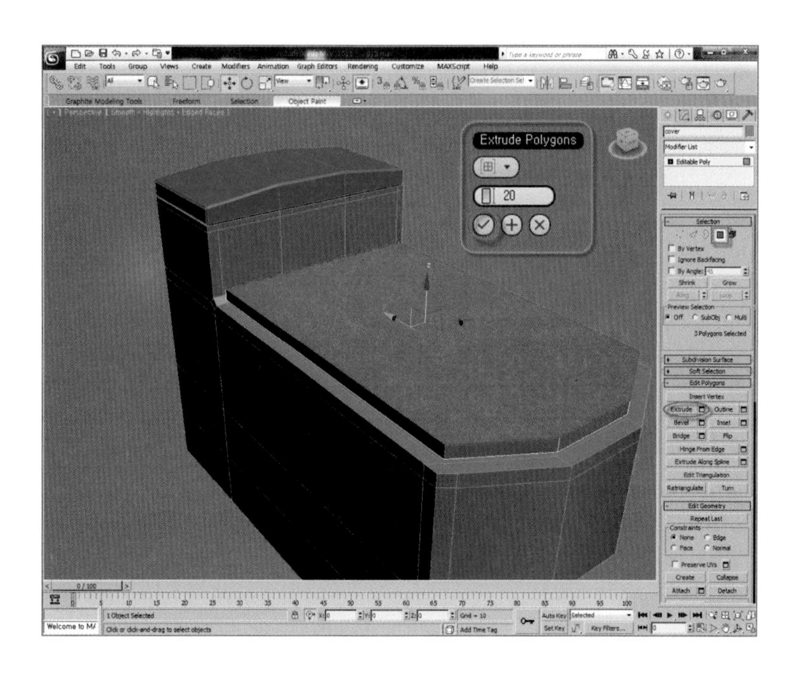

18 >> 덮개 윗부분을 선택한 후 [Bevel] 명령을 실행한다. [Height] 값을 '20' 으로 입력하고 안쪽으로 크기가 줄도록 [Outline Amount] 값을 '-20' 으로 입력한다.

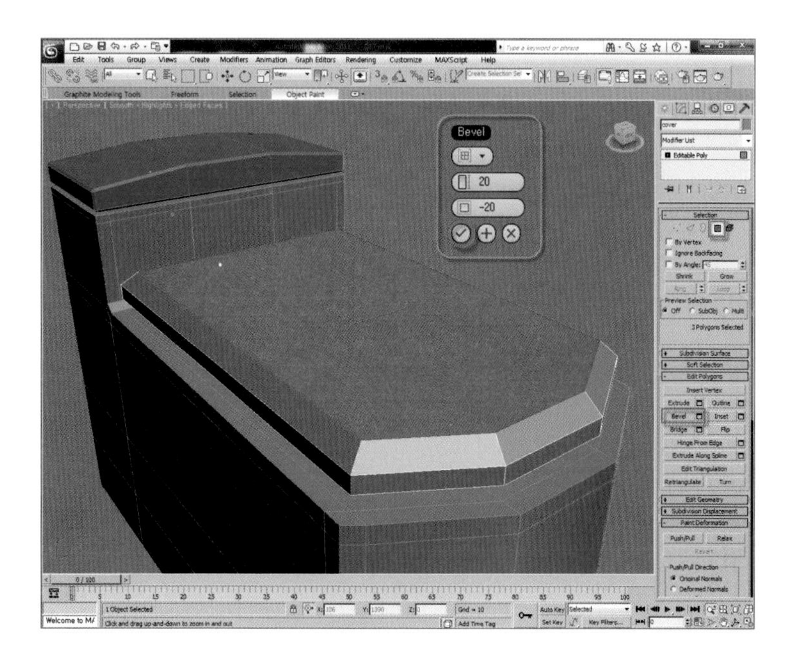

19 >> [Selection] ➡ [Edge]를 선택한 후 내부선을 제외한 외곽선만 선택한다.

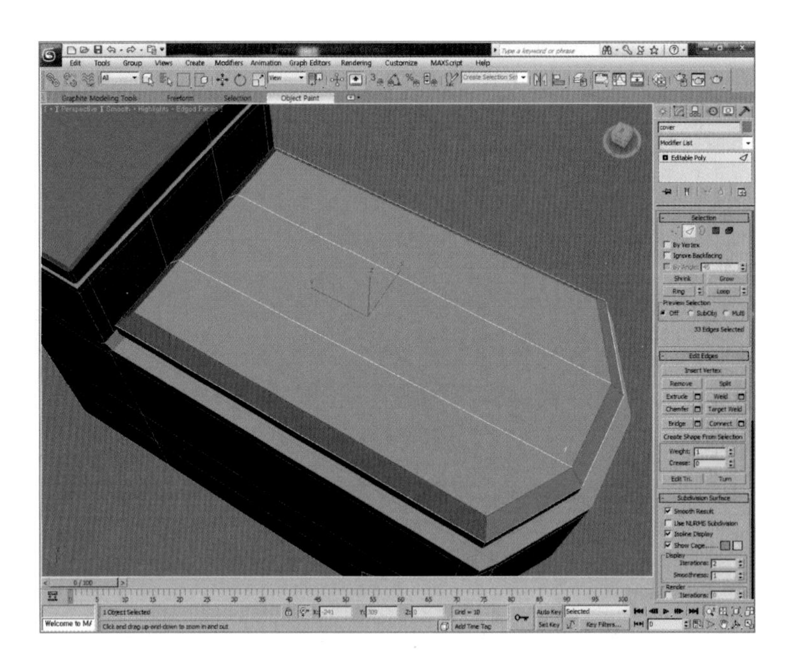

20 >> [Chamfer Setting] 버튼을 누른 후 [Edge Chamfer Amount] 값을 '5', [Connect Edge Segment] 값을 '1'로 입력한 후 [OK] 버튼을 누른다.

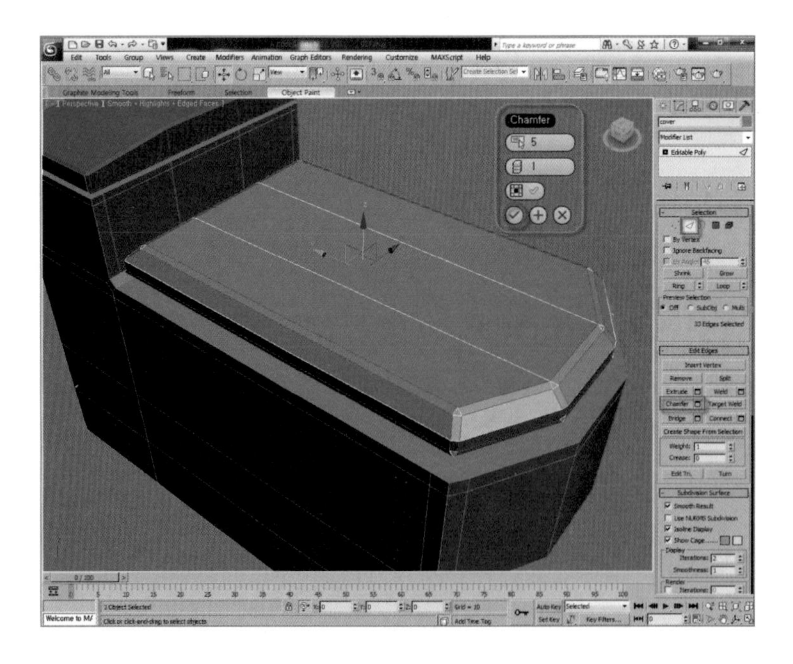

21 >> [Left View]에서 좌측 하단 [Vertex]를 드래그로 선택한 후 [X]축으로 '70' 만큼 이동한다.

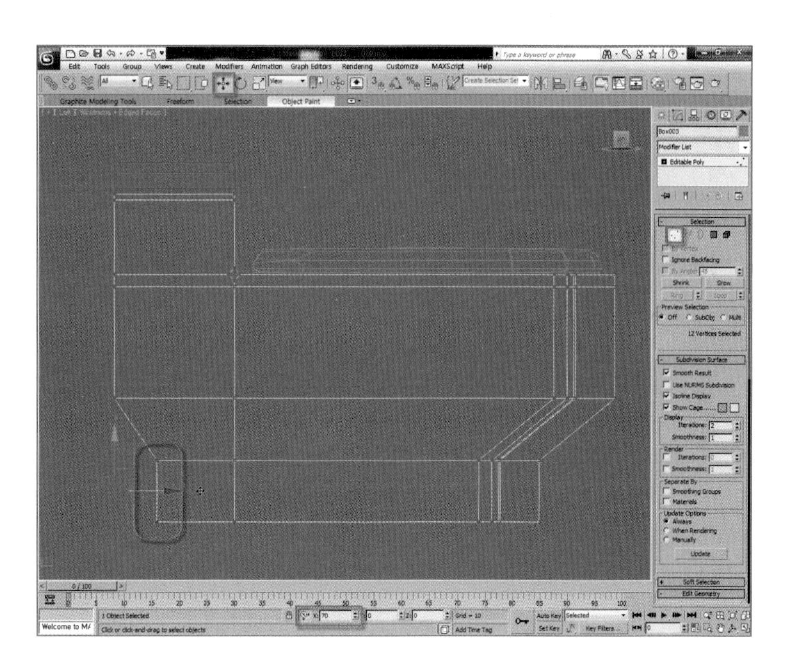

22 >> [Perspective]에서 바닥면을 모두 선택한 후 삭제한다.

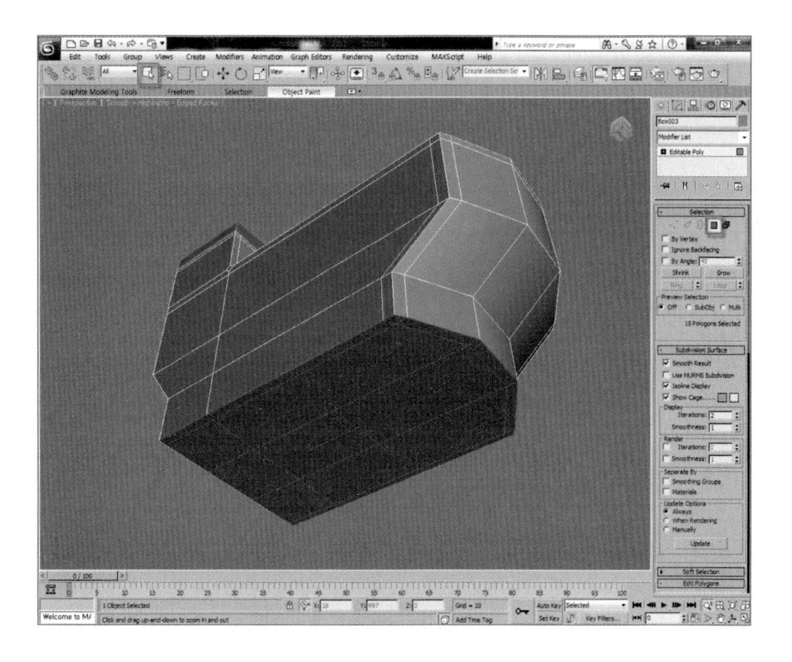

23 >> [Selection] 옵션을 모두 해제한 후 몸체와 뚜껑을 [Attach]하여 합친다. [Use NURMS Subdivision]을 체크하고 [Display] ➡ [Iteration]을 '2'로 설정한다.

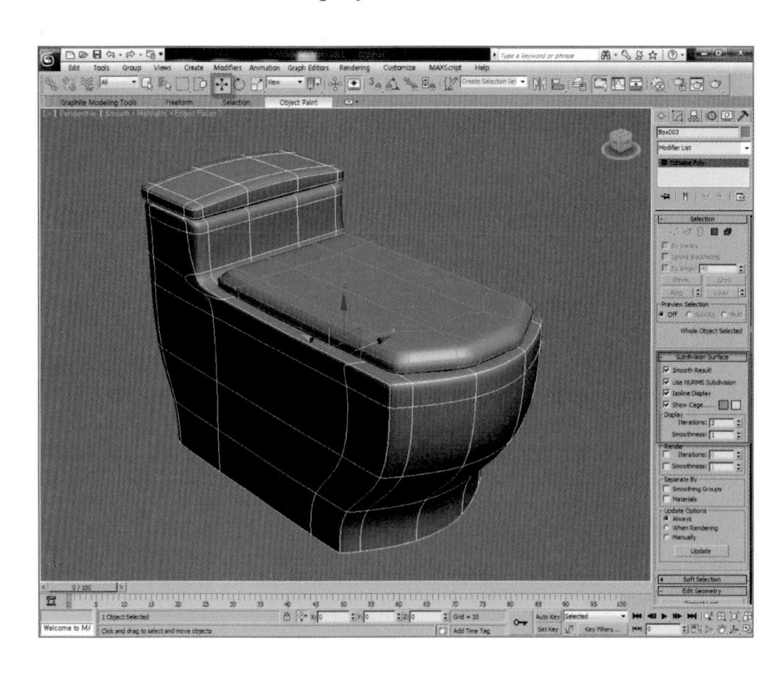

24 >> [Left View]에서 [Cylinder] 명령을 이용하여 다음과 같이 버튼을 제작한다.

[Radius] : 30　　[Height] : 15　　[Height Segments] : 1

[Cap Segments] : 1　　[Sides] : 16

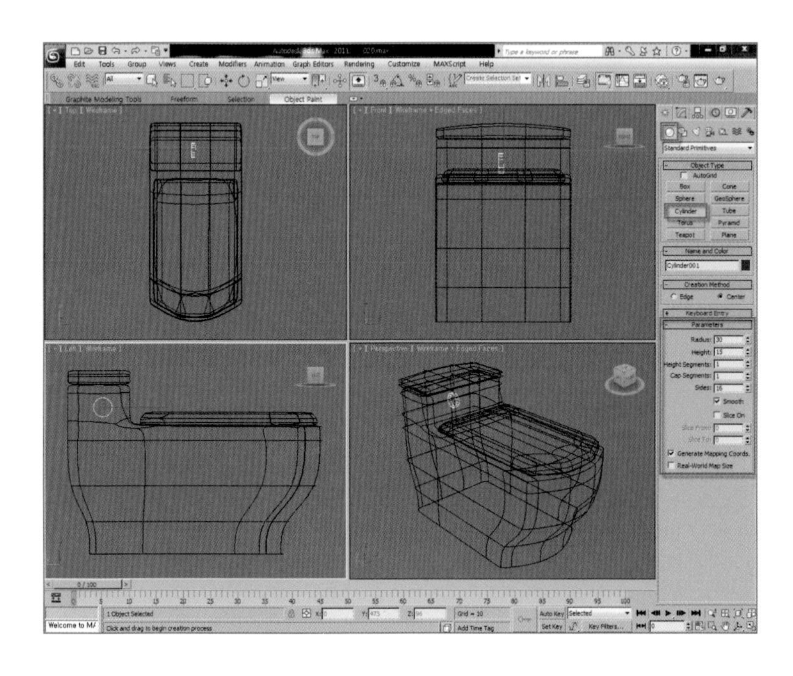

25 >> Alt + Q 를 눌러 [Isolation Mode]로 전환한 후 마우스 우측 버튼을 클릭하여 [Convert to Editable Poly]를 선택한다.

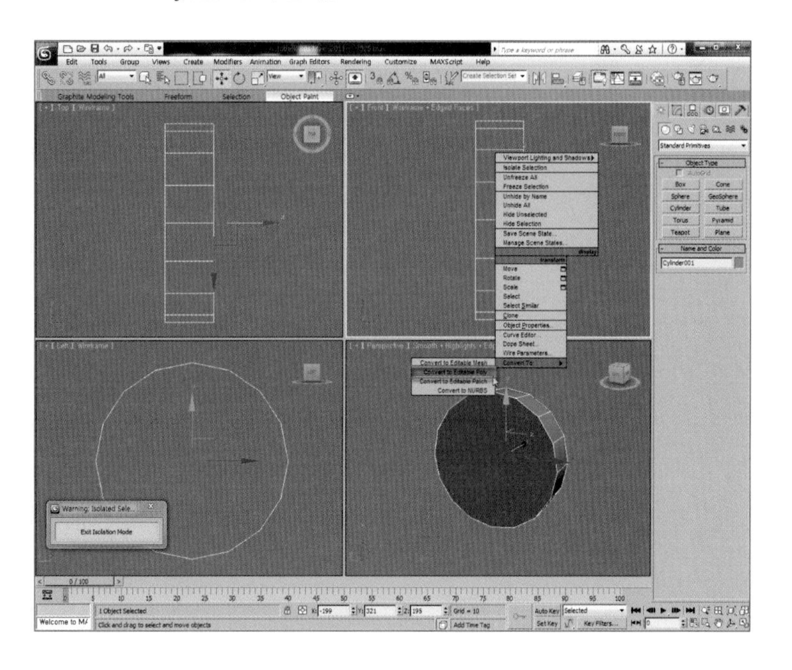

26 >> [Modify] ➡ [Polygon]을 선택한 후 [Edit Polygons] ➡ [Inset Setting] 버튼을 클릭한다. [Amount]값을 '5'로 입력한 후 [Apply and Continue] 버튼을 2번 클릭한다. [Amount]값을 '2'로 입력하고 [OK] 버튼을 누른다.

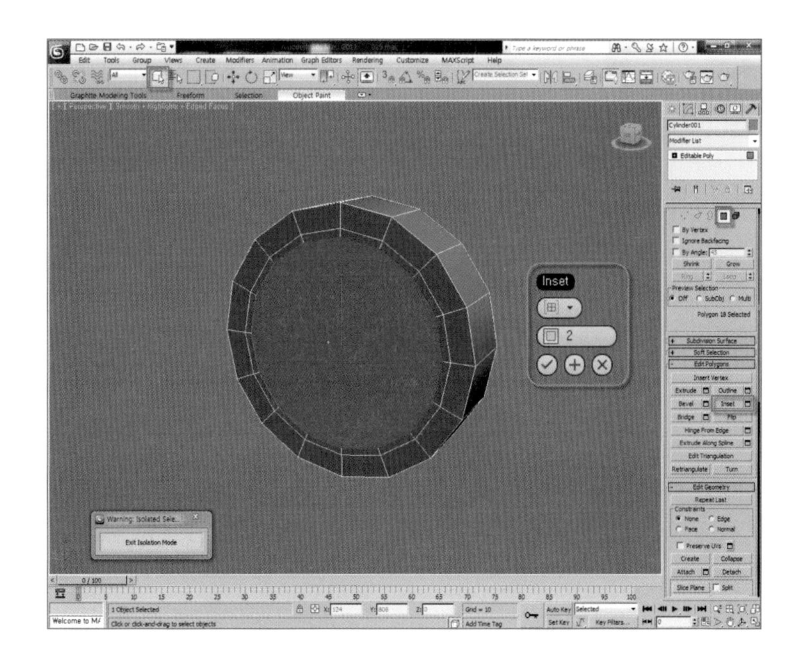

27 >> [Modify] ➡ [Polygon] 상태에서 [Bevel Setting] 버튼을 클릭한 후 [Height] 값을 '10', [Outline] 값을 '–2'로 입력하고 [OK] 버튼을 누른다.

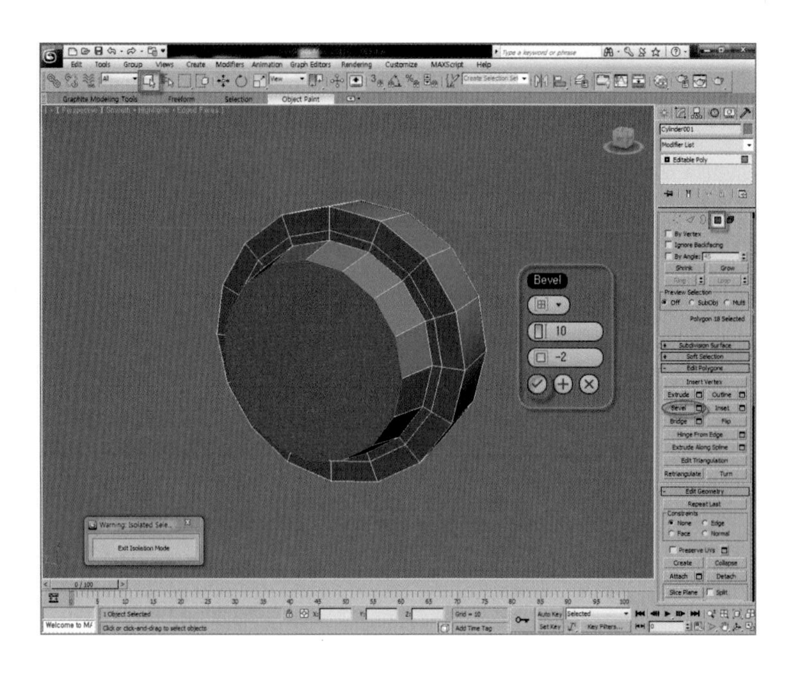

28 >> [Modify] ➡ [Edge] 상태에서 [Roof] 명령을 사용하여 큰 원과 작은 원의 테두리를 선택한 후에 [Bevel Setting] 버튼을 클릭한다. [Edge Chamfer Amount] 값을 '1', [Connect Edge Segments] 값을 '–1'로 입력한다.

29 >> [Modify] ➡ [Polygon]을 클릭한 후 버튼 사이의 면을 모두 선택하여 [Extrude Setting] 버튼을 누른다. [Height] 값을 '-5'로 입력하여 면을 안쪽으로 넣어 버튼 사이에 간격을 만든다.

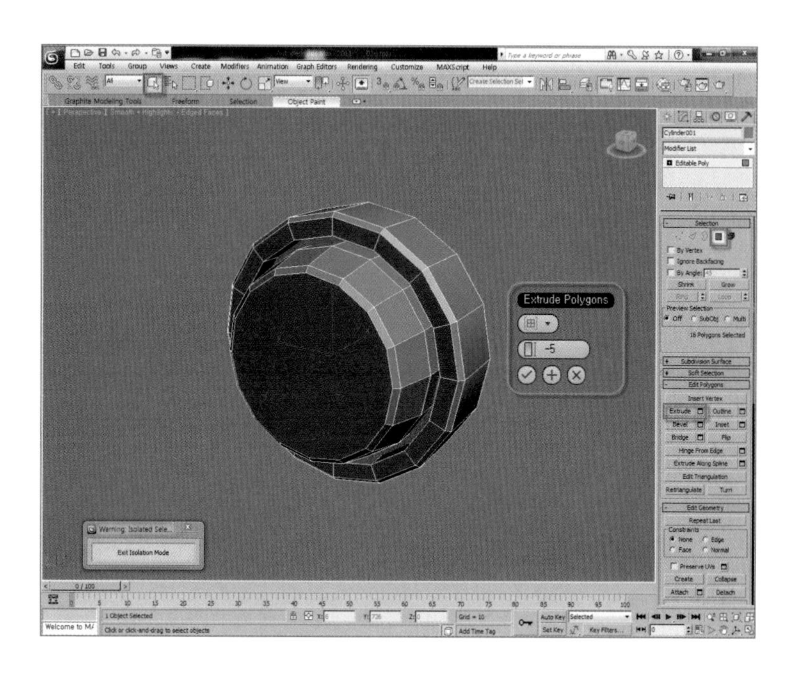

30 >> [Exit Isolation Mode]를 눌러 [Isolation Mode]를 빠져 나온 후 [Top View]에서 [Select and Move] 버튼을 이용하여 좌측으로 정렬하여 완성한다.

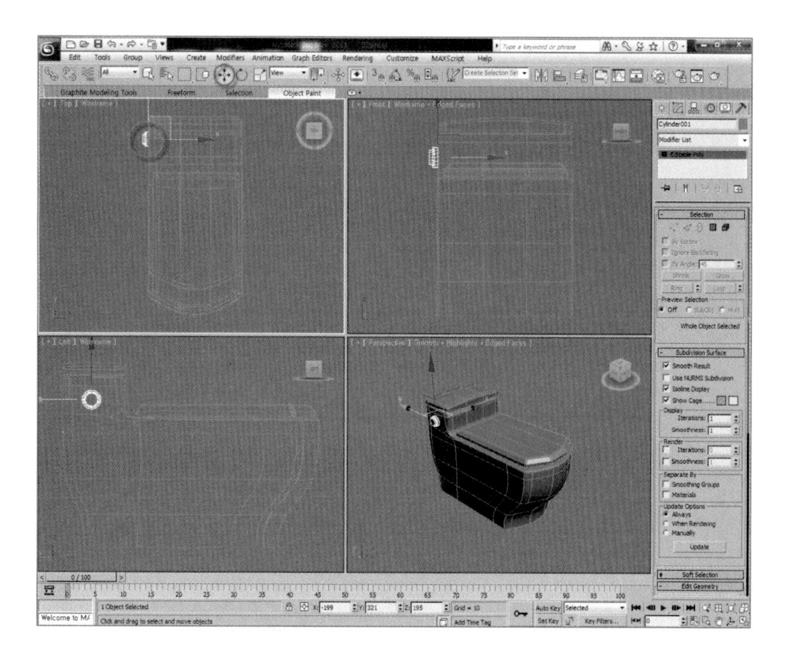

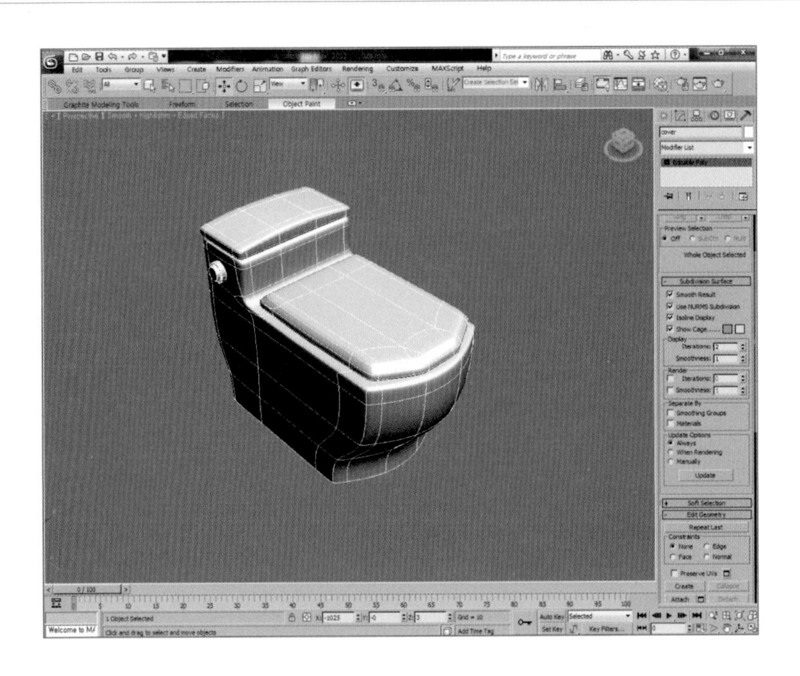
Edit Tools Group Views Create Modifiers Animation Graph Editors Rendering Customize MAXScript Help
Graphite Modeling Tools Freeform Selection Object Paint
Modifier List
Subdivision Surface
Smooth Result
Use NURMS Subdivision
Isoline Display
Show Cage
Soft Selection
Edit Geometry
Repeat Last
Update
1 Object Selected
Click and drag to select and move objects

31 >> 최종 렌더링 이미지

12 ▸▸ 사무용 의자 만들기

Box를 이용하여 몸체를 제작한 후 Editable to Polygon으로 형태를 제작한다. Editable Poly에서 NURMS Subdivision을 이용하여 곡면 정도를 확인하면서 모델링을 한다.

01 >> [Top View]에서 [Box]를 이용하여 의자의 앉는 부분을 제작한다. (단위 : mm)

[Length] : 500
[Width] : 500
[Height] : 100
[Length Segs] : 4
[Width Segs] : 4
[Height Segs] : 3

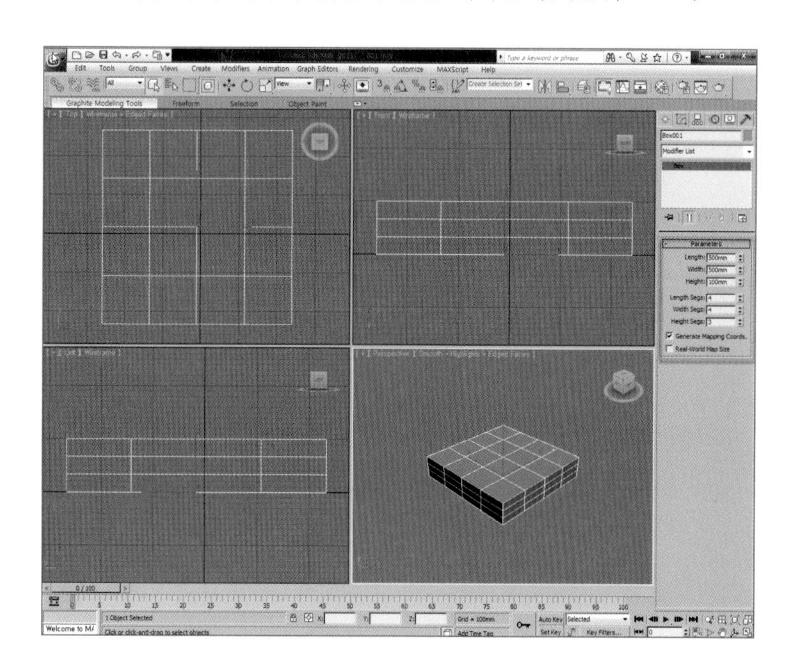

02 >> 마우스 우측 버튼을 클릭한 뒤 [Convert to Editable Poly]를 선택한다.

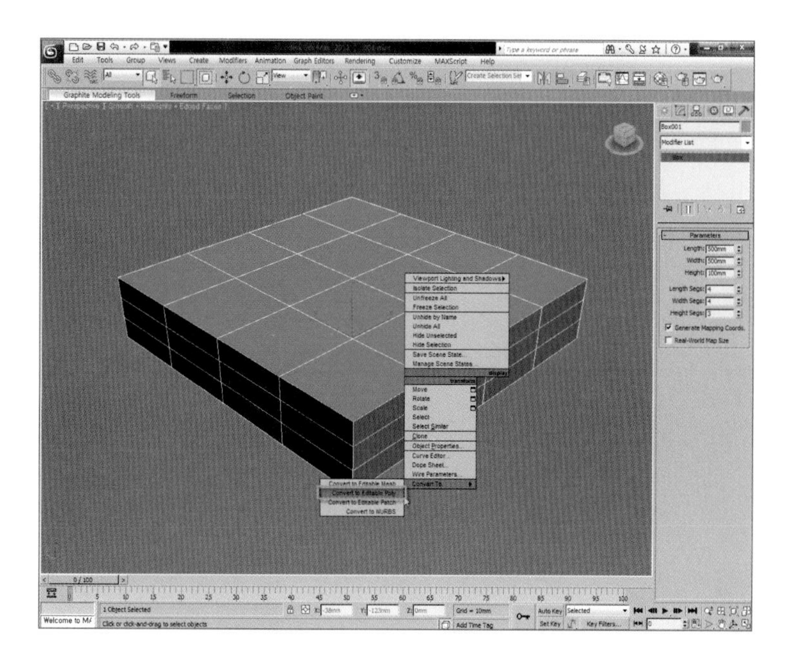

03 >> [Select and Uniform Scale] 명령을 이용해서 [Vertex]를 선택한 후 [X]축으로 드래그하여 [Vertex]를 양 끝 지점으로 이동한다.

동일한 방법으로 [Front View]와 [Left View]에서도 화면과 같이 [Vertex]를 이동한다. 축이 보이지 않으면 단축키 X 를 누른다.

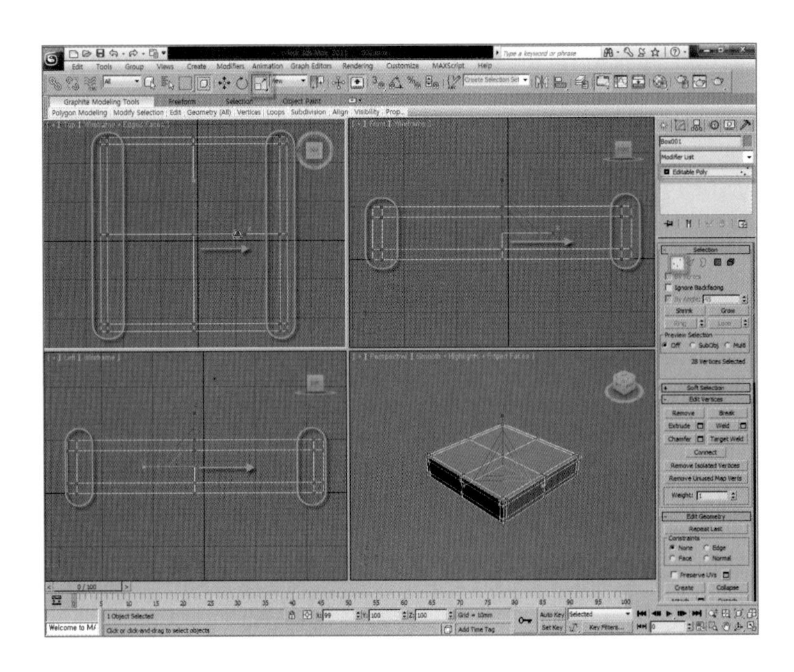

04 >> [Left View]에서 [Vertex]를 이동시켜 의자 앞부분을 라운딩한다.

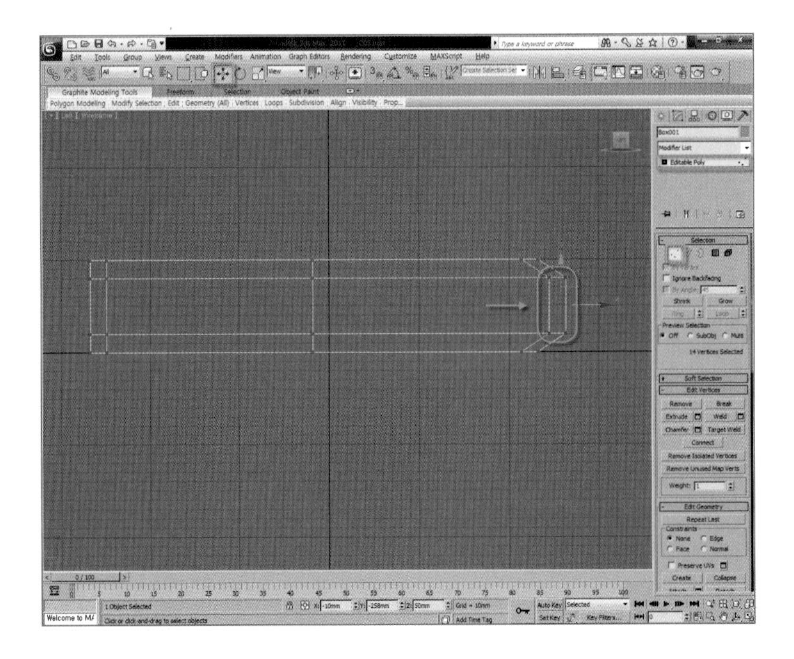

05 >> [Selection] ➡ [Polygon]을 클릭한 후 양쪽 면을 Ctrl 을 이용하여 다중 선택한다. [Bevel setting]을 클릭하여 선택면이 돌출되도록 [Height] 값을 '10', [Outline] 값을 '-5'로 입력하여 선택면을 축소한다.

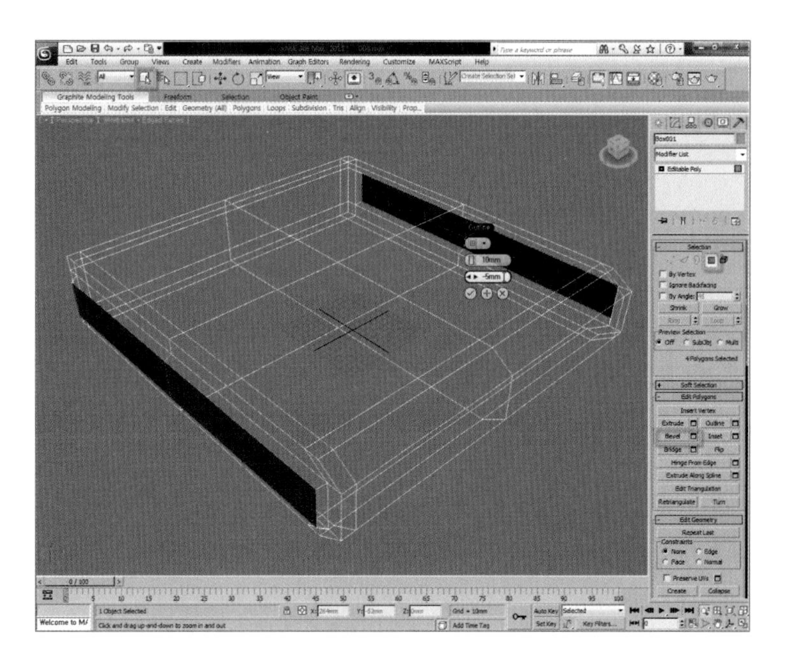

06 >> 의자의 앉는 부분이 들어가도록 하기 위해 [Selection] ➡ [Vertex]를 선택한 상태에서 오브젝트의 중간 [Vertex]들을 차별적으로 [-Z] 방향으로 이동한다.

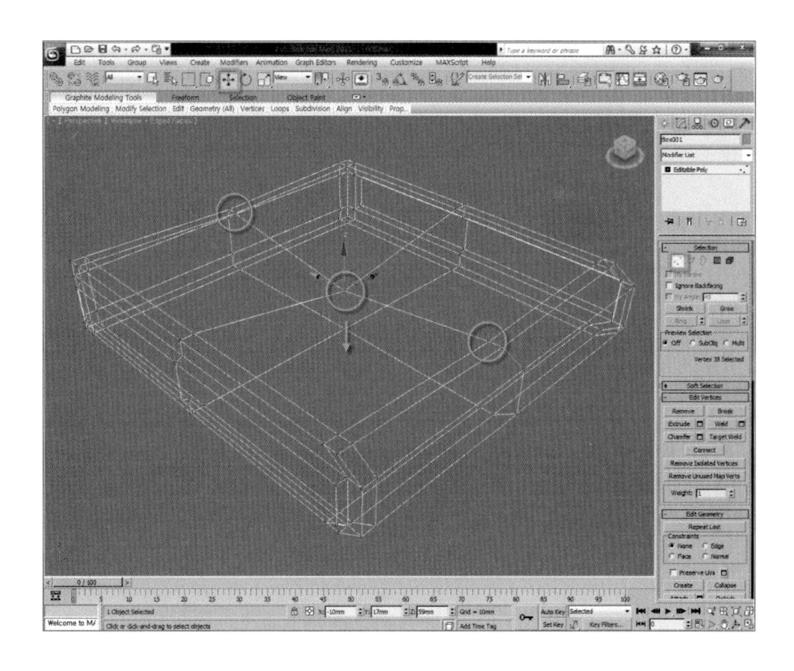

07 >> [Top View]에서 [Box]로 등받이 부분을 제작한다.

[Length] : 90　　[Width] : 500　　[Height] : 600

[Length Segs] : 4　　[Width Segs] : 4　　[Height Segs] : 6

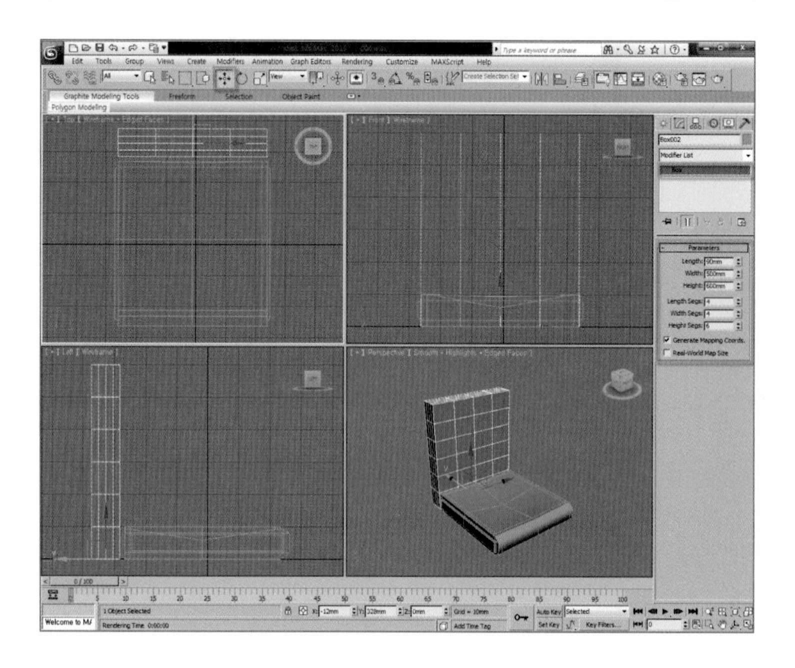

08 >> 마우스 우측 버튼을 클릭한 후 [Convert to Editable Poly]로 변환한다.

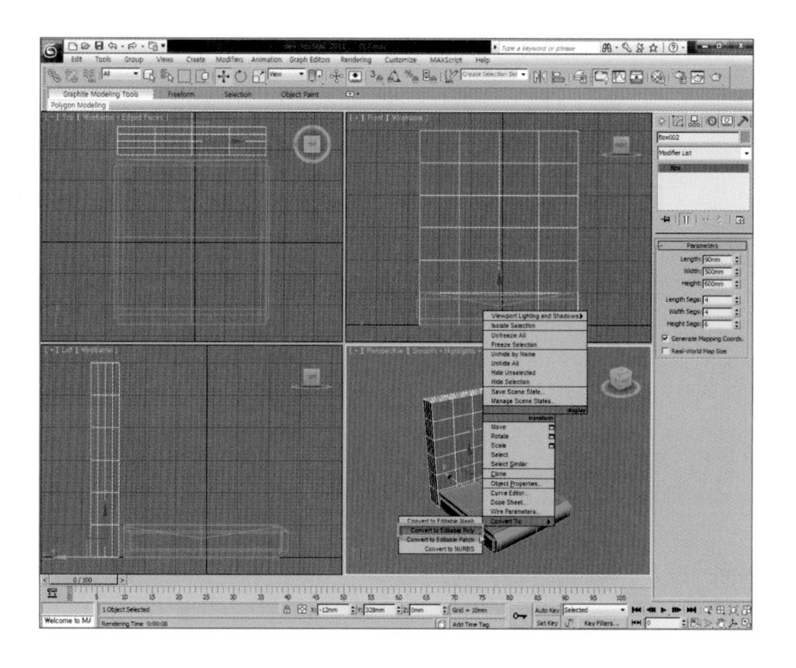

09 >> 마우스 우측 버튼을 클릭한 후 [Isolate Selection]을 선택한다. [Isolation Mode]는 현재 선택된 오브젝트만을 보여주고 다른 오브젝트는 일시적으로 감춰주는 기능을 한다. 단축키는 Alt + Q 이다.

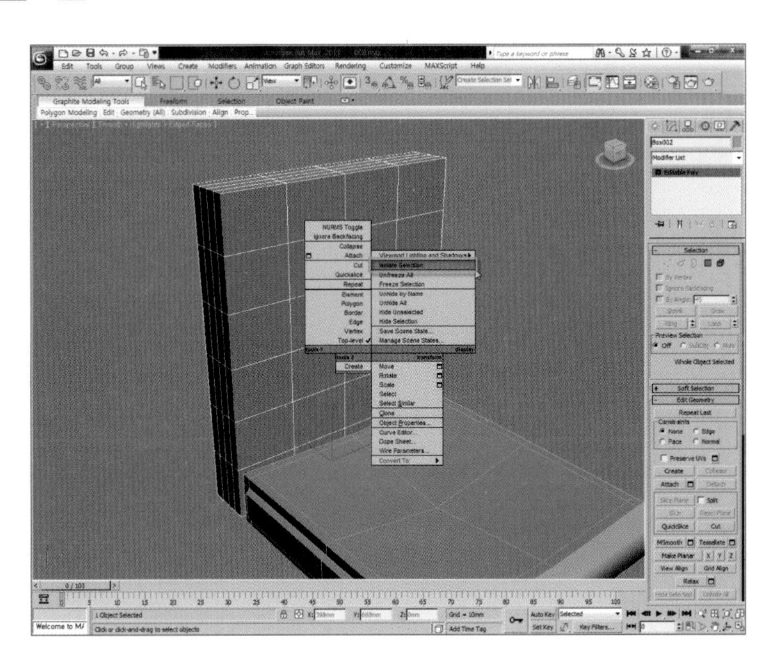

10 >> [Select and Uniform Scale] 명령을 이용해 [Vertex]들을 그림과 같이 정렬한다. [Vertex]들의 간격에 따라 모서리 부분의 라운딩 정도가 결정되며 [Vertex]의 다중 선택 시에는 Ctrl 키를 눌러 가며 다중 선택한다.

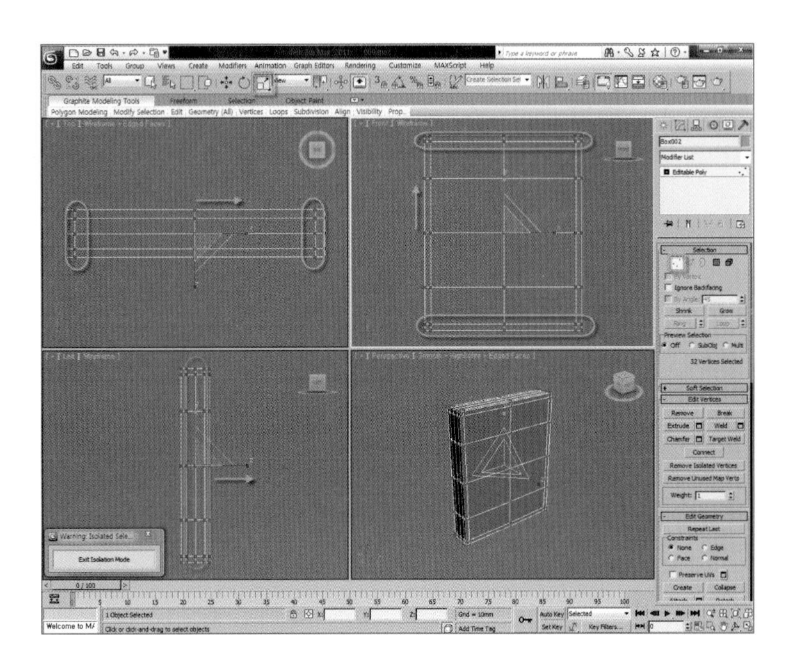

11 >> [Left View]에서 등받이 부분의 굴곡을 주기 위해 원 안의 [Vertex]를 선택한 후 그림과 같이 이동한다.

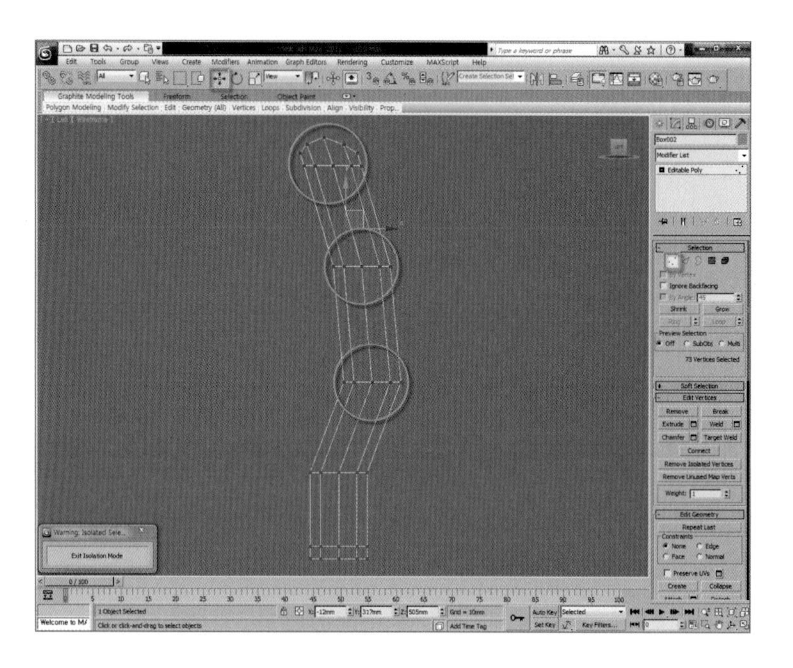

12 >> [Front View]에서 등받이 윗부분의 [Vertex]를 그림과 같이 이동한다. 정면에서 보았을 때 윗부분의 [Vertex]는 겹쳐 보이게 하고 나머지 부분은 동일선상에 있도록 한다.

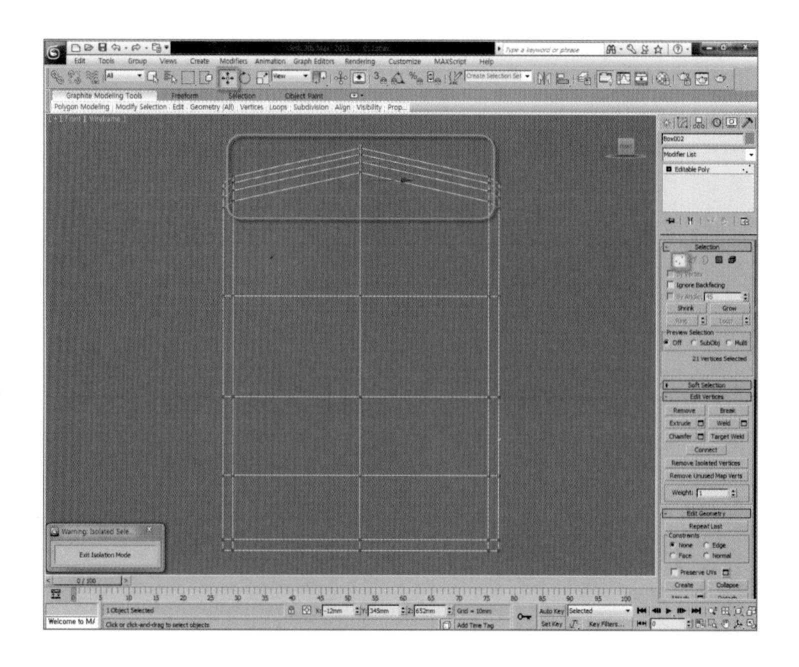

13 >> [Perspective]에서 중심부의 [Vertex]를 선택한 후 등받이 중심부가 들어가 보이도록 [Vertex]를 [Y]축으로 이동한다.

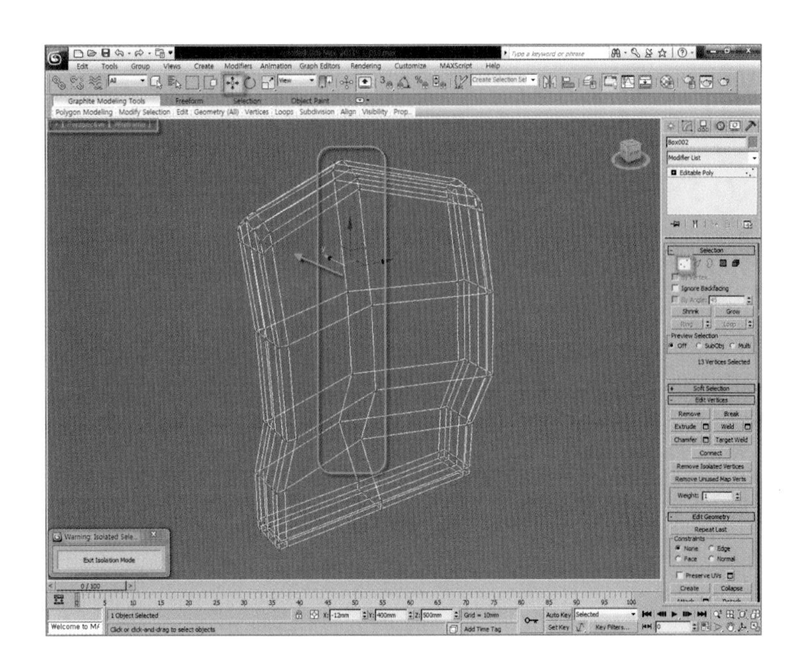

14 >> [Exit Isolation Mode]를 눌러 [Isolation Mode]를 빠져 나온다.
[Left View]에서 [Line] 명령으로 팔걸이 부분의 [Path]를 그린 후 [Top View]에서 [Select and Move] 명령으로 화면과 같이 좌측 이동한다.

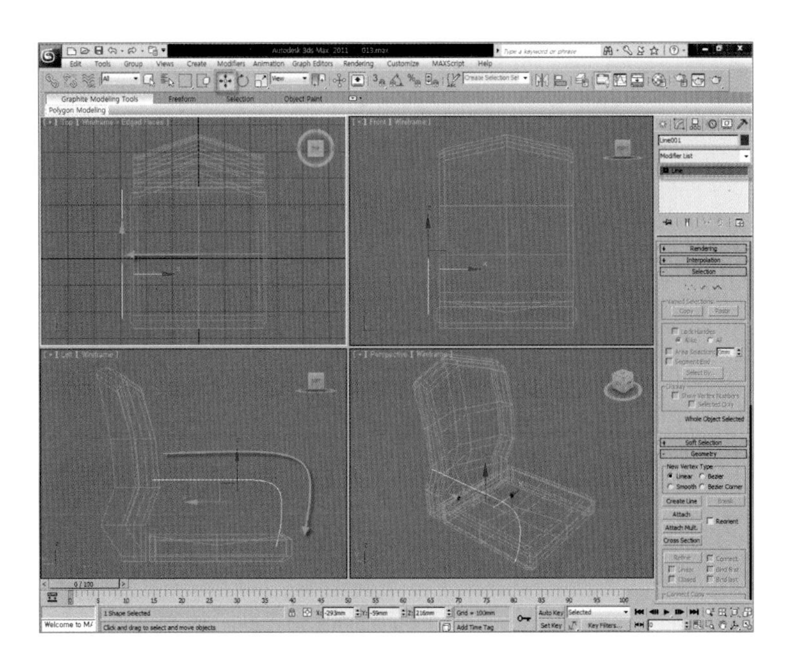

15 >> [Rectangle]을 이용하여 손잡이의 면이 될 부분을 제작한 뒤 [Rectangle]과 [Path]를 그림과 같이 정렬한다.

[Length] : 20
[Width] : 60

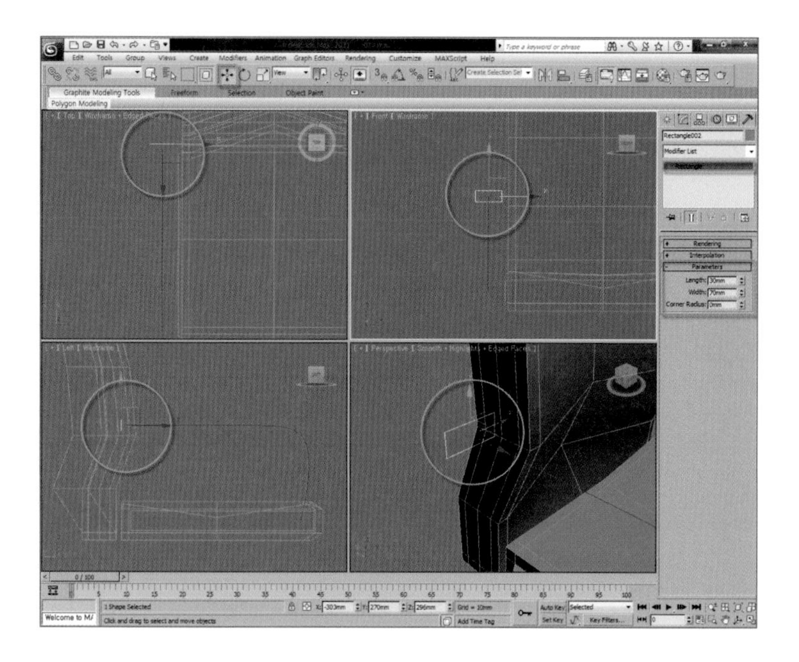

16 >> [Rectangle]을 마우스 우측 버튼으로 클릭한 후 [Convert to Editable Poly]를 선택한다.

[Selection] ➡ [Polygon]을 선택한다. [Rectangle]면을 선택하고 [Extrude Along Spline Setting]을 클릭한다. [Segments]를 '12'로 하고 [Pick Spline]을 클릭한 후 만들어진 [Path]를 선택하면 경로를 따라 면이 생성된다.

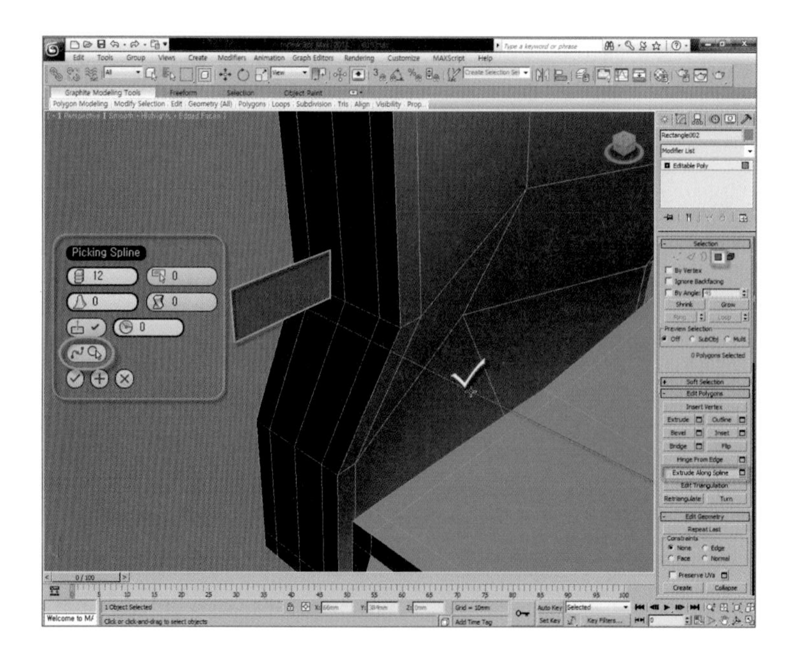

17 >> [Perspective]에서 [Selection] ➡ [Border]를 선택한다. 의자 끝부분의 뚫린 테두리를 선택한 후 [Cap] 버튼을 눌러 면을 막는다.

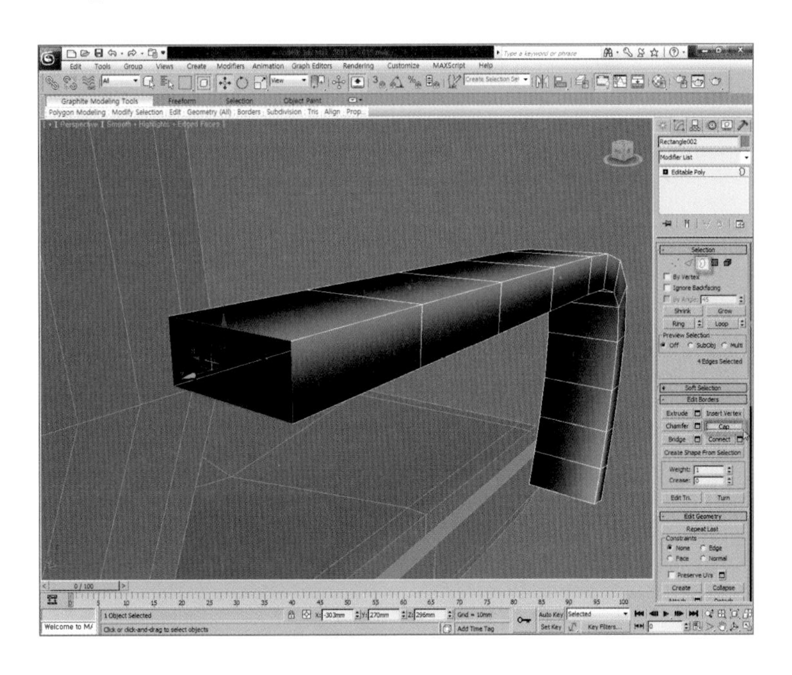

18 >> 아이콘 메뉴의 선택 영역에서 [Window] 버튼을 선택한다. [Left View] 상태에서 원 안의 [Edge]를 선택한 후 [Select and Move] 명령을 이용하여 손잡이 끝부분으로 이동한다.

이것은 [Edge]의 간격을 좁게 함으로써 [Use NURMS Subdivision]을 체크하였을 때 모서리 끝 부분의 라운딩을 작게 만들어 준다.

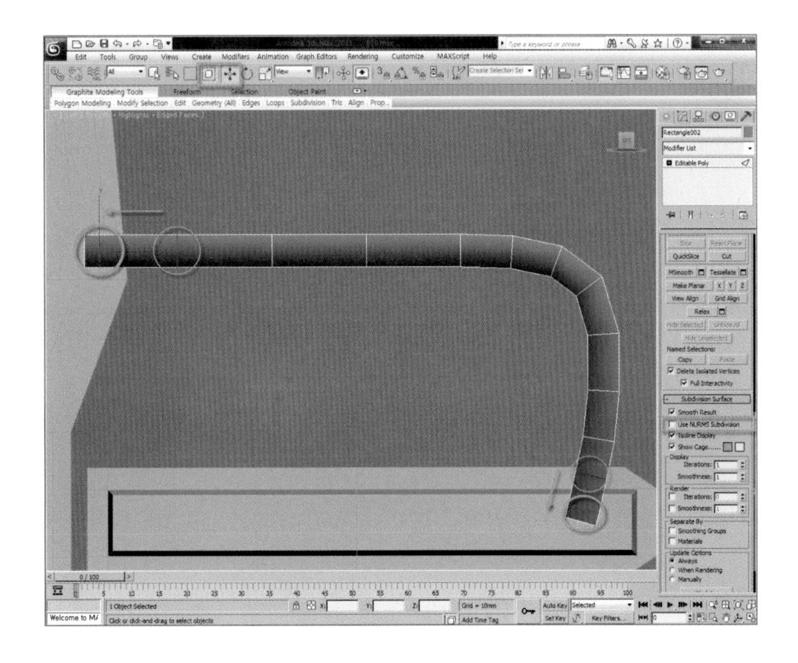

19 >> [Editable Poly]를 비활성화한 후 [Subdivision Surface] ➡ [Use NURMS Subdivision]을 체크하고 [Iterations] 값을 '2'로 입력한다.

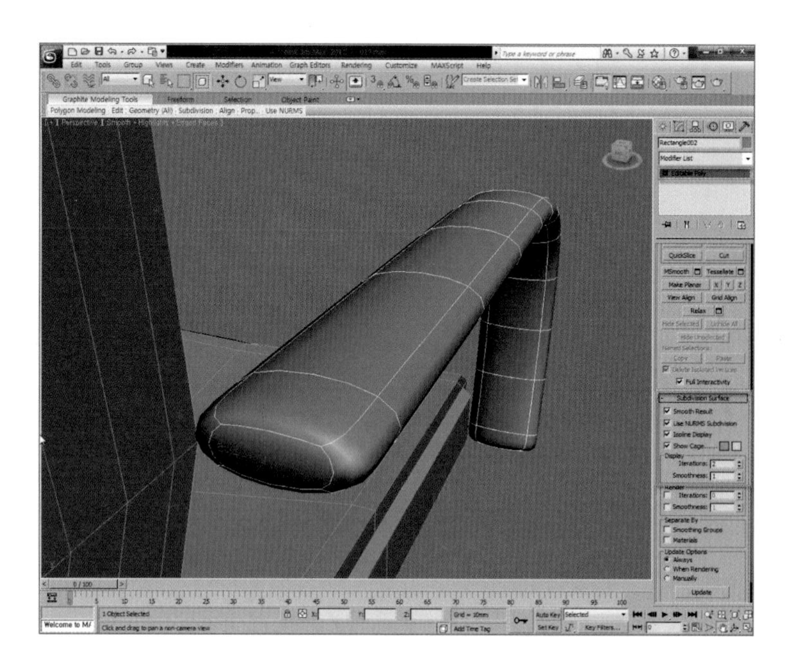

20 >> [Front View]에서 Shift 버튼을 누른 상태에서 팔걸이를 마우스로 드래그하여 [Object] ➡ [Instance]를 체크한 후 [OK] 버튼을 눌러 복사한다. [Mirror] 명령을 사용하는 것이 좀 더 정확한 방법이다.

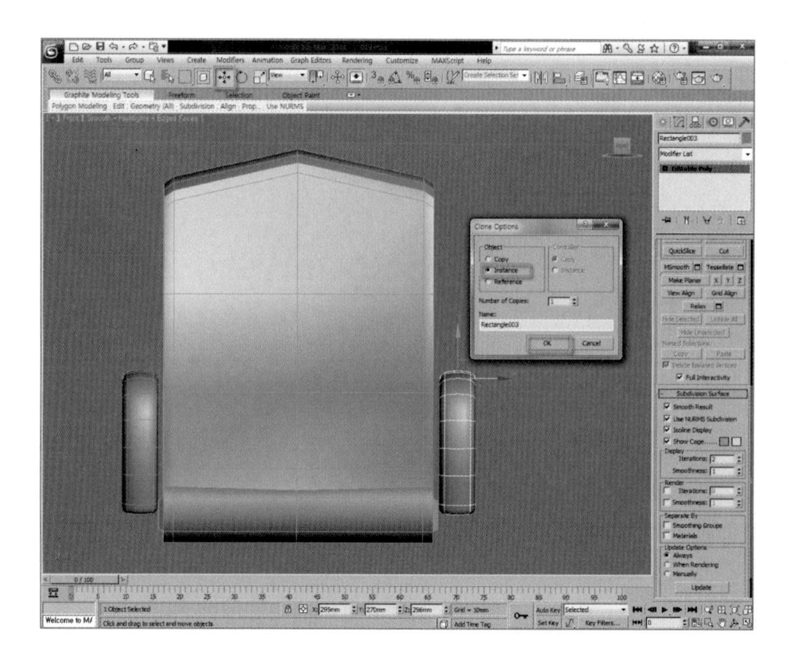

21 >> [Top View]에서 [Cylinder] 명령으로 다리 연결 부분을 제작한다.

[Radius] : 25 [Sides] : 5 [Height Segment] : 5

[Cap Segment] : 1 [Sides] : 8

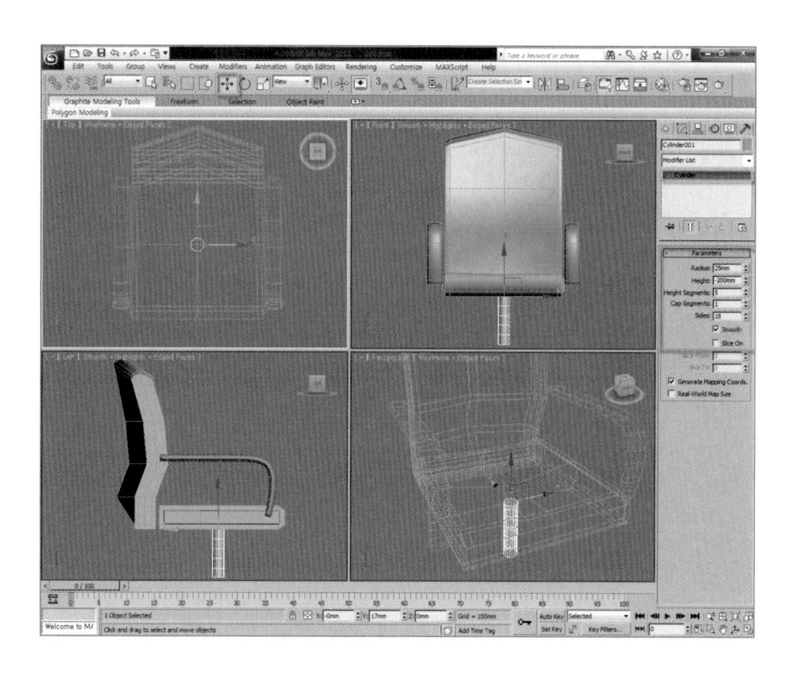

22 >> [Top View]에서 [Shapes] ➡ [NGon] 명령으로 의자 다리 부분을 만든 후 연결 부분과 정렬한다.

[Radius] : 50 [Sides] : 5 [Corner Radius] : 10

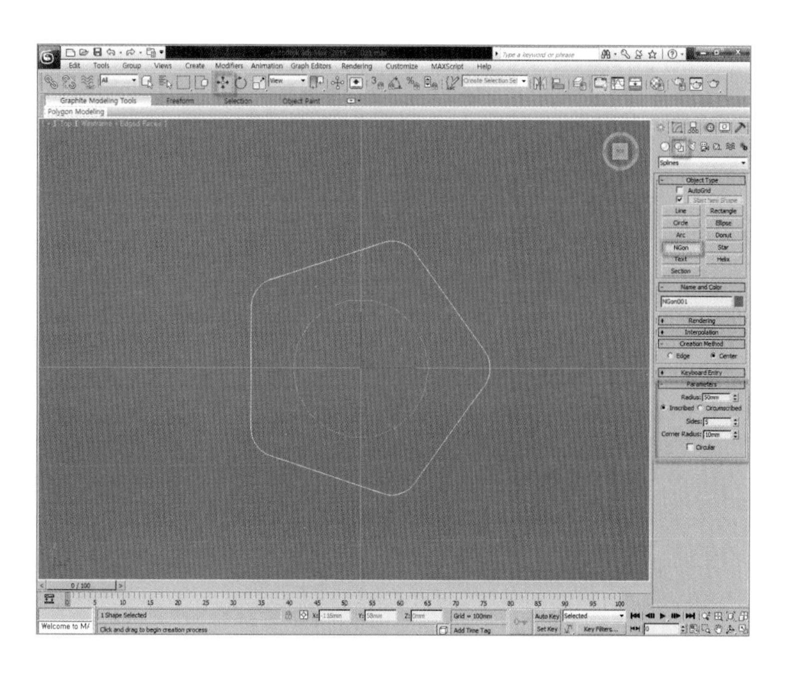

23 >> [Front View]에서 [Modify] ➡ [Extrude] 명령을 실행한 후 [Amount] 값을 '-60'으로 입력하여 두께를 준다. [Select and Move] 명령을 이용해서 [-Y] 방향으로 이동한다.

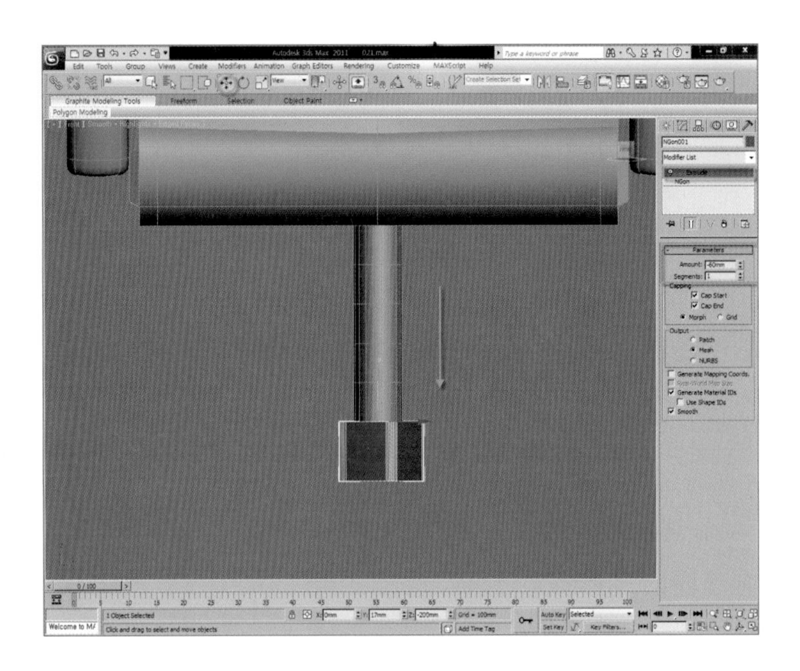

24 >> [Perspective]에서 두께가 주어진 오브젝트를 마우스 우측 버튼을 클릭하여 [Convert to Editable Poly]를 선택한다.

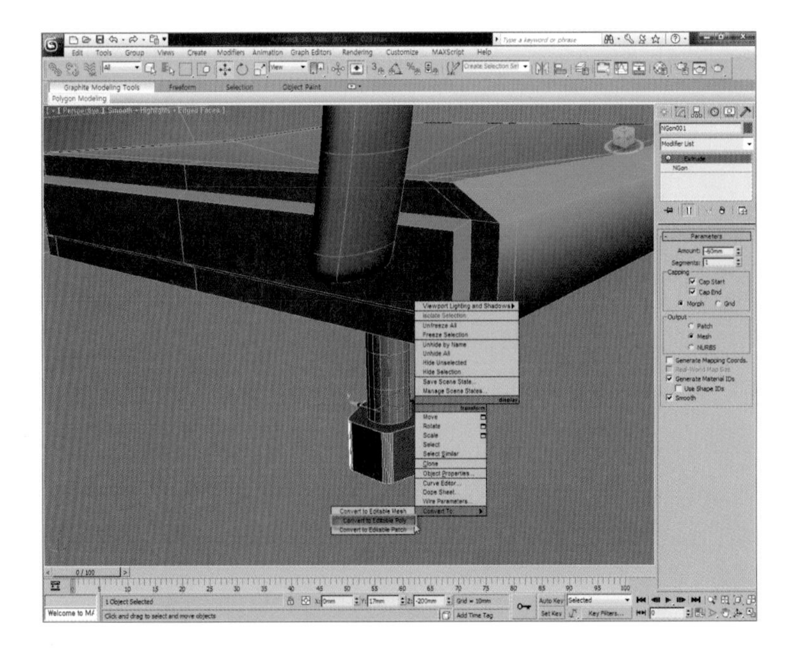

25 >> [Selection] ➡ [Polygon]을 선택한 후 Ctrl 버튼을 누른 상태에서 5면을 모두 선택한다. 이때 [Perspective]에서 [Orbit] 명령을 이용하거나 Alt 와 마우스 우측 버튼을 눌러 화면을 돌려가며 면을 선택한다.

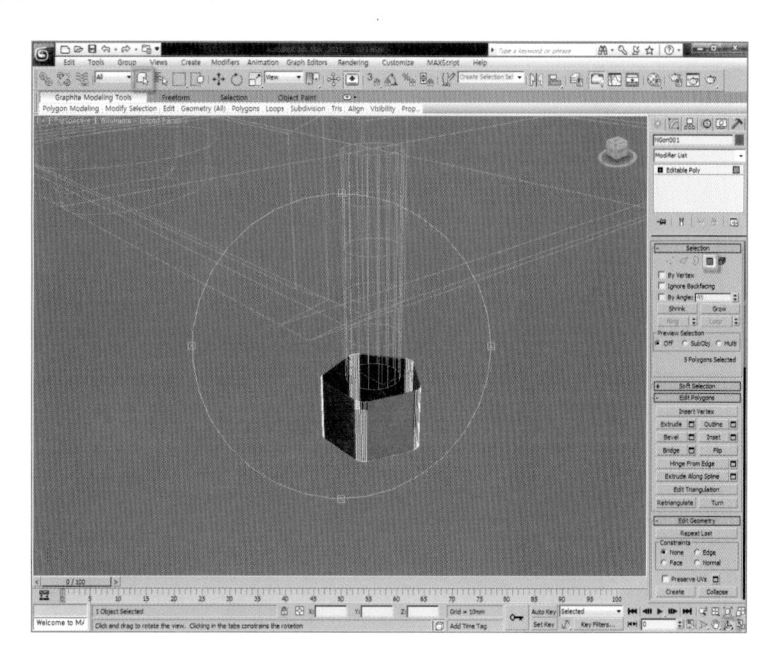

26 >> [Extrude Polygon]에서 [Height] 값을 '350'으로 입력한 후 Enter 를 누른다. 이때 계속 명령을 실행하기 위해 [OK] 버튼을 누르지 않는다.

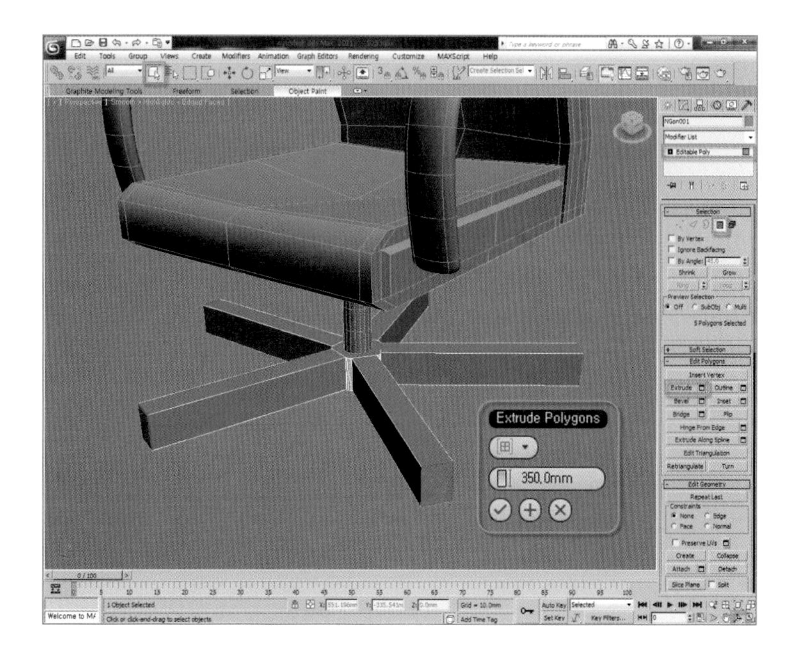

27 >> [Apply and Continue] 버튼(+)을 클릭한 후 [Height] 값을 '10'으로 입력하고 [Ok] 버튼을 클릭한다. [Extrude] 명령 외 [Outline] 등의 명령을 반복적으로 사용하고자 할 때에는 [Apply and Continue] 버튼(+)을 선택하고 1회만을 사용할 때에는 [OK] 버튼을 선택한다.

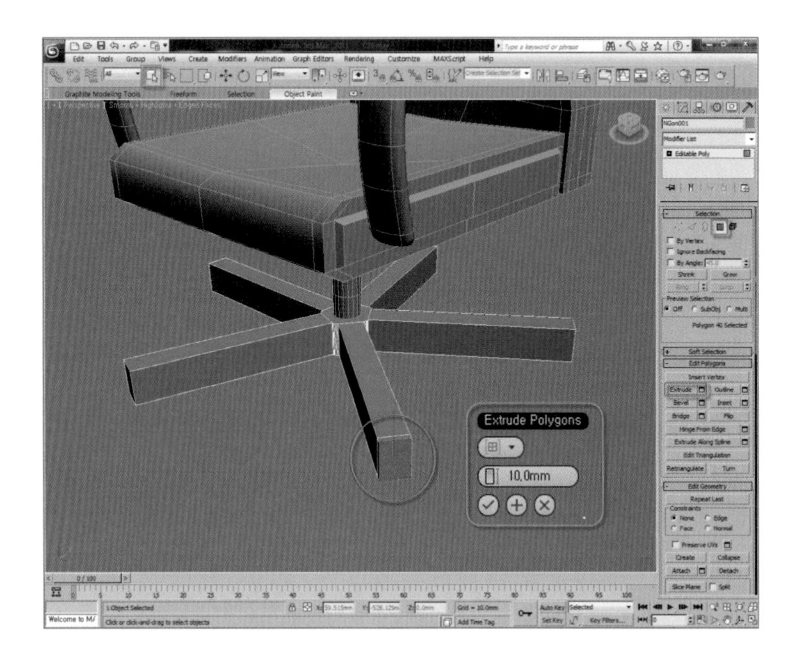

28 >> 다리의 바닥면을 모두 선택한 후 삭제한다. 바닥면을 삭제하여 [Use NURMS Subdivision]을 체크할 때 다리 밑 부분이 둥근 모양이 되는 것을 방지한다.

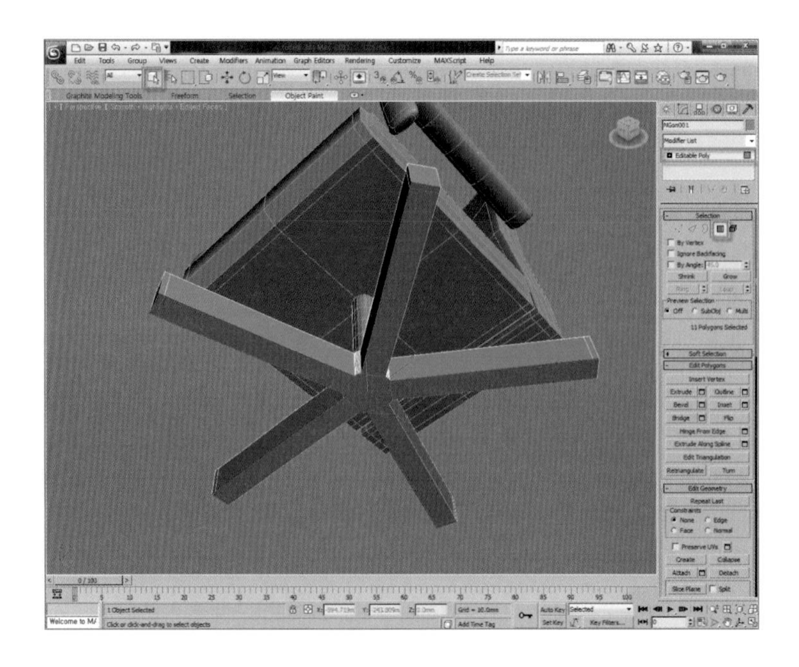

29 >> 윗부분의 [Vertex]만을 선택한 후 [Offset Mode Transform Type-In]인 상태에서 [Z]축에 '30'을 입력한 후 이동한다.

Note

마우스로 드래그하여 [Vertex]를 선택하고 선택된 [Vertex]를 부분해제 하고자 할 때에는 Alt 버튼을 누른 상태에서 클릭하여 해제한다.

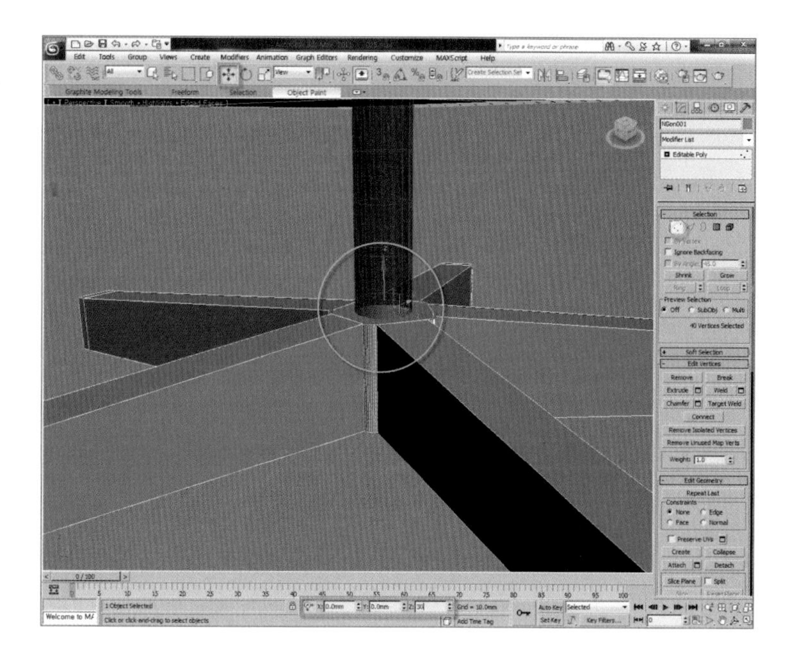

30 >> [Selection]에서 [Vertex]를 선택 해제한 후 [Use NURMS Subdivision]을 체크하고 [Iterations] 수치를 '2'로 입력한다.

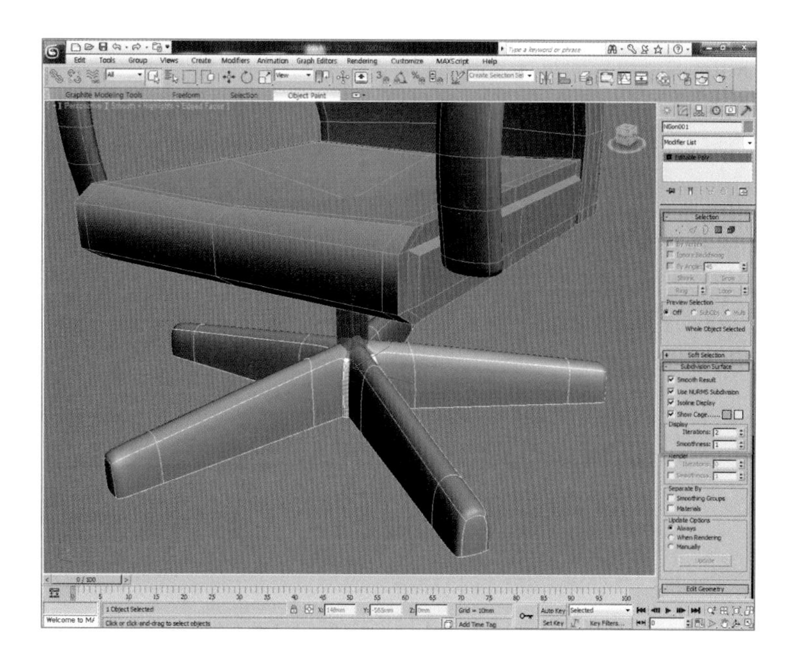

31 >> [Front View]에서 [Tube] 명령으로 바퀴덮개를 제작한다.

[Radius 1] : 40　[Radius 2] : 35　[Height] : −50

[Height Segment] : 1　[Cap Segment] : 1　[Sides] : 9

[Smooth] : ☑　[Slice On] : ☑　[Slice From] : 90　[Slide To] : −90

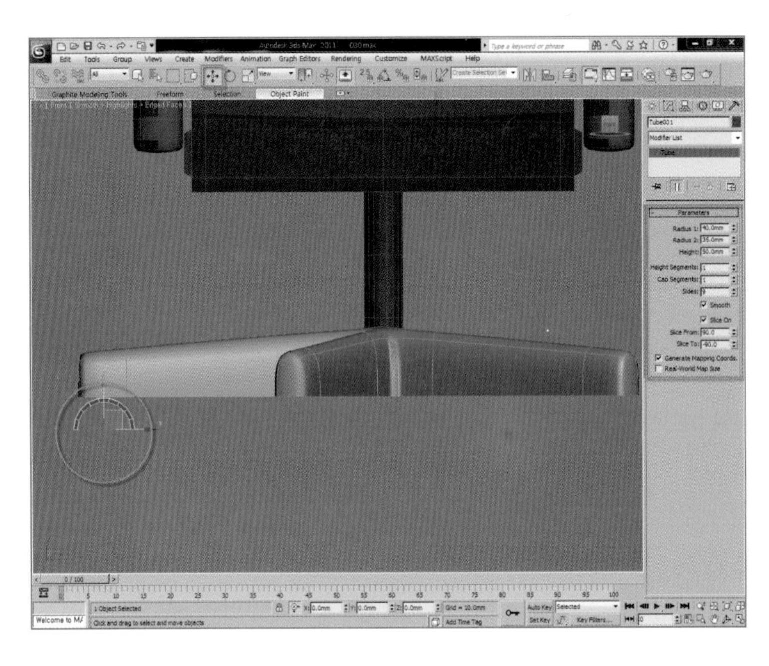

32 >> [Extended Primitives]에서 [ChamferCyl] 명령으로 바퀴를 제작한다.

[Radius] : 32　[Height] : −50　[Fillet] : 4　[Height Segs] : 1

[Fillet Segs] : 1　[Sides] : 18　[Cap Segs] : 1

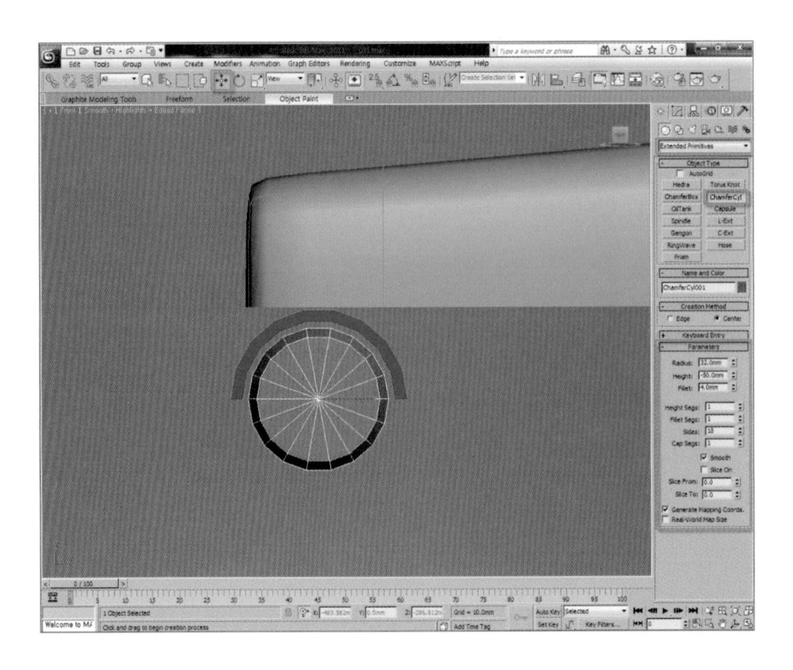

33 >> [Top View]에서 [Select and Move] 명령을 이용해서 의자다리 부분과 바퀴, 바퀴 덮개 위치를 가로방향으로 정렬한다.

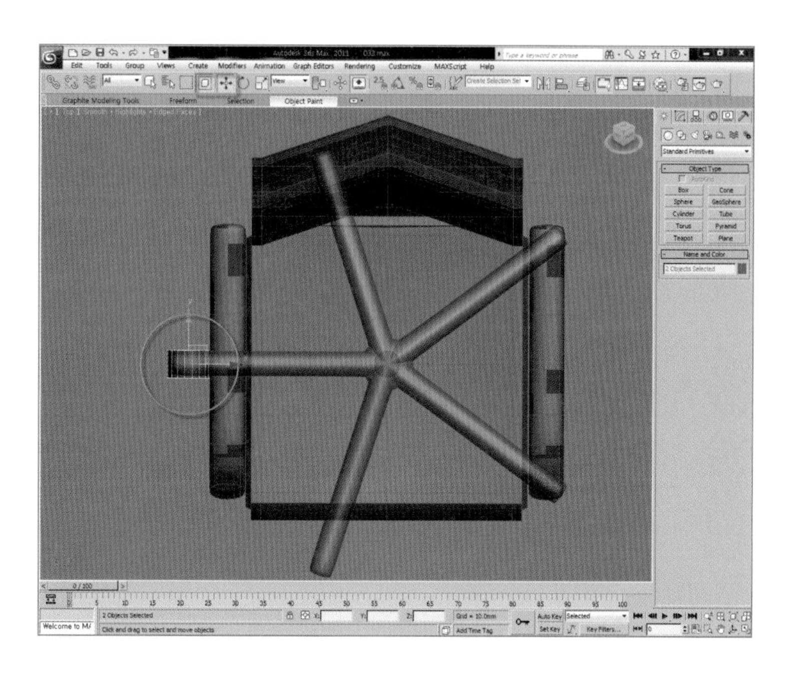

34 >> [Top View]에서 원형 배열로 복사하기 위해 축을 [Reference Coordinate System]을 [Pick]으로 설정한 후 의자 다리를 선택한다. 축은 [Use Transform Coordinate Center]로 설정하여 한 개의 축으로 변경한다.

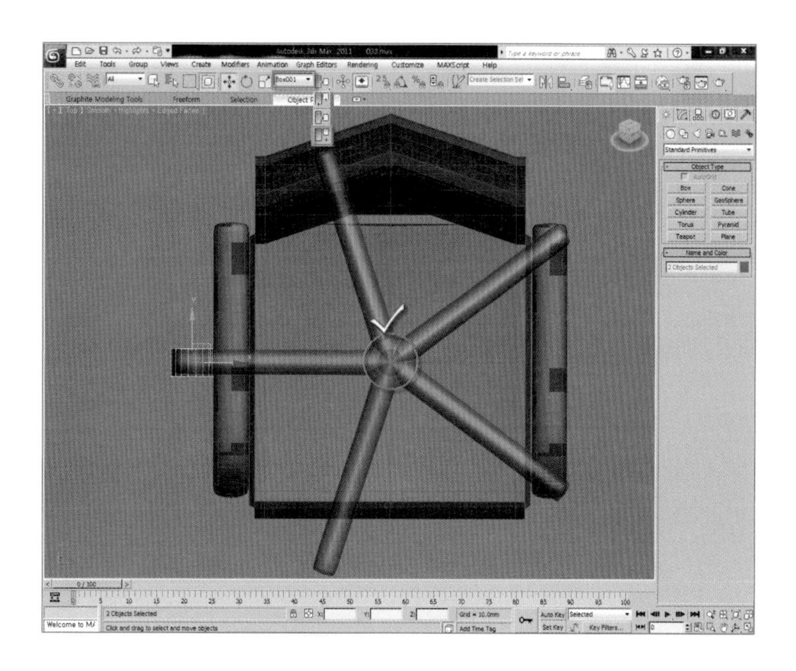

35 >> 메뉴에서 [Tools] ➡ [Array] 명령을 실행한다. 이때 중요한 점은 [Top View]에서 현재 바퀴와 덮개가 선택된 상태이지만 [Pivot]은 의자 다리 중심부분에 위치해 있어야 한다.

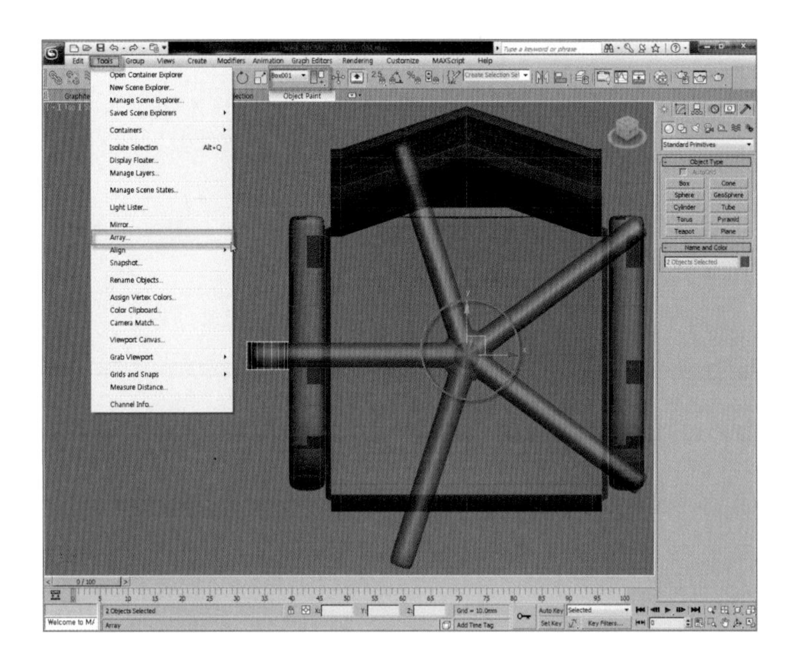

36 >> [Array] 대화상자에서 [Rotate] 우측 화살표 버튼을 클릭한 후 [Total]의 [Z] 값에 '360' [Count]란에 '5'를 입력한다. [Preview]를 클릭하여 5개의 바퀴와 덮개가 회전 복사되었는지를 확인한 후 [OK] 버튼을 클릭한다.

Note

[Copy] 명령은 복사할 때 원본을 포함하지 않은 수치를 입력하고 [Array] 명령은 원본이 포함된 수치를 입력한다.

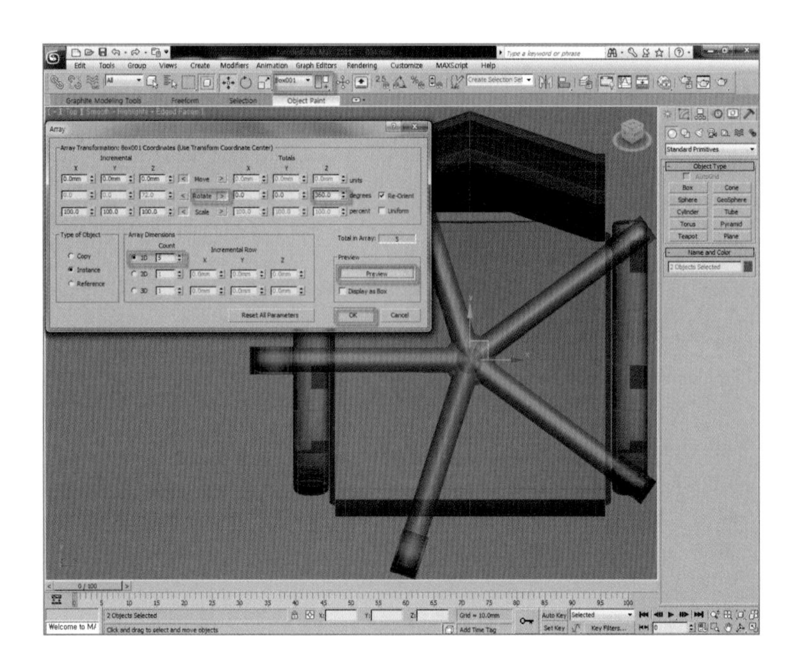

37 >> 의자부분, 바퀴, 팔걸이 부분별로 [Attach]한 후 [Use NURMS Subdivision]을 체크하여 모델링을 완성한다.

38 >> 최종 렌더링 이미지

13 ▸▸ 계단 만들기

계단 공간 표현에서 손잡이 부분은 Line 명령을 이용하여 제작하고 계단은 Polygon 명령으로 제작 수정한다.

01 >> [Left View]에서 계단의 단면도는 180(H)×260(W)로 11계단으로 계획한다.

[Rectangle] 명령으로 다음과 같이 제작한다. (단위 : mm)

[Length] : 180
[Width] : 260

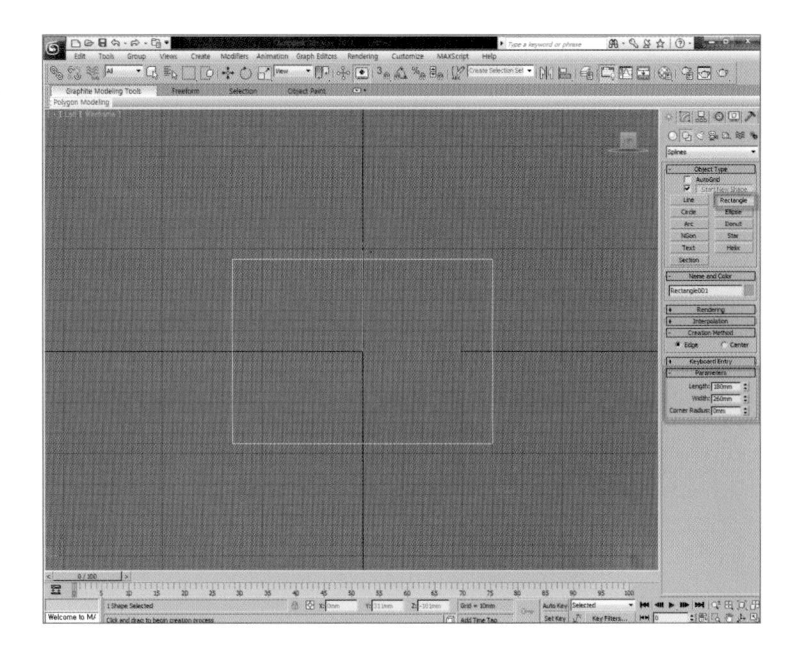

02 >> [Snap] 옵션에서 [Endpoint]를 체크한다. [Select and Move] 명령으로 Shift 를 누른 상태에서 [Rectangle]을 선택한 후 마우스로 우측 하단에서 좌측 상단으로 드래그한다. [Clone Option] 대화상자에서 복사 개수를 '10'으로 입력하고 [OK] 버튼을 누른다(복사되는 개수는 원본 개수를 제외한 수치를 말한다).

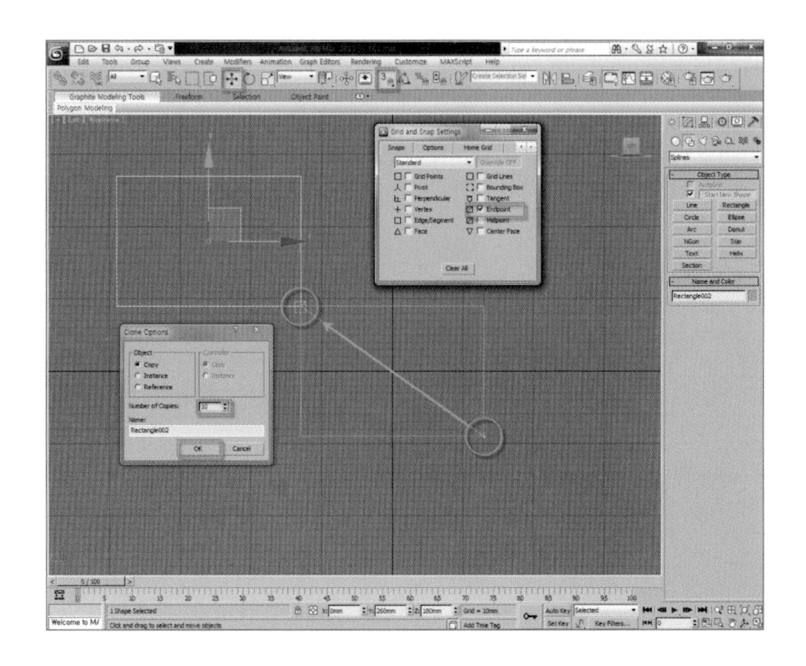

03 >> [Line] 명령으로 [Rectangle]의 끝점을 연결한다. [Snap]의 옵션은 [Endpoint]로 한다.

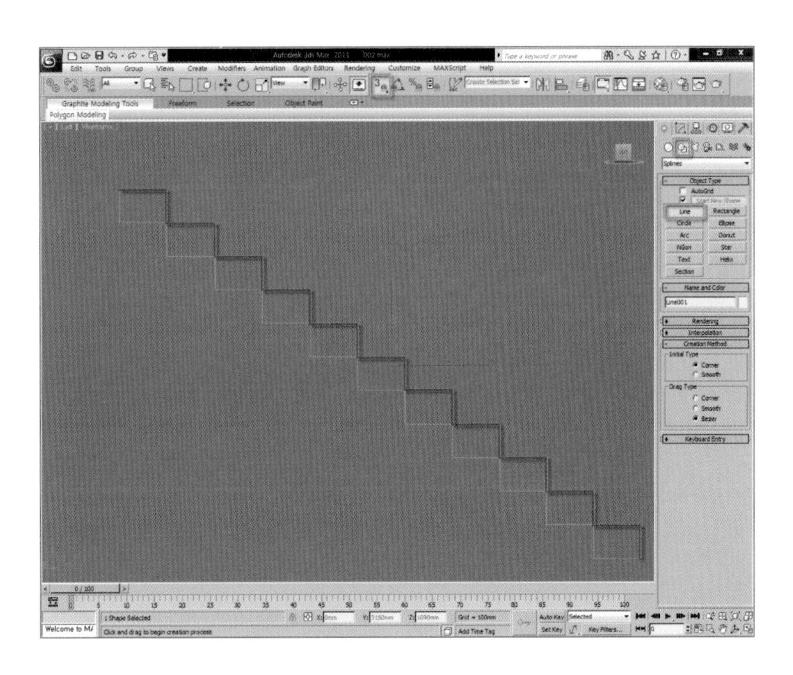

04 >> 연결된 [Line]을 선택한 후 [Selection] ➡ [Spline]을 선택한다. [Geometry] ➡ [Outline] 버튼을 클릭한 후 수치값을 '-20'으로 입력하고 Enter 를 누른다.

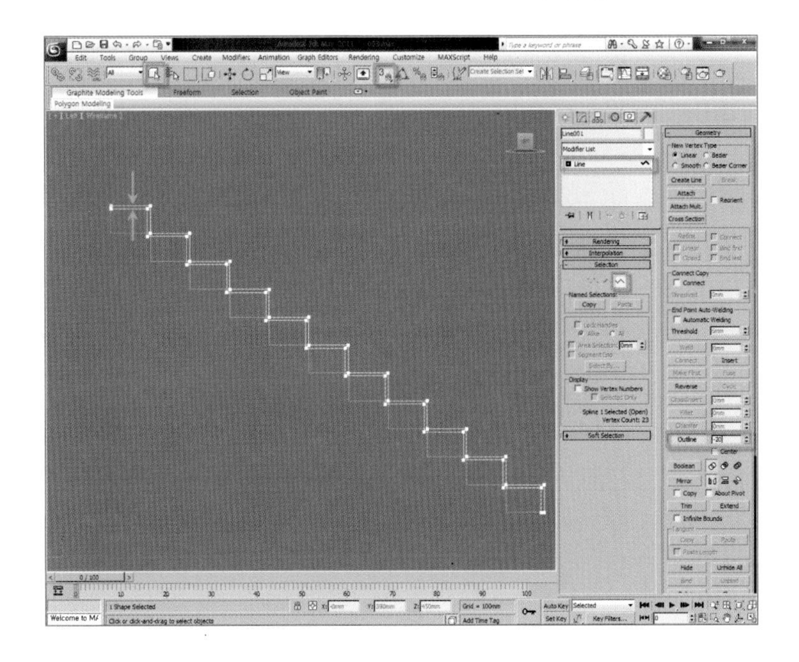

05 >> [Line] 명령으로 그림과 같이 계단 밑부분의 꼭지점을 연결하는 단면도를 제작한다.

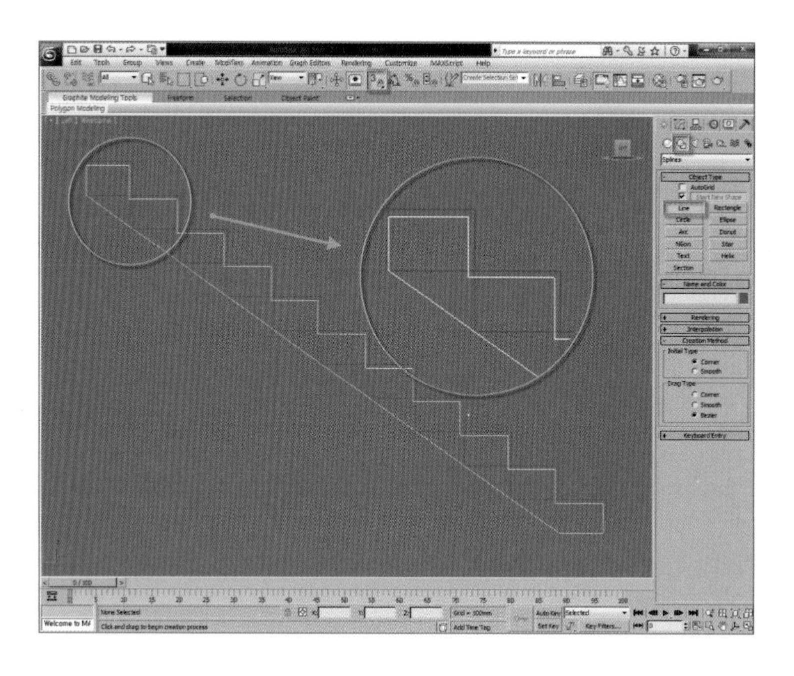

06 >> [Select by Name](단축키 : H) 명령으로 [Rectangle 001~011]을 선택한 후 [OK] 버튼을 눌러 삭제한다.

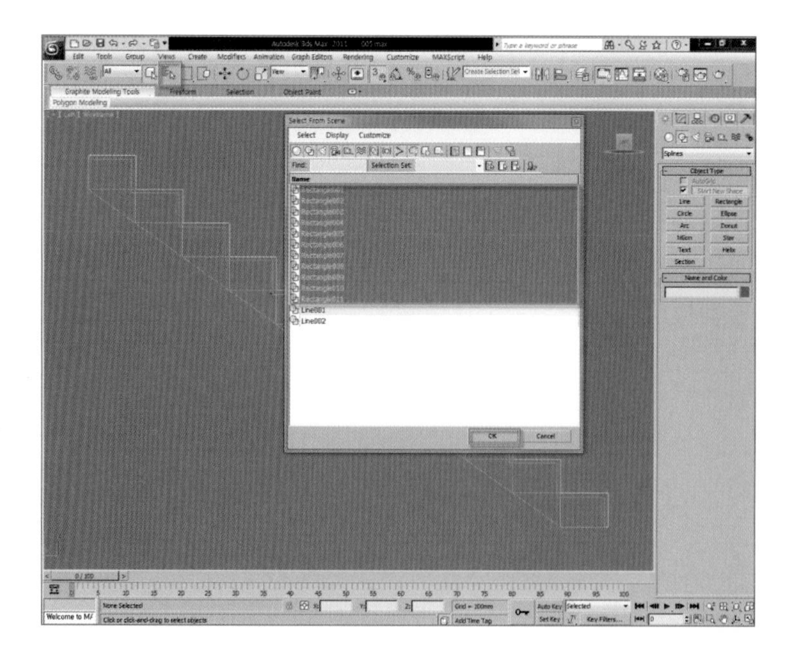

07 >> 계단 위의 단면을 선택하고 [Modify] ➡ [Extrude] 명령을 실행한다. [Amount] 값을 '2500' 으로 입력한다.

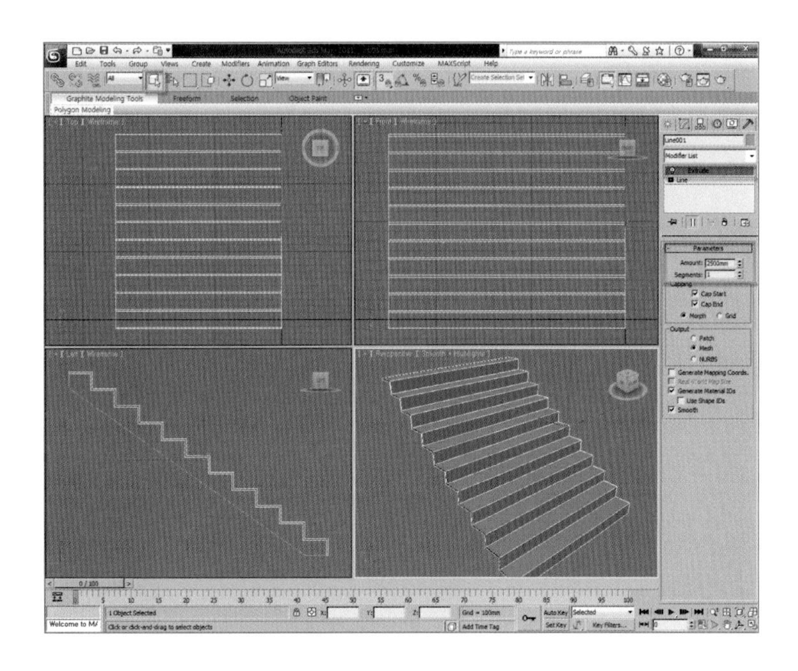

08 >> 계단을 선택한 후 마우스 우측 버튼을 눌러 [Convert to Editable Poly]를 선택한다.

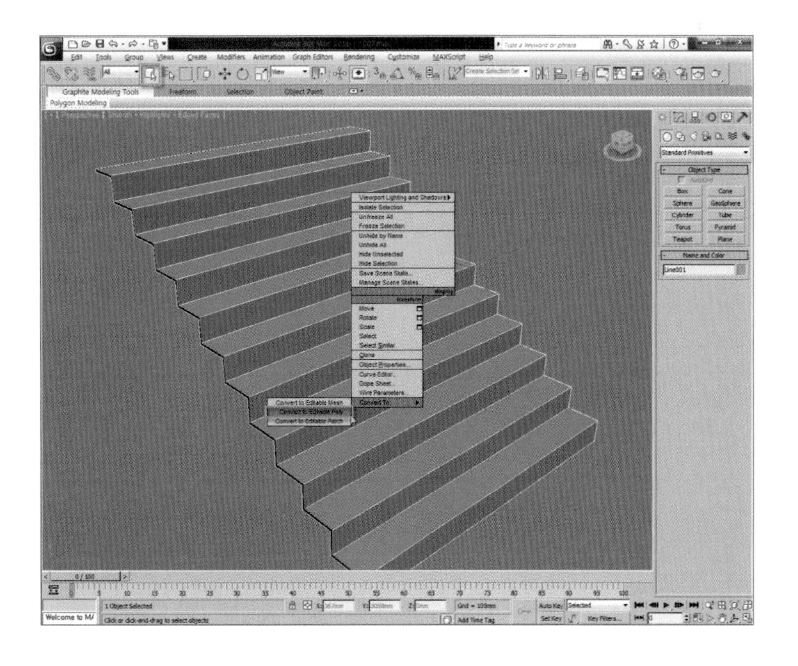

09 >> 계단을 선택하고 이름란을 클릭한 후 'stair_1' 을 입력한다.

10 >> [Front View]에서 [Select Object] 명령으로 가로 [Edge]들을 모두 선택한다.

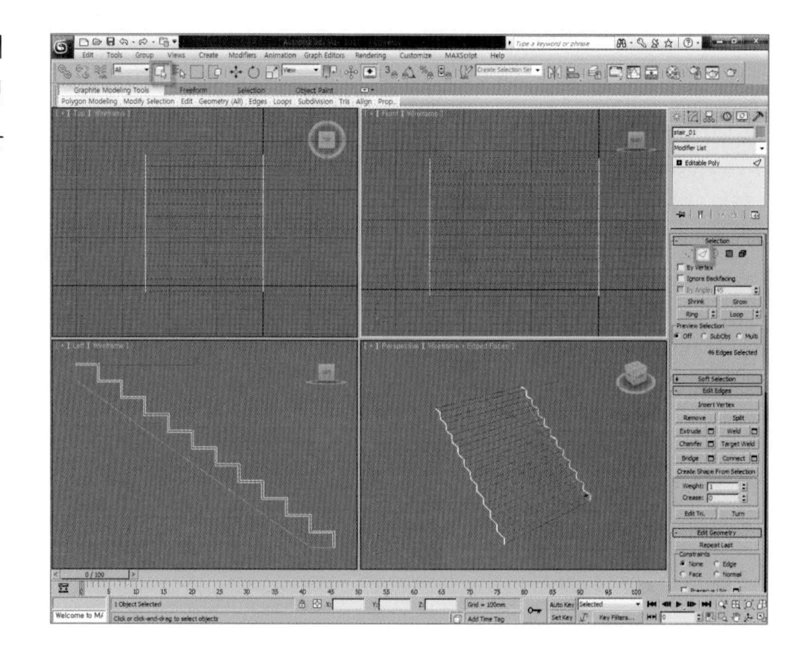

11 >> [Connect Settings] 명령을 클릭한 후 다음과 같이 실행한다.

[Segment] : 2
[Pinch] : 85
[Slide] : 0

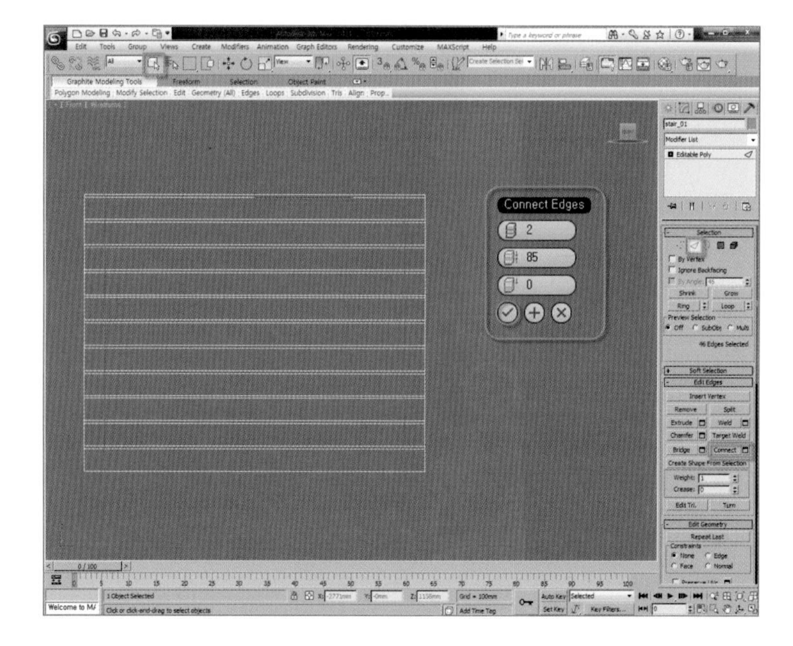

12 >> [Selection] ➡ [Polygon]을 클릭한 후 양끝의 면을 모두 선택한다. [Extrude Settings] 명령을 실행하여 [Local Normal]을 선택하고 [Height] 값을 '20'으로 입력한다.

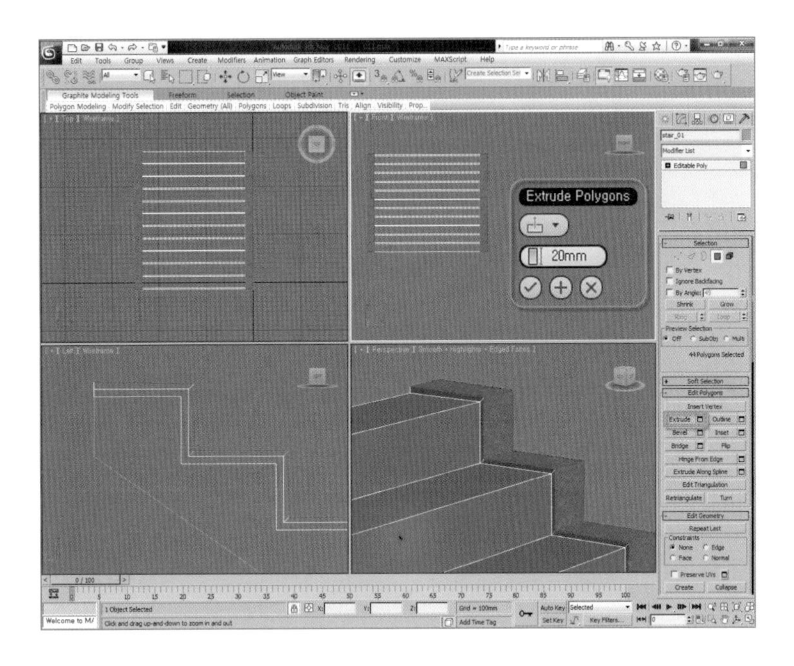

13 >> 계단 밑부분 단면을 선택한 후 이름란에 'stair_02'라고 입력한다.

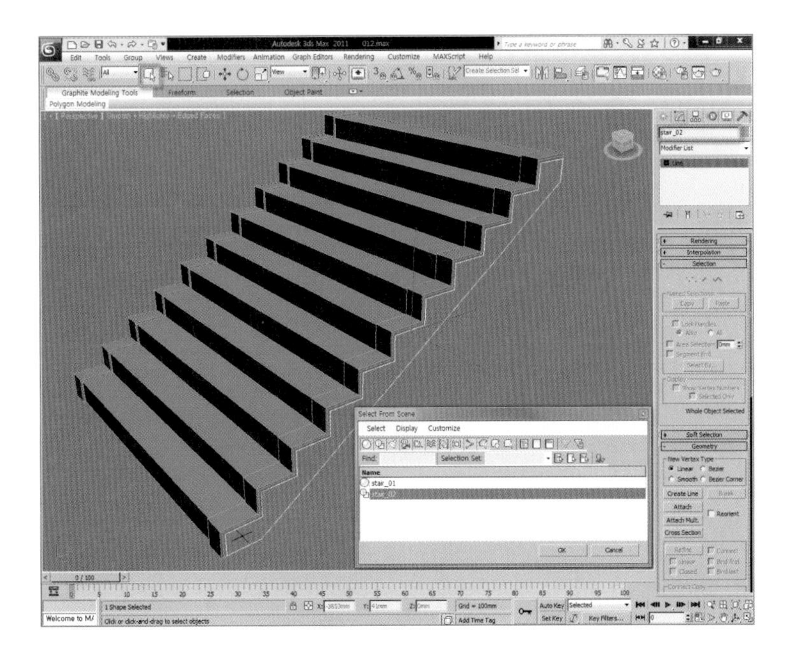

14 >> [stair_02]를 선택한 후 [Modify] ➡ [Extrude] 명령을 실행하여 [Amount] 값을 '2500' 으로 입력한다.

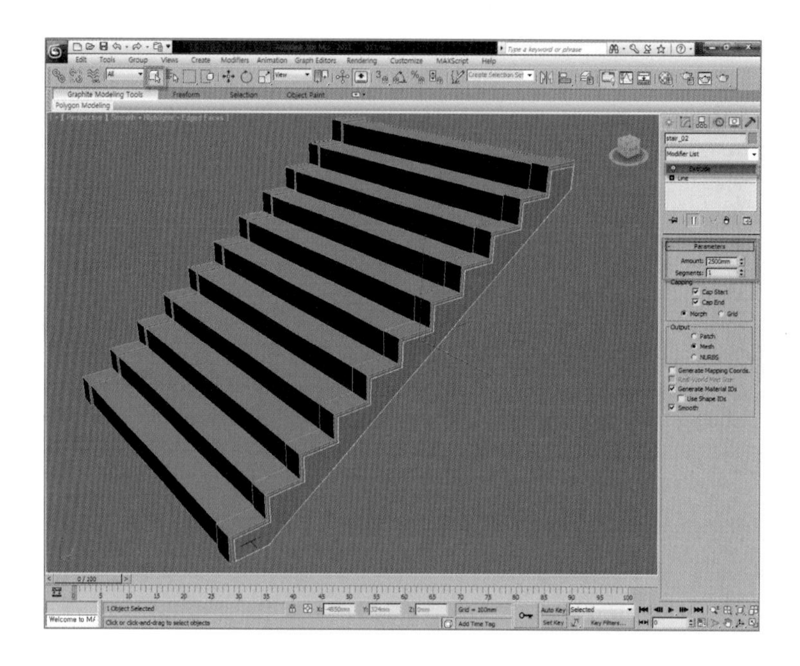

15 >> [Selection] ➡ [Edge]를 체크한다. [Select Object]를 이용하여 [Stair_01]의 불필요한 중간의 [Edge]들을 선택한 후 Ctrl + Back Space 를 눌러 삭제한다.

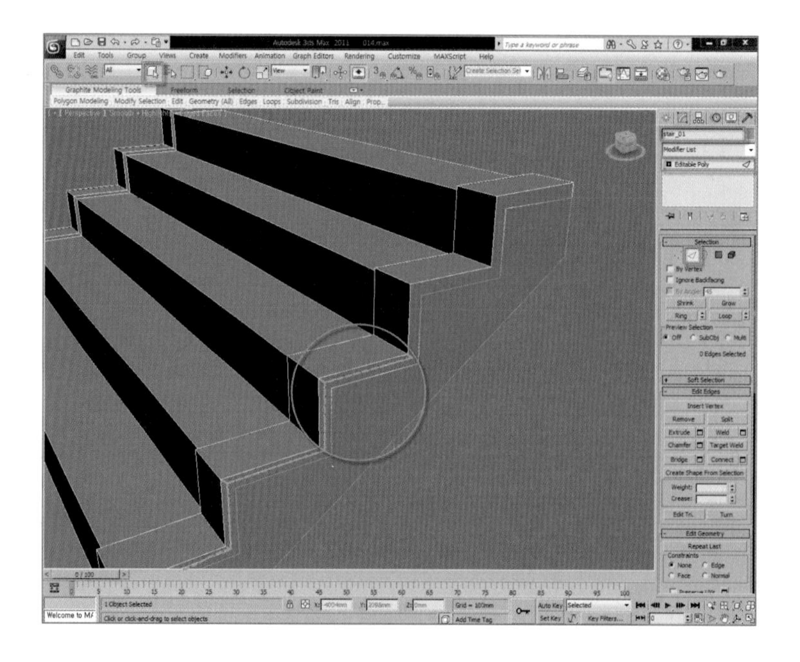

16 >> [Left View]에서 [Rectangle] 명령으로 다음과 같이 난간 단면을 제작한다.

[Length] : 500

[Width] : 120

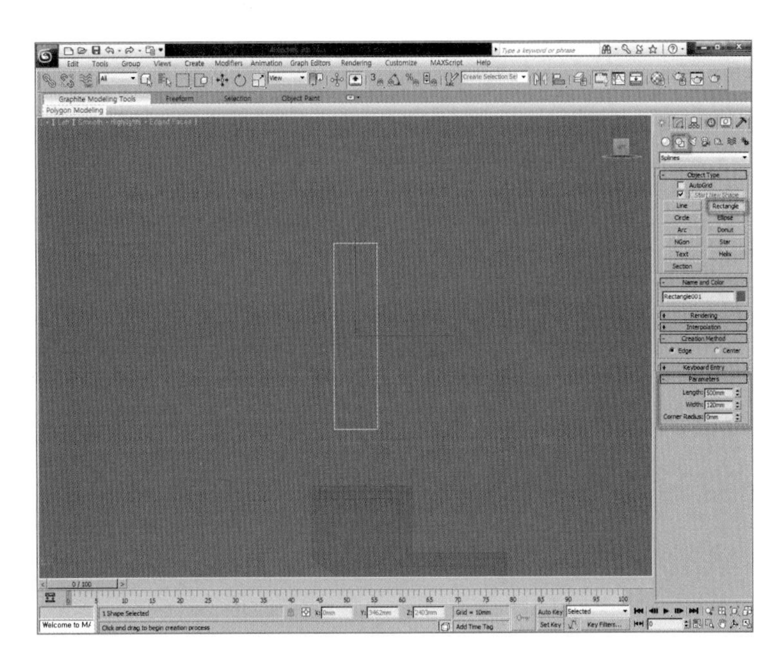

17 >> [Snap]의 [Endpoint] 옵션을 선택하고 [Circle] 명령으로 다음과 같이 원을 제작한다.

[Creation Method] : Edge

[Radius] : 60

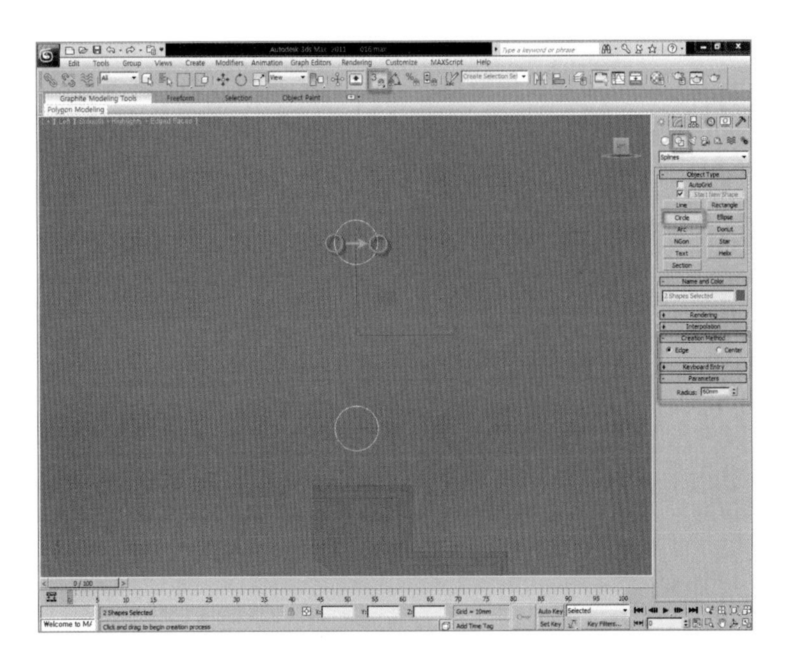

18 >> [Rectangle]을 선택한 후 마우스 우측 버튼을 클릭하여 [Convert to Editable Spline]을 선택한다.

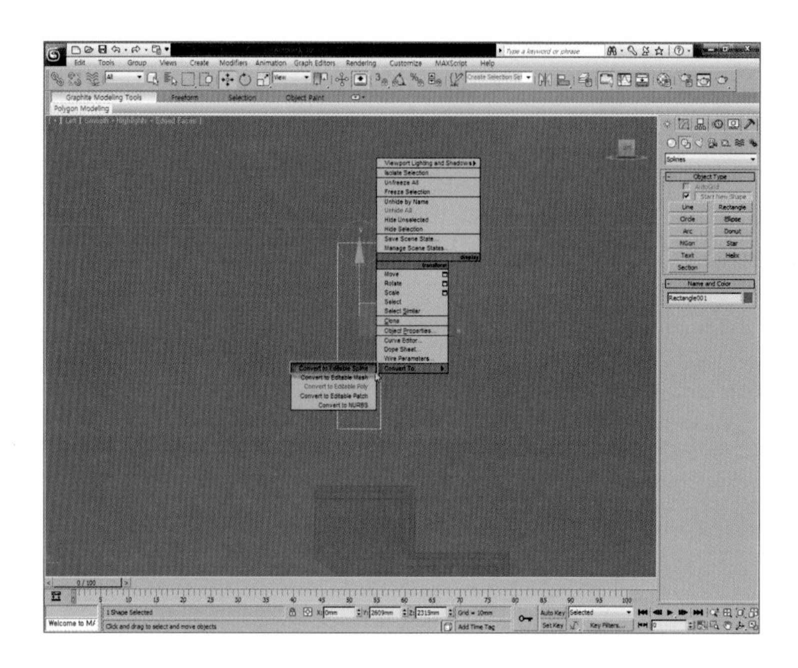

19 >> [Rectangle]을 선택한 상태에서 [Attach] 버튼을 클릭한 후 두 개의 원을 선택하여 하나의 오브젝트로 만든다.

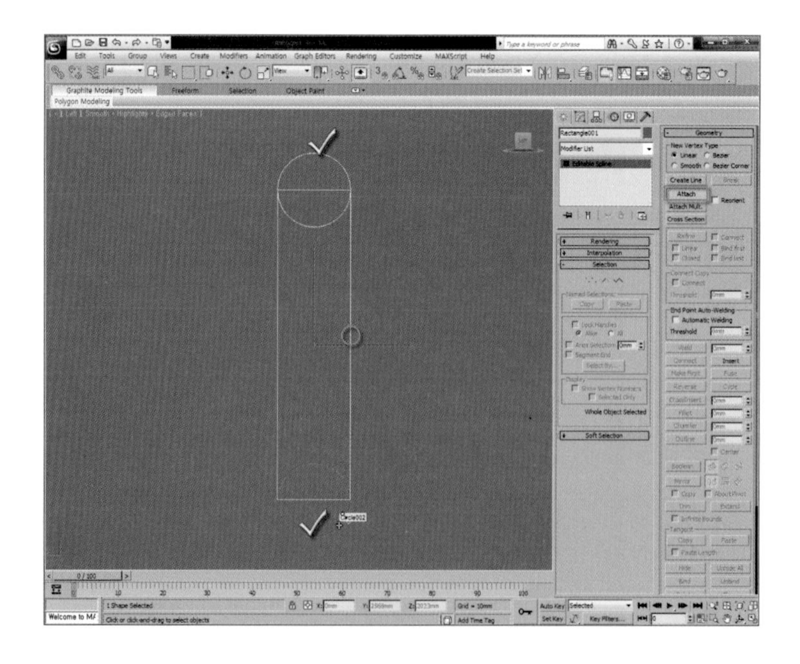

20 >> [Rectangle]을 선택한 후 [Selection] ➡ [Spline]을 체크한다. [Trim] 버튼을 실행하여 불필요한 선들을 삭제한다.

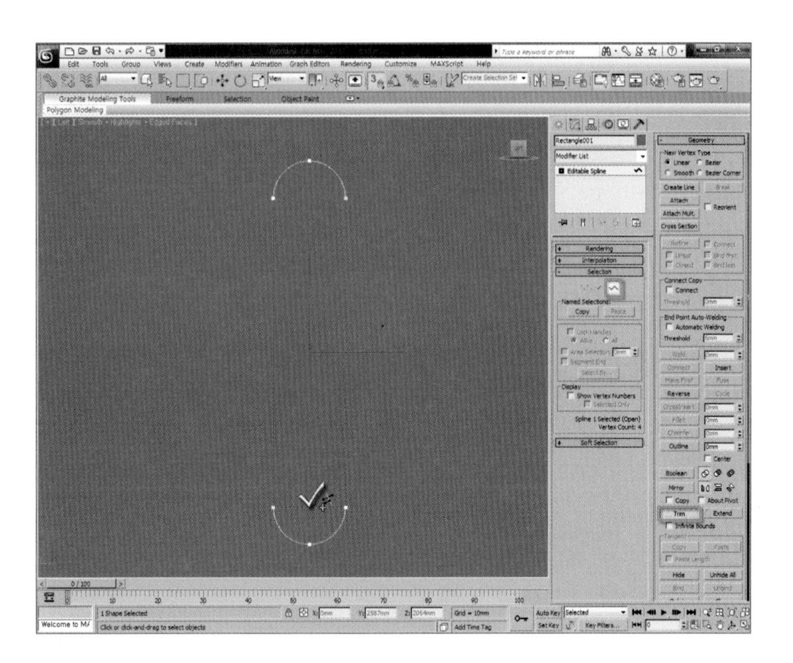

21 >> [Line] 명령으로 위, 아래 중앙에 그림과 같이 선을 그린다.

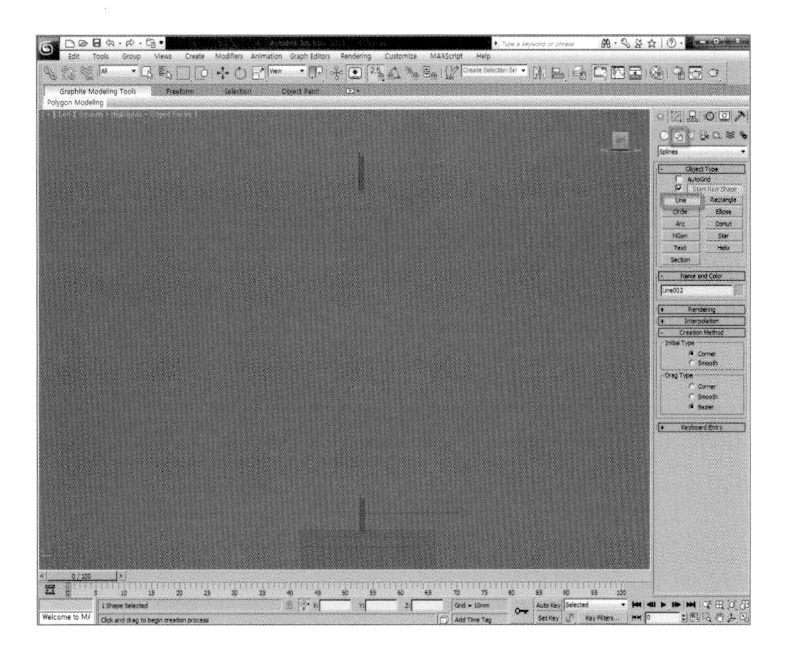

22 >> 가운데 타원 오브젝트를 선택한 후 [Attach] 버튼을 클릭한다. 위 아래 있는 2개의 선을 차례대로 클릭하여 하나의 선으로 합친다.

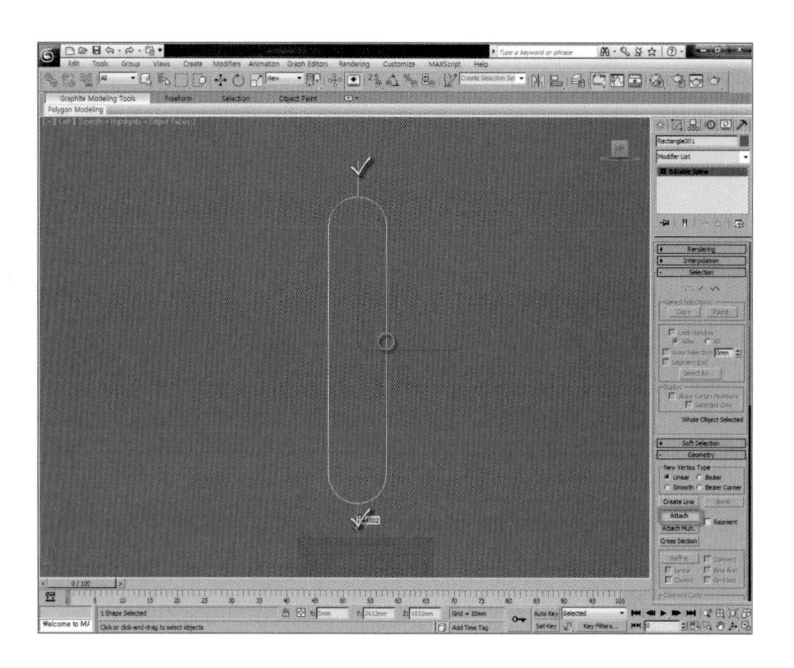

23 >> [Rendering] 롤아웃에서 [Enable In Renderer]와 [Enable In Viewport]를 모두 체크하고 [Thickness] : '15', [Slide] : '10' 으로 입력한다.

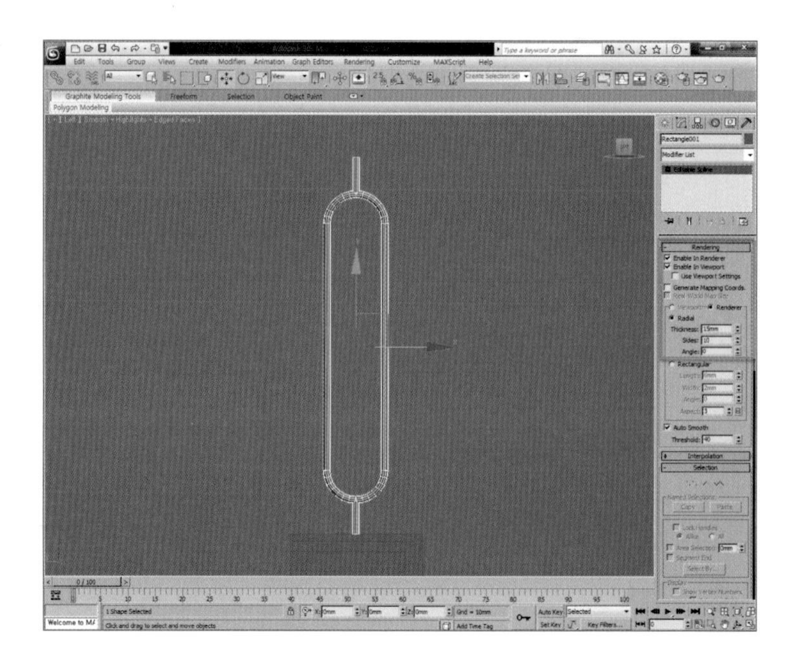

24 >> [Line] 명령으로 그림과 같이 난간 밑부분에 받침대 단면을 제작한다.

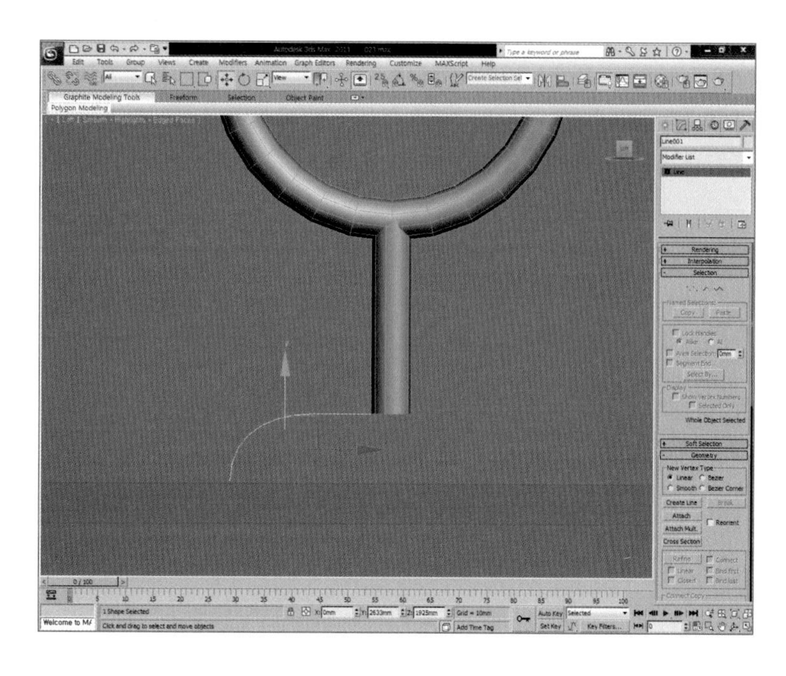

25 >> [Modify] ➡ [Lathe] 명령을 실행하여 [Weld Core]를 체크하고 [Align]은 [Max]를 선택한다.

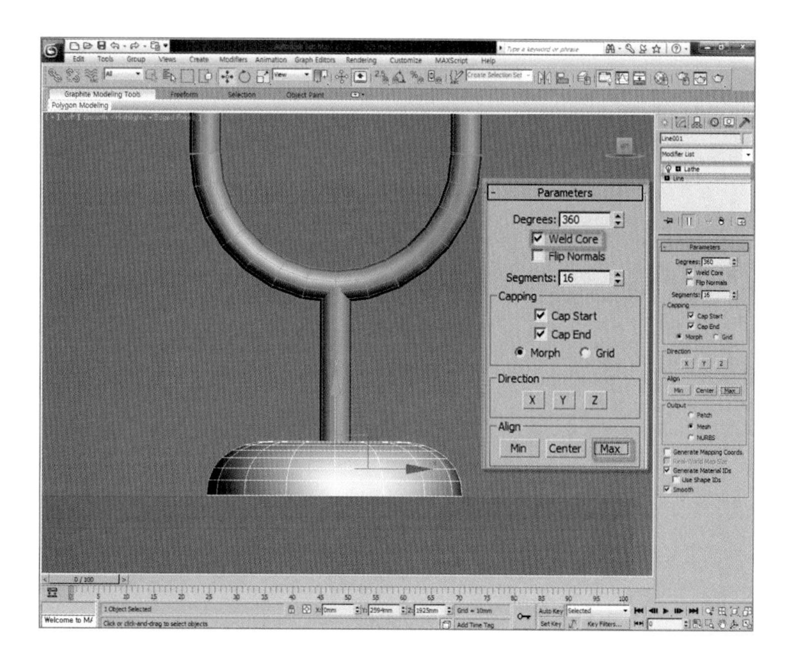

26 >> [Snap] 버튼을 활성화한 후 옵션에서 [Endpoint]가 체크되어 있는지 확인한다.

[Select and Move] 명령으로 2개의 객체를 선택한 후 Space Bar 를 눌러 주거나 밑부분의 [Selection Lock Toggle] 버튼을 선택하여 선택된 객체가 해제되지 않도록 한다.

Shift 버튼을 누른 상태로 계단 꼭지점에서 다음 계단 꼭지점으로 드래그하여 난간을 복사한다. [Number of Copies] : 10이라고 입력한다. (작업을 완료한 후에는 Space Bar 를 눌러 잠금장치를 해제한다.)

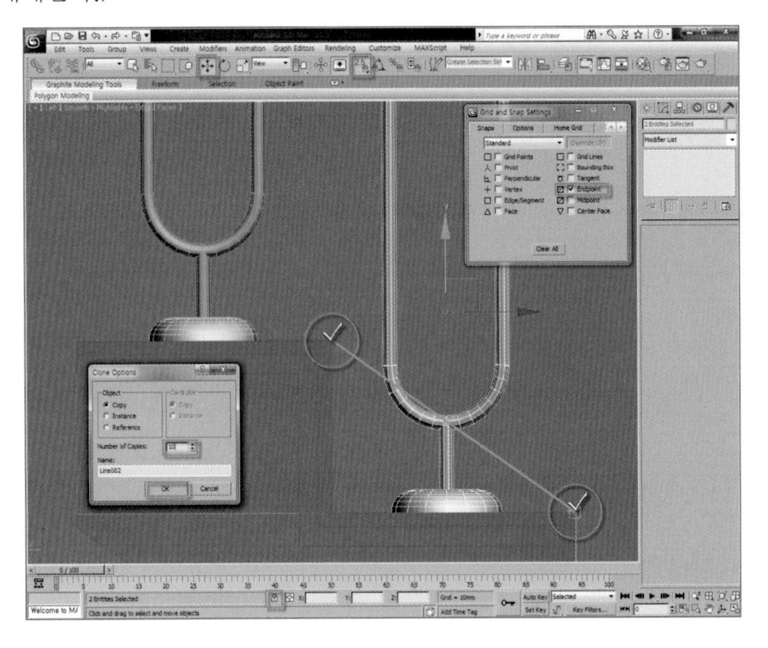

27 >> [Top View]와 [Front View]에서 [Select and Move] 명령을 이용하여 그림과 같이 난간의 위치를 좌측으로 수정한다.

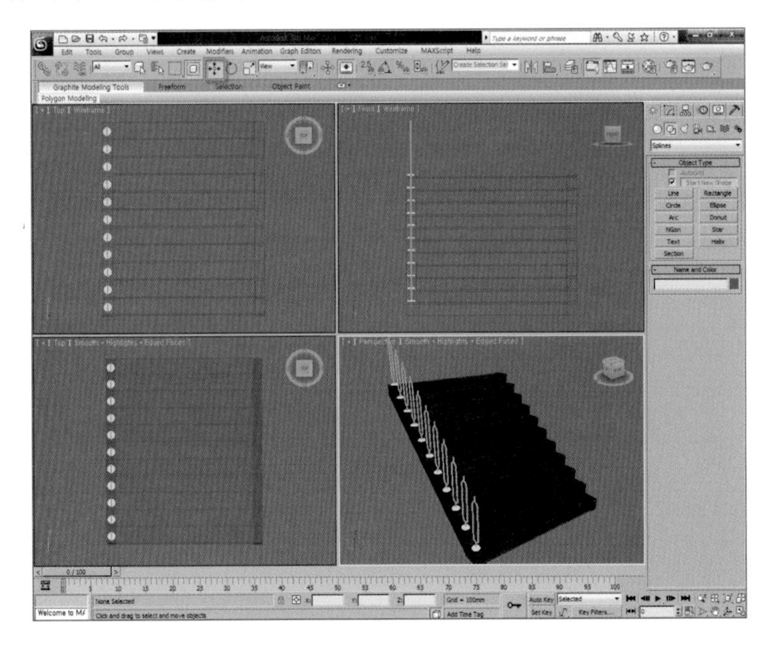

28 >> [Left View]에서 [Line] 명령으로 선반 손잡이를 그린 후 [Rendering] 롤아웃에서 [Enable In Renderer]와 [Enable In Viewport]를 모두 체크하고 [Thickness] : 50, [Slide] : 10 으로 입력한다.

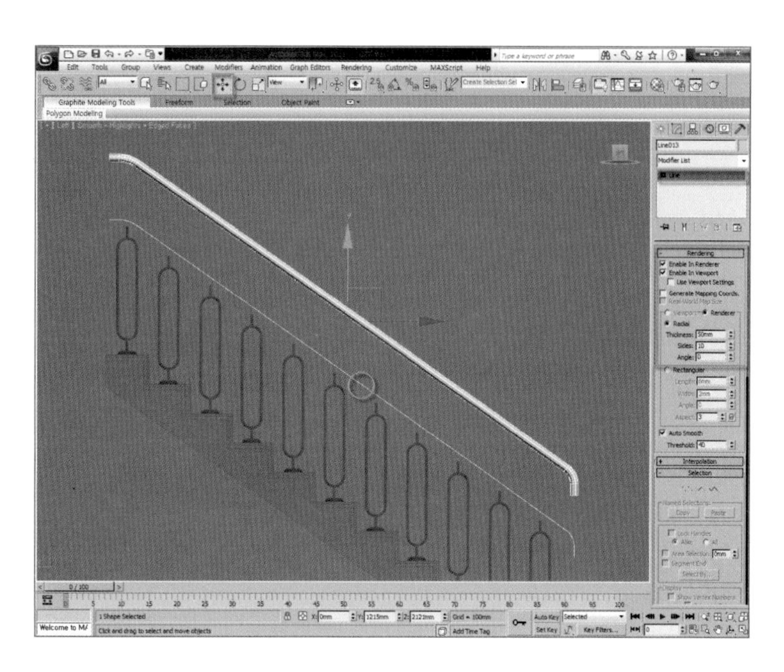

29 >> 난간손잡이를 배치한 후 [Extrude] 명령으로 윗면을 돌출한다.
[Amount] : 1500

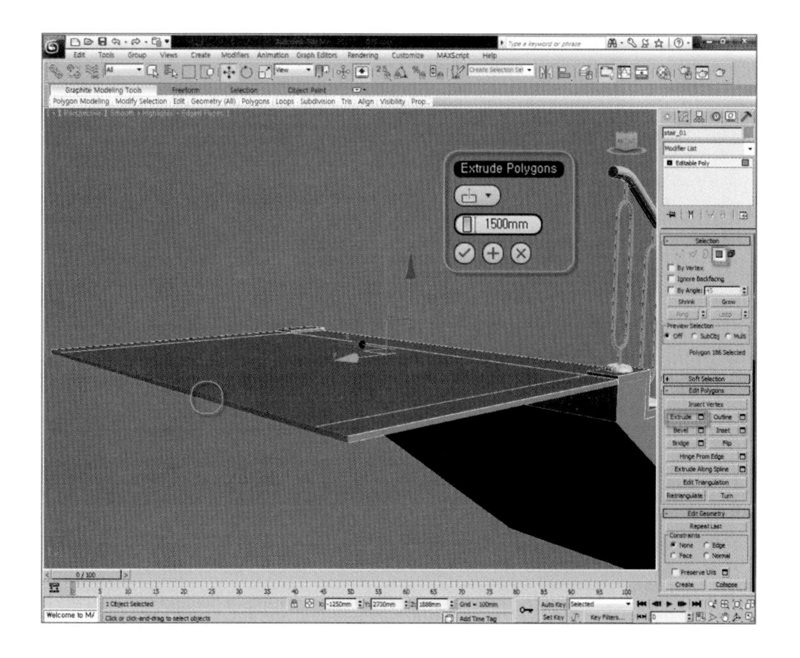

30 >> [Left View]에서 [Quickslice] 명령으로 그림과 같이 바닥면을 절단한다.

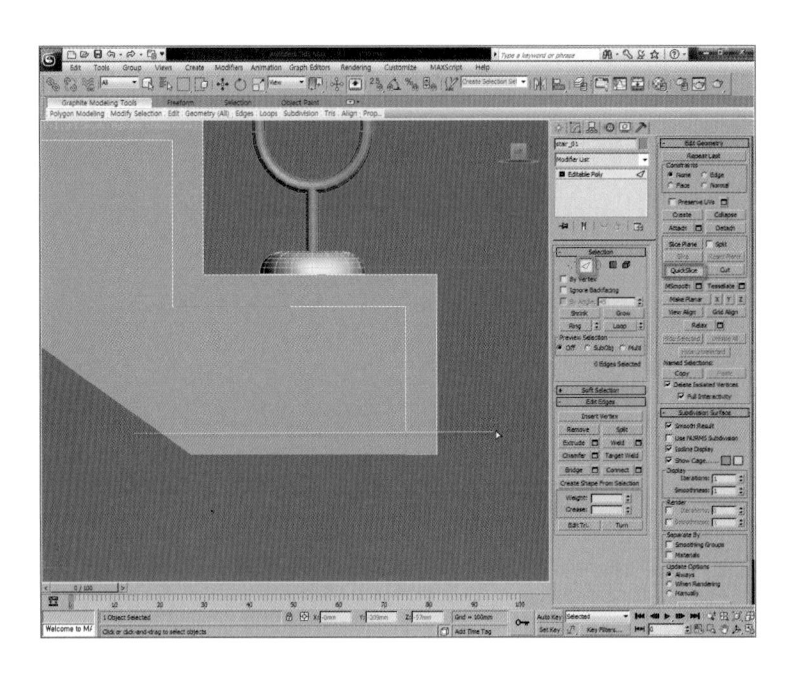

31 >> [Selection] ➡ [Polygon]을 체크한 후 우측 사이 면을 선택한다(반대편도 동일선택). [Bridge] 명령을 클릭하여 맞은 편 면과 연결한다.

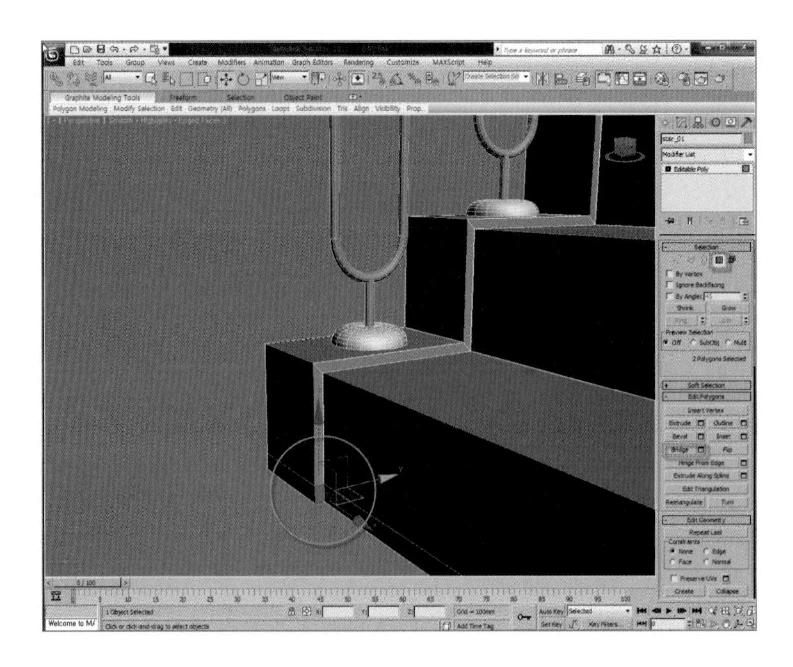

32 >> 중간 [Edge]를 선택한 후 Ctrl + Back Space 를 눌러 삭제한다(반대편도 동일 삭제).

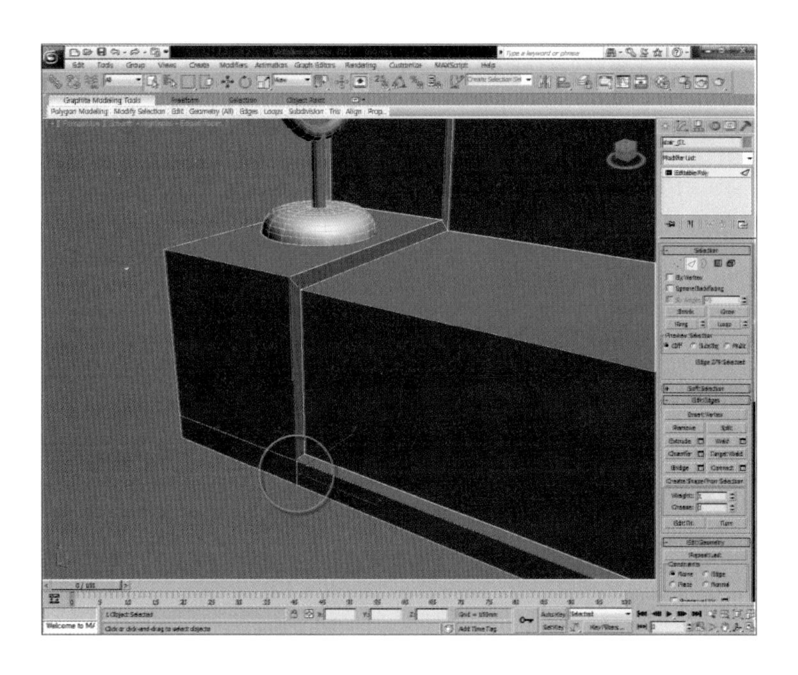

33 >> [Selection] ➡ [Polygon]을 체크한 후 그림과 같이 면을 선택하고 [Extrude Settings]를 실행한다.

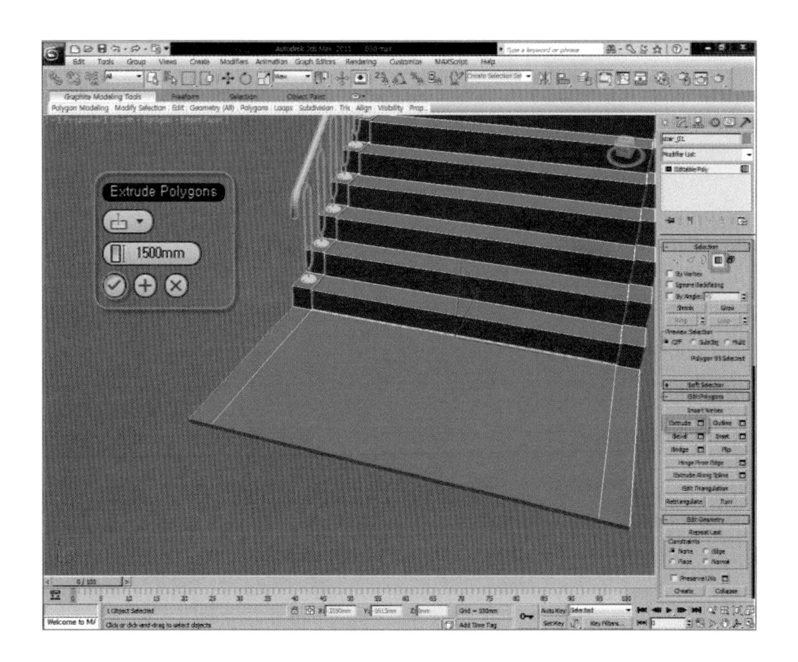

34 >> 벽면을 [Plane]으로 제작한 후 완성한다.

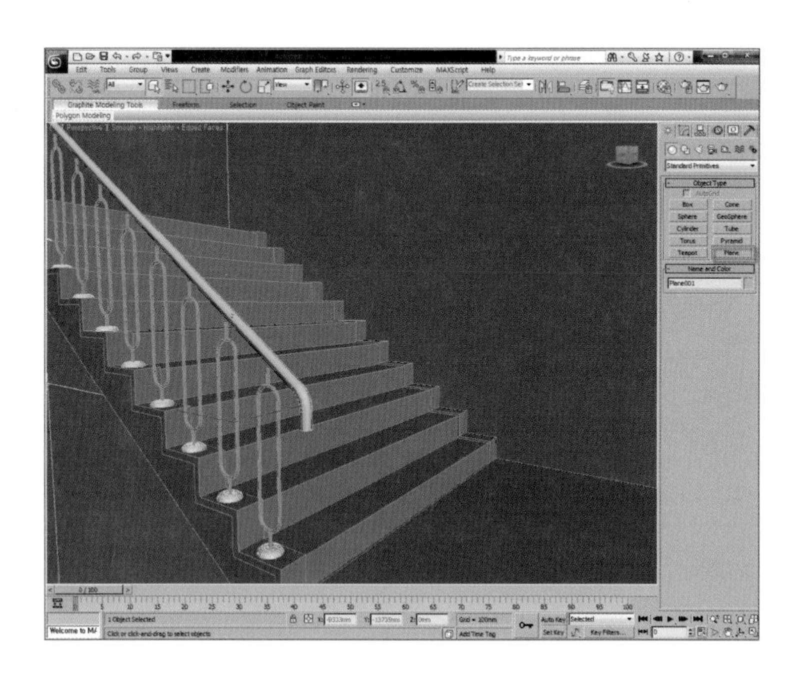

35 >> 매핑과 조명 과정은 [Vray]의 재질과 조명을 참고한다.

C.h.a.p.t.e.r 05

Material

Material은 오브젝트를 좀더 사실감 있게 표현하는 수단으로 오브젝트에 색상이나 질감을 입히는 과정이며 전체 작업분량 중에 대략 30% 정도의 비중을 차지할 만큼 중요한 부분이라 할 수 있다. 또한 매핑은 다양한 표현이 가능하기 때문에 모델링 과정에서 표현하지 못한 부분들을 보강할 수가 있어 오브젝트의 Vertex 수를 줄이는데 큰 역할을 한다. 2011버전에서는 Slate Material Editor가 추가되어 기존의 Compact Material Editor와 2가지 편집기에서 작업이 가능하다.

새롭게 추가된 Slate Material Editor를 살펴보면 마야에서 사용하던 재질편집기와 비슷한 노드 방식으로 이해가 쉽게 만들어졌다.

기존의 재질 편집기인 Compact Material Editor의 UI는 직관적이지만 구조 자체가 복잡한 편인 반면 Slate Material Editor는 Material들의 관계를 조직화하기에는 좀 더 편리하다.

각 슬롯은 비트맵 같은 Map들을 드래그하여 연결하는 방식으로 재질을 만들 수 있으며 하나의 비트맵은 여러 슬롯으로 연결이 가능하여 편리성을 높였다.

Slate Material Editor의 인터페이스를 보면 좌측 상단에 Material/Map Browser가 있으며 오른쪽에 작업공간 View1창이 있다.

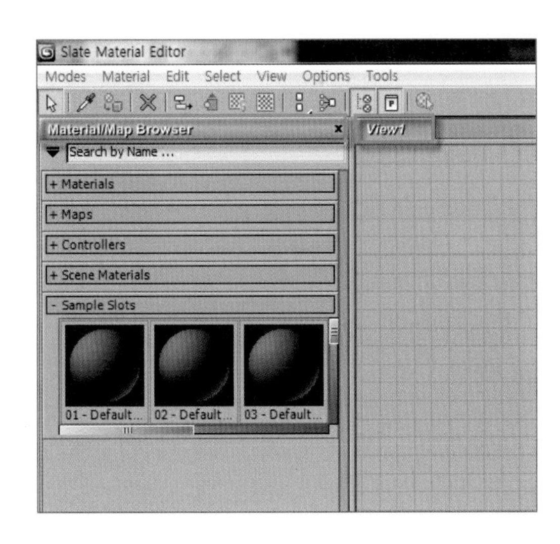

노드의 맵 슬롯은 Compact Material Editor와 방식만 다를 뿐 거의 동일한 메뉴들로 이루어져 있다.

노드를 클릭하면 Compact Material Editor에 기존의 Material Editor처럼 정보가 나타난다.

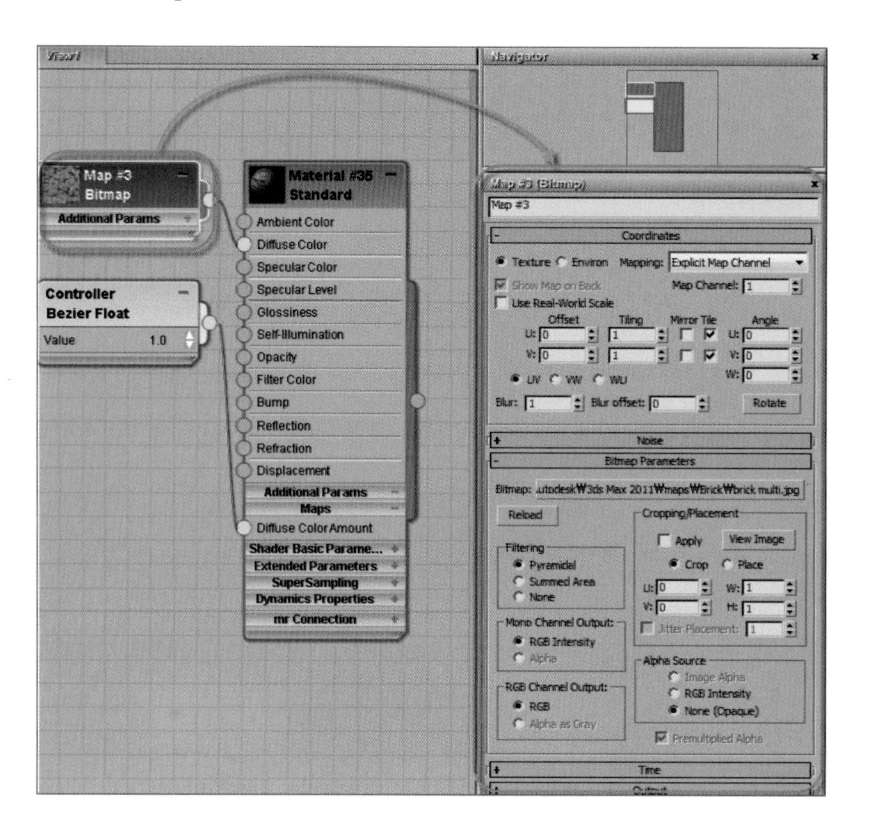

재질은 마우스 우측 버튼으로 클릭하여 뷰포트 상에서 시각적으로 표현할 수 있으며 재질 매핑 또한 가능하다.

작업공간인 View창은 타이틀 바에서 마우스 우측 버튼을 눌러 Create New View를 클릭해 새로 생성할 수 있다.

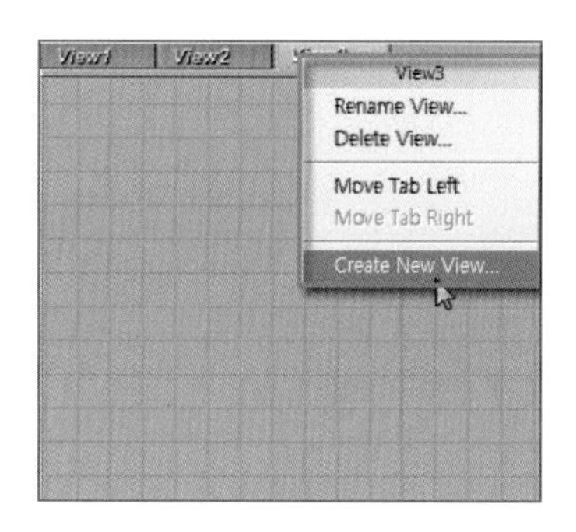

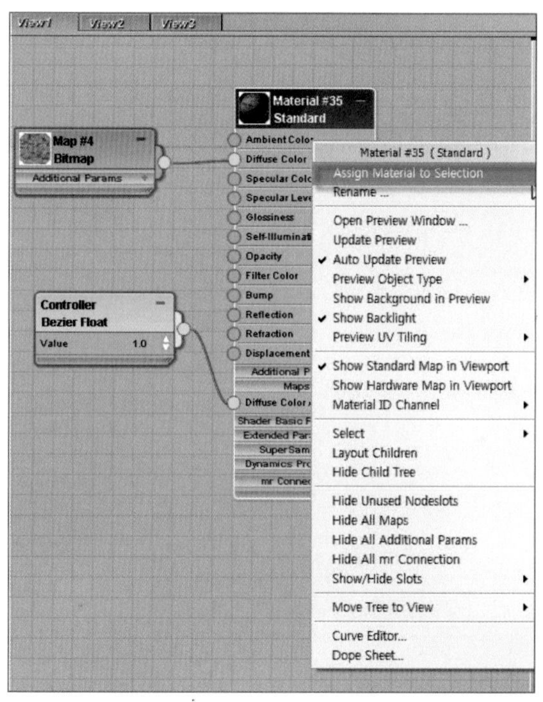

5-1 재질 편집기(Material Editor)와 재질(Material)의 설정

1 ▸▸ 재질 편집기(Material Editor)

재질을 만들어서 오브젝트에 적용하고 저장하는 기능을 가지고 있으며 Main Tool Bar에서 아이콘이나 단축키 M 을 누른다.

편집 화면 상단 툴바의 Material Editor 버튼을 클릭하여 열 수 있다. 3DS Max에서 사용되는 모든 재질(Material)과 맵(Map)은 재질 편집기에서 만든다.

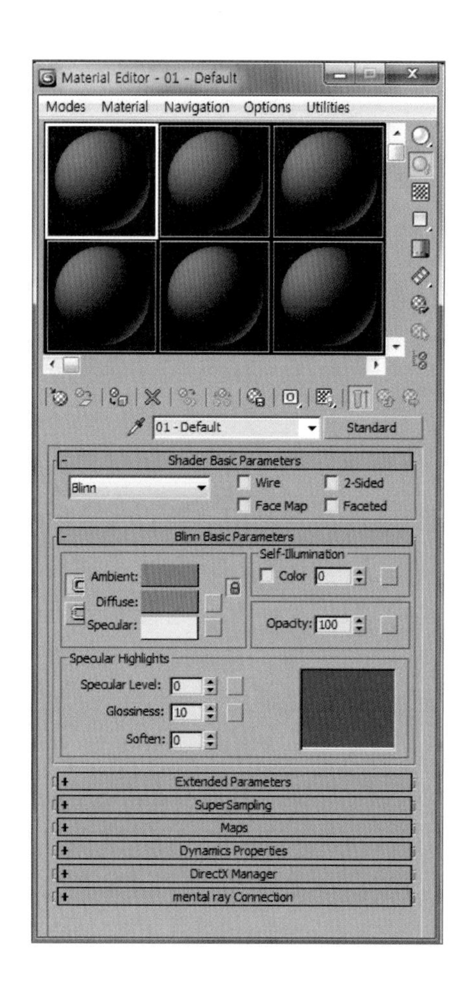

● 설정된 재질을 미리 보는 샘플 슬롯(Sample Slot)

재질 편집기의 윗부분에 여섯 개의 공 모양 샘플 슬롯(Sample Slot)은 재질 편집기에서 설정된 재질과 맵을 미리 보여준다. 여섯 개의 샘플 중 하나를 선택하면 흰색의 테두리가 생기면서 활성화되고 그 설정값이 아래에 나타나게 된다.

샘플 슬롯은 마우스 우측 버튼을 클릭하면 3×3, 3×5, 6×4 형태로 다양하게 변경이 가능하다.

● 재질의 상태 확인하기

샘플의 가장자리는 해당되는 샘플의 재질이 물체에 적용되었는지의 정보를 나타낸다.

• 선택된 샘플(Active Sample)

샘플을 선택하면 그 재질이 활성화되어 테두리가 흰색으로 변하며 재질 편집기 밑부분에서 선택된 재질의 설정값을 편집할 수 있다.

• 사용된 재질(Hot Material)

샘플 슬롯의 장면에 적용된 경우 샘플 슬롯의 모서리에 흰색의 삼각형이 표시된다.

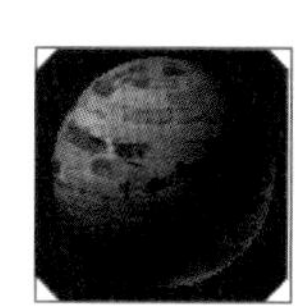

이렇게 물체에 적용된 재질을 Hot Material 이라고 부르며 재질 편집기의 설정값을 조절하여 Hot Material의 설정값을 바꾸면 물체에 적용된 재질도 자동적으로 바뀐다.

• **사용되지 않은 재질(Cool Material)**

재질 편집기에 설정된 재질 중 물체에 적용되지 않은 재질은 테두리에 아무런 표시도 나타나지 않는데 이러한 재질을 Cool Material 이라고 한다.

샘플 슬롯의 팝업 메뉴

마우스 우측 버튼으로 샘플 슬롯을 클릭하여 샘플 슬롯의 옵션과 보기에 대한 설정을 할 수 있다.

– 샘플 슬롯을 드래그하여 샘플을 복사하거나(Drag/Copy), 회전하도록(Drag/Rotate) 설정할 수 있으며 회전된 샘플 슬롯을 원래의 위치로 되돌릴 수 있다(Reset Rotation).

• **샘플 확대하기**

샘플을 더블 클릭하면 선택된 샘플이 확대되어 새 창으로 열린다. 윈도 가장자리를 드래그하면 샘플을 좀더 크게 볼 수 있다.

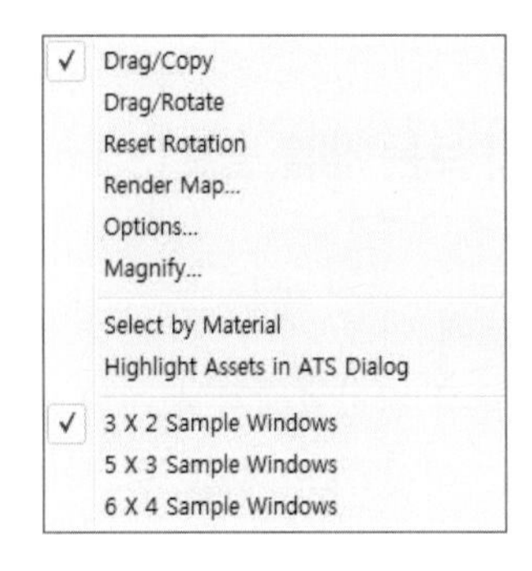

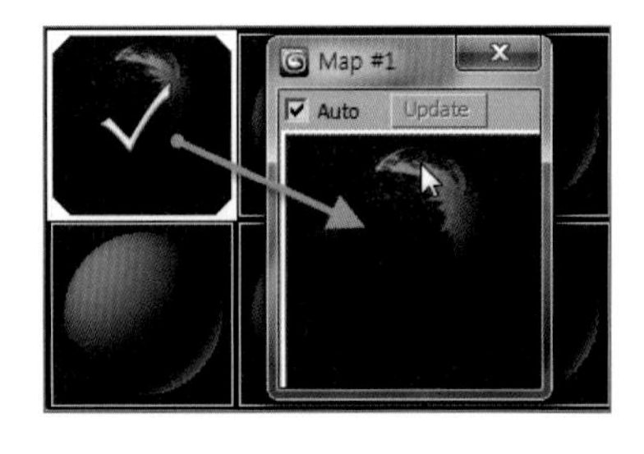

• **샘플 복사하기**

하나의 샘플을 드래그하여 다른 샘플로 복사가 가능하다.

아래의 이름 입력창에 다른 이름을 입력하여 원래의 재질과 독립된 새로운 재질을 만들 수 있으며 물체에 적용된 재질인 Hot Material을 다른 샘플 슬롯으로 복사하면 샘플 슬롯 테두리의 삼각형이 없는 Cool Material로 복사된다.

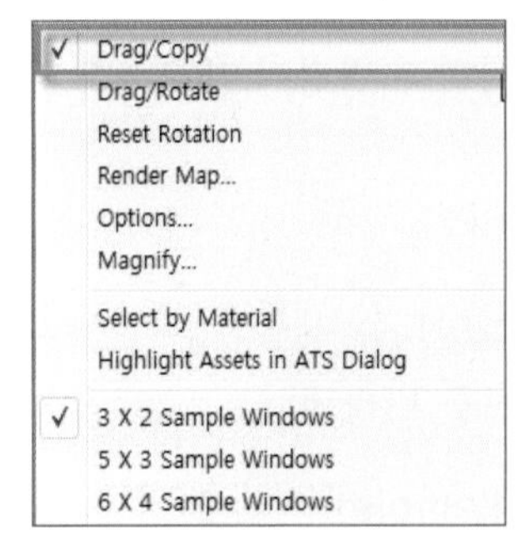

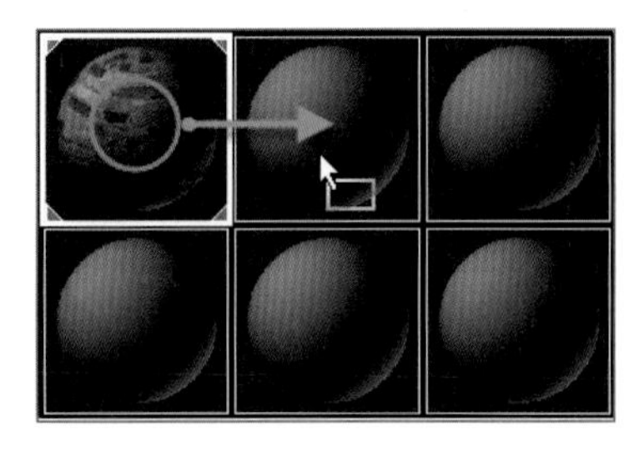

• **샘플 돌려보기**

마우스 우측 버튼을 클릭하여 단축메뉴에서 Drag/Rotate를 체크하면 샘플을 돌려볼 수 있고 Reset Rotation 항목을 선택하면 회전하기 전의 상태로 돌아간다.

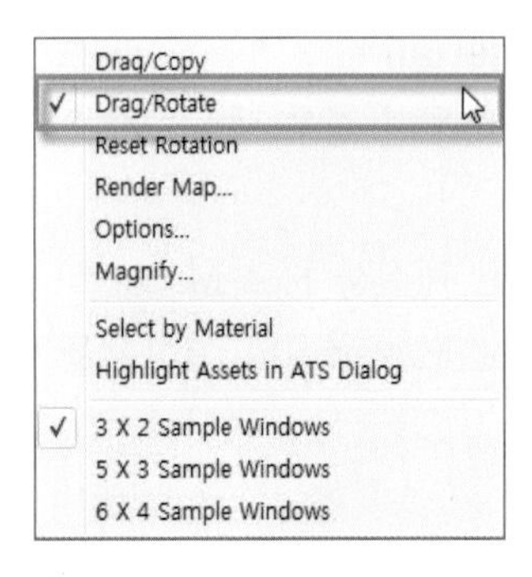

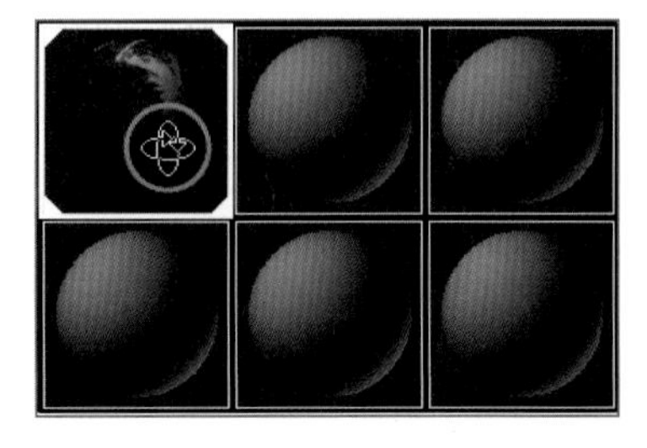

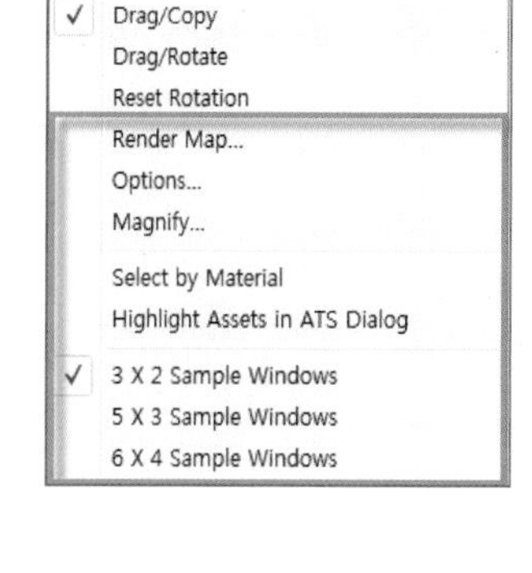

- Render Map : 선택된 샘플 슬롯의 재질을 렌더링하여 그림 파일이나 애니메이션 파일을 만들어 준다.
- Option : 재질 편집기의 설정값을 설정할 수 있는 Options 패널을 연다.
- Magnify : 선택된 재질을 확대하여 새로운 창으로 열 수 있으며 샘플 슬롯을 더블 클릭한 것과 같다.
- Select by Material : 현재 재질이 적용된 오브젝트를 대화창에 표시한다.
- Hightlight Assets in ATS Dialog : 일반적으로 비트맵을 사용한 경우 비트맵의 저장위치를 표시한다.
- Sample Windows : 화면에 보이는 샘플 슬롯의 수를 각각 3×2, 5×3, 6×4로 만든다.

2 재질 편집기의 보이기를 설정하는 다양한 버튼

재질 편집기의 우측 상단에 세로 방향으로 위치해 있는 버튼 세트에는 샘플 슬롯의 보기를 설정해 주는 다양한 버튼들이 모여 있다.

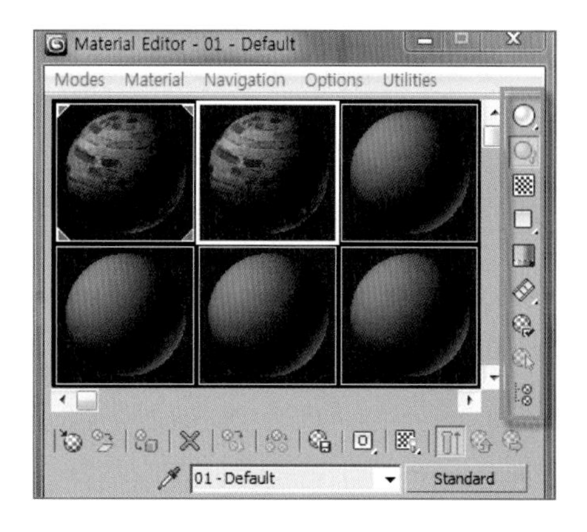

- Sample Type : **샘플의 모양**

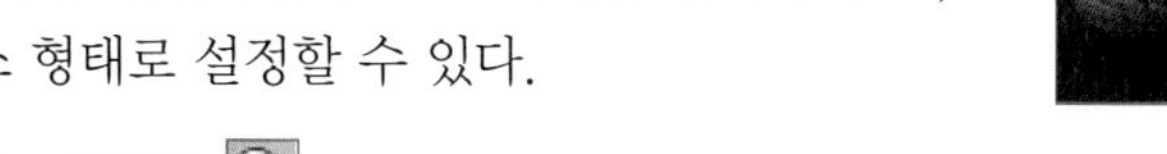

샘플의 모양을 결정하는 것으로 버튼을 클릭하여 구, 원기둥, 박스 형태로 설정할 수 있다.

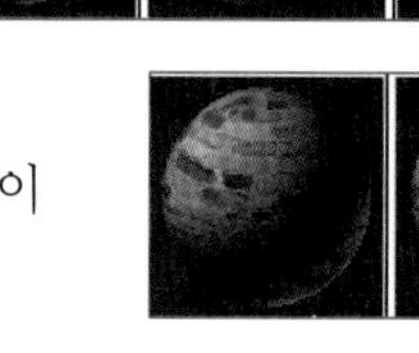

- Backlight : **반사광**

반사광의 유무를 결정하는 것으로 샘플의 아랫부분에 반사광이 보이도록 한다.

- Pattern Background : **배경 체크무늬**

배경에 체크무늬를 보이게 함으로써 유리 등의 투명 재질을 만들 경우 투명도 및 굴절(Refraction) 상태 등을 확인할 수 있다.

• Sample UV Tiling : **매핑 무늬의 반복 값 설정**

샘플 슬롯에 매핑 무늬를 얼마나 반복해서 보여줄 것인지 설정한다.

초기값은 1×1이며, 2×2, 3×3, 4×4로 설정할 수 있으나 실제 매핑의 설정과는 상관이 없으며 오직 슬롯에서만 Map의 반복효과를 본다.

• Video Color Check : **범위를 벗어나는 색상 표시**

렌더링한 이미지를 비디오로 출력할 때 출력 범위를 벗어나는 색상을 검정색으로 표시한다.

• Make Preview : **애니메이션 재질 미리보기**

재질의 변화를 애니메이션으로 만든 경우 재질에 적용된 애니메이션을 파일로 만들 수 있으며 이것을 동영상으로 저장한다.

• Options : **재질 편집기 옵션 패널 열기**

재질 편집기의 옵션 설정 패널을 연다.

• Select by Material : **재질이 적용된 물체 선택**

재질 편집기에서 선택된 재질이 장면상의 물체에 적용된 경우 활성화되며 재질을 적용한 물체의 리스트를 보여준다.

• Material/Map Navigator : **재질의 구성요소 보기**

선택된 재질의 구성요소들을 볼 수 있으며 모든 하위 재질(Sub-Material)들과 맵(Map)을 계층 형식으로 나타낸다.

3 ▶▶ 재질을 편집하는 다양한 명령

● Material Library

• Get Material

저장되어 있는 재질이나 미리 만들어진 재질들을 불러온다.

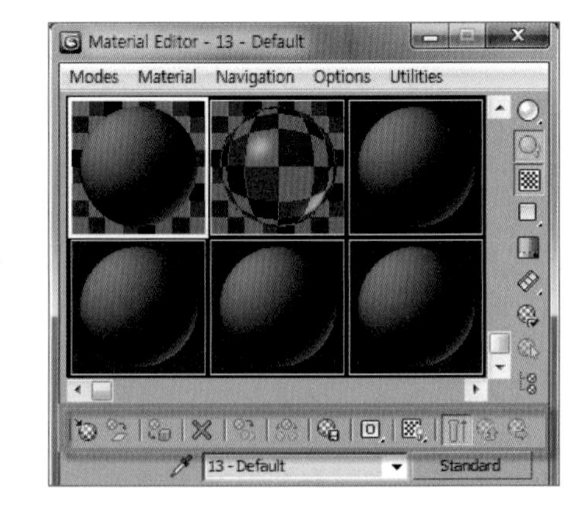

• Put Material To Scene

복사 아이콘을 사용할 때 활성화되며 편집한 재질을 장면에 넣는다.

• Assign Material To Selection

만들어진 재질을 오브젝트에 매핑한다. 원하는 물체를 선택한 후 이 버튼을 클릭하면 선택된 물체에 설정된 재질을 적용한다.

• Reset Map/Mtl To Default

샘플 슬롯을 비우고 초기값인 회색의 샘플로 되돌린다. 이 버튼을 클릭하면 장면에 들어간

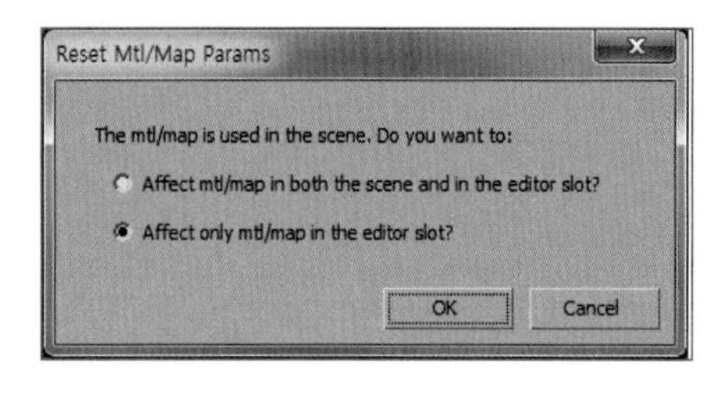

재질만을 삭제하거나 샘플과 장면 재질을 모두 삭제하는 대화상자가 나타난다.

위의 버튼을 선택하면 장면에 적용된 물체에도 영향을 주어 전부 삭제하고 아래 버튼을 선택하면 단지 현재 선택된 슬롯만 초기화되어 슬롯에 있는 재질만 삭제한다.

Make Material Copy

물체에 적용된 재질(Hot Material)의 복사 재질(Cool Material)을 만든다. 이름을 바꿔 다른 재질로 설정한다.

Make Unique

선택된 재질이 다른 재질의 하위 재질(Sub-Material)인 경우 활성화되며 선택된 샘플의 재질을 독립시켜 별도의 재질로 만든다.

Put To Library

선택된 재질을 라이브러리에 저장한다.

슬롯이 최대 24개이지만 이 버튼을 이용하여 계속적으로 저장이 가능하며 슬롯의 한계를 없앨 수 있다.

Material Effects Channel

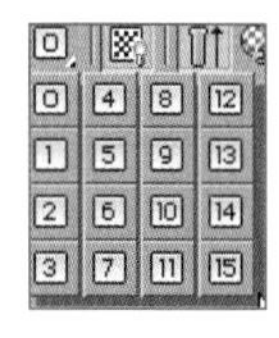

재질에 번호(Material ID)를 부여하는 것으로 Video Post나 Rendering Effects 등의 효과에 사용한다.

Show Map In Viewport

선택된 재질이나 맵을 뷰 영역에서 미리보기한다.

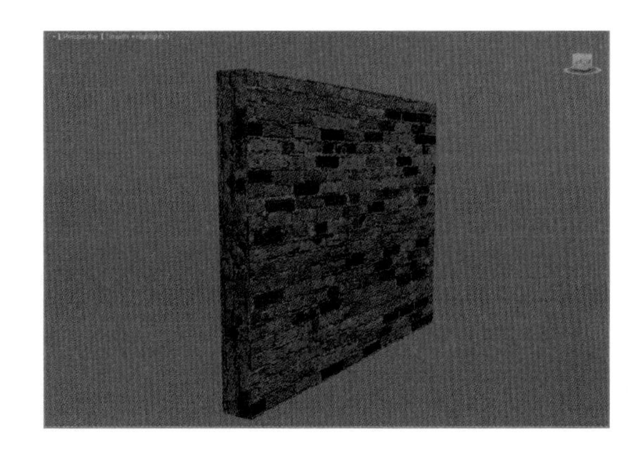

● Show End Result

복잡한 재질의 아래 단계를 설정하고 있는 경우, 이 버튼의 색이 채워진 상태로 되어 있으면 현재 편집되는 구성 요소가 샘플로 보여지며 버튼이 비워진 상태이면 전체 재질을 샘플로 보여준다.

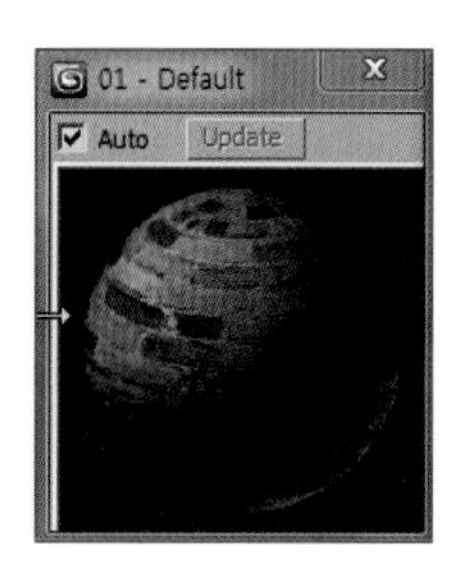

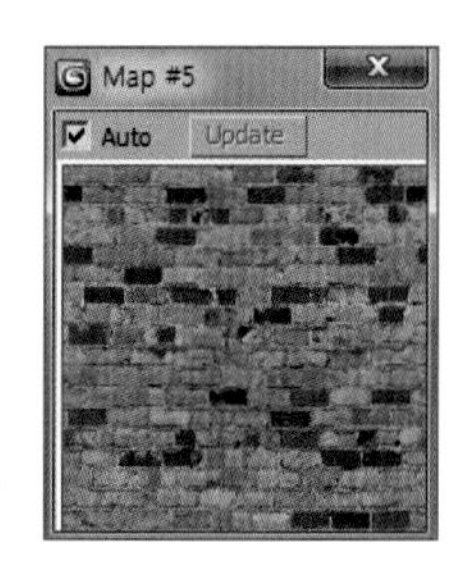

● Go To Parent

재질의 아래 단계가 있을 경우 이 버튼을 클릭하면 상위 단계로 올라갈 수 있다.

● Go Forward To Sibling

재질의 아래 단계가 있을 경우 동일한 단계의 설정값으로 동급 레벨로 수평 이동한다.

● Pick Material From Object

화면의 물체를 클릭하여 물체에 적용된 재질을 샘플 슬롯으로 불러들인다.

● Standard Standard

Material / Map Browser 대화상자가 나타나며 재질의 종류를 선택한다.

4 ▸▸ 재질 편집기의 옵션 설정하기

● Material Editor Option

재질 편집기의 옵션 버튼을 클릭하거나, 샘플 슬롯에서 마우스 우측 버튼을 클릭하여 Option 항목 선택 시 재질 편집기의 옵션을 설정할 수 있는 대화 상자가 나타난다.

- Manual Update : 재질 편집기에서 변경된 설정값을 바로 샘플에 적용하지 않고 해당되는 샘플을 클릭하였을 때 그 변화가 적용되도록 설정한다. 기본적으로 해제되어 있다.
- Don't Animate : 설정하면 애니메이션을 재생하거나 시간 슬라이더를 드래그하는 동안 애니메이션된 맵이 샘플 슬롯에서 업데이트되지 않지만 애니메이션을 중지하거나 타임 슬라이더를 놓으면 애니메이션이 현재 프레임으로 업데이트된다. 기본적으로 해제되어 있다.
- Animate Active Only : 설정하면 애니메이션을 재생하거나 시간 슬라이더를 드래그할 때 활성 샘플 슬롯만 애니메이션된다. 이 옵션은 재질 편집기에 애니메이션된 재질이 여러 개 있지만 한 번에 하나만 표시해야 하는 경우에 적합하다.
- Update Active Only : 설정되면 한 샘플 슬롯이 활성화된 다음에야 샘플 슬롯에서 맵을 로드하거나 생성한다. 장면에서 맵과 함께 많은 재질을 사용하는 경우에 시간을 절약할 수

있으며 작업 속도가 느려지는 것을 방지한다.

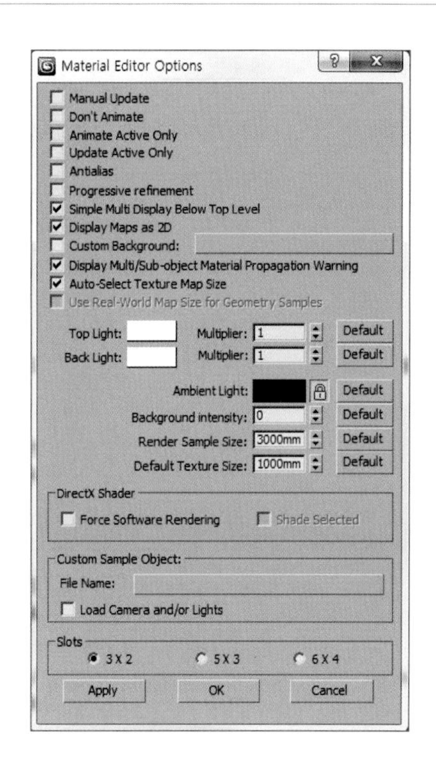

- Anti-Alias : 샘플 슬롯에서 안티앨리어싱을 설정하여 가장자리를 부드럽게 보여준다.
- Progressive Refinement : 샘플 슬롯에서 미세 조정을 설정한다. 재질에 적용된 매핑 이미지를 읽어들일 때 처음에는 거칠게 보여준 후 점진적으로 세밀하게 보여준다.
- Simple Multi Display Below Top Level : Multi/Sub-Object 여러 재질들을 한 오브젝트에 섞여 보이게 되는데 이때 이 옵션을 체크하면 그 하위 재질(Sub-Material)을 편집하는 경우에도 모든 재질이 섞여 보인다.
- Display Maps As 2D : 샘플 슬롯에 독립형 맵을 포함한 맵을 2D로 표시한다.
- Custom Background : 기본 체크무늬 배경 대신 샘플 슬롯의 사용자가 배경을 지정할 수 있다.
- Display Multi/Sub-object Material Propagation Warning : 여러 하위 오브젝트 재질을 적용할 때 경고 대화상자를 표시한다.
- Auto-Select Texture Map Size : 텍스처 맵을 사용하는 재질이 있는 경우, 맵을 샘플 구에 자동으로 표시한다.
- Top/Back/Ambient Light : 샘플 슬롯에서 사용된 두 광원의 색상 및 세기를 지정한다.
- Ambient Light : 샘플 슬롯에 사용된 주변의 광원색상을 표시한다. 색상을 변경하려면 색상 견본을 클릭한다.
- Background Intensity : 샘플 슬롯의 배경 강도를 설정하며 범위는 0(검은색)에서 1(흰색) 사이이다.
- Render Sample Size : 샘플 구의 배율을 임의의 크기로 설정하여 장면에서 텍스처가 설정된 오브젝트와 일치되도록 한다.
- Default Texture Size : 새로 만든 실제 텍스처의 초기 크기(높이와 너비)를 제어한다.

DirectX Shader

- Force Software Rendering : 설정하면 DirectX 셰이더 재질에서 선택된 소프트웨어 렌더 스타일을 뷰포트에 사용한다.

● Custom Sample Object

사용자가 지정한 3DS Max 파일(＊.Max)의 물체를 샘플로 사용할 수 있으며 파일의 조명과 카메라를 사용하여 샘플을 보여준다.

• Load Camera and/or Lights : 기본 샘플 슬롯 광원 대신 장면의 카메라 또는 광원을 사용할 때 체크한다.

● Slots

재질 편집기의 샘플 슬롯 개수를 설정할 수 있다. 3×2, 5×3, 6×4의 배열로 보여준다.

5-2 기본적인 재질 만들기

● 재질 타입 불러오기

재질 편집기의 Get Material 버튼을 클릭하면 Material/Map Browser 패널이 열린다. 패널의 Material 항목을 클릭하면 Standard에서 재질 타입들의 목록이 나타난다.

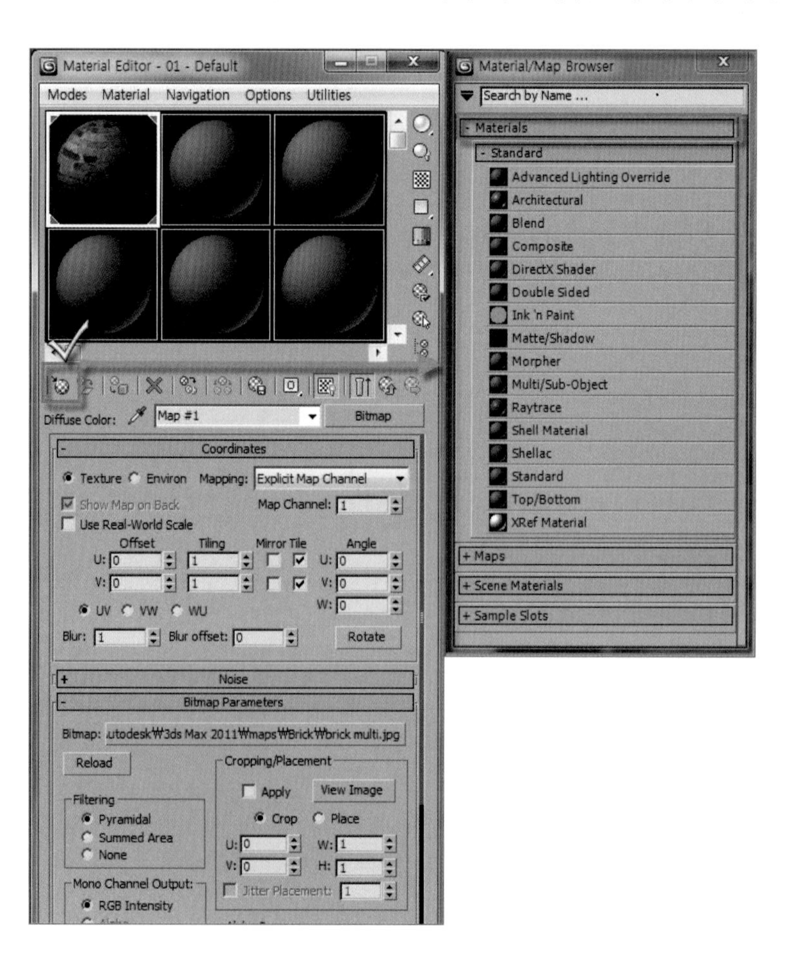

현재 장면에서 사용된 재질 불러들이기

Material/Map Browser 패널의 Scene Material 패널을 클릭하면 현재 장면에 사용된 모든 재질의 목록이 나타나고 더블 클릭하면 샘플 슬롯으로 재질을 불러온다.

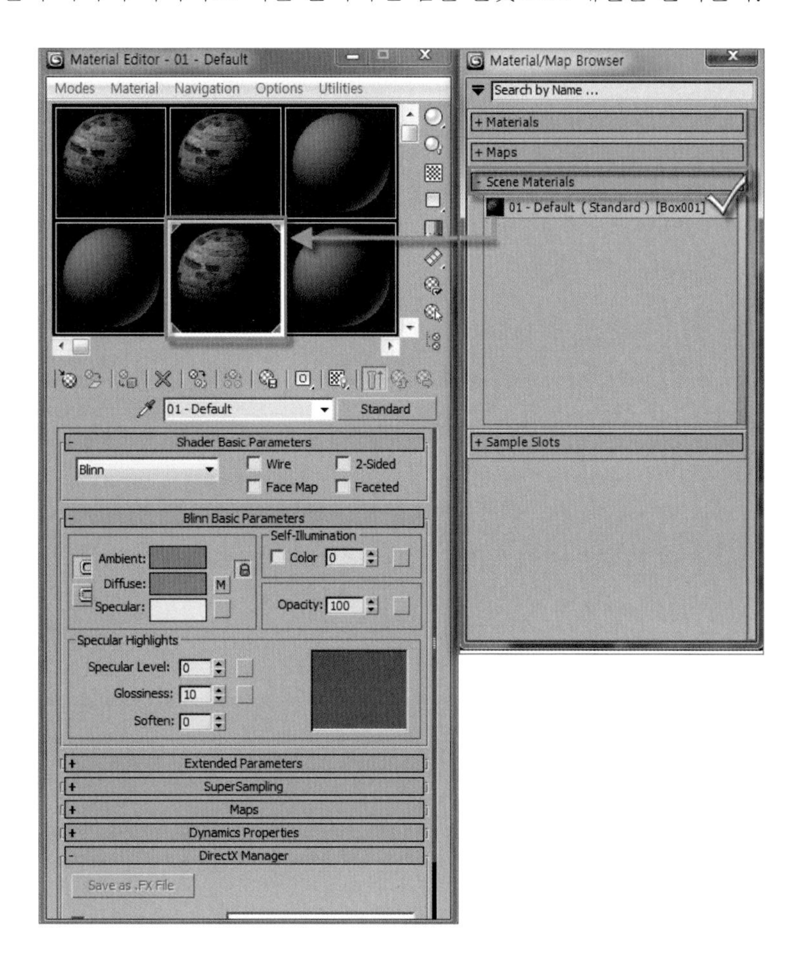

재질을 물체에 적용하기

편집 화면에서 물체를 클릭하여 선택한 후, 재질 편집기에서 원하는 재질의 샘플을 선택하고, Assign Material to Selection 버튼을 클릭한다. 이때 뷰 영역의 물체에 적용된 재질의 샘플은 그 테두리에 삼각형 표시가 나타난다.

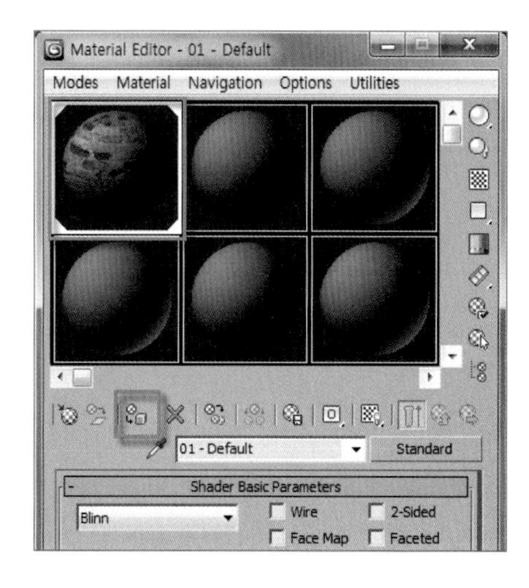

재질의 색상 설정하기

- **Ambient** : 물체의 가장 어두운 부분 색상을 표현한다.
- **Diffuse** : 가장 주된 부분의 색상으로 물체 원래의 색을 표현한다.
- **Specular** : 물체의 하이라이트 부분으로 가장 밝은 부분의 색상을 표현한다.

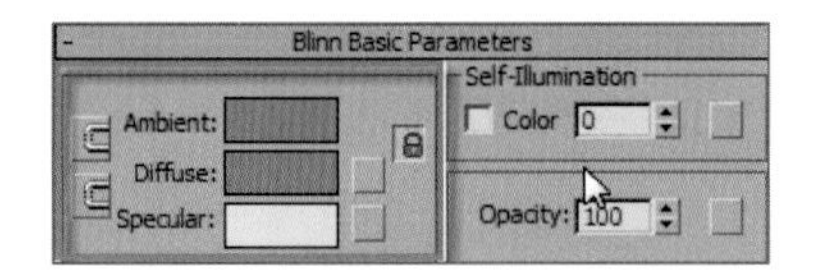

Color Selector 패널

색상 버튼을 클릭하면 나타나고 Color Selector 패널에서 선택된 색상을 설정할 수 있다.

① 색상 팔레트에서 원하는 색상을 선택하고, Whiteness 설정값으로 명도를 조절한다.

② Red, Green, Blue 슬라이드 바를 드래그하거나, 우측의 설정값을 조절하여 원하는 색상을 설정한다.

③ Hue, Saturation, Value 슬라이드 바를 드래그하여 색상, 채도, 명도를 조절한다.

④ 설정값을 조절하면 좌측은 변경 전의 색이 나타나고 우측엔 변경 후의 색이 나타난다.

⑤ Close 버튼은 패널을 닫고, Reset 버튼을 클릭하면 수정하기 이전의 색상으로 되돌릴 수 있다.

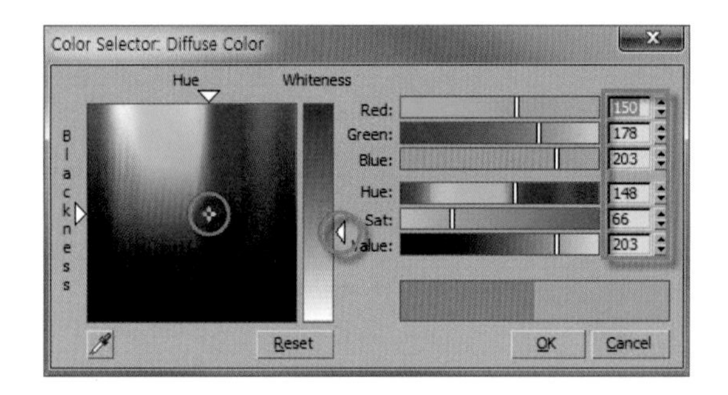

재질의 광택 설정하기

Specular Highlights 설정값을 조절하여 물체가 빛을 받았을 때 반짝이는 정도를 설정한다. Specular Highlights 설정값을 조절하면 반사광의 형태가 그래프에 나타나게 되는데 가늘고 긴 형태의 그래프는 플라스틱과 같은 광택이 있는 표면을 표현하고, 넓고 완만한 곡선은 종이나 천 같은 광택이 없는 표면을 표현한다.

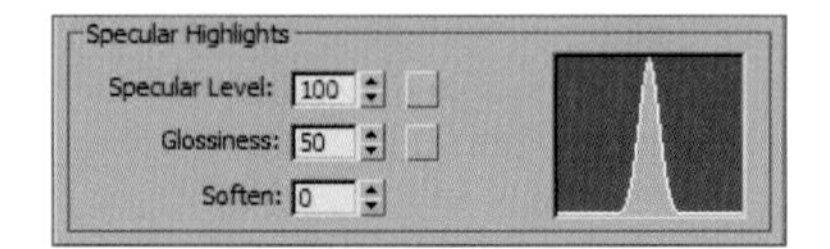

- **Specular Level** : 광택의 세기를 설정하며 값이 클수록 반사광의 세기가 강하게 표현한다.
- **Glossiness** : 광택의 확산 크기를 설정하는 것으로 값이 클수록 확산 크기가 작아진다.
- **Soften** : 재질을 부드럽게 표현한다.

발광체 효과(Self-Illumination) 설정하기

물체가 스스로 발하는 발광체 효과를 설정할 수 있으며 주로 조명에 많이 사용한다.

① Color를 체크하여 발광체의 색상을 지정한다.

② Color 항목을 선택 해제하고 수치를 조절하면 Diffuse 색상으로 빛나는 정도를 설정한다.

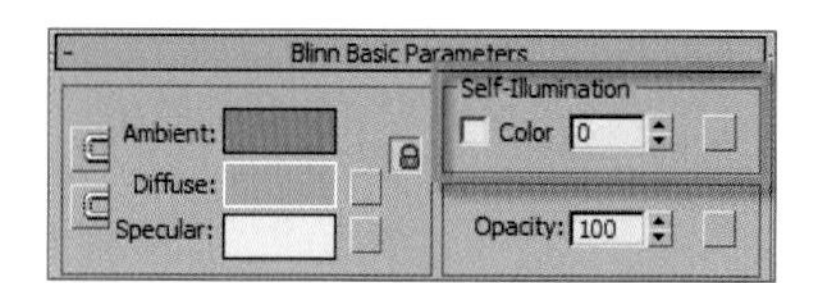

투명한 재질 설정하기

① Opacity는 재질의 불투명도를 의미하며 수치가 '100'이 되었을 때 완전히 불투명한 물체로 표현되고 수치가 '0'이면 투명한 유리 재질로 만들어진다.

② 투명 재질을 설정할 때 '2-Sided' 옵션을 함께 체크하면 유리의 두께를 표현할 수 있다.

③ Extended Parameters 롤 아웃 버튼 아래 Falloff Amt 수치가 높을수록 물체의 중심부분이 투명하게 설정된다.

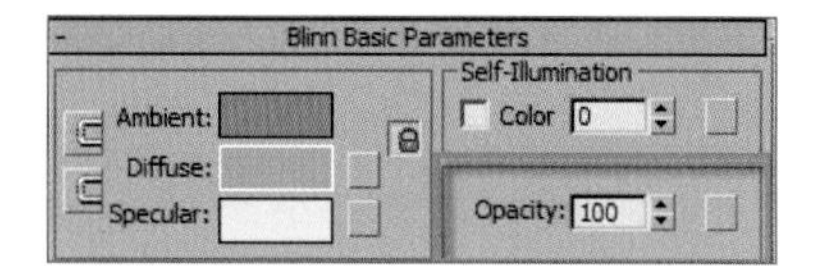

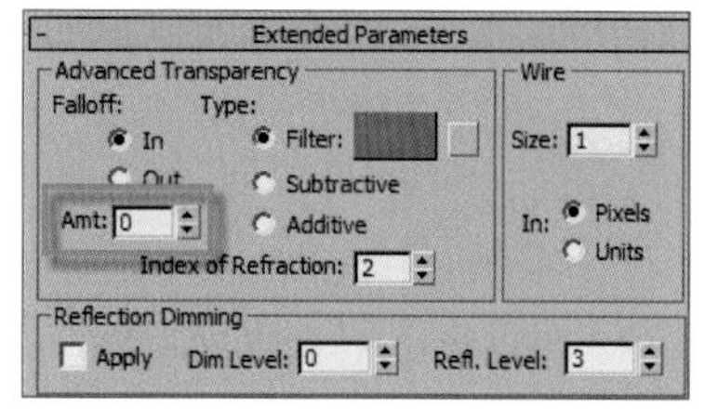

5-3 재질의 셰이더(Shader) 설정하기

셰이더는 물체의 표면이 빛을 받았을 때 광택의 정도에 적절한 물체 표현을 선택할 때 사용한다.

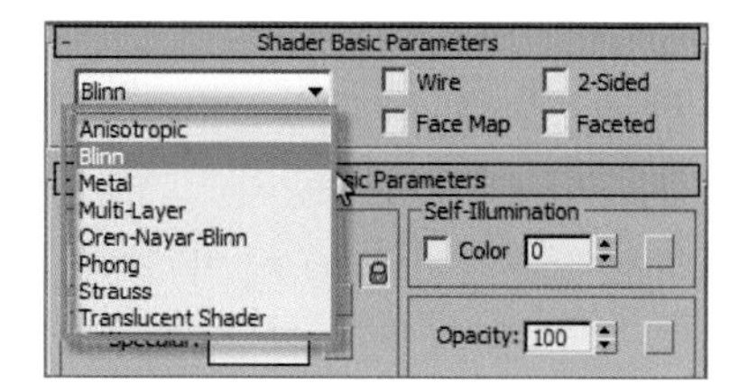

Shader Basic Parameters

Shader Basic Parameter 롤 아웃 버튼 우측의 4개 항목의 옵션은 다음과 같다.

- **Wire** : 물체를 Wireframe 형식으로 표현한다.
- **2-Sided** : 양면에 재질을 적용한다.
- **Face Map** : 물체의 각 면에 매핑하며 맵 좌표계는 무시한다.

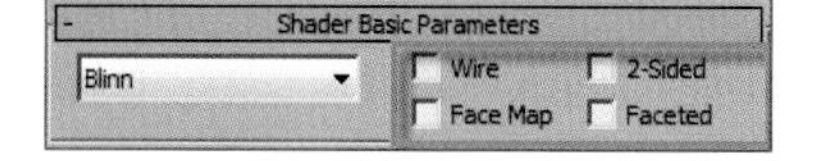

• **Faceted** : 물체의 표면을 각지게 렌더링한다.

Anisotropic

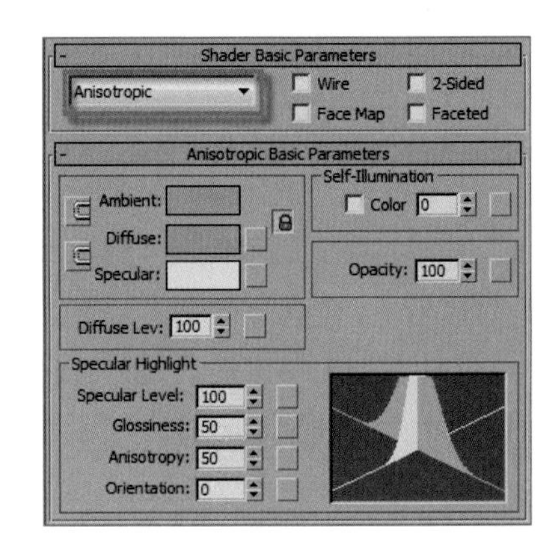

타원형 반사광의 셰이더로서 반사광(Shininess)의 모양을 타원형으로 만들어 머리카락, 유리 재질, 금속의 표면 등에 반짝거림의 효과에 탁월하다.

Anisotropic 수치를 높일수록 반사광이 날카롭게 표현되며 이 수치를 '0'으로 설정하면 다른 재질과 같이 둥근 모양의 반사광을 가진 재질이 만들어지는데, 다른 재질에 비해 반사광이 부드럽게 표현되어 고무나 피부와 같은 반짝거림이 적은 물체에 적용한다.

• **Diffuse Lev** : Diffuse의 색상 및 재질의 강도를 조정한다.
• **Anisotropy** : 한쪽 방향 빛의 폭을 조절한다.
• **Orientation** : 빛의 모양이 타원일 경우 그 모양의 회전 정도를 조절한다.

Blinn

기본값으로 가장 많이 시용하는 질감으로 Phong보다 좀더 부드럽게 개선된 셰이더로서 Phong 셰이딩의 단점을 보완한 방식이다.

Phong 셰이딩과 달리 반사광(Shininess)이 번지는 현상이 없다.

Metal

반짝이는 금속 표면의 셰이딩으로 금속의 질감을 만든다.

Metal 셰이딩은 다른 재질과 달리 뚜렷이 구분되는 반사광을 만드는데, 반사광에서부터 급격히 어두워져 검은색에 가까운 Ambient 색상이 표현된다.

Metal 셰이딩은 반사광의 색(Specular)을 설정할 수 없다.

Glossiness 설정값을 조절하여 반사광의 크기를 조절한다. 설정값이 '0'에 가까우면 반사광이 넓게 퍼지고 어두워지며 설정값이 '100'에 가까우면, 반사광이 좁아지면서 강하게 표현된다.

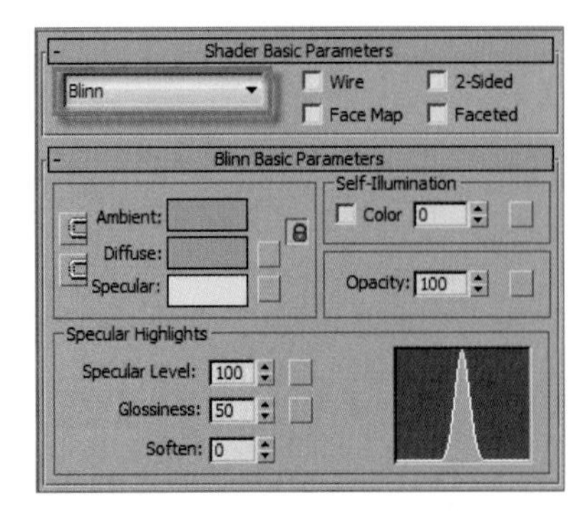

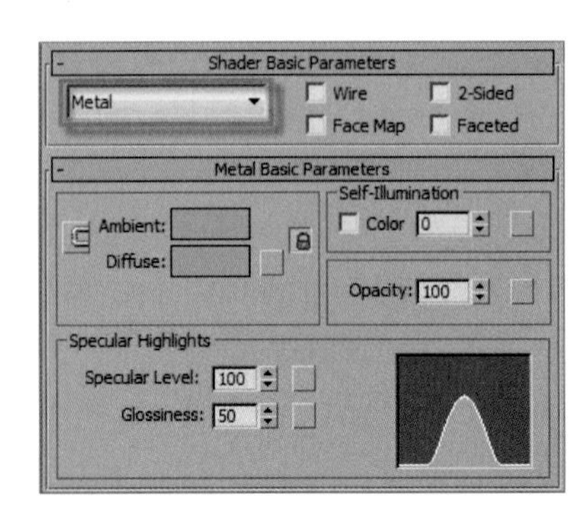

● Multi-Layer

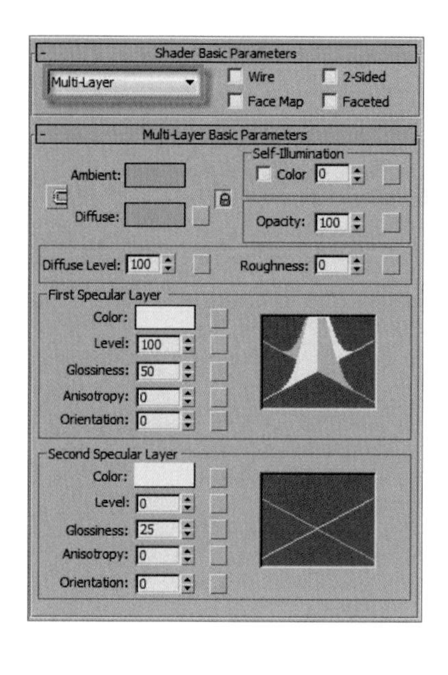

기본적인 설정값이 Anisotropic 셰이딩과 같지만, 두 개의 Anisotropic를 사용하여 서로 다른 모양의 반사광을 만들어 낼 수 있으며 두 개의 반사광은 각각의 서로 다른 색(Color)과 세기(Level)를 가진다.

매우 반짝이는 표면 등의 고광택 오브젝트에 적합한 질감으로 헬멧, 은박지 등에 사용한다.

● Oren-Nayer-Blinn

고급스런 질감의 셰이딩 방식으로 Blinn 방식과 동일하지만 Advanced Diffuse 설정값을 사용하여 더욱 다양한 표현을 할 수 있다.

윤기가 없는 천, 인체의 피부 등을 표현할 때 유용하다.

- **Diffuse Level** : Diffuse의 색상 및 재질의 강도를 조절한다.
- **Roughness** : 거친 표면의 정도를 조절한다.

● Phong

가장 기본적인 셰이딩 방식으로 플라스틱과 같은 재질에 적합하며 하이라이트 부분의 색(Specular), 물체의 주된 색(Diffuse), 가장 어두운 부분의 색(Ambient)으로 표현한다.

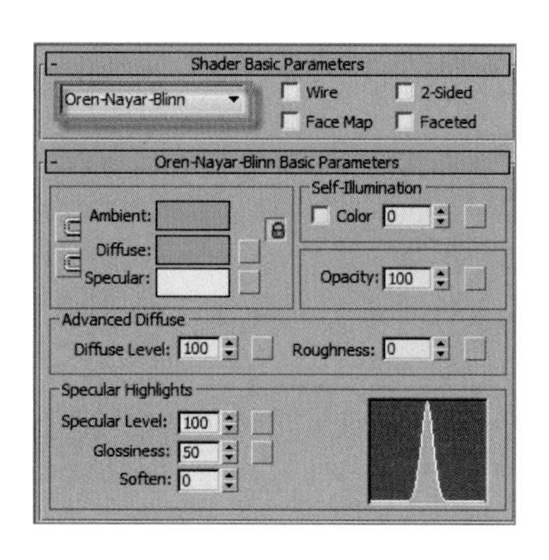

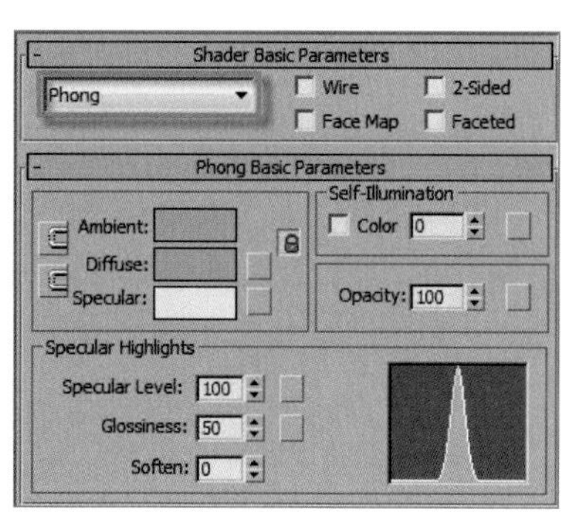

● Strauss

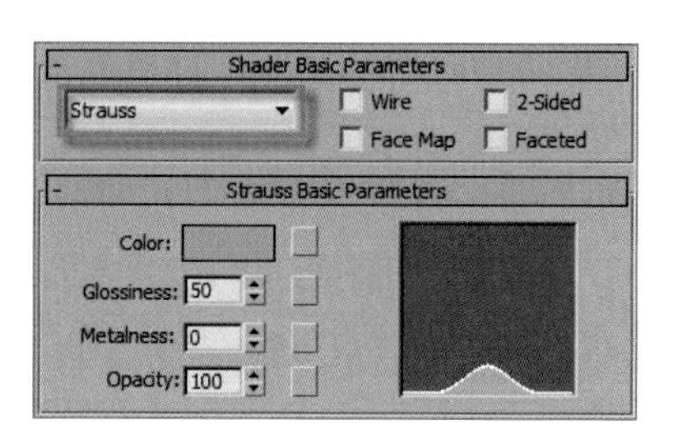

물체의 색상(Color)과 반사광의 크기(Glossiness)만을 설정하여 재질을 표현한다.

Metalness 설정값을 높이면, 금속에 가까운 재질을 만들 수 있으며 Opacity 설정값을 '100' 보다 작게 설정하면 투명한 재질을 만들 수 있다.

- **Color** : 물체가 가지는 기본 색상을 결정한다.
- **Glossiness** : Specular 값의 폭과 강도를 조절한다.
- **Metalness** : 금속의 느낌을 증가시키며 값을 올릴수록 Specular 값은 약해진다.

Translucent Shader

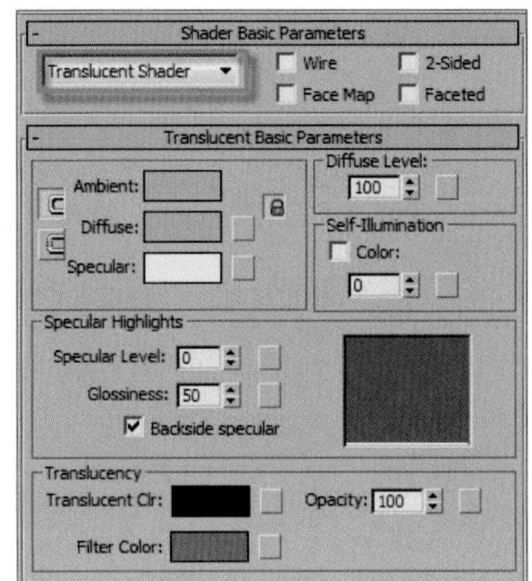

반투명의 재질을 표현할 수 있으며 2-Side 버튼을 활성화하여 보다 사실적인 표현이 가능하다.

- **Translucent Clr** : 반투명의 재질을 통과하여 산란하는 빛의 색상을 지정한다.
- **Opacity** : 재질의 투명도를 설정하며 투명한 재질에 '2-Sided' 옵션을 체크하면 더욱 사실적인 결과를 얻을 수 있다.
- **Filter Color** : 색유리 등의 투명한 재질 내부의 색상을 설정한다. 이때 Translucent Color와 색상이 겹쳐 나타난다.

5-4 Extended Parameters

Advanced Transparency

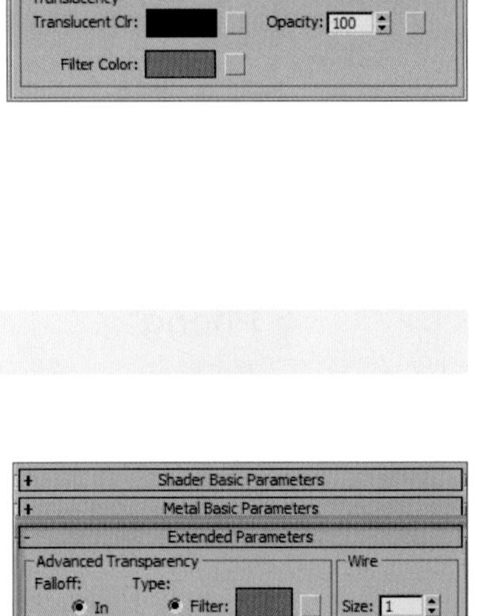

투명한 재질에 대해 추가적으로 설정한다.

- **Falloff** : 면의 방향에 따라 투명도를 다르게 설정한다.
  - In : 안쪽으로 갈수록 투명하게 한다.
  - Out : 바깥쪽으로 갈수록 투명하게 한다.
  - Amt : 투명도를 지정한다.
- **Type** : 투명한 물체에 비쳐 보이는 색을 처리하는 방법에 대해 설정한다.
  - Filter : 배경의 색에 지정된 색을 섞어 처리한다. 조명에 Lay-Traced Shadow 그림자를 설정했을 때 Filter로 지정된 색의 그림자를 만들 수 있다.
  - Subtract : 배경을 어둡게 만들며 유리잔, 유리병 등의 재질에 사용한다.
  - Additive : 배경을 밝게 만들며 전구의 유리와 같이 빛나는 물체에 사용한다.
- **Wire** : 와이어 프레임의 두께를 조절한다.
  - Pixels : 렌더링 화면의 설정된 픽셀을 두께로 하여 Wire를 그려주며 화면에서의 거리에

상관없이 동일한 굵기의 선으로 표현한다.

- Units : 설정된 두께(Size)의 격자로 Wire를 표현해 주며 화면에서의 거리에 따라 렌더링 되는 두께가 다르게 나타난다.

• **Reflection Dimming** : 어두운 부분의 반사 매핑의 강약을 결정한다.

- Reflection Dimming을 설정하지 않은 Reflection 맵이 적용된 물체는 그림자가 비치는 부분도 반사 매핑이 적용되어 밝게 표현된다.
- Reflection Dimming을 설정하면 그림자 부분의 반사 매핑을 어둡게 처리한다. Dim Level 설정값이 '0'에 가까워질수록 그림자 부분이 어두워지며 설정값이 '1'이면 명령을 적용하지 않는다.
- Refl. Level 설정값은 반사 매핑의 세기를 결정하는 것으로 설정값이 높을수록 반사 매핑이 강하게 표현된다.

Super Sampling

Material에서 선택적으로 Anti-Aliasing(계단 현상 방지)을 하는 것으로(고해상도에 사용) 4종류의 슈퍼 샘플링이 있다.

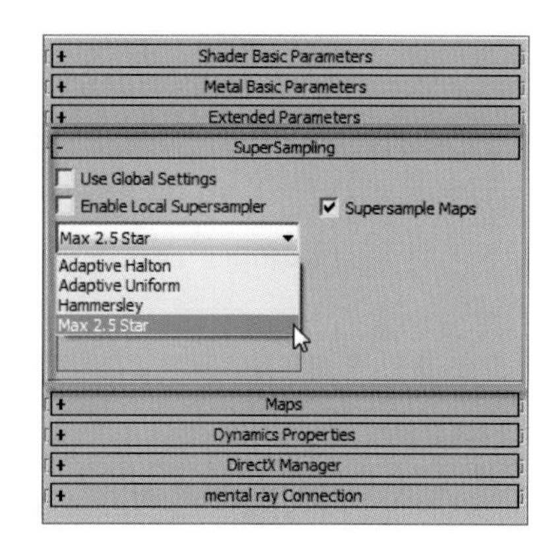

• **Use Global Settings** : 체크 표시를 해제하면 Super Sampling을 사용할 수 있다.

• **Enable Local Supersampler** : 4가지 방식으로 슈퍼샘플링을 적용한다.

• **Adaptive Halton** : 무작위로 흩뿌려진 패턴에 따라 XY축 모두를 샘플링하며 설정값에 따라 4~40개의 샘플을 만든다.

• **Adaptive Uniform** : 일정한 패턴에 의해 X, Y축 모두를 샘플링하며 설정값에 따라 4~36개의 샘플을 만든다.

• **Hammersley** : X축 방향은 일정한 패턴에 의해, Y축 방향은 무작위 패턴에 의해 샘플링하며 설정값에 따라 4~40개의 샘플을 만든다.

• **Max 2.5 Star** : Max 2.5에서 사용하던 슈퍼 샘플링으로, 픽셀 주위의 색의 평균을 구하여 그 픽셀의 색을 결정한다.

Note Anti-Aliasing(안티-앨리어싱)

앨리어싱이란 그래픽에서는 거칠고 다듬어지지 않은 화면처리 방식을 말하며 보통 우리말로는 '계단현상'이라고 부른다. Max에서 렌더링된 이미지는 사각형의 Pixel로 이루어져 있으며 곡선, 사선 부분에서 계단현상이 발생하게 되는데 이러한 각진 부분의 색을 주위의 색과 섞어 중간색으로 표현하여 부드러운 이미지를 만드는 것을 Anti-aliasing이라 한다.

● Maps

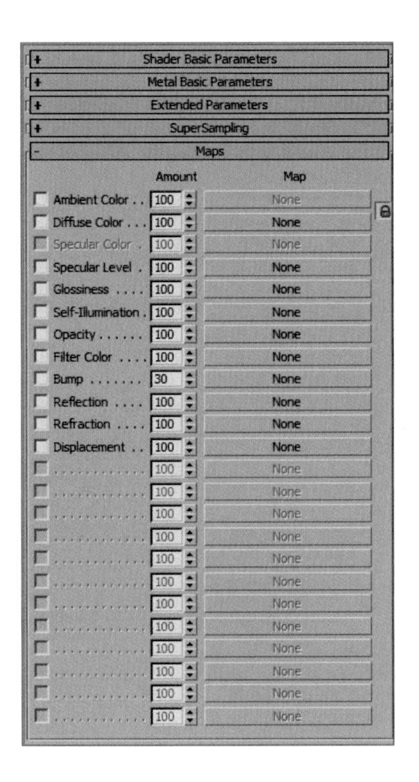

재질의 각 구성요소에 Maps를 지정한다.

- Diffuse Color : 재질이 전체적으로 보여 줄 부분에 대해 맵을 적용한다.
- Specular Color : 빛을 가장 많이 받는 부분에 맵을 적용한다.
- Specular Level : Specular에 맵이 사용되는 밝기만을 지정한다.
- Glossiness : 반사광의 확산 정도에 맵을 적용한다.
- Self-Illumination : 맵의 밝기에 따라 발광 표현을 한다.
- Opacity : 맵을 사용하여 투명도를 지정한다.
- Filter Color : 투명 재질에 적용되어 투명한 부분의 색상을 표현한다.
- Bump : 맵의 음영의 정도에 따라 요철을 표현한다.
- Reflection : 맵이 물체의 표면에 반사 효과를 표현한다.
- Refraction : 맵이 물체에 굴절효과를 표현한다.
- Displacement : 맵의 밝기에 따라 물체 표면의 요철을 표현한다.

● Dynamic Properties

[Create] ➡ [Utility] ➡ [Dynamics]를 사용하여 다이내믹 애니메이션을 시뮬레이션하는 경우 재질을 이용하여 그 값을 조정한다.

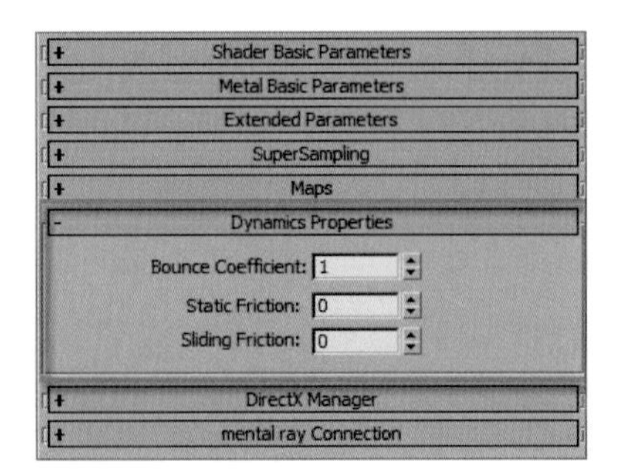

● DirectX Shader-LightMap

DirectX 뷰포트 셰이더로 광원 맵을 선택한 경우에 롤아웃이 나타난다.

일반적으로 Basic Texture는 완성된 맵, 혼합 맵 또는 확산 맵이 된다.

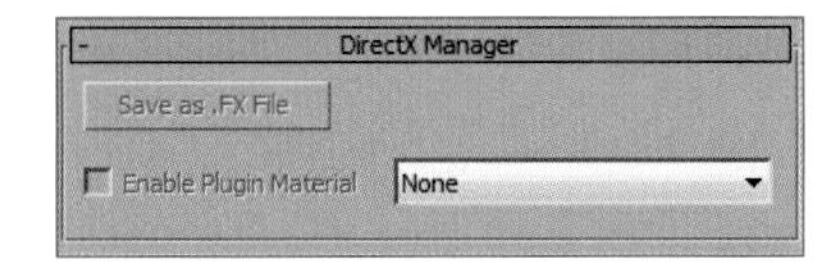

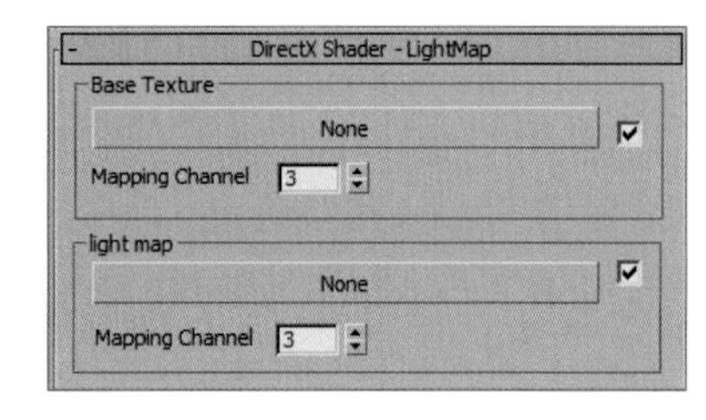

- **Base Texture** : 기본 텍스처의 이름을 표시한다. None 버튼을 클릭하여 해당 재질의 매개변수를 표시하고 필요한 경우 조정한다.
  - Toggle : 체크되면 음영처리된 뷰포트에 기본 텍스처를 표시한다.
    Basic Texture와 Light map의 Toggle이 둘 다 꺼져 있으면 재질은 뷰포트에서 검은색으로 나타난다.
  - Mapping Channel : 이 텍스처에서 사용하는 맵 채널을 표시한다.
- **light map** : 광원 맵의 이름을 표시한다.
  - Toggle : 설정되면 음영처리 된 뷰포트에 광원 맵을 표시한다.
    Basic Texture와 Light map의 Toggle이 둘 다 꺼져 있으면 재질은 뷰포트에서 검은색으로 나타난다.
  - Mapping Channel : Texture에서 사용하는 맵 채널을 표시한다.

Mental Ray Connection

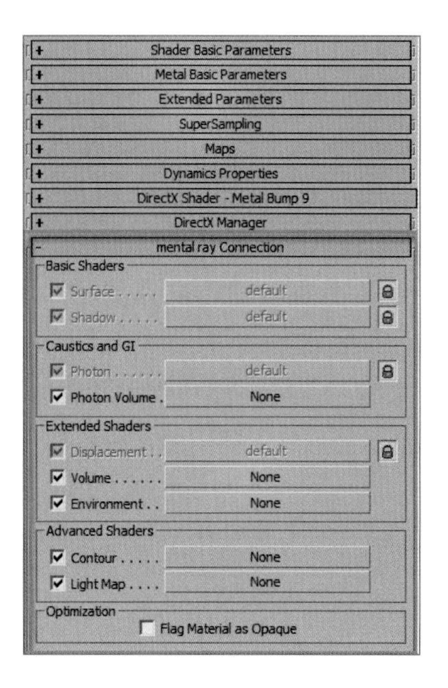

Mental Ray 기본 설정 패널을 사용하여 Mental Ray 확장을 활성화한 경우에만 나타난다. 또한 Mental Ray 렌더러가 현재 활성 렌더러인 경우에만 이 롤아웃의 옵션에 셰이더를 지정할 수 있다.

토글은 지정된 셰이더가 활성인지 여부를 제어하며 지정된 셰이더가 없으면 토글은 효과가 없다.

None 버튼을 사용하여 컴포넌트 유형에 셰이더를 지정할 수 있으며 셰이더가 지정되어 있으면 해당 이름이 버튼에 나타난다.

오른쪽에 잠금 버튼이 켜져 있으면 컴포넌트가 기본 재질에서 상속되므로 셰이더를 지정할 수 없다. 예를 들어 기본적으로 표면 컴포넌트는 잠겨 있으므로 표면이 3DS Max 재질의 설정(기본 매개변수, 맵 등)을 사용하여 음영처리 된다. 기본 재질의 설정을 Mental Ray 셰이더로 대체하려면 이 버튼을 끈다.

5-5 Material Type (Material/Map Browser)

재질 편집기의 Standard 버튼을 누르면 Material / Map Browser 대화상자가 나타난다. Standard 외에 다양한 타입으로 이미지를 혼합 표현하거나, 특수한 종류의 재질을 사용하여 다양한 결과물을 얻을 수 있다.

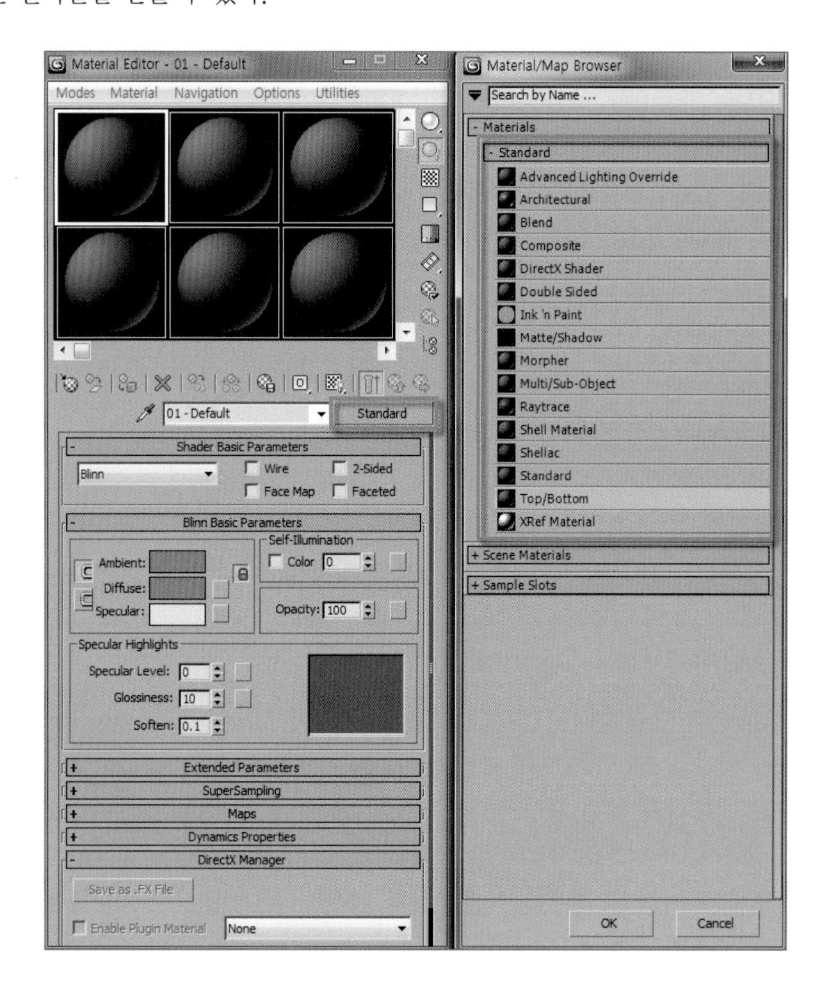

● Standard : 가장 기본적인 재질

재질 편집기에서 기본적으로 제공되는 재질로서 색상 및 광택을 설정하여 색상을 표현하거나, 맵을 적용하여 다양한 무늬를 표현한다.

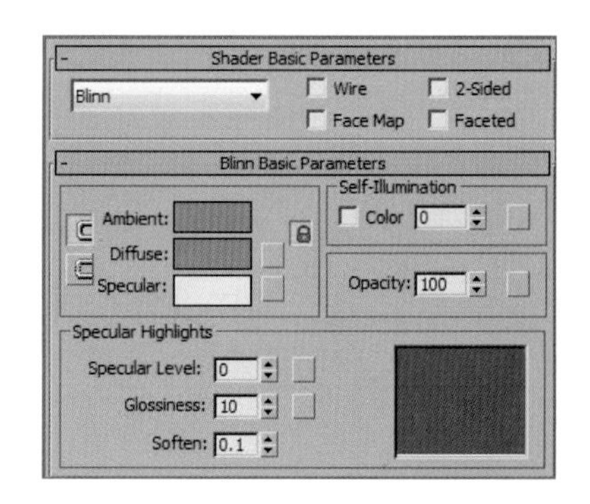

● Advance Light Override

특수 조명 효과에 사용되는 재질로서 물체 표면이 빛을 받았을 때의 반사나 굴절에 대한 정보를 추가한 재질로서 Radiosity나 Light Tracer 등의 특수 조명 효과가 적용된 경우에 반드시 이 재질을 사용해야 효과적인 작업이 가능하다.

- Reflectance Scale : 받는 빛에 대한 반사되는 빛의 양을 결정한다.
- Color Bleed : 재질 색상이 주위에 미치는 정도 값을 조절한다.
- Transmittance Scale : 빛이 물체에 투과될 때 투과되는 빛의 양을 결정한다.
- Luminance Scale : 재질 자체의 발광 정도를 결정한다.
- Indirect Light Bump Scale : 반사광에 의해 표현하는 Bump 값의 양을 결정한다.

● Blend : 두 가지 재질을 섞어 표현하기

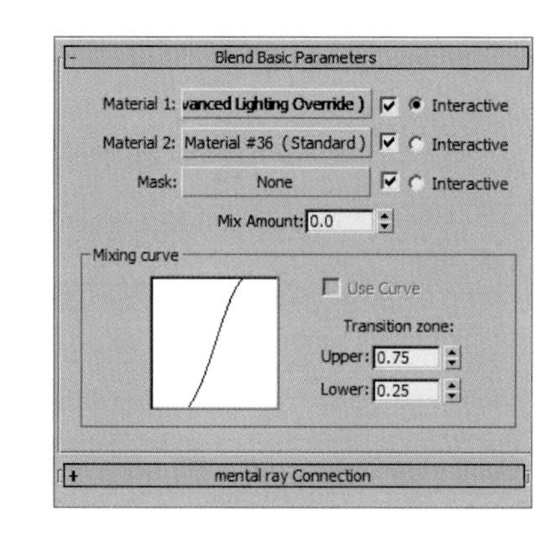

두 가지의 재질을 섞어주며 각각의 재질을 원하는 정도만큼 섞어주거나, 마스크(Mask)를 이용하여 매핑 이미지의 모양에 따라 두 재질을 섞어 표현한다.

- Material 1 : 첫 번째 재질을 선택한다.
- Material 2 : 두 번째 재질을 선택한다.
  우측의 체크 박스가 체크되어 있어야 설정된 재질이 활성화되며, 'Interactive' 항목을 체크하여 편집 화면에서 보여질 재질을 선택한다.
- Mask : 마스크로 사용될 맵을 지정한다. 버튼을 클릭하여 원하는 맵(Map)을 선택한 뒤 매핑 이미지의 모양에 따라 두 재질을 섞어줄 수 있다.
- Mix Amount : 수치를 조절하여 두 재질의 섞이는 비율을 조절한다(Mask 버튼 옆의 체크 박스를 선택 해제).
- Mixing Curve : 마스크를 사용할 때 마스크의 경계를 보여준다.
  'Use Curve' 항목을 체크하면 Upper와 Lower 수치를 조절하여 두 개의 재질이 섞이는 경계선을 가진다.

● Composite : 여러 가지 재질을 섞어 표현하기

Base Material을 포함하여 총 10개의 재질을 합성할 수 있는 기능을 가지고 있다.
아래쪽에 놓인 재질일수록 겹쳐진 위 단계로 보이게 된다.

- Base Material : 재질의 가장 아래 단계에 위치할 기본 재질을 설정할 수 있으며 원하는 재질의 샘플을 이 버튼으로 드래그하여 간단하게 복사할 수 있다.
- Mat. 1 ~ Mat. 9 : 기본 재질에 총 아홉 개의 재질을 혼합할 수 있으며 재질이 적용된 버튼

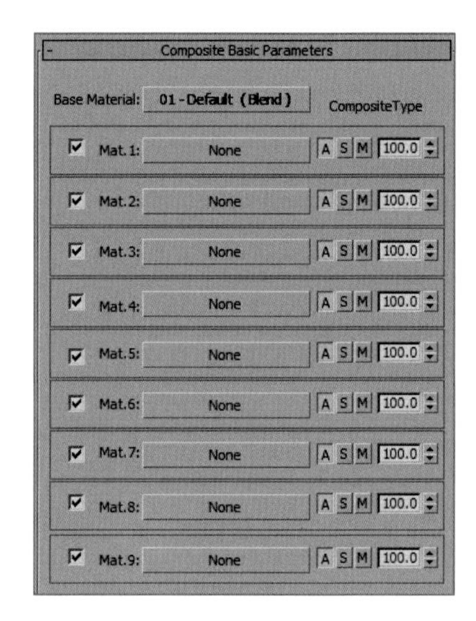

만 계산되며 원하는 재질의 샘플을 버튼으로 드래그하여 간단히 적용할 수 있다. 좌측의 체크 박스를 선택 해제 시에는 혼합된 재질을 합성에서 제외할 수 있다.

- **Composite Type** : A, S, M 세 개의 버튼을 클릭하여 해당되는 재질의 합성 방법을 선택할 수 있다.
  A는 합성되는 재질에 색상을 더하고(Additive),
  S는 합성되는 재질에 색상을 빼주며(Subtractive),
  M은 합성되는 재질과 아래의 재질이 겹쳐 보이도록 혼합한다(Mix).
  투명(Opacity) 매핑을 사용한 재질을 합성하여 원하는 이미지를 덧씌우고자 할 때는 A버튼을 클릭하여 합성 모드를 Additive로 설정한다.

● Double Sided : 물체의 바깥 면과 안쪽 면에 서로 다른 재질 적용하기

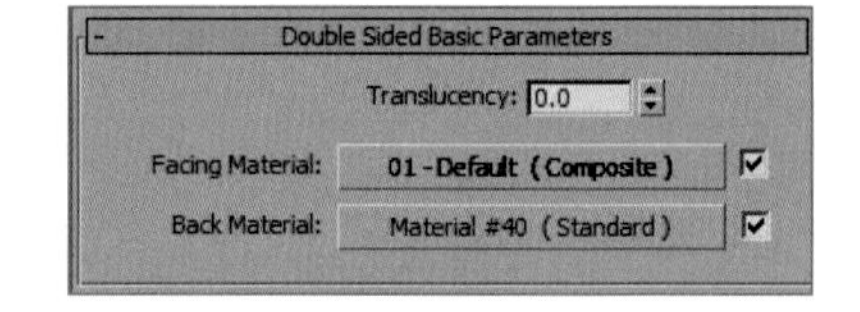

한 개의 물체에 각기 다른 두 개의 재질을 바깥쪽 면과 안쪽 면에 각각 적용한다. 재질 편집기에서 원하는 재질의 샘플을 Facing Material과 Back Material 버튼으로 드래그하여 재질을 각각 적용한다.

- **Translucency** : 물체 안쪽에서 빛이 비춰질 때, 안쪽의 재질이 바깥쪽으로 비쳐 보이게 할지를 설정한다. 값이 커질수록 물체의 바깥쪽 면에 안쪽의 재질이 강하게 비친다.

● Ink'n Paint : 만화같은 경계가 분명한 재질 표현하기

이 재질은 만화같은 효과를 표현할 수 있으며 3D 물체에 적용되어 2D와 같은 평면적인 효과를 얻을 수 있다.

- **Basic Material Extensions**

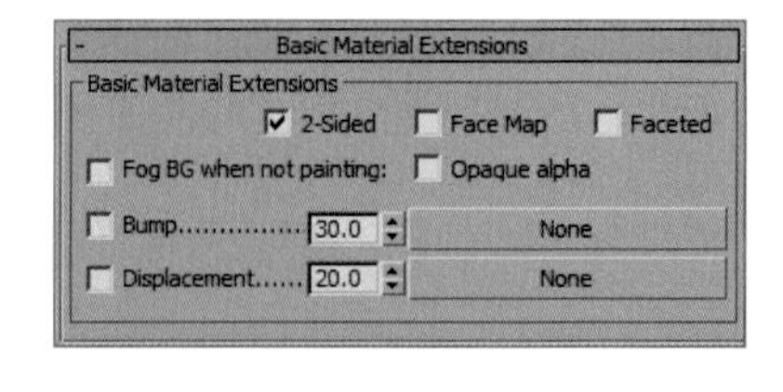

  - 2-Sided : 물체의 보이지 않는 뒷면까지 재질을 적용한다.
  - Face Map : 물체를 구성하는 모든 면(Face)에 매핑을 적용한다.
  - Faceted : 물체를 각지게 보이도록 만든다.
  - Fog BG When Not Painting : 아래의 Paint Controls 설정 항목의 'Lighted' 옵션이 해제된 경우, 장면에 설정된 안개 효과가 물체를 통해서 보이게 되도록 설정한다.
  - Opaque Alpha : 'Lighted' 옵션이 해제되어 선으로만 보이도록 된 경우라도, 렌더링하였을 때 물체의 모양대로 알파 채널을 만들도록 설정한다.

- Bump : 물체의 표면에 범프 매핑을 적용한다. 맵 버튼을 클릭하여 원하는 종류의 맵을 선택할 수 있으며 좌측의 체크 박스가 체크되어 있어야 맵을 적용한다.
- Displacement : 물체 표면이 튀어나와 보이는 Displacement 맵을 적용한다.
- Lighted : 물체의 전체 색상을 설정하며 설정값 앞의 체크 박스가 체크되어 있어야 물체에 색상이 칠해진다.

  미체크 시에는 물체의 외곽선만 보이는 상태가 되며 색 버튼을 클릭하여 단색의 색상을 설정하거나, 우측의 맵 버튼을 클릭하여 원하는 이미지 맵을 적용할 수 있다.

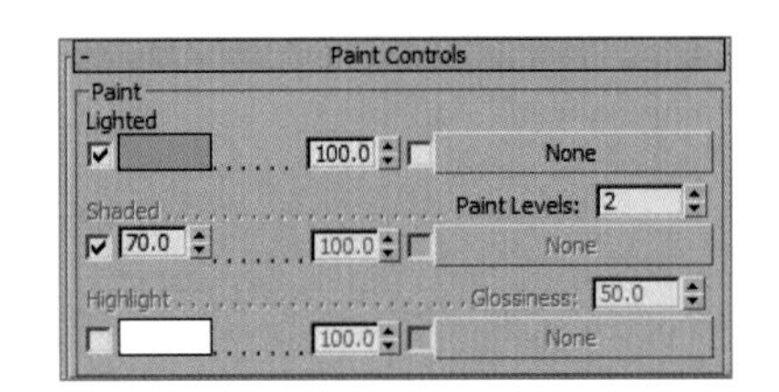

- Shaded : 물체의 어두운 부분의 색상을 설정하며 설정값 앞의 버튼을 체크하면 원래의 색상(Lighted)을 보다 어두운 음영으로 표현한다.

  옆의 수치를 조절하여 어두운 부분의 농도를 설정하며 수치가 낮을수록 어두운 부분이 검정색에 가까워진다.
- Paint Levels : 명암 단계를 설정하며 수치가 클수록 물체의 형태가 세밀하게 표현되지만 만화 같은 분위기는 감소한다.
- Highlight : 물체의 반사광을 표현하며 체크 박스를 체크해야 반사광이 표현된다. Glossiness 수치를 조절하여 반사광의 넓이를 설정하며 수치가 클수록 날카로운 반사광을 표현한다.
- Ink : 체크 시 물체의 윤곽선(Ink)이 그려진다.
- Ink Quality : 윤곽선의 품질을 결정한다. 1~3까지의 수치로 설정되며, 수치가 클수록 부드러운 선을 표현한다.
- Ink Width : 선의 두께를 결정한다.
- Variable Width : 체크 시 물체의 밝은 부분에서는 얇은 선이, 어두운 부분에서는 두꺼운 선이 그려진다. 미체크 시 전체적으로 동일한 두께의 선을 표현한다.
- Clamp : 선의 두께가 항상 Min과 Max 사이의 값을 유지한다.

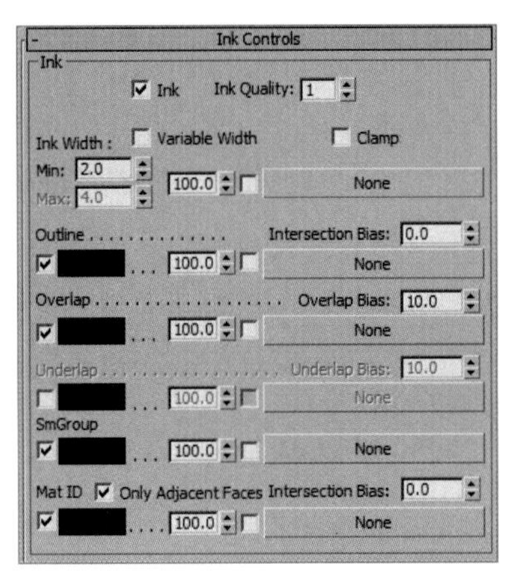

Matte/Shadow : 2D배경과 3D모델링 합성에 사용되는 재질

3DS Max에서 만들어진 모델링과 실제 사진이나 동영상을 합성하기 위하여 사용되는 재질이다.

- **Opaque Alpha** : 알파 채널에 영향을 주는 항목으로 미체크해야 Matte/Shadow 재질이 적용된 매트 오브젝트(Matte Object)에 의해서 투명하게 보이는 부분의 알파 채널(Alpha Channel)이 실제로 투명하게 보인다.

• Apply Atmosphere : Effect 효과 적용 시 그 효과가 영향을 미칠 것인가를 결정한다. 매트 오브젝트에 의해서 투명하게 보이는 부분과 장면에 설정된 안개(Fog) 등의 대기 효과가 겹치는 경우, 대기 효과가 매트 오브젝트에 영향을 주도록 설정한다.

• At Background Depth : 평면적인 안개 효과를 적용한다.

• At Object Depth : 입체적인 안개 효과를 적용한다.

• Receive Shadows : 매트 오브젝트 위에 그림자가 만들어지도록 설정한다. 이 항목을 반드시 체크해야만 매트 오브젝트 위에 그림자가 생성된다.

• Affect Alpha : 매트 오브젝트 위에 만들어지는 그림자의 모양대로 알파 채널을 만든다. 렌더링 이미지를 다른 그림 파일이나 동영상과 합성하려면 반드시 체크해야 한다.

• Shadow Brightness : 그림자의 농도를 조절한다.

• Color : 그림자의 색상을 조절한다.

• Reflection : 매트 오브젝트 표면에 다른 물체가 반사된 이미지를 표현한다. 아래의 맵 버튼을 클릭하여 원하는 종류의 반사 맵을 지정할 수 있으며, Amount 수치를 조절하여 반사 이미지의 강약을 조절한다. Additive Reflection 옵션을 체크하면 반사 이미지를 알파 채널에서 제외시킨다.

● Morpher : Morpher Modifier와 같이 사용되는 재질

본래의 오브젝트가 다른 오브젝트의 모양대로 변형되도록 만들어 주는 명령으로 보통 캐릭터의 입술이나 얼굴 표정변화 등에 사용한다.

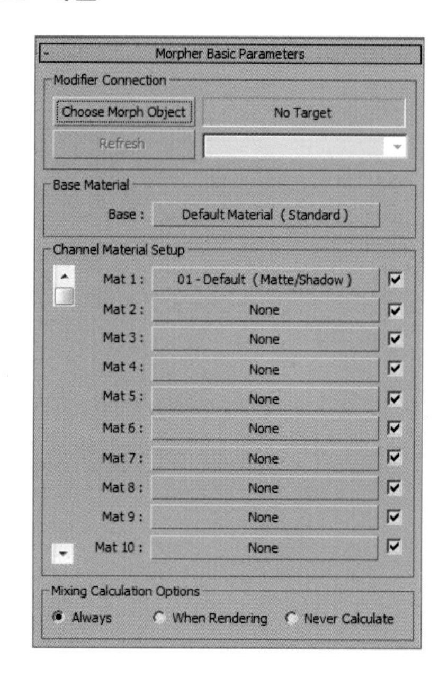

• Chose Morph Object : 몰핑이 적용된 오브젝트를 대상 오브젝트로 지정한다.
 이 버튼을 클릭하고 작업 화면에서 몰퍼 Modify 명령이 적용된 오브젝트를 클릭하면 선택된 오브젝트에 적용된 Modify 명령의 리스트가 나타난다. 리스트에서 'Morpher' 항목을 선택하고 Bind 버튼을 클릭한 뒤 Morpher 재질의 대상 오브젝트로 등록한다.

• Base Material : 몰퍼가 적용되기 이전의 재질을 지정한다.

• Channel Material Setup : 몰퍼 명령의 각 채널에

서 사용될 채널의 개수를 Modifier Connection에서 Bind하면 자동으로 인식한다.

- **Mixing Calculation Options** : 몰퍼되는 메터리얼의 디스플레이와 작동하는 연산을 어떤 방법으로 처리할 것인지를 결정한다.

Multi/Sub-Object : 한 오브젝트의 각각 다른 부분에 다른 재질 적용하기

여러 개의 재질에 번호를 부여하여 하나의 재질로 묶어 놓은 상태의 재질로서 이 재질을 물체에 적용하면, 물체의 표면(Face, Polygon, Patch, Surface)에 설정된 재질 번호(Material ID)에 따라 해당되는 번호의 재질들이 각각의 지정된 면에 입혀진다.

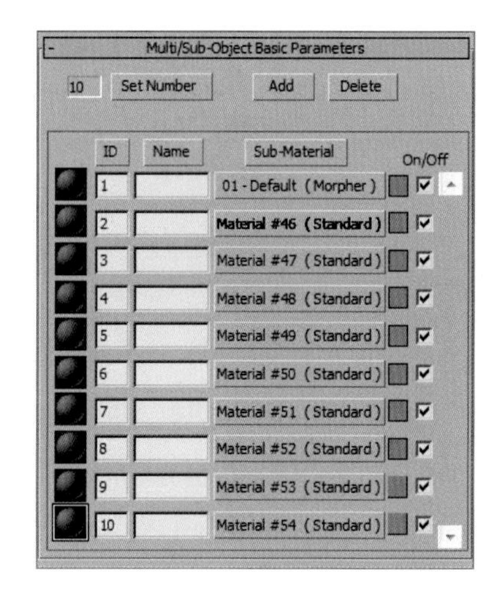

- **Set Number** : 하부 재질의 개수를 지정한다. 지정된 개수만큼의 하부 재질 리스트가 하단에 나타난다.
- **Add** : 하부 재질의 개수를 하나 더 늘려 주며 서브 재질 리스트에 기본 재질의 목록을 하나 더 추가한다.
- **Delete** : 하부 재질을 삭제한다.
- **Sub-Material List** : 가장 좌측에는 적용된 하부 재질을 미리 볼 수 있는 미니 썸네일이 보인다.
  그 옆에는 현재의 적용되는 재질 번호, 이름을 지정해 줄 수 있는 입력창이 있으며, 우측으로 서브 재질을 편집할 수 있는 재질 버튼이 있다.

Raytrace : 사실적인 투명, 반사 재질 표현하기

레이트레이스 재질은 반사나 굴절을 표현하는 재질로서 투명유리나 물의 반짝임 등의 물체 표면 주위의 사물을 반사시키는 효과를 사실적으로 표현한다.

- **Shading** : 레이트레이스 재질의 셰이딩 모드를 설정하여 반사광의 표현방식을 선택한다.
  기본적으로 Phong 셰이딩이 사용되며 Blinn, Metal, Oren-Nayar-Blinn, Anisotropic의 셰이더를 선택할 수 있다.

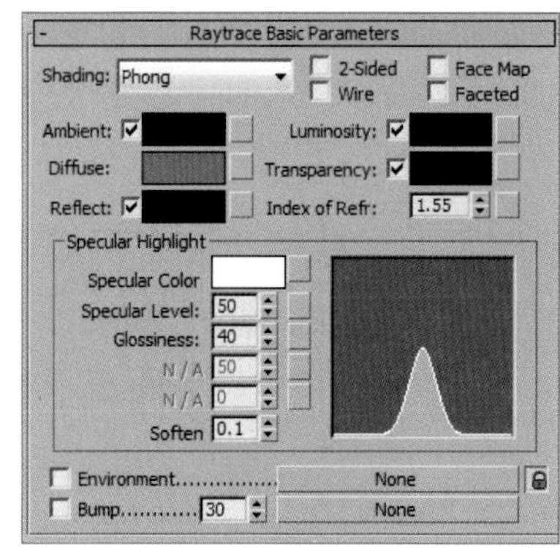

- **Ambient** : 어두운 부분의 색상을 표현하지만 일반적인 재질과는 달리, 레이트레이스 재질은 주위의 Ambient 라이트를 흡수하는 방식으로 물체의 어두운 부분을 표현한다. 이 색상이 흰색에 가까울수록 장면의 Ambient 색상이 물체에 그대로 표현되며, 검정색에 가까울수록 Ambient 라이트를 흡수하여 물체가 좀더 어둡게 표현한다.

- **Diffuse** : 물체 본래의 색상을 설정한다.
- **Reflect** : 물체 주위의 반사 정도나 반사 색상을 설정한다.
  이 색상이 밝을수록 반사의 정도가 크며 흰색일 경우에는 거울과 같은 표면을 만들 수 있으며 체크 박스를 해제하면 설정값을 수치로 조절한다.
- **Luminosity** : 발광체 효과를 표현하며 밝은 색으로 설정될수록 물체 전체에 적용된 색상이 강하게 표현된다. 체크 박스를 선택 해제하고 수치를 조절하여 Diffuse 색상으로 빛나는 정도를 설정한다.
- **Transparency** : 재질의 투명도를 설정하며 검정색은 완전 불투명한 재질로 설정되고 색상이 밝아질수록 물체가 투명하게 보인다. 체크 박스를 선택 해제하고 설정값을 수치로 조절한다.
- **Index Of Refraction (Ior)** : 물체의 굴절률을 설정하며 값이 높을수록 굴절률을 강하게 표현한다. 굴절률이 '1'이면 굴절이 일어나지 않는 대기 상태이며 보통 물은 '1.3' 유리는 '1.5' 의 굴절률을 갖는다.
- **Specular Highlight** : 반사광의 크기와 모양을 설정한다.
- **Environment** : 맵 버튼을 클릭하여 물체의 표면에 반사, 굴절되어 보여지는 배경 이미지를 지정하며 체크 박스를 선택 해제하면 맵이 적용되지 않는다.
- **Bump** : 우측의 매핑이 적용되면, 레이트레이싱 계산에 Bump맵의 돌출을 계산한다.

Extended Parameters

레이트레이스 재질의 추가적인 색상들을 설정한다.

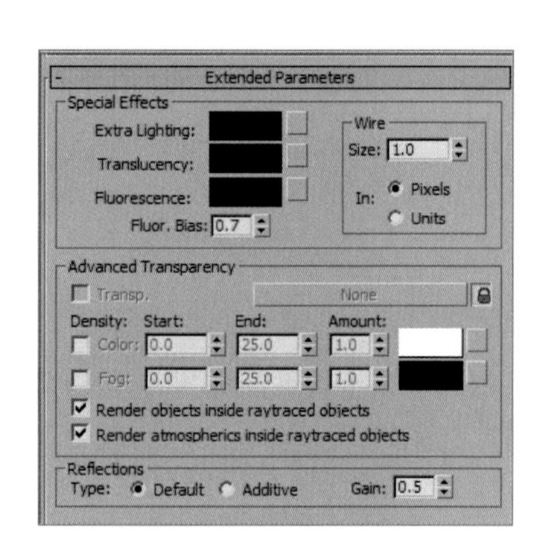

- **Extra Lighting** : 물체의 표면에 비춰질 가상의 Light 색상을 만들며 물체 표면에 약한 조명이 전체적으로 번진 것과 같은 효과를 준다.
- **Translucency** : 물체의 투명도를 조절한다.
- **Fluorescence** : 물체 전체에 표현되는 색으로 형광성을 조절한다. Fluor, Bias 설정값이 '0.5'이면 Diffuse 색상과 같은 범위에서 보여지지만, 이 수치가 높아질수록 물체의 전체에 걸쳐서 색상을 표현한다.
- **Transp** : 굴절에 의해서 비치는 배경을 따로 설정한다.
- **Color** : 투명한 물체의 내부 색상을 지정한다.
- **Fog** : 물체의 내부에서 안개 색상의 빛이 드는 표현을 한다.
- **Render Objects Inside Raytraced Objects** : 투명한 Raytrace 재질이 적용된 물체 내부에 또 다른 물체가 들어 있는 경우 내부 물체를 보여주도록 설정한다.
- **Render Atmospherics Inside Raytraced Objects** : 투명한 Raytrace재질이 적용된 물체 내부의 안개(Fog), 화염(Fire) 등의 대기 효과(Atmosphere Effect)가 보이도록 설정한다.

• **Reflection Type** : 반사되어 비치는 이미지를 그대로 표현하거나(Default), 더욱 밝게 표현한다(Additive). Gain 수치를 조절하여 반사되어 비치는 이미지의 밝기를 나타낸다.

Raytracer Controls

레이트레이스에 대한 품질을 설정한다.

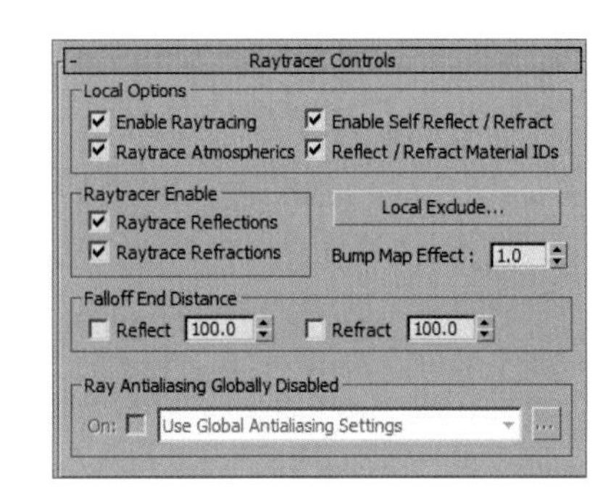

• **Local Option** : 현재의 Raytrace 재질에만 적용되는 옵션을 설정한다.
 - Enable Raytracing : 레이트레이싱을 사용하도록 설정한다.
 - Raytrace Atmospheric : 대기 효과를 레이트레이싱에 적용한다.
 - Enable Self Reflect/Refract : 자기 자신에 겹쳐서 반사되거나 굴절되어 보이도록 설정한다.
 - Reflect/Refract Material IDs : 글로(Glow) 등의 특수 효과를 반사시켜 주도록 설정한다.

• **Raytracer Enable** : 레이트레이스 재질의 반사와 굴절 사용 유무를 결정한다. 기본적으로 두 개가 다 체크되어 있다.

• **Local Exclude** : Raytracer 재질의 영향을 받지 않을 물체를 설정한다.

• **Bump Map Effect** : 위쪽의 Bump 설정값에서 적용된 범프(Bump) 맵에 의한 반사와 굴절이 어느 정도 일어날 것인지를 설정한다.

• **Falloff End Distance** : 거리에 따라 반사나 굴절의 강약을 설정한다.

• **Raytraced Reflection And Refraction Antialiaser** : 레이트레이스 재질에 반사, 굴절되는 이미지의 안티앨리어싱 기능 사용 여부를 설정한다. [Rendering] ➡ [Raytrace Settings] ➡ [Global Ray Antialiaser] 항목을 체크하여 활성화할 수 있다.

Shell Material : Render To Texture에 사용되는 재질로 장면에 렌더링된 이미지를 맵 사용하는 재질

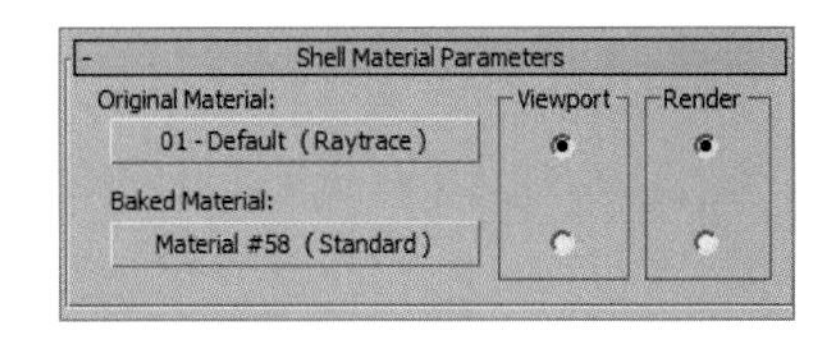

Render To Texture 명령은 3D 게임에서 Light Tracer나, Radiosity와 유사한 조명 효과를 내기 위해 사용한다. 고급 조명 효과가 적용된 물체를 이미지 맵으로 렌더링하여 그대로 물체에 매핑한다. [Render] ➡ [Advanced Lighting] 명령으로 라이트 트레이서 조명 효과가 적용되어 사실적으로 보이는 물체를 선택하고, 화면 상단 메뉴의 [Rendering] ➡ [Render To Texture] 명령을 적용하면 렌더링 결과를 물체의 모양에 맞게 재배열하여 매핑 이미지로 만든다.

● Shellac : 반투명한 막의 효과내기

기본 재질 위에 하나의 재질을 덧씌워 반투명으로 표현하여 얇은 반투명의 막이 물체를 덮고 있는 느낌을 연출한다.

- Base Material : 바탕이 될 재질을 설정한다.
- Shellac Material : 반투명하게 덮어씌울 재질을 선택한다.
- Shellac Color Blend : Shellac Material의 농도를 조절한다. 수치를 높일수록 Shellac 재질이 강하게 표현된다.

● Top/Bottom : 한 물체의 위, 아래에 다른 재질 적용하기

물체의 윗부분과 아랫부분에 각기 다른 재질을 적용할 수 있고 재질(Bottom Material)의 섞이는 정도(Blend)와 높이(Hight)를 조절한다.

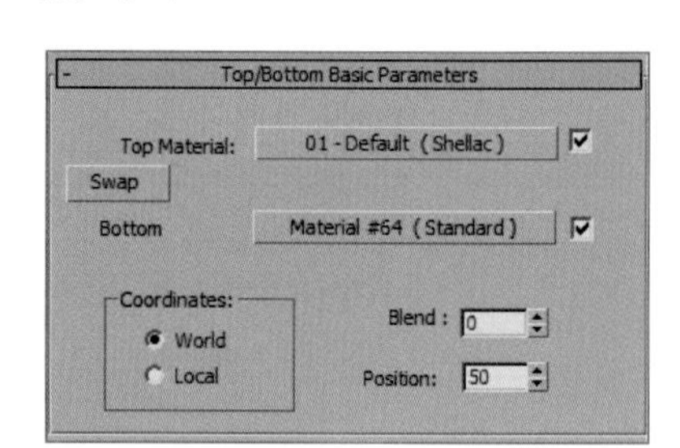

- Coordinates : 물체의 윗면과 아랫면을 결정하는 방식을 설정한다.
  - World : 장면 전체를 기준으로 물체의 위, 아랫면을 결정한 뒤 그 경계선이 항상 수평을 이루도록 한다.
  - Local : 물체의 중심축을 기준으로 하여 위, 아랫면의 모양이 변하지 않도록 한다.

5-6 매핑과 매핑 좌표

● UVW Map : 물체에 매핑 좌표 적용하기

물체의 원하는 위치에 재질을 정확히 입히기 위해 매핑 좌표(Mapping Coordinate)가 필요하다.

물체를 선택한 후 Modify 패널의 [Modify List] ➡ [UVW Map] 항목을 선택하여 매핑 좌표를 적용하고 아래의 항목들을 설정하여 매핑 좌표의 모양과 크기를 설정한다.

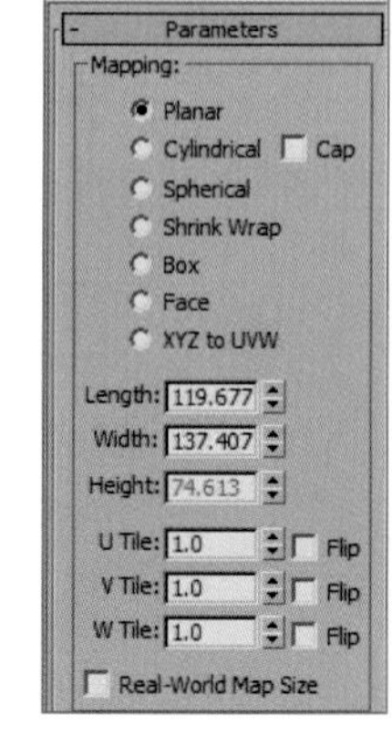

- Parameters : 매핑 좌표의 모양과 크기 조절이 가능하다.
  - Planar : 사각형의 평면 형태로 매핑을 적용한다.
  - Cylindrical : 맵을 원통형 물체에 적용한다.
  - Spherical : 맵을 구형으로 물체에 적용한다.
  - Shrink Wrap : Spherical과 유사하지만, 윗부분을 묶듯 봉투에

씌우듯이 매핑한다.

- Box : 맵을 박스 형태로 적용한다.
- Face : 물체의 모든 면에 매핑 이미지를 적용한다.
- XYZ To UVW : 3D매핑에 적용되는 매핑으로 매핑 좌표가 필요 없고 설정값에 의한 계산으로 물체의 표면을 패턴으로 덮는다. 물체의 변형과 상관없이 3D매핑의 모양을 유지하고 싶은 경우, XYZ to UVW 방식의 매핑 좌표를 물체에 적용한다.

Note Spherical과 Shrink Wrap 매핑 좌표의 차이

Spherical : 맵을 구형 모양으로 매핑하지만 물체의 윗부분과 아랫부분에서 매핑 이미지가 몰리는 현상이 발생하며, 매핑 이미지 좌우의 모서리가 만나는 선이 물체의 옆면에 만들어진다.
Shrink Wrap : 물체를 보자기가 싸듯이 매핑 이미지의 모서리를 한 점으로 모아 매핑 하며 매핑 이미지가 겹치는 부분이 한 점으로 나타나기 때문에 매핑 이미지가 심하게 왜곡되어 나타난다.

- **매핑 좌표의 기즈모(Gizmo)** : UVW Map 명령이 적용되면 노랑색의 기즈모(Gizmo)가 나타나며 이러한 매핑 좌표의 기즈모는 매핑 좌표의 종류에 따라 매핑이 적용되는 모양을 표시한다.

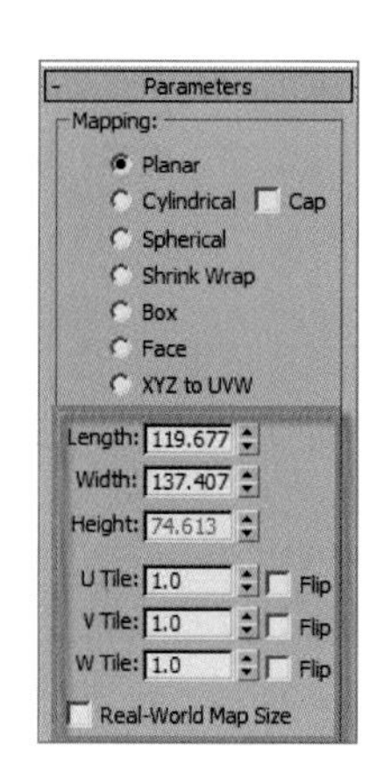

- **Length/Width/Height** : Length/Width/Height 세 개의 수치를 조절하여 기즈모의 크기를 조절할 수 있으며 화면 우측 스택 리스트(Stack List)의 Gizmo 항목을 선택하면 매핑 기즈모가 주황색에서 노란색으로 변하여 편집할 수 있는 상태가 된다.

  화면 상단 툴바에서 Move, Rotate, Scale 명령을 사용하여 그 위치와 각도, 크기를 편집할 수 있다.
- **U/V/W Tile** : U/V/W Tile에서는 매핑 이미지를 X, Y, Z 축으로 반복시켜 나타내어 주며 옆의 Flip 항목을 체크하면 매핑 이미지를 원하는 방향으로 반전한다.
- **Channel** : 그룹의 설정값을 조절하여 매핑 좌표의 채널을 지정할 수 있다.
  - Map Channel : 매핑 좌표의 채널을 설정할 수 있으며 하나의 물체에 두 개 이상의 UVW Map 명령을 적용하고 각각의 Map Channel을 다르게 설정하여, 두 개 이상의 서로 다른 맵을 합성할 수 있다.

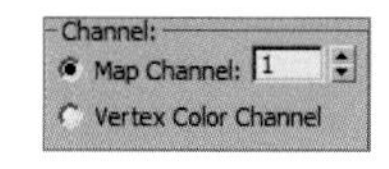

- Alignment : 수치를 조절하여 매핑 좌표 방향을 정렬시킬 수 있다.
  - X/Y/Z : 물체의 중심축에 원하는 축 방향으로 기즈모의 방향을 정렬한다.
  - Fit : 기즈모의 모양이 물체의 크기에 맞도록 정렬한다.
  - Center : 기즈모를 물체의 중심으로 이동시킨다.
  - Bitmap Fit : 원하는 이미지 파일을 가로, 세로 비율에 동일하게 매핑 기즈모의 비율에 맞춘다.

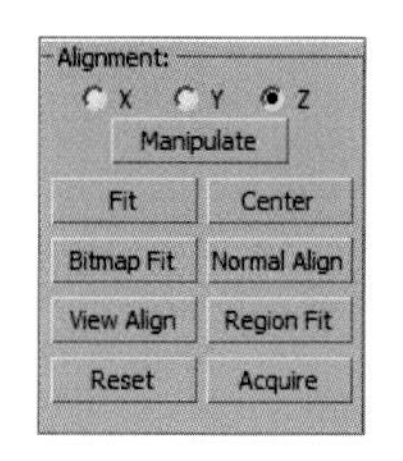

- Normal Align : 기즈모가 물체의 표면에 대하여 평행 이동한다.
- View Align : 기즈모가 현재의 뷰포트에 평행하도록 정렬한다.
- Region Fit : 작업 화면을 드래그하여 그 영역의 모양대로 매핑 좌표의 모양을 정렬한다.
- Reset : 위치와 모양이 변한 기즈모를 원상태로 되돌린다.
- Acquire : 매핑 좌표가 적용된 다른 물체를 클릭하면 그 물체에 적용된 기즈모의 형태와 위치 및 모양을 그대로 복사한다.

Note

◎ 기본적인 매핑 좌표(Mapping Coordinate)가 적용되는 물체들

Extrude, Lathe, Loft 등에 의해 제작된 오브젝트나 기본 입체(Primitives), 넙스(NURBS) 등의 오브젝트들은 물체가 만들어질 때 그 물체의 모양에 맞게 매핑 좌표가 자동으로 만들어지며 기본적으로 적용된 매핑 좌표를 그대도 사용하거나 혹은 별도로 UVW Map 명령을 적용하여 원하는 모양의 매핑 좌표를 적용한다.

◎ 매핑 좌표가 적용되지 않은 물체를 렌더링 할 때

매핑 좌표가 적용되지 않은 오브젝트에 2D 맵을 사용한 재질을 적용한 후, 화면 상단 툴바의 Quick Render 버튼을 클릭하여 렌더링하면 "이것은 장면에 매핑이 적용되었지만 매핑 좌표가 지정되지 않은 물체가 있다"라는 메시지가 나타난다. 이때 해당되는 오브젝트의 이름이 나타나면 렌더링을 취소하고 해당 물체에 매핑 좌표를 적용한다. 만약 이 메시지를 무시하고 렌더링을 하게 되면 그 물체는 매핑이 적용되지 않아 단색이 보인다.

◎ Manipulator를 사용하여 매핑 좌표의 크기 조절하기

매핑 좌표를 편집하는 도중 화면 상단 툴바의 Select and Manipulate 버튼을 클릭하면 매핑 기즈모가 녹색으로 변한다. 이때 변한 매핑 기즈모의 가장자리를 마우스로 드래그하면 매핑 좌표의 크기와 위치를 조절할 수 있다.

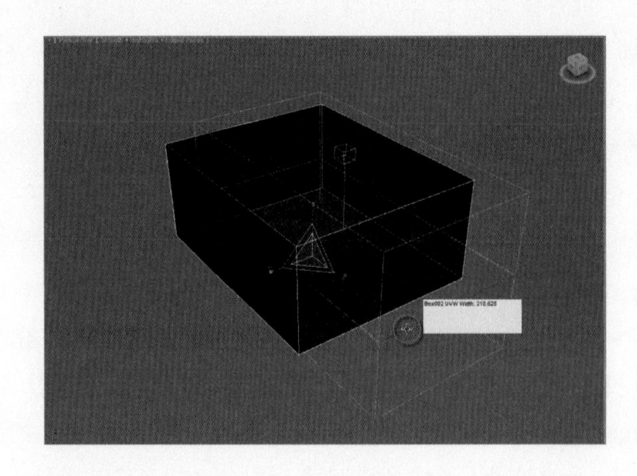

5-7 실습 예제

1 ▶▶ 재질 매핑하기

가장 일반적인 매핑 과정의 설명으로 오브젝트에 매핑을 한 후 [UVW Map] 명령을 적용하여 매핑 좌표를 적용한다.

01 >> [Top View]에서 [Create] ➡ [Geometry] ➡ [Standard Primitives] ➡ [Box] 명령으로 다음과 같이 제작한다. (단위 : mm)

[Length] : 500
[Width] : 500
[Height] : 100

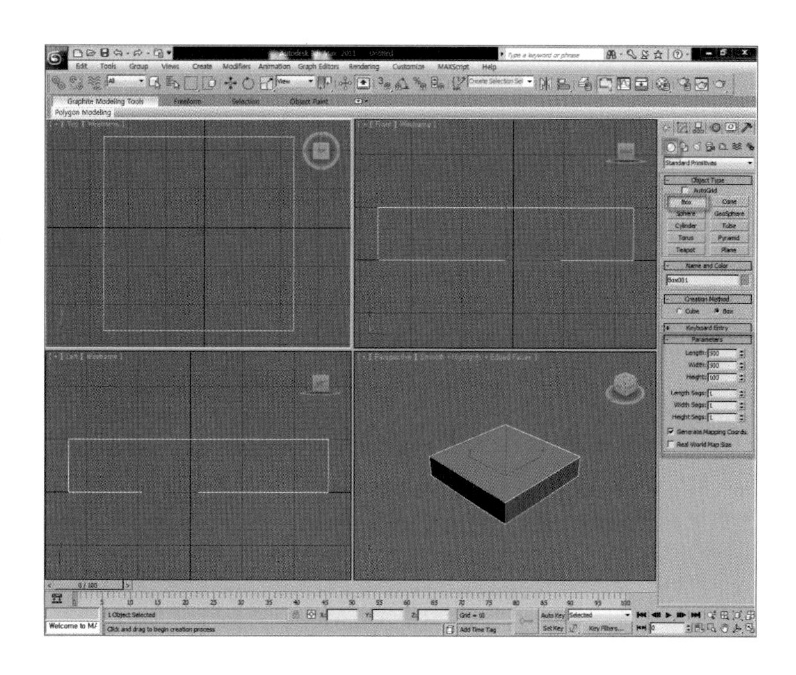

02 >> [Utilities] ➡ [Asset Browser]를 클릭하여 대화상자에서 [3DS Max 2011] ➡ [Maps] ➡ [Brick] ➡ [Brick Multi.Jpg]를 오브젝트로 드래그하면 이미지가 오브젝트에 매핑이 된다.

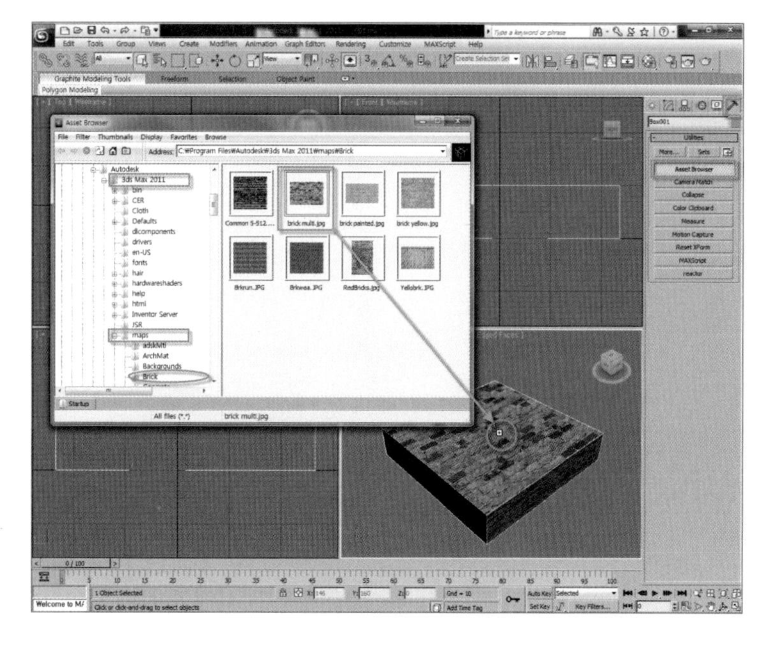

03 >> 키보드 M 을 눌러 [Material Editor] 창이 나타나도록 한다. [Diffuse] 옆에 버튼을 클릭하여 그림과 같이 [Bitmap]을 더블클릭한다.

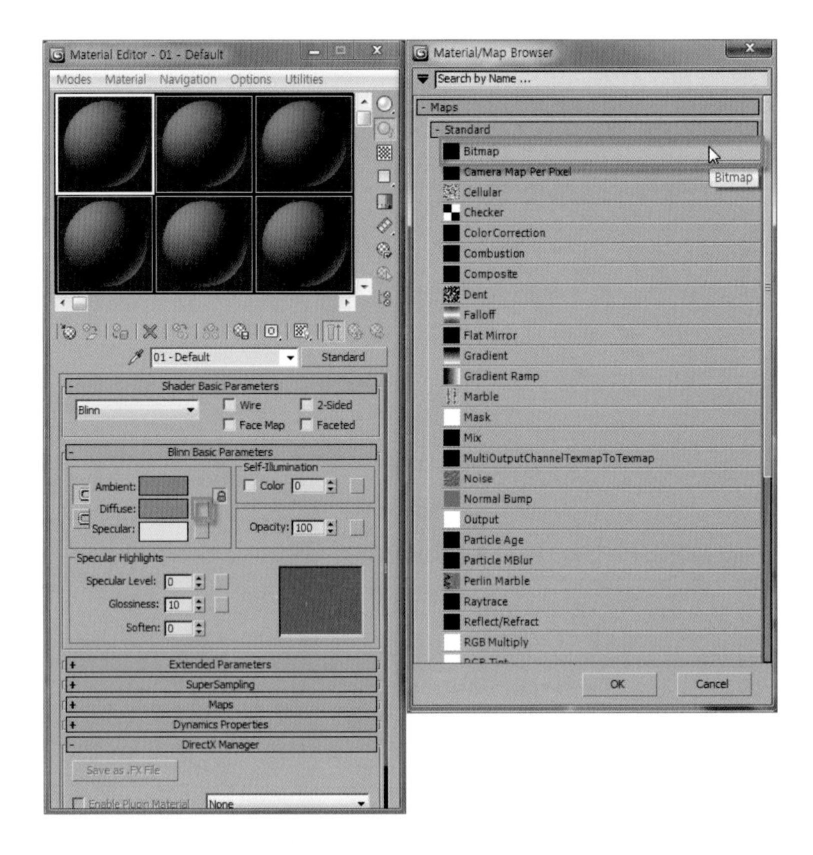

04 >> [Brkrun]을 선택한 후 [열기] 버튼을 클릭한다.

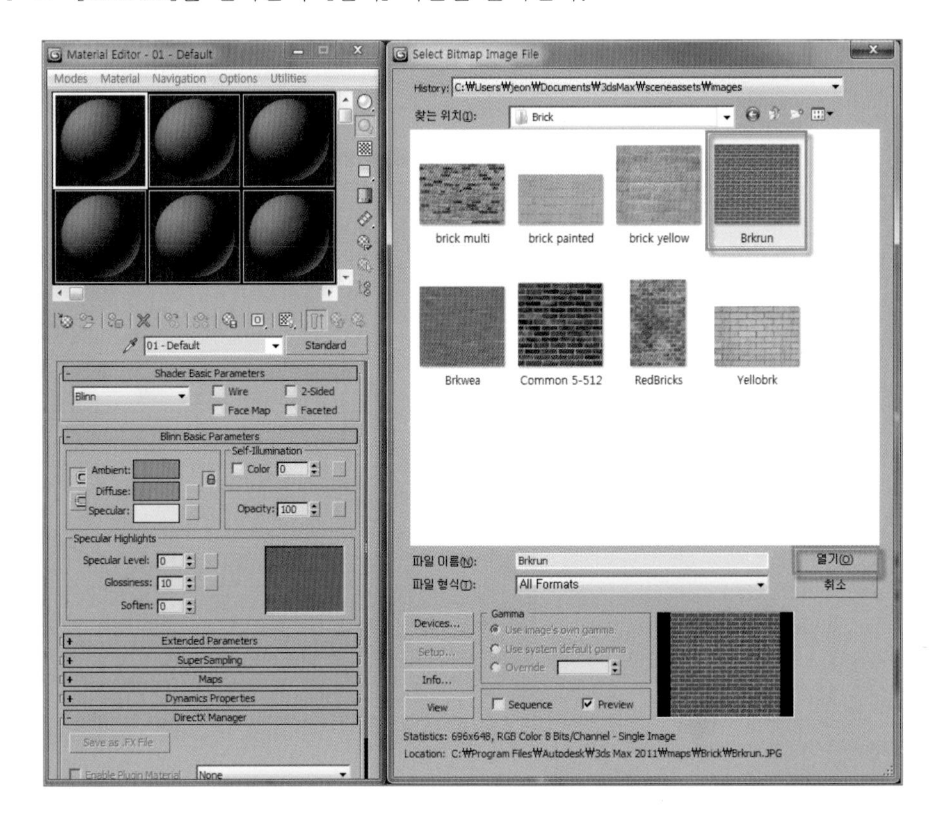

05 >> [Sample] 슬롯에 선택한 [Brkrun] 이미지 맵소스가 불려오게 된다. 오브젝트를 선택한 후 [Assign Material to Selection] 버튼을 클릭하여 오브젝트에 매핑을 하고 [Show Standard Map In Viewport] 버튼으로 미리보기를 한다. 보통 이 방법으로 오브젝트에 매핑을 한다.

06 >> [Select Object] 명령으로 오브젝트를 선택한 후 [Modify] ➡ [UVW Map] 명령을 실행한다. [Mapping] 형식에서 [Box]를 클릭하고 [Height] 값을 '300'으로 입력한다. 오브젝트의 측면 이미지가 펴진 것을 알 수 있다.

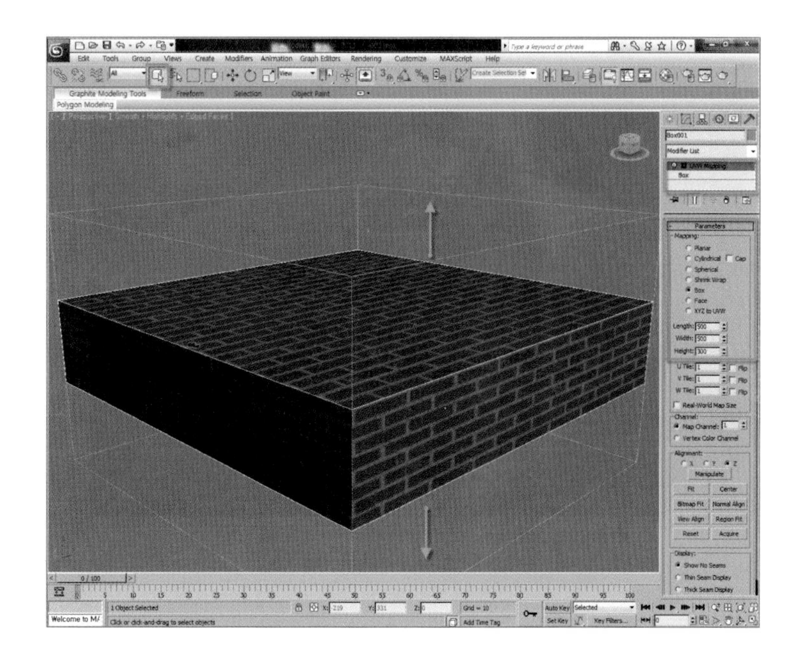

07 >> 우측의 [Gizmo]를 활성화하여 [Select and Move] 버튼으로 [Gizmo]를 움직이면 매핑 이미지가 동시에 움직이는 것을 알 수 있다. 이처럼 [Gizmo]를 이용하여 간단히 이미지를 조절할 수 있다.

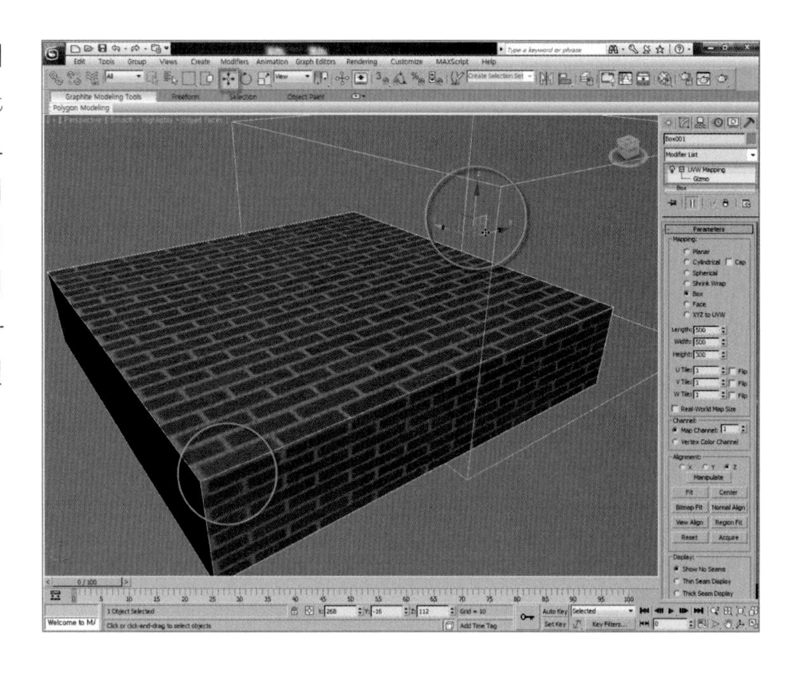

2 ▸▸ 재질 저장하기

매핑 재질의 수가 증가하여 샘플구의 수가 24개 이상이 될 때 [Put to Library] 명령으로 사용된 샘플 슬롯의 재질을 [Temporary Library]에 저장함으로써 기존의 샘플 슬롯 재질을 삭제하고 새로운 재질을 불러 사용 가능하게 한다.

01 >> [Top View]에서 [Teapot] 명령을 이용하여 반지름 '50'인 주전자를 제작한 후 재질 편집기를 실행한다.

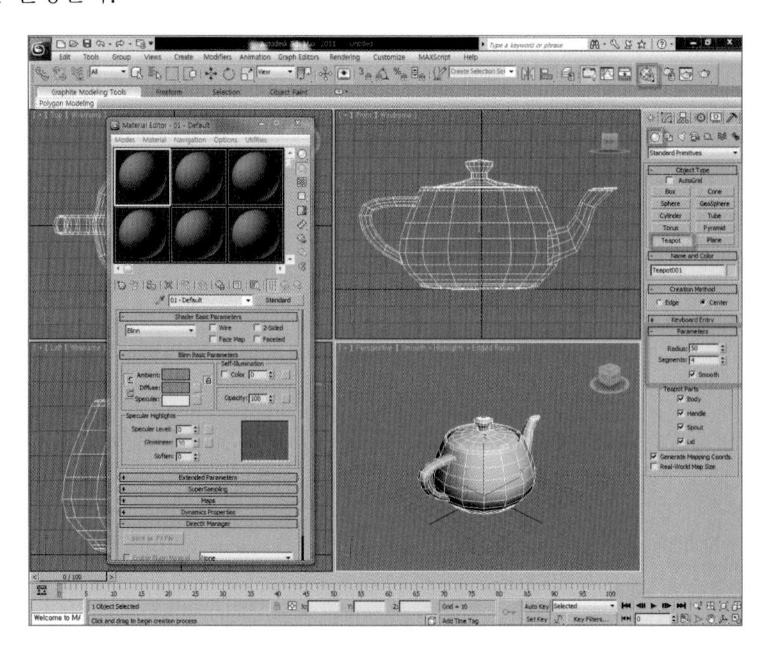

02 >> [Diffuse] 옆의 버튼을 클릭하여 [Material/Map Browser] 대화상자에서 [Maps] ➡ [Bitmap]을 더블클릭하거나 [OK] 버튼을 누른다.

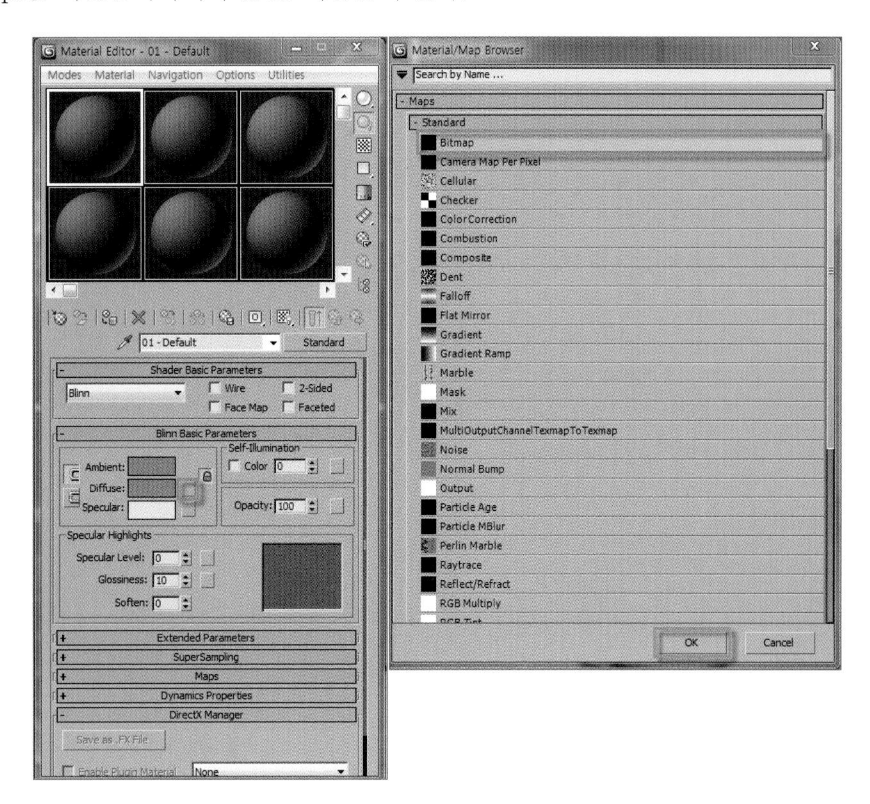

03 >> [Maps] ➡ [Metal] ➡ [Plateox2]를 선택한 후 [열기]를 클릭한다(다른 질감을 선택해도 무방하다).

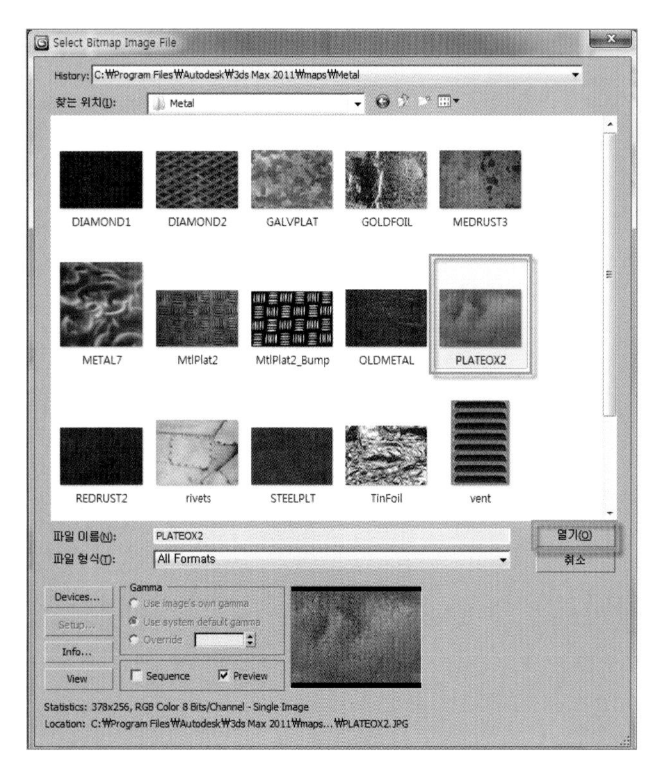

04 >> 샘플 슬롯에 질감이 적용된 것으로 알 수 있다. 스포이트 옆의 질감 이름란에 [tea_01]이라고 입력한 후 [Assign Material to Selection] 버튼을 클릭하여 샘플 슬롯의 질감을 주전자에 입힌다. 미리보기 버튼을 클릭하여 매핑의 유무를 확인한다.

Note

보통 작업을 할 때 매핑 질감의 이름을 지정하지 않는 경우가 있는데 이런 습관은 차후에 매핑 질감의 수가 증가할 경우, 수정작업이 어렵게 되므로 반드시 작업자는 알기 쉬운 이름으로 매핑질감 이름을 입력하도록 한다.

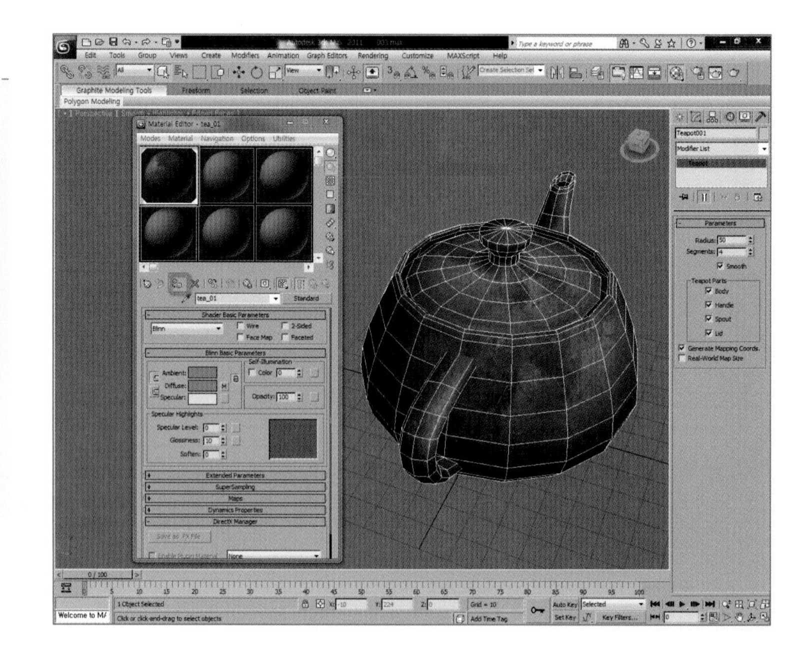

05 >> [Put to Library] 명령 버튼을 클릭한 후 [Name]에 'tea_01' 이라고 입력하고 [OK] 버튼을 누른다.

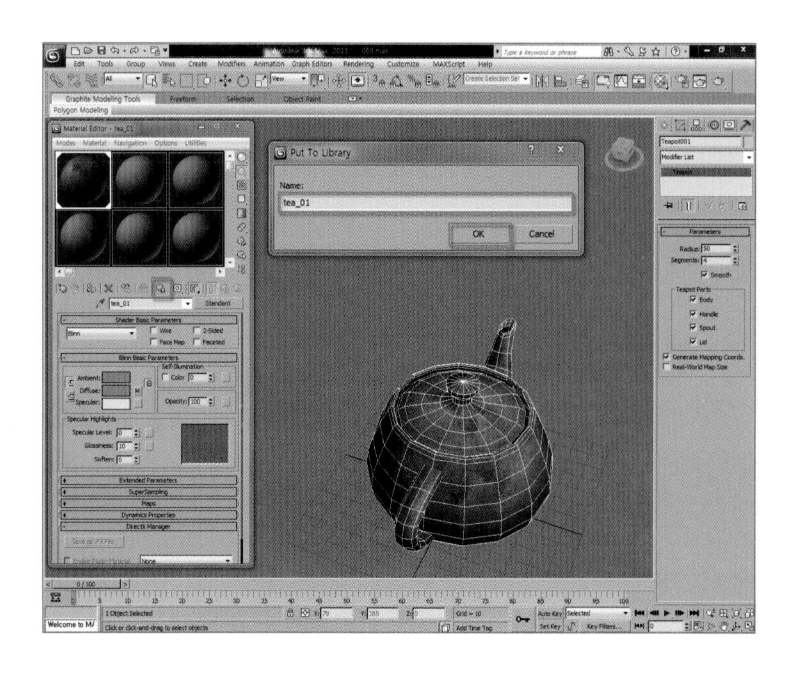

06 >> 재질이 저장되었는지 확인을 위해 [Get Material] 버튼을 누르면 [Temporary Library] 롤아웃에 'tea_01' 재질이 저장된 것을 알 수 있다. 현재 실행 중인 맥스를 종료한 후 [Material Editor]를 실행하여도 [Temporary Library] 롤아웃에 'tea_01' 재질은 저장되어 있다.

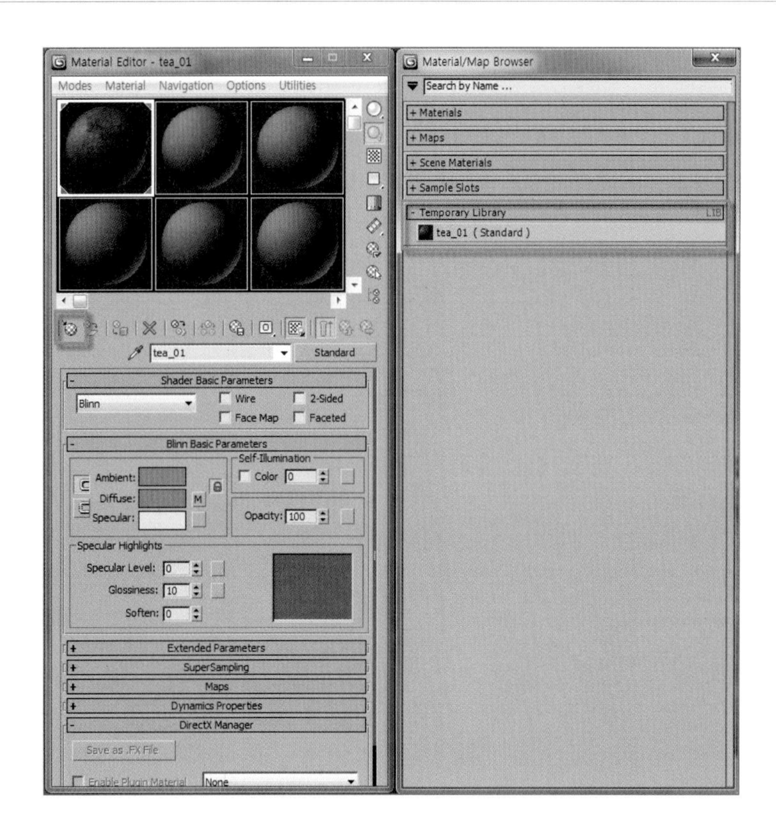

3 Material Effect Channel 활용

Material ID Channel을 사용하여 조명등에 Glow 효과를 주는 기능으로 Channel을 이용한 다양한 표현이 가능하다.

01 >> [Top View]에서 [Sphere] 명령으로 반지름이 '30'인 구를 제작한다.

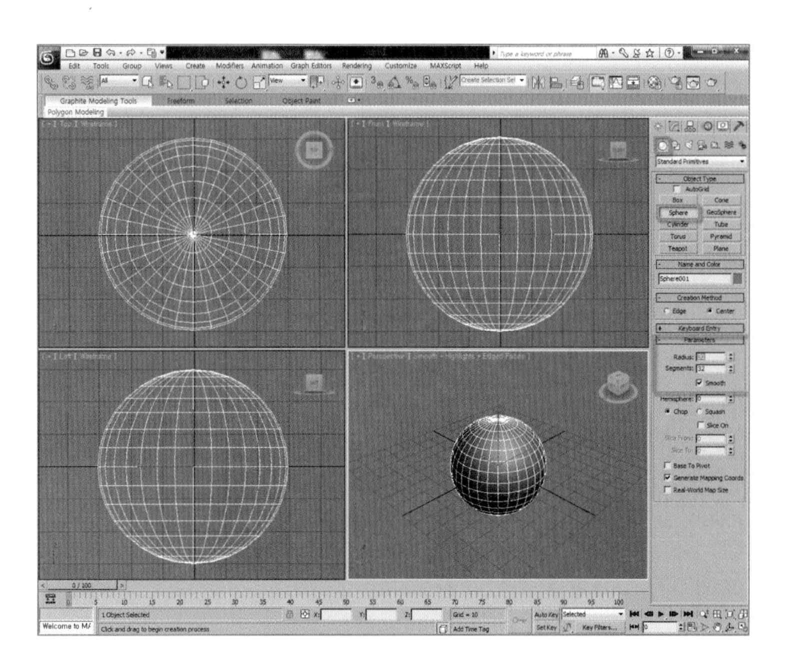

02 >> [Material Editor] 버튼을 클릭한다. [Diffuse] 색상을 임의의 색으로 지정한 후 [Effect Channel]을 0에서 1로 변경한다. 이때 '1'이 아닌 다른 숫자를 선택할 경우 나중에 [Effect] 효과의 [Channel] 숫자와 동일하게 적용해야 하므로 그 숫자를 기억하고 있어야 한다. [Assign Material to Selection] 명령으로 재질을 [Sphere]에 적용한다.

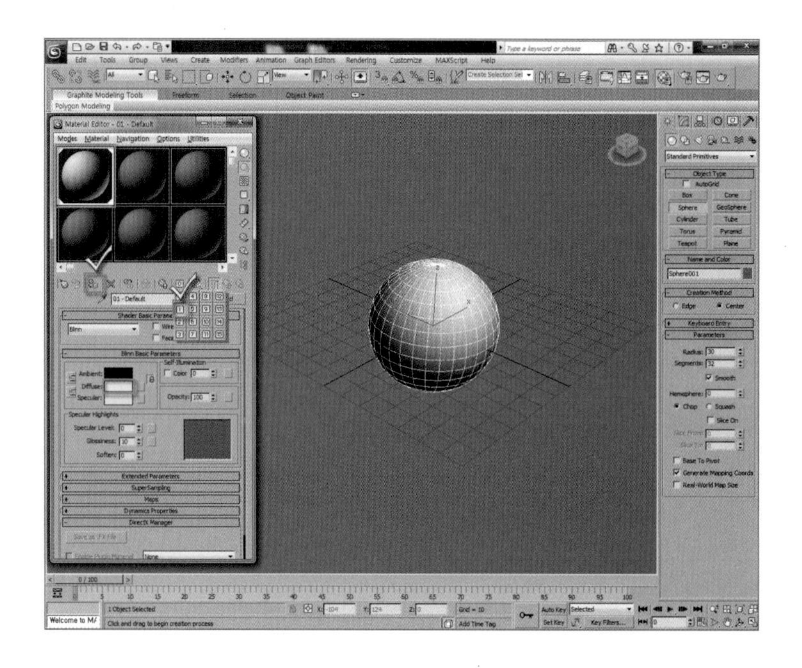

03 >> 메뉴에서 [Rendering] ➡ [Effects]를 클릭한다. [Environment and Effects] 대화상자에서 [Add] 버튼을 클릭하여 [Lens Effects]를 선택한 후 [OK] 버튼을 누른다.

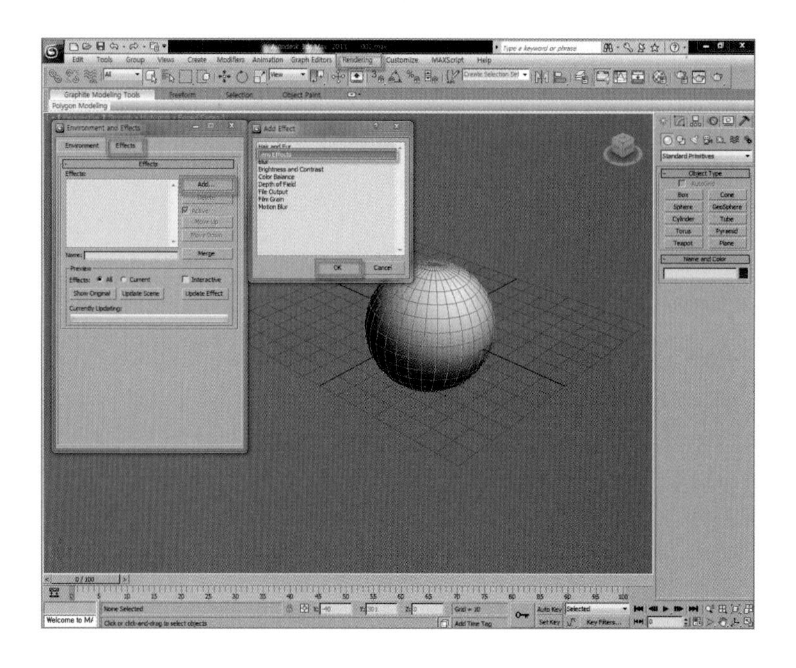

04 >> [Lens Effects Parameters]에서 확산하는 효과인 [Glow]를 더블클릭하거나 우측 화살표를 클릭하여 우측 빈칸으로 [Glow]를 추가시킨다.

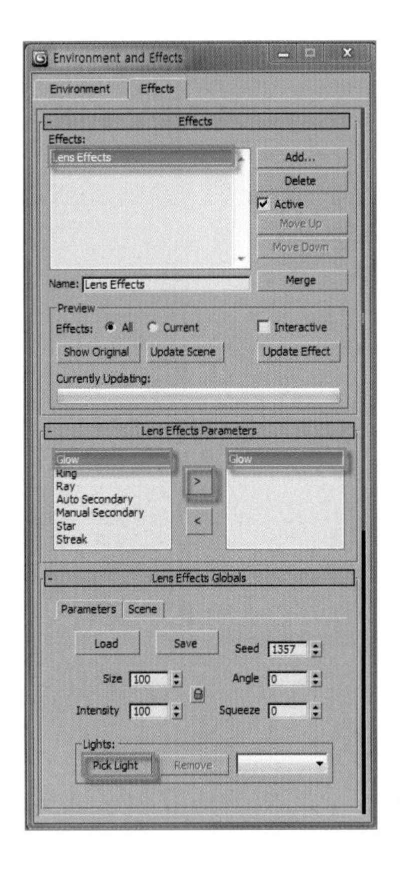

Note

만약 설치된 조명에 [Glow] 효과를 적용하고자 할 때는 [Lights]란의 [Pick Light]를 클릭한 후 설치된 조명을 선택하면 그 조명에 [Glow] 효과가 적용된다.

05 >> [Glow Element] ➡ [Options]에서 [Image Sources]란에 [Material ID]의 수치가 '1' 로 입력되어 있는 것을 알 수 있다. 이 숫자는 [Material Editor] ➡ [Effect Channel]의 숫자와 동일해야 한다.

F10 을 눌러 렌더링을 하면 구 주위에 [Glow]가 적용되는 것을 알 수 있다.

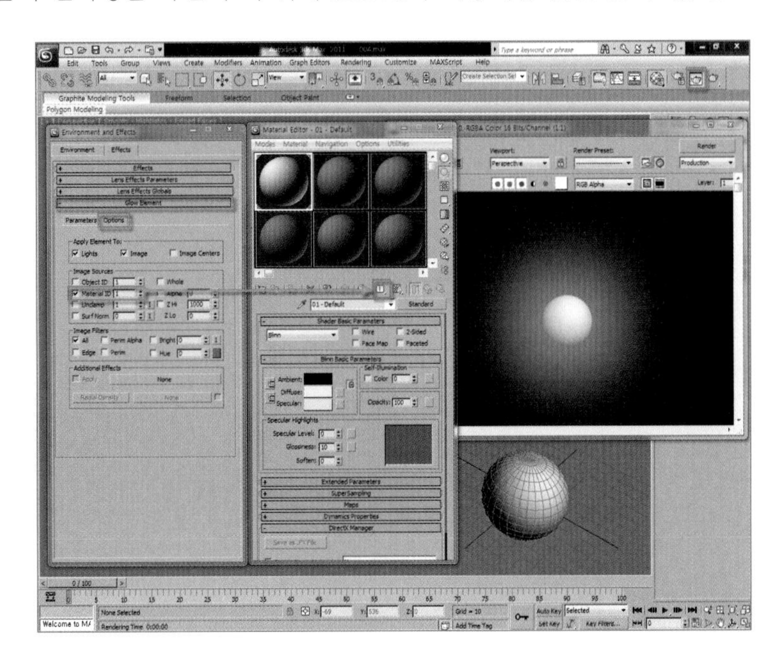

06 >> [Glow Element] ➡ [Parameters]란에서 [Size]는 빛의 세기, [Intensity]는 빛의 확산 정도, [Radial color]는 빛의 색상을 조절한다.

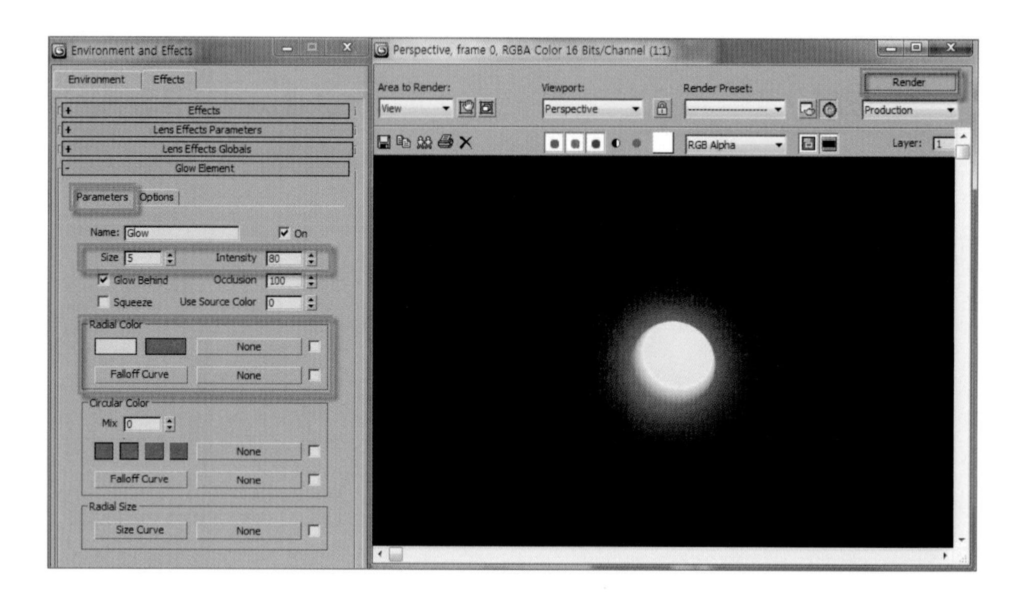

4 ▸▸ 반사와 굴절 효과

2D 배경 이미지에 3D 오브젝트를 설치하여 오브젝트에 이미지 굴절과 반사를 사실적으로 표현한다.

01 >> [Perspective]에서 배경 이미지가 나타나게 설정한다. [Rendering] ➡ [Environment Map (Use Map 체크)] ➡ [Bitmap]을 클릭한다.

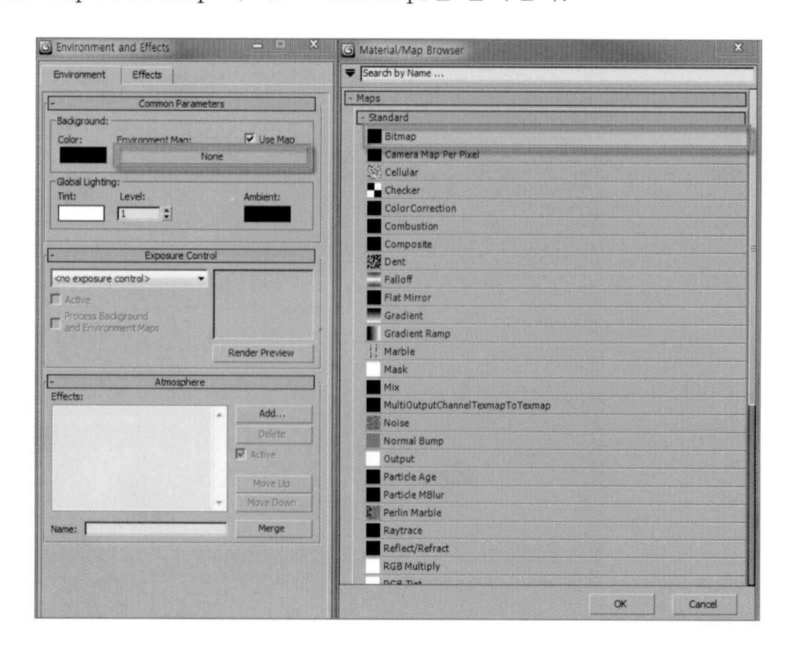

02 >> [Maps] ➡ [Backgrounds]에서 [Koppi]를 열기한다.

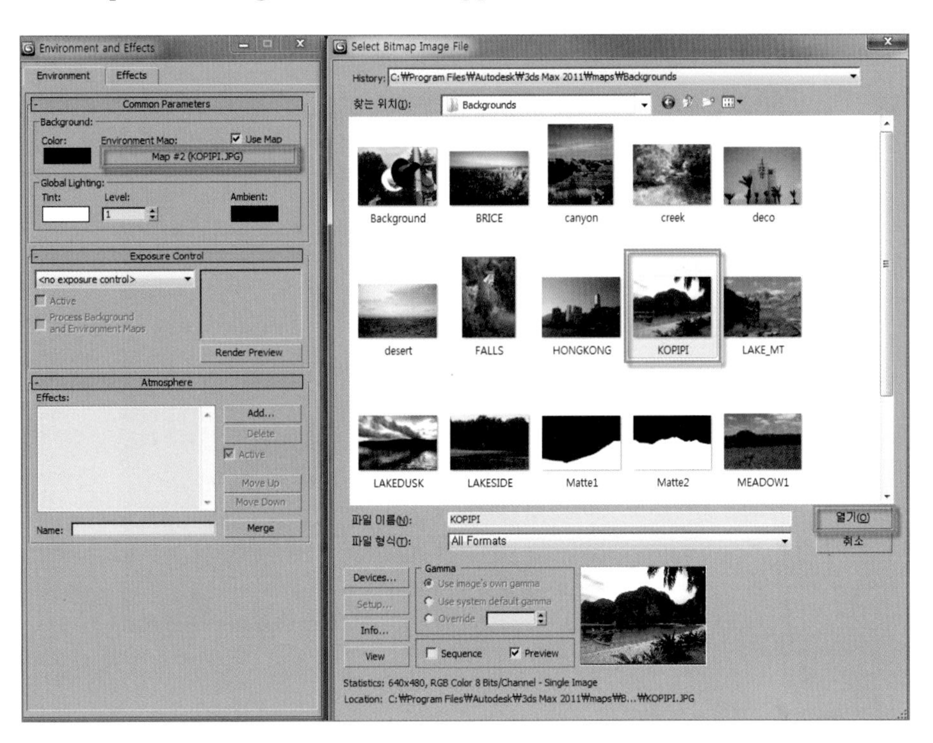

03 >> [Menu] ➡ [Views] ➡ [Viewport Background]를 선택한다.

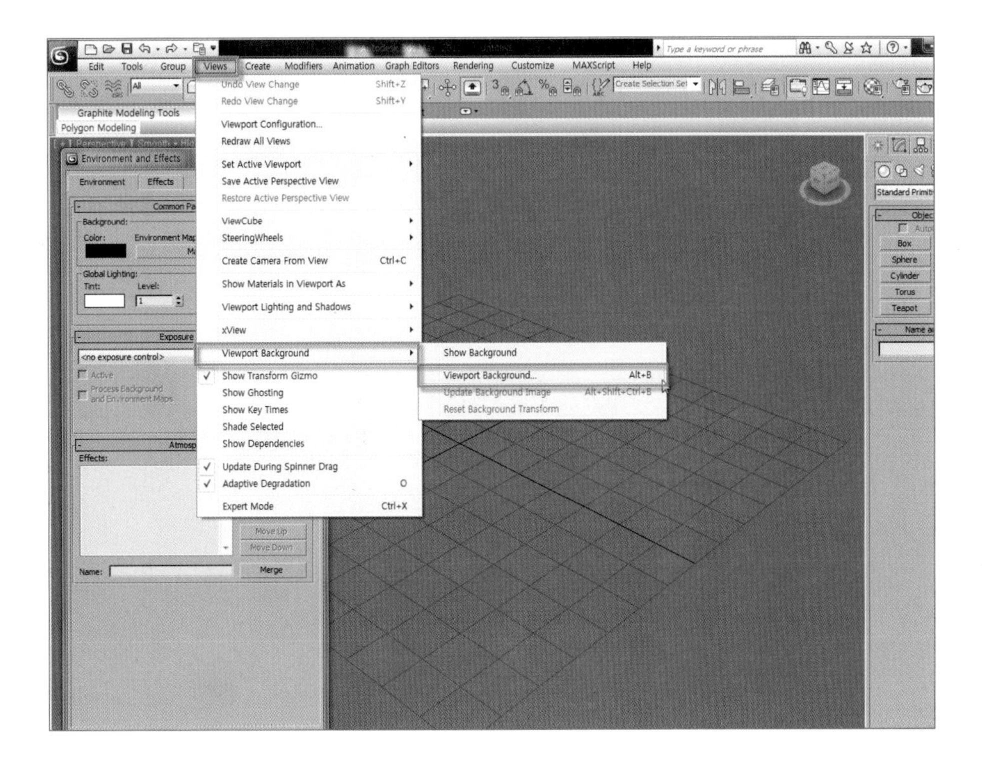

04 >> [Background Source] 대화상자에서 [Use Environment Background]와 [Display Background]를 체크한 후 [OK] 버튼을 누른다.

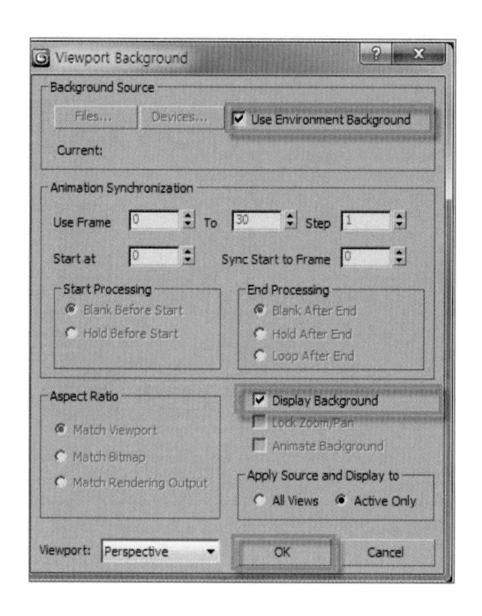

05 >> [Top View]에서 [Teapot]을 이용하여 주전자를 그린 후 [Perspective]에서 [Orbit]를 이용하여 그림과 같이 조절한다.

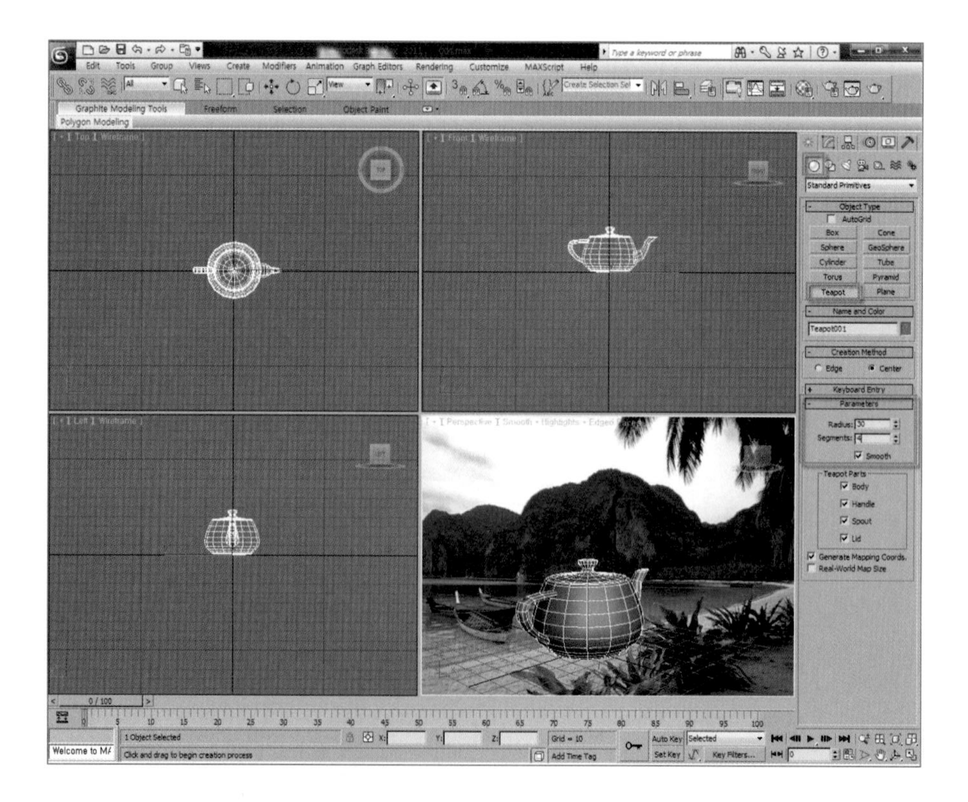

06 >> [Material Editor] 버튼을 클릭한 후 [Self Illumination]에서 [Color]란을 체크하여 객체의 자체발광 색상을 꺼준다(검정색). [Specular Highlights]란의 [Specular Level]를 '200', [Glossiness]를 '60'으로 입력한다.

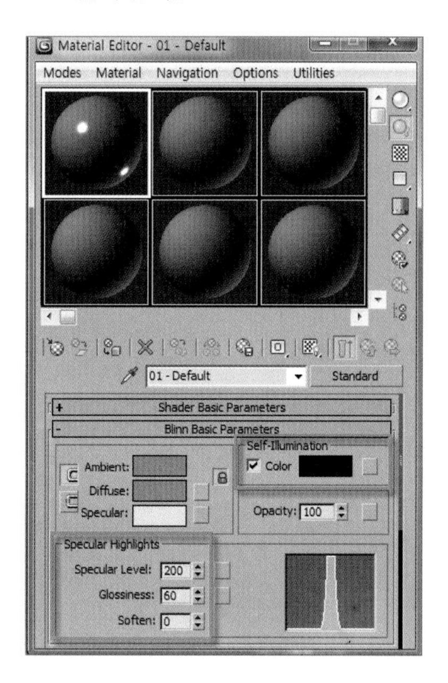

07 >> [Maps] 롤아웃에서 [Refraction](굴절)의 [None] 버튼을 클릭한 후 [Material/Map Browser] 창에서 [Reflect/Refract]를 선택한다.

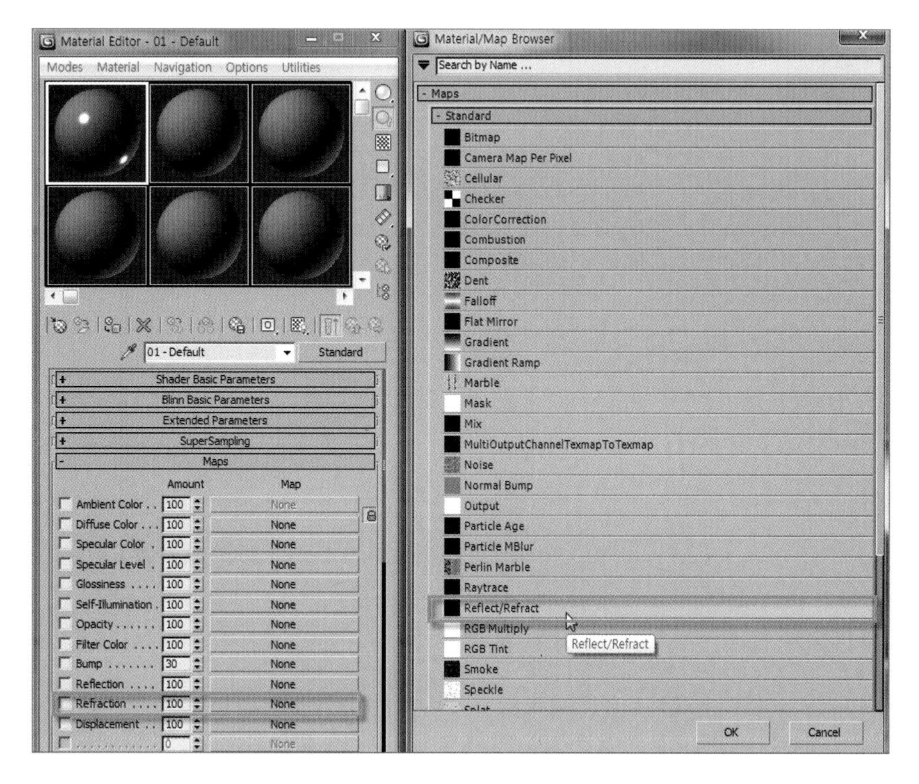

08 >> [Reflect/Refract Parameters] 롤아웃에서 [Size] 수치값을 '200' 으로 입력한 후 [Assign Material to Selection] 버튼을 클릭하여 주전자에 질감을 입힌 후 F10 을 눌러 렌더링을 실행한다.

09 >> 렌더링된 화면은 [Default Scanline Renderer]로 실행한 것으로 [Vray]로 렌더링 할 경우는 매핑은 [Vray Mtl]을 사용하고 렌더링은 [Assign Renderer]에서 [V-Ray Renderer]를 실행한다.

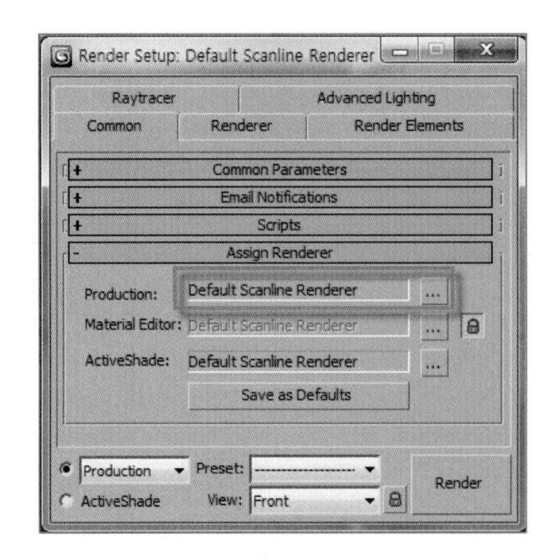

5 금속 질감

금속 질감 표현은 질감 표현 중에서 많이 사용하는 대표 질감으로 Raytrace를 이용하여 반사 및 굴절 정도를 표현한다.

01 >> [Top View]에서 [Box] 명령으로 바닥을 다음과 같이 제작한다. (단위 : mm)

[Length] : 200
[Width] : 200
[Height] : −5

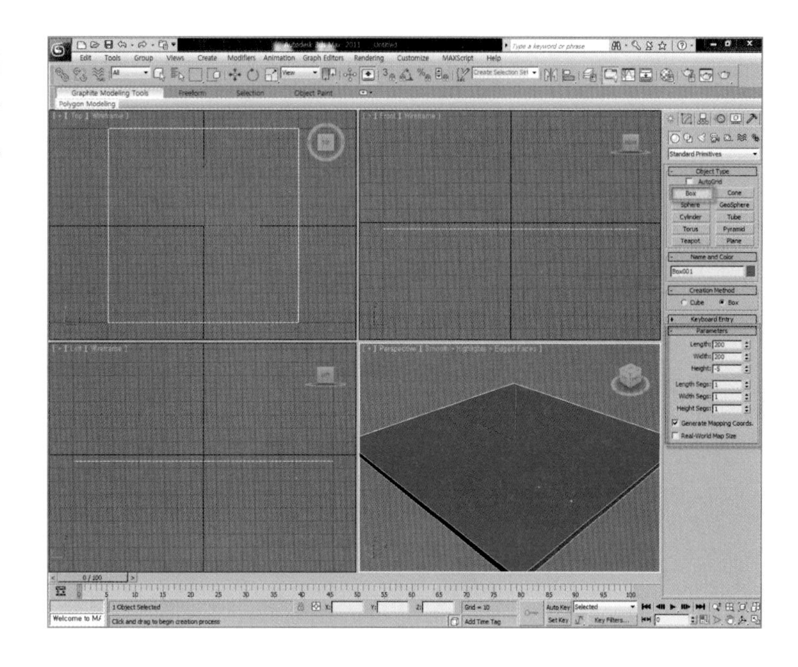

02 >> [Top View]에서 [Teapot] 명령으로 주전자를 다음과 같이 제작한다.

[Radius] : 30
[Segment] : 10

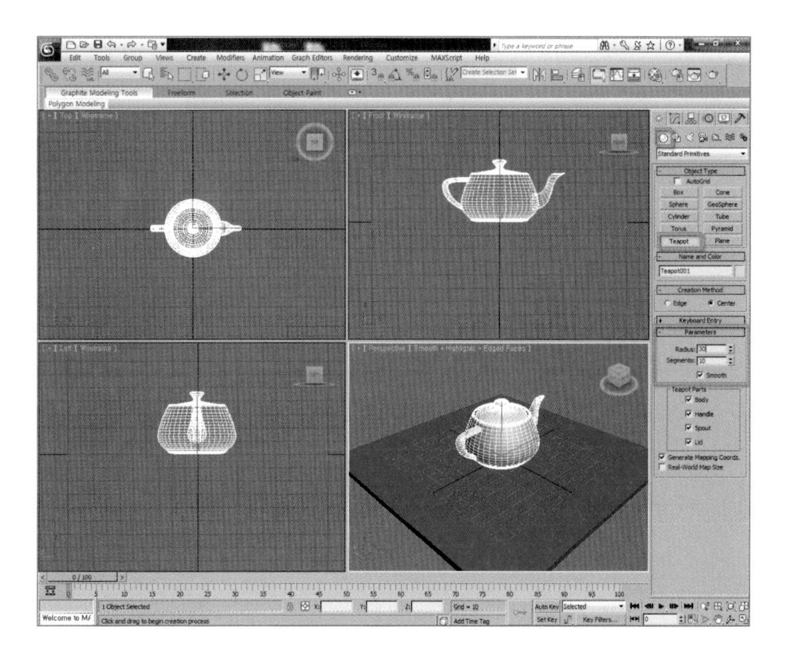

03 >> [Material Editor]를 클릭한 후 [Diffuse] 옆의 사각형을 클릭하여 [Material /Map Browser]에서 [Bitmap]을 선택한다.

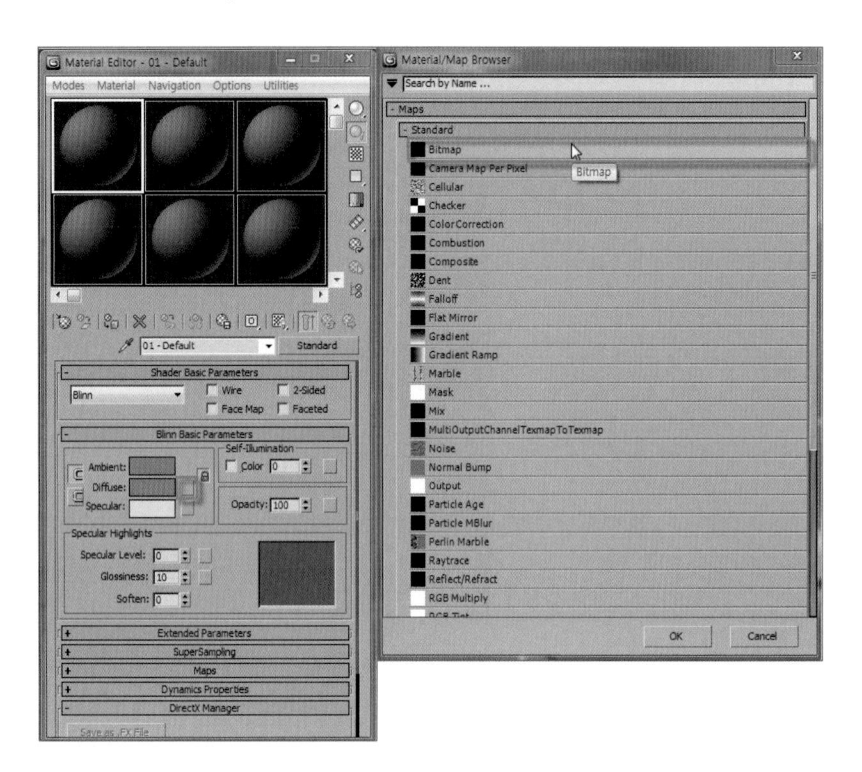

04 >> [Maps] ➡ [Wood] ➡ [Oak1]을 바닥재질로 선택한다. 재질을 선택한 후 재질 이름을 'floor' 라고 저장한다.

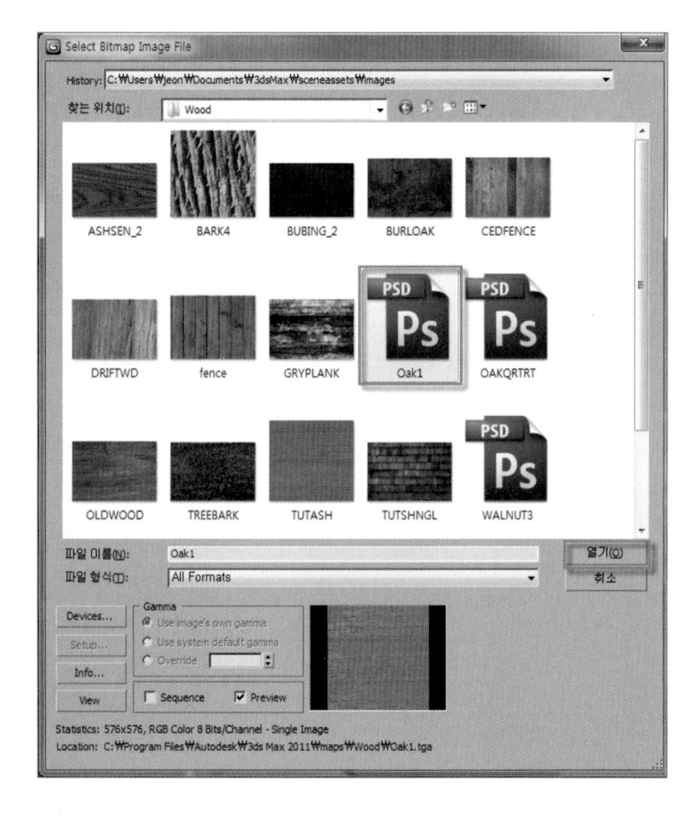

05 >> 주전자가 바닥에 반사되도록 [Maps] 롤아웃에서 [Reflection] 값을 '20'으로 입력하고 [None] 버튼을 클릭한 후 [Material/Map Browser]에서 [Raytrace]를 선택한다.

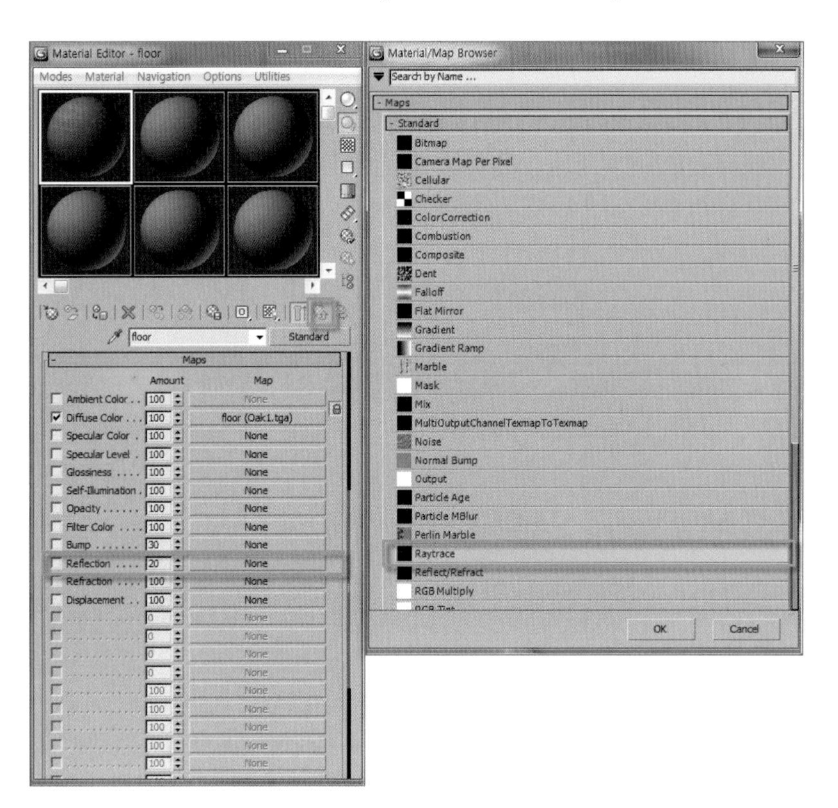

06 >> 주전자에 입힐 금속 질감을 설정하기 위해 다른 샘플 슬롯을 선택한다. [Standard] 버튼을 클릭한 후 [Raytrace]를 선택하고 [OK] 버튼을 누른다.

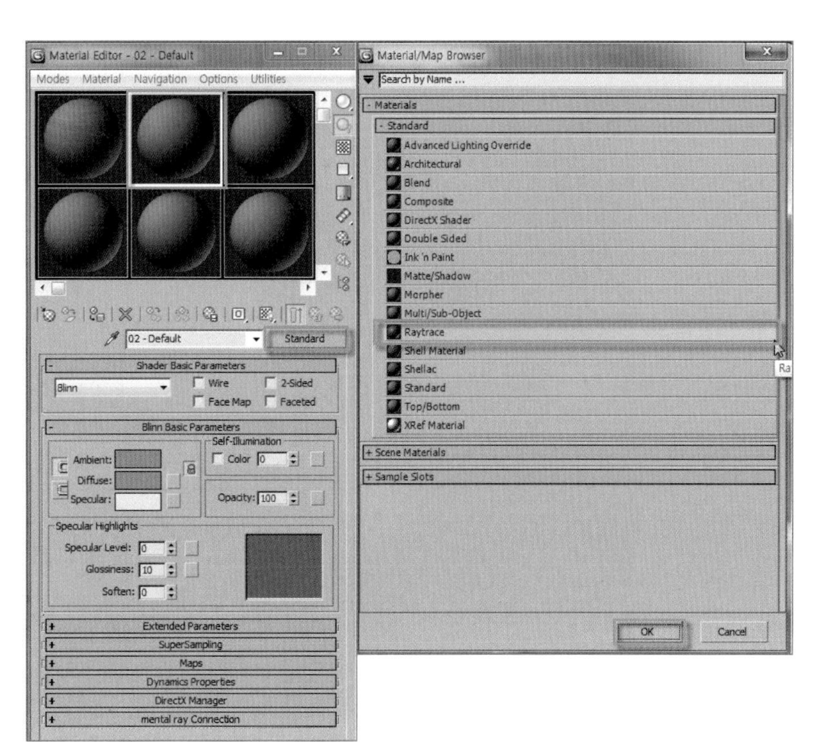

07 >> [Raytrace Basic Parameters]에서 다음과 같이 옵션을 설정한다. [Shading]을 금속 질감인 [Metal]로 변경하고 주색상인 [Diffuse]를 흰색으로 바꾼다. 반사 정도를 나타내는 [Reflect]의 체크를 끄고 수치를 '90'으로 입력한다.

08 >> [Specular Level]을 '150', [Glossiness]를 '60'으로 설정한다. [Specular Highlight] 부분에서는 정확한 수치보다는 그래프를 보고 수치를 설정한다. 마지막으로 주전자에 비친 배경 이미지를 설정하기 위해 [Environment]를 클릭한다.

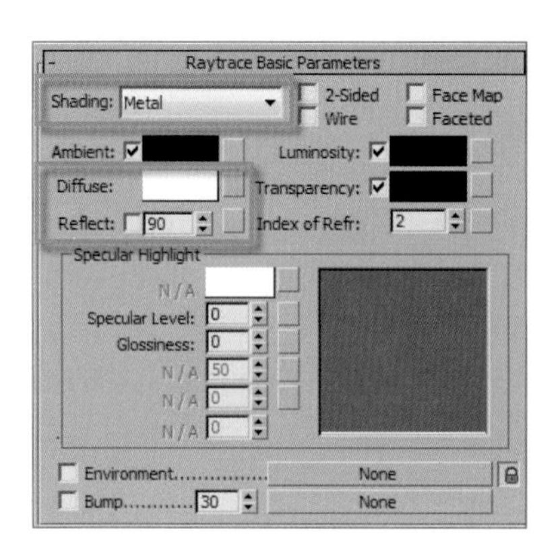

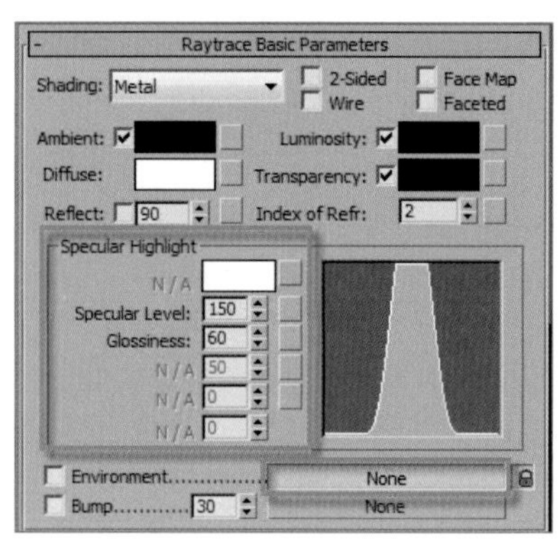

09 >> [Maps] ➡ [Background] ➡ [Microwavebackg.jpg] 이미지를 선택한 후 [OK] 버튼을 누른다. 금속 질감이 들어간 샘플 슬롯에 배경 이미지를 확인한다.

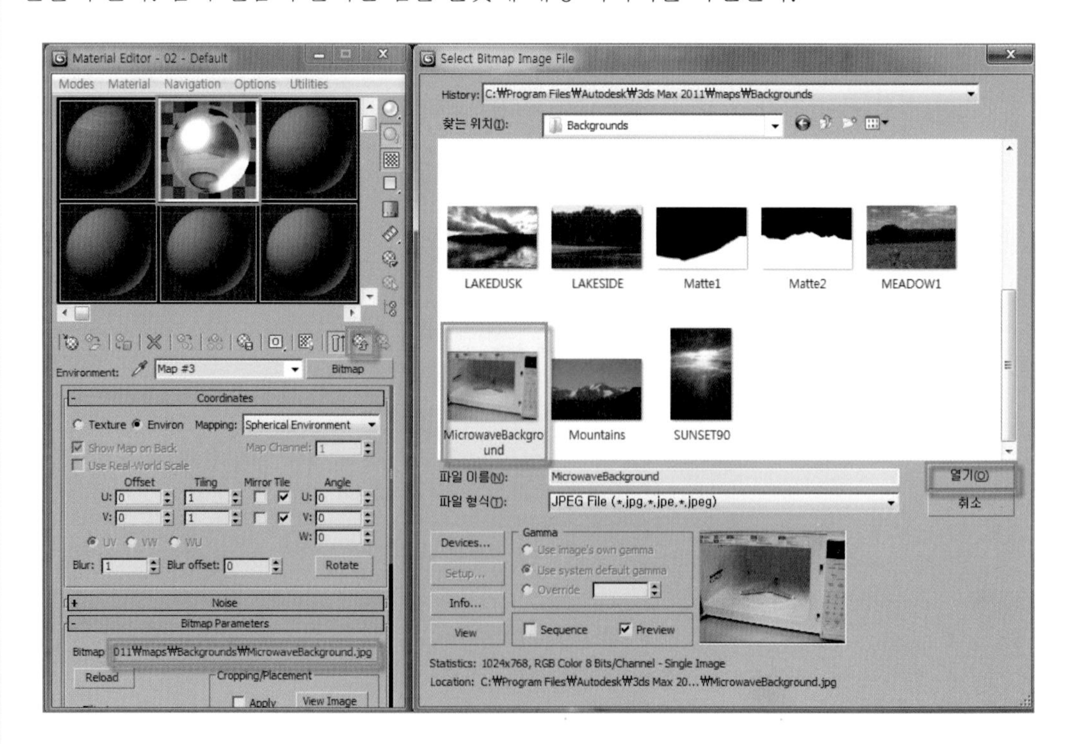

10 >> 바닥 질감과 금속 질감을 각각 바닥과 주전자에 매핑 후 렌더링을 실행한다. 렌더링 대화창에서 [Force 2-Sided]를 체크한 후 [Render] 버튼을 클릭한다.

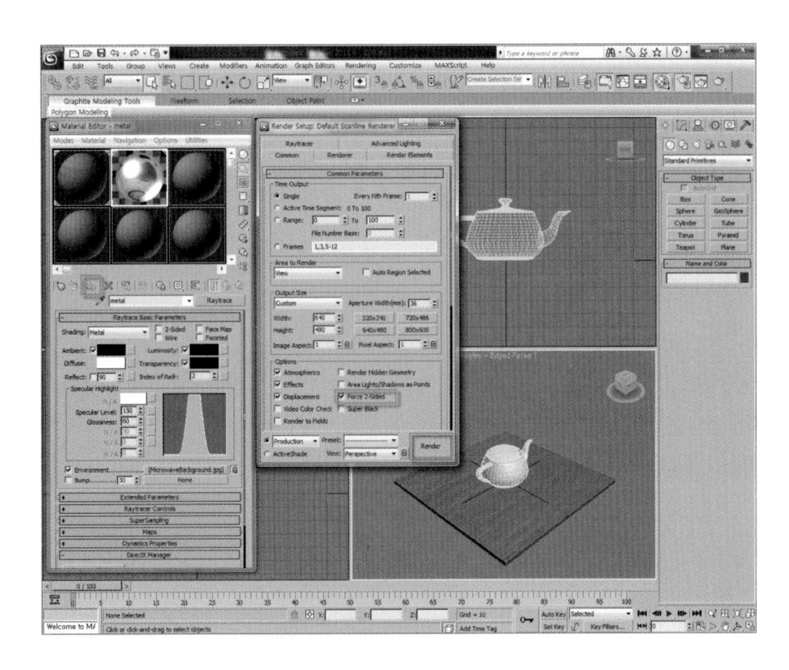

11 >> 최종 렌더링 결과를 보고 반사 정도를 수정하고 별도의 조명은 생략한다.

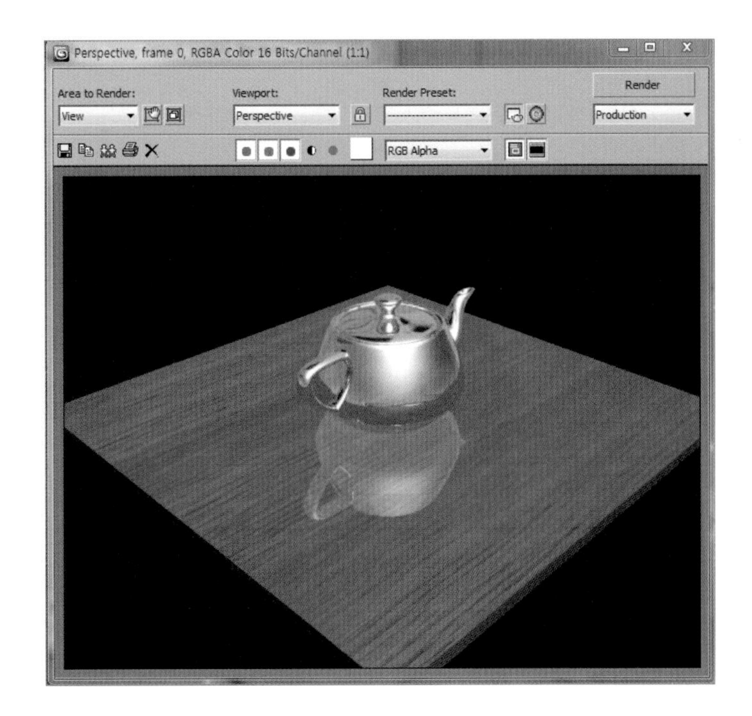

6 ▸▸ 유리 질감

유리 질감은 금속 질감과 사용 방법이 유사하지만 Transparency(불투명도)를 조절하는 것이 다르다. 만약 보이는 오브젝트의 유리 질감 비중이 낮을 경우는 렌더링 속도를 빠르게 하기 위해 Transparency, Specular, Glossiness 만을 조절하여 표현하도록 한다.

01 >> [Top View]에서 [Box] 명령을 이용하여 바닥면을 제작한다.
(단위 : mm)
[Length] : 500
[Width] : 500
[Height] : -5

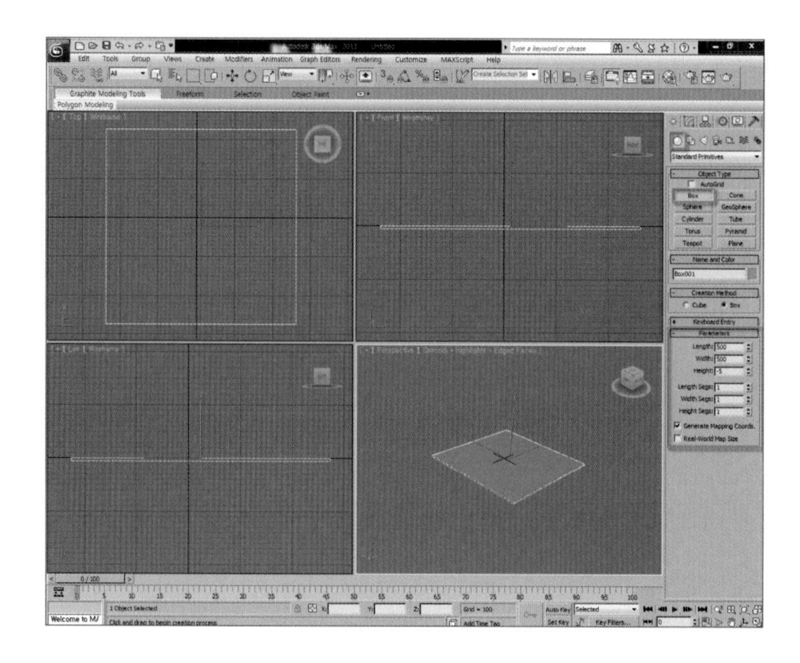

02 >> 유리 재질을 입힐 주전자를 다음과 같이 제작한다.
[Radius] : 50
[Segment] : 10

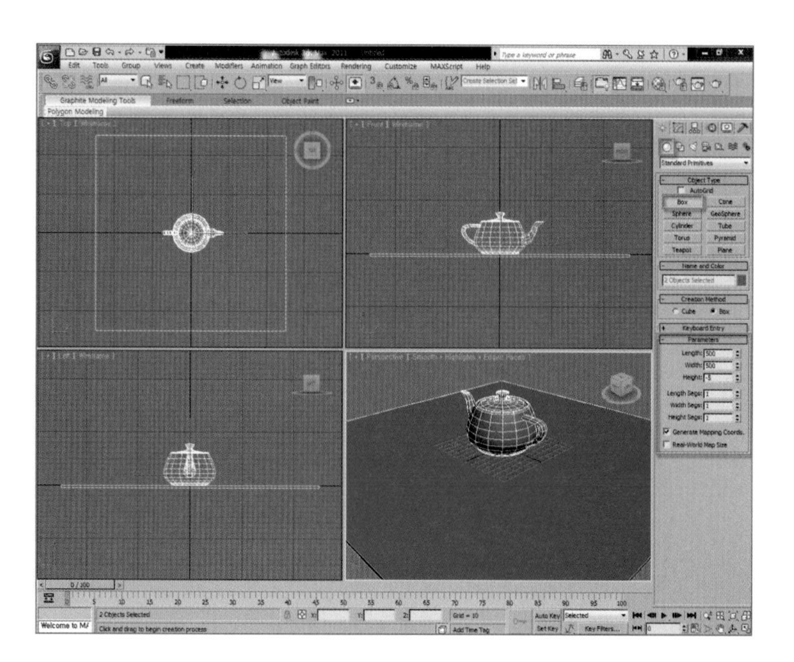

03 >> [Material Editor]를 클릭한 후 [Diffuse] 옆의 사각형을 클릭하여 [Material /Map Browser]에서 [Bitmap]을 선택한다.

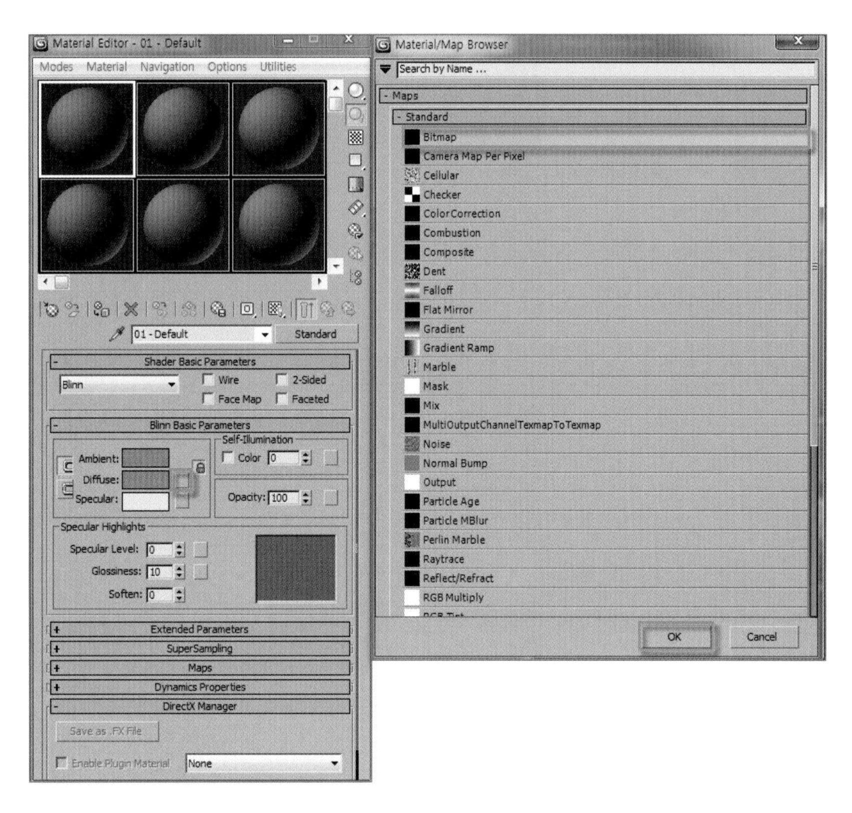

04 >> [Maps] ➡ [Wood] ➡ [Fence]를 바닥 재질로 선택한다. 재질을 선택한 후 재질 이름을 'floor' 라고 저장한다.

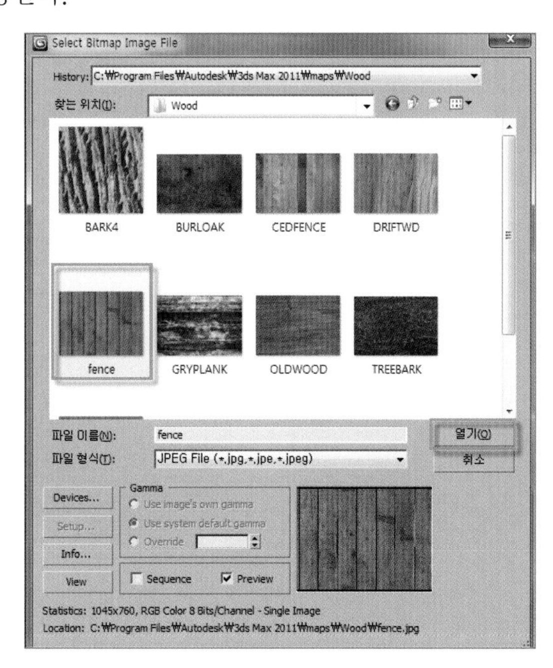

05 >> 주전자가 바닥에 반사되도록 [Maps] 롤아웃에서 [Reflection] 값을 '20'으로 입력하고 [None] 버튼을 클릭한 후 [Material/Map Browser]에서 [Raytrace]를 선택한다.

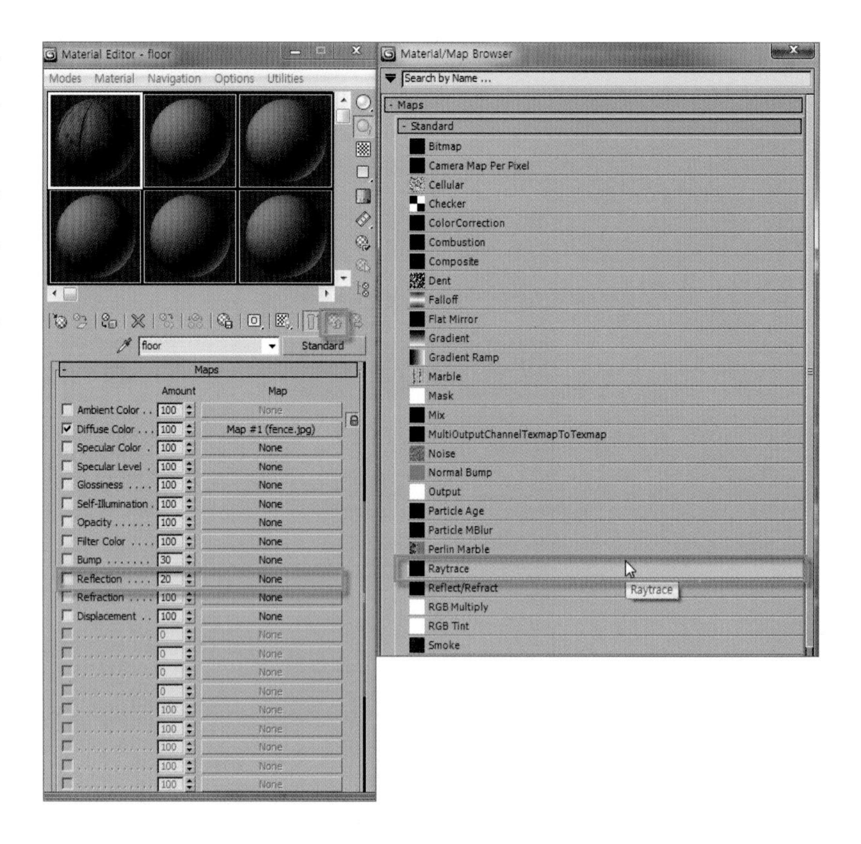

06 >> 주전자에 입힐 유리 질감을 설정하기 위해 다른 샘플 슬롯을 선택한다. [Standard] 버튼을 클릭한 후 [Raytrace]를 선택하고 [OK] 버튼을 누른다.

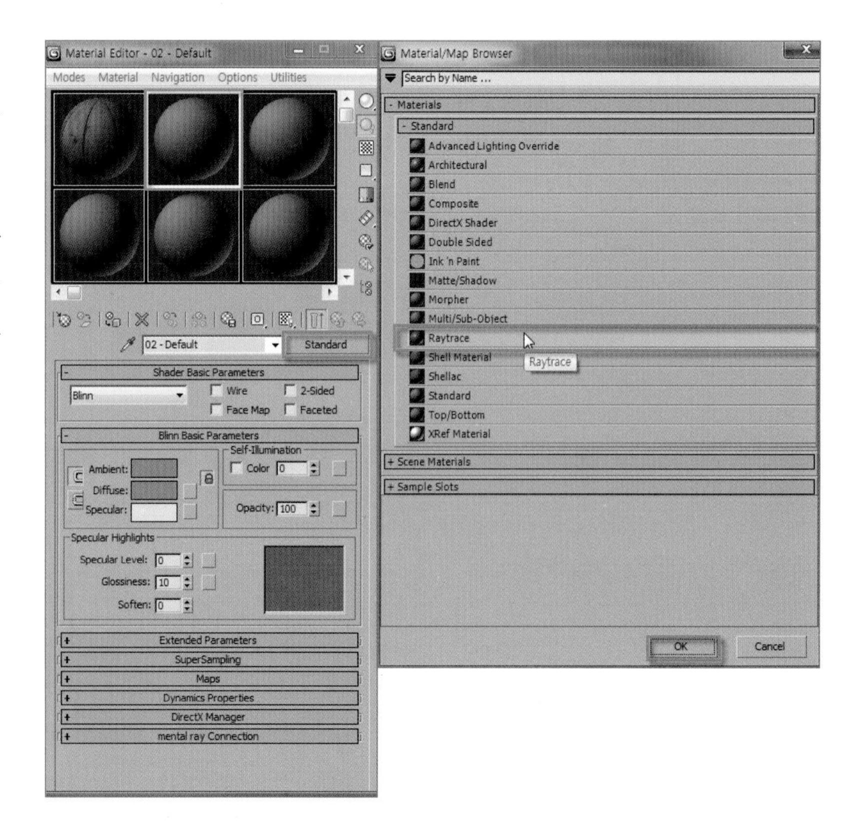

07 >> Diffuse 색상을 흰색으로 변경하고 Reflect(반사)를 10, Transparency(불투명도)를 100, Index Of Ref(굴절률)을 1.7로 조절한다.

[Specular Highlight]에서
[specular Level] : 200
[Glossiness] : 80
으로 설정한다.

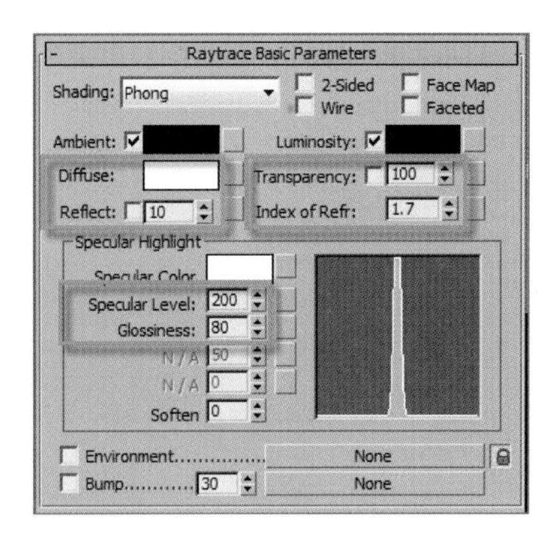

08 >> 바닥 질감과 유리 질감을 [Assign Material to Selection] 버튼을 클릭하여 매핑한다.

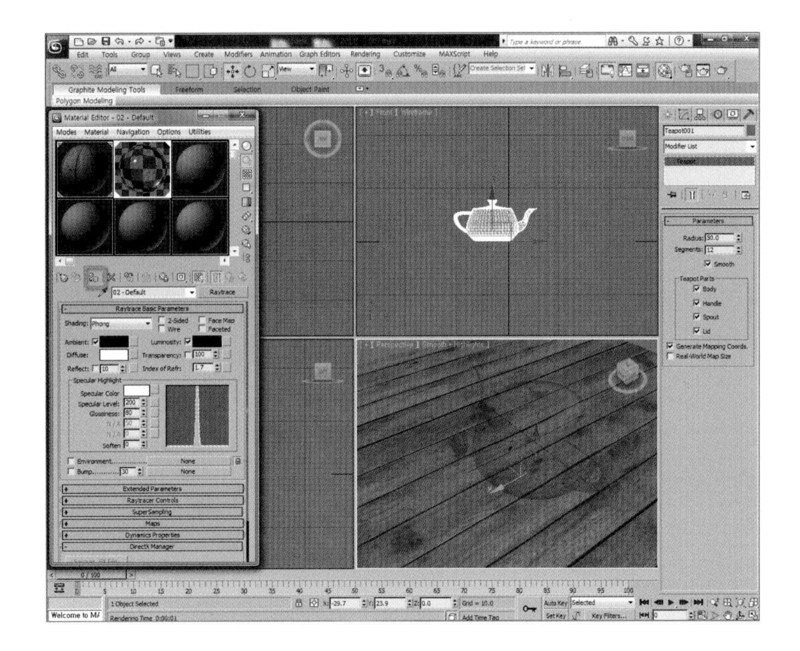

09 >> [Perspective]에서 F10 을 눌러 렌더링을 실행한다.

Note

어두운 부분은 배경이 검정 바탕이라 어둡게 표현된다.

7 ▸▸ 거울 질감

Flat Mirror 명령은 바닥이나 거울 등의 반사 재질 표현에 많이 사용된다.

01 >> [Top View]에서 [Box] 명령을 이용하여 바닥면을 제작하고 [Teapot]으로 주전자를 제작한다. (단위 : mm)

[Length] : 500
[Width] : 500
[Height] : −5
[Radius] : 80
[Segments] : 10

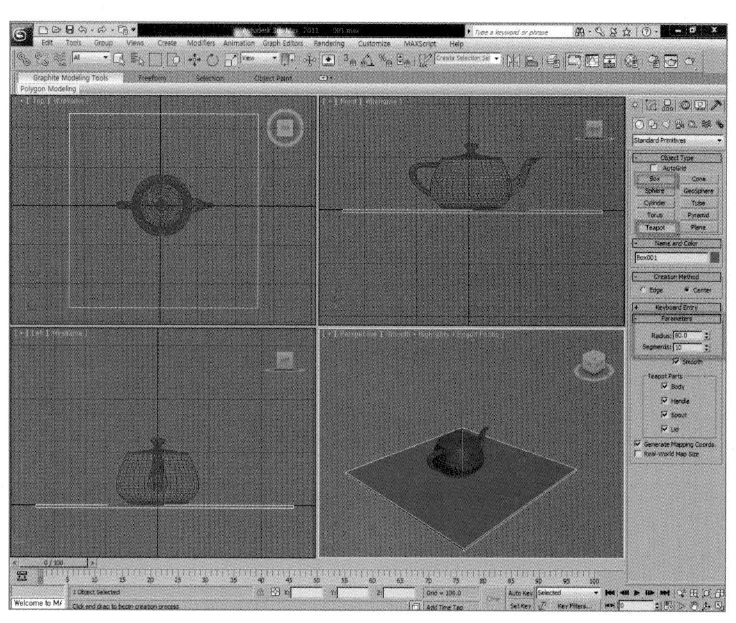

02 >> [Left View]에서 [Plane] 명령으로 거울이 될 오브젝트를 다음과 같이 제작한다.

[Length] : 300
[Width] : 500
[Length Segs] : 1
[Width Segs] : 1

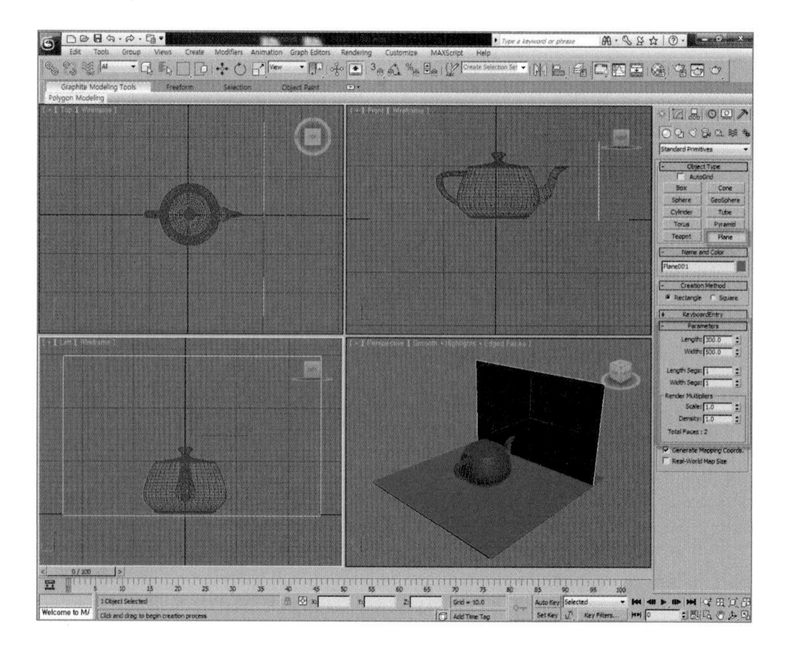

03 >> [Material Editor] 명령을 실행한 후 [Diffuse] 옆의 사각형을 클릭하여 [Material/Map Browser]에서 [Bitmap]을 선택한다. [Maps] ➡ [Wood] ➡ [Oak1]을 선택하여 바닥질감으로 하고 이름을 'floor' 라고 저장한다.

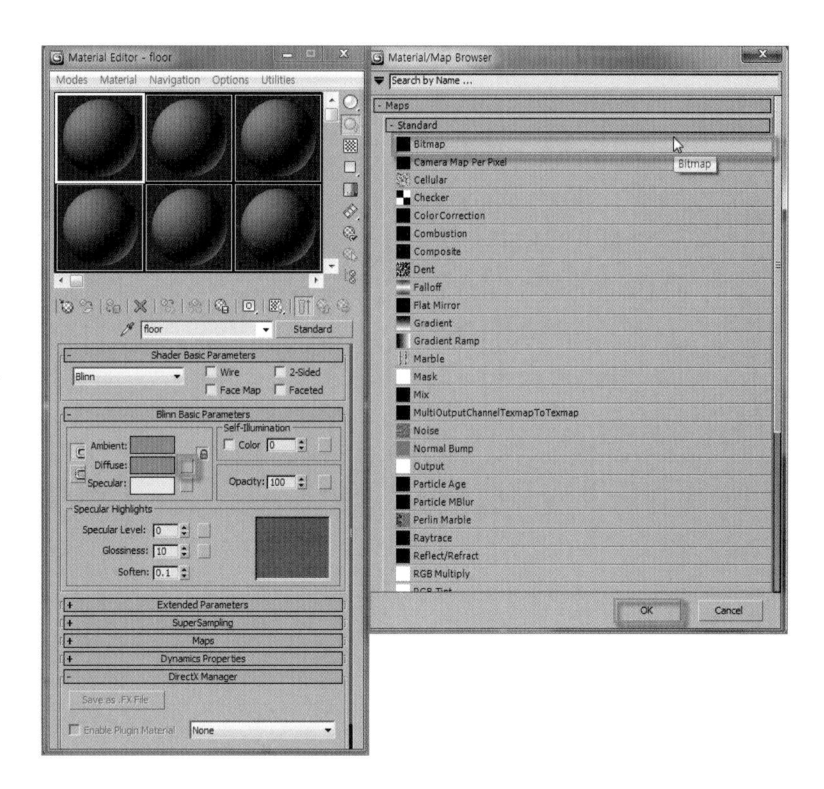

04 >> 금속 질감을 만든 후(금속 질감 제작은 앞 단원 참조) 바닥과 주전자에 각각 매핑을 한다.

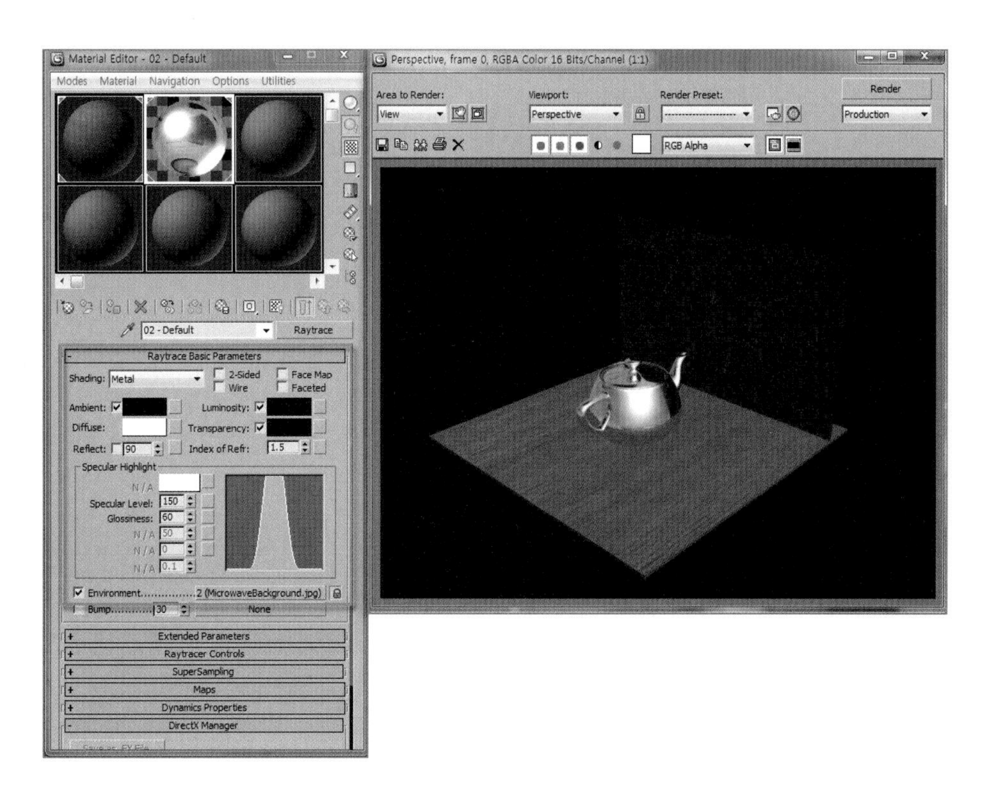

05 >> 거울 질감을 만들기 위해 새로운 샘플 슬롯을 선택한 후 [Blinn Basic Parameters]란에서 [Ambient]와 [Diffuse]의 색상을 모두 검은색으로 색을 지정한다.

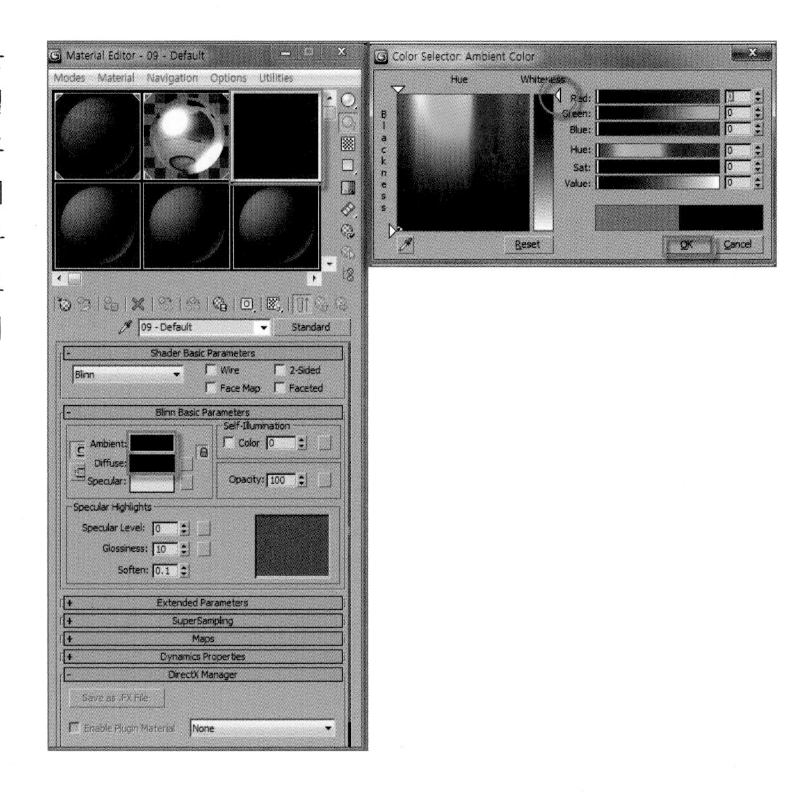

06 >> [Maps] 롤아웃에서 [Reflection]란의 [None] 버튼을 클릭한 후 [Material/Map Browser] 대화상자에서 [Flat Mirror]를 더블클릭한다.

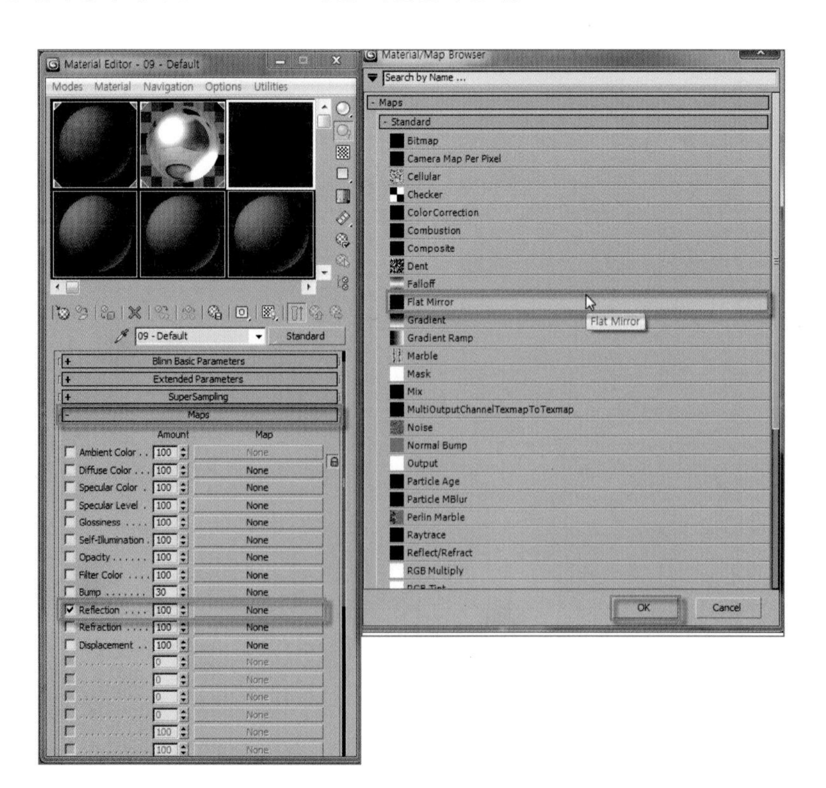

07 >> 거울 질감을 거울 면(Plane) 오브젝트에 매핑한 후 F10 을 눌러 렌더링을 실행한다. [Flat Mirror]는 평편한 바닥의 반사재질로도 많이 사용된다.

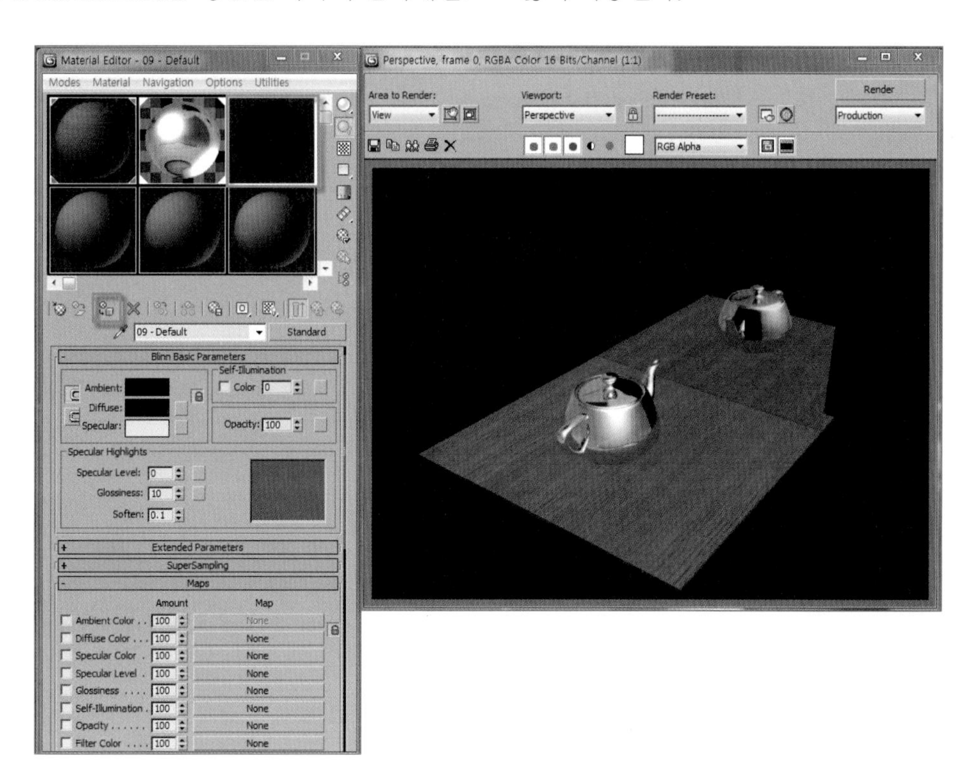

8 복합 재질

마스크는 서로 다른 두 재질을 하나의 오브젝트에 혼합되도록 표현하며 경계의 선명도는 마스크의 명도에 의해 결정된다.

01 >> [Top View]에서 [Box]를 이용하여 벽체를 제작한다. (단위 : mm)

[Length] : 200
[Width] : 3000
[Height] : 2000

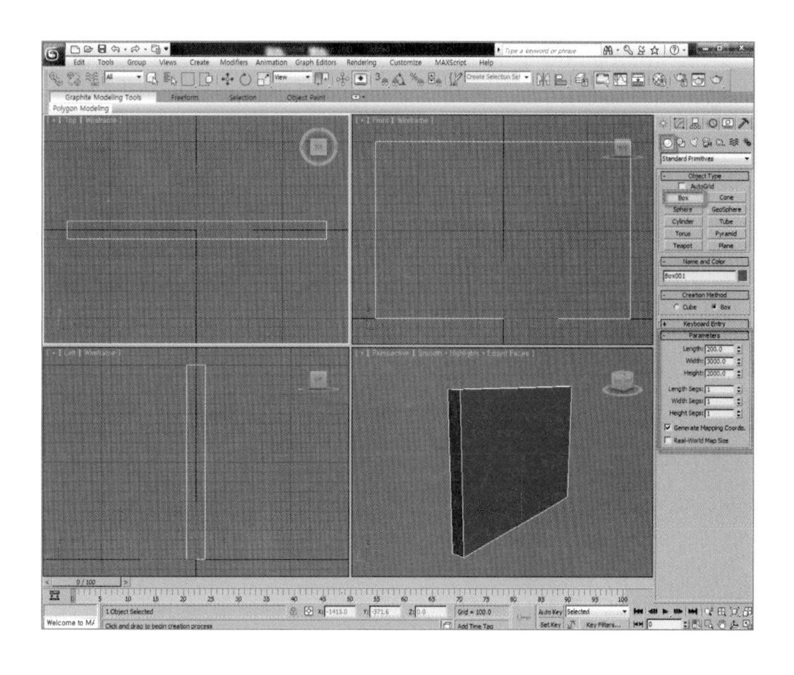

02 >> [Material Editor] 명령을 실행한 후 [Standard]를 클릭한다. [Material/Map Browser] 창에서 2가지 질감을 혼합할 수 있도록 [Blend]를 선택한다.

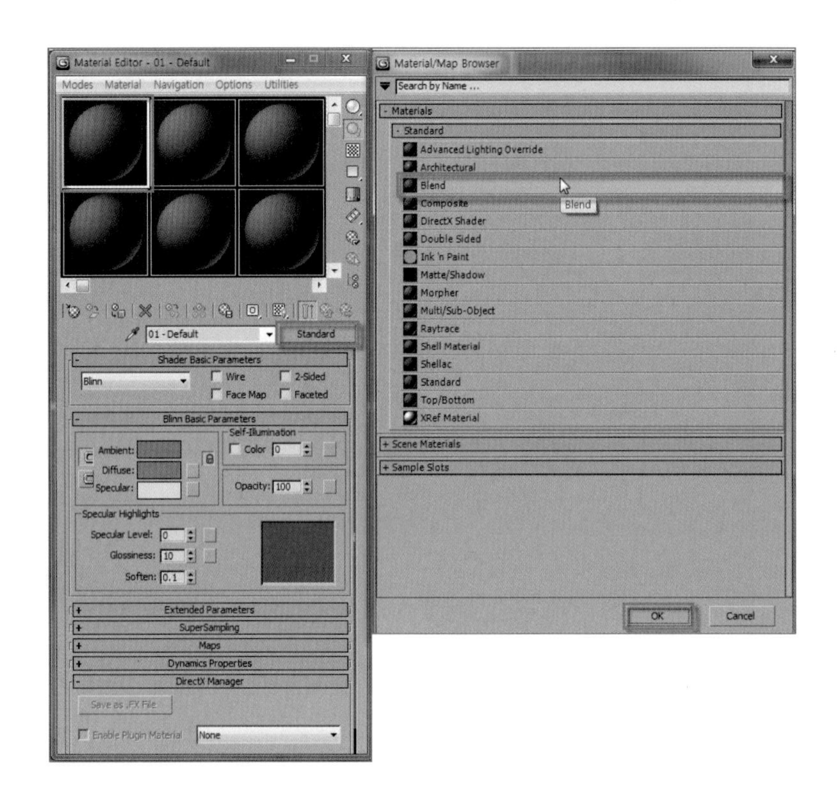

03 >> [OK] 버튼을 클릭하면

Discard Old Material? (이전 재질을 지우겠습니까?)

Keep Old Material as Sub-Material? (이전 재질을 하위 레벨 재질로 보존하겠습니까?)

가 나타난다. 여기서는 [OK] 버튼을 클릭한다.

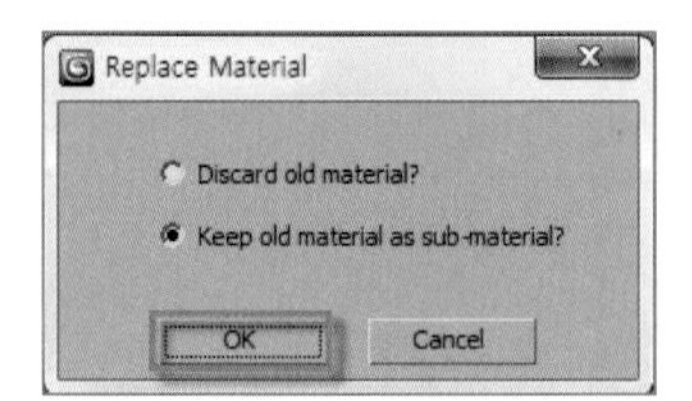

04 >> [Material 1]과 [Material 2]가 나타난다. 이때 [Material 1]과 [Material 2] 옆의 버튼을 클릭하여 각각의 이미지를 선택한다. 먼저 [Material 1] 버튼을 클릭한다.

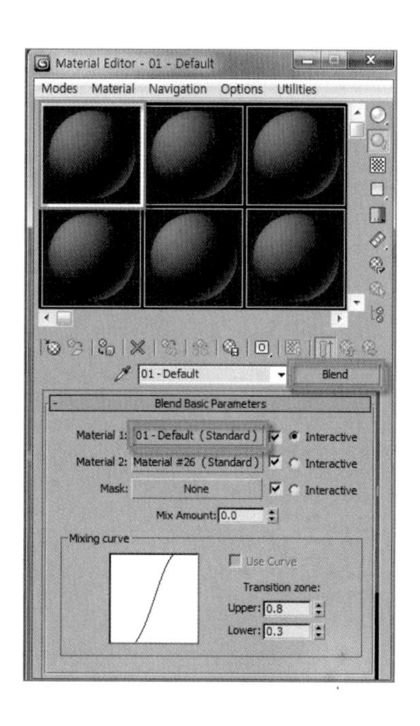

05 >> [Blinn Basic Parameters] 롤아웃의 [Diffuse] 옆의 버튼을 클릭한 후 [Material/Map Browser] 대화창에서 [Bitmap]을 선택하여 [3DS Max 2011] ➡ [Maps] ➡ [Brick] ➡ [Brkwea] 이미지를 선택한다.

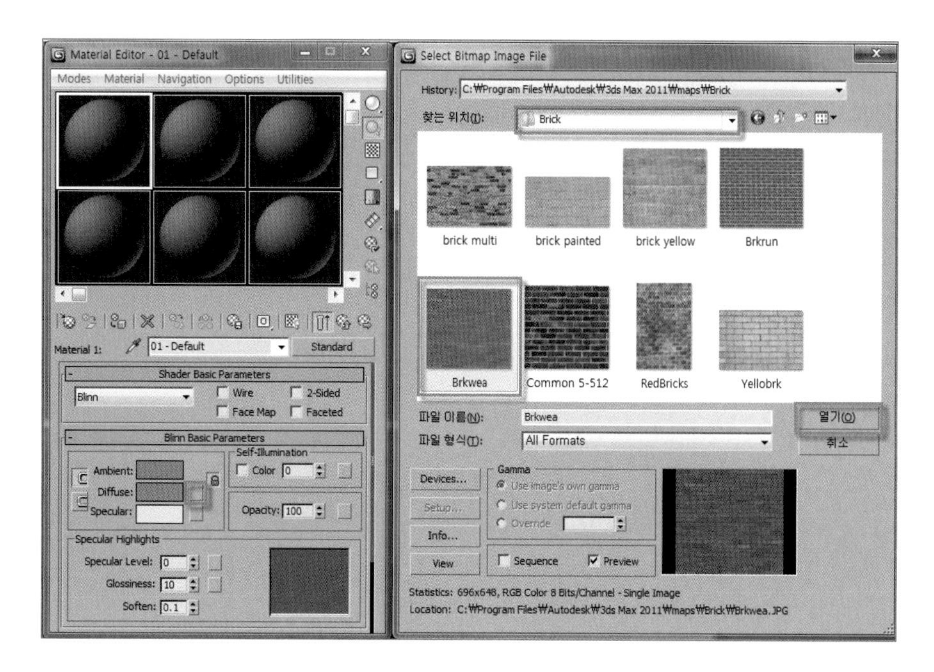

06 >> [Assign Material to Selection]을 클릭하여 박스에 벽돌 질감을 입힌다. [Show Standard Map In Viewport](미리보기) 버튼을 클릭하여 [Perspective]에 질감이 입혀진 것을 확인한다.

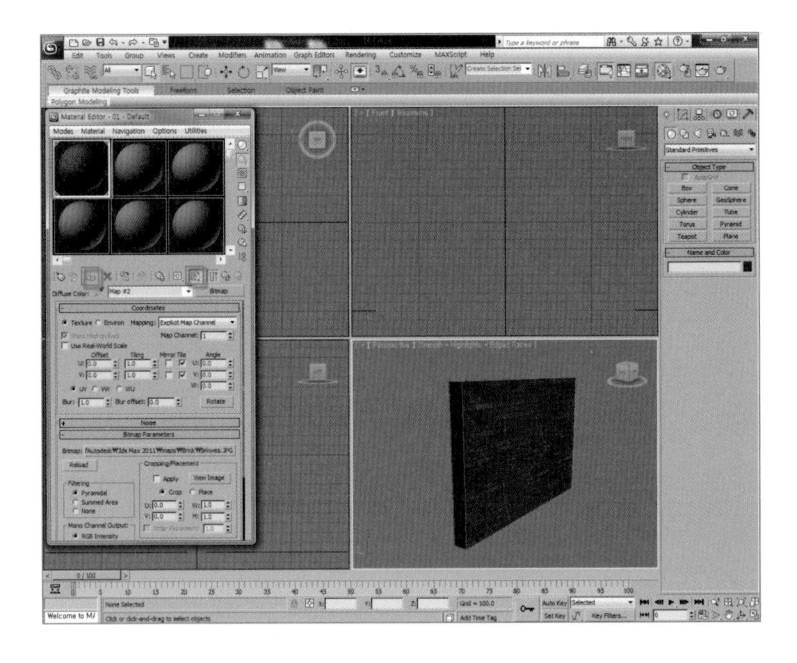

07 >> [Go To Parent] 버튼을 한 번 클릭하고 바로 [Go Forward To Sibling] 버튼을 클릭하여 복합될 새로운 매핑 질감을 선택한다. ([Blend] ➡ [Material 2]의 샘플 슬롯으로 이동한 결과) [Diffuse] 옆의 버튼을 클릭하여 앞에서와 동일한 방법으로 [Bitmap]을 더블클릭한다.

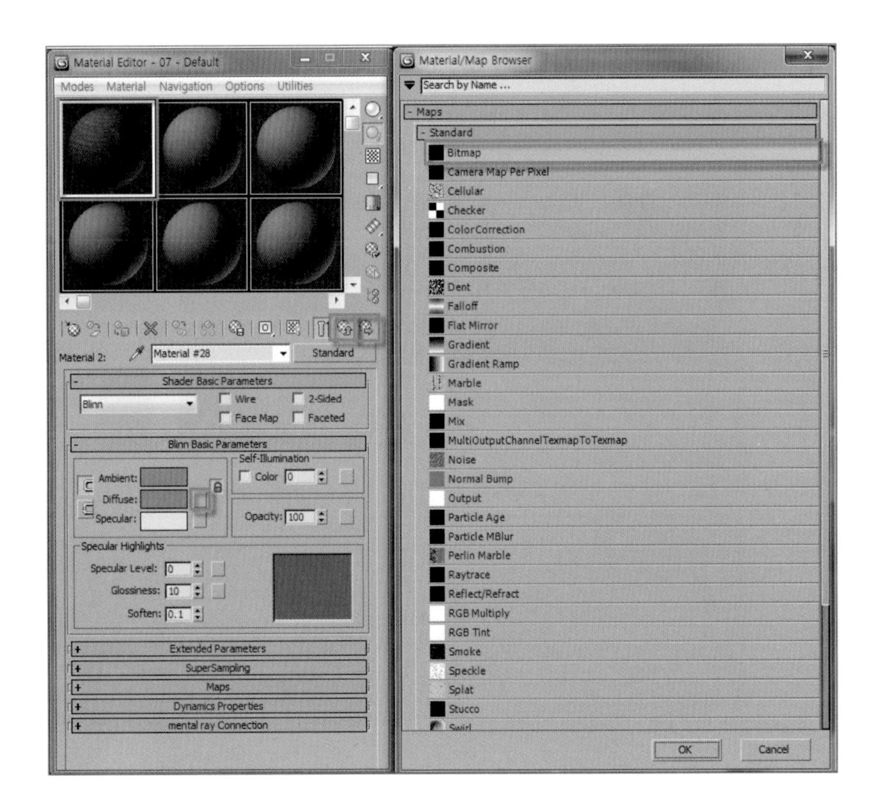

08 >> [Concrete] ➡ [Grycon3]을 선택한다.

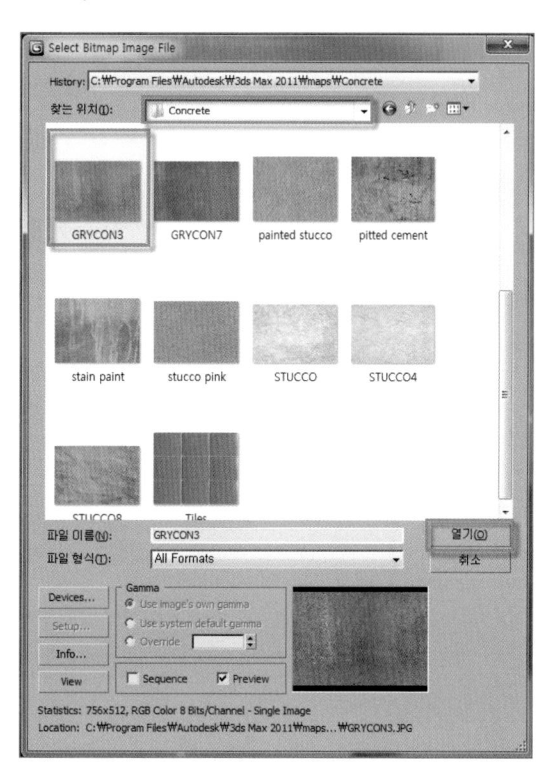

09 >> [Go To Parent]를 2번 클릭하여 두 질감의 경계 역할을 할 마스크를 선택한다. 마스크는 포토샵과 같은 이미지 편집 프로그램에서 제작이 가능하며 검정색과 흰색으로 제작된 마스크는 경계선이 뚜렷한 혼합재질을 얻을 수 있고 명도에 의해 그 경계 부위를 결정하기 때문에 회색이나 그레디언트를 사용하면 경계선이 흐린 혼합 재질을 얻을 수 있다. [Mask] ➡ [None] 버튼을 클릭한다.

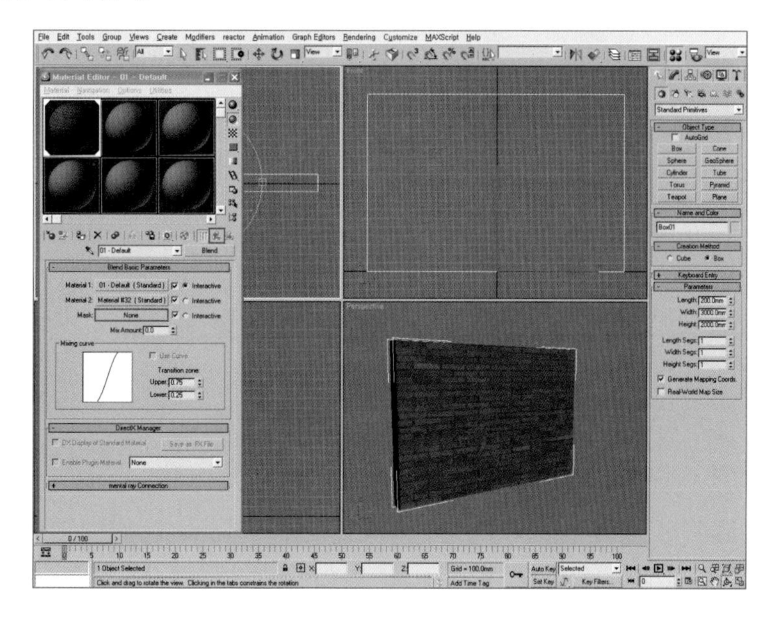

10 >> [Maps] ➡ [Background] ➡ [Matte2] 파일을 선택한다(흑백 경계가 뚜렷한 이미지 파일).

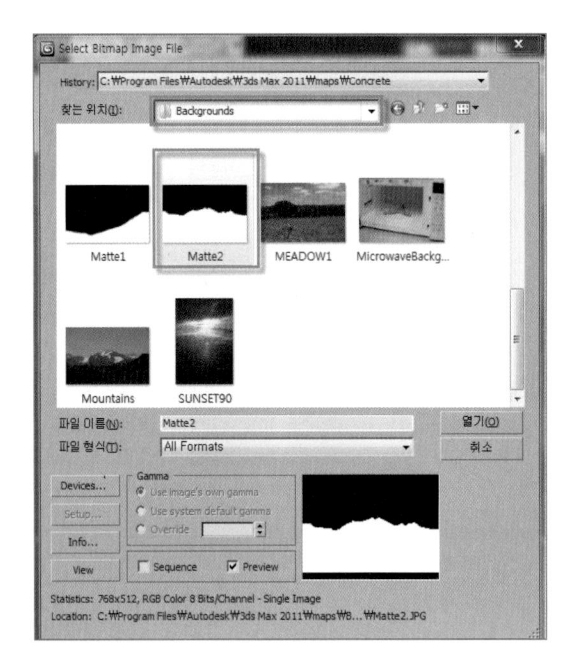

11 >> 샘플 슬롯을 더블클릭하여 두 개의 질감이 마스크를 기준으로 혼합된 것을 확인한 후 [Perspective]에서 F10 을 눌러 렌더링을 실행한다. 벽돌과 콘크리트가 혼합된 질감을 얻을 수 있다.

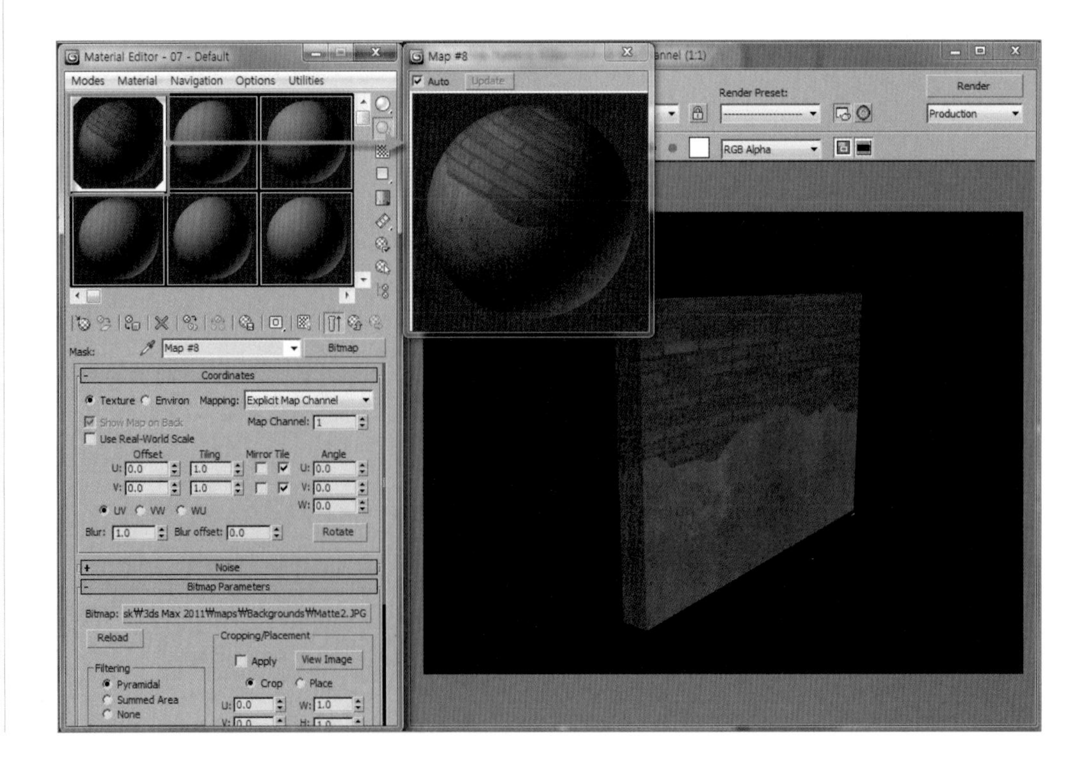

9 다중 질감

한 개의 재질에 여러 개의 서브 재질을 포함하여 오브젝트의 Polygon에 배분 매핑한다.

01 >> [Top View]에서 [Cylinder] 명령으로 원기둥을 다음과 같이 제작한다.

[Radius] : 100
[Height] : 500
[Height Segment] : 5

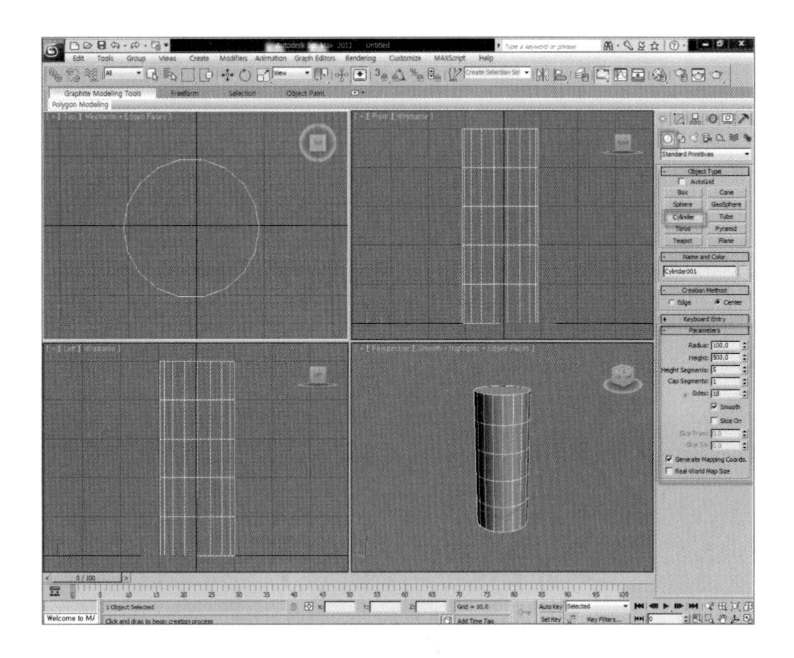

02 >> [Material Editor] 명령을 실행한다. [Standard] 버튼을 클릭한 후 [Material/Map Browser] ➡ [Materials] ➡ [Standard] ➡ [Multi/Sub-Object]를 선택한 후 [OK] 버튼을 클릭한다.

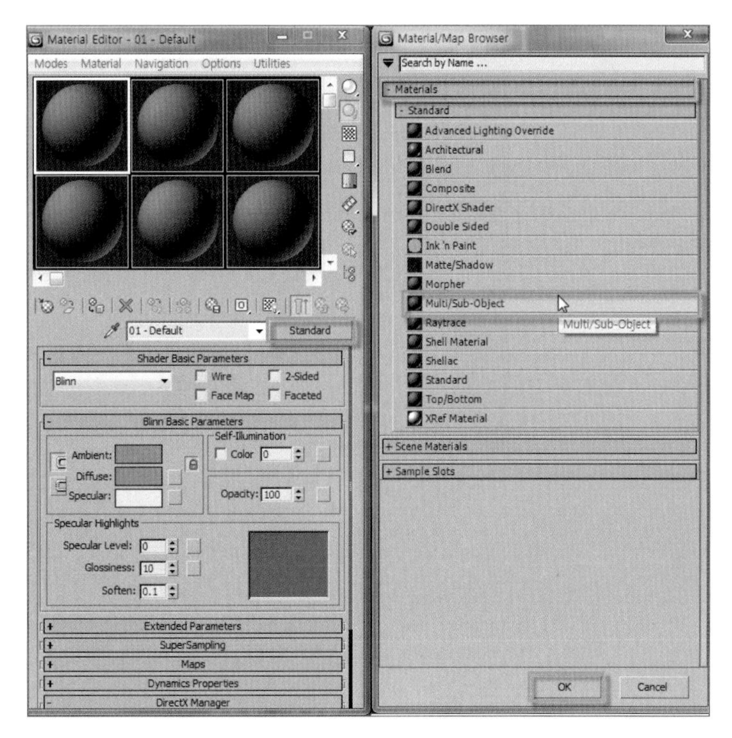

03 >> [Replace Material] 대화창에서 [Keep old material as sub-material?]을 체크한 후 [OK] 버튼을 누른다.

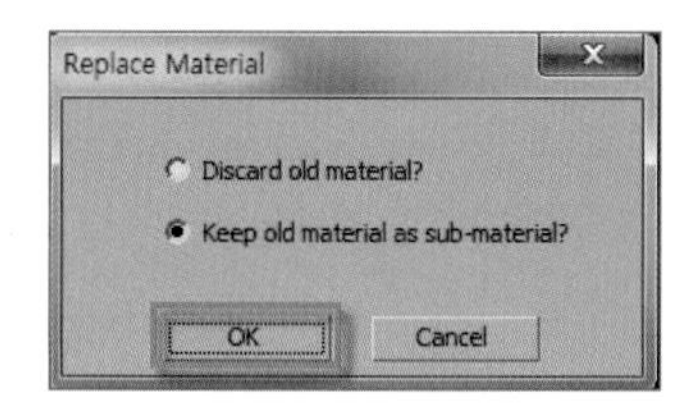

04 >> [Multi/Sub-Object Basic Parameters] 롤아웃에서는 하나의 오브젝트에 각기 다른 10개의 재질을 설정할 수 있다. 만약 5개의 재질을 설정하고자 할 때는 [Set Number]를 '5' 로 수정한다. 실린더 가로면이 5칸이므로 '5' 로 하기로 한다. 첫 번째 질감을 설정하기 위해 옆의 버튼을 클릭하여 이미지를 선택한다.

05 >> [Diffuse] 옆의 박스를 클릭한 후 임의의 이미지를 선택한다(여기서는 벽돌 [brick multi.jpg] 이미지를 선택함).

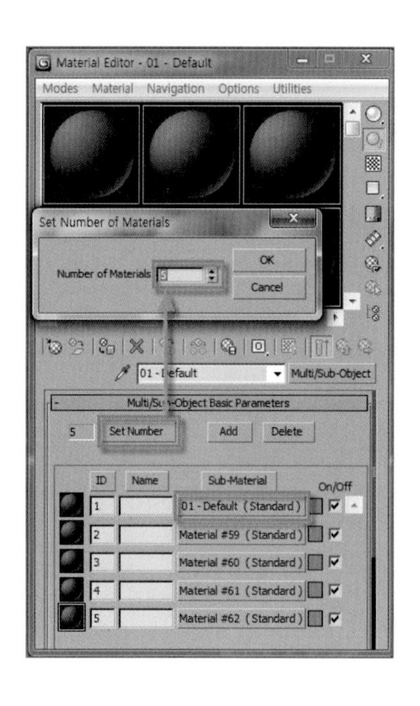

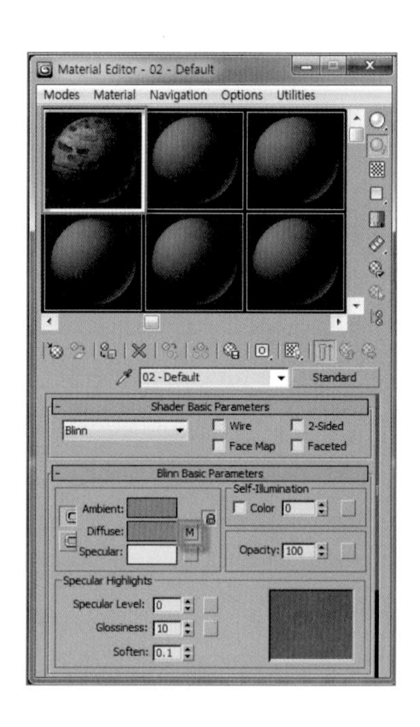

06 >> 첫 번째 이미지를 선택한 후 [Go to Parent] 버튼을 2번 클릭하여 이전의 [Multi/Sub-Object Basic Parameters] 롤아웃을 보면 첫 번째 질감이 샘플 슬롯에 입력되어 있는 것을 알 수 있다. 2번째 재질 버튼을 선택한다. 만약 [Go to Parent] 버튼을 1번 클릭한 후

[Go Forward to Sibling] 버튼을 클릭하면 [Multi/ Sub-Object Basic Parameters] 창으로 이동하지 않고 바로 두 번째 재질로 이동한다.

07 >> 두 번째 재질 버튼을 클릭하여 앞과 동일한 방법으로 다른 이미지를 선택한다(여기서는 'Grycon3' 라고 입력한다).

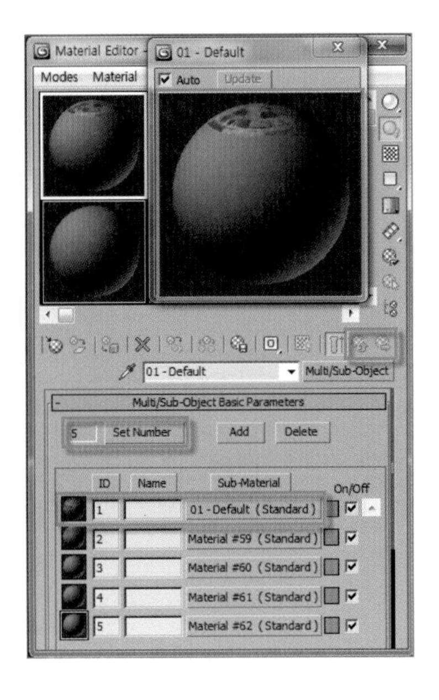

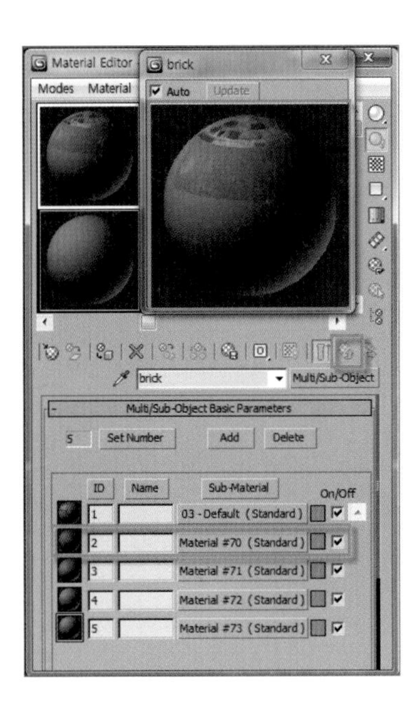

08 >> 앞과 동일한 방법으로 나머지 3개 [Sub-Material]란에 이미지를 각각 입력한 후 이름을 지정한다(여기서는 Green, Sky, Wood로 설정하였다).

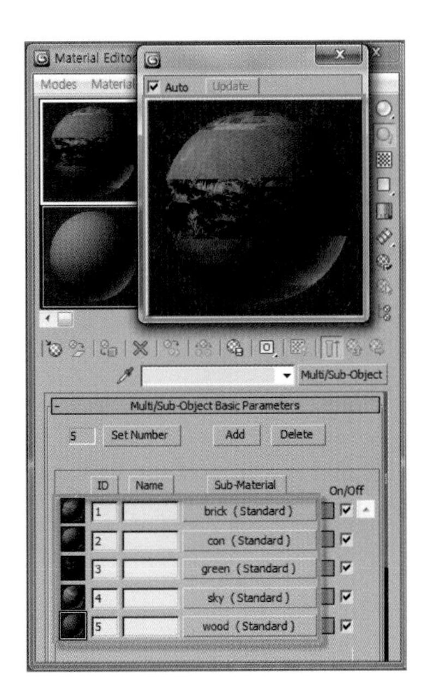

09 >> [Cylinder] 오브젝트를 선택한 후 마우스 우측 버튼으로 [Convert to Editable Poly]를 클릭한다.

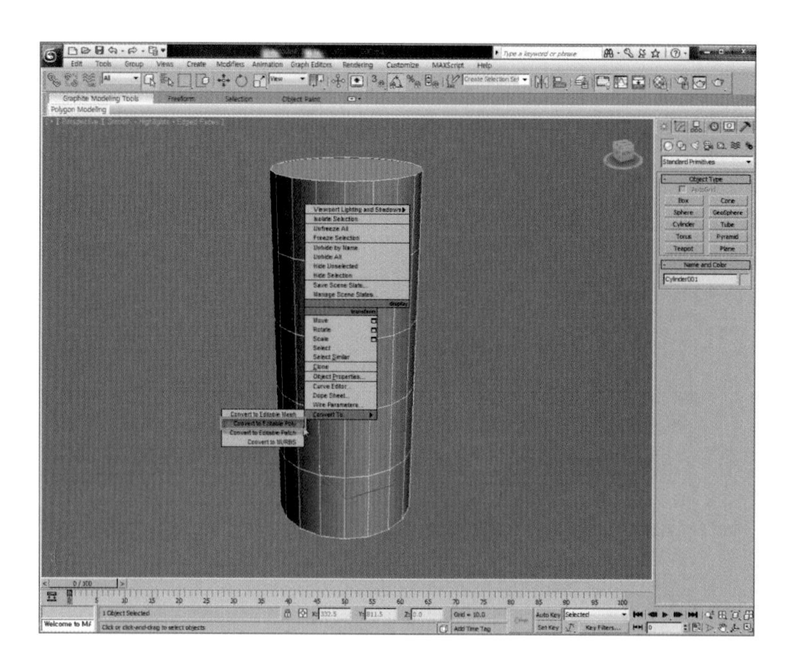

10 >> [Selection] ➡ [Polygon]을 체크한다. 마우스로 오브젝트 맨 위의 가로 면들을 드래그하여 선택한 후 [Polygon: Material IDs] 롤아웃에서 [SET ID]를 '1'로 설정한다.

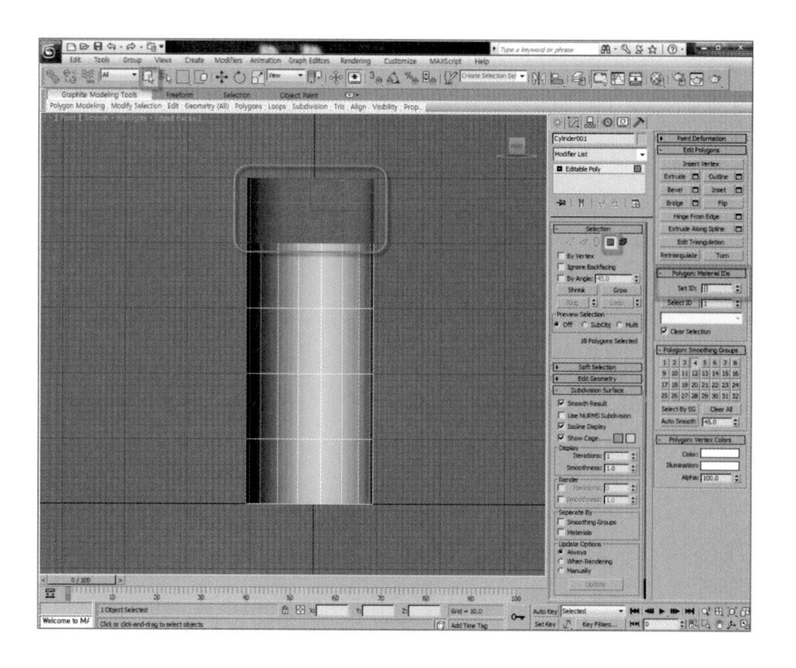

11 >> 마우스로 오브젝트 두 번째 가로 면들을 드래그하여 선택한 후 [Polygon: Material IDs] 롤아웃에서 [SET ID]를 '2'로 설정한다.

이와 동일한 방법으로 나머지 면들도 '3~5'까지 차례대로 면을 선택한 후 ID를 설정한다.

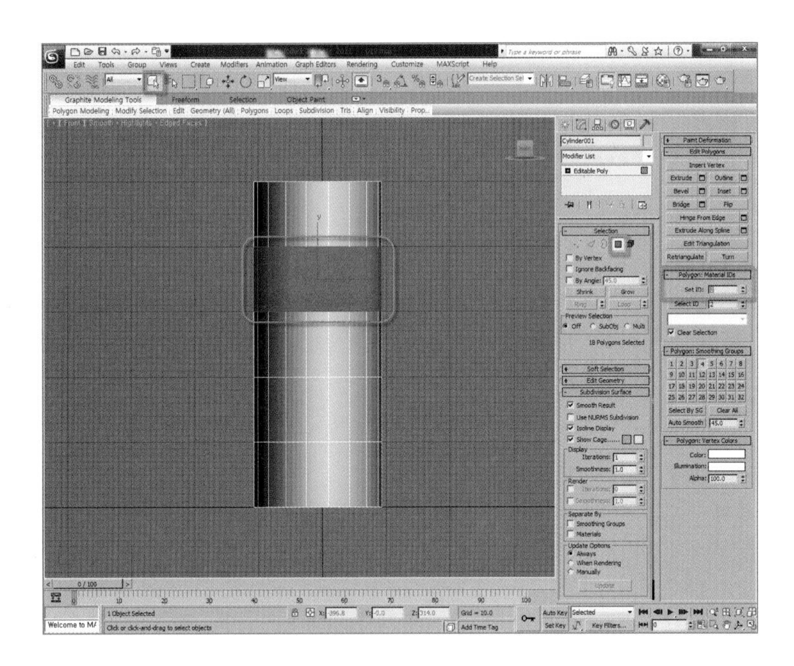

12 >> [Selection] ➡ [Polygon]의 체크를 비활성화한 후 [Material Editor] 명령을 실행한다. [Assign Material to Selection] 버튼을 클릭하여 실린더에 매핑한 후 [Perspective]에서 F9 를 눌러 렌더링을 한다. 오브젝트에 각기 다른 재질이 매핑된 것을 알 수 있다.

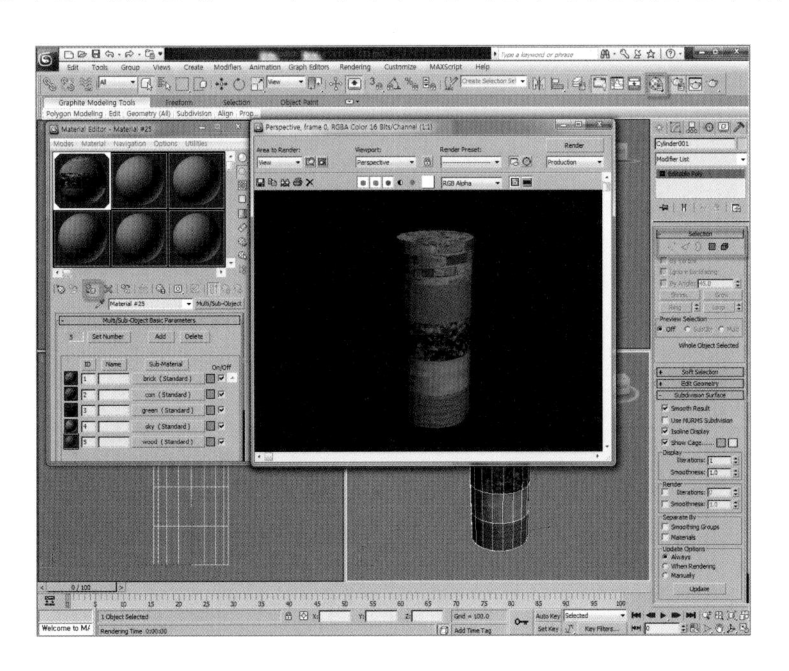

10 ▸▸ 배경과 모델링의 합성기법

2D의 배경 이미지에 3D의 오브젝트를 합성할 때 [Plane]과 [Light]를 설치하여 자연스러운 그림자가 생성되도록 하며 배경 이미지와 오브젝트의 시점을 일치시킨다.

01 >> [Top View]에서 그림자가 생성될 바닥면을 [Plane] 명령으로 다음과 같이 제작한다. (단위 : mm)

[Length] : 1000
[Width] : 1000

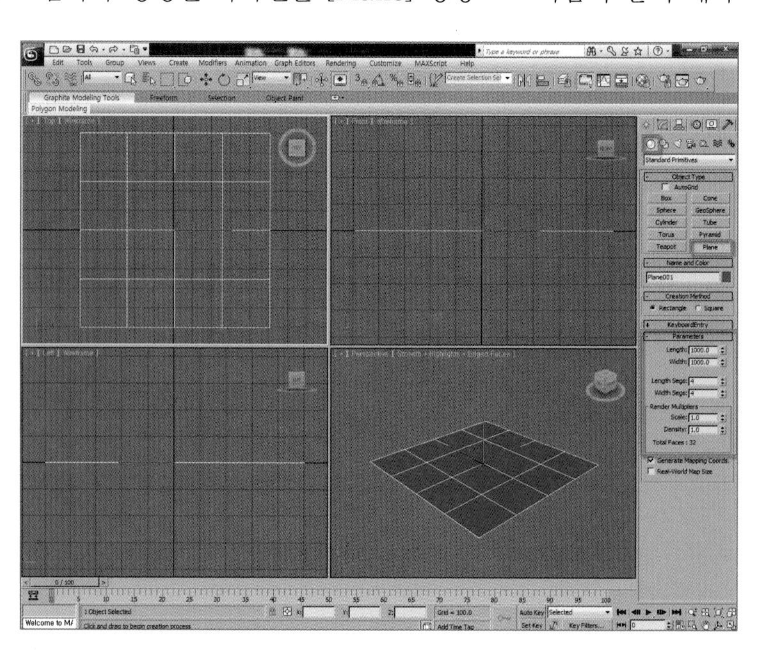

02 >> [Top View]에서 [Teapot] 명령으로 다음과 같이 주전자를 제작한다.

[Radius] : 100
[Segment] : 10

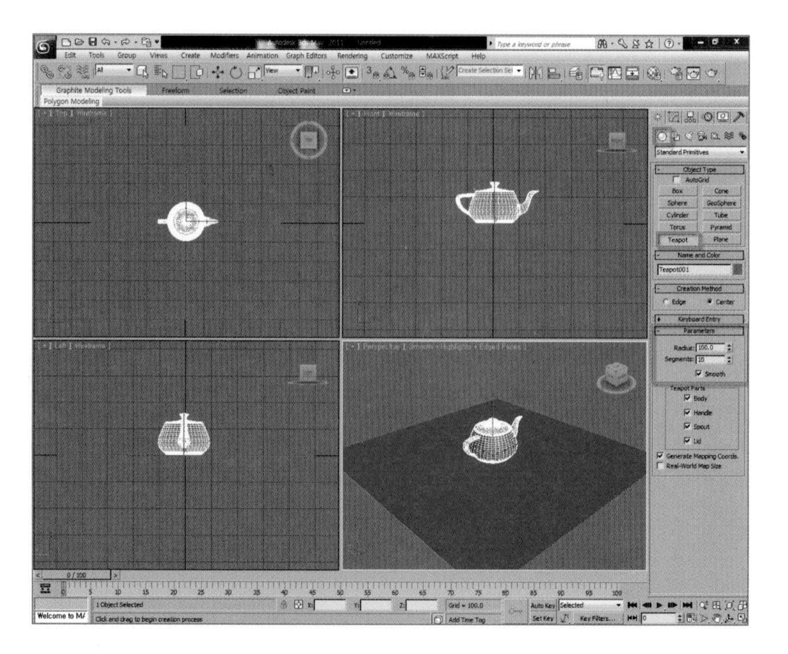

03 >> [Top View]에서 [Select and Move] 명령을 실행한 후 주전자를 선택한다. F12 를 눌러 [Move Transform Type-In] 대화상자에서 [Absolute : World]란의 수치를 0, 0, 0으로 입력하여 주전자를 정중앙에 위치하도록 한다. 바닥부분(Plane)도 동일하게 실행한다.

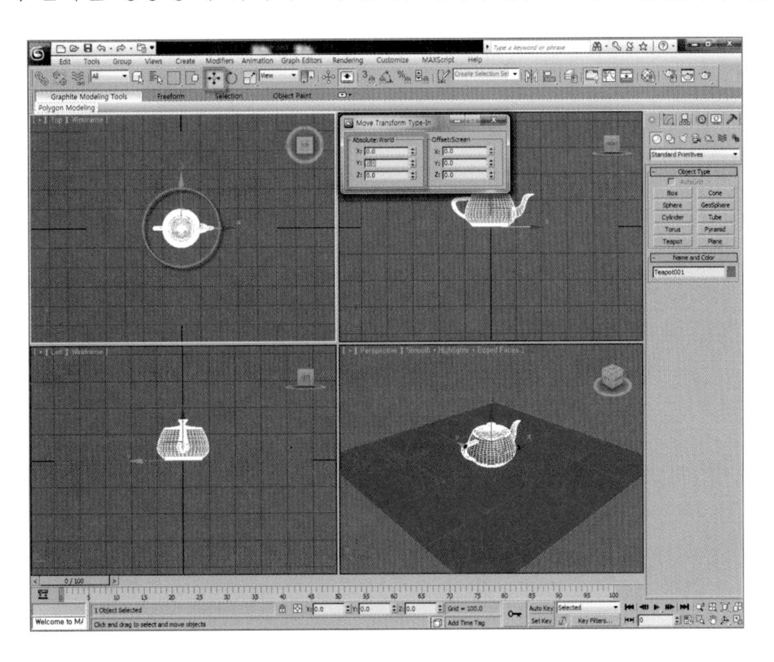

04 >> [Top View]에서 [Light] ➡ [Standard] ➡ [Omni]를 임의로 설치한 후 [Select and Move] 버튼이 선택된 상태에서 F12 를 눌러 [Absolute : World] 값을 -350, -150, 550으로 조절한다.

조명을 선택한 후 [Modify]에서 그림자가 생성될 수 있도록 [Shadows]를 체크한 후 그림자의 종류를 [Area Shadows]로 변경한다. 그림자의 농도가 너무 진하지 않도록 [Shadows Parameters]에서 [Dens]를 0.45로 조절하여 농도를 흐리게 조절한다.

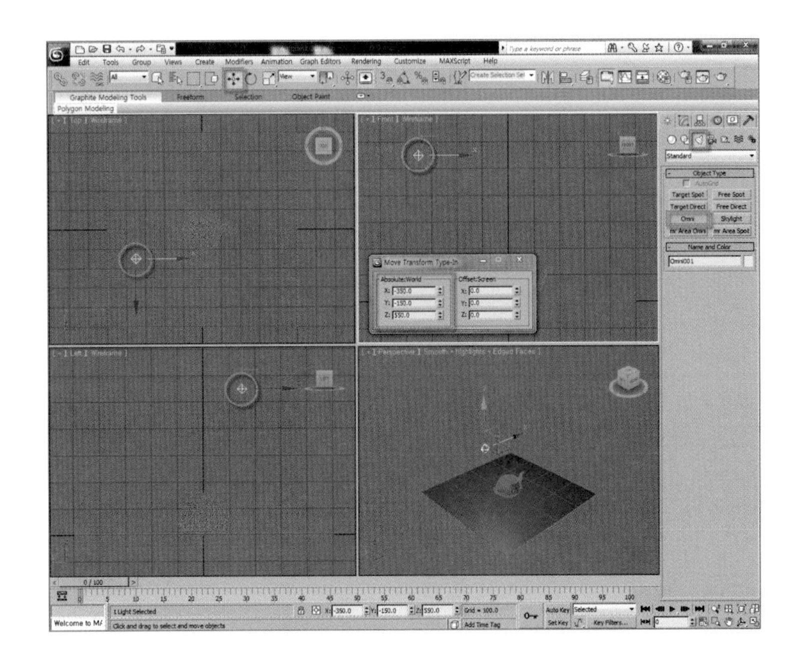

05 >> 조명을 선택한 후 [Modify]에서 그림자가 생성될 수 있도록 [General Parameters] ➡ [Shadows]에서 [On]을 체크하고 [Area Shadows]를 선택한다. 그림자의 농도가 너무 진하지 않도록 [Shadows Parameters] ➡ [Dens] 수치값을 '0.5'로 입력하여 그림자 농도를 흐리게 한다.

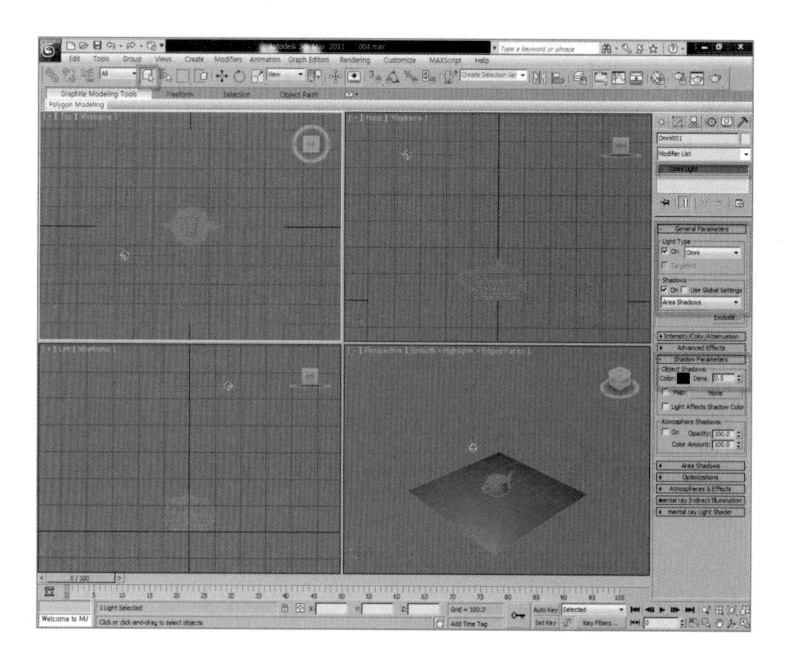

06 >> [Perspective]에서 [Orbit]을 사용하여 화면처럼 그림자가 보이도록 조절한 후 F10 을 눌러 [Render Setup] ➡ [Options] ➡ [Force 2-Sided]를 체크하여 주전자의 그림자에 빈공간이 생기지 않도록 한다.

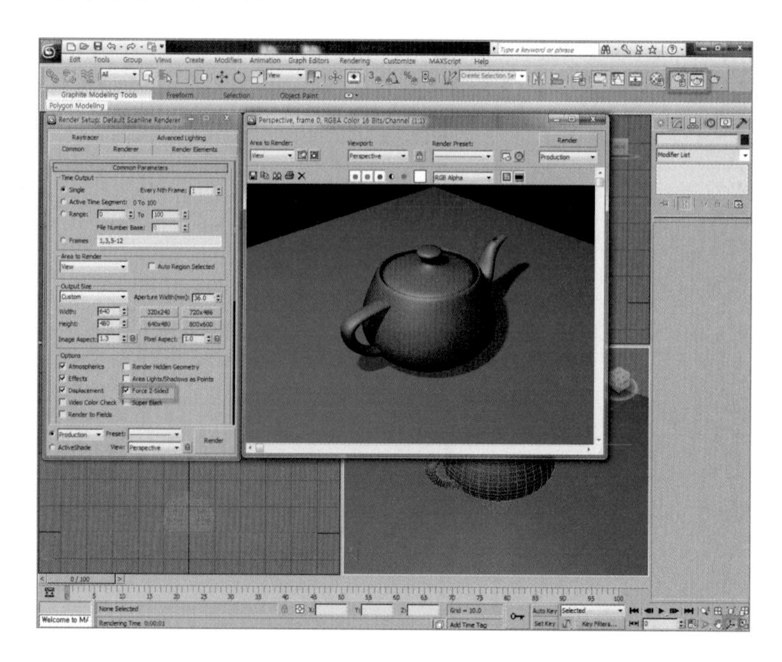

07 >> 메뉴에서 [Rendering] ➡ [Environment] ➡ [Common Parameters] ➡ [Background] ➡ [Use Map]을 체크하고 [None] 버튼을 클릭한다.

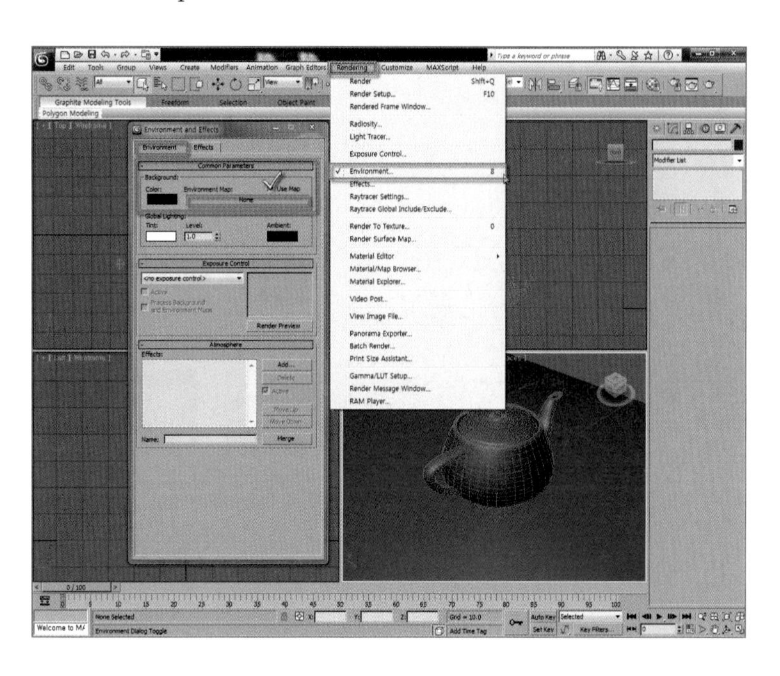

08 >> [Material/Map Browser]에서 [Maps] ➡ [Standard] ➡ [Bitmap]을 더블클릭하여 배경이 될 이미지를 선택한다.

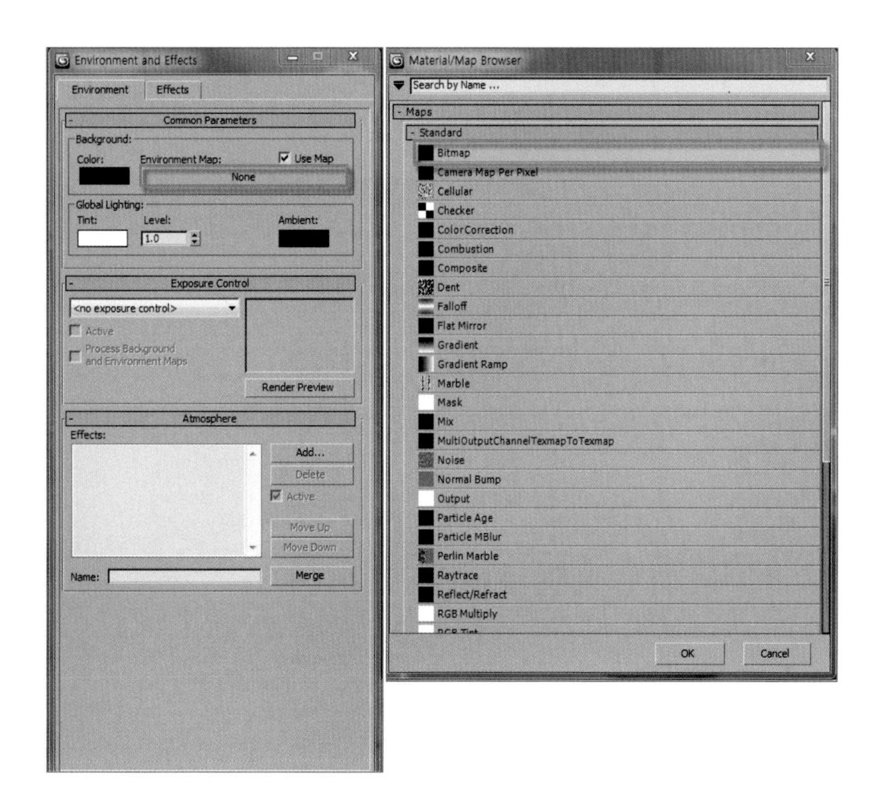

09 >> [Select Bitmap Image File] 창에서 [MicrowaveBackground] 파일을 선택한다.

10 >> [Perspective]에서 Alt + B 를 누르면 [Viewport Background] 대화상자가 나타난다. [Use Environment Background]와 [Display Background]를 함께 체크한다. [Perspective]에 배경 이미지가 나타나면 [Orbit]과 [Pan] 명령을 이용하여 그림과 같이 이미지와 오브젝트의 시점을 조절한다.

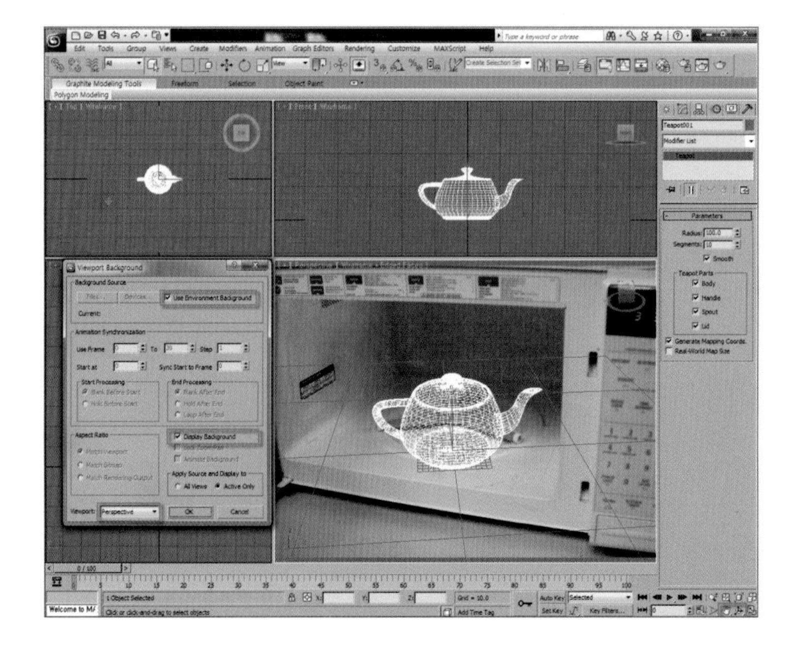

11 >> 그림자가 나타나는 [Plane] 오브젝트를 선택한 후 [Material Editor]를 실행하여 [Materials] ➡ [Standard] ➡ [Matte/Shadow]를 더블클릭한다.

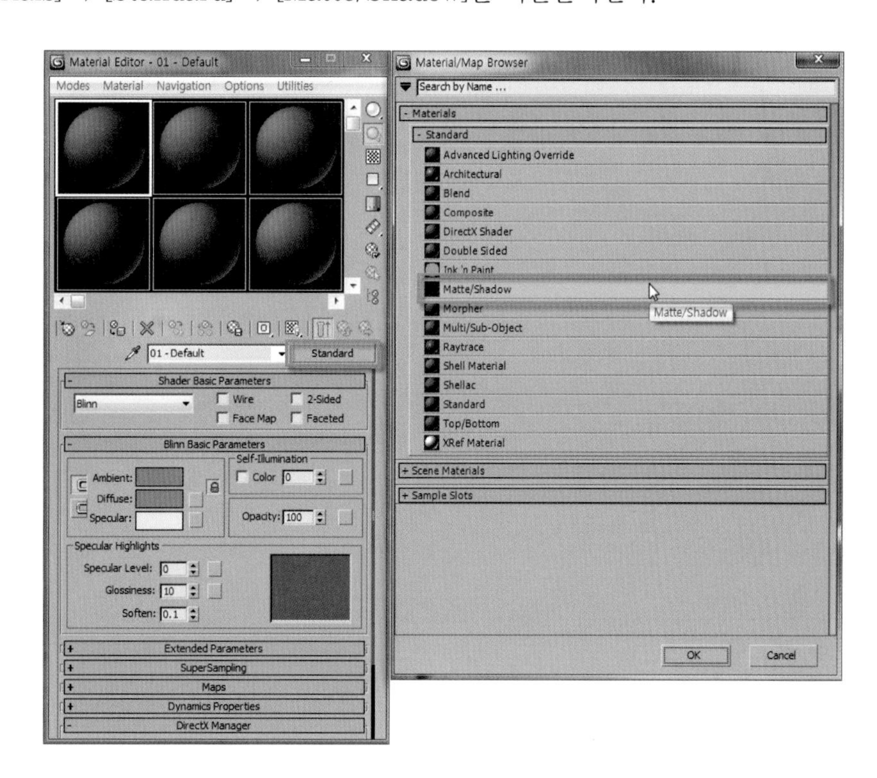

12 >> [Assign Material to Selection]을 클릭하여 [Plane]에 질감을 매핑시키면 바닥면에 그림자는 나타나고 [Plane]은 보이지 않게 된다. (주전자 매핑은 금속 재질 참조)

여기서 주의할 점은 조명의 위치를 잘못 설정하여 그림자가 잘리는 경우가 발생할 수 있으므로 위치설정에 유념해야 한다. 또한 배경 이미지와 주전자의 시점을 일치시켜야 한다.

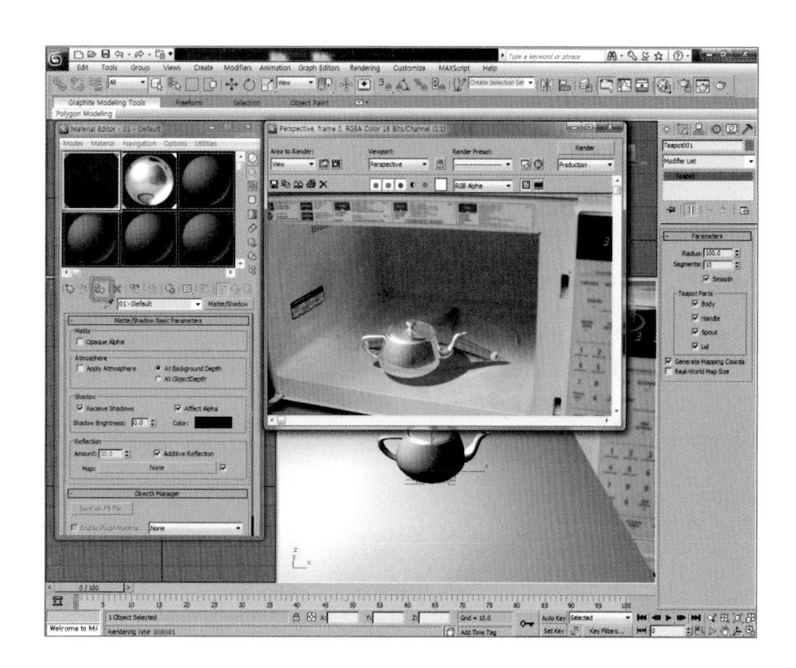

C.h.a.p.t.e.r 06

Camera

6-1 카메라 일반

1 ▸▸ 구도

● 삼각형 구도

삼각형의 형태로서의 안정감을 주며 짜임새 있는 배치로서 안정적 분위기를 연출한다.

화면에 변화도 가져올 수 있으며 밑에서 보았을 때 웅장하게 보일 수 있어 화면 구성에서 많이 사용된다. 이와는 반대로 역삼각형 구도는 심리적으로 불안하므로 구도 설정 시에 주의해야 한다.

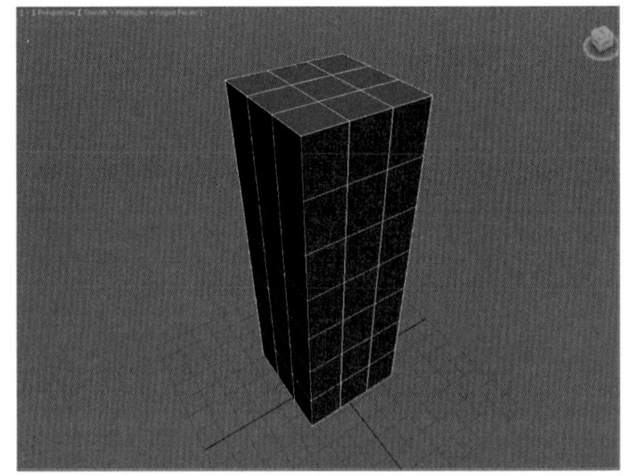

● 대칭 구도

좌우 또는 상하가 대칭인 구도는 조용하면서 정적인 느낌을 주지만 너무 정적인 느낌이 들지 않도록 주의해야 한다.

수평선 구도

수평선 구도는 안정적이면서 조용하고 안정감과 정적인 미를 느끼게 한다.

수직선 구도

깔끔한 절제감과 상하의 리듬감을 가진다.

2 초점 거리(Focal Length)

렌즈와 감광면 사이의 거리를 렌즈의 초점 거리(Focal Length)라고 부르는데 초점 거리는 피사체가 사진에 나타나는 정도에 영향을 준다. 초점 거리가 짧을수록 사진에 더 많은 장면이 나오게 되고 초점 거리가 길어질수록 덜 포함되지만 더 멀리 있는 오브젝트를 자세하게 보여준다.

초점 거리는 항상 mm 단위로 보통 50mm 렌즈를 많이 사용하는데 사진에서 일반적인 표준 렌즈이다. 50mm보다 적은 초점 거리를 갖는 렌즈를 광각 렌즈라고 부르고 50mm보다 큰 초점 거리를 갖는 렌즈를 망원 렌즈라고 부른다.

3 시야(Field of View : FOV)

Field of View(FOV: 시야)는 장면이 얼마나 많이 보이는지를 제어하는 것을 말하며 단위는 각도이다. FOV는 렌즈의 초점 거리와 직접적인 관련이 있다. 예를 들어 50mm 렌즈의 수평각은 45°이고 초점 거리가 길어지면 FOV는 더 좁아지고 초점 거리가 짧아지면 FOV는 더 넓어진다.

4 FOV와 원근감 사이의 관계

짧은 초점 거리(넓은 FOV)는 원근감의 왜곡이 심하게 나타나 오브젝트가 깊어 보이거나 튀어나와 보이게 만들고 긴 초점 거리(좁은 FOV)는 원근감의 왜곡이 없어 오브젝트가 평행하게 보이도록 만든다.

50mm 렌즈에 해당하는 원근감은 정상적으로 보이는데 그 이유는 이 초점 거리로 보는 것이 사람의 눈에 가장 가깝고 이 렌즈가 스냅 사진이나 뉴스 사진, 영화 등에 광범위하게 사용되기 때문이다.

5 ▸▸ 카메라 설치 및 제어

01 >> 카메라를 설치하고 장면에서 피사체가 될 물체에 카메라를 향하도록 한다.
Target 카메라를 겨냥하려면 카메라가 보고자 하는 방향으로 드래그하며 Free 카메라를 겨냥하려면 카메라 아이콘을 회전시키거나 이동해야 한다.

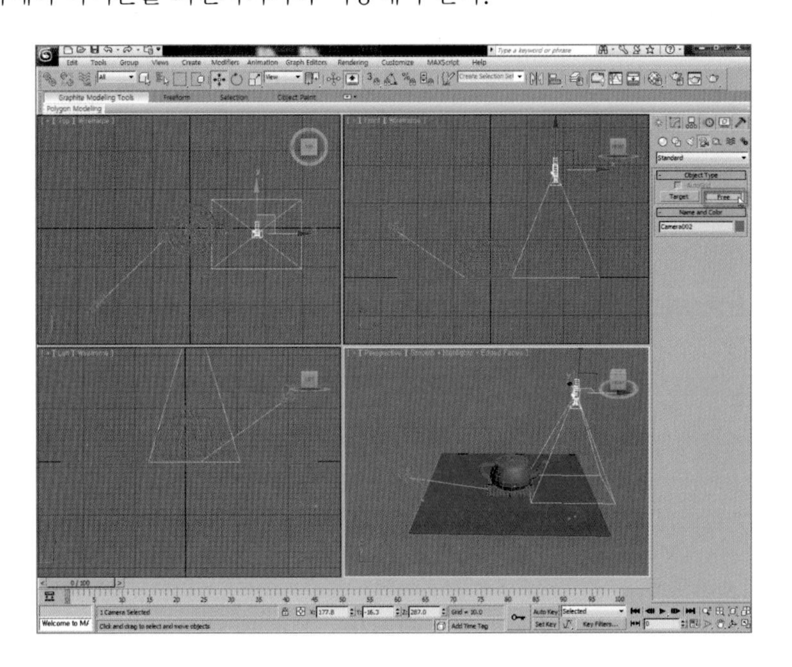

02 >> 카메라를 선택한 후 Camera 뷰포트로 사용할 뷰포트에서 단축키 C 를 누른다. Select Camera 창에서 원하는 Camera를 선택하면 현재의 화면이 Camera 화면으로 변경된다. 또한 마우스 우측 버튼을 클릭한 후 Cameras에서 원하는 카메라를 선택하여 Camera 뷰포트로 변경할 수도 있다.

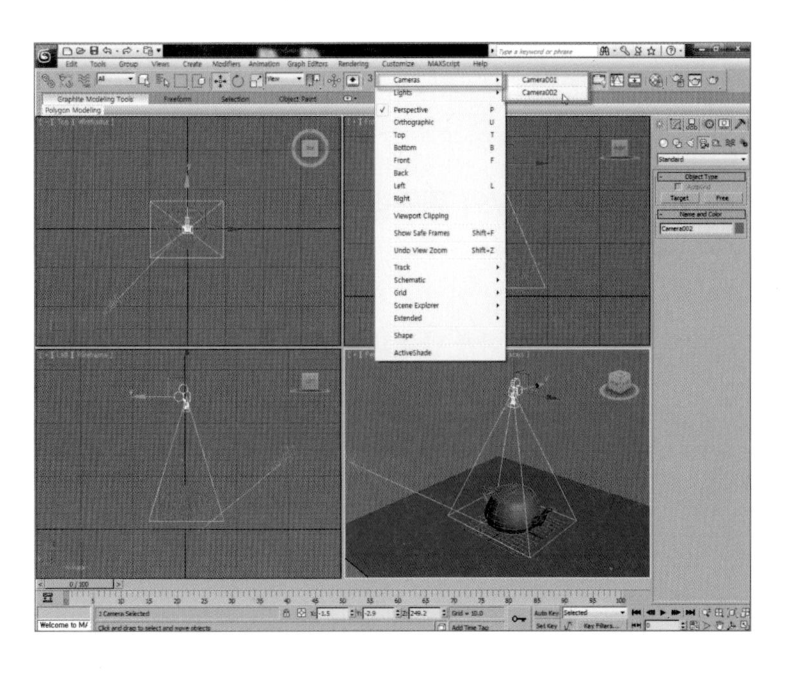

03 >> Camera 뷰포트의 화면 표시 제어기를 사용해서 카메라의 위치, 회전, 변수 등을 조절한다. 뷰포트를 활성화시킨 다음 Truck, Orbit, Dolly Camera 버튼을 사용한다.

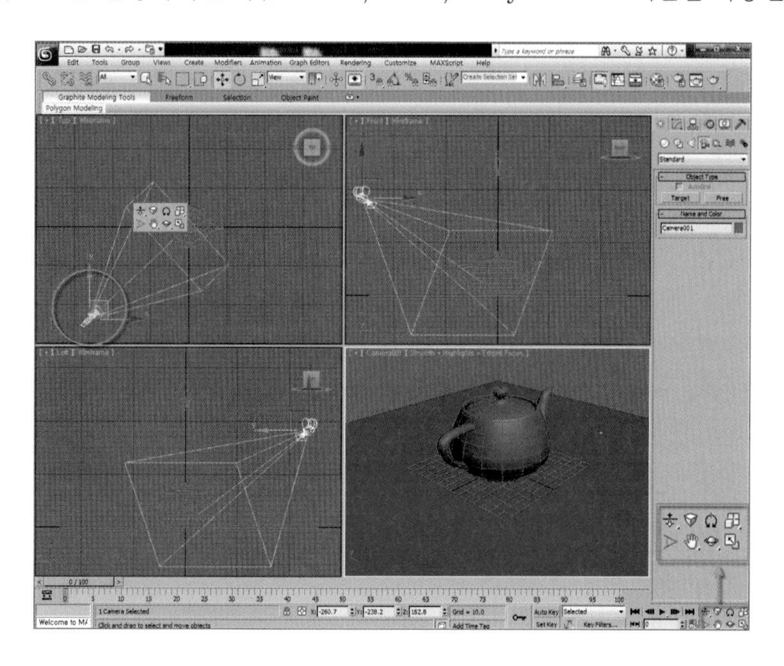

6-2 카메라의 종류

카메라는 목표물을 설정할 수 있는 [Target Camera]와 목표물을 설정할 수 없는 [Free Camera]로 구성되어 있다.

● Target Camera

원하는 오브젝트에 카메라의 시선을 고정시킬 수 있는 타깃이 있고, 이 타깃을 중심으로 카메라를 회전시킬 수 있다.

● Free Camera

타깃을 고정시킬 수 없으며 [Move]와 [Rotate] 명령을 이용하여 카메라를 움직이거나 회전시킨다. 주로 애니메이션 작업을 할 때 많이 사용한다.

6-3 카메라의 옵션

카메라의 렌즈 크기, 타입, 대기 효과의 범위, 볼 수 있는 범위 등을 설정할 수 있다.

● Parameters

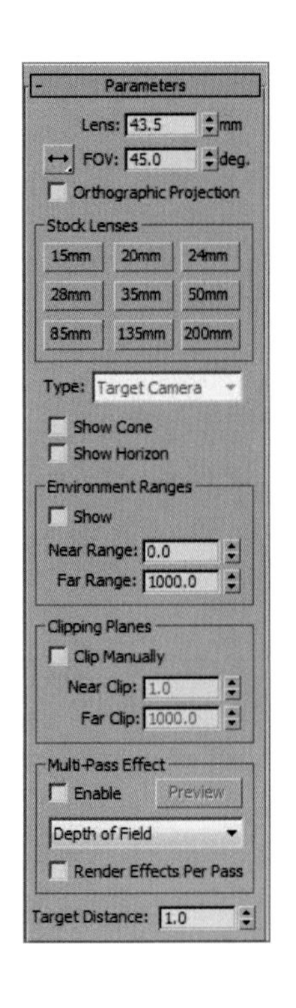

- Lens : 카메라 렌즈의 크기를 결정한다.
- FOV : 'Field Of View'의 약어로서 카메라가 볼 수 있는 범위를 설정한다. 실제 카메라의 줌 기능과 동일하며 카메라를 움직이지 않고도 볼 범위를 넓혔다 줄였다 할 수 있다.
- Orthographic Projection : 체크하면 카메라의 원근감을 무시하고 User뷰포트처럼 보여준다.
- Stock Lenses : 기본적인 다양한 종류의 렌즈 크기를 제공한다.
- Type : 카메라의 종류를 변경한다.
- Show Cone : 카메라를 선택하지 않은 상태에서도 카메라의 보이는 범위를 표시한다.
- Show Horizon : 체크하면 카메라 뷰포트에서 지평선을 보여준다.
- Environment Ranges : 대기효과를 사용할 때 대기효과의 시작과 끝의 범위를 설정한다.
  - Show : 체크하면 선택하지 않은 상태에서도 시작하는 부분과 끝나는 범위를 보여준다.
  - Near Range : 대기효과의 시작점을 결정한다.
  - Far Range : 대기효과의 끝나는 점을 결정한다.
- Clipping Planes : 화면 앞부분과 뒷부분의 자를 범위를 결정한다.
  - Clip Manually : Near Clip과 Far Clip의 설정값을 적용한다.
  - Near Clip : 카메라의 앞부분에서 보이지 않게 하기 위한 값을 결정한다.
  - Far Clip : 카메라의 뒷부분에서 보이지 않게 하기 위한 값을 결정한다.
- Multi-Pass Effect : 카메라 뷰포트에서 DOF(Depth of Field) 효과와 Motion Blur 효과를 결정한다.
  - Enable : 효과의 적용 유무를 설정한다.
  - Preview : 뷰포트에서 렌더링될 결과를 미리 보여준다.
  - Render Effects Per Pass : 모션 블러와 DOF 효과를 같이 사용할 때는 이곳에서 DOF 효과를 사용하고 렌더링 효과의 모션 블러를 사용한다. 이때 체크 표시하면 렌더링할 때 마다 모션 블러 효과를 계산하지만 체크 표시를 해제하면 마지막에 한번만 모션 블러 효과를 계산한다.
  - Target Distance : 카메라에서 타깃까지의 거리를 표시한다.

Depth of Field Parameters

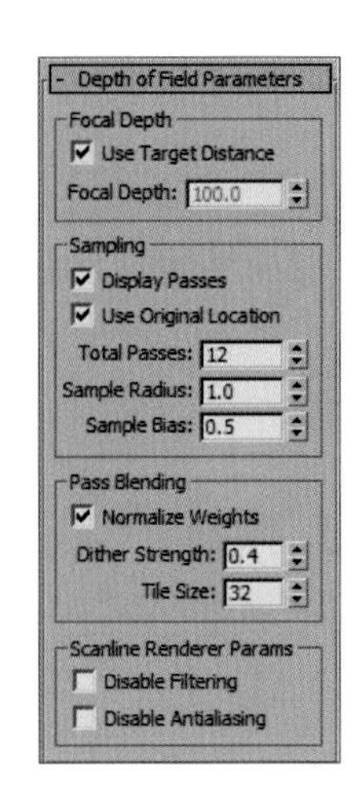

- **Focal Depth** : Depth of Field의 초점을 설정한다.
  - Use Target Distance : 체크되어 있으면 카메라와 타깃의 거리를 초점이 맞는 거리로 사용한다.
  - Focal Depth : 초점이 맞는 거리를 입력한다.
- **Sampling** : 다중 렌더링을 설정한다.
  - Display Passes : 체크 표시하면 렌더링할 때 DOF가 연산하는 과정을 보여준다.
  - Use Original Location : 다중 렌더링할 때 렌더링에 사용하는 첫 번째 카메라의 위치를 원래 카메라의 자리에서 시작하여 첫 번째 이미지를 바탕으로 다중 렌더링을 한다.
  - Total Passes : 다중 렌더링의 횟수를 결정한다.
  - Sample Radius : 초점이 맞지 않은 부분의 크기를 결정한다.
  - Sample Bias : 카메라의 흔들림 정도를 결정하는 것으로 값이 작을수록 많이 흔들린다.
- **Pass Blending** : 흔들린 이미지들의 혼합 정도를 결정한다.
  - Normalize Weights : 흔들린 각 이미지들을 부드러운 이미지들로 만든다.
  - Dither Strength : 다중 렌더링된 이미지의 섞임 정도를 조절한다.
  - Tile Size : 지저분한 입자들의 크기를 결정한다.
- **Scanline Renderer Params** : 스캔 라인 방식에서 Antialiasing과 Filtering의 사용 여부를 결정한다.
  - Disable Filtering : 체크하면 필터 옵션을 사용 못하게 한다.
  - Disable Antialiasing : 체크하면 Antialiasing을 사용 못하게 한다.

Motion Blur Parameters

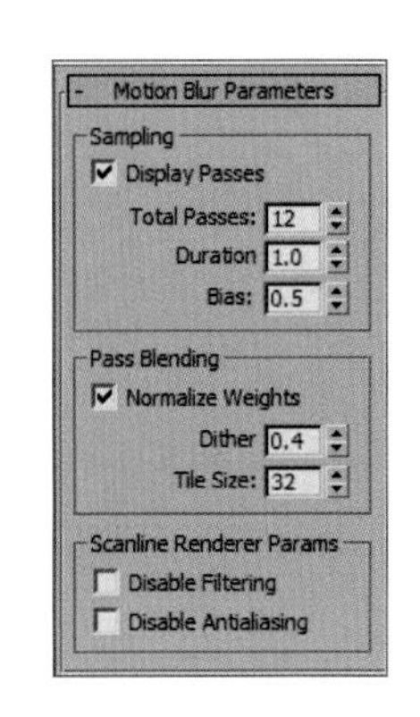

- **Sampling** : 모션 블러 효과의 다중 렌더링을 설정한다.
  - Display Passes : 렌더링할 때 모션 블러의 연산 과정을 보여준다.
  - Total Passes : 다중 렌더링의 횟수를 결정한다.
  - Duration[frames] : 몇 프레임마다 모션 블러가 일어날지를 설정한다. 값이 크면 모션 블러가 길게 일어난다.
  - Bias : 카메라의 흔들림 정도를 결정한다. 값이 작을수록 많이 흔들린다.
- **Pass Blending** : Depth of Filed 부분과 동일하다.
- **Scanline Renderer Params** : Depth of Filed와 같다.

6-4 실습 예제

1 ▸▸ Fog

Effect 효과 중에서 Fog 효과를 적용한 후 안개 영역을 카메라의 Near Range와 Far Range 옵션에서 조절한다.

01 >> [Fog] 예제 파일을 불러오면 바닥 부분과 양 옆으로 원기둥이 나란히 배열되어 있다.

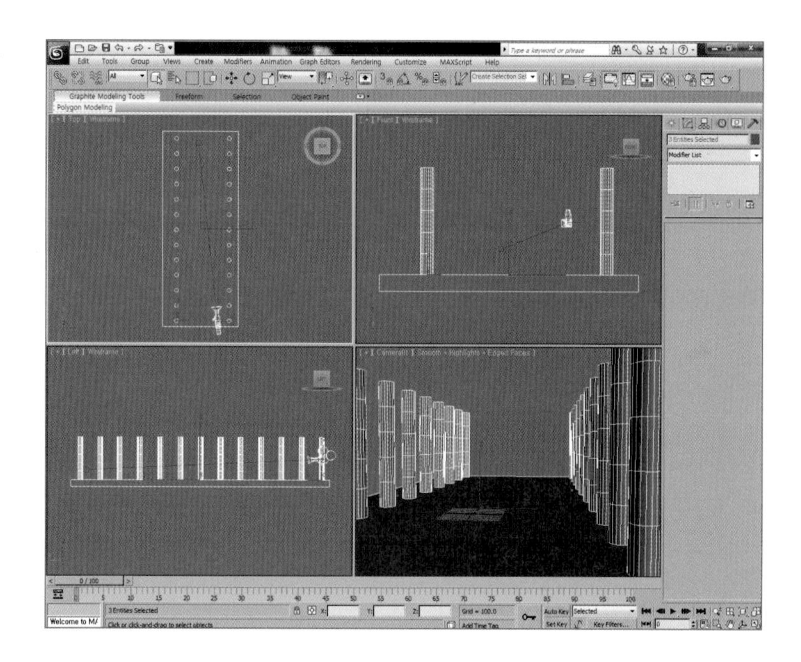

02 >> 메뉴에서 [Rendering] ➡ [Environment]를 선택한다.

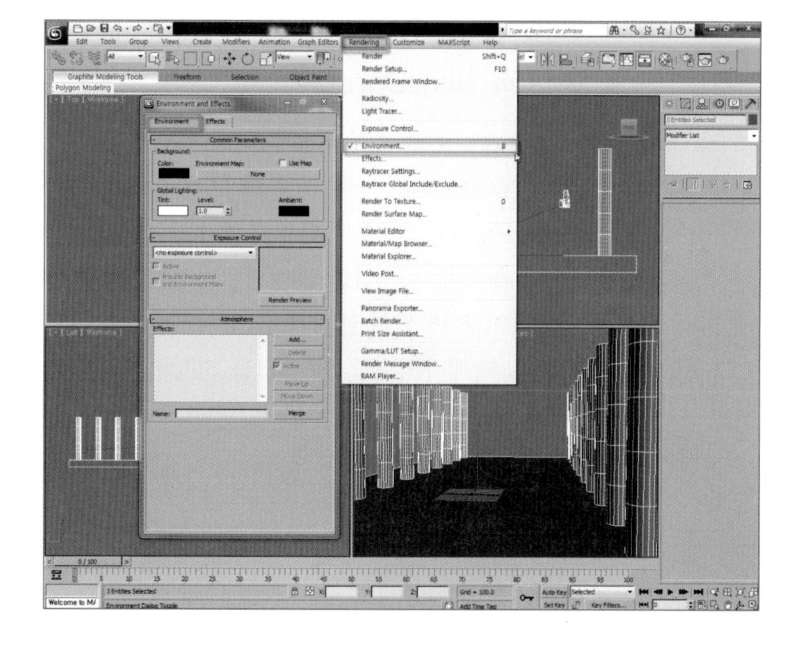

03 >> [Atmosphere] 롤아웃에서 [Add] 버튼을 클릭한 후 [Add Atmospheric Effect] 창에서 [Fog]를 선택한다.

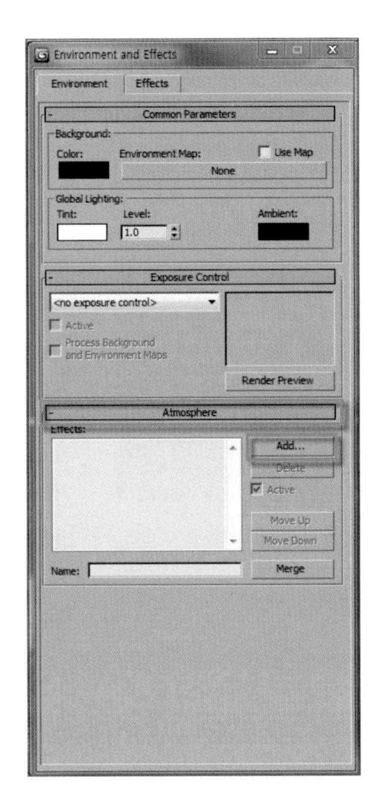

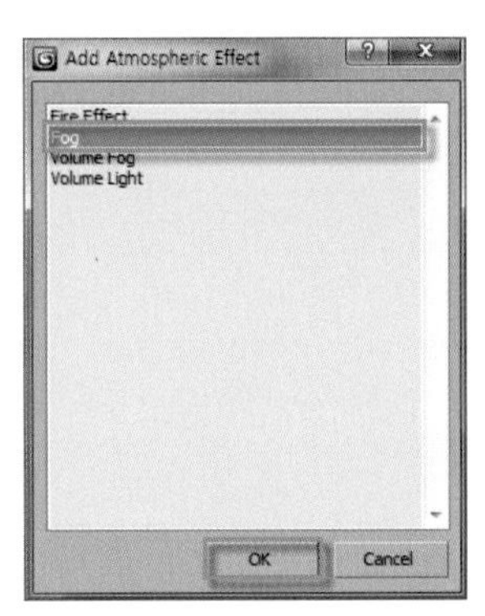

04 >> F10 을 눌러 [Render Setup] 창에서 [Option] ➡ [Atmospherics]를 체크한 후 렌더링을 실행한다. 전반적으로 안개가 많이 적용되었다.

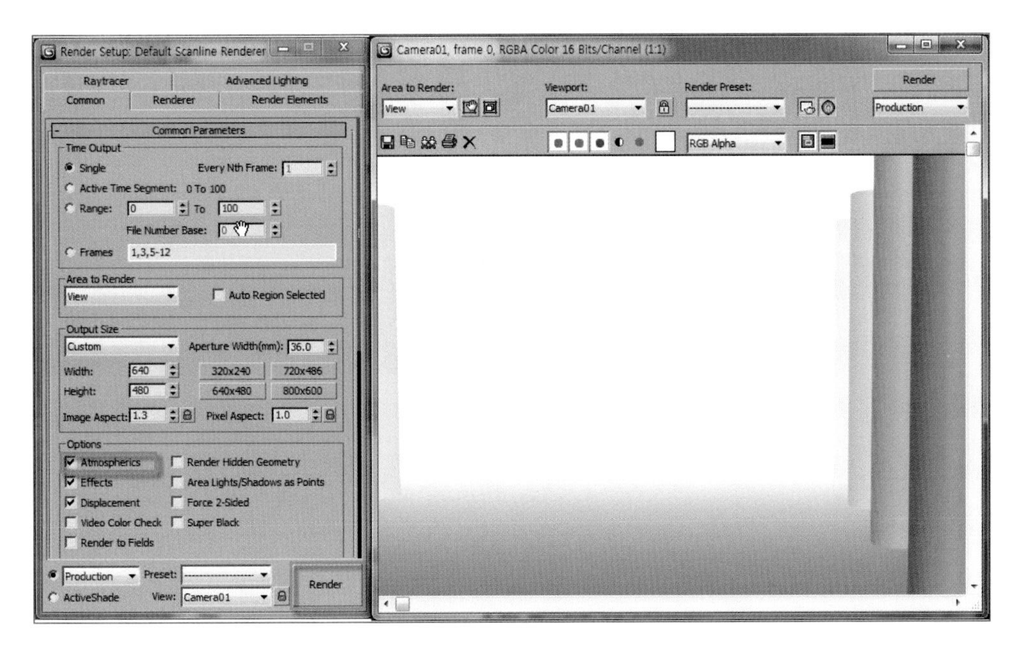

05 >> Camera를 선택하고 [Modify] ➡ [Environment Range] 영역에서 [Show]를 체크하고 [Near range] : 400, [Far Range] : 2000으로 입력하여 안개 영역을 조절한다.

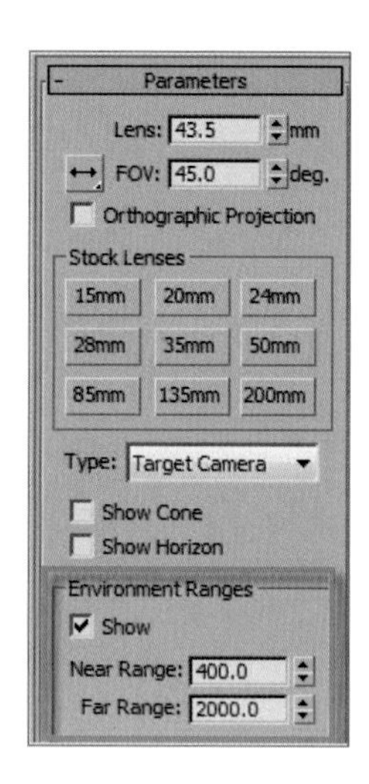

06 >> Camera 뷰포트를 선택한 후 F10 을 클릭하여 렌더링을 실행한다. 카메라 앞부분은 안개가 없고 중간 이후부터 안개가 적용된 것을 알 수 있다.

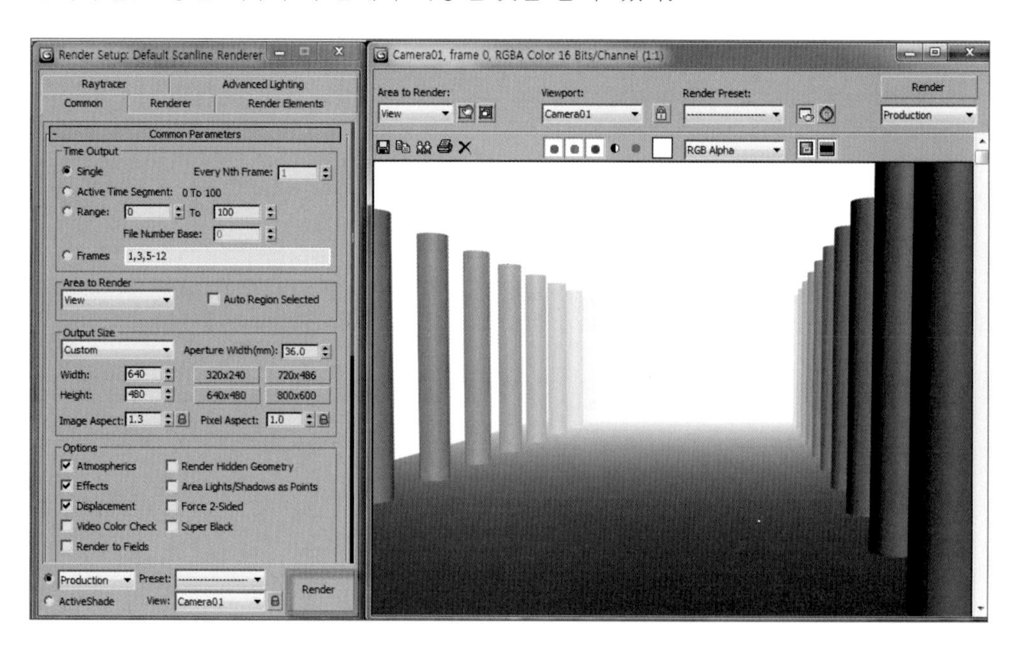

2 ▸▸ Match Camera to View (Create Camera From View)

Create Camera From View 명령으로 새로운 Camera 설치와 동시에 Perspective를 Camera View로 변경할 수 있다.

01 >> 2개의 주전자와 카메라가 제작된 예제 파일을 불러온다. 카메라 1대가 설치되어 있으며 [Perspective]가 Camera 01 View로 되어 있다.

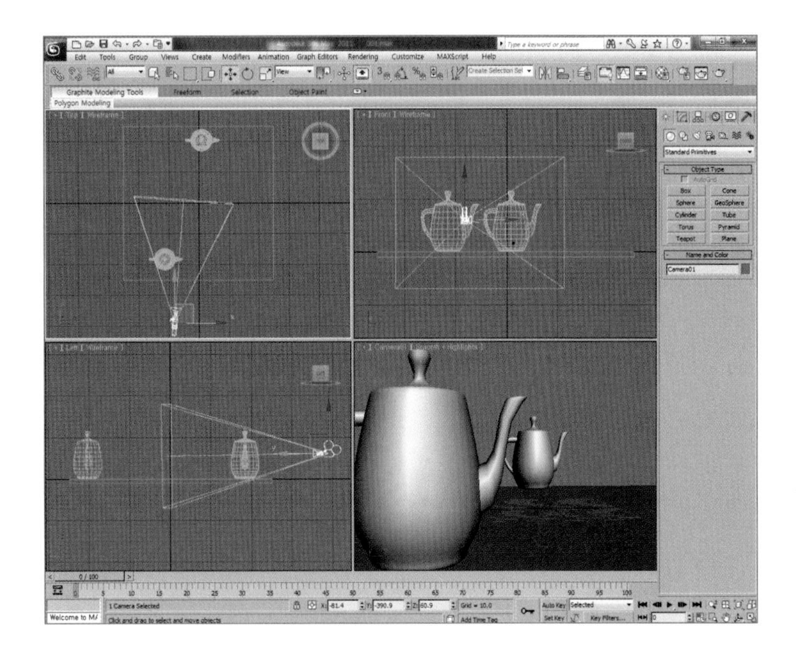

02 >> [Perspective] 뷰포트의 빈 공간에 마우스 커서를 클릭한 후 키보드 P 를 입력하면 Camera01에서 [Perspective]로 변경되며 이때 [Orbit]를 이용하여 화면을 다른 각도로 돌려놓는다.

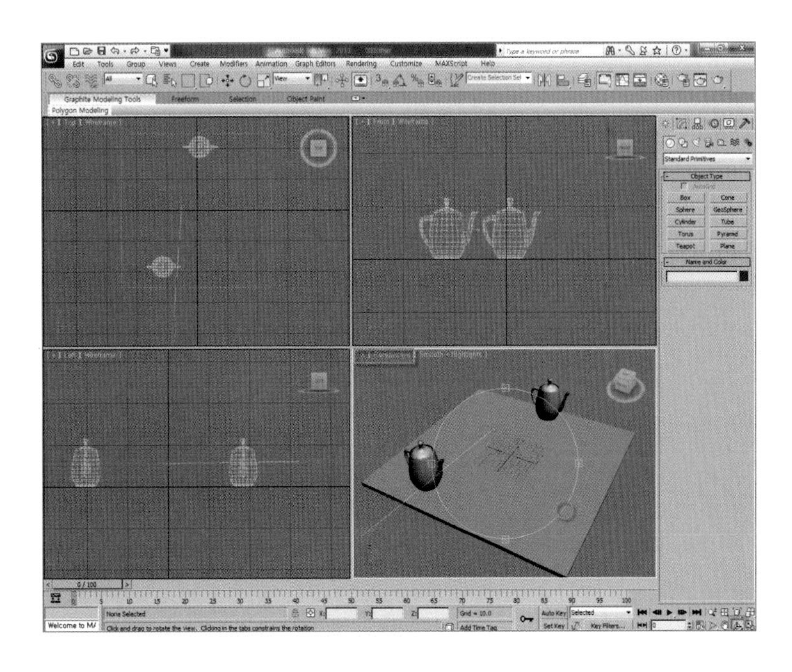

03 >> Ctrl + C 버튼을 클릭하거나 [Views] ➡ [Create Camera From View]를 선택하면 [Perspective]에서 새로운 Camera02가 생성되면서 화면이 Camera02 View로 바뀌는 것을 알 수 있다.

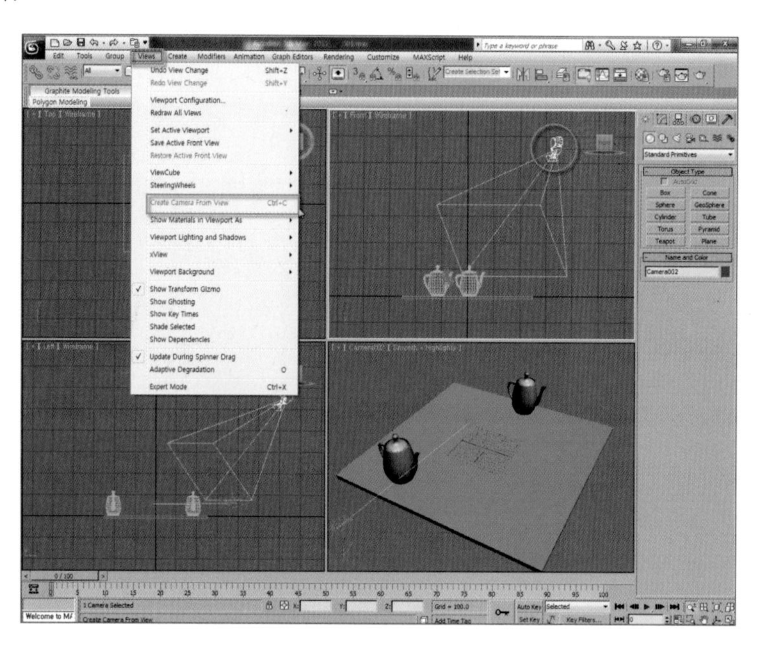

3 ▸▸ Depth Of Field (피사계 심도)

피사계 심도는 카메라 렌즈를 통해 화상에 보이는 영역의 정도를 말하는 것으로 맥스에서 오브젝트를 보다 입체적으로 표현하고자 할 때 사용한다.

01 >> 2개의 주전자와 카메라가 제작된 예제 파일을 불러온다.

카메라 1대가 설치되어 있으며 [Perspective]가 Camera01 View로 되어 있다.

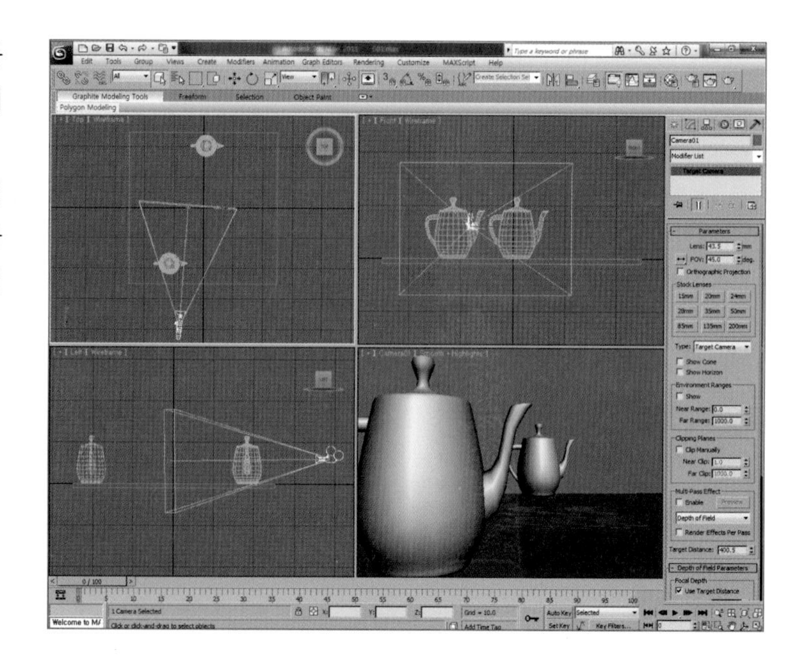

02 >> Camera 001이 선택된 상태에서 [Modify] ➡ [Multi-pass Effect] ➡ [Enable]을 체크하고 [Depth Of Field]를 선택한다.

[Depth Of Field Parameters] ➡ [Focal Depth] 란에 수치를 '800' 으로 입력한다.

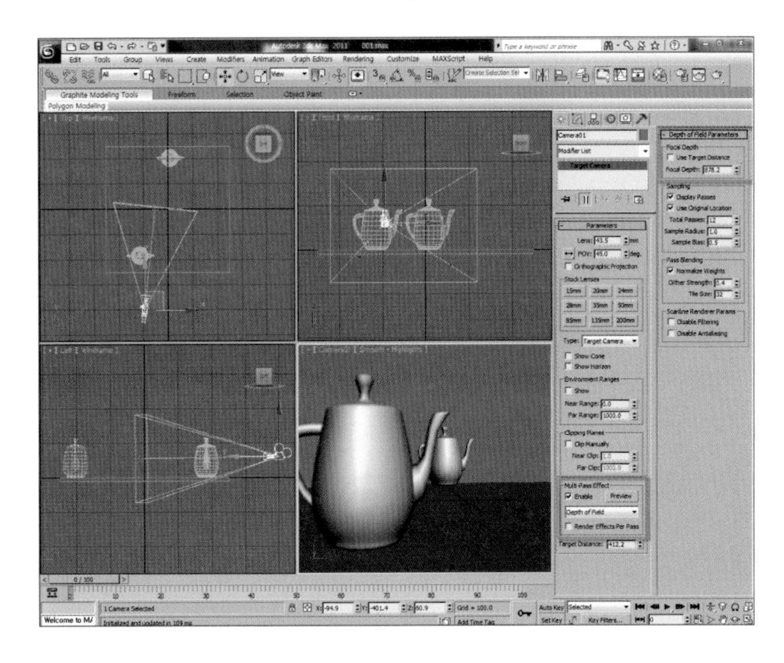

03 >> Camera01란을 마우스 우측 버튼으로 클릭하여 선택한 후 [Multi-Pass Effect] ➡ [Preview]를 클릭하면 앞 주전자가 흐리게 표현되는 것을 알 수 있다.

04 >> [Depth Of Field Parameters] ➡ [Focal Depth] 란에 수치를 '230'으로 입력하면 앞 주전자는 선명하고 뒤의 주전자는 흐리게 표현된다.

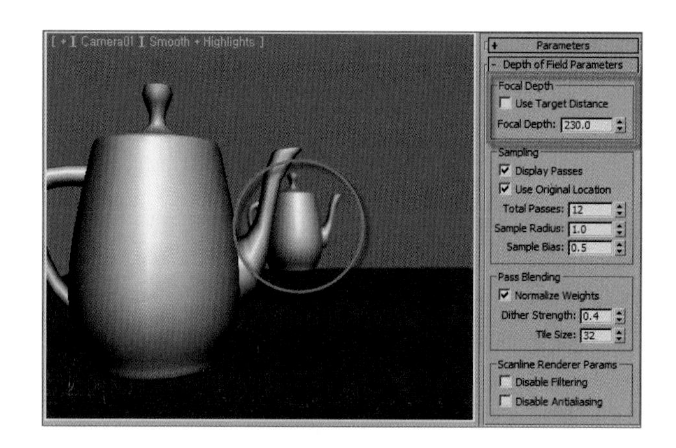

일반적으로 모델링 작업 시에 카메라를 1~2개 설치하여 작업하기보다는 여러 대의 카메라를 설치하여 수시로 장면 전환을 하며 모델링 작업을 한다. 이때 카메라 뷰 전환은 카메라가 선택되지 않은 상태에서 4개의 뷰 중에서 카메라 뷰로 전환할 뷰란에 C 를 누르면 다른 카메라를 선택할 수 있도록 대화상자가 나타나 사용하고자 하는 카메라를 선택할 수 있다.

또한 다른 방법으로는 각 뷰의 좌측 상단부의 글자 부분(Top, Front ...)을 마우스 우측 버튼으로 클릭함으로써 [Views] ➡ [Camera001]을 선택할 수 있다.

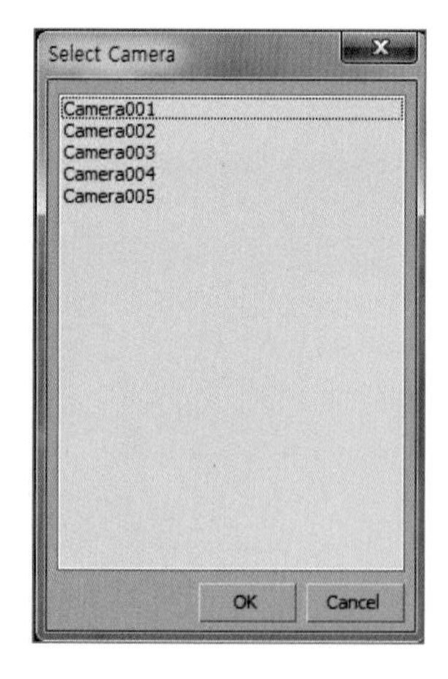

C.h.a.p.t.e.r

07 Light

3DS Max에서 모델링 작업을 마치고 매핑을 마치면 렌더링에 앞서 최종적으로 해야 할 중요한 작업이 조명 작업이다.

조명 작업은 맥스 작업 중에서 가장 많은 시간과 노력이 요구되는 작업으로 지금까지 한 작업에 생명을 불어 넣는 일과도 같다고 할 수 있다.

많은 사용자들이 조명 작업을 가장 힘들어 하는 이유는 제작한 모델링이 현실감 내지 사실감이 떨어지기 때문이다. 또한 조명설치 후 결과물을 미리보기할 수 있는 장치가 많지 않고 결과물의 출력시간 문제가 큰 부분을 차지한다.

이러한 사실감과 시간 부족이라는 문제점을 해결하기 위한 효과적인 대안 방법으로 외부 렌더러를 많이 사용한다.

외부 렌더러는 Vray, Brazil, Final Render 등이 있지만(Mental Ray는 ver 9.0부터 맥스에 기본으로 내장 됨) 먼저 기본 조명을 학습한 후에 외부 렌더러를 익히도록 한다.

본 교재에서는 사실 표현이 가능한 대표적인 외부 렌더러 중에서 가장 많이 사용되고 있는 Vray를 chapter 9에서 다루었다.

조명은 단시간에 끝날 수 있는 과정이 아니므로 꾸준한 반복 연습과 분석을 통하여 표현할 수 있는 내용임을 명심하도록 한다.

7-1 빛의 기초

1 ▸▸ 빛의 속성

광선이 표면에 충돌하면 표면은 광선을 전반사 혹은 일부를 반사해서 우리가 표면을 볼 수 있게 해주며 표면의 모습은 색상, 부드러운 정도, 불투명도 같은 표면 재질의 속성과 함께 표면을 비추는 조명에 따라 달라진다.

2 ▸▸ 빛의 세기(Intensity)

빛의 세기는 빛이 오브젝트를 얼마나 밝게 비추는지에 영향을 주며 빛의 강약에 따라 오브젝트의 분위기를 연출한다.

3 ▸▸ 입사각(Angle of Incidence)

빛이 기울어져 표면에 입사될수록 표면은 빛을 덜 받아 어둡게 보이게 된다.

광원에 대한 표면 Normal 각도를 입사각(Angle Of Incidence)이라고 하며 입사각이 0°이면(광원이 표면에 수직으로 입사하면) 그 표면은 광원의 최대 세기로 비춰지고 입사각이 증가하면 비춰지는 빛의 세기가 줄어들게 된다.

4 ▸▸ 감쇠(Attenuation)

실제 빛을 비출 때에는 거리가 멀어질수록 빛은 약해지며 광원에서 멀리 떨어진 오브젝트는 더 어둡게 보이게 된다. 이런 효과를 감쇠(Attenuation)라고 하는데 자연 상태에서는 빛은 역제곱 비율로 감쇠하게 된다. 즉, 빛의 세기는 광원으로부터의 거리 제곱에 비례해서 줄어든다. 감쇠는 일반적으로 대기에 의해 빛이 분산될 때(특히 대기 중에 안개나 구름 같은 먼지 입자가 있을 때) 더욱 커진다.

5 ▸▸ 반사된 빛과 주변광(Ambient Light)

오브젝트가 반사하는 빛은 다른 오브젝트를 비출 수 있다. 표면에서 많은 빛이 반사될수록 그 빛은 다른 오브젝트에 반사되어 비춰지며 반사된 조명은 주변광(Ambient Light)을 만들고 그 주변광(Ambient Light)은 일정한 세기로 확산된다.

6 ▸▸ 색상과 빛

빛의 색상은 부분적으로 빛을 만드는 과정에 따라 달라진다.

텅스텐 전등의 경우 주황-노랑 빛을 비추고 수은등은 차가운 파란색-흰색 빛을 비추며 태양은 노란색-흰색 빛을 비추게 된다. 또한 조명이 통과하는 매체에 따라서도 달라질 수 있는데 대기 속의 구름이 일광의 푸른빛을 만들거나 스테인드글라스를 투과하는 빛의 색상은 고채도의 빛을 만들기도 한다.

빛의 색상은 가산색(Additive Colors)으로 빨간색(R), 녹색(G), 파란색(B)이며 여러 가지 색상의 빛이 함께 섞이면 흰색이 된다.

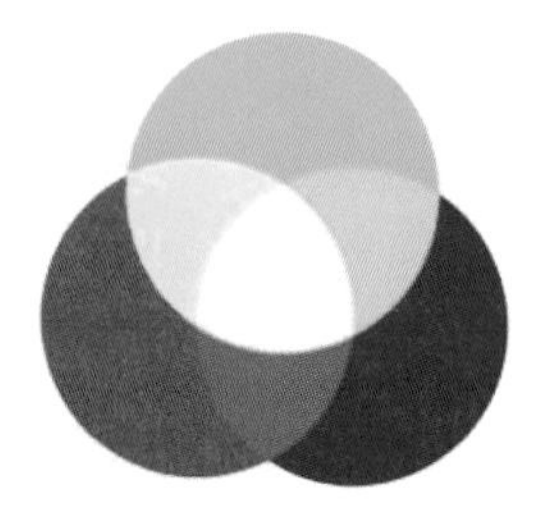

가산혼합

7 ▸▸ 색 온도(Color Temperature)

색 온도를 나타내는 단위는 Kelvin(K) 단위를 사용하며 이 단위는 절대온도(-273˚C)를 기준으로 백금을 가열하여 온도에 따라 변하는 색광을 표기한 것이다. 백금을 가열하면 처음에는 흐린 붉은 빛에서 온도가 올라갈수록 오렌지색에서 노란색으로 변하다가 나중에는 백색에서 푸른색으로 변하게 되는데 이때 금속의 실제 온도에 절대온도 273˚C를 더하여 색 온도가 되는 것이다.

색 온도를 기준으로 보면 한낮의 태양광은 보통 5,500K 정도이고 사진 촬영용 할로겐 램프의 색 온도는 3,200K 정도이다.

색 온도가 높을수록 푸른색 계통의 차가운 느낌을 주고 색 온도가 낮을수록 붉은색 계통의 따뜻한 느낌을 주기 때문에 밝은 이미지를 표현하고자 할 때 많이 사용한다.

광 원	색 온도	Hue
구름낀 날	6,500K	130
정오의 태양	5,500K	58
흰색 형광등	4,000K	27
텅스텐/할로겐 램프	3,200K	20
백열등(100에서 200W)	2,800K	16
일몰이나 일출의 태양	3,500 ~ 4,500K	7
촛 불	1,850K	5

7-2 3DS Max에서의 조명

3DS Max에서의 조명은 자연 상태에서의 조명을 시뮬레이션하지만 자연광보다 단순하며 조명의 세기는 조명의 Multiplier 값으로 조절한다. [Standard] 조명을 흔히 'Default Light(기본조명)' 라고 하며 8가지 조명으로 이루어져 있으며 서로 다른 종류의 조명들은 각기 다른 광원의 효과를 만든다.

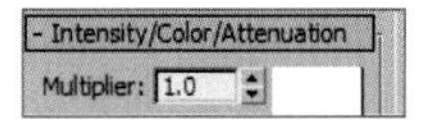

● Customize

[Views] ➡ [Viewport Configuration] ➡ [Lighting and Shadows] ➡ [Illuminate Scene With]을 클릭하면 맥스에는 기본적인 조명을 설정할 수 있다. (버전마다 설정위치 다름)

맥스에서는 조명을 설치하지 않아도 렌더링이 가능하며 추후에 한 개의 조명이라도 설치하면 기본으로 설치되어 있던 조명은 사라지게 된다. 단, 기본 조명이 설치되었다 할지라도 그 조명은 그림자를 생성하지는 않는다.

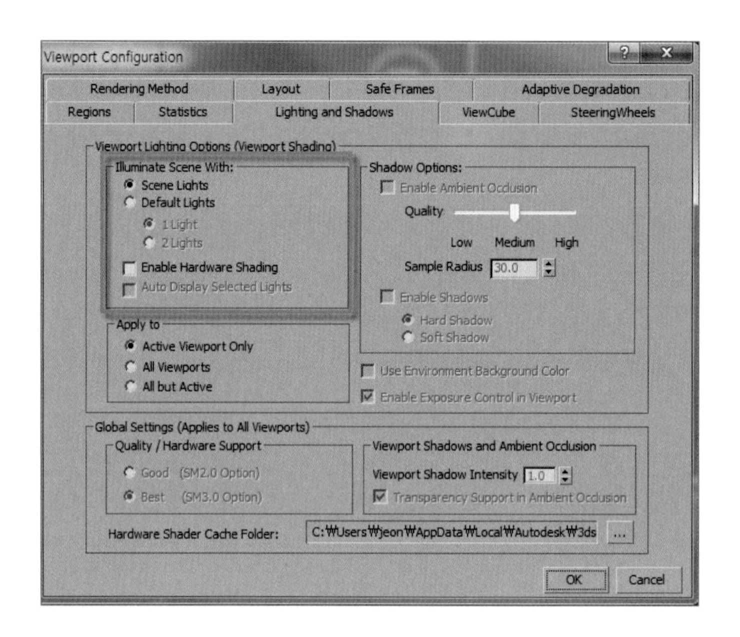

1 ▸▸ 감쇠(Attenuation) 효과

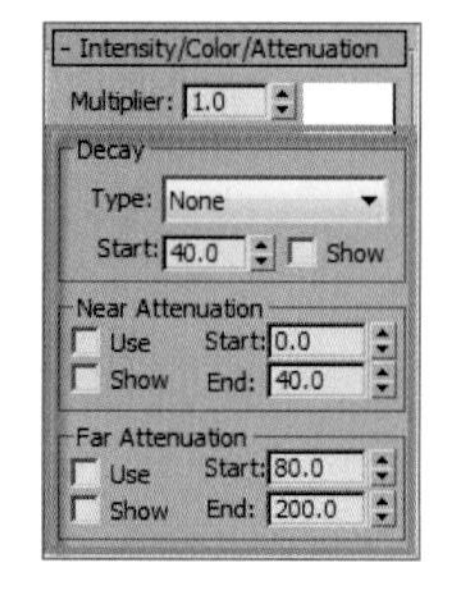

기본적으로 3DS Max의 조명은 감쇠(Attenuation)되지 않는다. 실제의 빛은 거리에 따라 감쇠를 하지만 맥스의 조명은 감쇠가 되지 않으므로 감쇠를 사용하려면 설치된 조명에서 감쇠값을 조절해야 한다.

2 ▸▸ 반사된 빛과 주변광(Ambient Light)

3DS Max에서의 조명은 장면상의 다른 오브젝트에서 반사되는 조명 효과를 계산하지 않는다. Radiosity를 시뮬레이션하려면 Environment 대화상자를 사용해서 Ambient Light의 색상과 세기를 설정하며 Ambient Light는 대비에 영향을 주게 된다.

Ambient Light의 색상이 장면의 색조를 바꿀 수도 있다.

Note

반사되는 조명이나 오브젝트의 다양한 반사에 의해 생기는 변화를 더 잘 표현하기 위해 장면에 조명을 더 추가하고 이 조명들이 영향을 미치지 않게 오브젝트를 조명의 영향에서 제외되도록 Extrude 명령을 이용하여 설정할 수 있다.

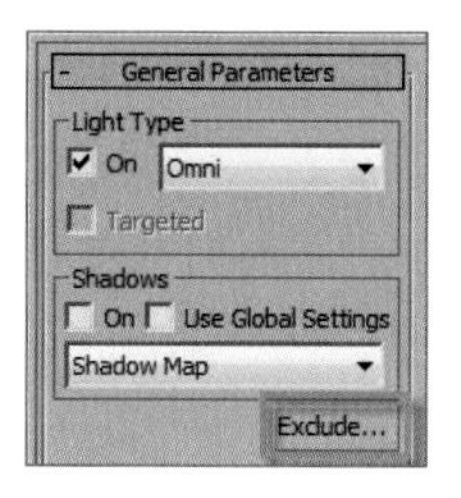

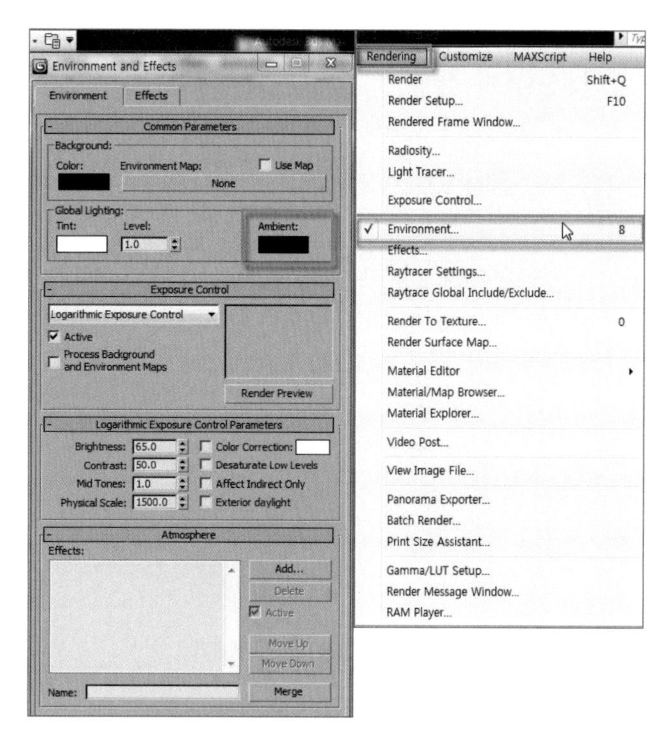

3 ▸▸ 그림자 생성 유무 조절

그림자를 켜지 않으면 장면은 그림자가 없이 렌더링이 가능하며 그림자의 유형은 5가지로 장점과 단점은 다음과 같다.

그림자 유형	장 점	단 점
Adv. Ray Traced	• 투명도 및 불투명도 매핑을 지원한다. • Ray Traced Shadows보다 램을 적게 사용한다. • 많은 광원이나 복잡한 면에 적합하다.	• Shadow Map보다 처리속도가 느리다. • 부드러운 그림자를 지원하지 않는다.
Mental Ray Shadow Map	• Ray Traced Shadows 보다 처리속도가 빠르다.	• Ray Traced Shadows 보다 해상도가 떨어진다.
Area Shadows	• 투명도 및 불투명도 매핑을 지원한다. • 램을 적게 사용한다. • 복잡한 장면에 적합하다.	• Shadow Map보다 처리속도가 느리다.
Shadow Map	• 부드러운 그림자를 만든다. • 그림자 유형 중에 처리속도가 가장 빠르다.	• 램 사용이 많다. • 투명도 및 불투명도 맵을 포함한 오브젝트를 지원하지 않는다.
Ray Traced Shadows	• 투명도 및 불투명도 매핑을 지원한다.	• Shadow Map보다 처리속도가 느리다. • 부드러운 그림자를 지원하지 않는다.

7-3 Light의 종류

1 ▸▸ Standard Light

Standard Light의 종류에는 Target Spot Light, Target Directional Light, Omni Light, Free Spot Light, Free Directional Light, Sky Light, mr Area Spot Light 등 8가지의 조명이 있다.

● Target Spot Light

자동차의 전조등이나 손전등과 같이 목표점을 향해 빛을 비출 수 있도록 원뿔 형태로 빛을 비춘다.

● Target Directional Light

태양빛과 같은 직사광선 효과를 표현 할 수 있으며 외부에서 창문으로 빛이 들어오는 장면이나 전체적으로 빛을 비추고자 할 때 사용한다.

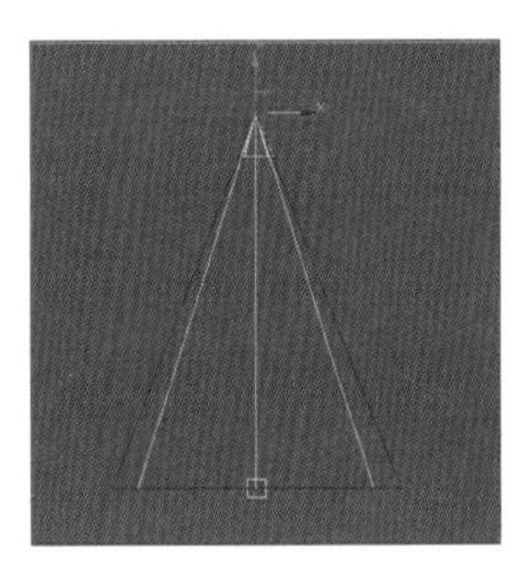

Target Spot Light

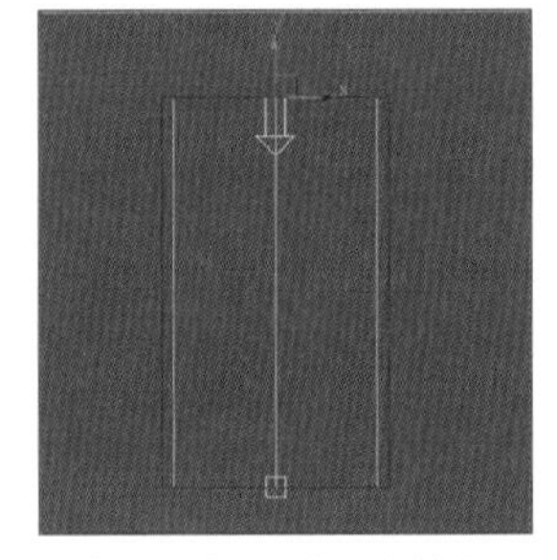

Target Directional Light

● Omni Light

백열등과 같이 사방으로 빛이 확산되는 형태로, [Hotspot/ Beam]과 [Falloff/Field]가 없다.

인테리어 조명으로 사용할 때 단독으로 사용하는 것보다 빛의 강도를 약하게 하여 여러 개의 조명을 만들어 빛이 서로 겹치게 사용하는 것이 좋다.

● mr Area Omni Light

모양은 Omni Light와 같지만 [Mental ray]를 사용할 때 적합하다.

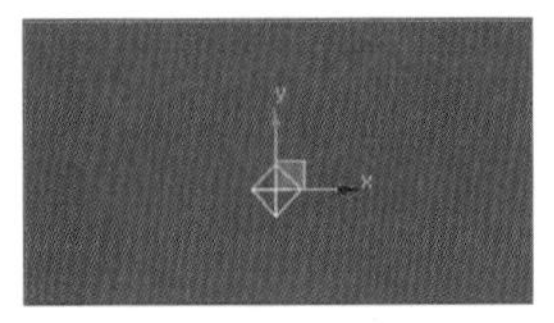

Omni Light

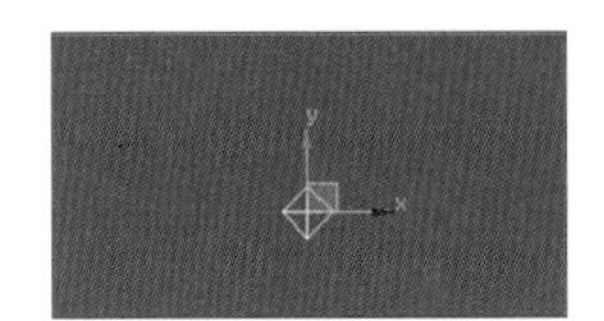

mr Area Omni Light

Free spot Light/Free Directional Light

목표물이 없으며 Rotate 명령을 사용하여 방향을 설정할 수 있다. 애니메이션 제작 시 [Top View]에서 일괄적으로 빛을 비출 때 많이 사용한다.

Sky Light

가상의 돔을 만들어 현실 세계와 같은 간접 조명을 생성한다.
렌더링 시간이 많이 소요되지만 사실감이 뛰어나다.

mr Area Spot Light

모양은 Target Spot Light와 같지만 [Mental ray]를 사용할 때 적합하다.

Free spot Light/Free Directional Light

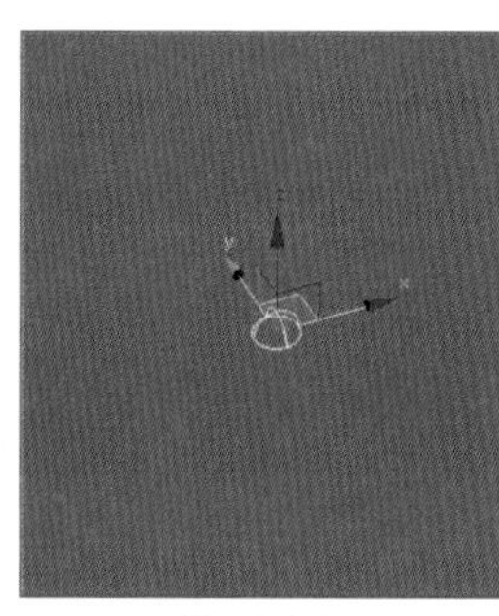

Sky Light

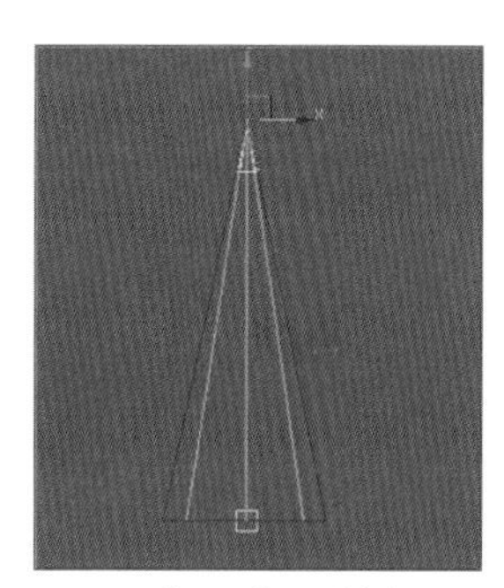

mr Area Spot Light

General Parameters

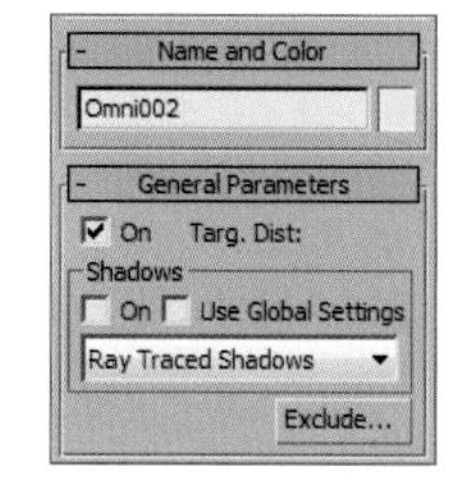

- Light Type : 조명의 작동 여부 및 종류를 설정한다.
  - On : 조명을 켜거나 끈다.
  - Omni : 조명의 종류를 선택한다.
  - Targ. Dist : 조명에서 목표물까지 거리를 보여준다.
- Shadows : 그림자 생성 및 종류를 설정한다.
  - On : 그림자 생성유무를 결정한다.
  - Use Global Settings : 선택한 조명들은 Shadow Map Parameters 설정 값에 변화를 주면 동일하게 변경된다.
  - Shadow Map : 그림자의 타입을 설정한다.
- Exclude : 오브젝트들을 조명의 영역에서 제외 혹은 포함하여 빛 영향의 유무를 선택한다.

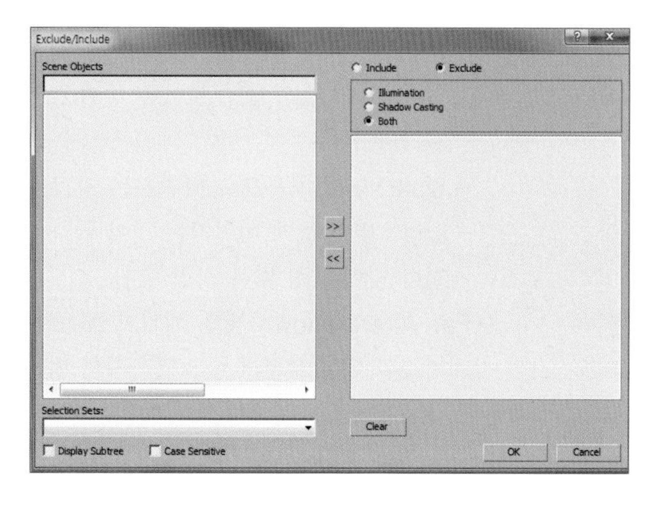

- **Scene Object** : 선택하려는 오브젝트의 이름을 입력한다.
- **Exclude(제외)/Include(포함)**
  - Illumination : 오브젝트에 빛을 제외하거나 포함한다.
  - Shadow Casting : 오브젝트에 그림자의 생성 유무를 결정한다.
  - Both : 빛과 그림자 모두 제외하거나 포함한다.
- **왼쪽 영역** : 제외되거나 포함된 오브젝트들의 목록을 나타낸다.
- **오른쪽 영역** : 현재 뷰포트에 있는 오브젝트들의 목록을 나타낸다.
- **Display Subtree** : 제작된 오브젝트를 순서대로 보여주며 링크된 오브젝트는 부모와 자식 관계에서 자식들을 계단 형태로 보여준다.
- **Selection Sets** : 지정된 이름의 목록을 보여준다.
- **Case Sensitive** : 오브젝트의 이름을 영문 대문자에서 소문자로 순서대로 보여준다.
- **Clear** : 제외되거나 포함된 우측 칸에 기록된 오브젝트의 목록을 삭제할 수 있다.

Intensity/Color/Attenuation

빛의 세기나 색 및 감쇠현상을 조절한다.

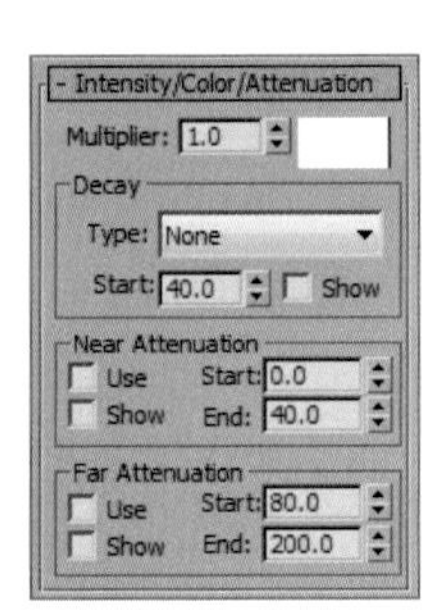

- **Multiplier** : 빛의 세기를 조절한다.
  - Color Tab : 조명의 색상을 변경할 수 있다.
  - Decay : 조명의 비춰진 거리에 따라 빛의 세기를 조절한다.
  - Type : None, Inverse, Inverse Square의 타입을 결정한다.
    None : 거리에 따른 빛의 감소효과를 사용하지 않는다.
    Inverse : 거리에 따라 빛의 감소가 일어난다.
    Inverse Square : 거리에 따라 빛이 배로 감소한다.
  - Start : Decay가 시작할 때 위치를 설정한다.
  - Show : Decay가 시작할 때 위치를 뷰포트에서 보여준다.
- **Near Attenuation** : 빛이 시작되는 시점을 결정한다.
  - Use : 체크 표시하면 Near Attenuation을 적용한다.
  - Show : Near Attenuation 사용 시 조명이 선택한 상태에서만 Near Attenuation의 영역을 표시한다. 체크 표시를 하면 조명을 선택하지 않은 상태에서도 Near Attenuation을 적용한다.
  - Start : 빛이 처음으로 비춰지는 지점의 위치를 결정한다.
  - End : 빛이 밝게 비춰지는 것이 끝나는 위치를 결정하고 그 이후는 빛의 원래 세기로 표현한다(빛이 가장 밝은 시점이다).
- **Far Attenuation** : 빛의 세기가 Near Attenuation의 End 상태에서의 밝기에서부터의 감소가 시작되는 부분에서 소멸까지의 범위를 결정한다.
  - Use : 체크 표시해야 Far Attenuation을 적용할 수 있다.
  - Show : Far Attenuation을 사용하고 있어도 조명을 선택한 상태에서만 Far

Attenuation의 영역을 나타낸다. 체크 표시하면 조명을 선택하지 않은 상태에서도 Far Attenuation의 영역을 볼 수 있다.

- Start : 빛이 감소되기 시작하는 시점을 설정한다.
- End : 빛이 감소되어 끝나는 시점을 설정한다.

Note Light Attenuation의 영역

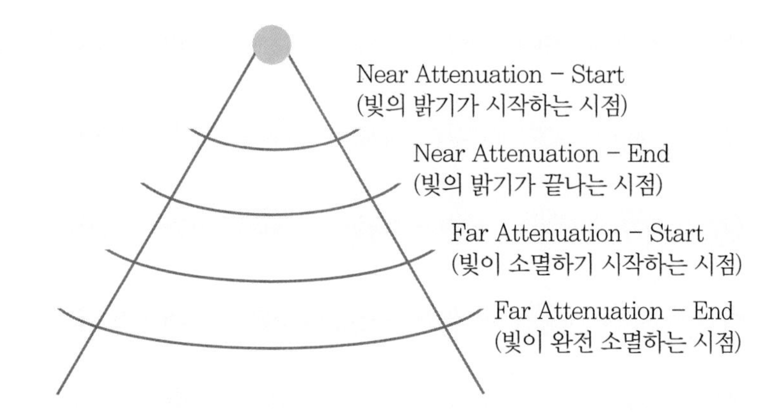

Spotlight Parameters

Omni 조명에는 없으며 선택한 조명을 비추는 영역을 제어한다.

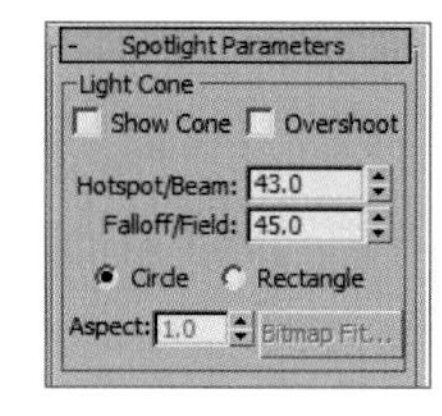

- **Light Cone** : 빛의 비추는 영역과 모양을 결정한다.
  - Show Cone : 선택한 상태에서만 뷰포트에서 빛이 비치는 영역을 표시한다.
  - Overshoot : Omni Light와 같이 사방으로 비치는 라이트로 사용한다.
- **Hotspot/Beam** : 빛이 있는 중심으로부터 가장 밝은 빛의 영역을 표시한다.
- **Falloff/Field** : [Hotspot/Beam]으로부터 바깥쪽으로 빛이 감소하는 영역을 표시한다.
  - Circle : 빛이 비춰지는 형태를 원형으로 보여준다.
  - Rectangle : 빛이 비춰지는 형태를 사각형으로 보여준다.
- **Aspect** : Rectangle을 선택하면 활성화되며 사각형 모양으로 가로, 세로 비율을 결정한다.
- **Bitmap Fit** : 선택한 이미지 크기의 비율을 적합하게 맞춘다.

Advanced Effects

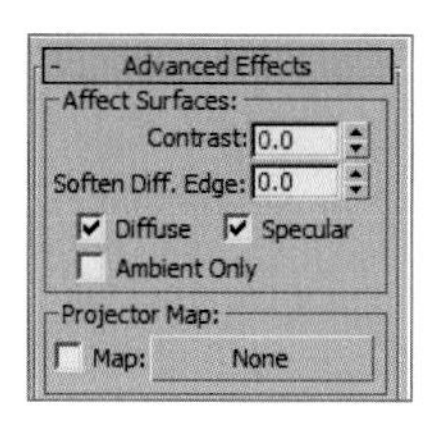

- **Affect Surfaces** : 빛이 면에 표현될 방식을 결정한다.
  - Contrast : 오브젝트 표면의 밝고 어두운 빛의 대비를 결정한다.
  - Soften Diff. Edge : Contrast에 의해 밝고 어두운 곳의 경계 부분을 부드럽게 한다.

- Diffuse : 오브젝트의 표면 전체인 Diffuse 부분에 빛을 비춘다.
- Specular : 오브젝트의 표면 중에서 가장 밝은 부분에 빛을 비춘다.
- Ambient Only : 체크하면 어두운 부분에만 빛을 비춘다.

• **Project Map** : 빔 프로젝트처럼 이미지를 투영하여 보여준다.
- Map : 체크 표시될 때 Project Map을 나타낸다.
- None : 투영할 이미지를 불러온다.

Shadow Parameters

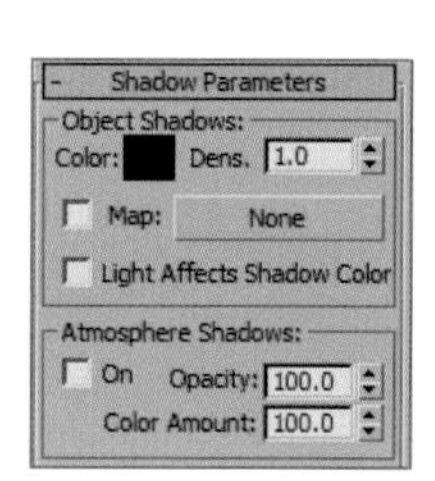

• **Object Shadows** : 오브젝트의 그림자에 대해 조절한다.
- Color : 그림자 색을 결정한다.
- Dens : 그림자 농도를 조절한다(보통 0.4~0.5로 설정한다).
- Map : 체크 시 그림자 대신 이미지로 표현한다.
- None : 그림자에 보일 이미지를 불러온다.
- Light Affects Shadow Color : 체크하면 조명 색상이 그림자의 색상에 영향을 미친다.

• **Atmosphere Shadows** : 불, 안개 등의 그림자를 생성한다.
- On : 체크하면 그림자를 생성한다.
- Opacity : 그림자의 투명도를 조절한다.
- Color Amount : Atmosphere로 표현한 색과 조명색의 혼합을 조절한다.

Shadow Map Params

- Bias : 오브젝트와 그림자의 떨어지는 정도를 조절한다.
- Size : 그림자의 픽셀 크기를 결정한다(값이 커지면 그림자가 부드러워진다).
- Sample Range : 그림자 외곽의 부드러운 정도를 결정한다.
- Absolute Map Bias : 오브젝트의 상관 관계를 이용하여 절대좌표로 계산한다.
- 2 Sided Shadows : 오브젝트 면의 반대쪽에 조명을 설치하여 그림자가 생성되도록 하고자 할 때 면은 무시하고 투과해 버리는데 이 때 체크 표시하면 그림자를 생성하도록 한다.

2 Sided Shadows (체크)

2 Sided Shadows (미체크)

Atmospheres & Effects

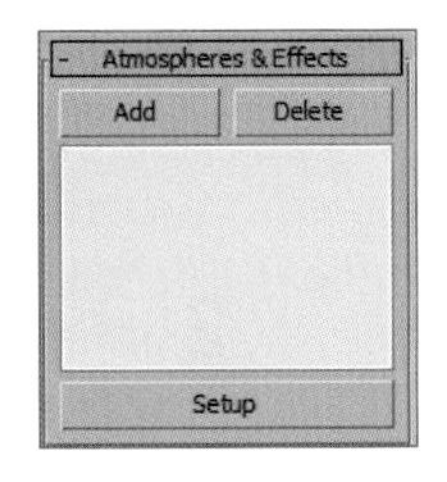

Volume Light와 Lens Effects를 적용한다.

- **Add** : Volume Light와 Lens Effects를 추가한다.
- **Delete** : 선택된 Volume Lights와 Lens Effects를 삭제한다.
- **Setup** : 효과를 제어할 수 있는 대화상자를 보여준다.

Mental ray Indirect Illumination

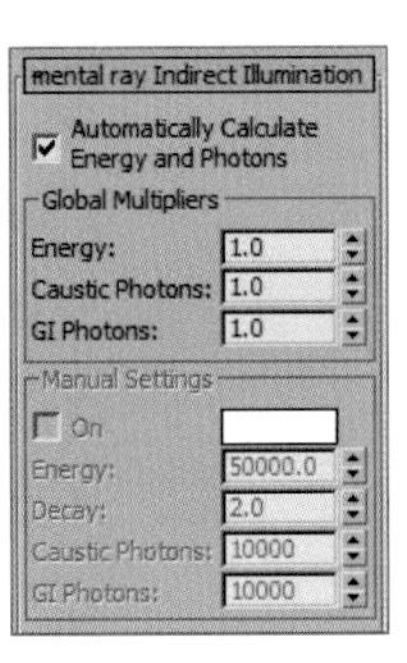

- **Automatically Calculate Energy and Photons** : 체크 표시를 해제하면 Manual Settings의 설정 값을 적용할 수 있다.
- **Global Multipliers** : 전체 빛의 양을 결정한다.
  - Energy : 초기 에너지의 양을 결정한다.
  - Caustic Photons : Light에서 방출되는 Photon의 양을 결정한다. 수치가 클수록 고품질을 얻지만 렌더링 시간이 길어진다.
  - GI Photons : Light에서 방출되는 GI Photon의 양을 결정한다.
- **Manual Settings**
  - On : 체크 표시를 해제했을 경우에만 적용한다.
  - Energy : Photon이 갖게 되는 초기의 에너지양을 결정한다.
  - Decay : 거리에 따라 Photon의 흡수를 결정한다.
  - Caustic Photons : Light에서 방출되는 Photon의 양을 결정한다. 수치가 클수록 고품질을 얻지만 렌더링 시간이 길어진다.
  - GI Photons : Light에서 방출되는 GI Photon의 양을 결정한다.

Sky Light Parameters

Sky Light 조명은 하늘과 같은 빛을 표현하고자 할 때 사용하지만 독립적으로 사용하면 표현되지 않으며 Advanced Lighting 부분에서 Light Tracer와 함께 사용해야만 그 효과가 나타난다.

- **Skylight Parameters**
  - On : 라이트의 작동 여부를 결정한다.
  - Multiplier : Sky Light의 강도를 결정한다.
- **Sky Color** : 하늘색을 결정한다.
  - Use Scene Environment : Environment에서 배경색이나 배경 이미지를 하늘색으로 표현한다.
  - Sky Color : 하늘색을 지정한다.
  - Map : 지정한 이미지를 하늘색으로 표현한다.
- **Render** : 결과물의 그림자를 결정한다.

- Cast Shadows : 체크 표시하면 그림자를 제작한다.
- Rays per Sample : 그림자의 정밀도를 결정한다.
- Ray Bias : 그림자의 기울기를 결정한다.

2 ▸▸ Photometric Light

실제 조명 데이터인 IES(Illumination Engineering Society Photometric Data Format) 파일은 실제 빛이 가지는 에너지를 그대로 표현이 가능한 파일로 배광 곡선을 가지고 있어 사실적인 표현이 가능하다.

다양한 분산 및 색상 특징이 있는 광원을 만들거나 조명 생산업체에서 제공하는 특정 Photometric 파일을 가져와서 적용할 수 있으며 모델링은 실측에 맞게 제작한 후에 렌더링 시 [Advanced Lighting] ➡ [Radiosity]를 사용해야 한다.

● Photometric Light의 종류

Photometric Light는 실제 조명이 가지고 있는 빛처럼 사실적인 표현이 가능하며 총 3종류가 있다(버전에 따라 다르게 표기되어 있음).

- Target Light : 광원을 조준하는데 사용할 수 있는 서브 오브젝트가 있다.
- Free Light : 광원을 조준하는 서브 오브젝트가 없다.
- mr Sky Portal : 내부 장면에서 기존의 Sky Light와 같은 효과를 낼 수 있도록 한다.

● Photometric Light의 옵션

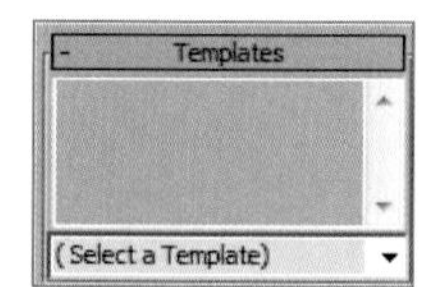

- Templates : 템플릿 롤아웃에서는 미리 설정된 다양한 광원 유형을 선택하여 사용할 수 있다.

● General Parameters

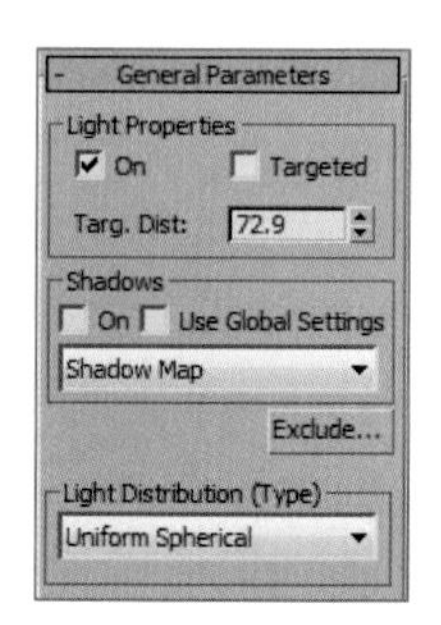

- Light Properties
  - On : 라이트를 켜거나 끈다. 체크하지 않으면 음영처리나 렌더링 시 조명이 사용되지 않는다.
  - Targeted : 체크하면 조명이 대상을 가진다.
  - Targ. Dist : 대상거리를 표시한다.
- Shadows
  - On : 그림자 생성 유무를 결정한다.
  - Use Global Setting : 선택한 라이트들은 Shadow Map

Parameters 설정값에 변화를 주면 똑같이 바뀐다.
- Shadow Map : 그림자의 형태를 설정한다.

- **Exclude** : 조명효과에서 선택한 오브젝트를 제외한다. 제외 옵션은 렌더링 시에만 적용된다.
- **Light Distribution(Type)** : 조명 분포 그룹으로 조명 분포 유형을 선택할 수 있다.

Intensity/Color/Attenuation

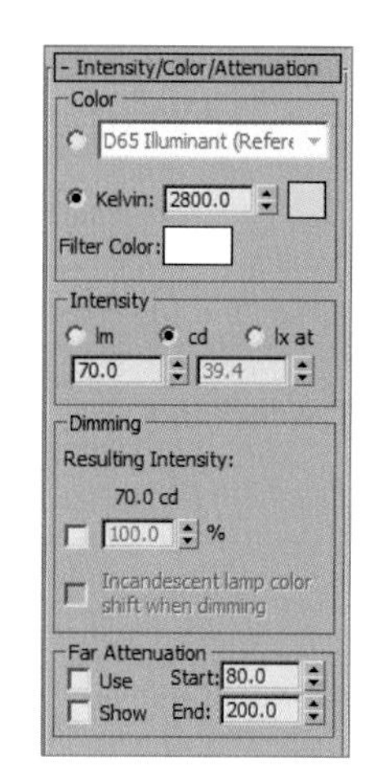

- **Color** : 광원의 스펙트럼에 근접하여 일반 램프의 종류를 선택한다.
  - D65 Illuminant(Reference white) : 기본 선택 사양인 D65(흰색)는 국제광원위원회(CIE)에서 정의된 흰색값이다.
  - Kelvin : 광원의 색상을 설정한다.
  - Filter Color : 색상 필터의 색상을 설정한다.
- **Intensity** : 조명의 밝기를 결정한다.
  - lm(Lumen) : 빛이 광원에서 방출되어 빛의 양을 밝기로 표현한다(100W 범용 전구의 광도는 1750lm을 가진다).
  - cd(Candela) : 특정 방향에서의 가시광선의 강도인 광도로 빛의 밝기를 표현한다(100W 범용전구의 광도는 약 139cd를 가진다).
  - lx at(Lux Attenuation) : 조도값과 범위(Attenuation)를 가지고 표현한다.
- **Dimming** : 어둡기로 인한 강도를 표시한다.
  - % : 100이면 광원에 전체 강도가 있고 수치가 낮을수록 어두워진다.
- **Far Attenuation** : 포토메트릭 광원의 감쇠 범위를 설정할 수 있다.
  - Use : 광원에 대해 원거리 감쇠 사용 여부를 결정한다.
  - Show : 원거리 감쇠 범위를 표시한다.

Shape/Area Shadows

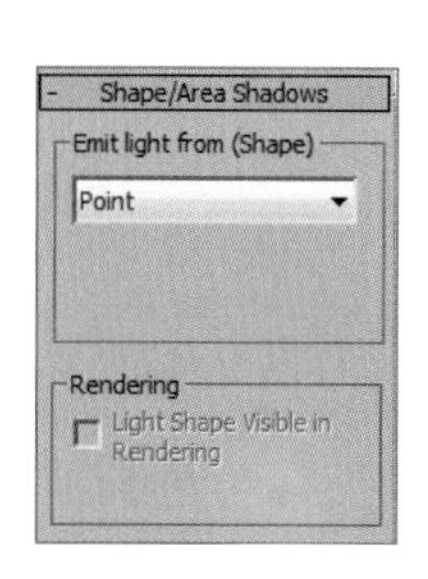

- **Emit light from(Shape)** : 목록의 그림자 생성 모양을 선택한다.
  - Point : 점에서 방사된 것처럼 그림자를 계산한다.
  - Line : 선에서 방사된 것처럼 그림자를 계산한다.
  - Rectangle : 직사각형에서 방사된 것처럼 그림자를 계산한다.
  - Disc : 원판에서 방사된 것처럼 그림자를 계산한다.
  - Sphere : 구에서 방사된 것처럼 그림자를 계산한다.
  - Cylinder : 원기둥에서 방사된 것처럼 그림자를 계산한다.
- **Rendering**
  - Light Shape Visible in Rendering : 체크 시에 광원이 발광하는 모양으로 렌더링된다.

Shadow Parameters

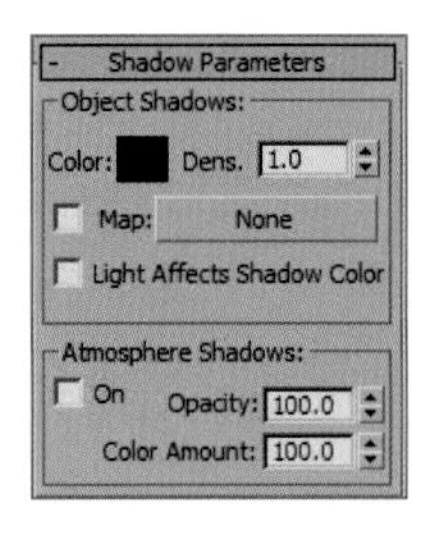

- Object Shadows
  - Color : 그림자의 색상을 선택한다.
  - Dens. : 그림자의 농도를 설정한다.
  - Map[None] : 그림자에 맵을 지정한다.
  - Light Affects Shadow Color : 체크하면 광원의 색상이 그림자 색상과 혼합된다.
- Atmosphere Shadows
  - On : 체크하면 광원이 대기(안개 등)를 통과할 때 그림자에 대기 색상이 나타난다.

Shadow Map Params

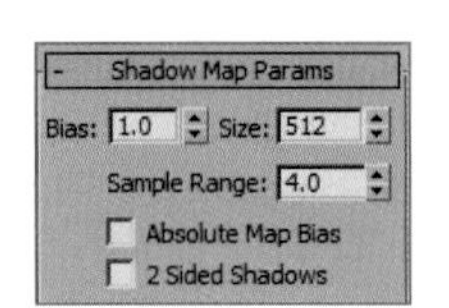

- Bias : 그림자와 오브젝트의 떨어지는 간격을 결정한다.
- Size : 그림자의 맵의 크기(픽셀)를 설정한다.
- Sample Range : 그림자 가장자리의 부드러운 정도를 결정한다. 수치가 높을수록 부드럽다.
- Absolute Map Bias : 미체크 시에 바이어스가 장면 크기에 일치된다.
- 2 Side Shadows : 설정하면 렌더링 시에 안쪽 면의 그림자가 나타난다.

Atmospheres & Effects

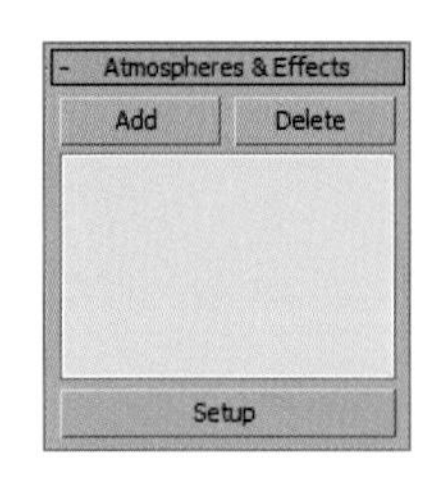

Volume Light와 Lens Effects를 적용한다.

- Add : Volume Light와 Lens Effects를 추가한다.
- Delete : 선택된 Volume Lights와 Lens Effects를 삭제한다.
- Setup : 효과를 제어할 수 있는 대화상자를 보여준다.

Advanced Effects

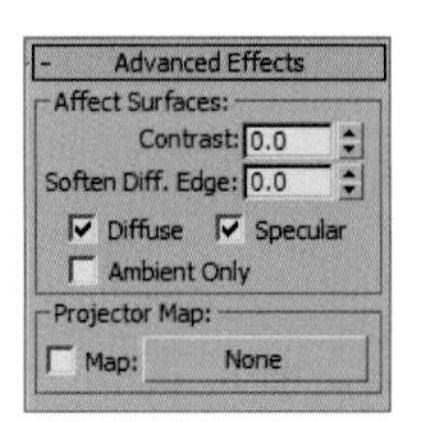

- Affect Surfaces
  - Contrast : 표면의 확산 영역과 주변 영역 간의 대비를 조절한다.
  - Soften Diff. Edge : 표면의 확산 부분과 주변 부분 사이의 경계가 부드럽게 처리된다.
  - Diffuse : 체크하면 오브젝트 표면의 확산 속성에 영향을 준다.
  - Specular : 체크하면 오브젝트 표면의 반사광 속성에 영향을 준다.
  - Ambient Only : 체크하면 조명의 주변 기기에만 영향을 준다.
- Projector Map
  - Map : 투영에 사용할 맵을 지정한다.

● mental ray Indirect Illumination

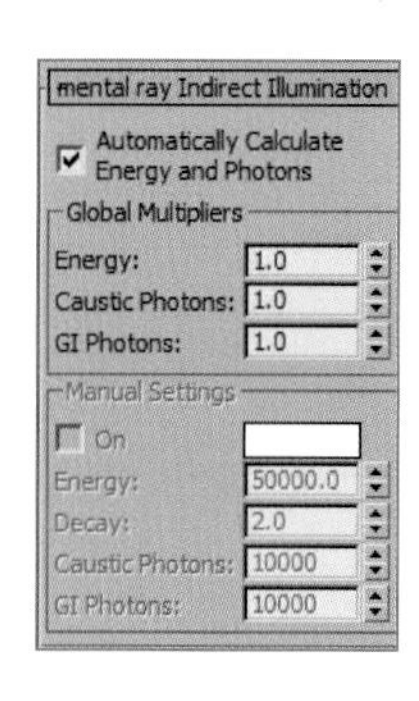

- Automatically Calculate Energy and Photons : 체크하면 광원은 전역 광원 설정을 간접 조명에 사용한다.
- Global Multipliers
  - Energy : 특정 광원의 증감을 위해 전역 에너지 값을 곱한다.
  - Caustic Photons : 특정 광원에 의해 Caustic을 생성하는데 사용되는 Photon의 수를 증감하기 위해 전역 화선 광자 값을 곱한다.
  - GI Photons : 특정 광원에 의해 전역 조명을 생성하는 데 사용되는 광자의 수를 증감하기 위해 전역 GI 광자 값을 곱한다.

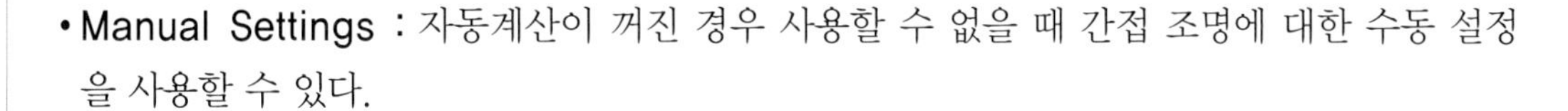

- Manual Settings : 자동계산이 꺼진 경우 사용할 수 없을 때 간접 조명에 대한 수동 설정을 사용할 수 있다.

● mental ray Light Shader

- Enable : 체크하면 할당된 광원 셰이더를 사용한다.
- Light Shader : Material/Map Browser를 표시하고 광원 셰이더를 선택한다.
- Photon Emitter Shader : Material/Map Browser를 표시하고 셰이더를 선택한다.

3 ▸▸ Sunlight와 Daylight

Sunlight와 Daylight는 날짜, 시간, 위치, 방위 등의 데이터를 이용하여 태양을 사실적으로 표현할 수 있다.

● Motion

Sunlight와 Daylight를 만들고 데이터 수정은 Motion 패널에서 수정한다.

● Sunlight

- Control Parameters
  - Manual : 체크 시 태양의 위치를 뷰포트에서 조절할 수 있다.
  - Data, Time and Location : Geographic Location 대화상자를 통해 도시 목록이나 지도에서 위치를 선택하여 경도 및 위도 값을 설정할 수 있다.
  - Weather Data File : Configure Weather Data 대화상자를 사용하여 사용할 날씨 데이터파일의 내용을 선택할 수 있다.

- Azimuth : 방위를 나타내며 북쪽을 0으로 하고 시계반대방향으로 해서 동쪽을 90으로 한다.
- Altitude : 지평선에서 태양의 각도(고도)를 나타낸다.

• **Time** : 시간을 설정한다.

- Hours, Mins, Secs : 시, 분, 초를 설정한다.
- Month, Day, Year : 월, 일, 년을 설정한다.
- Time Zone : 지역에 따라 다른 시간대를 구분하여 지역을 설정한다.
- Daylight Saving Time : 태양의 위치를 시간에 따른 등식으로 설정한다.

• **Location** : 지역을 선택한 뒤 태양의 위치를 설정한다.

- Get Location : 국가와 도시를 설정한다.
- Latitude : 위도를 설정한다.
- Longitude : 경도를 설정한다.
- North Direction : 방위 표시의 방향을 회전시킨다.

• **Model Scale** : 태양의 거리와 방위의 위치를 결정한다.

- Orbital Scale : 태양의 거리를 설정한다.

Daylight

IES Sun과 IES Sky를 혼합한 형태로 [Modifier] 패널에서 조명의 옵션을 조절할 수 있다.

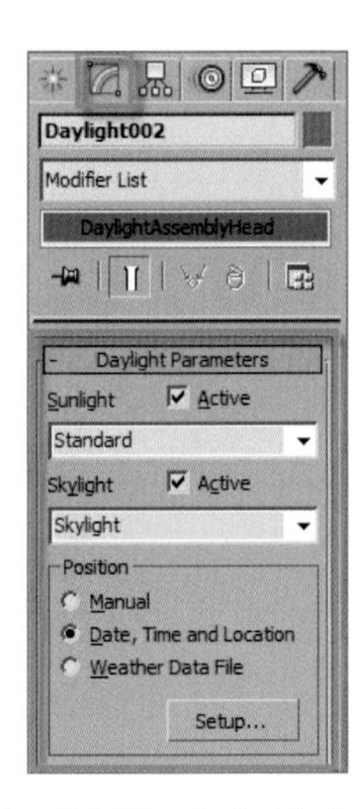

• **Daylight Parameters**

- Sunlight : 조명의 형태를 선택한다.
- Active : 사용 여부를 결정한다.

• **Position** : 위치를 설정한다.

- Manual : 태양의 위치를 뷰포트에서 Select and Move를 이용하여 이동할 수 있다.
- Date, Time and Location : Motion의 Control Parameters를 이용한 위치를 사용한다.
- Weather Data File : Configure Weather Data 대화상자를 사용하여 사용할 날씨 데이터파일의 내용을 선택할 수 있다.
- Set up : 선택하면 Motion의 Control Parameters로 이동한다.

7-4 Advanced Lighting

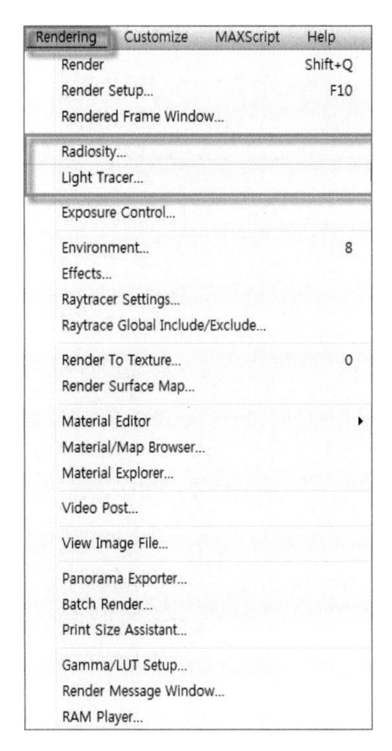

GI System(Global Illumination)은 Light Tracer와 Radiosity를 제공하며 조명의 실제 빛이 가지는 에너지를 계산하여 보다 사실적인 표현이 가능하다.

GI 효과는 간접조명(Indirect Light) 효과와 같은 의미로서 직접조명이 부딪힌 오브젝트로부터 다시 반사되는 과정을 반복하면서 공간 속으로 확산되는 것을 말한다.

Mental Ray Renderer 또는 외부 Renderer를 사용할 경우에는 메뉴에 나타나지 않는다.

1 ▸▸ Radiosity

주로 인테리어 장면을 연출할 때 사용되며 기본 조명보다는 Photometric Light를 사용하고, 모델링 제작 또한 실물제작 치수로 작업을 해야 좀더 사실적인 장면을 표현할 수 있다.

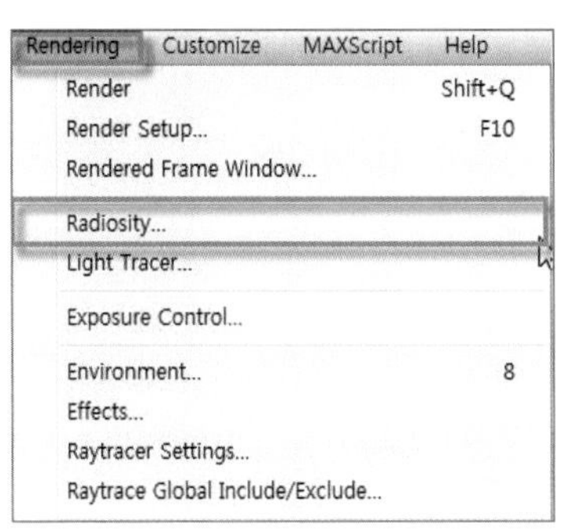

● Radiosity Processing Parameters

- **Reset All** : Radiosity로 계산한 모든 값을 적용되기 이전 값으로 초기화한다.
- **Reset** : 물체 표면에 적용된 조명의 단계만 Radiosity 엔진에서 삭제하여 초기화한다.
- **Start** : Radiosity processing을 시작한다.
- **Stop** : Radiosity processing을 중단한다. [Start] 버튼을 클릭하면 계산된 부분부터 다시 계산한다.
- **Process** : 오브젝트의 면을 세분화한다.
  - Intial Quality : 장면에 품질을 설정한 비율까지 에너지 분포를 계산한다. 보통 테스트 시에는 80~85% 정도까지 실행하고 완성 장면은 90~95%까지 실행한다.
  - Refine Iterations(All Objects) : 전체 장면에서 오브젝트의 면을 세분화할 횟수를 설정하여 장면의 거친 부분을 부드럽게 한다.
  - Refine Iterations(Selected Objects) : Radiosity로 계산한 장면에서 얼룩이 있는 오브젝트만을 선택하여 면을 세분화함으로써 별도로 품질을 높여준다.
  - Process Refine Iterations Stored in Objects : 각 오브젝트에 Refine Iterations 값을 설정하고 Radiosity를 계산한 후 다시 Refine Iterations의 값을 바꿀 경우 면들이 자동

으로 세분화되어 이전 장면과 같은 품질을 유지한다.

- Interactive Tools : 빛으로 표현하는 어색한 부분을 조절하여 장면의 품질을 높인다.
  - Indirect Light : 간접조명에 의한 면 분할을 계산한 후 주변의 얼룩진 부분을 인접색상과 혼합시켜 그 차이를 부드럽게 표현한다. 보통 적절한 값은 3~4 정도로 한다.
  - Direct Light Filtering : 직접조명에 의한 면 분할을 계산한 후 주변의 얼룩진 부분을 인접색상과 혼합시켜 그 차이를 부드럽게 표현한다. 보통 적절한 값은 2~4 정도로 한다.
  - Logarithmic Exposure Control : Set up 버튼을 클릭하면 Exposure Control을 사용할 수 있도록 Environment and Effects 대화상자가 나타난다.
  - Display Radiosity in Viewport : Radiosity에 의한 결과를 뷰포트상에서 미리보기 해준다.

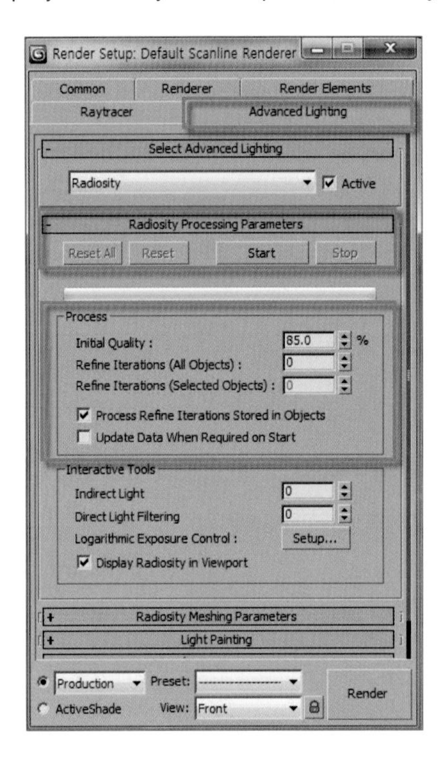

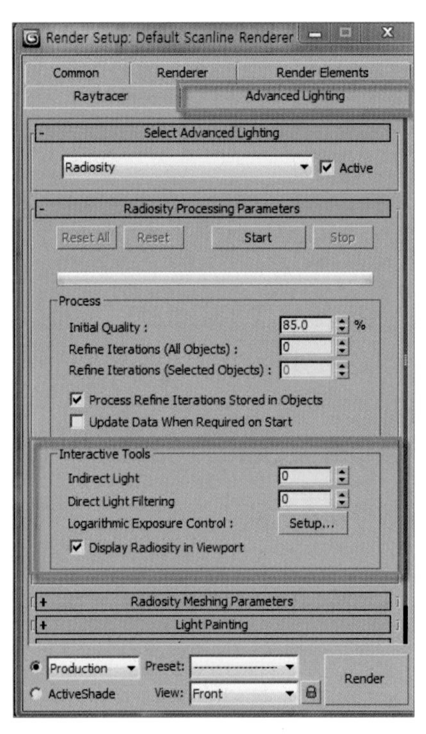

Radiosity Meshing Parameters

- Global Subdivision Settings : 장면에 있는 오브젝트의 면을 분할하는 곳으로, 면이 분할되는 크기에 따라 렌더링 결과물이 다르게 표현되므로 너무 작은 면분할은 Radiosity를 계산하는 시간이 오래 걸리므로 각 오브젝트별로 면 분할을 설정하여 사용하는 것이 좋다.
  - Enable : Mesh면을 분할하여 사용할지의 여부를 결정한다.

- Mesh Settings
  - Maximum Mesh Size : 면 분할 실행 시 면의 최대 크기를 설정한다. 크기에 비례하여 결정한다.
  - Minimum Mesh Size : 면 분할 실행 시 면의 최소 크기를 설정한다. 크기에 비례하여 결정한다.

- Contrast Threshold : 경계면 대비 부분에 대한 면 분할을 설정한다.
- Initial Meshing Size : 초기 면 분할의 크기를 설정한다.

Light Painting

작업 시 조명이 부족한 부분에 한해 작업자가 직접밝기를 붓을 이용하여 수정할 수 있는 기능이다.

- Intensity : Lux의 강도로 빛의 밝기를 결정한다.
- Pressure : 빛이 확산되는 범위를 결정한다.
- Add Illumination : Intensity에서 설정한 빛의 밝기를 장면의 빛의 세기와 혼합하여 이미지를 밝게 만든다. Radiosity를 계산한 후 밝은 쪽을 선택한 후 어두운 부분을 드래그하면 어두운 부분이 밝아진다.
- Remove Illumination : 장면에서 Intensity에서 설정한 밝은 부분을 어둡게 줄여준다. Radiosity를 계산한 어두운 부분을 선택한 후 밝은 부분을 드래그하면 밝은 부분의 이미지 부분이 어두워진다.
- Pick Illumination : 장면에서 표현된 이미지의 조명값을 가져올 수 있다.
- Clear : 장면에 적용된 Light Painting 값을 초기화한다.

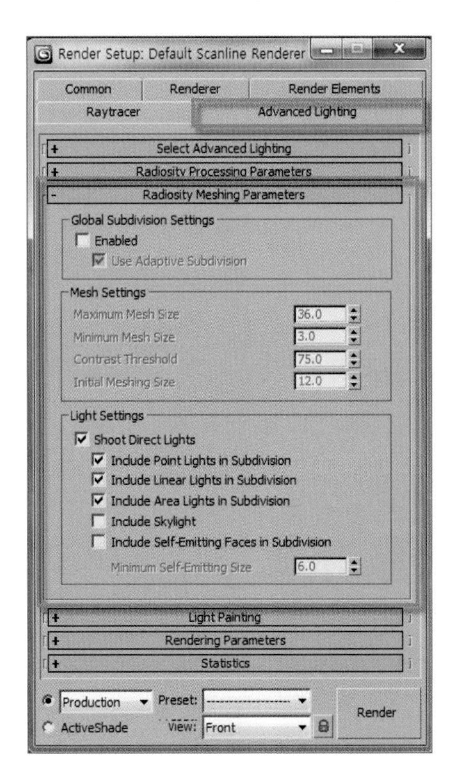

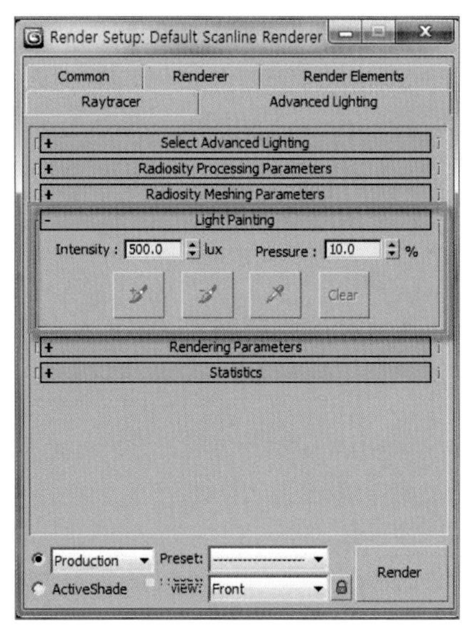

Rendering Parameters

• Re-Use Direct Illumination from Radiosity Solution : Radiosity Solution에 저장된

Direct Illumination을 이용하여 렌더링을 한다.

- Rander Direct Illumination : Radiosity Solution으로부터 장면에 만든 조명의 효과를 계산하여 렌더링한다.
- Regather Indirect Illumination : 모든 직접 조명을 다시 계산하여 렌더링 시간이 가장 오래 걸린다.
- Rays per Sample : 각 샘플에 투사할 광원의 빛줄기 개수를 설정한다.
- Filter Radius(pixels) : 'Rays per Sample' 값이 적을 때 그림자에 얼룩이 생기는 부분을 부드럽게 표현한다.
- Clamp Values(cd/m^2) : 장면에서 표현한 Illumination의 값을 제어하고 전체적인 이미지의 밝기를 표현한다.

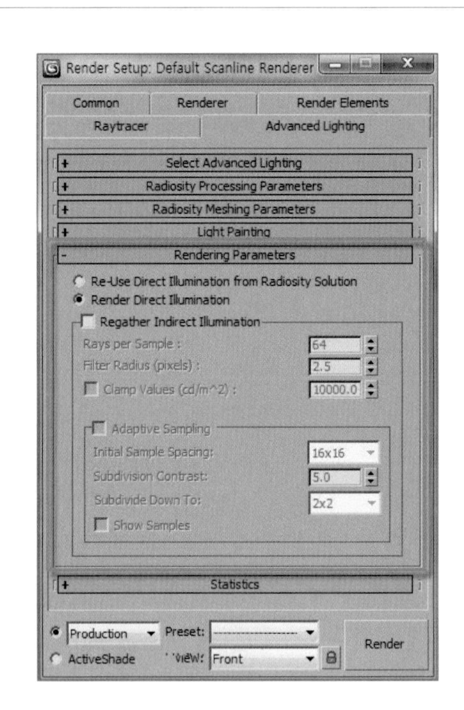

• Adaptive Sampling : 반사되는 부분을 샘플링하여 세분화한다.

- Intial Sample Spacing : 초기 샘플의 격자를 설정한다.
- Subdivision Contrast : 수치가 작을수록 영역을 더욱 세분화한다.
- Subdivision Down To : 세분화될 최소 간격을 설정한다.
- Show Samples : Samples에 적용한 효과를 렌더링 후 붉은 점으로 보여주고 Samples의 적용 정도를 파악한다.

● Object에서의 Adv. Lighting

마우스 우측 버튼으로 오브젝트를 클릭하여 Properties를 선택한 뒤 Object properties 대화상자를 클릭한다.

● Radiosity의 설정

Radiosity로 장면에 있는 모든 오브젝트를 면 분할을 하여 계산하다 보면 렌더링 시간이 오래 걸리므로 오브젝트의 중요도에 따라 옵션을 설정하여 렌더링 시간을 효율적으로 줄이도록 한다.

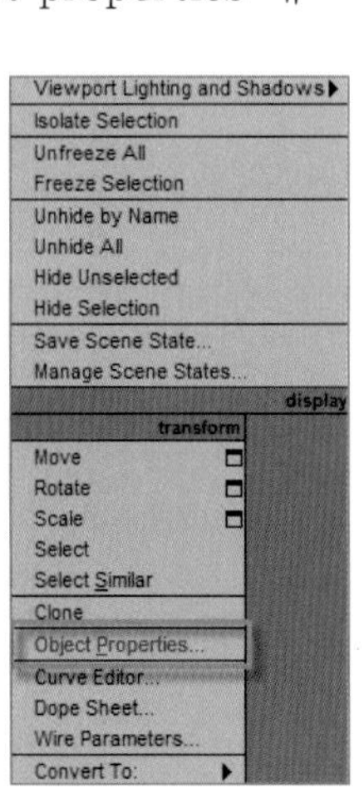

- **Selection Information** : 오브젝트와 조명의 개수를 보여준다.
  - Num. Geometric Object : 현재 선택한 오브젝트의 개수를 표시한다.
  - Num Light Objects : 현재 선택한 조명의 개수를 표시한다.

Geometric Object Properties

Radiosity를 계산할 때 오브젝트에 관한 옵션을 설정한다.

- **Exclude from Adv. Lighting Calculations** : 체크 시 Radiosity 계산에서 제외시킨다.
  - By Object : 선택한 오브젝트 및 동일한 레이어로 지정한 오브젝트들은 'Geometric Object Properties' 에서 설정한 값에 영향을 준다.
- **Adv. Lighting General Properties** : 빛이 영향을 미치는 주변에 대한 옵션을 설정한다.
  - Cast Shadows : Radiosity 계산에 그림자 포함 여부를 결정한다.
  - Receive Illumination : 간접조명을 Radiosity 계산에 포함 여부를 결정한다.
  - Num. Regathering Rays Multiplier : 면에 반사하는 빛줄기의 개수를 설정한다.
- **Radiosity-only Properties**
  - Diffuse(reflective & translucent) : Radiosity를 계산할 때 Diffuse의 Reflection과 Translucent를 계산한다.
  - Specular(transparent) : Radiosity를 계산할 때 Specular의 Transparent를 계산한다.
  - Exclude from Regathering : 선택한 오브젝트에서 Regathering을 제외한다.

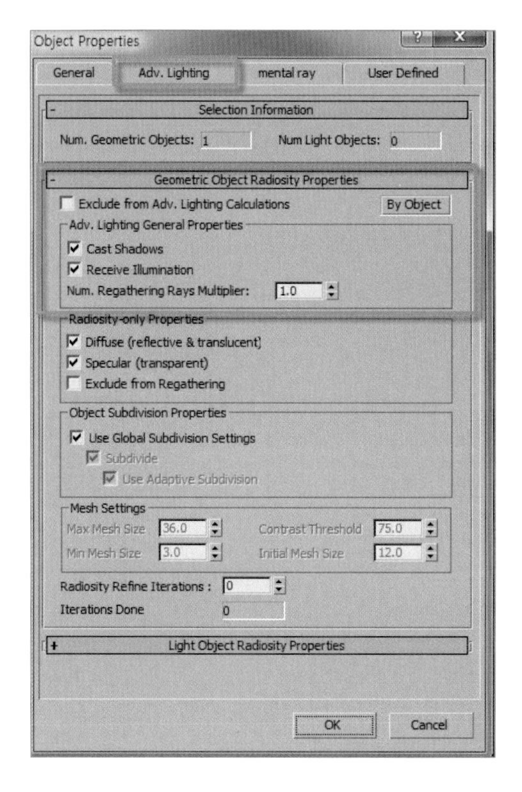

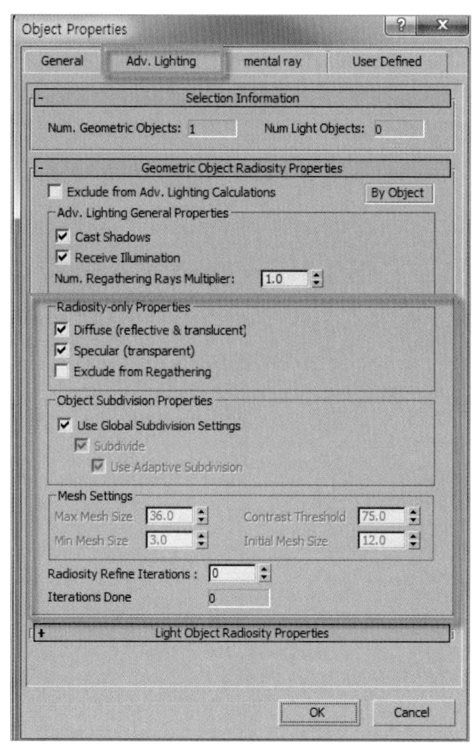

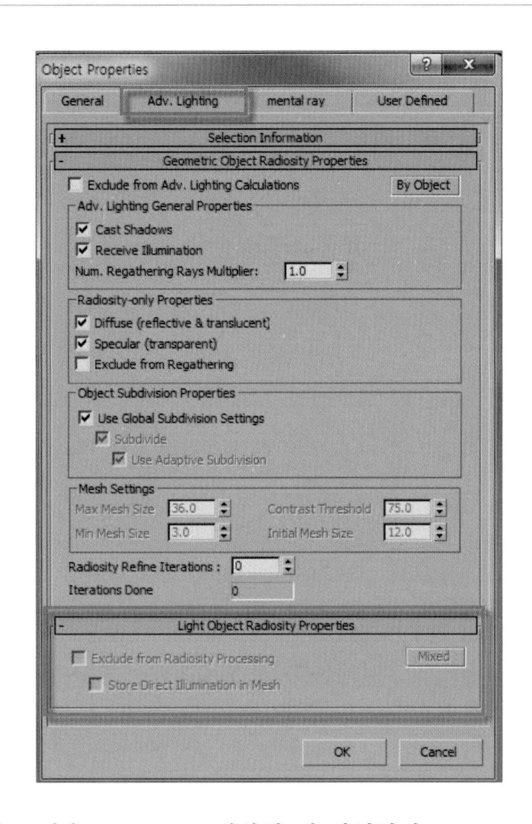

- Object Subdivision Properties
  - Use Global Subdivision Settings : Radiosity의 대화상자에서 Radiosity Meshing Parameters에 지정한 면 분할을 적용한다.
  - Subdivide : Use Global Subdivision Settings에 체크 표시하지 않아야 활성화되고 면 분할의 포함 유무를 설정한다.
- Meshing Size : 분할할 오브젝트의 면 크기를 설정한다.
- Radiosity Refine Iterations : 오브젝트에 Refine Iterations할 횟수를 설정한다.
- Iterations Dons : 현재까지 적용한 Refine Iterations 총 횟수를 나타낸다.
- Light object Radiosity Properties : Radiosity를 계산할 때 빛에 관한 옵션을 설정한다.
  - Exclude from Radiosity Processing : 선택된 조명을 Radiosity 계산할 때 제외한다.
  - Store Direct Illumination in Mesh : 직접 조명 효과를 Radiosity Mesh에 적용한다.

2 ▸▸ Light Tracer

실내보다는 주로 건물 외관에 사용되며 기본 조명과 Sky Light를 적절하게 사용하여 분위기를 연출해야 보다 사실적인 표현을 연출할 수 있다.

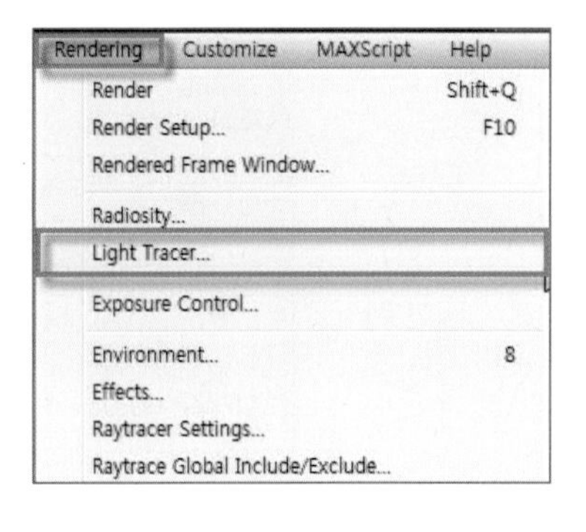

Parameters

- Select Advanced Lighting : Rendering 메뉴의 Advanced Lighting을 선택한 후 GI System을 지원하는 Light Tracer와 Radiosity 중에서 하나를 선택하는 부분이다.
  - Active : GI System의 사용 유무를 결정한다.
- General Settings (기본 세팅 값들을 조절한다.)
  - Global Multiplier : 장면에 설치된 전체 조명의 세기를 설정한다.
  - Sky Lights : Sky Light의 밝기를 설정하며 Sky Light의 Multiplier를 조절한 것과 같은 효과이다.

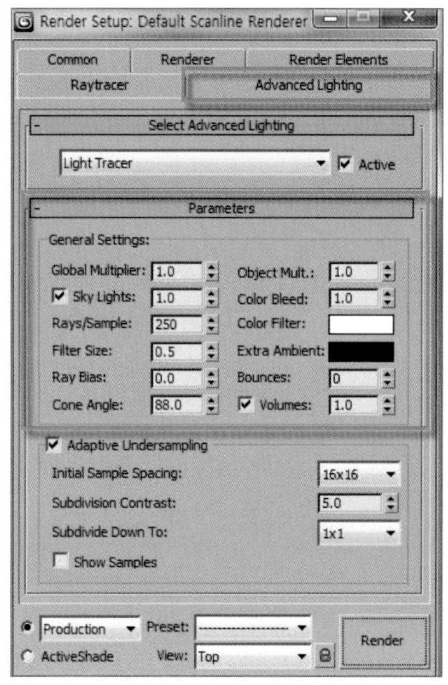

- Rays/Sample : 반사되는 빛줄기의 수와 외곽의 부드러운 정도를 설정한다. 값이 커질수록 정밀하지만 렌더링 시간이 오래 걸린다.
- Filter Size : 색상차를 줄이기 위해 인접한 색상을 섞어주는 필터의 크기를 조절한다. 값이 클수록 부드럽게 표현된다. 보통 1.5 정도가 적당하다.
- Ray Bias : 오브젝트로부터 그림자가 떨어지는 간격을 설정한다.
- Cone Angle : 빛이 면에 퍼져 나가는 각도를 설정한다.
- Object Mult. : 물체에 반사되는 조명의 밝기를 조절한다. 'Bounces' 수치가 '2' 이상이어야 효과가 나타난다.
- Color Bleed : 물체 표면에서 묻어나는 색상의 정도를 설정한다. 'Bounces' 수치가 '2' 이상이어야 효과가 나타난다.
- Color Filter : 전체적인 조명의 색상을 설정한다. 흰색 오브젝트는 영향을 많이 받으므로 흰색이 많은 장면을 연출할 때는 사용하지 않는 것이 좋다.
- Extra Ambient : 어둡게 보이는 부분의 색상을 설정한다.
- Bounces : 조명이 물체 표면에 몇 번 반사되는지를 설정한다. 보통 값은 2~3 정도가 적당한다.
- Volume : 체크하면 장면에 설치된 Volume Fog나 Volume Light에 의해 조명이 영향을 받도록 설정한다.

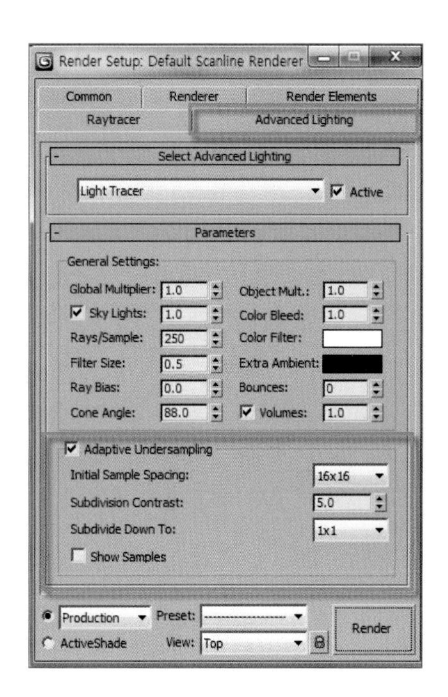

- Adaptive Undersampling : Light Tracer를 사용하면 렌더링 시간이 오래 걸리므로 반사되는 부분을 샘플링하여 세분화한다.
  - Intial Sample Spacing : 'Show Samples'에 체크 표시했을 때 초기 샘플의 격자를 설정한다.
  - Subdivision Contrast : 'Show Samples'에 체크 표시했을 때 확인하여 수치가 작을수록 영역을 더욱 세분화할 수 있다.
  - Subdivision Down To : 'Show Samples'에 체크 표시했을 때 확인하여 세분화될 최소 간격을 설정한다.
  - Show Samples : Samples에 적용한 효과를 렌더링 후 붉은점으로 보여주고 Samples의 적용 정도를 파악할 수 있다.

7-5 실습 예제

1 ▶▶ 주조명과 보조조명 설치하기

일정 공간에 조명을 설치할 때 한 개의 주조명만으로 밝게 하는 것보다는 여러 개의 보조조명을 설치하여 밝게 표현하도록 한다.

01 >> [Light 예제 01] 파일을 연다. 벽, 테이블, 의자, 석조물 오브젝트에 콘크리트, 나무, 유리, 스테인리스 재질 등을 이용해서 매핑을 한다.

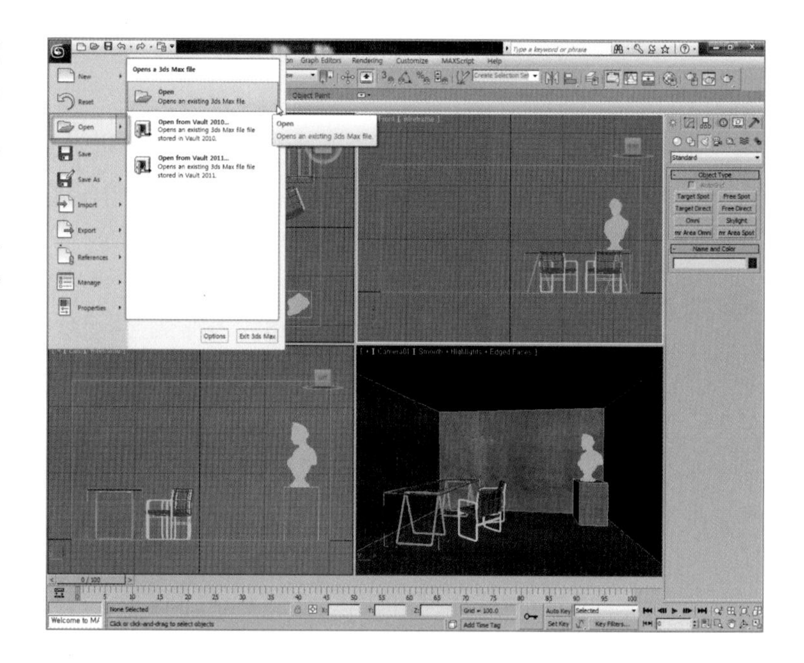

02 >> [Top View]에서 주조명을 설치하기 위해 [Lights] ➡ [Standard] ➡ [Omni] 명령으로 화면에 클릭하여 주조명을 설치한다.

[Front View]에서 [Select and Move] 명령으로 Y축으로 이동하여 2/3 지점에 위치한다.

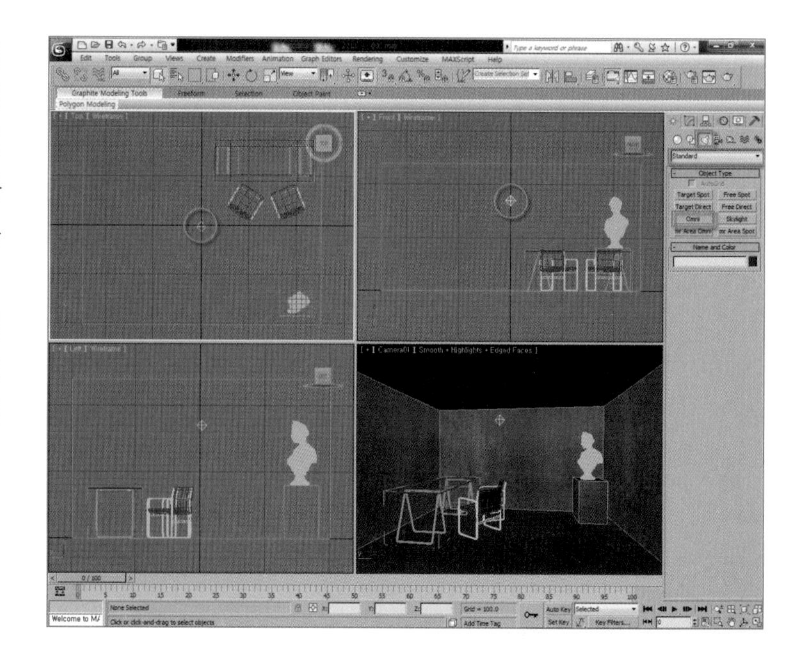

03 >> [Shadows]에서 [On]을 체크하여 그림자가 생성되도록 하고 유리질감이 있으므로 그림자 유형을 [Shadows] ➡ [Ray Traced Shadows]를 선택한 뒤 조명의 세기를 [Modify] ➡ [Intensity / Color / Attenuation] ➡ [Multiplier]에서 수치값을 '0.8' 로 조절한다.

보통 주조명은 1~2개 설치하고 보조조명은 여러 개를 설치하여 빛이 서로 겹쳐서 공간을 밝게 하도록 한다.

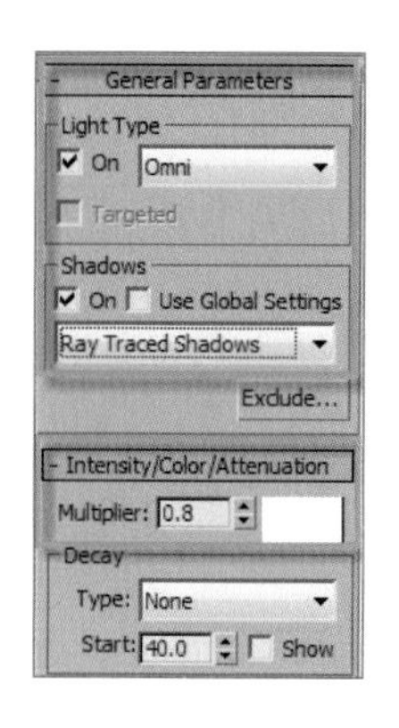

04 >> 빛의 감쇠 효과를 주기 위해 [Far Attenuation]을 사용하도록 [Use]와 [Show]를 체크하고 [Start]를 '0' , [End]를 '8000' 으로 입력한다. 주조명의 그림자 농도를 줄이기 위해 [Shadow parameters] ➡ [Dens]값을 '0.5' 로 설정한다.

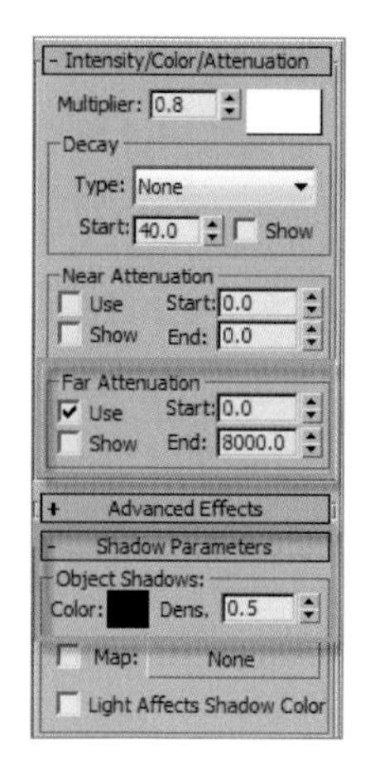

05 >> [Top View]에서 보조조명이 될 조명을 [Omni] 명령으로 생성한 뒤 [Front View]에서 주조명과 높이를 유사하게 맞춘다.

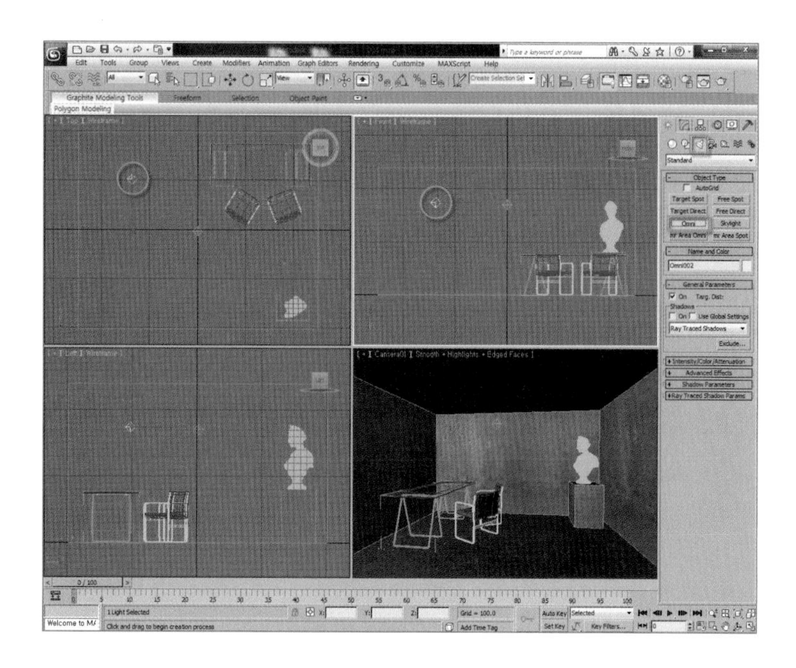

06 >> [Modify] ➡ [Intensity/Color/Attenuation] ➡ [Multiplier]에서 빛의 세기를 '0.5' 로 낮추고 [Far Attenuation]에서 [Use]와 [Show]를 체크하고 [Start]를 '0', [End]를 '3000' 으로 입력한다.

07 >> [Top View]에서 제작된 보조조명을 Shift 버튼을 누른 상태에서 [Select and Move] 명령으로 X방향으로 드래그하여 복사한다. [Clone Options] 대화상자에서 [Object] ➡ [Reference]에 체크하고 [Number Of Copies]에 '3' 이라고 입력한다.

[Reference]로 체크한 것은 여러 개의 보조조명의 빛의 세기를 조절할 때 원 보조조명만을 조절하여 복사된 보조조명을 함께 조절하기 위해서이다.

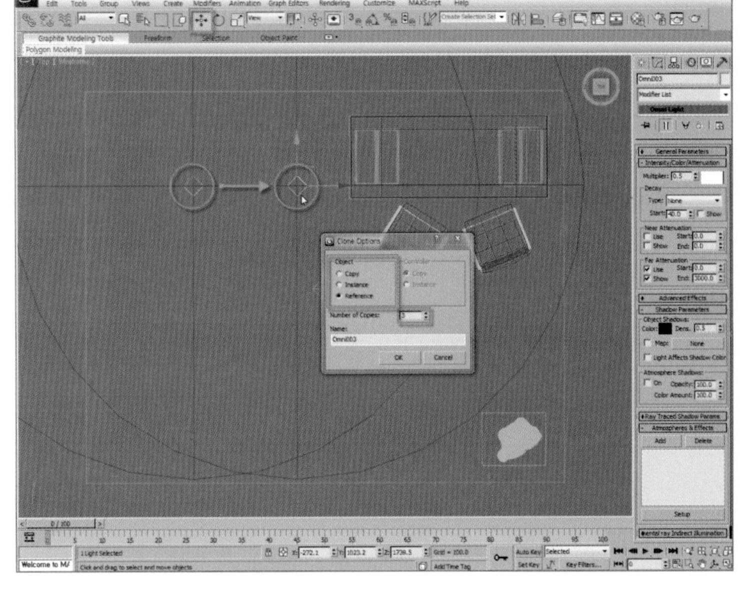

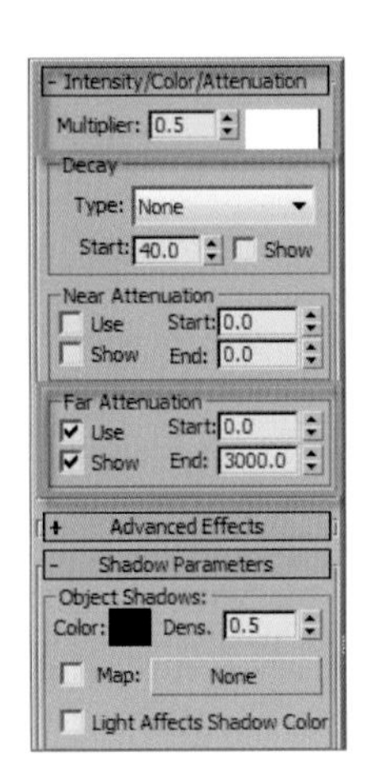

08 >> [Select and Move] 명령으로 제작된 보조조명 4개를 선택한다. Shift 버튼을 누른 상태에서 -Y방향으로 드래그한 뒤 [Clone Options] 대화상자에서 [Object] ➡ [Reference]에 체크하고 [Number Of Copies]에 '2' 라고 입력한다.

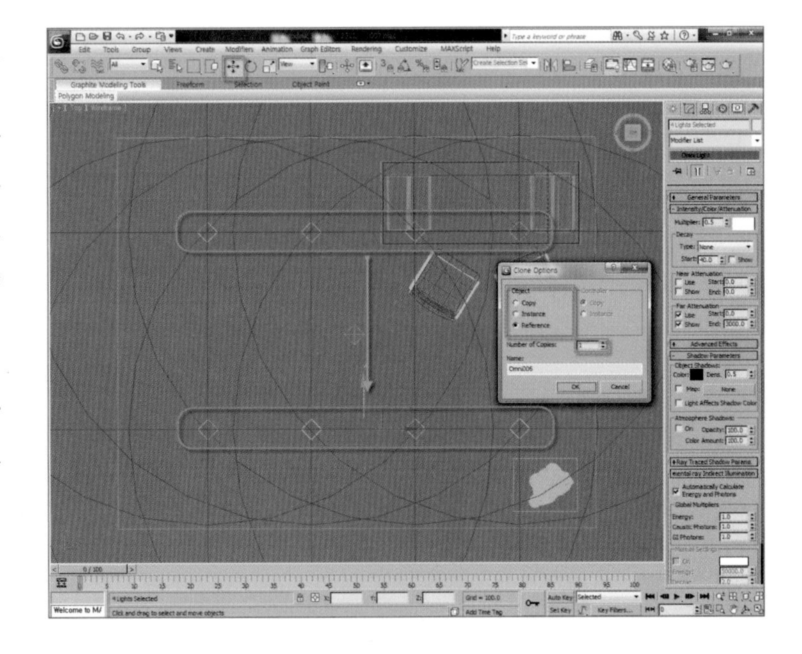

09 >> 총 조명의 개수를 살펴보면 주조명 1개와 보조조명 8개가 생성되었다.

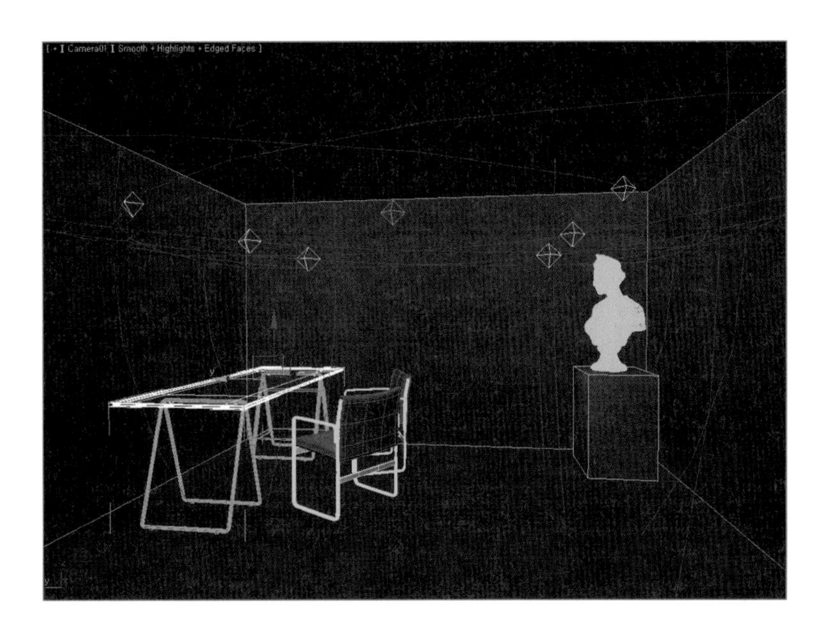

10 >> 렌더링을 실행하여 조명 밝기를 확인한다.

11 >> 내부가 어두울 경우는 보조조명의 [Far Attenuation] ➡ [End] 수치값을 '3500'으로 입력하여 내부를 밝게 한다. 이때 보조조명 중에서 처음 만든 보조조명의 수치만을 조절하면 나머지 조명의 수치도 함께 조절이 된다.

최종적으로 고품질의 렌더링을 위해 외부 렌더러인 Vray나 내부의 Mental ray를 사용해야 겠지만 기본 조명의 사용방법은 꼭 알아두어야 한다.

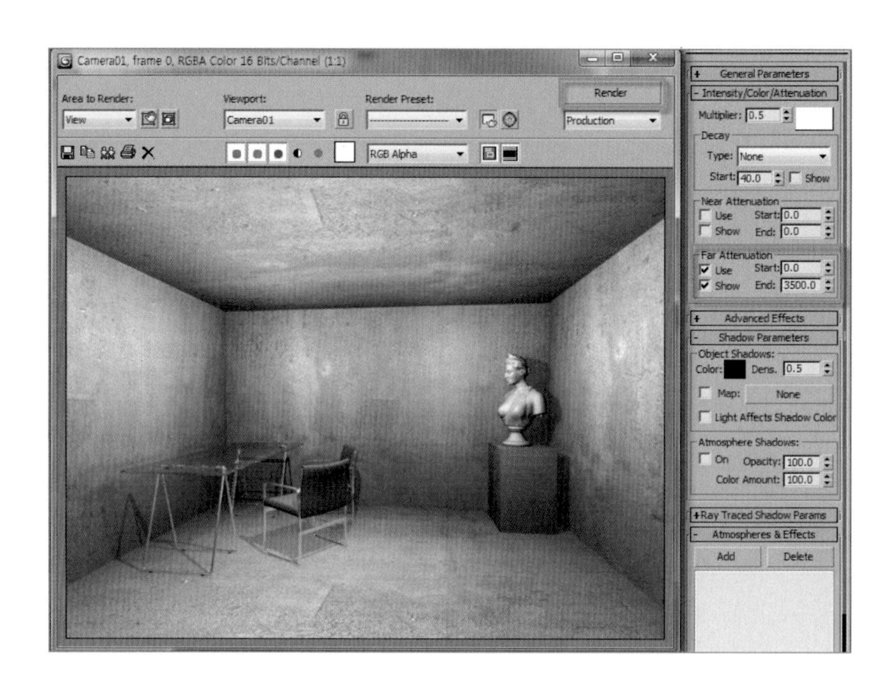

2 ▸▸ Volume Light

스탠드 조명에 Volume Light 효과를 적용하여 빛이 비춰지는 효과가 나타나도록 한다.

01 >> [Lights]에서 [Target Spot]을 선택한 후 [Front View]에서 드래그하여 그림과 같이 조명을 설치한다. 조명의 Target 위치는 [Left View]에서 [Select and Move] 명령을 이용해 그림과 같이 위치를 수정한다.

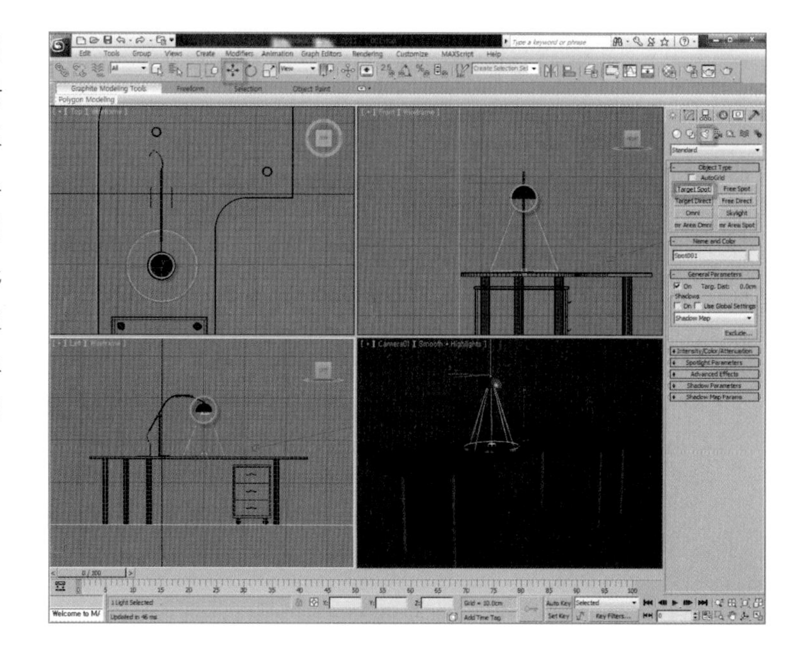

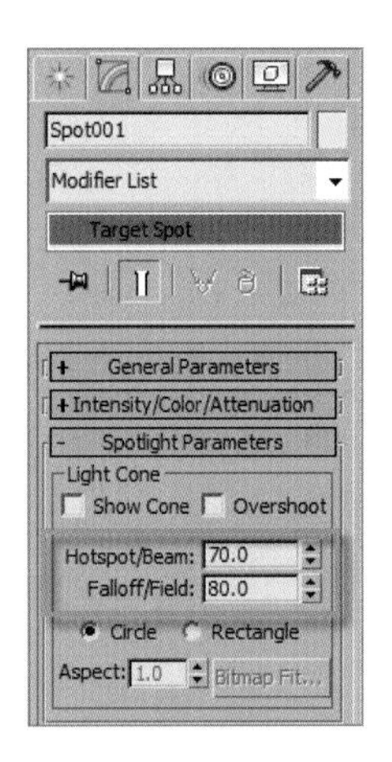

02 >> [Modify] ➡ [Spotlight Parameters] 롤아웃에서 [Hotspot/Beam]과 [Falloff/Field] 값을 각각 70, 80으로 입력한다. 두 수치값의 차이로 조명이 비춰지는 원 테두리가 흐리게 표현된다.

03 >> [Far Attenuation] ➡ [Use]와 [Show]를 모두 체크하고 [Start] 수치값은 '150', [End] 수치값을 '160' 으로 입력한다. 빛의 소멸이 시작하는 시점은 '150' 이고 완전소멸은 '160' 이 된다.

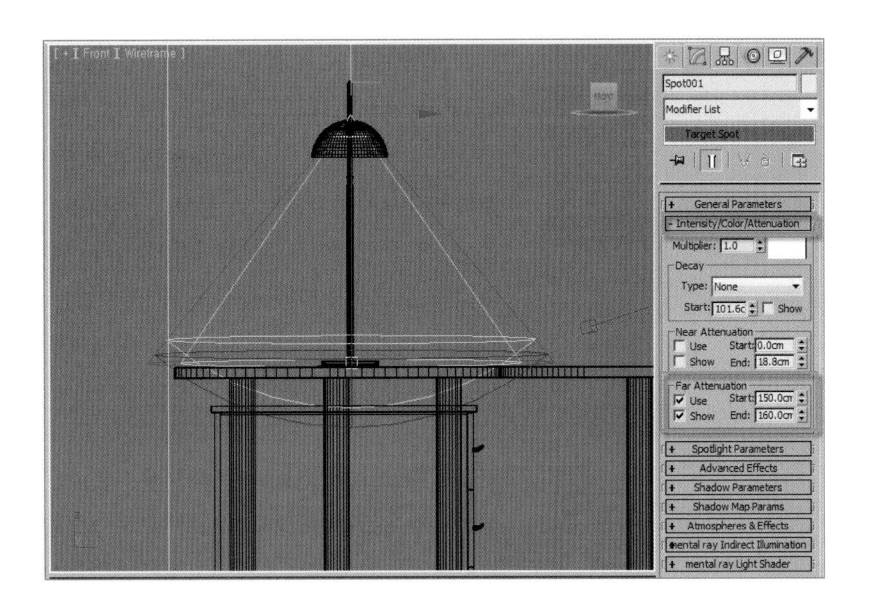

04 >> [Atmospheres & Effects] ➡ [Add] 버튼을 클릭한 후 [Volume Light]를 더블클릭한다.

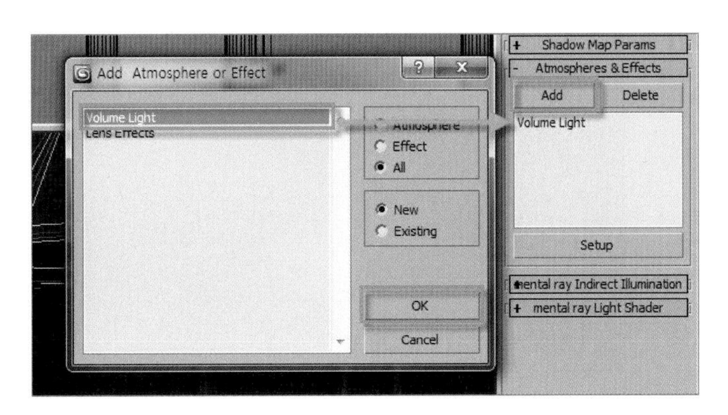

05 >> [Volume Light]를 선택한 후 [Setup] 버튼을 클릭하면 [Environment and Effects] 대화상자가 나타난다. [Density](밀도)수치값을 '5'로 입력한 후 F10 을 눌러 렌더링을 실행한다. 렌더링을 실행하면 전등에 Volume Light 효과가 적용된 것을 알 수 있다.

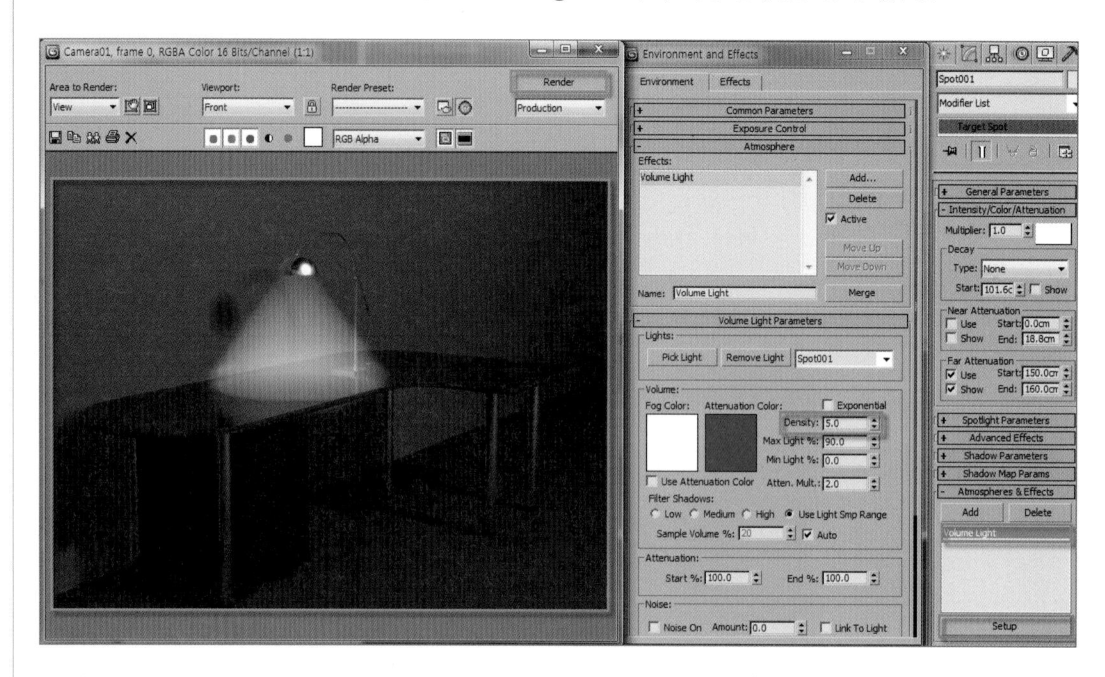

06 >> 만약 Volume Light 효과를 조절하고자 할 때에는 [Environment and Effects] ➡ [Density](밀도)값을 조절하거나 빛의 세기인 [Multiplier] 수치값을 조절한다.

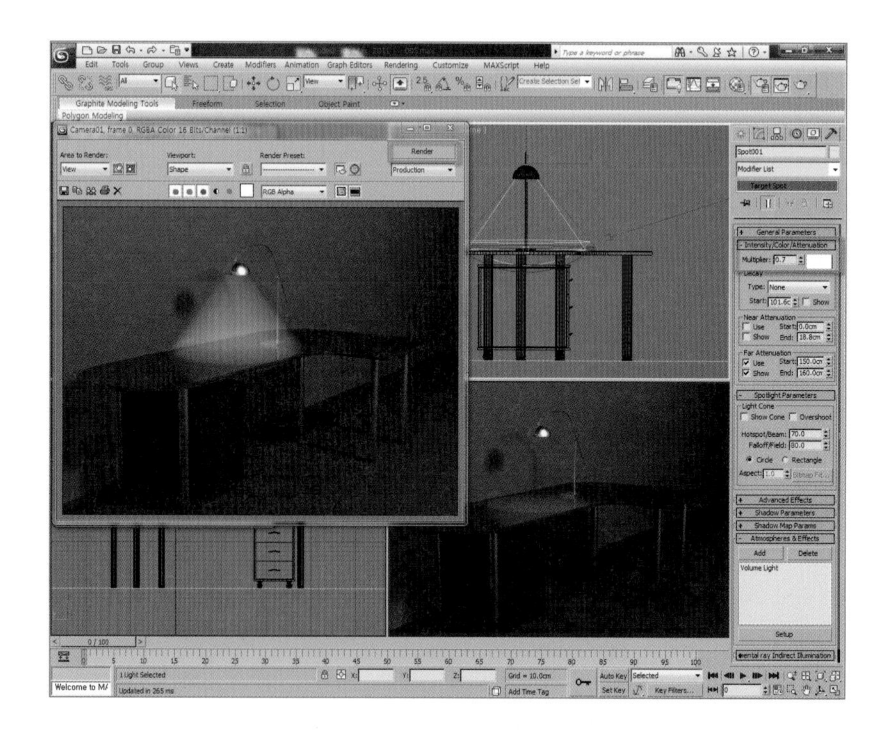

3 ▸▸ Sky Light와 Light Tracer

Sky Light는 Light Tracer와 함께 사용하여 빛의 난반사를 계산함으로써 고품질의 결과물을 만들며 주로 실외 장면에 많이 사용된다.

01 >> [Sky Light & Light Tracer] 예제 파일을 불러온다. 일반적인 테이블 유리 재질, 바닥 재질, 소파의 천 재질로 매핑 처리한다.

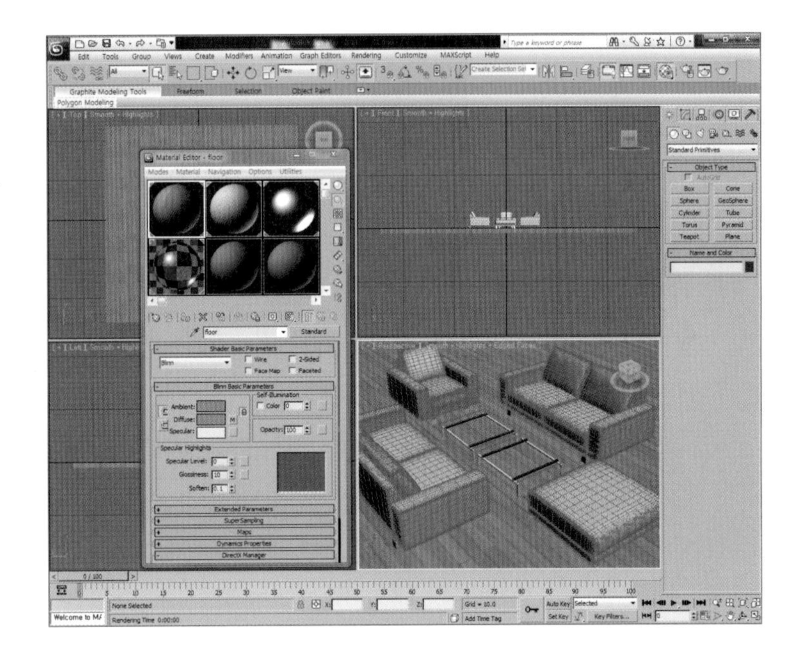

02 >> [Perspective]에서 [Views] ➡ [Create Camera From View]를 클릭하여 [Perspective]란에서 본 장면에 카메라가 설치되도록 한다. (단축키 : Ctrl + C)

[Perspective] 화면이 [Camera001]로 변경된다.

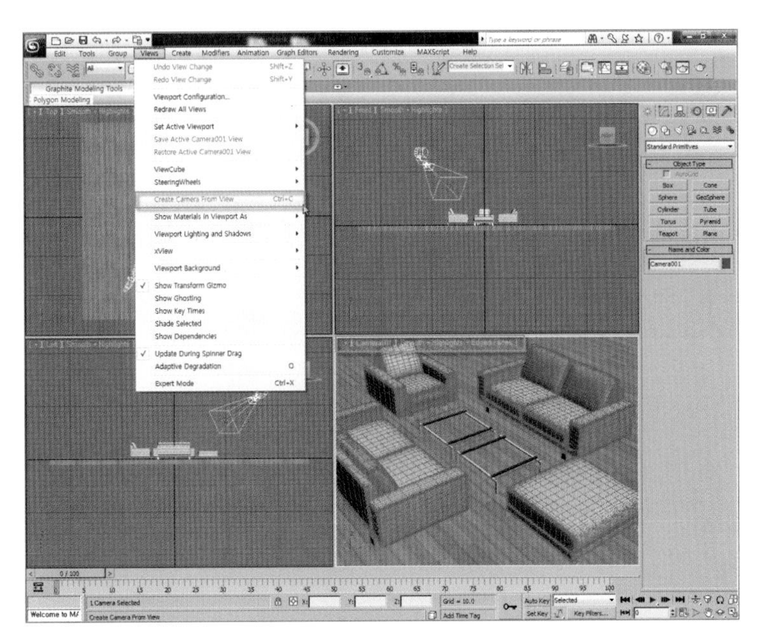

03 >> [Front View]에서 [Omni] 조명을 설치한 후 좌측 하단 부분으로 이동한다.

[Omni] 조명의 위치를 설정한 후 그림자가 생성되도록 [General Parameters] ➡ [Shadows]에서 [On]을 체크하고 그림자 형태는 [Ray Traces Shadows]를 선택한다.

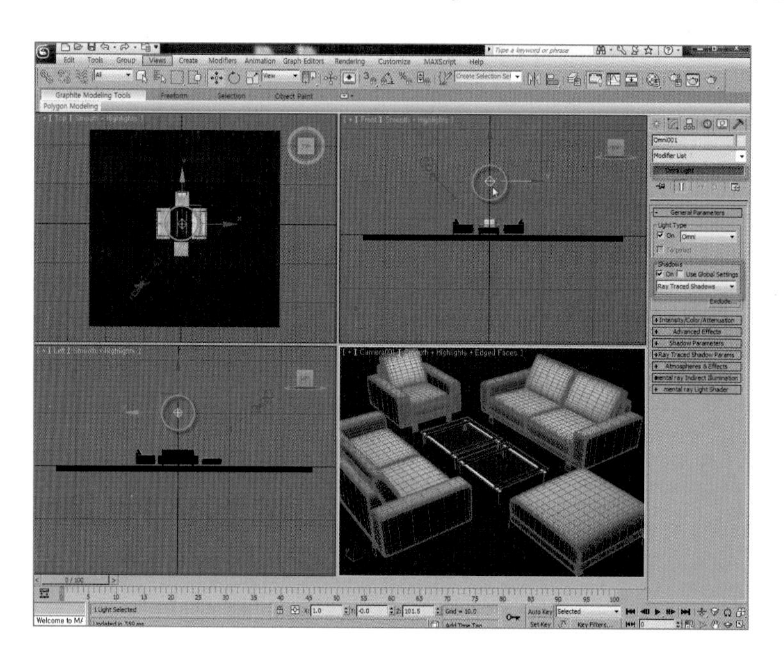

04 >> [Intensity/Color/Attenuation] ➡ [Multiplier]수치값을 '0.4' 로 빛의 세기를 입력하고 [Shadow Parameters] ➡ [Dens]에서 그림자 농도를 '0.4' 로 조절한다.

Sky Light를 단독으로 사용하는 것보다 [Omni]나 [Spot]을 병행해서 사용하면 좀더 좋은 조명효과를 얻을 수 있다.

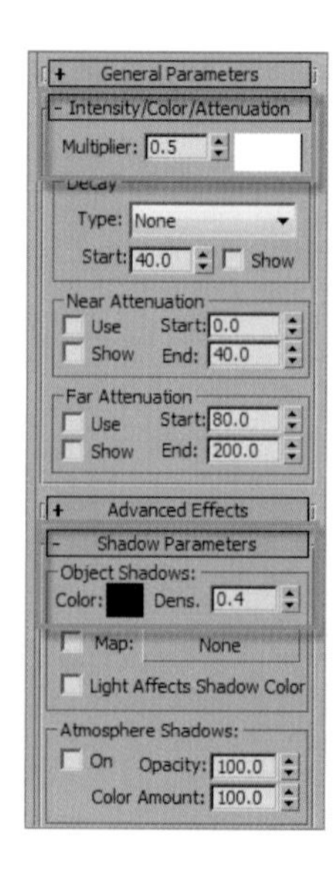

05 >> [Light] ➡ [Standard] ➡ [Skylight]를 선택한 후 [Top View]에 클릭하여 그림과 같이 설치한다.

조명이 생성되면 [Skylight Parameters] ➡ [Multiplier] 수치값을 '0.8'로 입력한다.

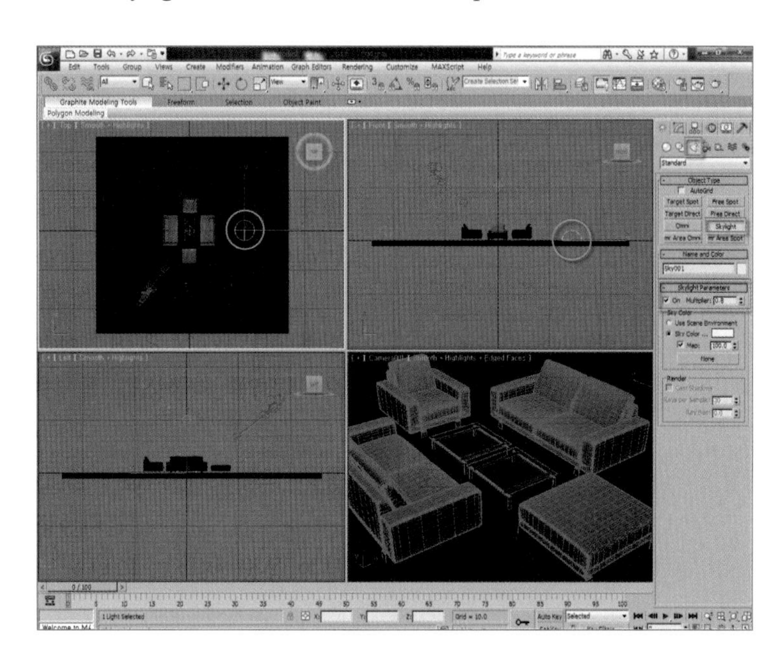

06 >> 배경을 흰색으로 바꾸기 위해 [Rendering] ➡ [Environment] ➡ [Background] ➡ [Color]를 클릭하여 흰색으로 변경한다.

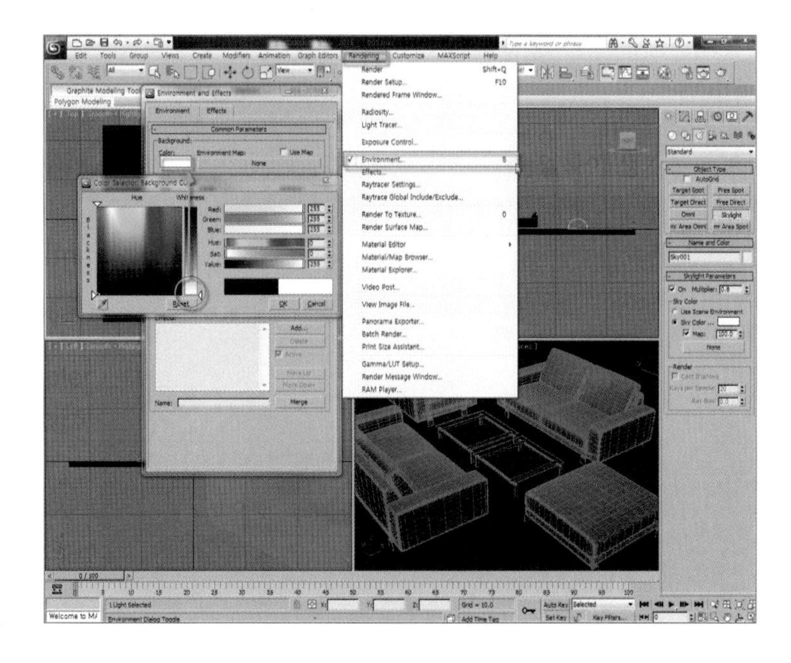

07 >> [Rendering] ➡ [Light Tracer]를 선택한다. [Advanced Lighting] ➡ [Parameters] ➡ [Sky Lights]를 체크하고 다음과 같이 설정한다.

[sky light] : 0.8　　[ray/sample] : 250　　[filter size] : 0.5

[color breed] : 1.5　　[Bounces] : 2

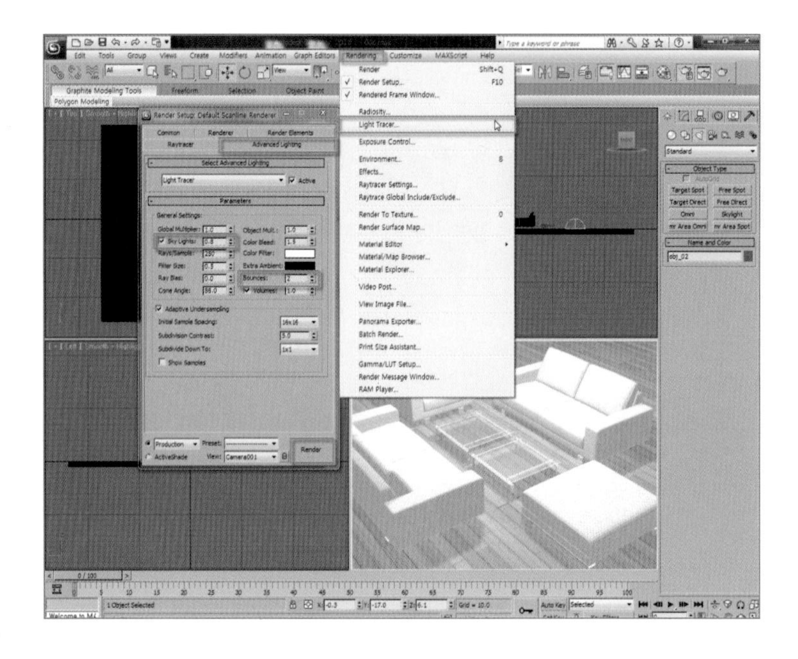

08 >> 최종 결과물은 반사광이나 [Bounce] 등을 고려하여 조절한 뒤 실행하도록 한다.

[Skylight]는 상당히 많은 시간을 요구하므로 모델링 작업 시 Polygon의 수를 조절하면서 작업을 한다.

4 ▸▸ Photometric과 Radiosity

Photometric은 실제 조명 [Setting] 값을 그대로 작용한 방식으로 [Radiosity] 솔루션과 함께 사용한다. 오브젝트에 부딪친 빛이 사방으로 확산되어 매우 사실적인 표현을 가능하게 하며 주로 실내조명 표현에 많이 사용한다.

01 >> [Photometric] 예제 파일을 불러온다.

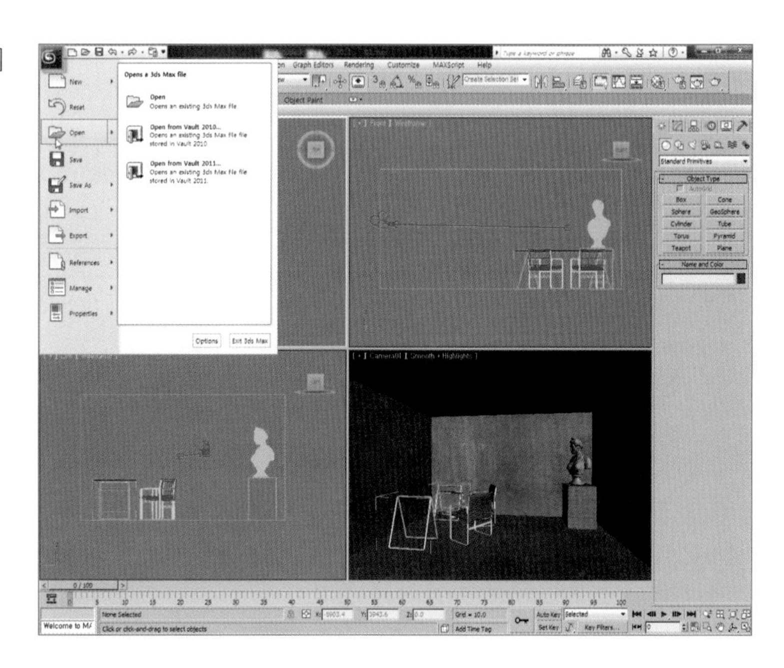

02 >> [Front View]에서 [Lights] ➡ [Photometric] ➡ [Target Light]를 클릭하여 조명을 설치한다.

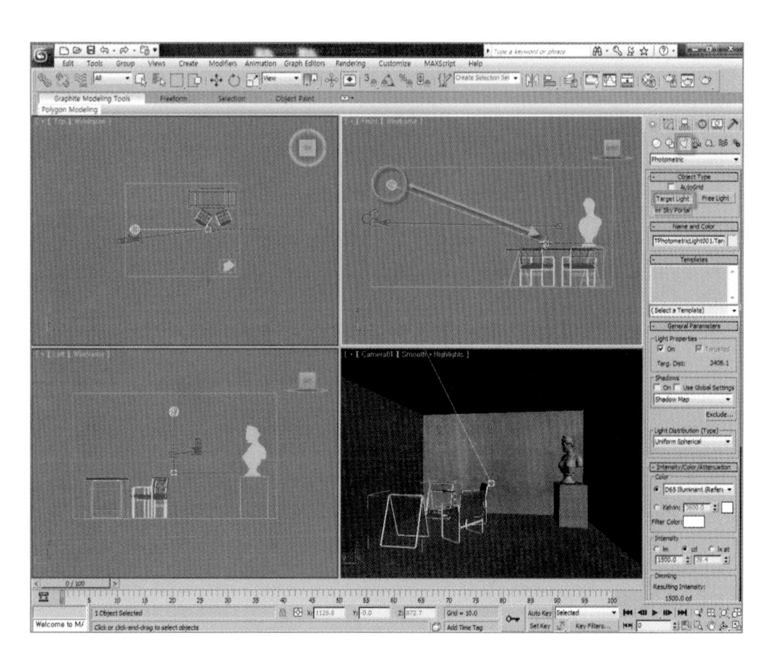

03 >> [Modify] ➡ [General Parameters] ➡ [Shadows]를 체크하여 그림자가 생성되도록 하고 그림자 유형을 [Ray Traced Shadows]를 선택한다.
[Intensity]에서 cd(칸델라)를 '3000' 으로 입력한다.

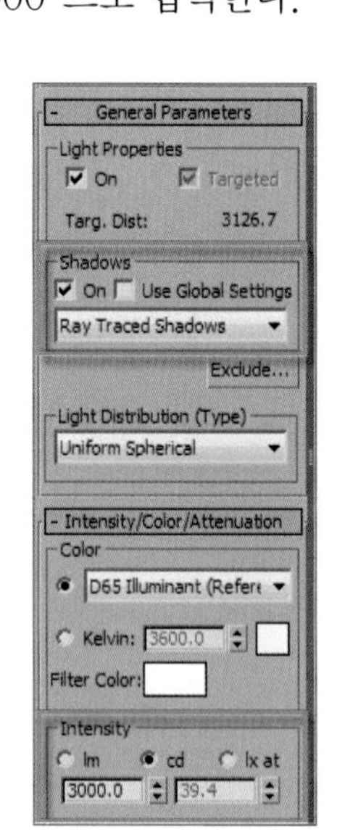

04 >> 메뉴에서 [Rendering] ➡ [Radiosity]를 선택한다.

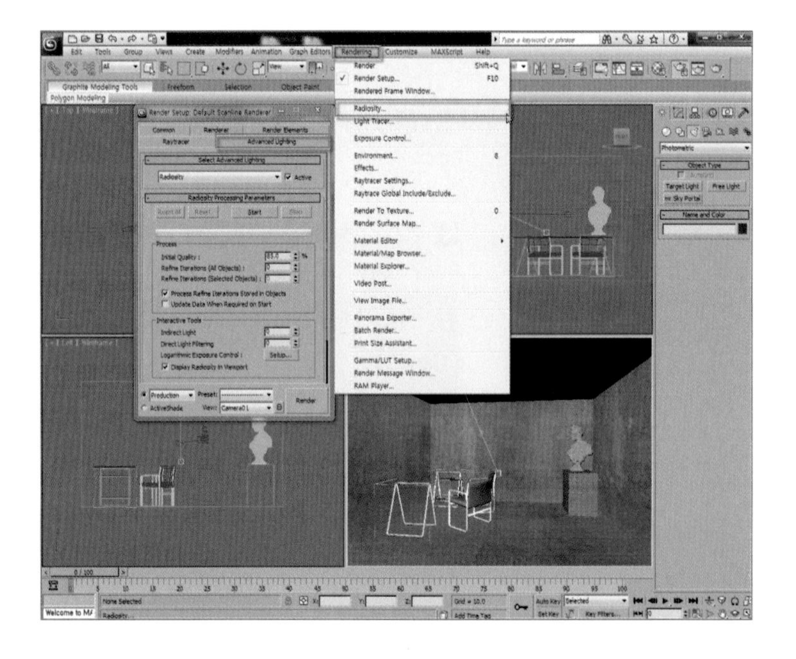

05 >> [Advanced Lighting] ➡ [Radiosity Meshing Parameters] 롤아웃을 다음과 같이 설정한다.

[Initial Quality] : 80%
[Indirect Light] : 2
[Direct Light Filtering] : 2

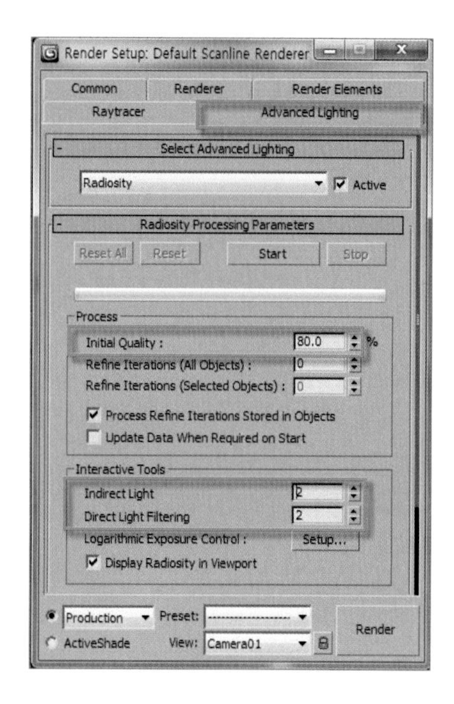

06 >> [Radiosity Meshing Parameters] ➡ [Global Subdivision Settings] ➡ [Enabled]를 체크하고 [Mesh Settings]란에 [Maximum Mesh Size]를 '100', [Minimum Mesh Size]를 '10'으로 입력한 후 [Start]를 실행한다.

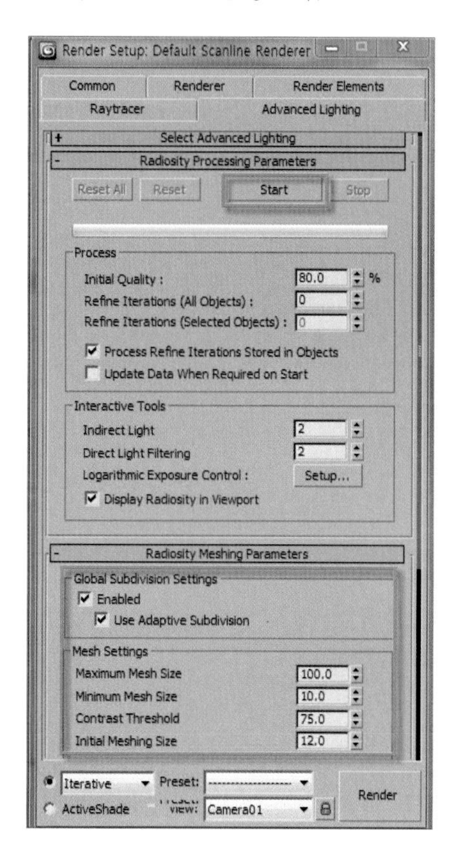

07 >> Process가 80%까지 올라가면 [Interactive Tools] ➡ [Setup]을 클릭한다. [Exposure Control] ➡ [Automatic Exposure Control]을 선택하고 [Render Preview]를 클릭하면 미리보기창과 화면의 [Camera View]에서 렌더링된 화면을 볼 수 있다.

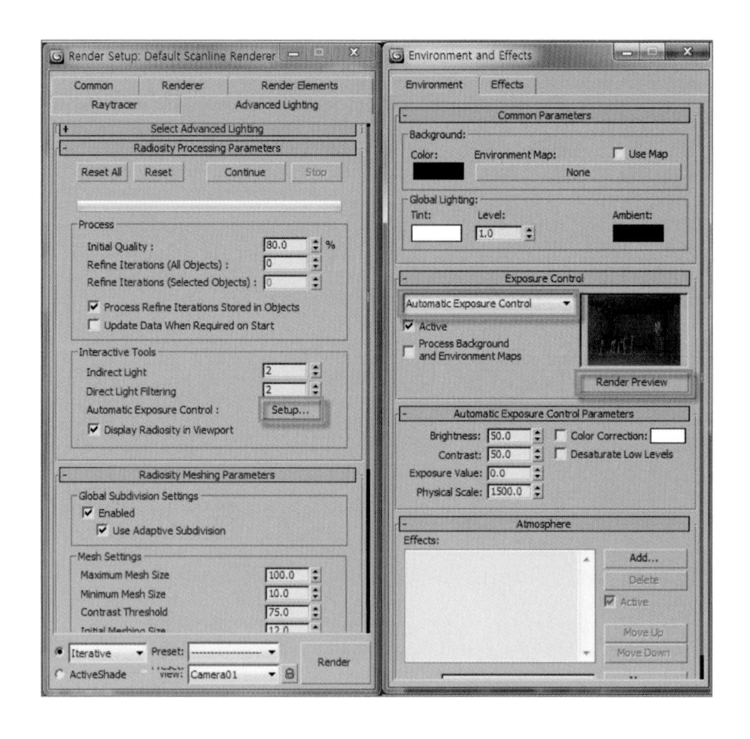

08 >> F10 을 눌러 [Render]를 클릭하면 결과물을 얻을 수 있다. 조명이 부족하여 조금 어둡게 보인다.

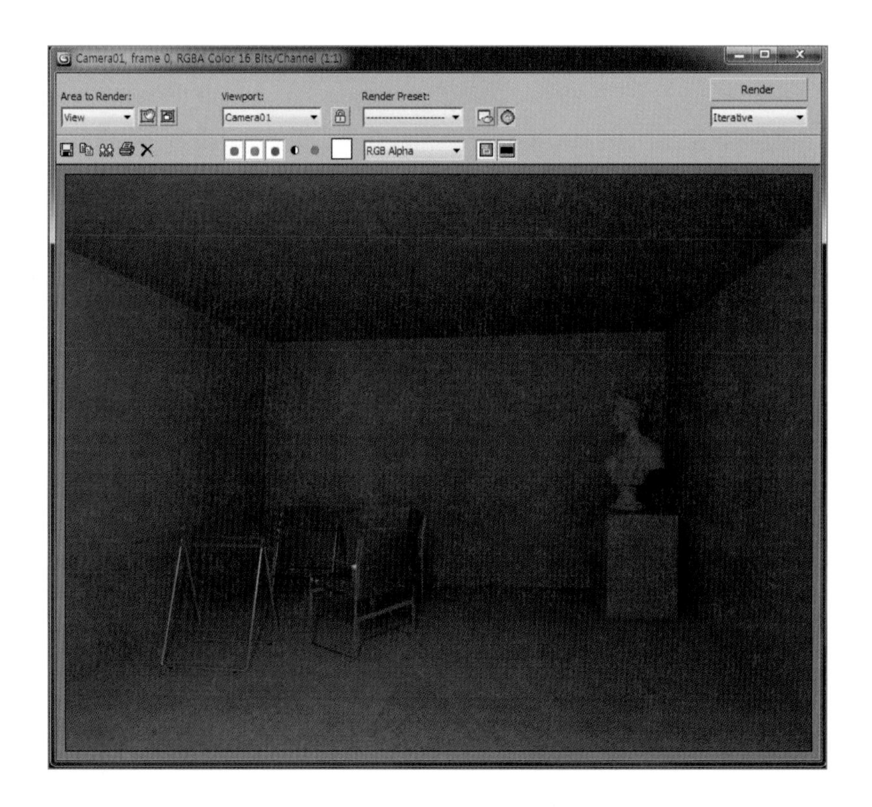

09 >> 조명세기(cd)값을 높이거나 [Automatic Exposure Control Parameters] ➡ [Brightness] 수치값을 '60' 으로 높여 밝기를 조절한다.

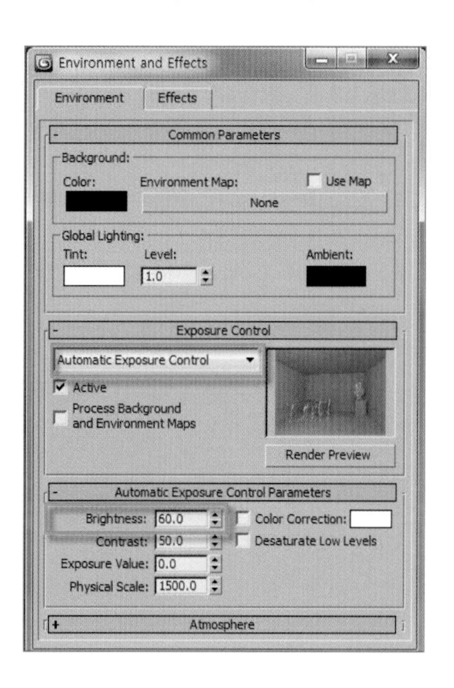

10 >> [Render]를 클릭하면 앞 결과물보다 밝아진 것을 알 수 있다.

11 >> 이 외에도 [Exposure Control Parameters]란에 [Brightness] 수치값을 '50'으로 한 후 [Light Distribution(Type)]을 [Photometric Web]으로 설정하여 렌더링을 실행해 본다.

[Photometric Web]은 조명이 사실적으로 퍼지는 모양을 그대로 재현하여 많이 사용되고 있다. 파일은 조명에 관한 웹사이트에서 Ies 파일을 쉽게 구할 수 있다.

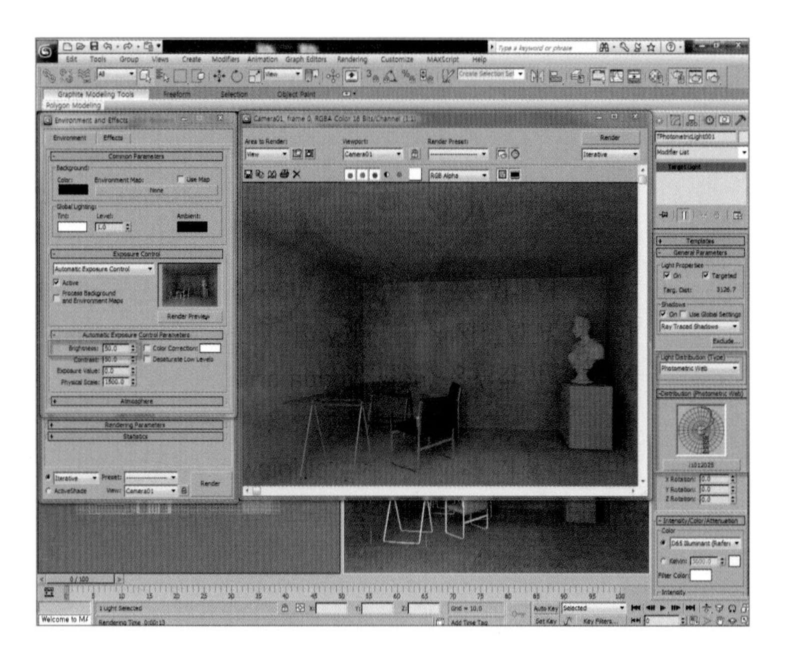

3DS MAX

Rendering

Max의 최종 작업에 해당하는 Rendering은 많은 시간을 요구할 뿐만 아니라 최종 결과물이기 때문에 반복적으로 수정을 요구한다.

이렇게 많은 시간이 걸리는 작업과정을 조금이라도 단축하기 위해서는 부분 렌더링을 실행하거나 렌더링 출력 사이즈를 작게 출력하여 수정작업을 한다. 애니메이션인 경우에는 프레임을 건너뛰면서 렌더링을 실행하여 작업시간을 단축하기도 한다.

8-1 렌더링의 기초

● 렌더링이란?

3D 모델링작업에 매핑과 조명작업을 마친 최종 과정으로 3DS MAX에서는 기본적으로 Scanline Render, Mental Ray Render(ver 9.0이후)를 지원한다. 이 외에도 외부 렌더러는 Vray나 Brazil 등이 있으며 그 가운데 Vray는 단시간에 뛰어난 사실감 표현으로 많은 사람들이 사용하고 있다.

Vray는 9장에서 설명하고 있으니 이번 8장에서는 기본 렌더러인 Scanline Render에 대해 학습하도록 한다.

8-2 렌더링 실행 방법

렌더링 실행 방법으로는 메뉴에서 실행, 아이콘을 이용한 실행, 단축키를 이용한 실행 방법이 있다.

1 메뉴에서 실행하기

Rendering → Render 클릭

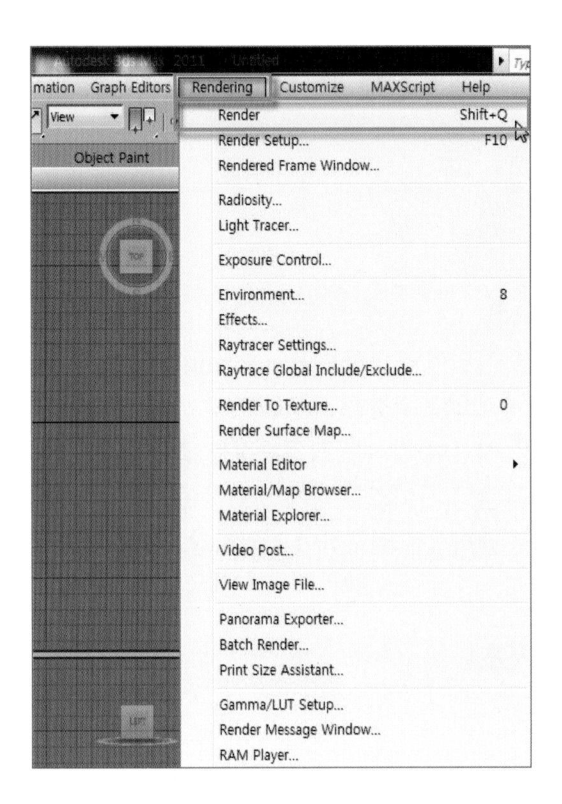

2 아이콘을 이용한 렌더링 실행

• Render Setup

렌더 설정 대화상자를 열어 렌더링 범위설정, 출력 사이즈, 저장 등을 설정할 수 있다.

• Rendered Frame Window

렌더링 된 프레임 창으로 장면을 렌더링하거나 렌더링된 장면을 파일로 저장한다.

• Render Production

렌더러 할당 롤아웃은 프로덕션과 Active Shade 범주, 재질 편집기의 샘플 슬롯에 어떤 렌더러가 할당되었는지 표시한다.

도구 모음의 렌더 플라이아웃을 사용하면 사용할 렌더러를 선택할 수 있다.

렌더 프로덕션 명령은 렌더 설정 대화상자를 열지 않고 현재 프로덕션 렌더 설정을 사용하여 장면을 렌더링한다.

렌더 반복 명령 버튼은 렌더 설정 대화상자를 열지 않고 반복 모드에서 장면을 렌더링한다.

ActiveShade 버튼은 부동 창에 ActiveShade 렌더링을 만들며 여러 화면 중에서 한 번에 하나의 ActiveShade 화면만 활성화할 수 있다.

3 단축키를 이용한 렌더링하기

단축키의 활용은 모든 컴퓨터 작업과정에서 작업시간을 단축해 주는 큰 역할을 하며 맥스작업에서도 예외는 아니다.

렌더링의 단축키는 F9 와 F10 이 있다.

F9 는 Quick Render로서 이전에 렌더링 화면을 렌더링한다. 사용자가 현재 Perspective 화면이 선택되어 있더라도 앞서 렌더링한 장면이 Front View라면 Perspective 화면이 렌더링이 되지 않고 Front View 화면으로 렌더링이 된다.

F10 은 Render Setup 대화상자가 나타나서 렌더링 범위설정, 출력 사이즈, 저장 등을 설정할 수 있다.

8-3 Rendered Frame Window

Rendered Frame Window 버튼을 누르면 Area to Render에서 옵션을 선택할 수 있다.

- View : 가장 일반적인 형태로 선택된 View를 렌더링한다.
- Selected : 선택한 오브젝트만 렌더링한다.
- Region : 렌더링 양이 많거나 새로 추가한 오브젝트만을 추가적으로 렌더링했을 때 범위를 지정하여 지정한 범위만을 렌더링한다.
- Crop : 렌더링할 범위를 정하여 기존의 렌더링 크기와는 상관 없이 렌더링 이미지 크기로 렌더링한다.
- Blowup : 렌더링 할 범위를 정하면 렌더링 옵션에서 설정된 크기에 맞게 범위가 확대되어 렌더링한다.

8-4 Render Option

F10 을 누르거나 Rendering/Render를 누르면 Render Scene 대화상자가 나타난다.

Common, Renderer, Render Elements, Raytracer, Advanced Lighting 등 5개 탭으로 구성되어 있다.

일반적인 렌더링에 필요한 세팅에 관련된 옵션을 알아보도록 한다.

● Common

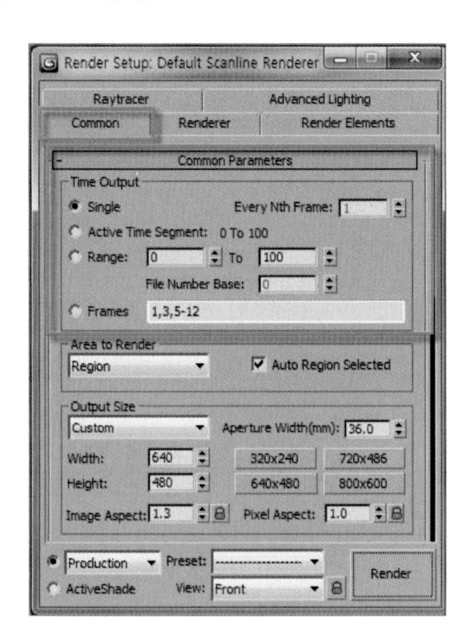

- Time Output : 렌더링 할 영역을 결정한다.
  - Single : 현재 장면만을 렌더링한다.
  - Active Time Segment : 작업자가 정한 구간 전체를 렌더링한다.
  - Range : 작업자가 지정한 영역만을 렌더링한다.
  - File Number Base : 첫 프레임의 번호를 결정한다. 예를 들면 렌더링 영역이 1~100까지 설정되어 있을 때 여기에 '50'이라고 입력하면 렌더링은 총 100장을 렌더링하지만 첫 번째 프레임의 번호는 50번부터 시작한다. Scene의 1번 프레임을 렌더링하더라도 저장은 50번으로 저장된다.
  - Frames : 원하는 프레임을 각각 렌더링한다.
  - Every Nth Frame : 프레임 입력한 수치간격으로 건너뛰면서 렌더링한다. 렌더링 양이 많을 때 전체적인 분위기를 보거나 간략히 보고자 할 때 사용한다.

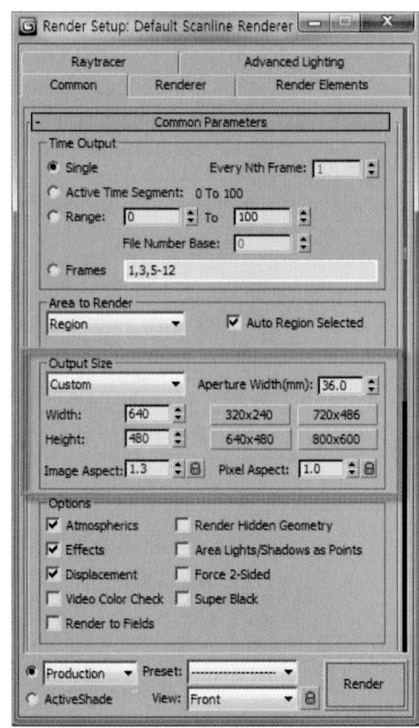

- Output Size : 이미지의 출력 크기(해상도)를 결정한다.
  - Width : 가로 픽셀수를 설정한다.
  - Height : 세로 픽셀수를 설정한다.
  - Image Aspect : 이미지의 가로, 세로 비율을 설정한다. 대부분이 화면구성 비율은 가로세로가 1.333 비율로서 320×240, 640×480, 800×600, 1024×768, 3200×2400 크기로 설정한다.
  - Aperture Width : 카메라 렌즈에서 필름까지의 초점거리를 수정할 수 있다. 단지 Scene에 있는 카메라 렌즈값은 변하지 않는다.

- Pixel Aspect : 픽셀의 가로세로 비율을 설정한다.

• Options : 렌더링 시 각종 옵션을 결정한다.

- Atmospherics : 대기 효과를 렌더링에 표현할지를 설정한다.
- Render Hidden Geometry : Scene에서 Hide된 오브젝트를 렌더링 할지를 설정한다.
- Effects : 이펙트 효과의 렌더링 여부를 설정한다.
- Area Lights/Shadow as Points : Area Light와 Shadow가 Point Light로 대체되어 렌더링한다. Area Light가 속도가 느려 Point Light로 대체시켜 렌더링 시 렌더링 속도가 빨라진다.
- Displacement : Displacement(음영표현) Map의 표현 유무를 설정한다.
- Force 2-Sided : 모든 오브젝트를 양면 렌더링한다. Normal 값이나 Material에서 2-Side 옵션과 상관없이 양면 모두를 렌더링하므로 렌더링 시간이 많이 걸리므로 일반적으로 사용하지 않는다.
- Video Color Check : Output이 TV용으로 출력될 때 TV에서 출력되지 않는 색상을 검정색으로 표시한다.
- Super Black : 오브젝트가 검정색이고 배경색도 검정색일 때 오브젝트의 그림자 부분을 덜 어둡게 렌더링한다. 비디오 합성 시 필요 시에만 사용한다.
- Render to Fields : 전문비디오 레코딩 장비에서 효력을 발휘하는 것으로 렌더링 시 한 장의 그림을 가로줄로 교대로 엇갈리게 렌더링하는 방식을 말하는데 지원되는 레코더 장비는 DDR과 같은 고가의 특수장비에 해당된다.

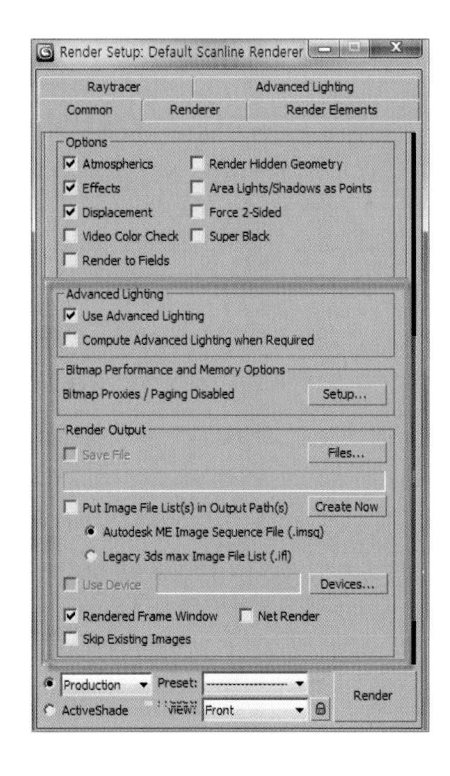

• Advanced Lighting : Radiosity와 Light Tracing에 적용 여부를 결정한다.

- Use Advanced Lighting : Radiosity Solution이나 Light Tracing 렌더링의 가능 여부를 결정한다.
- Compute Advanced Lighting When Required : Advanced Lighting을 적용했을 때 첫 장만을

적용하고 그 후로는 작업자의 요청 시에만 실행한다.

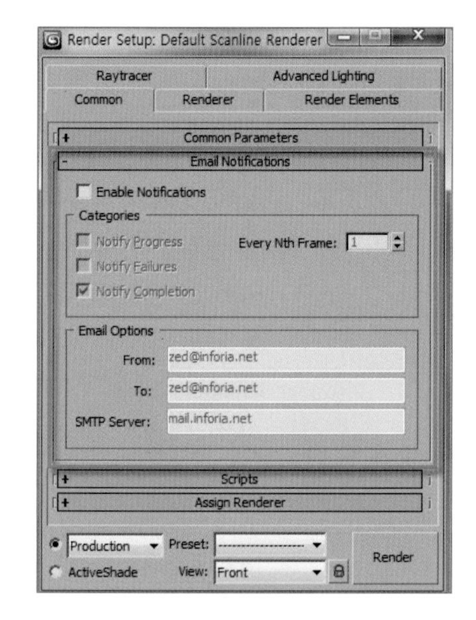

- Render Output : 렌더링 장면을 저장한다.
  - Save File : 렌더링 이미지 결과물의 형식과 경로를 결정한다.
  - Rendered Frame Window : 렌더링이 끝나면 결과물을 확인할 수 있다. 일반적으로 체크되어 있다.
  - Net Render : 여러 대의 컴퓨터에 네트워크가 되어 있을 경우 애니메이션 장면을 여러 대의 컴퓨터에 나누어 렌더링한다. 실무에서는 일반적으로 렌더팜 장비를 이용한다.
- Email Notifications : 렌더링 진행 상태나 부하에 대해 mail로 통보 받을 수 있다.
  - Enable Notifications : 설정하면 렌더러에서 문제 발생 시 전자메일 알림을 보낸다.

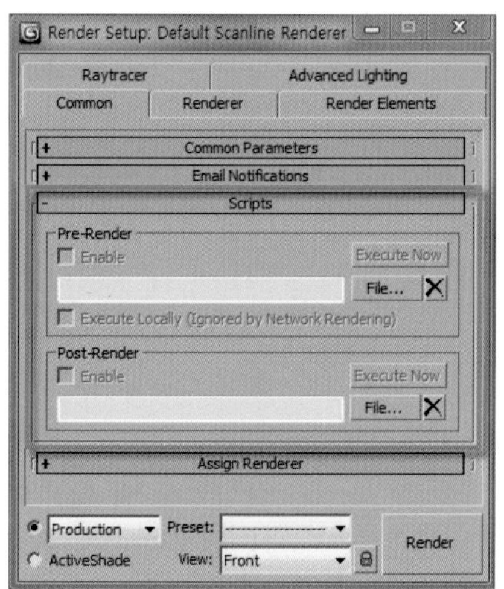

- Email Options : 렌더링 작업을 시작한 사람이나 상태를 아는 사람들의 이메일 주소를 입력한다.
- Script : 렌더링 전에 실행할 스크립트를 지정한다.
- Pre-Render : 사전 렌더 그룹
  - Enable : 설정하면 스크립트가 활성화된다.
  - Execute Now : 수동으로 실행할 때 클릭한다.
- Post-Render : 사후 렌더 그룹
  - Enable : 설정하면 스크립트가 활성화된다.
  - Execute Now : 수동으로 실행할 때 클릭한다.

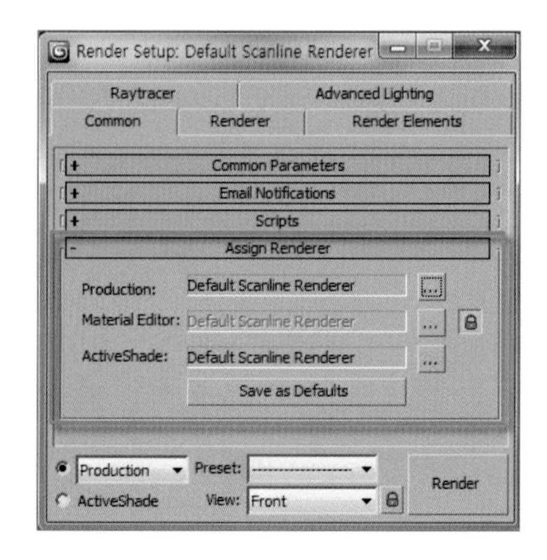

- Assign Renderer : 기본 렌더링 방식은 Scanline Render이지만 외부 렌더러를 사용하고자 할 때 Choose Renderer를 클릭하여 사용하고자 하는 렌더러를 선택한다.
  - Save As Defaults : 현재 선택한 렌더러를 기본 렌더러로 설정할 때 사용한다.

V-Ray

V-Ray는 사실적인 빛의 굴절을 표현하는 Ray-Tracer 렌더링 툴로서 가장 대중적인 3차원 소프트웨어이다. 다른 렌더러에 비해 매우 빠르고 간단한 조작방법으로 널리 사용되고 있는 플러그인으로 Global Illumination(GI) 효과를 빠르고 쉽게 표현하여 사실과 같은 이미지를 얻을 수 있다.

Global Illumination(GI)은 간접조명의 의미로 광원으로부터 방출된 빛이 오브젝트에 일차적으로 부딪힌 후 다시 오브젝트로부터 반사되는 과정을 반복하면서 공간으로 확산되는 조명을 말한다.

3DS MAX의 가장 기본적인 렌더러인 Scanline은 이러한 간접조명의 효과를 표현하지 못하여 빛이 직접적으로 미치지 않는 공간을 검은색으로 표현하기도 한다.

렌더링 장면에서도 확연히 느낄 수 있듯이 간접조명을 이용한 렌더링에서 좀더 사실감이 있는 장면을 얻을 수 있다는 것을 알 수 있다.

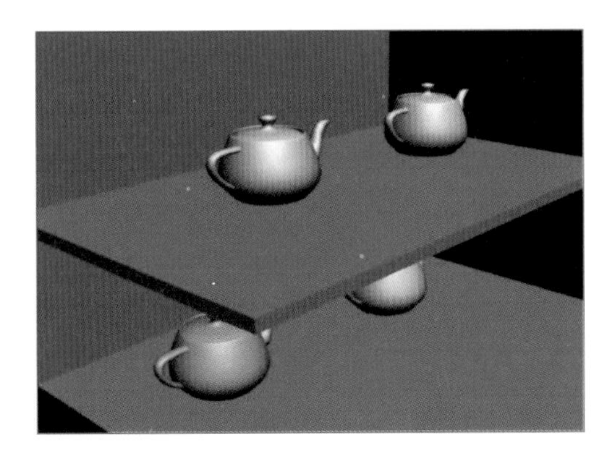

V-Ray:: Frame buffer

V-Ray의 추가 G-Buffer 채널을 사용할 때 V-Ray Frame buffer를 사용한다.

- **Enable Built-In Frame Buffer** : V-Ray 프레임 버퍼의 사용 여부를 결정한다.
- **Render to memory frame buffer** : 렌더링 값을 프레임 버퍼에 저장할 것인지 결정한다.

- Output resolution
  - Get resolution from MAX : 해상도를 결정한 후 체크하면 지정한 해상도를 Max의 기본값으로 가져온다.
- V-Ray raw image file
  - Render to V-Ray raw image file : 체크할 경우 raw image data를 외부 파일로 저장한다.
- Split render channels
  - save separate render channels : 렌더링 시 생성되는 G-Buffer channel 값을 각각 별도로 나누어 저장한다.

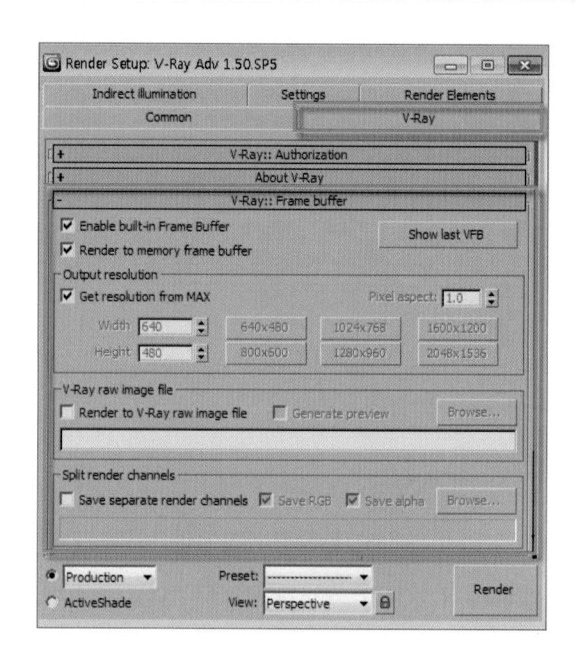

V-Ray 프레임 버퍼에서의 화면 조작 방법

1. 디스플레이 이미지 상에서 마우스 우측 버튼을 클릭하여 V-Ray info 창을 확인할 수 있다.
2. 이미지 상에서 마우스 휠을 이용하여 Zoom-In, Out이 가능하다.
3. Zoom-In 상태에서 마우스 휠을 누른 채 드래그하면 Pan이 가능하며 마우스 왼쪽 버튼을 더블클릭하면 원래 화면으로 복구된다.

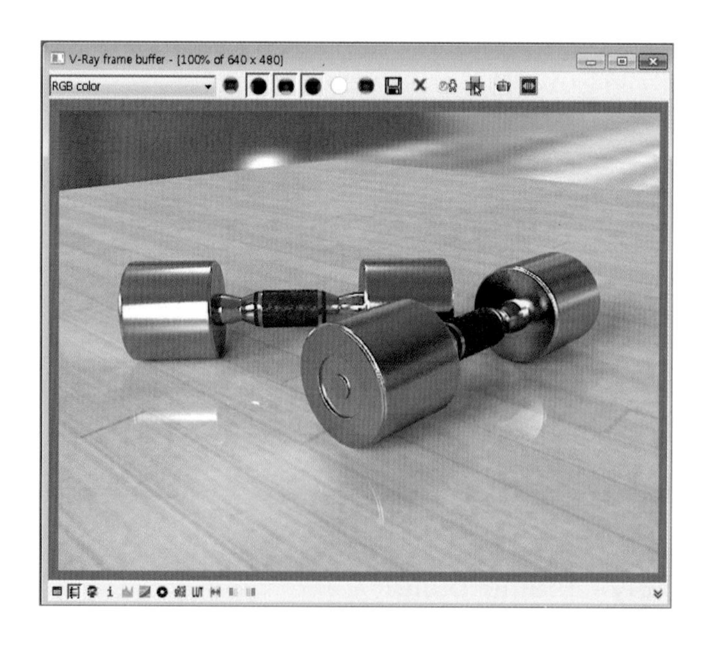

V-Ray:: Global switches

오브젝트에 관련된 옵션을 총괄적으로 관리하며 조명과 질감에 관련하여 V-RayLight와

V-RayMtl에 대한 학습이 필요하다.

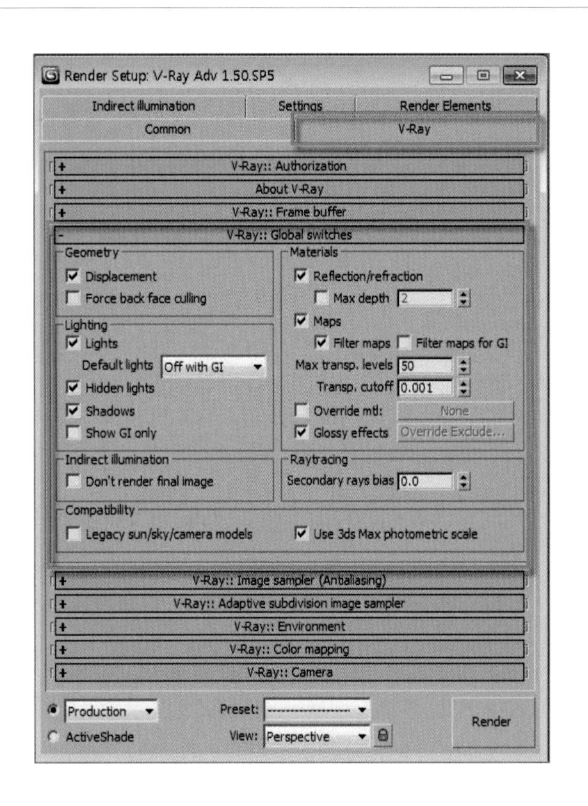

- Geometry
  - Displacement : Displacement 효과(음영에 의한 요철 표현)의 적용 여부를 결정한다.
- Lighting
  - Lights : Scene 상에 설치된 조명을 총괄적으로 사용할지 여부를 결정한다. 단, Skylight와 V-RayLightMtl에 의한 조명 효과는 상관이 없다.
  - Default lights : 3DS Max 기본 조명의 사용 여부를 결정한다. (일반적으로 미체크)
  - Hidden lights : 숨겨진 조명의 사용 여부를 결정한다.
  - Shadows : 조명의 그림자 생성 여부를 결정한다.
  - Show GI only : 간접조명에 의해 GI(Global Illumination) 효과만 나타낸다.
- Indirect illumination
  - Don't render final image : 단시간 내에 간접조명 효과만을 얻고자 할 때 사용하는 것으로 렌더링 작업 시 이미지 렌더링 과정을 생략한다.
- Materials : 장면에 사용된 재질을 일괄적으로 조절한다.
  - Reflection/refraction : V-RayMtl의 반사와 투명 효과 사용 여부를 결정한다.
- Raytracing
  - Secondary rays bias : 오브젝트 면이 겹쳐 있을 경우 얼룩이 생기는 것을 제거한다.

● V-Ray:: Image sampler (Antialiasing)

이미지 가장자리의 계단현상에 관한 옵션을 조절한다.

- Image sampler

픽셀 간의 계단현상을 제거한다.

[Type]

- Fixed : 가장 단순한 방식으로 렌더링 이미지를 구성하는 모든 Pixel에 동일한 개수의 Sample을 할당한다.
- Adaptive DMC : Fixed에 비해 효율적으로 샘플을 할당한 후 색상 차이에 따라 추가 할당한다.

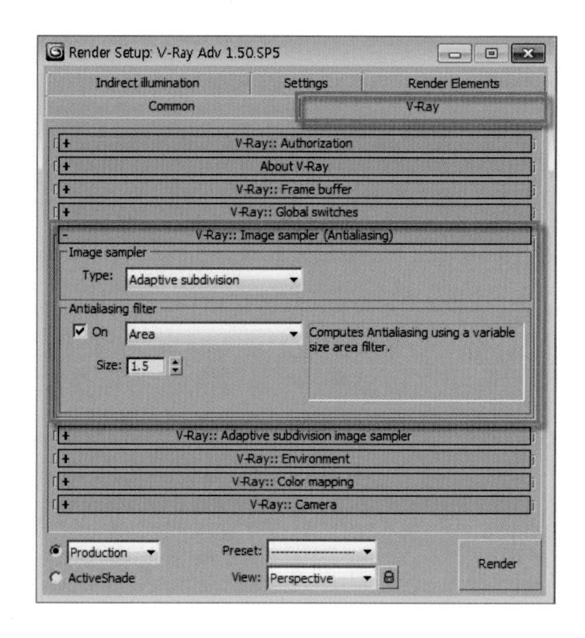

- Adaptive subdivision : 효율적인 샘플 할당 방식으로 다른 샘플러에 비해 샘플 수를 최소화하여 가장 많이 사용한다.

• Antialiasing filter
- On : Antialiasing filter의 사용 여부를 결정한다. 각 옵션을 선택하면 우측에 픽셀의 수 및 사용에 적합한 정도의 간단한 설명이 나타난다.
- Area : 가변 크기 영역 필터를 사용한다.
- Sharp Quadratic : 9픽셀의 복구 필터를 사용한다.
- Quadratic : 9픽셀의 블러링 필터를 사용한다.
- Cubic : 25픽셀로 블러링 필터를 사용한다.
- Video : NTSC 와 PAL 비디오에 응용하기 위해 최적화된 25픽셀 블러링 필터를 사용한다.
- Soften : 부드러운 블러를 위한 가우시안 소프트 필터에 적합하다.
- Cook Variable : 범위를 가지는 다목적 필터로 1~2.5까지의 값은 뚜렷하게 표현하고 그 이상은 흐리게 표현한다.
- Blackman : 25픽셀 필터로 뚜렷하게 표현한다.
- Mitchell-Netravali : Blur와 Ringing & Anisotropy 간에 균형을 맞추어 이루어진 필터이다. Ringing 값이 0.5 이상이면 알파 채널에 영향을 준다.
- Catmull-Rom : 약간의 모서리 부분의 향상 효과를 가진 25픽셀의 필터로 실내 공간에서 많이 사용한다.
- Plate Match/Max R2 : Matte/Shadow Material을 이미지에 맞추기 위해 맥스 R2를 사용한다.

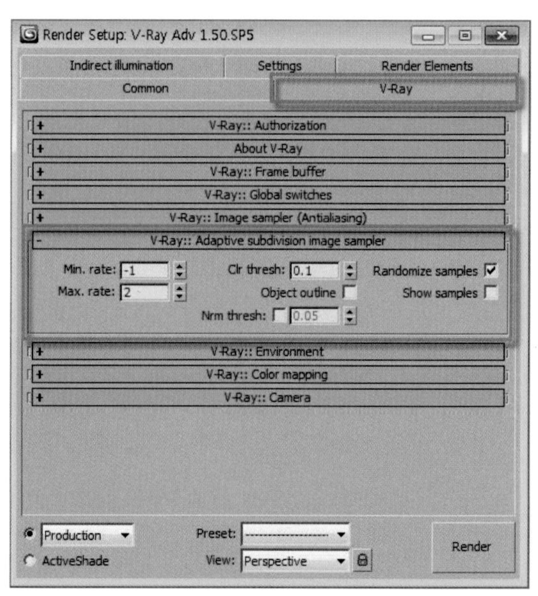

V-Ray :: Adaptive subdivision image sampler

픽셀에 해당하는 샘플의 수를 조절할 수 있다.

- Min. rate : 픽셀에 할당되는 최소 개수를 지정한다. 보통 -1 이하의 값을 사용하며 0 이상일 때는 샘플링이 이루어지지 않는다.

- Max. rate : 픽셀에 할당되는 최대 개수를 지정한다.
- Clr thresh : 수치가 작을수록 샘플이 추가 할당되어 품질이 높아지지만 렌더링 시간이 늘어난다.
- Randomize samples : 체크하면 안티앨리어싱 작업에 사용되는 샘플의 배치를 랜덤으로 한다.

V-Ray:: Environment

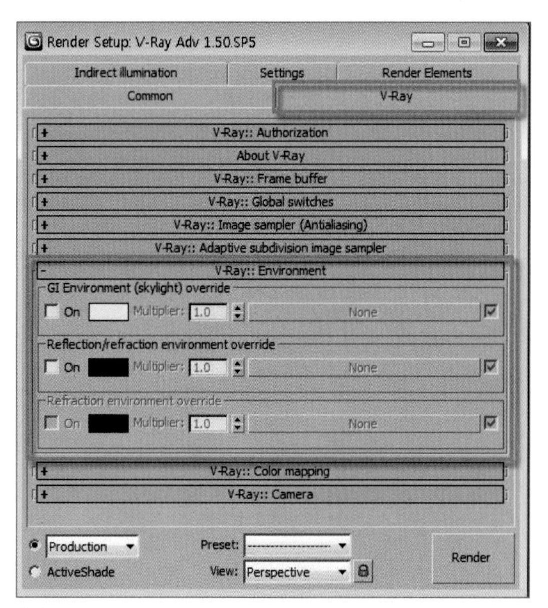

- **GI Environment(skylight) override**
  - On : Max Environment를 무시하고 V-Ray Environment를 활성화한다.
  - Color : 전체적인 색을 설정한다(시간에 따른 하늘색을 결정한다).
  - Multiplier : 환경이 전체 장면에 영향을 미치는 skylight의 밝기를 조절한다.
  - Map : 특정 이미지를 환경으로 적용할 수 있으며, HDRI 외의 맵은 이미지의 색만을 적용시킨다. Max Environment와 틀린 점은 렌더링 시 환경맵으로 쓰인 이미지가 나오지 않는다.
- **Reflection/refraction Environment override**
  - On : Max Environment는 하나의 Reflection/refraction 환경을 설정하였지만 V-Ray 렌더러는 별도의 Reflection/refraction의 환경을 지원한다. 설정 시 Max Environment는 무시된다.
  - Color : Reflection/refraction 환경의 전체적인 색을 설정한다.
  - Multiplier : Color값이 Reflection/refraction 환경에 영향을 미치는 정도를 설정한다.
  - Map : 특정 이미지를 Reflection/refraction 환경으로 적용할 수 있으며, 보통 GI Environment(skylight)와 같이 쓰기도 하지만 Reflection/refraction Environment만 쓰는 경우도 많다.

V-Ray:: Color mapping

렌더링 전체 이미지의 밝기를 조절하는 옵션이다.

- Type : 렌더링 이미지의 색 정보에 대한 방식을 선택한다.
- Dark multiplier : 이미지의 어두운 색상을 조절한다.
- Bright multiplier : 이미지의 밝은 색상을 조절한다.

–Gamma : 감마값을 설정한다.

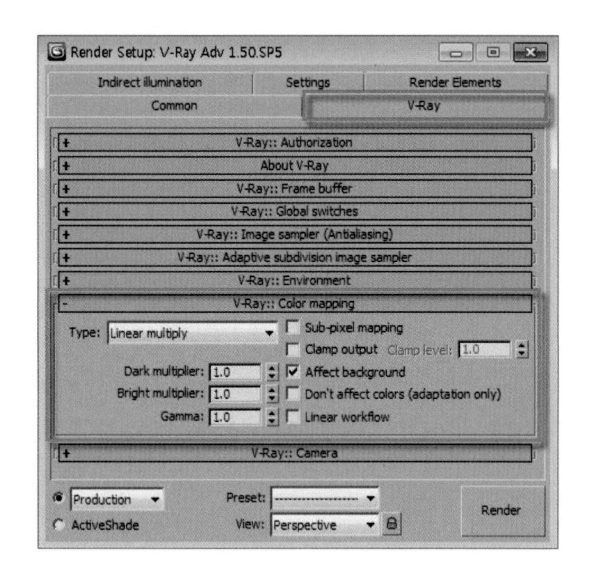

V-Ray:: Camera

- Camera type
  - Type : Default, Spherical, Cylindrical (point), Cylindrical(ortho), Box, Fish eye, Warped spherical(old-style) 등과 같은 형태가 있다.
  - Override FOV : 카메라 렌즈의 FOV(Field Of View)와 연동하며 활성화되면 맥스 카메라의 FOV값을 무시하고 적용한다.
  - FOV : FOV(Field Of View), 즉 렌즈를 통해 볼 수 있는 화각을 말한다.
  - Height : Cylindrical Type에서만 적용이 되며 Camera의 높이를 설정한다.
  - Auto-fit : Fish eye Type에서만 적용이 되며 렌더링 이미지의 넓이를 수평 해상도에 맞게 DIST 값을 자동적으로 계산한다.
  - Dist : Fish eye Type에서만 적용이 되며 카메라와 어안렌즈(Fish eye) 중심까지의 거리를 말하며 Auto-fit 활성화 시에는 적용되지 않는다.
  - Curve : Fish eye Type에서만 적용이 되며 어안렌즈(Fish eye)의 휨 정도를 조절한다. 이 수치가 2에 가까울수록 휨이 적어지고 1일 때 현실의 어안렌즈(Fish eye)와 동일하다. 0에 가까울수록 휨이 강해진다.

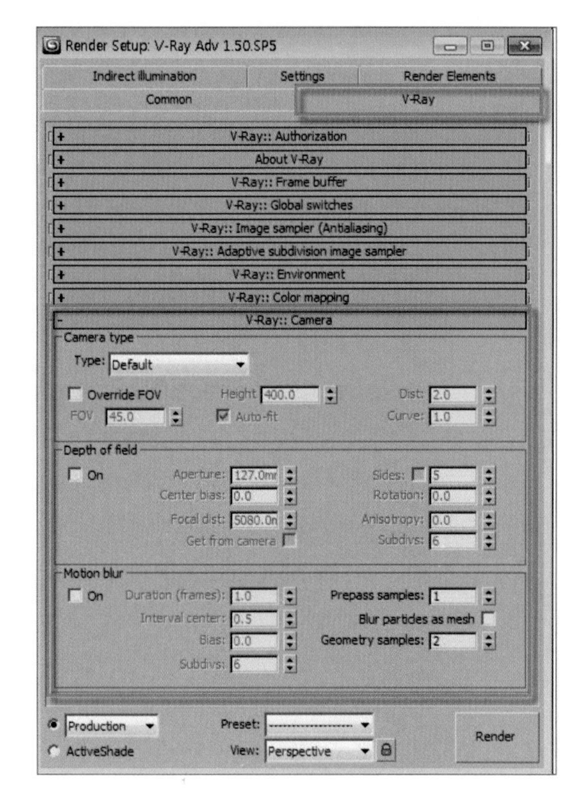

- Depth of field : 피사계심도라고 하며 오브젝트 간의 거리에 따른 초점이 선명하게 맞는 범위를 조절할 수 있다.
  - On : Depth of field를 활성화한다.
  - Aperture : 카메라 조리개 크기를 설정한다. 조리개가 작을수록 심도가 깊고 수치가 클수록 심도가 얕다.

(팬 포커스 : 심도가 깊다 / 조리개 구멍이 작다 / 빛의 양이 적다 / 노출값이 크다 / 전체 선명)
(아웃 포커스 : 심도가 얕다 / 조리개 구멍이 크다 / 빛의 양이 많다 / 노출값이 작다 / 주제 선명)
- Center bias : 경계 부분에 블러 효과의 정도를 설정한다.
- Focal dist : 카메라의 초점거리를 지정한다.
- Get from camera : 체크할 경우 Camera Target 위치에 따라 초점거리를 설정한다. (Free Camera는 사용할 수 없다.)
- Sides : 조리개의 모양을 설정한다.
- Rotation : 조리개 형태의 방향을 설정한다.
- Anistopy : 블러 효과를 수평 또는 수직으로 늘려준다. (+값 : 수평, -값 : 수직)
- subdivs : 블러 효과에 사용되는 샘플 수를 설정한다.

• Motion blur : 카메라를 저속 셔터로 촬영하는 효과와 같이 피사체의 움직임을 번지도록 조절할 수 있다.
- On : Motion blur를 활성화한다.
- Duration(frames) : 모션 블러의 범위를 설정한다. 수치가 클수록 모션 블러 범위가 넓어진다.
- Interval center : 모션 블러 실행 시 기준이 되는 중심을 설정한다.
- Bias : 모션 블러의 범위를 어느 쪽에 시각화할지를 결정한다.
- Subdivs : 블러의 부드러움 정도를 결정한다. 수치가 클수록 블러 효과가 부드럽지만 렌더링 시간이 길어진다.
- Prepass samples : Irradiance map 실행 시 사용되는 샘플의 수를 결정한다.
- Blur particles as mesh : 파티클에 모션 블러의 적용 방식을 결정하는 것으로 on일 경우 파티클을 일반 mesh와 동일하게 취급한다.
- Geometry samples : 모션 블러에 사용되는 geometry sample의 수를 결정한다.

V-Ray:: Indirect illumination(GI)

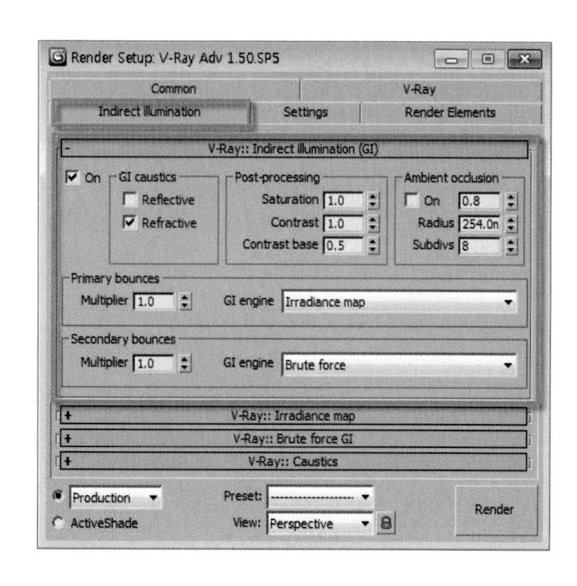

간접조명의 사용 여부를 결정하며 포스트 프로세싱 관련 옵션을 선택하도록 구성되어 있다.

• On : GI 사용 여부를 결정한다.
• GI caustics : GI 효과를 구현할 때 반사와 투명도에 영향을 미칠지를 결정한다.
• Post-processing
- Saturation : GI 맵의 채도 조절을 하는 것으로 Color bleed 현상에 나타나는 색 조절을 한다.

- Contrast : 밝기를 조절한다(기본 설정 : 1.0).
- Contrast Base : 이미지의 밝기를 콘트라스트 상태를 유지한 채로 조절할 수 있다.

Note

Contrast 수치값이 '1' 인 경우에는 Contrast base가 효력을 발생하지 않는다. 따라서 이미지가 콘트라스트 상태를 유지하면서 전체적으로 밝게 하려면 [Contrast] 값을 '0.9' 이하로 설정한 후 Contrast Base 수치값을 높여야 한다.

- **Ambient occlusion** : 체크하면 어두운 부분의 그림자 크기 및 선명도를 설정할 수 있다.

Note Color bleed

빛이 주 대상에 비춰지는 색상 외에 주변색이 반사되어 나타나는 색으로 간접조명에 의해 나타나는 현상을 말한다. 예를 들어 빨간 카펫 위에 흰색 볼링공이 있으면 흰색 볼링공의 밑 부분은 카펫에서 반사되는 빛에 의해 약간의 빨간색이 비춰지게 된다.

- **Primary bounces** : 1단계의 연산이 이루어지는 곳으로 GI엔진을 결정한다.
  - Multiplier : GI 밝기를 조절한다.
  - GI Engine : 연산 엔진을 선택한다. 엔진은 Irradiance map, Photon map, Brute force, Light cache 4가지 엔진이 있다. 본 교재에서는 기본 설정으로 되어 있는 Irradiance map에 대해서만 설명한다.
- **Secondary Bounces** : 2단계의 연산이 이루어지는 곳으로 GI 엔진을 결정한다.
  - Multiplier : GI 밝기를 조절한다.
  - GI Engine : 연산 엔진을 선택한다. 엔진은 Photon map, Brute force, Light cache 엔진이 있다. 본 교재에서는 Secondary에 기본 설정으로 되어 있는 Brute force만 설명한다.

V-Ray:: Irradiance map

- **Built-in presets** : Irradiance map 엔진의 샘플링에 관한 옵션을 설정한다.
  - Current preset : 옵션 설정의 프리셋을 결정한다. 처음 엔진을 가동할 때에는 빠른 렌더링을 위해 (대략적으로 실행) 옵션에서 (Very) Low를 선택하고 수정 후 최종 결과물을 출력할 때에는 Medium 이상을 선택한다.
- **Basic parameters**
  - Min rate / Max rate : Prepass 과정의 횟수와 픽셀에 할당되는 샘플의 최대, 최소 비율을 결정한다. Min Rate의 경우에는 보통 '-1' 이하의 값을 사용한다.
  - HSph. subdivs(Hemispheric subdivision) : 샘플링 작업을 통해 배치된 샘플의 광선 추적 시 각각의 샘플이 추적하는 광선의 개수를 설정하는 옵션이다.
    수치값이 높을수록 부드럽고 자연스럽게 표현되나 렌더링 시간이 길어지며 수치 값이 작

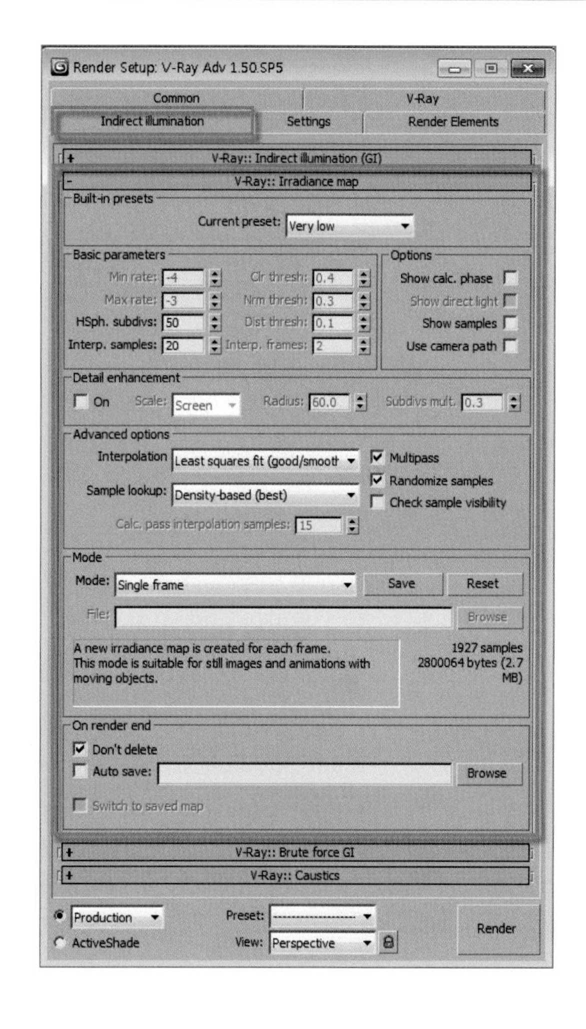

을수록 렌더링 시간은 짧아지나 거칠게 표현되거나 노이즈가 발생한다(기본 설정 : 50).

- Interp. samples(Interpolation samples) : 인터폴레이션 작업 시 주변 샘플의 개수를 설정한다. 기본 설정은 '20' 으로 수치 값이 높을수록 부드럽고 자연스럽게 표현되나 렌더링 시간이 길어지며 수치값이 작을수록 렌더링 시간은 짧아지나 노이즈가 발생할 수 있다.
- Clr thresh(Color threshold) : Current Preset이 Custom으로 설정되었을 때 활성화되며 샘플의 추가 할당이 직접조명의 변화에 반응하는 정도를 결정한다. 수치값이 작을수록 자세히 표현된다.
- Nrm thresh(Normal threshold) : Current Preset이 Custom으로 설정되었을 때 활성화되며 샘플의 추가 할당이 Normal값의 변화에 반응하는 정도를 결정한다. 수치값이 작을수록 자세히 표현된다.
- Dist thresh(Distance threshold) : Current Preset이 Custom으로 설정되었을 때 활성화되며 샘플의 추가 할당이 거리 정도에 따라 반응하는 정도를 결정한다. 수치값이 클수록 자세히 표현된다.

• Options

- Show calc. phase : 체크 시에 렌더링할 때 Irradiance map의 진행 과정을 전체 이미지에 서서히 표현한다. 시각화되는 과정을 보여주므로 연산속도가 다소 떨어진다(기본설정 : off).
- Show direct light : [Show calc. phase] 옵션이 on인 경우에만 활성화되며 연산 과정에서 직접조명에 의한 효과를 겹쳐서 표현한다(기본 설정 : off).
- Show samples : 샘플의 배치 상황을 표현한다(기본 설정 : off).
- Use camera path : 카메라의 경로를 사용한다.

• Advanced option

- Interpolation : Interpolation type의 옵션으로 구성되어 있다.
- Weighted average(good/robust) : 계산될 Irradiance map을 기초로 GI 샘플들의 거리,

Normal 거리 등의 차이를 단순히 평균화하여 Interpolation 작업을 한다. 가장 단순화한 방식으로 속도가 빠르기는 하나 블럭 간의 겹침으로 인한 히스테리현상이 발생하기 쉽다.

- Least squares fit(good/smooth) : Irradiance map 샘플 계산을 최소 제곱법으로 Interpolation 작업을 한다. 가장 적합한 방식으로 Weighted average(good/ robust) 타입보다 부드러운 결과를 얻을 수 있으나 상대적으로 속도는 떨어진다.

Note 최소 제곱법

캘리브레이션 계산에 많이 사용되는 방식으로 측정값을 기초로 해서 적당한 제곱합을 만들고 그것을 최소로 하는 값을 구하여 측정 결과를 처리하는 방법

- Delone triangulation(good/exact) : 위의 2가지 방법보다 좋은 품질을 얻을 수 있는 방식으로 블러나 잡음이 전혀 없는 V-Ray에서 가장 확실한 방식이다.
  HSph. subdivs(Hemispheric subdivision) 옵션값이 작은 경우에는 노이즈가 발생할 수 있다.
- Least squares w/Voronoi weights : 계산속도가 가장 느리며 최소 제곱법으로 실행하여 샘플들의 밀도를 고려해 노이즈를 줄이는 방법으로 개발하였으나 아직까지 완전하지 않다.

• **Sample lookup** : Interpolation 작업을 실시하는 시점에서 주변 샘플을 검색하는 방법을 선택한다.

- Quad-balanced(good) : 그림자 경계 부분을 일정한 사각구역을 만들어 보다 많은 샘플 수를 만들어 계산한다. Nearest보다 약간의 시간이 좀 더 걸리지만 상대적으로 좋은 결과를 얻을 수 있다.
- Nearest(draft) : 그림자 경계 부분을 단순히 적절하게 계산하며 Irradiance map의 밀도가 높은 곳에서 더 많은 샘플 수를 가진다.
- overlapping(very good/fast) : 샘플 밀도에 따른 결점을 보완하기 위해 각 샘플에 대해 영향을 미치는 반경을 선택해 가며 irradiance map을 끊임없이 중첩해 가며 계산한다. 비교적 고품질을 얻을 수 있다.
- Density-based(bast) : 기본 설정으로 되어 있으며 Nearest(draft)와 overlapping(very good/fast)을 혼합한 방식으로 특별한 경우가 아닌 경우 외에는 이 방식을 채택하는 것이 좋다.
- calc. pss inrerpolation sample : Irradiance map을 계산하는 동안 사용되며, 샘플링된 Interpolation을 안내하도록 미리 계산될 샘플들의 수를 나타낸다.
  기본 설정값은 '15' 이며 고품질의 이미지를 출력하기 보통 20~25 사이의 값을 사용하고 수치가 올라갈수록 충분한 샘플 수를 제공하나 속도는 느려진다.
- Multipass : 체크되어 있을 경우 Multiprocessor Machines는 각각의 Irradiance map을

동시에 설정하여 irradiance map의 처리속도는 더 빨라진다.

- Randomize samples : Irradiance map을 계산하는 동안 사용되며 샘플들의 배치를 규칙적으로 할지 혹은 불규칙적으로 할지를 결정한다. 이 옵션은 on으로 켜놓는 것이 좋다(off시 샘플들의 배열 형태를 격자 모양으로 규칙적으로 나타난다). (기본 설정 : on)
- Check sample visibility : 렌더링되는 동안 계산이 되며 벽을 통해 빛이 새어 들어오는 현상을 제거해 주는 옵션으로 인테리어 작업 시 외부 빛에 의한 벽 틈의 빛줄기가 발생할 때만 사용하는 것이 좋다. (기본 설정 : off)

• **Mode** : Irradiance map의 생성, 저장 및 이용 방법을 결정한다.

- Single frame : 기본 설정으로 되어 있으며 단일 프레임을 위해 Irradiance map을 독립적으로 계산한다. 이전의 Irradiance map은 제거되며 새로운 Irradiance map을 생성한다.
- Multiframe incremental : 이 방식은 오브젝트의 이동이 없는 Fly-through 애니메이션 제작 시 사용되며 앞선 프레임의 Irradiance map을 기초로 하여 현재 프레임의 Irradiance map을 계산한다.

  앞선 프레임에서 계산되지 않은 GI 샘플들을 필요로 할 때만 계산하고 결과를 앞선 프레임의 Irradiance map에 추가하여 차후 GI 옵션을 보정하기 위해 렌더링을 걸어도 예전의 것을 보정하는 것에 지나지 않으므로 처음보다 빠른 속도로 계산이 가능해진다.
- From file : Irradiance map의 계산 없이 파일로 저장된 Irradiance map(*.vrmap) 을 불러와 사용한다. 렌더링 시간을 단축하기 위해 많이 사용한다.
- Add to current map : 렌더링 작업 시 실행 때마다 새로운 Irradiance map을 만들어 현재의 프레임의 맵을 독립적으로 계산한 다음 예전 프레임에 추가 저장하는 방식이다.
- Incremental add to current frame : Multiframe incremental과 Add to current map의 혼합방식으로 첫 번째 렌더링 작업 시 Irradiance map을 기초로 하여 현재 프레임의 Irradiance map을 계산하고 두 번째부터는 전의 Irradiance map을 기초로 추가 부분만을 연산한다. 이 방식은 오브젝트의 이동이 없는 실내 공간의 렌더링 시 유용하다.
- Bucket mode : Irradiance map 계산에서 최종 이미지까지 Bucket별로 개별적으로 계산하며, 다중 프로세서에서 빠른 속도를 보이긴 하나 버킷들 간의 겹치는 부분이 부자연스러운 경우가 발생하기도 한다. 이런 문제를 해결하기 위해 샘플링 관련 옵션 수치를 높여주는데 그럴 경우 렌더링 시간이 길어지므로 다수의 CPU를 사용하는 분산 렌더링을 실시하지 않을 경우 이 방식을 사용하지 않도록 한다.

• **On render end**

- Don't delete : 렌더링이 끝난 후 Irradiance map이 메모리에서 지워지지 않도록 한다(기본 설정 : on).
- Auto save : 렌더링이 끝남과 동시에 Irradiance map를 사용자가 지정한 *.vrmap 파일로 자동 저장한다(기본 설정 : off).
- Switch to saved map : [Auto save] 옵션이 on인 상태에서 활성화되며 옵션이 활성화된

상태에서 Irradiance map이 저장되면 From file을 자동으로 활성화하여 Irradiance map을 불러와 사용할 수 있다.

V-Ray:: Brute force GI

렌더링 이미지를 구성하는 픽셀들을 대상으로 샘플링을 실시하며 사용하기에 간편한 장점이 있다.

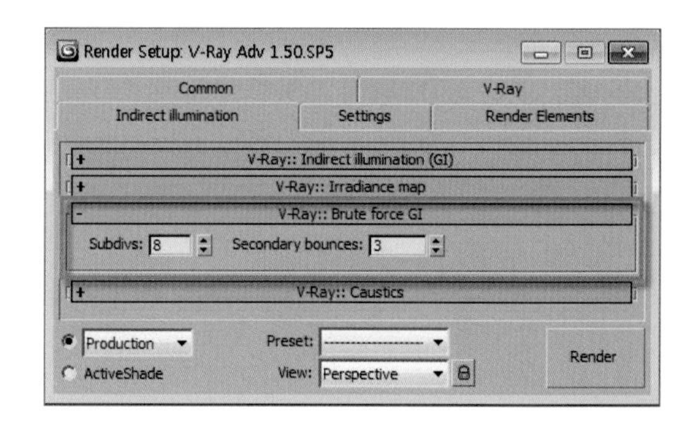

- Subdivs : 픽셀을 분할하는 횟수를 결정하는 것으로 수치가 높을수록 렌더링 시간이 길어진다. (기본 설정 : 8)
- Secondary bounces : 간접조명의 반사횟수를 결정하며 수치값이 클수록 장면이 밝아지지만 렌더링 시간은 길어진다. (기본 설정 : 3)

V-Ray:: Caustics

물체에 의해 반사 또는 굴절된 광선이 집중되어 나타나는 현상을 설정한다.

- On : Caustics를 활성화한다. (기본 설정 : off)
- Multiplier : Caustics 효과의 세기를 조절한다.
- Search dist : 1개 포인트의 해당하는 넓이를 결정한다. (기본 설정 : 5)
- Max photons : Caustic Photon map에 저장된 포인트 활용 정도를 결정한다. 수치가 클수록 많은 포인트들을 Caustic 효과에 사용한다. (기본 설정 : 60)
- Max density : Caustic Photon map에 저장되는 포인트의 개수를 조절한다.

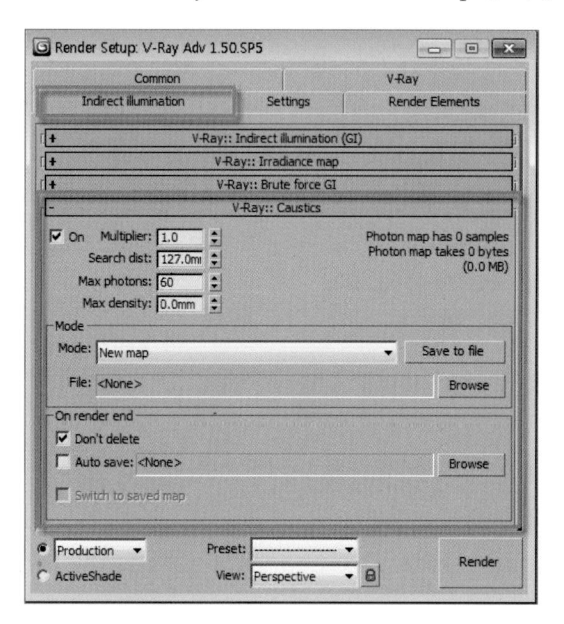

• **Mode** : Global Photon map을 Irradiance map 방식처럼 저장 관리한다.
- New map(Save to file) : Global Photon map을 새로 만들며 렌더링 계산이 끝난 후 *.vrpmap 파일로 저장할 수 있다.
- From file : Global Photon map의 계산 없이 파일로 저장된 Global Photon map(*.vrmap)을 불러와 사용한다.

• **On render end**
- Don't delete : 렌더링이 끝난 후 Global Photon map이 메모리에서 지워지지 않도록 한다.
- Auto save : 렌더링이 끝남과 동시에 Irradiance map를 사용자가 지정한 *.vrmap 파일로 자동 저장한다. (기본 설정 : off)
- Switch to saved map : [Auto save] 옵션이 on인 상태에서 활성화되며 옵션이 활성화된 상태에서 Irradiance map이 저장되면 From file을 자동으로 활성화하여 Irradiance map을 불러와 사용할 수 있다.

V-Ray:: DMC Sampler

- Adaptive amount : 샘플링 작업의 난이도를 결정한다. 0~1까지의 옵션으로 수치가 클수록 난이도를 고려한다.
- Noise threshold : 수치값이 작을수록 샘플을 추가 할당하여 부드러워지고 수치값이 클수록 노이즈가 발생한다.

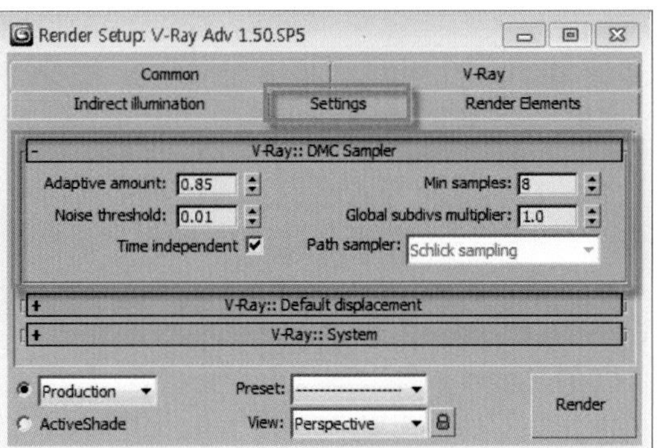

- Time independent : 체크하면 DMC Sampler의 샘플링 패턴이 프레임과 상관없이 일정하다.
- Min samples : 조기 종료 방식을 위해 1차적으로 할당하는 최소 개수를 결정한다. 수치값이 클수록 조기 종료 방식의 신뢰도가 크다. (기본 설정 : 8)
- Global subdivs multiplier : V-Ray의 모든 Subdives 옵션 값을 총괄적으로 조절할 때 사용한다.

V-Ray:: Default displacement

3DS Max의 Displace map 기능과 관련된 기능으로 구성되어 있다.

- Override Max's : On으로 체크될 때 displace map 효과를 V-Ray로 실행한다.
- Edge length : 표면 edge 길이를 결

정한다. 옵션값이 작을수록 부드러워지나 렌더링 시간이 길어진다.

- Amount : Displacement가 적용되는 정도를 결정한다. 수치가 클수록 Displacement의 정도가 크게 나타나고 렌더링 시간은 길어진다.
- Relative to bbox : Amount 옵션의 단위를 결정한다. on일 경우 Amount 옵션값이 오브젝트의 bounding box를 기준으로 한 상대값이 되고 off일 때 system units의 단위가 된다. (기본 설정 : on)
- Max subdivs : 면을 구성하는 face가 몇 개의 하위 face로 분할할지를 결정한다.
- Tight bounds : 오브젝트의 면에 displacement가 경계가 뚜렷한 흑백 영역일 때 정확하게 적용하도록 설정한다.

System

렌더러의 기본 설정 및 부가 기능에 관한 옵션들로 구성되어 있다.

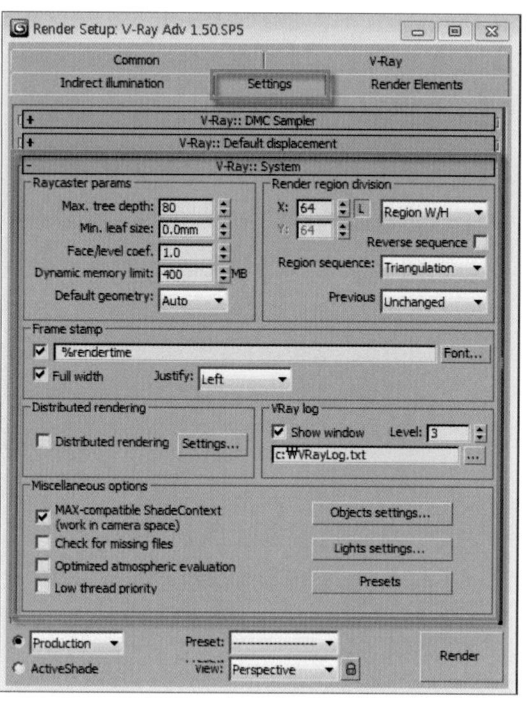

- **Raycaster parameters** : V-Ray는 BSP(Binary Space Partioning)의 공간 분할 방법을 사용하여 렌더링한다.
  이 방법은 분할되는 두 공간 구조에 여러 종류를 제어할 수 있으며 공간을 나눌 때 나무뿌리처럼 계속적으로 두 방향으로 뻗어 나가는 트리 구조이다.
  - Max. tree depth : 트리 구조의 최대 깊이를 조절한다. 렌더링 시 수치를 올리면 느려진다.
  - Min. leaf size : 하위 구조의 길이를 조절한다.
  - Face/level coef. : Left node가 포함하는 face의 양을 설정하는 옵션으로 수치가 작을수록 렌더링 속도는 빨라지나 BSP(Binary Space Partioning)가 가지는 메모리의 양이 늘어난다.
- **Render region division** : V-Ray의 rendering buckets의 크기와 렌더링 순서를 조절한다. bucket들은 서로 독립적으로 계산되며 bucket의 크기가 너무 작으면 계산시간이 늘어난다.
  - X : bucket의 넓이(가로)를 결정한다.
  - Y : bucket의 높이를 결정한다.
  - Region W/H or Region Count : bucket의 크기 또는 개수로 선택할 수 있다.
- **Region sequence** : bucket이 렌더링되는 순서나 모양을 선택한다.
  - Top ➡ Bottom : 위에서 아래로 진행

- Left ➡ Right : 좌측에서 우측으로 진행
- Checker : 사각 모양으로 진행
- Spiral : 중앙에서 외곽으로 진행
- Triangulation : 기본 설정으로 이전 버킷과의 개연성을 가지고 다음 버킷으로 진행
- Hilbert Curve : 직선으로 평면을 채우는 선을 따라 진행
- Reverse sequence : 체크 시 위의 선택 방법의 역순으로 진행한다.

• **Previous renderer** : 렌더링 시 이전에 렌더링한 이미지를 어떻게 보이게 할 것인가를 설정한다.

- Unchanged : 이전 이미지에 아무런 변화를 주지 않는다.
- Cross : 이전 이미지를 검정색으로 처리한다(2픽셀 당 1개를 검게 처리).
- Fields : 가로라인 2줄당 1줄을 검게 처리한다.
- Darken : 이전 이미지를 어둡게 표현한다.
- Blue : 이전 이미지를 푸른색으로 표현한다.

• **Frame stamp** : 렌더링 화면 하단에 각종 정보를 표시한다.

Key Word	Information
%vrayversion	V-Ray 버전 정보를 표시한다.
%filename	현재 장면 파일 이름을 표시한다.
%frame	현재 프레임 번호를 표시한다.
%rendertime	현재 렌더링 시간을 표시한다.
%date(%time)	시스템 날짜(시간)를 표시한다.
%vmem	시스템의 가상 메모리를 표시한다.
%ram	시스템의 물리적 메모리를 표시한다.
%w	렌더링 이미지 가로 픽셀 수를 표시한다.
%h	렌더링 이미지 세로 픽셀 수를 표시한다.
%camera	렌더링하는 카메라 이름을 표시한다.
%mhz	시스템의 CPU 정보를 표시한다.
%os	시스템 OS 정보를 표시한다.

• **V-Ray log** : 렌더링 작업을 시작할 때 메시지 창과 관련된 내용으로 구성되었다.

- Show window : 렌더링 작업 시 V-Ray 메시지 창의 표시 여부를 결정한다. (기본 설정 : on)
- Level : V-Ray 메시지 창에 표시되는 정보의 수준을 설정한다.
  1 : 에러(적색) 메시지 표시
  2 : 에러(적색)와 경고(녹색) 메시지
  3 : 에러(적색)와 경고(녹색), 정보(흰색) 메시지
  4 : 에러(적색)와 경고(녹색), 정보(흰색), 디버그(검정색) 메시지
- 경로 설정창 : V-Ray 메시지 창 내용의 저장 경로를 설정한다.

9-1 V-Ray 기본 설정

[Render Setup] 창에서 V-Ray의 기본 세팅으로 GI(Global Illumination) 효과를 표현한다.

01 >> 예제 파일을 열기한다.

02 >> F10 을 눌러 [Render Setup] ➡ [Assign Renderer] ➡ [Production]에서 박스 버튼을 클릭하여 [V-Ray Adv 1.50.SP5]를 선택한 후 [OK] 버튼을 누른다. 차후에 맥스를 재실행하여 V-Ray 렌더러를 계속적으로 사용하고자 할 때에는 [Save as Defaults] 버튼을 클릭하여 기본 렌더러로 설정한다.

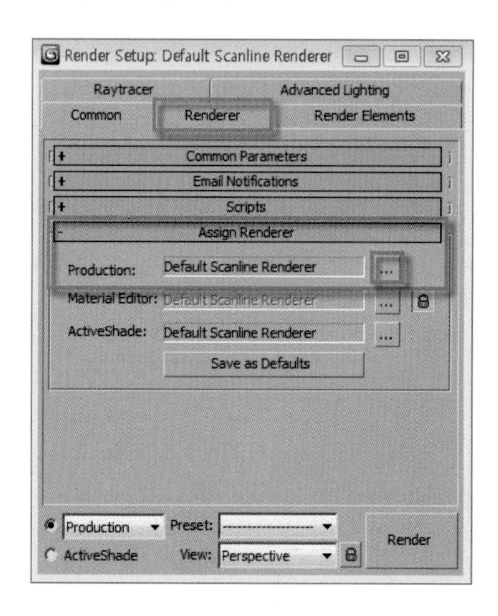

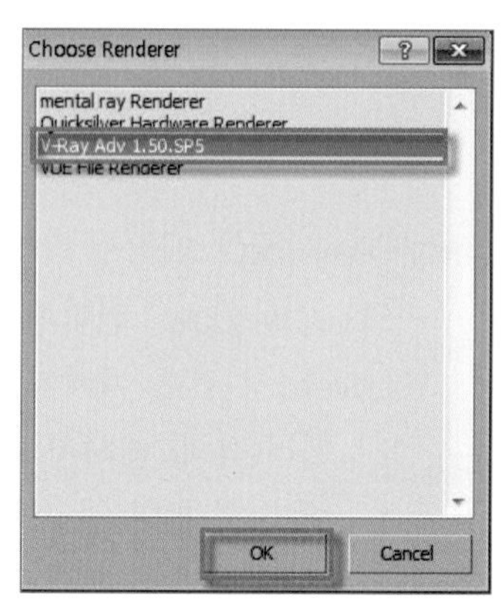

03 >> V-Ray를 설치하면 V-Ray 질감, V-Ray 조명 외에 V-Ray와 관련된 플러그인들이 함께 설치된다.

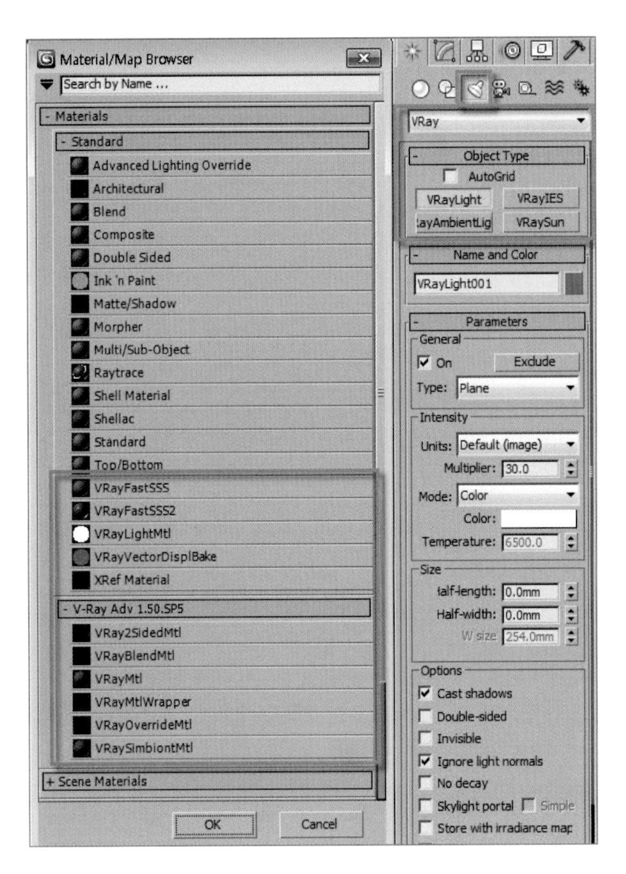

04 >> [View]에서 별도의 조명을 설치하지 않고 기본 렌더러만 세팅한다.

[Render Setup] ➡ [V-Ray] ➡ [V-Ray:: Global switches] 롤아웃을 클릭한다.

[Lighting]에서 체크를 꺼주거나 [Off]로 설정한다.

[Defaults lights]를 끄지 않으면 간접 조명의 연산에 영향을 미치게 된다.

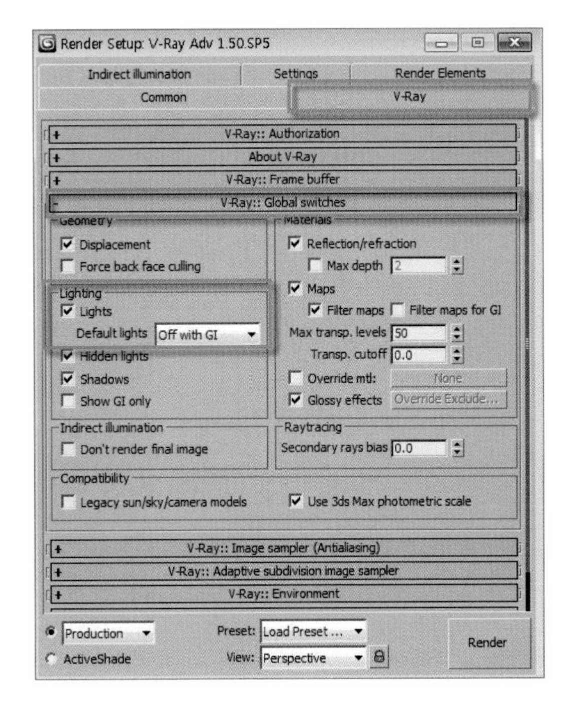

05 >> [Render Setup] ➡ [V-Ray] ➡ [V-Ray:: environment] 롤아웃에서 [GI Environment (skylight) override]를 체크한 후 색상을 흰색으로 변경한다.

[GI Environment(skylight)]는 간접 태양광으로 외부 모델링(외관)을 렌더링할 때에는 하늘색으로 설정하고 내부 모델링(실내)은 흰색으로 설정한다.

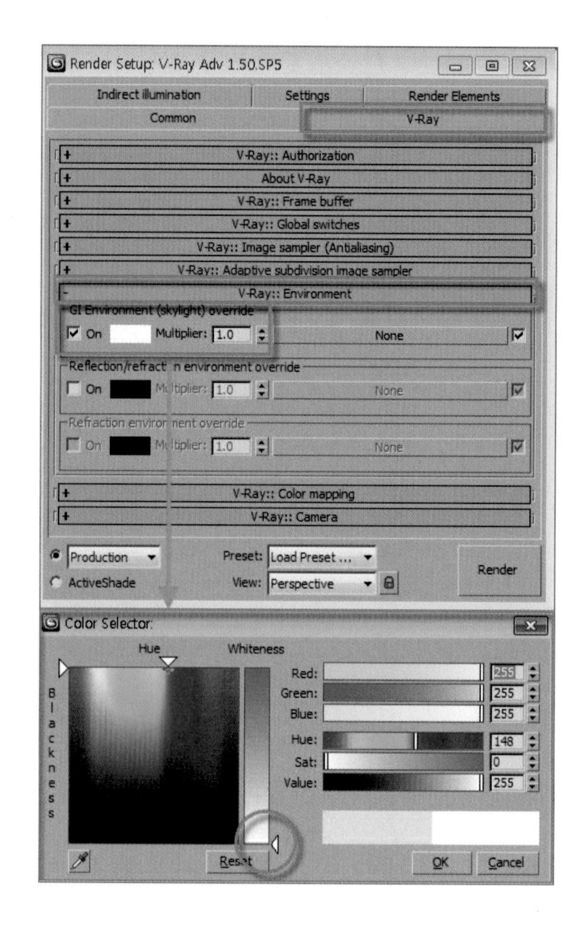

06 >> [Render Setup] ➡ [Indirect illumination] ➡ [V-Ray:: Indirect illumination(GI)] 롤아웃에서 [On]을 체크한다.

이것은 [GI] 효과의 사용 여부를 결정하는 것으로 렌더링할 때 간접조명의 연산이 실행된다.

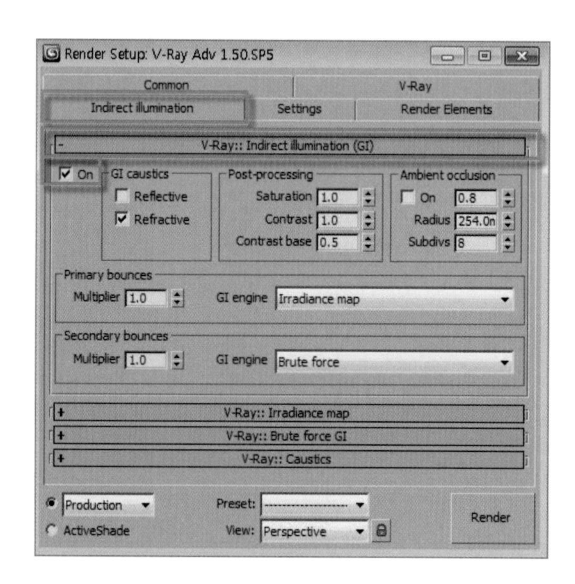

07 >> [Render Setup] ➡ [Indirect illumination] ➡ [V-Ray:: Irradiance map] 롤아웃에서 [Current preset] ➡ [Low]를 선택한다.

렌더링 시간을 줄이기 위해 처음에는 [Very Low]를 설정하고 수정 후에 [Midium] 이상의 옵션을 선택한다.

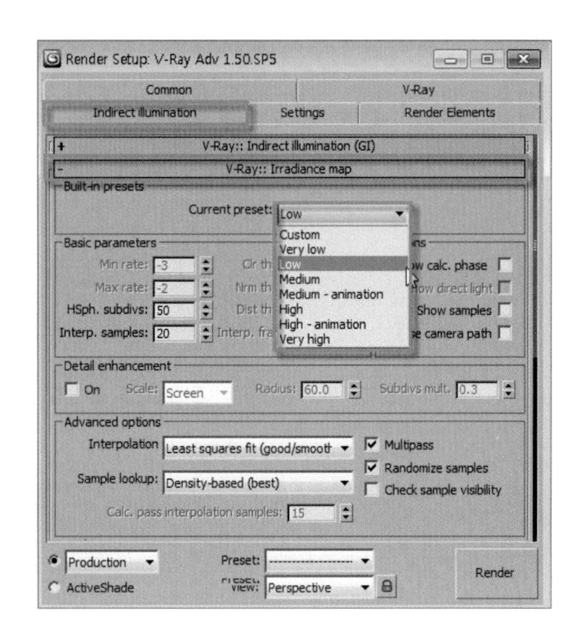

08 >> [Render] 버튼을 클릭하여 렌더링을 실행하면 [V-Ray messages] 창이 나타나면서 렌더링 과정이 화면에 나타난다.

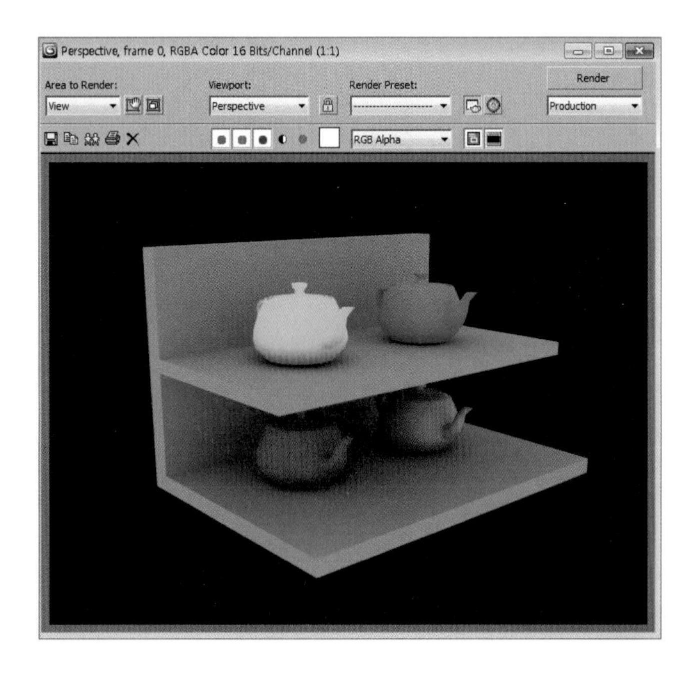

09 >> 완료된 렌더링 창에서 [Save Image] 버튼을 클릭하여 이미지를 저장한다.

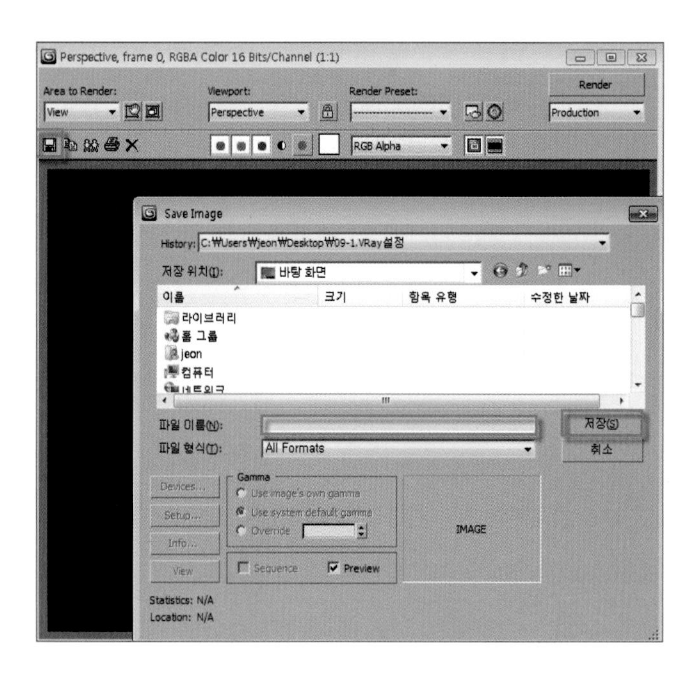

9-2 V-RayHDRI

HDRI(High Dynamic Range Image)는 일반적인 비트맵 이미지보다 광범위한 정보를 포함하는 이미지 포맷으로 기존의 JPEG, TIF, BMP 등과 같은 비트맵 이미지의 한 형태이다.

이러한 고 명암비의 HDRI 맵을 환경 맵으로 사용하여 금속재질을 표현한다.

01 >> [Top View]에서 [Box]와 [Teapot] 명령으로 바닥과 주전자를 다음과 같이 제작한다. (단위 : mm)

[Box Size]
[Length] : 1000
[Width] : 1000
[Height] : -100

[Teapot Size]
[Radius] : 150
[Segments] : 10

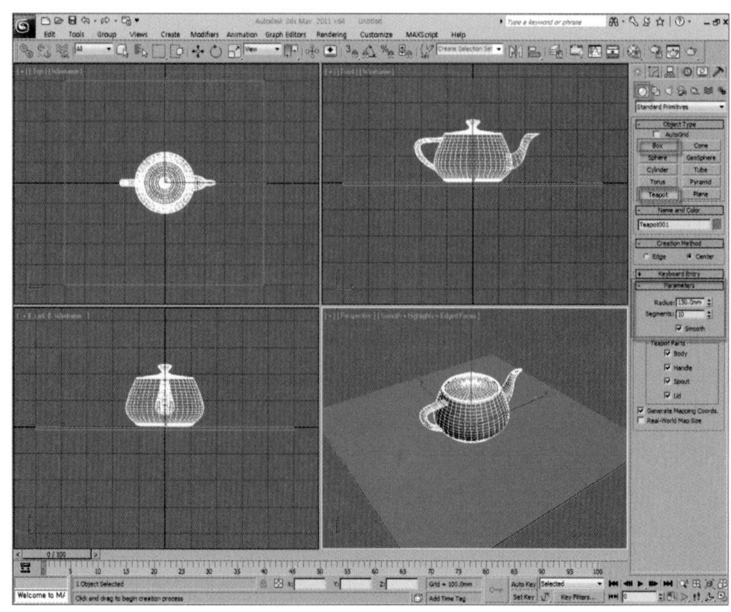

02 >> F10 을 눌러 [Render Setup] ➡ [Common] ➡ [Assign Renderer] 롤아웃에서 [Production]의 사각 버튼을 클릭한 후 〉 [Choose Renderer] 창에서 [V-Ray Adv 1.50. SP5]를 선택한다.

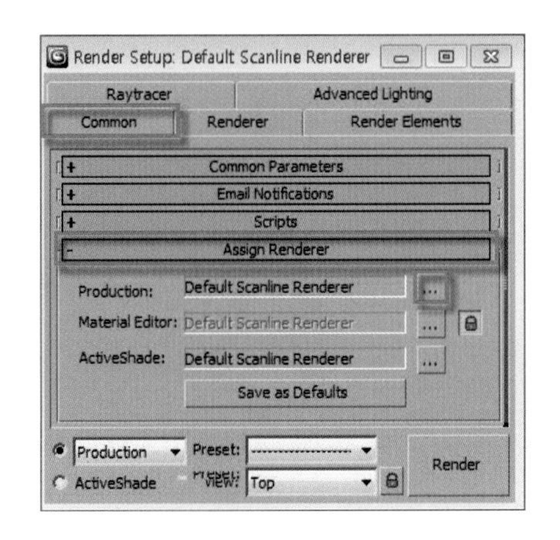

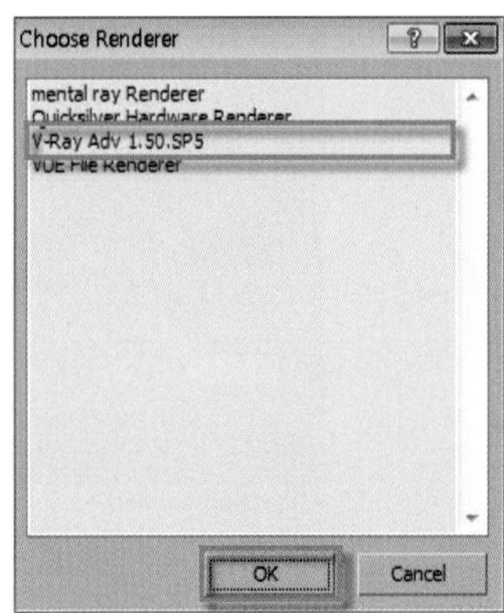

03 >> 메뉴에서 [Rendering] ➡ [Environment]를 클릭한 후 [Common Parameters] ➡ [Background] ➡ [None]버튼을 클릭한다.

[Material/Map Browser] 대화상자에서 [VRayHDRI]를 더블클릭 한다.

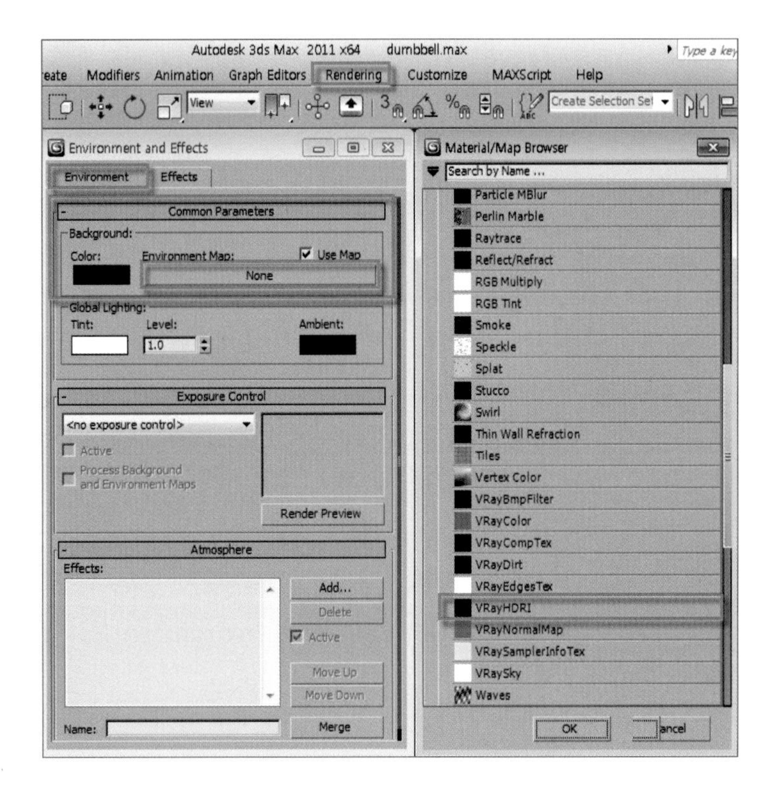

Note HDRI : High Dynamic Range Image

영상에서 가장 밝은 부분과 가장 어두운 부분의 비(Dynamic Range)가 높은 이미지를 말한다. 일반적으로 고명암비의 이미지를 뜻한다.

04 >> M 을 클릭하여 [Material] 대화상자가 나타나도록 한다. [Environment Map]에 적용했던 [VRayHDRI] 버튼을 새로운 샘플 슬롯으로 드래그한다. [Instance] 창에서 [Instance]를 체크한 후 [OK] 버튼을 클릭한다.

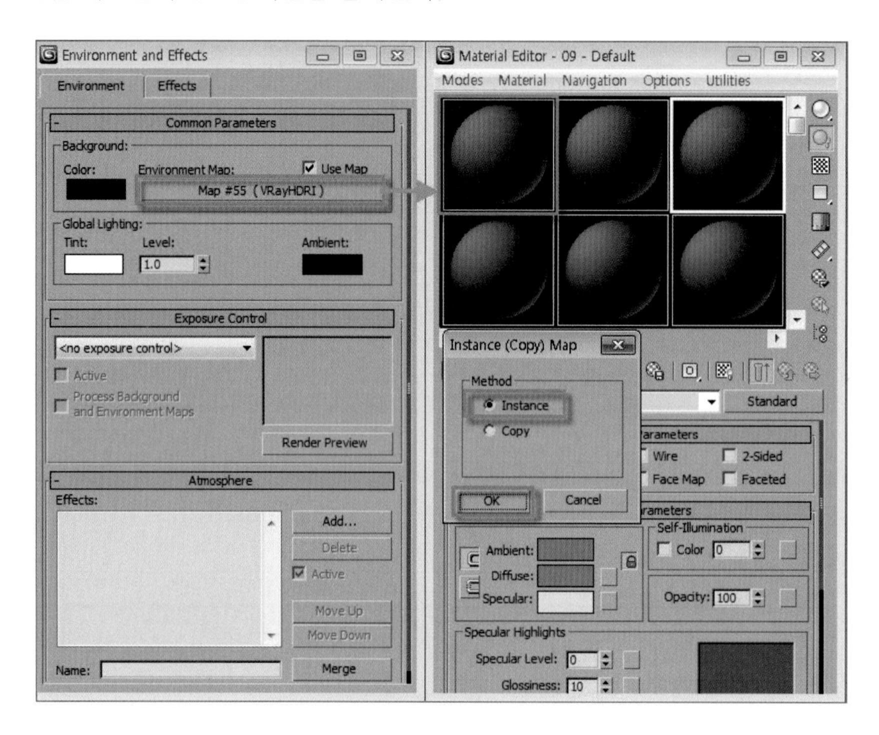

05 >> [HDRI] 맵 소스를 불러오기 위해 [VRayHDRI]의 [Parameters] ➡ [Browser]버튼을 클릭하여 [3DS Max 2011] ➡ [Maps] ➡ [HDRs] ➡ [KC_outside_hi.hdr]을 선택한 후 [Parameters] 옵션 항목을 다음과 같이 설정한다.

[Overall mult] : 1
[Render mult] : 1
[Horiz. rotation] : 40
[Vert. rotation] : 0

[Map Type]은 [Spherical environment]를 체크한다.

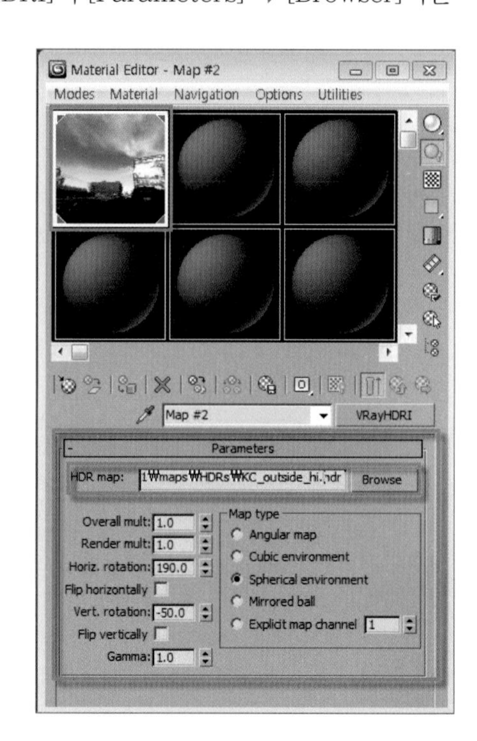

지금까지 작업한 내용은 금속재질에 비춰질 배경을 제작한 것이다.

• HDR map : 환경 맵으로 사용할 HDRI를 선택한다.
• Overall mult : HDRI 밝기를 조절한다.
• Render mult : 렌더링 밝기를 조절한다.
• Horiz. Rotation : HDRI의 수평회전 각도를 설정한다.
• Flip horizontally : HDRI를 수평으로 뒤집을지 설정한다.
• Vert. Rotation : HDRI의 수직회전 각도를 설정한다.
• Flip vertically : HDRI를 수직으로 뒤집을지 설정한다.
• Map type : HDRI가 환경 맵으로 적용되는 형식을 설정한다.

06 >> 주전자의 금속재질을 만들기 위해 새로운 샘플 슬롯을 선택한 후 [Standard] 버튼을 클릭하여 [VRayMtl]을 선택한다.

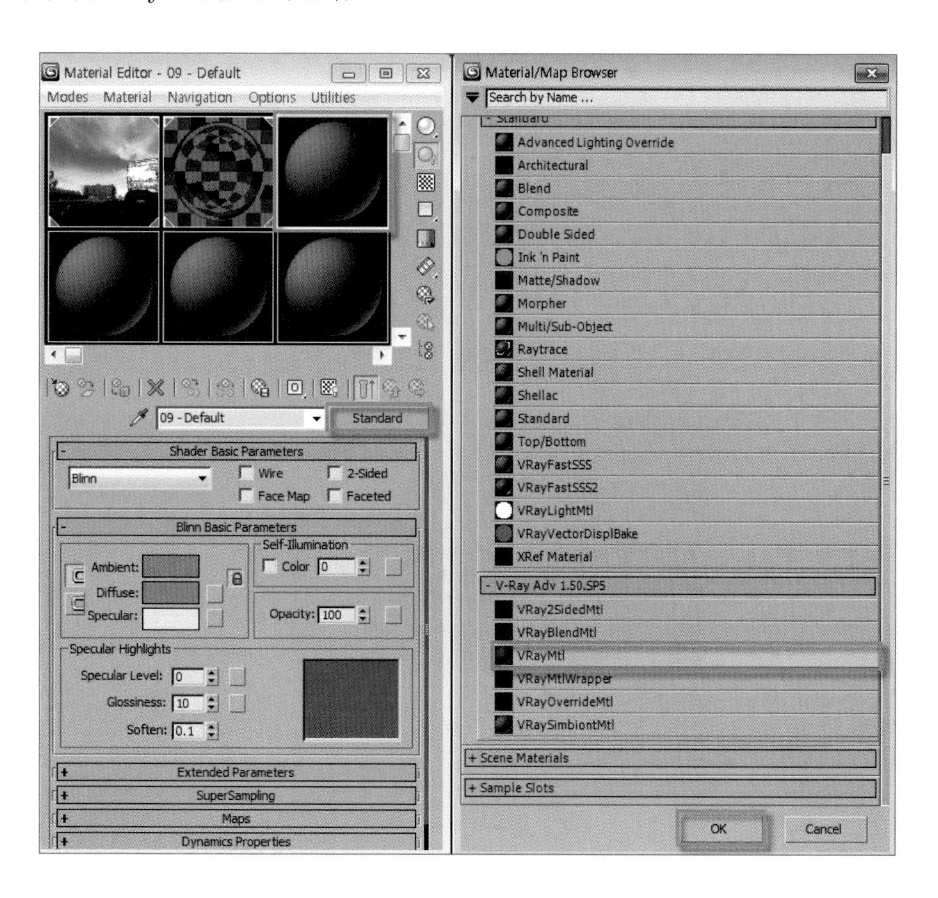

07 >> [Basic Parameters] 롤아웃에서 [Reflection] ➡ [Reflect] 색상을 흰색으로 조절한 후 미리보기 버튼을 누른다.

아령을 선택한 후 [Assign Material to Selection] 아이콘을 클릭하여 재질에 적용한다.

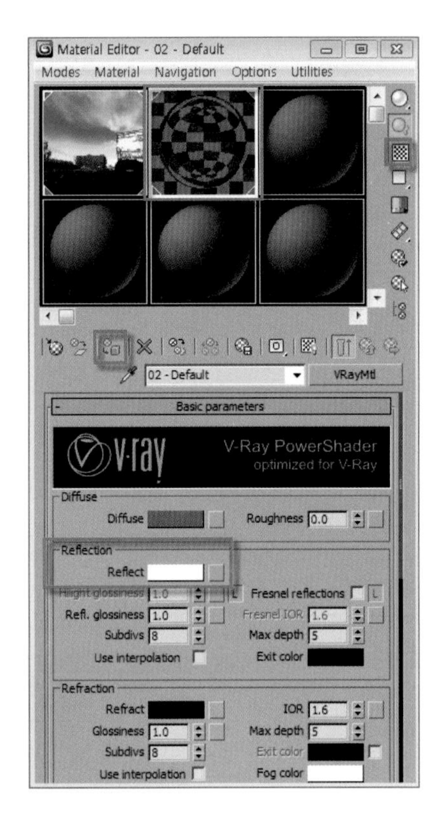

08 >> 바닥재질을 만들기 위해 새로운 샘플 슬롯을 선택한 후 [Standard] 버튼을 클릭하여 [VRayMtl]을 더블클릭한다.

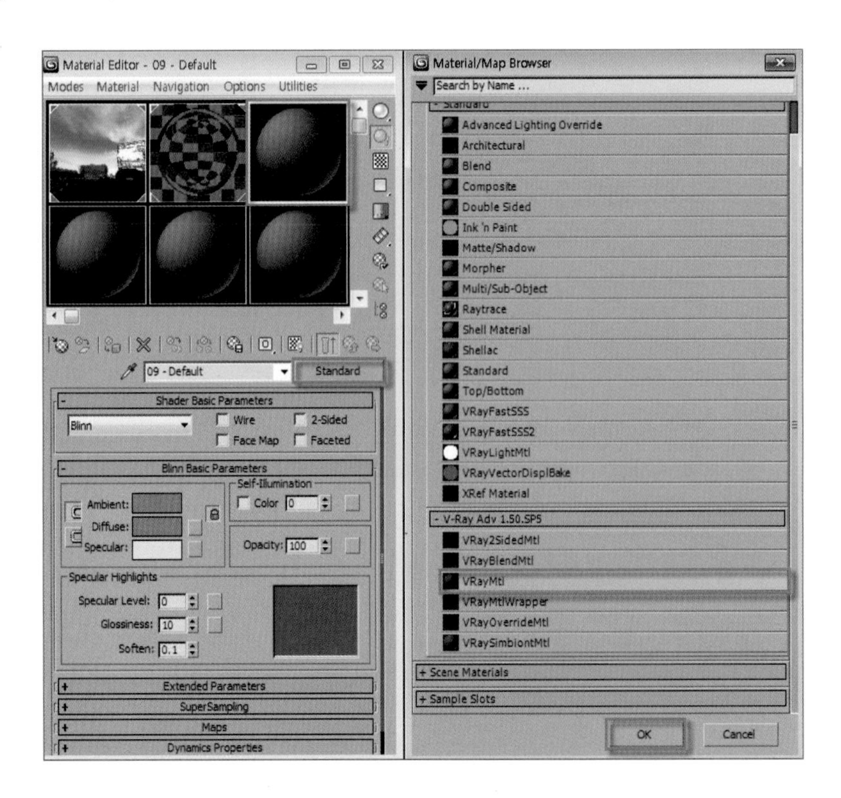

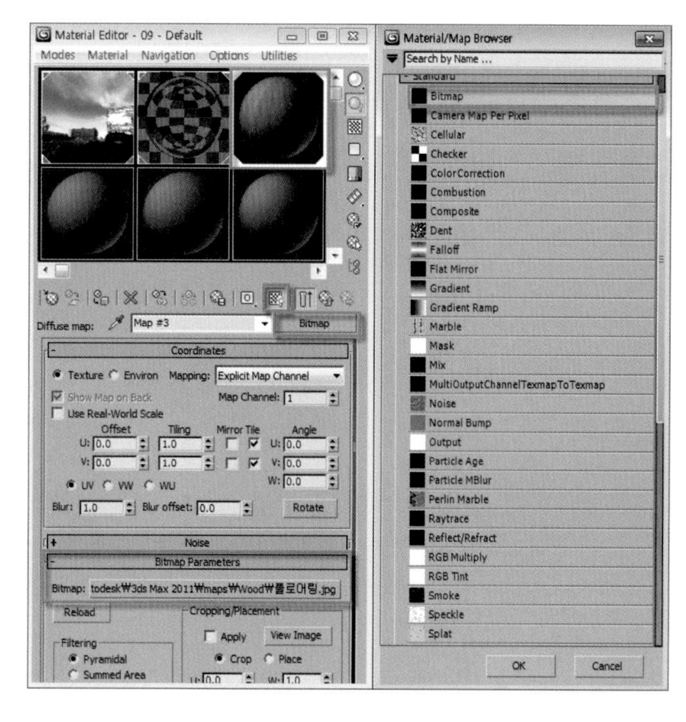

09 >> [Basic Parameters] 롤아웃에서 [Reflection] ➡ [Reflect]색상을 R:10, G:10, B:10 으로 입력한다(흰색은 완전 반사하고 검은색은 무반사가 된다).

[Diffuse] 옆의 사각 버튼을 클릭하여 '플로어링' 이미지를 선택한다.

[Assign Material to Selection] 아이콘을 클릭하여 바닥에 재질을 적용한다.

10 >> F10 을 눌러 기본 조명인 [Lighting] ➡ [Default Light]를 꺼주고 [Indirect illumination[GI]을 체크한 후 [Irradiance Map] ➡ [Built-in presets] ➡ [Current preset]을 [Very low]로 하고 [Render]를 한다.

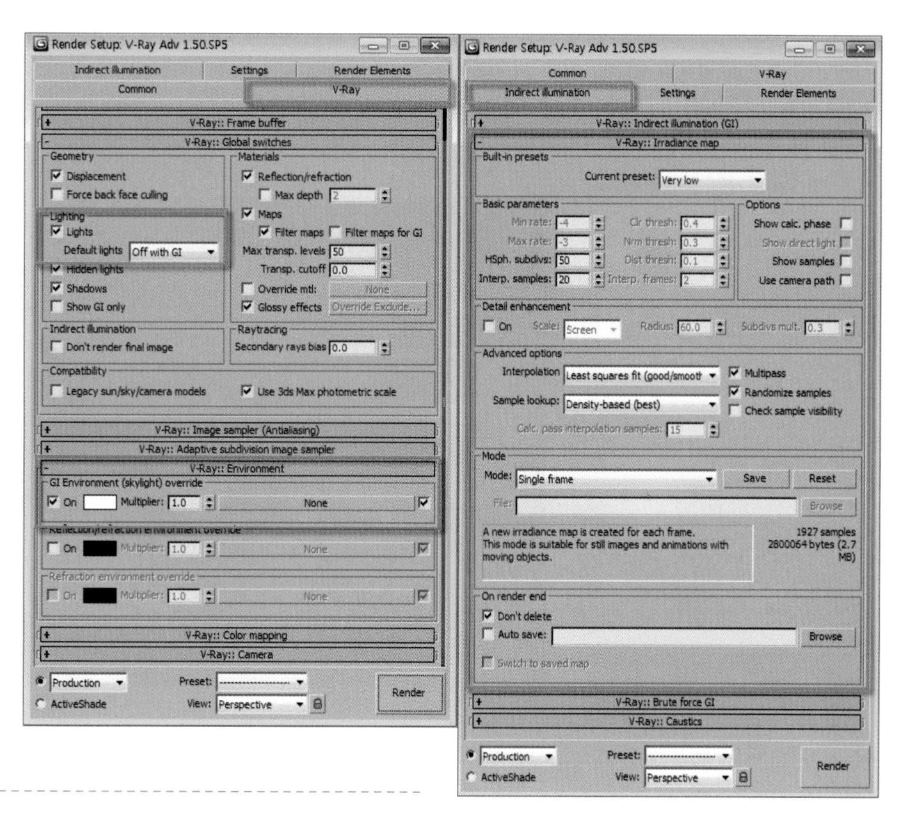

Note

렌더링 설정은 V-Ray 기본 렌더링 설정을 참고한다.

11 >> 최종 렌더링된 결과물이다. 금속재질이 어두우면 HDRI 맵의 밝기를 높여준다. [KC_outside_hi.hdr] ➡ [Parameters] ➡ [Render multi] 수치값 조절

● 실습 예제

Polygon 명령으로 dumbbell을 제작한 후 금속재질을 만들어 매핑한다.

9-3 유리, 세라믹 재질

맥스의 Material Editor에서 유리의 투명도 조절은 Opacity나 Transparency를 사용하지만, VRayMtl은 Refraction으로 투명도를 조절한다(기본 재질에서 Refraction은 굴절의 정도를 조절한다).

01 >> [Top View]에서 [Box]와 [Teapot] 명령으로 바닥과 2개의 주전자를 다음과 같이 제작한다. (단위 : mm)

[Box Size]
[Length] : 1000
[Width] : 1000
[Height] : -10

[Teapot Size]
[Radius] : 150
[Segments] : 10

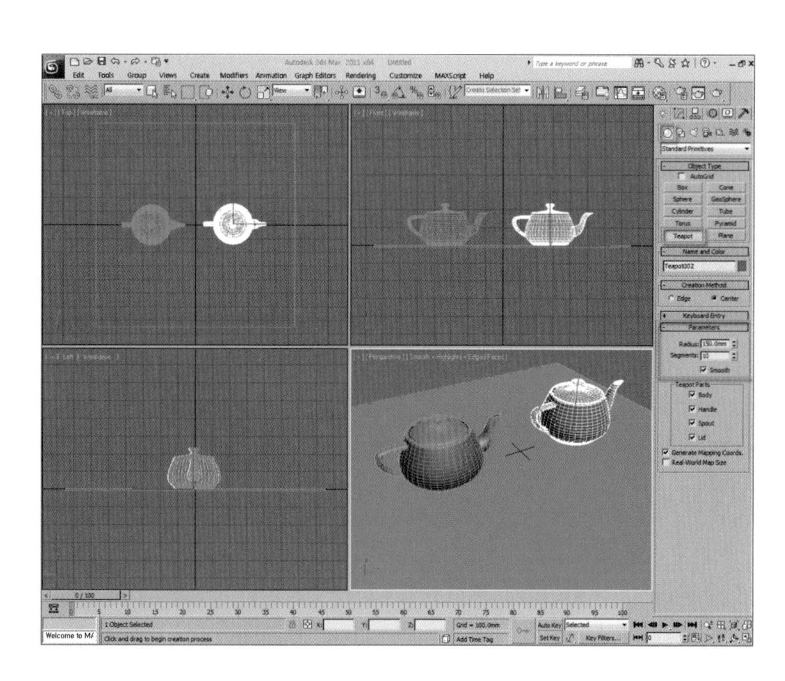

02 >> M을 눌러 [Material Editor] 대화상자에서 [Standard] 버튼을 클릭한 후 [Material/Map Browser] 대화창에서 [VrayMtl]을 더블 클릭한다.

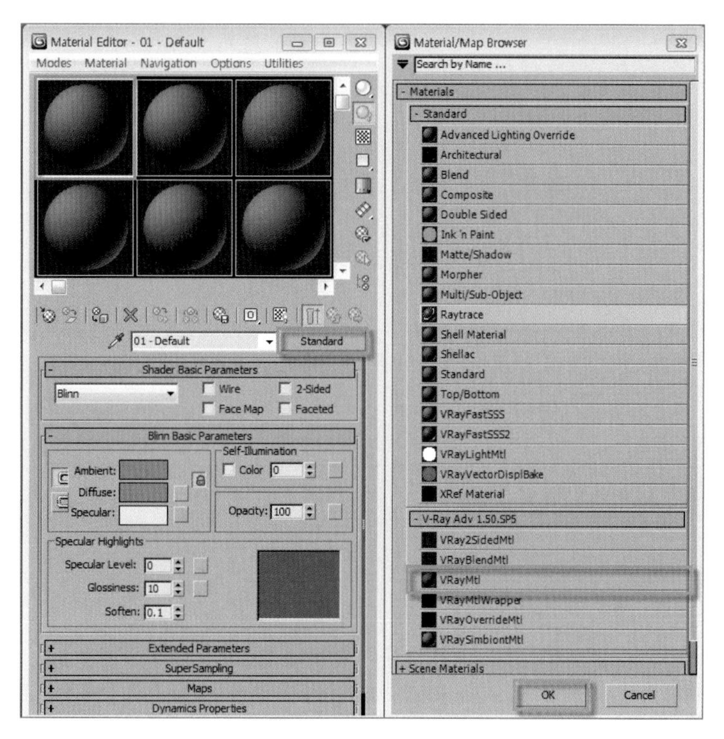

03 >> [Diffuse] ➡ [Diffuse]의 사각 버튼을 눌러 녹색을 띤 미색을 설정하고 [Refraction] ➡ [Refract] 옆의 사각 버튼을 클릭하여 흰색으로 변경하고 [IOR]값(굴절)을 1.8로 설정한다. 왼쪽의 주전자를 선택한 후 [Assign Material to Selection]을 클릭하여 재질을 적용한다.

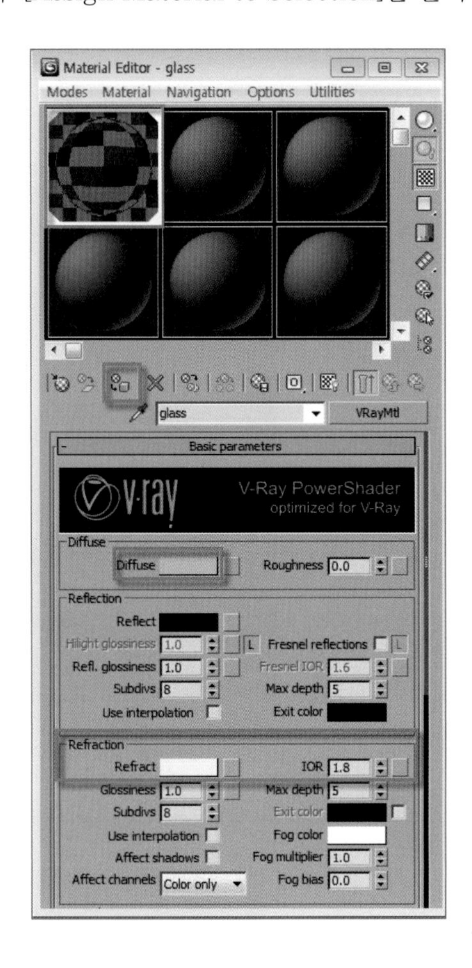

Note

일반 질감에서는 [Refraction]은 굴절을 의미하지만 VRay에서의 [Refraction]은 굴절과 불투명도(Opacity)를 의미한다.

IOR (Index of refraction) : 굴절값

매 질	IOR 값
진 공	1.0 (굴절 일어나지 않음)
얼 음	1.309
물	1.333(상온)
유 리	1.517~1.890
크리스털	2
다이아몬드	2.417

04 >> 바닥은 나무재질(Oak1)로 매핑한다. [Standard] 버튼을 클릭한 후 [Material/Map Browser] 대화창에서 [VrayMtl]을 더블클릭한다.

[Basic Parameters] 롤아웃에서 [Diffuse] 옆의 사각 버튼을 클릭하여 [Material/Map Browser]에서 [Bitmap]을 더블클릭한다.

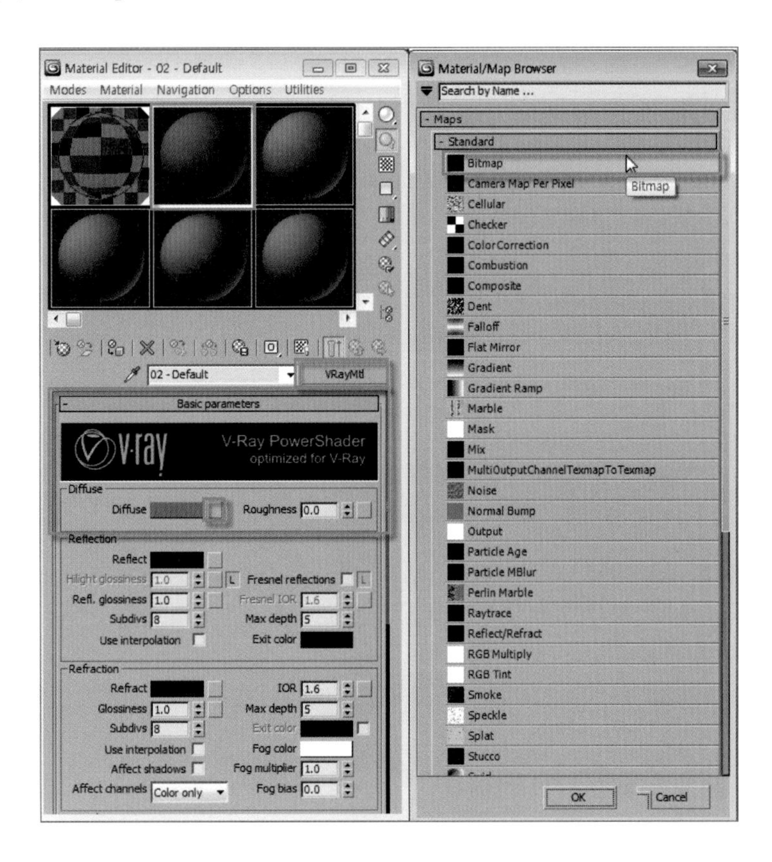

05 >> [Select Bitmap Image File] 창에서 [Oak1]을 선택한다.

06 >> [Go to parent] 버튼을 클릭한 후 [Basic Parameters] ➡ [Reflection] ➡ [Reflect] 옆의 색 버튼을 클릭하여 [Value]값을 '20' 으로 입력한다.

[Reflect]가 검은색일 경우는 무반사이고 흰색이면 완전 반사가 된다.

바닥을 선택한 후 [Assign Material to Selection]을 클릭하여 재질을 적용한 후 미리보기 한다.

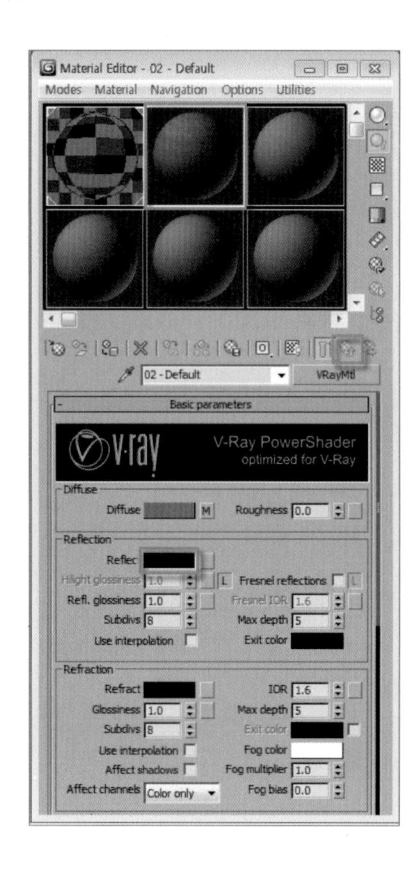

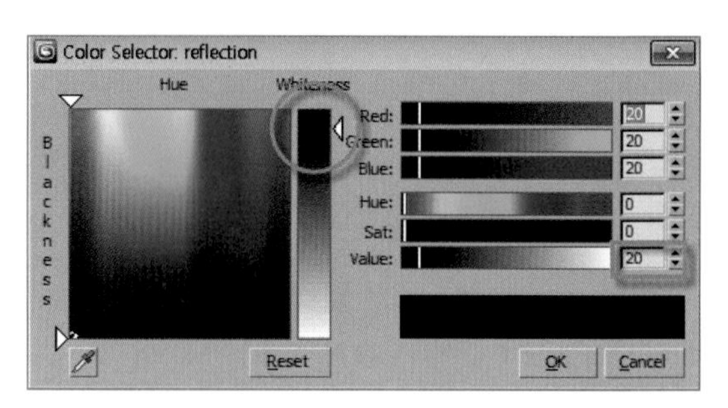

07 >> V-Ray 렌더러를 이용하여 렌더링을 실행한다. 렌더링 설정은 기본 설정을 참고한다.

08 >> 세라믹 재질을 만들기 위해 새로운 샘플 슬롯을 선택한다. [Standard] 버튼을 클릭한 후 [Material/Map Browser] 대화창에서 [VrayMtl]을 더블클릭한다.

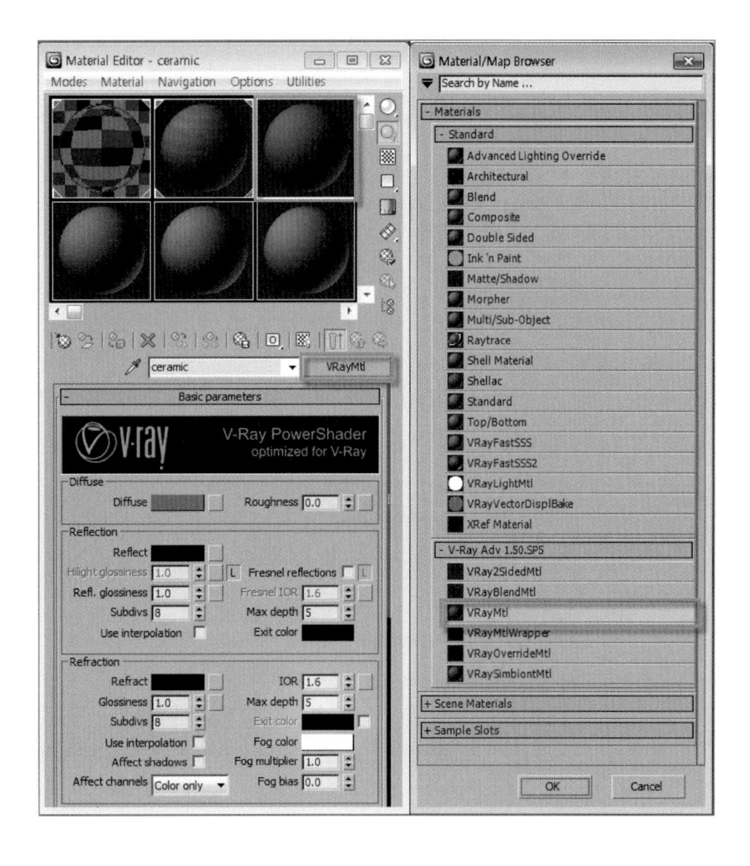

09 >> 세라믹 재질을 흰색으로 하기 위해 [Diffuse] 옆의 색 버튼을 클릭한 후 [Color Selector]에서 흰색으로 설정한다.

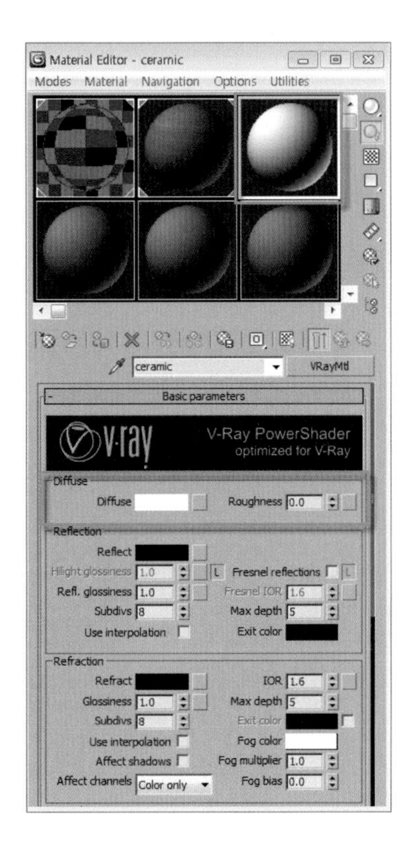

10 >> 반사 설정은 [Reflection] ➡ [Reflect] 옆 색 버튼을 클릭하여 흰색으로 설정한다. 미리보기 버튼을 눌러 완전반사를 확인한다.

[Fresnel reflections]를 체크한다. 우측 주전자를 선택한 후 [Assign Material to Selection]을 클릭하여 재질을 적용한다.

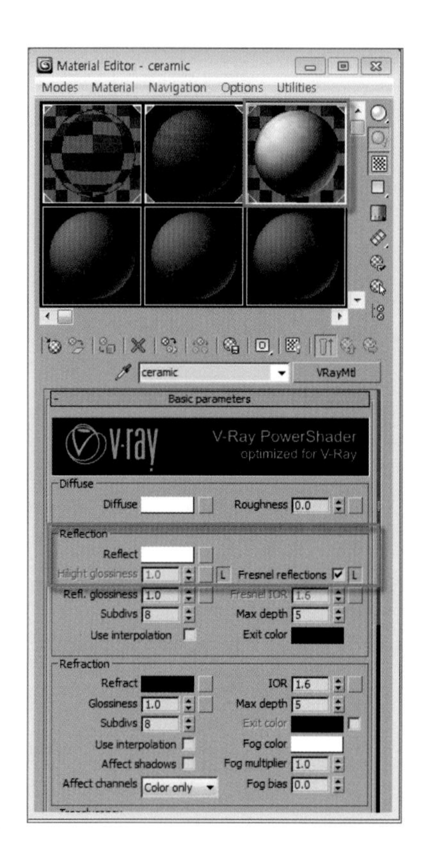

Note

◎ **[Fresnel reflections]**

반사 효과에 굴절률의 적용 여부를 설정하는 옵션으로 보통 자동차 도장처럼 본래의 색상 위에 투명한 광택 효과를 입힌 것과 같은 재질을 표현할 때 많이 사용한다.

◎ **[Refl. glossiness]**

반사 효과의 선명도를 설정하는 곳으로 0~1까지 조절할 수 있으며 값이 작을수록 선명도가 낮다.

◎ **[Use interpolation]**

[Refl. glossiness] 값이 1일 때는 상관없지만 0.9 이하일 경우에 체크하면 렌더링 속도가 빨라진다.

11 >> 최종 렌더링 이미지이다. 렌더링 세팅은 V-Ray 기본 설정을 참고한다.

실습 예제 1

테이블과 유리병을 제작한 후에 금속, 유리, 나무 재질을 매핑한다.

실습 예제 2

[Fresnel reflections]와 [Refl. glossiness] 값을 조절하여 플라스틱 재질을 매핑한다.

9-4 네온 재질

VRayMtl은 Self-Illumination 기능을 지원하지 않는 대신 VRayLightMtl을 제공한다. VRayLightMtl은 간접조명의 기능을 하여 네온사인 등의 조명기구 표현이 적합하다.

01 >> [Top View]에서 [Box] 명령으로 다음과 같이 제작한다. (단위 : mm)

[Box Size]
[Length] : 1000
[Width] : 1000
[Height] : -10

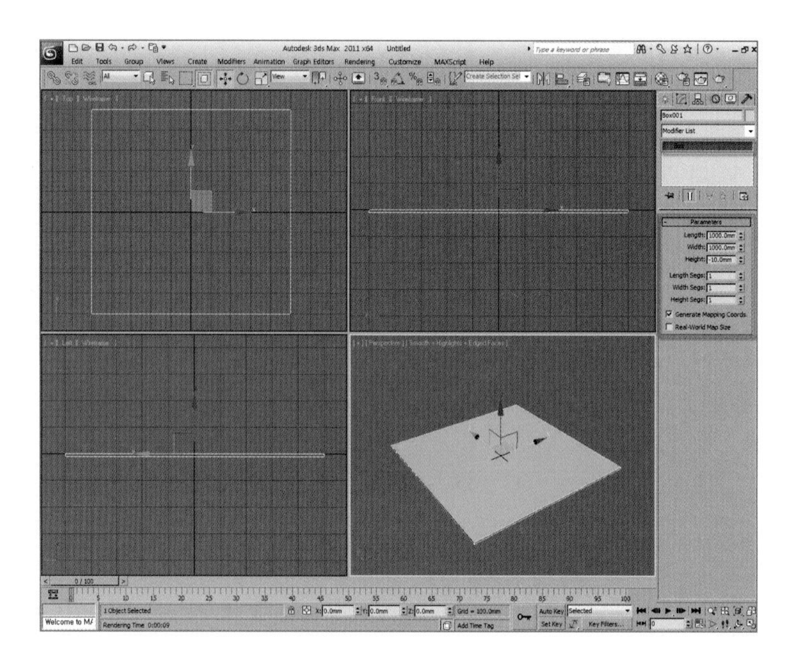

02 >> [Top View]에서 [Shapes] ➡ [Text] 명령을 선택한 후 화면에 클릭한다. [Modify]에서 [Text]를 '3DS MAX' 로 수정하고 [Size]는 150으로 한다.

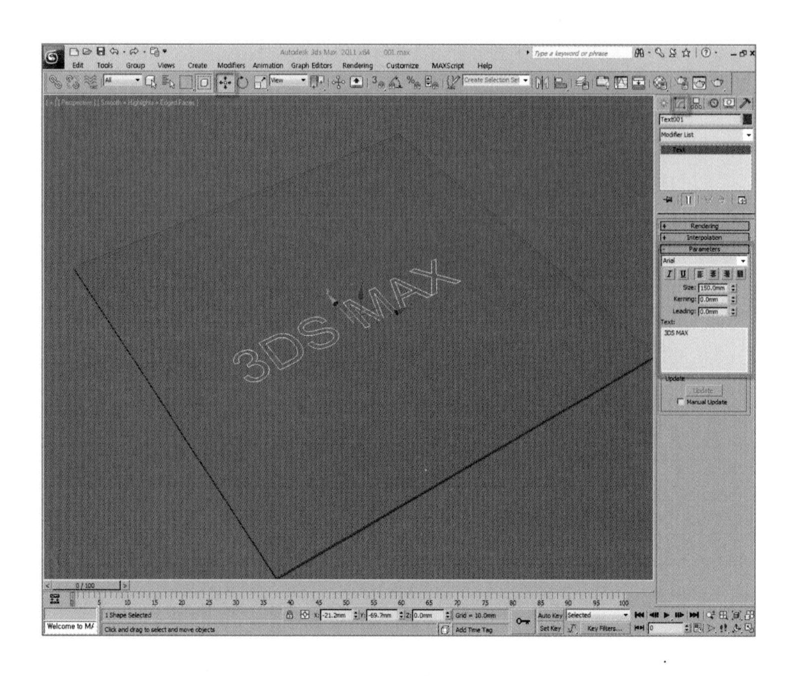

03 >> [Modify]에서 [Extrude]를 선택한 후 [Amount] 값을 '10' 으로 입력한다.

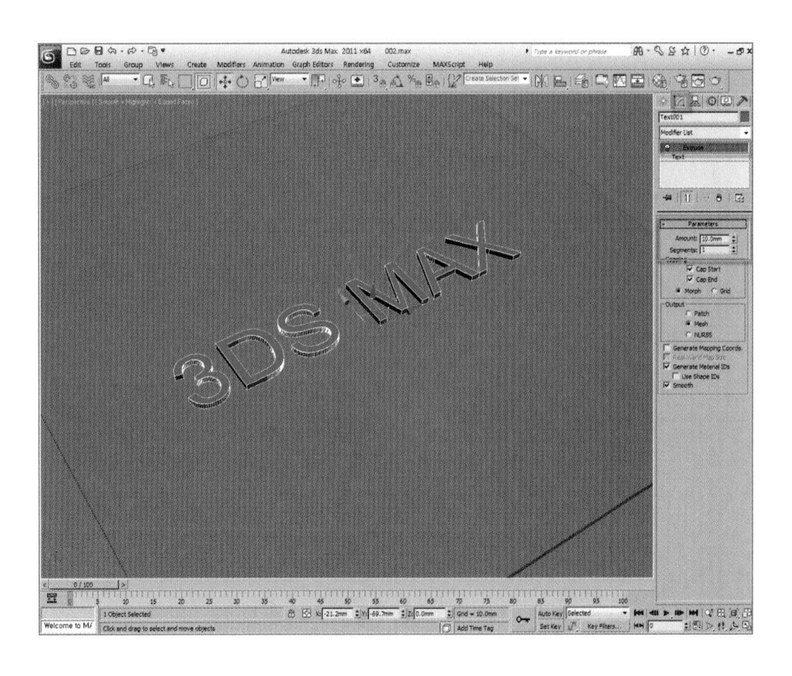

04 >> M 을 눌러 [Material Editor] 창에서 [Standard] 버튼을 클릭한 후 [Material/Map Browser] ➡ [VRaylLightMtl]을 더블클릭한다.

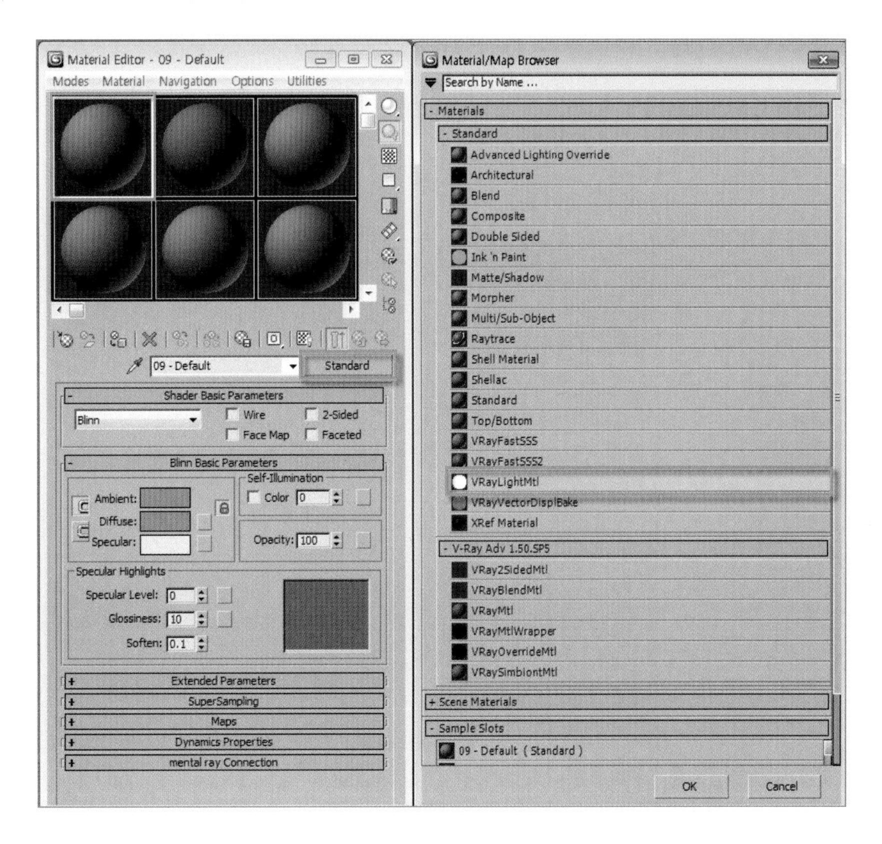

05 >> [Params] 롤아웃에서 [Color]를 클릭하여 흰색을 빨강색으로 변경한 후 값을 '3'으로 입력한다.

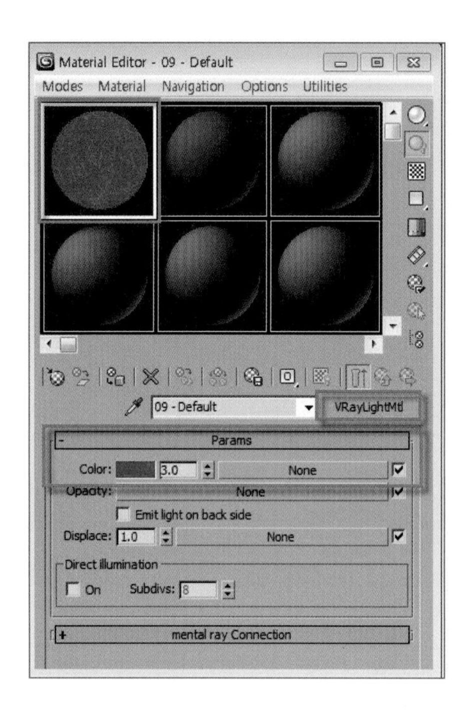

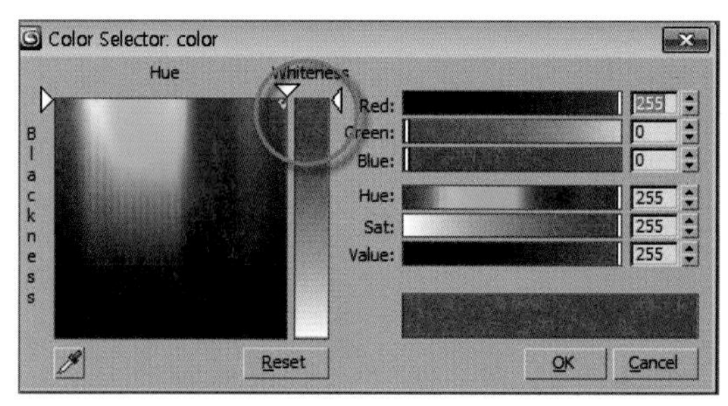

06 >> [3DS MAX] 오브젝트를 선택한 후 [Assign Material to Selection]을 클릭하여 재질을 적용한다.

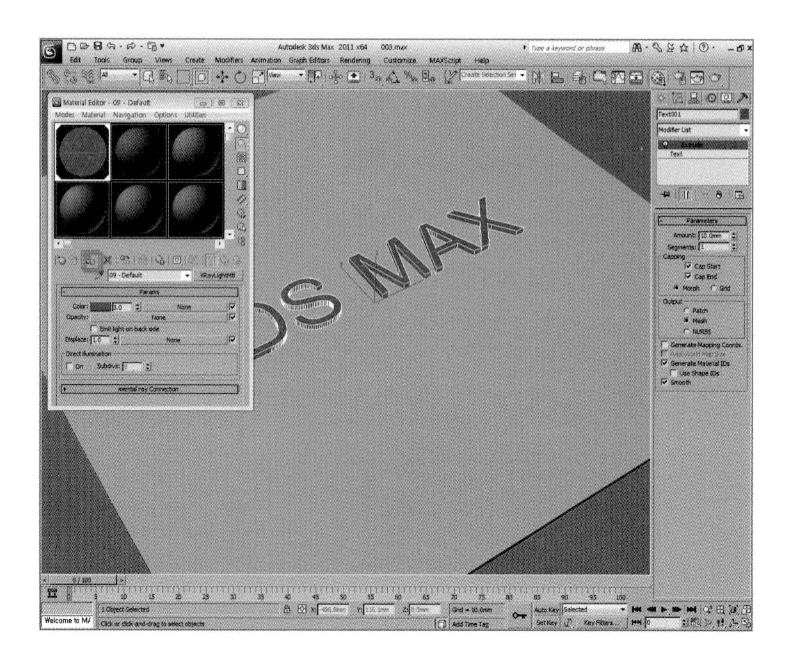

07 >> F10을 눌러 [Render Setup] ➡ [V-Ray]버튼을 누른다.

[V-Ray:: Global switches] 롤아웃에서 기본 조명을 꺼주고 [V-Ray:: Environment] ➡ [GI Environment (skylight) override]에서 [On]을 체크한 후 [Multiplier] 값을 0.5로 입력한다.

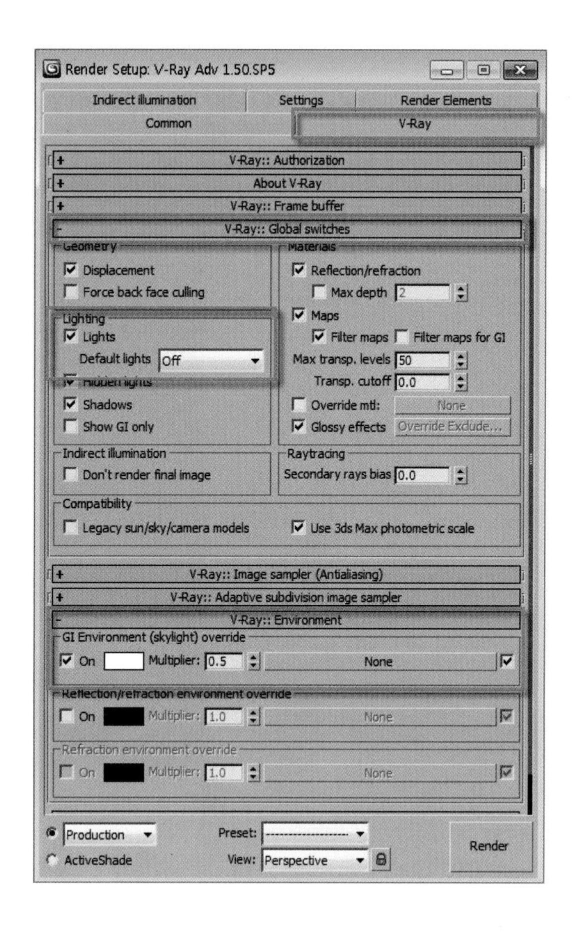

08 >> [Indirect illumination]을 클릭한 후 [On]을 체크한다.

[V-Rray:: Irradiance map] 롤아웃에서 [Current preset]을 [Low]로 한 후 렌더링을 실행한다.

09 >> 3DS MAX 문자가 네온처럼 간접조명 효과가 나타난다.
간접 조명효과를 증가하려면 [VRaylLightMtl]의 수치값을 높이도록 한다.

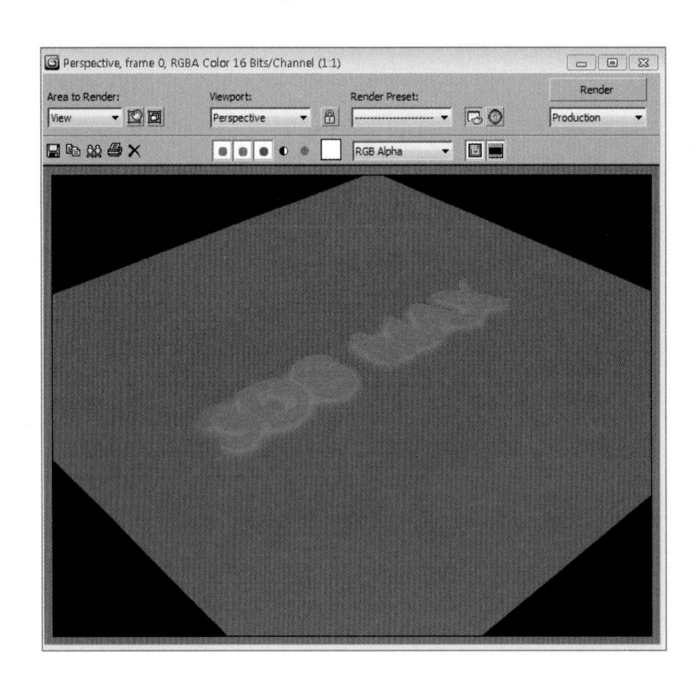

9-5 VRayEdgeTex

VRayEdgeTex 재질을 이용하여 오브젝트에 프레임을 표현할 수 있다.

01 >> [Top View]에서 [Box] 명령과[Teapot] 명령으로 다음과 같이 제작한다. (단위 : mm)

[Box Size]
[Length] : 1000
[Width] : 1000
[Height] : -10

[Teapot]
[Radius] : 150
[Segments] : 8

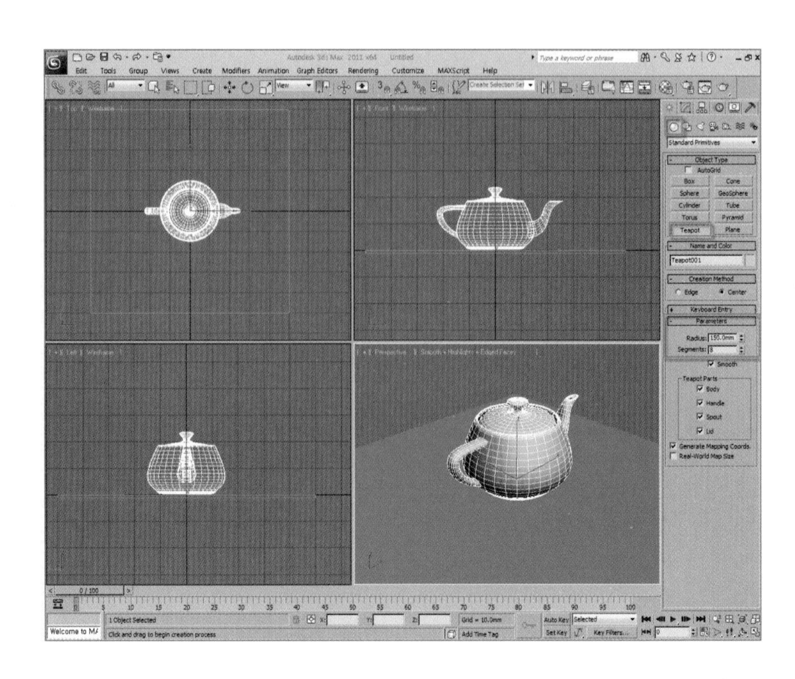

02 >> M 을 눌러 [Material Editor] 창에서 [Blinn Basic Parameters] ➡ [Diffuse] 옆의 사각 버튼을 클릭한다.

[Material/Map Browser]에서 [VRayEdgesTex]를 더블클릭한다.

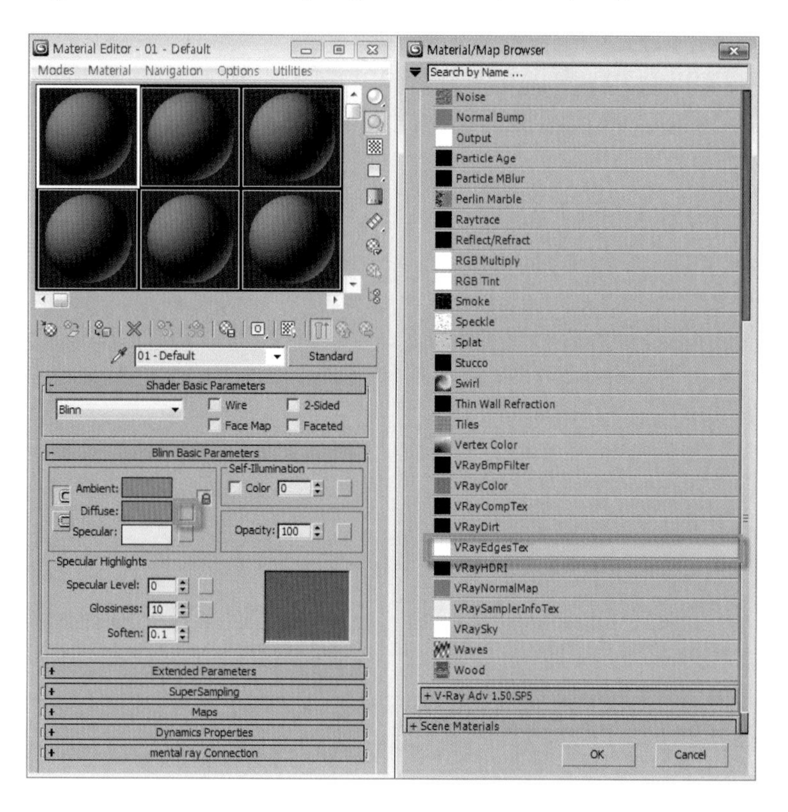

03 >> [Diffuse]의 색 버튼을 클릭하여 색상을 설정한 후 주전자를 선택하고 [Assign Material to Selection]을 클릭하여 재질을 적용한다.

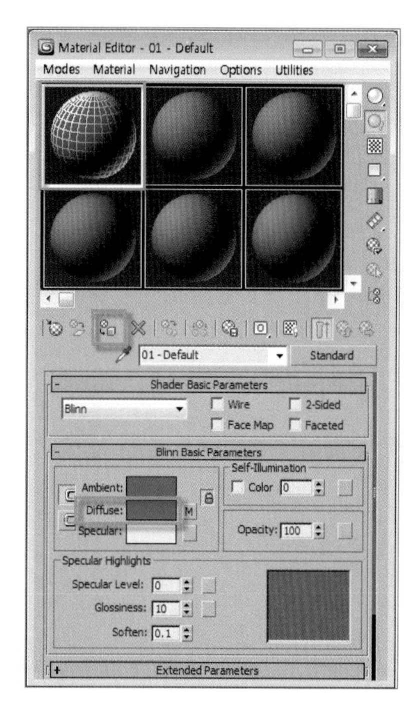

04 >> F10을 눌러 [Render Setup] ➡ [V-Ray]버튼을 누른다.

[V-Ray:: Global switches] 롤아웃에서 기본 조명을 꺼주고 [V-Ray:: Environment] ➡ [GI Environment (skylight) override]에서 [On]을 체크한다.

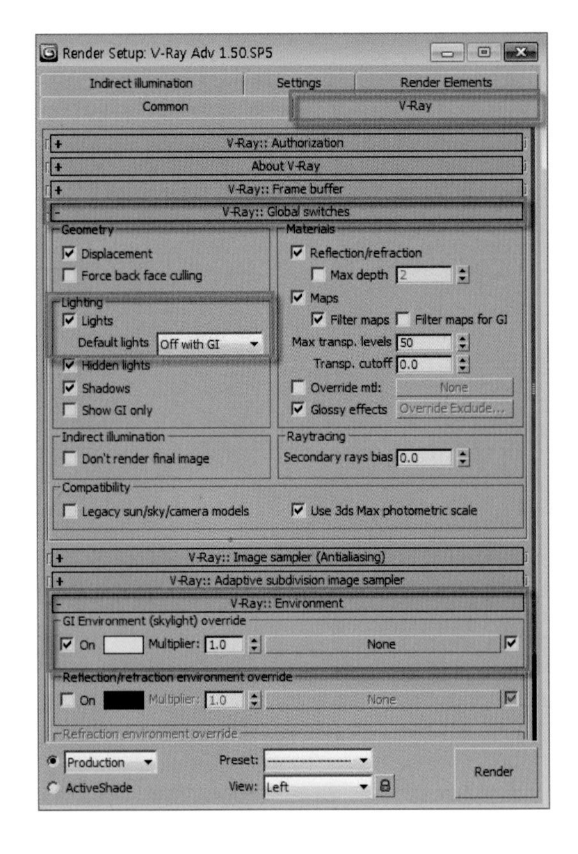

05 >> [Indirect illumination]을 클릭한 후 [On]을 체크한다.

[V-Ray:: Irradiance map] 롤아웃에서 [Current preset] ➡ [Low]를 선택한 후 렌더링을 실행한다.

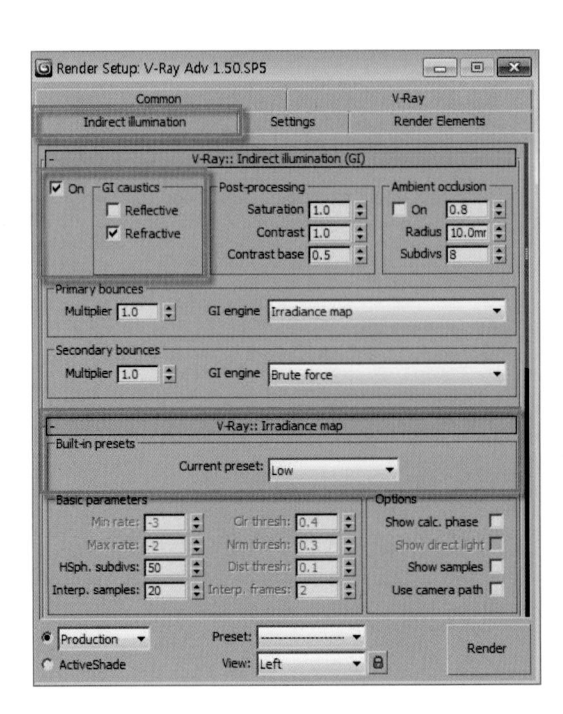

06 >> 렌더링 창에 프레임이 표현된 것을 알 수 있다.

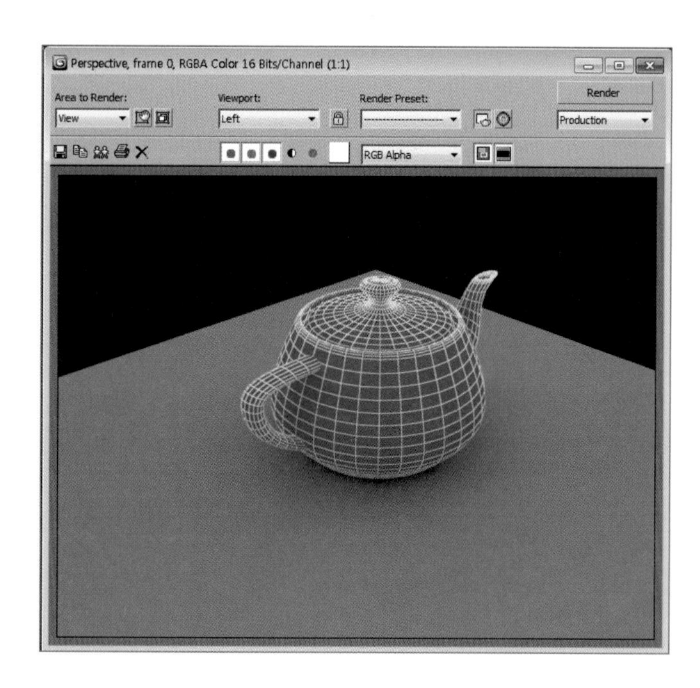

07 >> 주전자의 프레임 색상이나 두께를 변경하기 위해 [Diffuse] 옆의 사각 버튼을 클릭하여 [VRayEdgeTex params] 롤아웃에서 [Color]의 색상을 검은색으로 변경하고 [Thickness] ➡ [pixels]에서 수치를 '0.5' 로 입력한다.

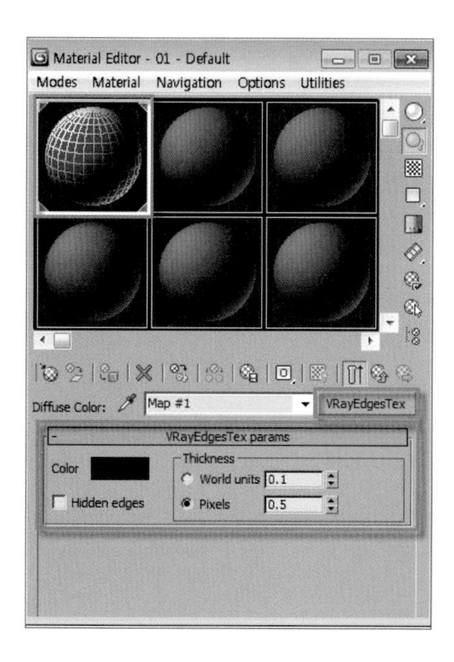

08 >> F9 를 눌러 렌더링을 실행하여 주전자의 프레임이 두께가 얇은 검정색으로 변경된 것을 알 수 있다.

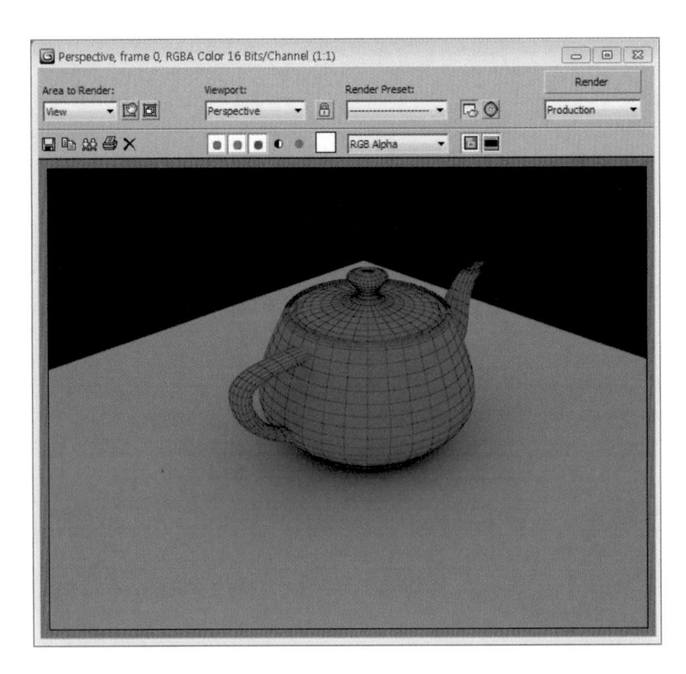

모델링 실습 예제

3DS MAX

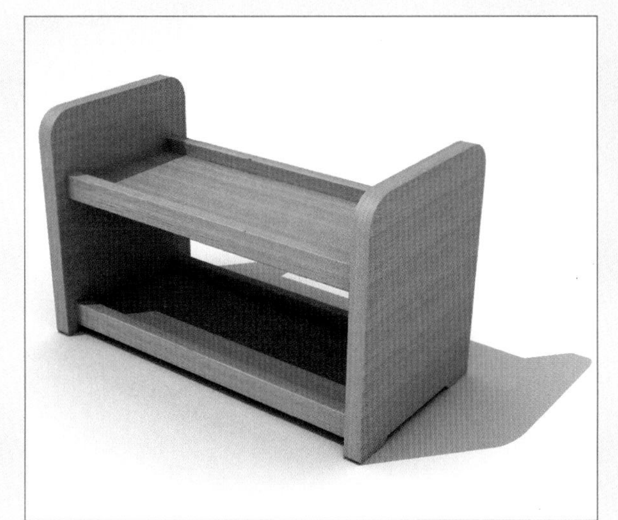

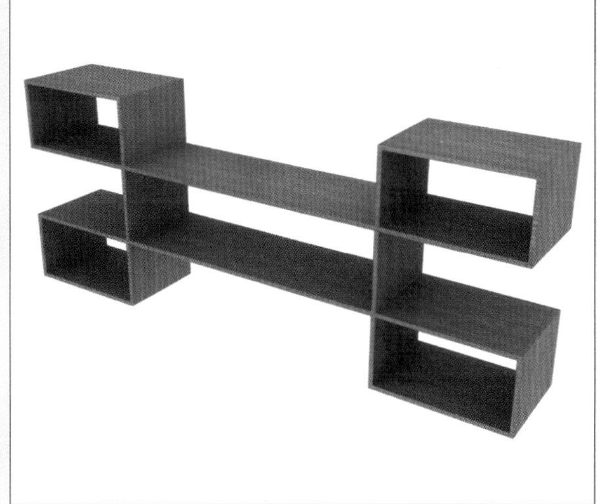

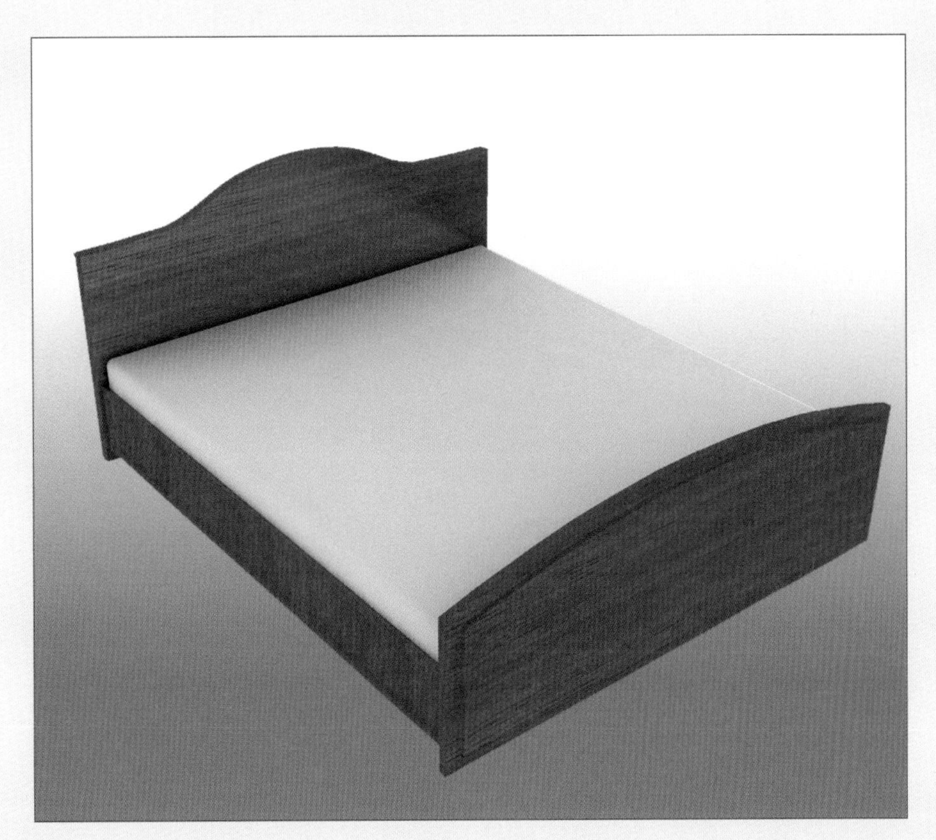

6BM 8PP PC AUDIO AMP
Select
On
Off
Volume

찾아보기 Index

【H】

【I】

【L】

【M】

【N】

【O】

【P】

【Q】

【R】

【S】

【T】